Zuverlässigkeit von Geräten und Systemen

Springer

Berlin
Heidelberg
New York
Barcelona
Budapest
Hongkong
London
Mailand
Paris
Santa Clara
Singapur
Tokio

A. Birolini

Zuverlässigkeit von Geräten und Systemen

Mit 90 Abbildungen und 50 Tabellen

 Springer

Prof. Dr. Alessandro Birolini

Professur für Zuverlässigkeitstechnik
ETH-Zentrum, ETZ H84
CH - 8092 Zürich / Schweiz

ISBN-13: 978-3-540-60997-1   e-ISBN-13: 978-3-642-60399-0
DOI: 10.1007/978-3-642-60399-0
Die Deutsche Bibliothek - CIP-Einheitsaufnahme
Birolini, Alessandro: Zuverlässigkeit von Geräten und Systemen / A. Birolini. - 4. Aufl.
Berlin; Heidelberg; New York; Barcelona; Budapest; Hongkong; London; Mailand;
Paris; Santa Clara; Singapur; Tokio: Springer, 1997
  Bis 3. Aufl. u. d. T.: Birolini, Alessandro: Qualität und Zuverlässigkeit technischer Systeme
  ISBN-13: 978-3-540-60997-1

Satz: Reproduktionsfertige Vorlagen vom Autor
Einbandgestaltung: Struve & Partner, Heidelberg
SPIN: 10079344   62/3020 - 5 4 3 2 1 0

Vorwort

Die hohen Erwartungen, welche an die Zuverlässigkeit und Verfügbarkeit komplexer Geräte und Systeme gestellt werden, lassen sich nur dann erfüllen, wenn während der Definitions-, Entwicklungs-, Fertigungs- und Nutzungsphase solcher Geräte und Systeme *bestimmte Vorkehrungen* zur Sicherstellung der Qualität und Zuverlässigkeit getroffen werden. Zu den entsprechenden *Maßnahmen* gehören die Festlegung von *Zielen*, die Durchführung von *Zuverlässigkeitsanalysen*, die Steuerung des *Konfigurationsmanagements* (inklusive Design Reviews), die Untersuchung der *Auswirkung* von Defekten und Ausfällen, die Wahl und Qualifikation von Bauteilen und Materialien sowie das Berücksichtigen von *Entwicklungsrichtlinien*. Bei der Freigabe der Prototypen treten noch Fragen der *Qualifikationsprüfungen* auf. Mit der Serienreifmachung kommen ferner die Aspekte der Optimierung der *Fertigungsprozesse und -verfahren*, die Planung und Durchführung von Qualitäts- und Zuverlässigkeitsprüfungen sowie die rasche und *wirksame Erfassung und Korrektur* der auftretenden Defekte und Ausfälle hinzu.

Viele der obigen Aktivitäten fallen in den Kompetenzbereich der *Entwicklungs- und Produktionsingenieure*. Wichtig ist, daß sie in Zusammenarbeit mit *allen* Linienstellen und wo sinnvoll auch mit den Kunden durchgeführt werden. Nur dann lassen sich moderne Konzepte wie *Total Quality Management* und *Concurrent Engineering* realisieren.

Das vorliegende Buch gibt die theoretischen und praktischen Grundlagen zur Lösung der Probleme der Zuverlässigkeitssicherung, und in vielen Hinsichten auch der Qualitätssicherung, bei der Entwicklung komplexer elektronischer Geräte und Systeme. Viele der dargelegten Methoden lassen sich leicht auf den Maschinenbau übertragen. Um kostenwirksam zu sein, muß der Aufwand für die Qualitäts- und Zuverlässigkeitssicherung der *Komplexität* des betrachteten Gerätes oder Systems sowie den Qualitäts- bzw. Zuverlässigkeits- oder Sicherheitsanforderungen *angepaßt* werden. Das Buch ist als *Werkzeug am Arbeitsplatz* für Entwicklungsingenieure, Projektleiter, Produktionsingenieure und Qualitätssicherungsfachleute, gleichzeitig aber auch als *Textbuch* für Fach- und Hochschulen konzipiert worden. Es enthält über 80 durchgerechnete Beispiele, 50 Tabellen und 90 Bilder, und stützt sich auf die Lehrbücher desselben Autors: *Qualität und Zuverlässigkeit technischer Systeme* (Springer, 3. Aufl. 1991) und *Quality and Reliability of Technical Systems* (Springer 1994). Berücksichtigt sind auch die Resultate vieler *Forschungsprojekte* der Professur für Zuverlässigkeitstechnik der ETH Zürich, speziell jene eines großen, von der Schweizerischen Telecom PTT finanzierten Forschungsprojekts, durchgeführt in Zusammenarbeit mit mehreren Industriepartnern. Allen diesen Firmen sowie der Telecom PTT gilt der aufrichtige Dank für die Unterstützung dieses Vorhabens.

Zürich, September 1996   *A. Birolini*

Inhaltsverzeichnis

1 Einleitung, Grundbegriffe, Hauptaufgaben

Die Sicherstellung der Qualität und Zuverlässigkeit komplexer Geräte und Systeme erfordert eine Reihe von Aktivitäten, die unter Mitwirkung *aller* an einem Projekt beteiligten Linienstellen und *nahtlos* von der Definitions- bis zur Nutzungsphase durchgeführt werden müssen. Dazu gehört die Festlegung der Ziele, die Durchführung von Analysen, die Wahl und Qualifikation von Bauteilen und Stoffen, das Management der Konfiguration, die Qualifikation der Prototypen, die Wahl und Qualifikation und Überwachung der Fertigungsprozesse und -abläufe sowie die Hebung der Zuverlässigkeit in der Nutzungsphase. Viele dieser Aktivitäten sind *Engineering-Aufgaben*, andere haben eher einen Koordinations- und Überwachungscharakter. In diesem Kapitel werden die Grundbegriffe eingeführt (vgl. auch Anhang A1). Auf die Aspekte der Festlegung und Durchsetzung von Qualitäts- und Zuverlässigkeitsforderungen wird im Kapitel 2 eingegangen, am Beispiel eines komplexen Geräts oder Systems. Methode und Werkzeuge für Analysen und Prüfungen folgen in den Kapiteln 3 bis 7.

1.1 Einleitung

Bis zum Beginn der sechziger Jahre war man der Auffassung, daß eine gute Übereinstimmung zwischen Ausführungsvorschrift und Ausführung in der Fertigung genüge, um ein hohes Qualitätsniveau zu erreichen. Das Qualitätsziel schien erreicht, wenn das Gerät oder System bei der Endprüfung fehlerfrei befunden wurde, ohne spezielle Forderungen für die Zuverlässigkeit. Die wachsende Komplexität technischer Systeme und die damit verbundenen Probleme bei Betriebsausfällen sowie die rasch ansteigenden Instandhaltungskosten haben in den letzten zwanzig Jahren die Aspekte der *Zuverlässigkeit, Instandhaltbarkeit, Verfügbarkeit* und *Sicherheit* in den Vordergrund gerückt.

Von einem modernen und leistungsfähigen Gerät oder System erwartet man heutzutage nicht nur, daß es zur Zeit $t = 0$ *fehlerfrei* sei, sondern auch, daß es seine geforderte Funktion *ausfallfrei* ausführen kann. Die Frage, ob eine gegebene Betrachtungseinheit während einer bestimmten Zeit ausfallfrei arbeiten wird, kann nicht einfach mit »ja« oder »nein« beantwortet werden. Wie die Erfahrung zeigt, kann lediglich die *Wahrscheinlichkeit* angegeben werden, mit welcher eine solche Forderung erfüllt wird. Diese Wahrscheinlichkeit ist ein Maß für die *Zuverlässigkeit* der Betrachtungseinheit und kann folgendermaßen interpretiert werden: Setzt man zur Zeit $t = 0$ für die gleiche Mission N statistisch identische Betrachtungseinheiten in Betrieb, so werden am Ende der Mission nur noch $n \leq N$ Betrachtungseinheiten funktionstüchtig sein; das Verhältnis n/N ist ein Schätzwert, der bei wachsendem N gegen den wahren Wert der Zuverlässigkeit konvergiert. Die modernen Methoden der Qualitäts- und Zuverlässigkeitssicherung erlauben die Untersuchung obiger und ähnlicher Fragen. Insbesondere geht es um die Optimierung zwischen Leistungsparametern, operationellen Eigenschaften und Lebenslaufkosten. Es zeigt sich, daß Qualität und Zuverlässigkeit, wie auch Instandhaltbarkeit, Verfügbarkeit und Sicherheit, in ein Gerät oder System *hineinentwickelt* werden müssen. Dazu sind während allen Lebenslaufphasen bestimmte Engineering- und Management-Aktivitäten notwendig.

1.2   Grundbegriffe

In diesem Abschnitt werden die wichtigsten Begriffe zur Qualitäts- und Zuverlässigkeitssicherung von Geräten und Systemen eingeführt. Als Ergänzung dazu ist im Anhang A1 eine umfassendere Liste von Definitionen gegeben.

1.2.1   Zuverlässigkeit

Die *Zuverlässigkeit* ist die Eigenschaft einer Betrachtungseinheit, funktionstüchtig zu bleiben. Sie wird mit R bezeichnet und durch die *Wahrscheinlichkeit* ausgedrückt, daß die *geforderte Funktion* unter *vorgegebenen Arbeitsbedingungen* während einer *festgelegten Zeitdauer T* ausfallfrei ausgeführt wird. Wie aus der Definition hervorgeht, gibt die Zuverlässigkeit die *Wahrscheinlichkeit* an, daß in der Zeitspanne T kein *Ausfall* auftreten wird, der die Erfüllung der geforderten Funktion auf *Niveau Betrachtungseinheit* beeinträchtigt. Dies bedeutet nicht, daß *redundante Teile* nicht ausfallen dürfen. Solche Teile können ausfallen und ohne Betriebsunterbrechung auf Ebene Betrachtungseinheit instandgesetzt werden. Man stellt auch fest, daß mit der numerischen Angabe der Zuverlässigkeit (z. B. $R = 0.9$) stets auch die *geforderte Funktion*, die *Arbeitsbedingungen* und die *Missionsdauer* definiert werden *müssen*. Ebenso muß festgelegt werden, ob zu Beginn der Mission die Betrachtungseinheit neu (oder neuwertig) ist.

Unter *Betrachtungseinheit* versteht man eine Anordnung beliebiger Komplexität (Stoff, Bauteil, Unterbaugruppe, Baugruppe, Gerät, Anlage, System), welche für Untersuchungen oder Analysen als eine *Einheit* interpretiert wird. Dabei kann es sich um eine Funktions- oder Konstruktionseinheit handeln. Zur Vereinfachung werden im folgenden komplexe Betrachtungseinheiten als System bezeichnet (Indizes S in den Gleichungen).

Die *geforderte Funktion* spezifiziert die *Aufgabe* der Betrachtungseinheit. Für gegebene Eingänge dürfen die Ausgänge vorgeschriebene Toleranzbänder nicht verlassen. Die Festlegung der geforderten Funktion ist der Ausgangspunkt jeder Zuverlässigkeitsanalyse, weil damit der *Ausfall* definiert wird. Dies kann für komplexe Betrachtungseinheiten aufwendig werden.

Die *Arbeitsbedingungen* haben einen direkten Einfluß auf die Zuverlässigkeit und müssen spezifiziert werden. Die Erfahrung zeigt zum Beispiel, daß sich die *Ausfallrate* elektronischer Bauteile *verdoppelt*, wenn die Umgebungstemperatur um 10 bis 20°C erhöht wird.

Geforderte Funktion und Arbeitsbedingungen können auch *zeitabhängig* sein. In solchen Fällen ist ein *Anforderungsprofil* zu definieren, auf welches alle Zuverlässigkeitsangaben bezogen werden. Ein repräsentatives Anforderungsprofil und die entsprechenden Zuverlässigkeitsziele sind im *Pflichtenheft* festzulegen. In praktischen Anwendungen interessiert meistens der Verlauf der Zuverlässigkeit R als Funktion der Missionsdauer, d. h. die *Zuverlässigkeitsfunktion* $R(t)$.

Speziell bei Bauteilen wird oft zwischen *intrinsischer Zuverlässigkeit*, d. h. Zuverlässigkeit des Bauteils beim Verlassen des Herstellers, und *extrinsischer Zuverlässigkeit*, d. h. Zuverlässigkeit des Bauteils bei der vom Abnehmer festgelegten Anwendung unterschieden (in der Hoffnung u. A. einer besseren Aufteilung der Verantwortung für Ausfälle im Feld).

1.2.2 Ausfall

Ein *Ausfall* tritt auf, wenn eine Betrachtungseinheit aufhört, ihre geforderte Funktion auszuführen. Die Betriebszeit kann dabei sehr kurz gewesen sein, denn Ausfälle können auch durch transiente Vorgänge beim Einschalten verursacht werden. Bei der Beurteilung eines Ausfalls wird davon ausgegangen, daß zum Beanspruchungsbeginn die Betrachtungseinheit ohne *Defekte* (fehlerfrei) war. Die Bewertung erfolgt unter folgenden Gesichtspunkten:

1. *Art*: Es wird unterschieden zwischen *Sprungausfall* (Kurzschluß, Unterbrechung, Drift und Funktionsfehler für elektronische Bauteile sowie Sprödbruch, Fließen, Fressen usw. für mechanische Bauteile), *Driftausfall* und *intermittierendem Ausfall*.

2. *Ursache*: Eine übliche Einteilung unterscheidet zwischen *Anwendungsfehler-ausfällen* (Fehler in der Entwicklung, Fertigung oder Bedienung), *inhärenten* (intrinsischen) *Ausfällen*, *Verschleißausfällen*, *Primärausfällen* und *Folgeaus-fällen*.

3. *Auswirkung*: Abhängig davon, ob man sich auf die direkt betroffene oder auf eine übergeordnete Betrachtungseinheit bezieht, wird unterschieden zwischen *keiner Auswirkung*, *Teilausfall*, *Vollausfall* und *überkritischem Ausfall*. Bei überkritischen Ausfällen ist die *Sicherheit* nicht mehr gewährleistet, der Einfluß auf die geforderte Funktion kann dabei verschieden groß sein.

1.2.3 Ausfallrate

Die *Ausfallrate* spielt in den Zuverlässigkeitsanalysen eine wichtige Rolle. Sie wird in diesem Abschnitt auf eine heuristische (statistische) Weise eingeführt (vgl. Anhang A2.1.5 für eine Definition mit Hilfe der Wahrscheinlichkeitsrechnung). Zur Zeit $t = 0$ seien N statistisch identische (unabhängige) Betrachtungseinheiten unter den gleichen Bedingungen in Betrieb gesetzt worden und es sei $n(t)$ die Anzahl Betrachtungseinheiten, die zur Zeit t noch nicht ausgefallen sind, vgl. Bild 1.1.

$t_1, ..., t_N$ sind die beobachteten *ausfallfreien Arbeitszeiten* der N Betrachtungs-einheiten. Gemäß obiger Voraussetzung sind sie unabhängige Realisierungen der als Zufallsgröße τ betrachteten *ausfallfreien Arbeitszeit* der Betrachtungseinheit. Die Funktion

$$\hat{R}(t) = \frac{n(t)}{N} \qquad (1.1)$$

ist die *empirische Zuverlässigkeitsfunktion*. Gemäß dem Gesetz der großen Zahlen (Gln. (A2.82) und (A2.178)) konvergiert sie für $N \to \infty$ gegen die (wahre) Zuver-lässigkeitsfunktion $R(t)$. Als *empirische Ausfallrate* wird die Größe

$$\hat{\lambda}(t) = \frac{n(t) - n(t + \delta t)}{n(t)\, \delta t} \qquad (1.2)$$

definiert. $\hat{\lambda}(t)\, \delta t$ ist gleich dem Verhältnis der Anzahl Ausfälle im Intervall $(t, t + \delta t]$ zur Anzahl Betrachtungseinheiten, die zur Zeit t noch nicht ausgefallen sind. Mit Hilfe der Gl. (1.1) folgt

$$\hat{\lambda}(t) = \frac{\hat{R}(t) - \hat{R}(t + \delta t)}{\delta t\, \hat{R}(t)} = \frac{-1}{\hat{R}(t)} \cdot \frac{\hat{R}(t + \delta t) - \hat{R}(t)}{\delta t}. \qquad (1.3)$$

Für $N \to \infty$ und $\delta t \to 0$ konvergiert $\hat{\lambda}(t)$ gegen die *Ausfallrate*

$$\lambda(t) = -\frac{1}{R(t)} \cdot \frac{d\,R(t)}{dt}. \qquad (1.4)$$

Gleichung (1.4) stellt einen wichtigen Zusammenhang dar. Sie zeigt, daß die Ausfallrate $\lambda(t)$ die *Zuverlässigkeitsfunktion* R(t) *vollständig* bestimmt. Mit R(0) = 1 folgt aus Gl. (1.4)

$$R(t) = e^{-\int_0^t \lambda(x)\,dx}. \tag{1.5}$$

In vielen praktischen Anwendungen trifft der Fall zu, in welchem die Ausfallrate als konstant (näherungsweise zeitunabhängig) angenommen werden kann. Hier wird

$$\lambda(t) = \lambda \tag{1.6}$$

gesetzt. Aus Gl. (1.5) folgt dann

$$R(t) = e^{-\lambda t}. \tag{1.7}$$

Dieses wichtige Resultat zeigt, daß im Falle einer konstanten Ausfallrate λ die Zuverlässigkeitsfunktion R(t) eine fallende Exponentialfunktion $e^{-\lambda t}$ ist. $e^{-\lambda t}$ ist die *einzige* Lösung der Differentialgleichung (1.4) für $\lambda(t) = \lambda$. Im Anhang A2.1.5.1 wird gezeigt, daß eine Betrachtungseinheit mit konstanter Ausfallrate λ die Eigenschaft der *Gedächtnislosigkeit* aufweist, d. h. *unabhängig* davon, wie lang die Betrachtungseinheit bereits in Betrieb gewesen war, ist die Ausfallwahrscheinlichkeit im nächsten Zeitintervall δt gleich $\lambda \delta t$.

Der *Mittelwert der ausfallfreien Arbeitszeit* τ wird allgemein mit *MTTF (Mean Time To Failure)* bezeichnet und gemäß

$$MTTF = E[\tau] = \int_0^\infty R(t)\,dt$$

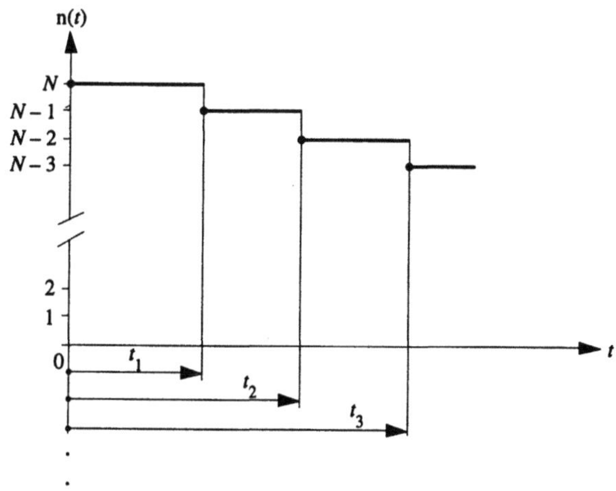

Bild 1.1 Anzahl n(t) der Betrachtungseinheiten, welche zur Zeit t noch nicht ausgefallen sind

bestimmt (Anhang A2.1.6.1). Für den Fall einer konstanten (zeitunabhängigen) Ausfallrate λ gilt $E[\tau] = \int_0^\infty R(t)\,dt = 1/\lambda$. Es ist üblich

$$\frac{1}{\lambda} = MTBF \tag{1.8}$$

zu setzen, wobei *MTBF* für *Mean Time Between Failures* steht (vgl. Anhang A1 für eine Gegenüberstellung der Begriffe MTBF und MTTF).

Zahlreiche Versuche zeigen, daß im allgemeinen Fall die Ausfallrate einer (unendlich großen) Grundgesamtheit statistisch identischer Betrachtungseinheiten den typischen Verlauf gemäß Bild 1.2 aufweist. Dieser setzt sich zusammen aus drei charakteristischen Phasen:

1. *Phase der Frühausfälle*: $\lambda(t)$ nimmt rasch ab; Ausfälle in dieser Phase lassen sich in der Regel auf eine zufällig verteilte Schwäche in Materialien, Bauteilen oder Fertigungsprozessen zurückführen.

2. *Phase der Ausfälle mit konstanter Ausfallrate*: $\lambda(t)$ ist näherungsweise konstant und gleich λ; in dieser Phase treten die Ausfälle meistens plötzlich und rein zufällig (gedächtnislos) auf.

3. *Phase der Verschleißausfälle*: $\lambda(t)$ steigt mit zunehmender Betriebszeit immer schneller an; Ausfälle in dieser Phase sind auf *Alterung*, *Abnützung*, *Ermüdung* usw. zurückzuführen.

Frühausfälle werden in der Regel durch momentane, zufällige Schwankungen in der Qualität der Rohstoffe bzw. Materialien oder der Fertigung verursacht. Sie können durch eine geeignete *Vorbehandlung* (Abschnitte 7.1 und 7.2) *provoziert* werden und müssen von den *systematischen Ausfällen*, welche deterministischen Charakter haben und durch einen *Fehler* verursacht worden sind, unterschieden werden (die Behebung eines systematischen Ausfalles erfolgt in der Regel durch eine Änderung oder Modifikation im Design, im Fertigungsprozeß, in der Dokumentation usw.).

Die Dauer der einzelnen Phasen kann in der Praxis stark variieren. Bei elektronischen Röhren und elektromechanischen Bauteilen ist beispielsweise eine ausgeprägte Phase der Verschleißausfälle feststellbar, während eine solche bei den meisten Halbleiterbauteilen in weiten Grenzen nicht auftritt. Die Phase der Frühausfälle kann je nach der Komplexität der Betrachtungseinheiten und der Reife des Herstellungsprozesses praktisch nicht vorhanden sein oder bis zu wenigen tausend Betriebsstunden dauern.

Ganz allgemein hängt aber die Ausfallrate stark von den *Arbeitsbedingungen* ab (vgl. Bild 3.4 bis Bild 3.7). Für viele elektronische Bauteile verdoppelt sich z.B. die Ausfallrate bei einer Erhöhung der Umgebungstemperatur θ von 10 bis 20°C.

Typische Werte für λ liegen zwischen etwa 10^{-10} bis $10^{-7}\,\mathrm{h}^{-1}$ für Bauteile und 10^{-7} bis $10^{-5}\,\mathrm{h}^{-1}$ für Baugruppen. Eine Periode mit konstanter (zeitunabhängiger) Ausfallrate erleichtert die Analysen wesentlich, speziell im Falle *reparierbarer* Geräte oder Systeme (Markoff-Prozeß im Falle konstanter Ausfallrate (λ) und konstanter Reparaturrate (μ) aller Elemente, vgl. Abschnitt 3.3).

1.2.4 Instandhaltbarkeit

Für viele Geräte und Systeme ist eine Instandhaltung möglich. Unter *Instandhaltung* versteht man die Aktivitäten zur Erhaltung oder Wiederherstellung des Sollzustands einer Betrachtungseinheit. Man unterscheidet zwischen *Wartung*, d. h. periodischen Arbeiten zur Kontrolle des Funktionszustands und zur Entdeckung von *verborgenen Ausfällen* sowie zur Vermeidung von Drift- bzw. Verschleißausfällen, und *Instandsetzung*, d. h. Aktivitäten zur Lokalisierung und Behebung eines Ausfalls. Es ist üblich, Instandsetzung auch als *Reparatur* zu bezeichnen.

Die *Instandhaltbarkeit* ist eine Eigenschaft einer Betrachtungseinheit, ausgedrückt durch die *Wahrscheinlichkeit*, daß der Zeitaufwand für eine *Reparatur* bzw. für eine *Wartung* kleiner als eine gegebene Zeitspanne t ist, wenn die Instandhaltung unter *definierten materiellen und personellen Bedingungen* erfolgt. Der Mittelwert der Reparaturzeiten wird mit *MTTR (Mean Time To Repair)* und jener der Zeiten für eine Wartung mit *MTTPM (Mean Time To Preventive Maintenance)* bezeichnet.

Die Instandhaltbarkeit muß in ein Gerät oder System durch ein *Instandhaltungskonzept* während der Entwicklungsphase *hineinentwickelt* werden (Abschnitt 3.2.1). Infolge des direkten Einflusses auf die Verfügbarkeit, der starken Zunahme der Instandhaltungskosten und des Mangels an qualifiziertem Instandhaltungspersonal wird der *Instandhaltbarkeit* eine zunehmend größere Bedeutung zugemessen. Wie die Erfahrung zeigt, hängt aber die im *Betrieb* erreichte Instandhaltbarkeit auch von der Installation des Geräts oder Systems sowie von der Organisation, Ausrüstung und Ausbildung des Instandhaltungspersonals, d. h. ganz allgemein von der logistischen Unterstützung ab.

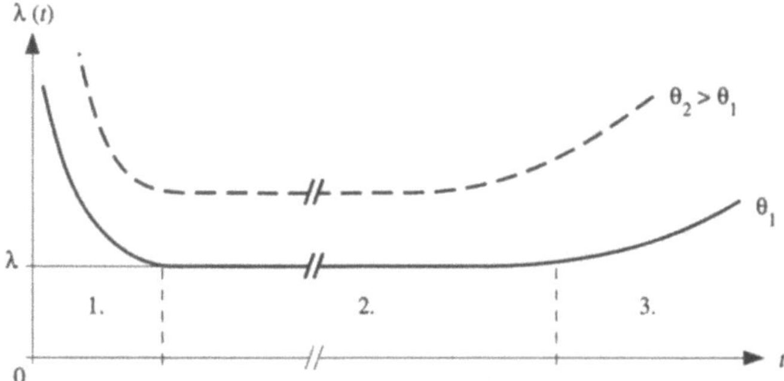

Bild 1.2 Typischer Verlauf der Ausfallrate einer (unendlich großen) Grundgesamtheit statistisch identischer Betrachtungseinheiten (gestrichelt ist die prinzipielle Verschiebung der Kurve bei Erhöhung der Belastung (hier Umgebungstemperatur)

1.2.5 Logistische Unterstützung

Mit *logistischer Unterstützung* (Logistik) werden die Aktivitäten bezeichnet, die mit dem Ziel ausgeführt werden, eine wirksame und wirtschaftliche Verwendung einer Betrachtungseinheit während der *Nutzungsphase* zu ermöglichen. Die logistische Unterstützung für ein komplexes Gerät oder System beginnt in der Entwicklungsphase mit der Aufstellung und Realisierung eines Instandhaltungskonzepts (Abschnitt 3.2.1) und endet mit der Ausscheidung oder Verschrottung des Geräts oder Systems.

1.2.6 Verfügbarkeit

Die *Verfügbarkeit (Punkt-Verfügbarkeit)* ist die *Wahrscheinlichkeit,* daß die Betrachtungseinheit zu einem bestimmten Zeitpunkt die geforderte Funktion unter vorgegebenen Arbeitsbedingungen ausführt, unabhängig davon, ob sie bis zu diesem Zeitpunkt bereits *ausgefallen* ist oder nicht. Dies im Gegensatz zur Zuverlässigkeit, für welche der Zeitpunkt des ersten Ausfalls auf Ebene Betrachtungseinheit maßgebend ist. Die Berechnung der Verfügbarkeit (wie auch jene der Zuverlässigkeit im reparierbaren Fall) ist in der Regel kompliziert, weil neben der Zuverlässigkeit und Instandhaltbarkeit auch die *logistische Unterstützung* und die *menschlichen Faktoren* zu berücksichtigen sind. Oft geht man von der Annahme *idealer* logistischer Unterstützung und menschlicher Faktoren aus, so daß die Verfügbarkeit nur noch eine Funktion der Zuverlässigkeit und der Instandhaltbarkeit wird. Im Falle eines Dauerbetriebs (die Betrachtungseinheit ist außer Betrieb nur im Falle einer Reparatur auf Ebene Betrachtungseinheit) konvergiert die Punkt-Verfügbarkeit schnell gegen den Ausdruck

$$PA = \frac{MTTF}{MTTF + MTTR}.$$
(1.9)

Dieser Wert ist auch gleich dem asymptotischen und stationären Wert der durchschnittlichen Verfügbarkeit (Tab. 3.10). Je nach Anwendung können andere Verfügbarkeitsarten definiert werden (Abschnitt 3.3.1).

1.2.7 Sicherheit, Risiko, Risikoakzeptanz

Die *Sicherheit* ist die Eigenschaft einer Betrachtungseinheit, weder *Menschen, Sachen* noch *Umwelt* zu gefährden. Ihre Untersuchung muß unter zwei Gesichtspunkten erfolgen: Sicherheit, wenn die Betrachtungseinheit *korrekt* funktioniert und betrieben wird, und Sicherheit, wenn die Betrachtungseinheit oder ein Teil davon *ausgefallen* ist. Der erste Aspekt wird durch die *Unfallverhütung* abgedeckt, die vielfach durch gesetzliche Vorschriften geregelt ist. Der zweite Aspekt ist Gegenstand der *technischen Sicherheit* und wird mit den Methoden der Zuverlässigkeitstheorie untersucht. Dabei müssen auch die Einwirkungen äusserer Einflüsse (Katastrophe, Sabotage usw.) berücksichtigt werden. Prinzipiell soll jedoch zwischen technischer Sicherheit und Zuverlässigkeit unterschieden werden. Während die Sicherheitstheorie Maßnahmen untersucht, die es gestatten, bei einem Ausfall die Betrachtungseinheit in einen *sicheren Zustand* zu bringen *(fail safe)*, untersucht die Zuverlässigkeitstheorie Maßnahmen, um ganz allgemein die Anzahl Ausfälle zu vermindern. Die Sicherheit einer Betrachtungseinheit bestimmt weitgehend das Auftreten von *Produkthaftpflichtfällen* (Abschnitt 1.2.9). Allerdings kann oft eine Verbesserung der Sicherheit eine Verschlechterung der Zuverlässigkeit oder der Verfügbarkeit verursachen (z. B. durch Stillegung einer Anlage bei einer Gefahrmeldung).

Eng gekoppelt mit dem Begriff der (technischen) Sicherheit sind jene des *Risikos* und der *Risikoakzeptanz*. Risikoprobleme sind oft interdisziplinär und müssen von Ingenieuren, Soziologen, Psychologen und Politikern gemeinsam gelöst werden. Wichtig dabei ist eine sinnvolle Gewichtung zwischen *Auftrittswahrscheinlichkeit* und *Auswirkung* eines bestimmten Ereignisses (die Multiplikationsregel gilt nicht immer). Für die *Risikoakzeptanz* spielen neben der Auftrittswahrscheinlichkeit und der Auswirkung auf die Betrachtungseinheit (z. B. Anlage), auch die *Zuordnung der Ursache* (technisch oder menschlich) und die *globale Auswirkung* (geographisch und zeitlich) eines bestimmten Ereignisses eine große Rolle. Die Anwendung der *Statistik* ist in solchen Berechnungen nicht immer möglich, weil das Datenmaterial fehlt oder die Übertragung vom Verhalten einer großen Gesamtheit von Individuen auf einen einzelnen Fall problematisch ist.

Einfach zu beweisen ist der *lineare Zusammenhang* zwischen der Wahrscheinlichkeit p_1, daß ein bestimmtes Ereignis einmal auftritt, wenn es mit der Wahrscheinlichkeit p bei jeder von n unabhängigen Betrachtungseinheit (z. B. Anlagen) auftreten kann

$$p_1 = n\,p(1-p)^{n-1} \approx n\,pe^{-n\,p} \approx n\,p(1-n\,p) \approx n\,p. \tag{1.10}$$

Die Gl. (1.10) gilt für p sehr klein und n groß ($n\,p \ll 1$). Sie stützt sich auf die Binomialverteilung (Gl. (A2.39)) und auf die Poissonsche Näherung (Gl. (A2.43)). Falls man anstelle der Wahrscheinlichkeit p_1 die Ausfallrate λ jeder der n Betrachtungseinheiten nimmt (z. B. Anlagen) und eine Betriebszeit T betrachtet, so gibt

$$p_1 = n\lambda T e^{-n\lambda T} \approx n\lambda T(1-n\lambda T) \approx n\lambda T \tag{1.11}$$

die Wahrscheinlichkeit für einen Ausfall einer der n unabhängigen Betrachtungseinheiten (mit Ausfallrate λ) im Intervall $(0, T]$ an (Gl. (A2.107) und Beispiel 6.8).

Obige Darlegungen zeigen, daß die Wahrscheinlichkeit p_1 eines bestimmten Ereignisses (z. B. eines großen Unfalls) näherungsweise gleich dem *Produkt* der Anzahl n der gleichen und unabhängigen Betrachtungseinheiten *mal* die Wahrscheinlichkeit p bzw. λT des betreffenden Ereignisses bei jeder der Betrachtungseinheiten ist ($p_1 \approx n\,p \approx n\,\lambda\,T \ll 1$). Um große Umweltkatastrophen zu verhindern, ist es wichtig, daß Sicherheitsforderungen bzw. Umweltschutzverordnungen *weltweit* harmonisiert werden.

1.2.8 Kosten- bzw. Systemwirksamkeit

Alle bisher vorgestellten Begriffe hängen zusammen. Dieser Zusammenhang läßt sich am besten anhand des Begriffs Kostenwirksamkeit zeigen und ist im Bild 1.3 dargelegt. Unter *Kostenwirksamkeit* versteht man ein Maß für die Fähigkeit einer Betrachtungseinheit, die geforderte Funktion mit dem bestmöglichen Verhältnis von Nutzen zu Lebenslaufkosten zu erfüllen. Es ist üblich, Kostenwirksamkeit auch als *Systemwirksamkeit* zu bezeichnen. Als *Lebenslaufkosten* wird die Summe der Anschaffungs-, Betriebs-, Instandhaltungs- und Ausscheidungskosten definiert. Diese Kosten hängen stark von der Zuverlässigkeit und Instandhaltbarkeit ab. Sie werden für technische Systeme mit hohen Zuverlässigkeitsanforderungen oft bis zu 80% in der Definitions- und Entwicklungsphase bestimmt. Für solche Systeme ist die *Anwendungsdauer* in der Regel größer als 10 Jahre und die Anschaffungskosten liegen oft bei etwa 40 bis 60% der Lebenslaufkosten. Auch in Bild 1.3 wird der Begriff *Dependability* als Oberbegriff für Verfügbarkeit, Zuverlässigkeit, Instandhaltbarkeit und logistische Unterstützung für *qualitative* Betrachtungen verwendet (IEC 300-1).

1.2.9 Qualitätssicherung

Aus Bild 1.3 ist die zentrale Funktion der *Qualitätssicherung* ersichtlich. Sie faßt alle Sicherungsaktivitäten zusammen und stützt sich im wesentlichen auf folgende Aspekte:

1. *Konfigurationsmanagement:* Verfahren zur Festlegung, Beschreibung, Prüfung und Genehmigung der Konfiguration einer Betrachtungseinheit sowie zu ihrer Steuerung und Überwachung bei Änderungen und Modifikationen (es ist üblich das Konfigurationsmanagement in *Beschreibung, Überprüfung, Steuerung* und *Überwachung der Konfiguration* zu unterteilen, vgl. Abschnitt 2.4.4).

2. *Qualitätsprüfung*: Planung, Durchführung und Auswertung aller notwendigen Prüfungen, um sicherzustellen, daß die Betrachtungseinheit den gestellten Anforderungen genügt; zu diesen Prüfungen gehören Eingangsprüfungen, Qualifikationsprüfungen, Zwischenprüfungen und Endprüfungen samt Zuverlässigkeits-, Instandhaltbarkeits- und Sicherheitsprüfungen.

3. *Qualitätssteuerung in der Fertigung*: Steuerung der Fertigungsprozesse und -abläufe mit dem Ziel, das geforderte Qualitätsniveau einer Betrachtungseinheit sicherzustellen.

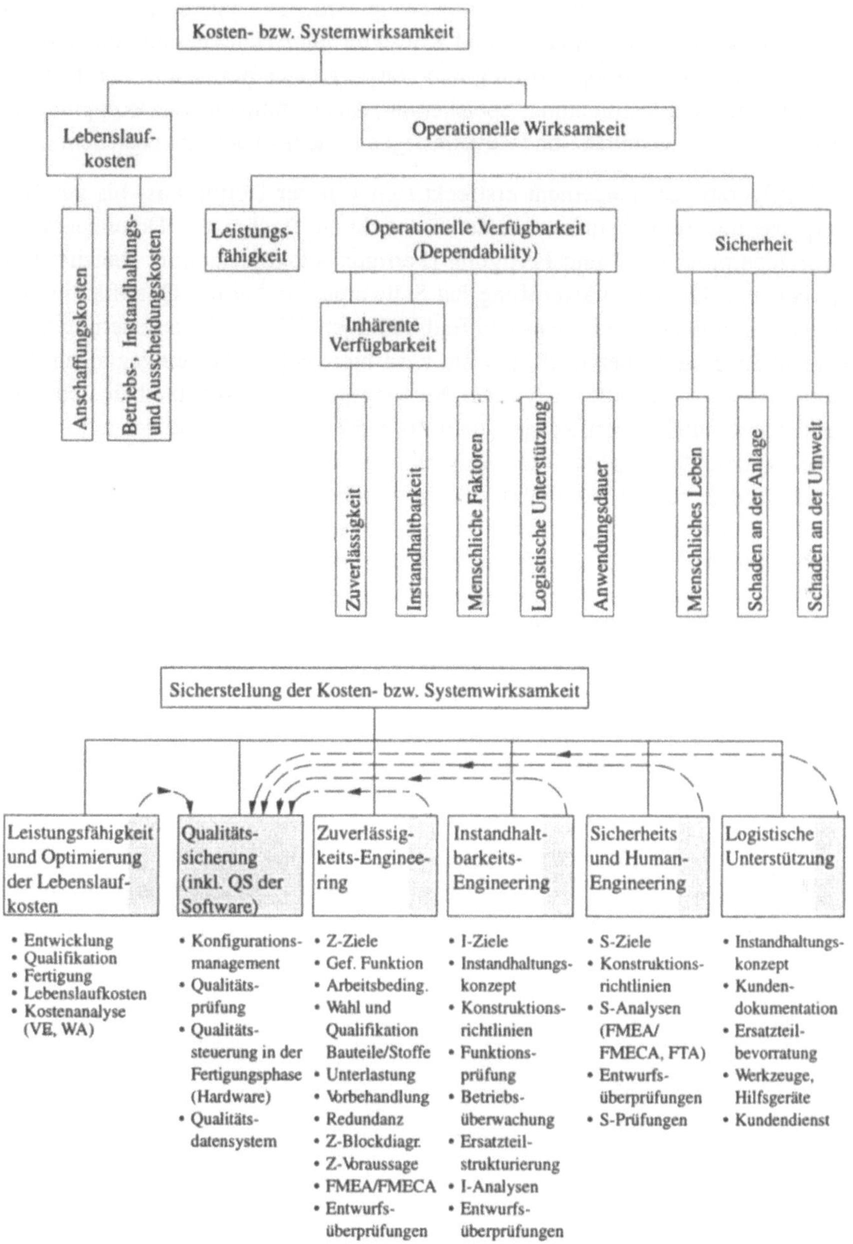

Bild 1.3   Kosten- bzw. Systemwirksamkeit bei komplexen Geräten und Systemen
(I = Instandhaltbarkeit, QS = Qualitätssicherung, S = Sicherheit, Z = Zuverlässigkeit)

4. *Qualitätsdatensystem*: Ein oft computerunterstütztes System zur raschen und
   wirksamen Erfassung, Analyse und Korrektur aller Defekte und Ausfälle, die
   während der Herstellung, Prüfung und Nutzung einer Betrachtungseinheit auftreten, sowie zur Verdichtung, Speicherung, Auswertung und Rückkopplung der
   entsprechenden Qualitäts- und Zuverlässigkeitsdaten zu den Linienstellen.

Das Konfigurationsmanagement erstreckt sich von der Definitions- bis zur Nut-
zungsphase mit Schwerpunkten in der Entwicklung (technische Dokumentation,
Entwurfsüberprüfungen) und Fertigung (Fertigungsdokumentation, Bauzustands-
überwachung). Die Qualitätsprüfung hat Schwerpunkte bei der Qualifikation der
Prototypen und in den Zwischen- und Endprüfungen. Die Qualitätssteuerung in der
Fertigung ist produktspezifisch, auf sie wird hier nicht näher eingegangen. Das
Qualitätsdatensystem sollte auch in der Nutzungsphase wirksam bleiben, denn hier
treten die anwendungsspezifischen Qualitäts- und Zuverlässigkeitsdaten auf.

Die Begriffe der Qualitäts- und Zuverlässigkeitssicherung haben sich seit Beginn der vierziger Jahre parallel zu den entsprechenden Verfahren und Methoden
entwickelt und eingebürgert. Tabelle 1.1 gibt die wesentlichen Etappen dieser Entwicklung wieder. Bild 1.4 zeigt prinzipiell die Einteilung des relativen Aufwands
für die Qualitäts- und Zuverlässigkeitssicherung in der gleichen Zeitperiode. Zunehmend an Bedeutung gewinnen die Untersuchungen über *störungstolerante Strukturen, Prüfbarkeit, Prüf- und Vorbehandlungsstrategien* und *Software-Qualität*.

Auf die Verfeinerung bzw. Weiterführung des Begriffes *Qualiätssicherung* zum
Total Quality Management (TQM) bzw. zum *System Engineering* und *Concurrent
Engineering* wird im Kapitel 2 hingewiesen.

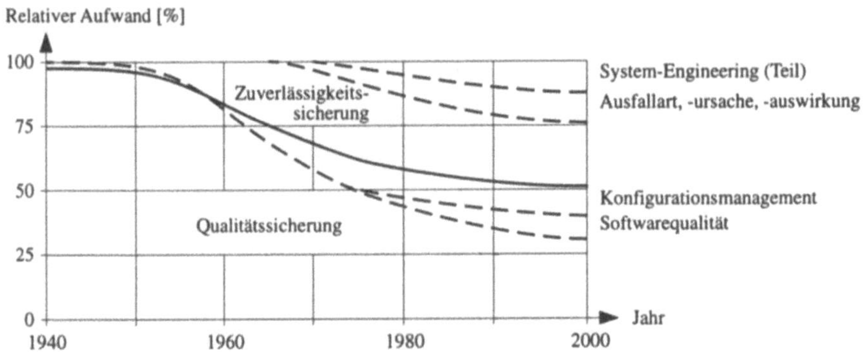

Bild 1.4   Relativer Aufwand für die Qualitäts- und Zuverlässigkeitssicherung
komplexer Geräte und Systeme

1.2.10 Produkthaftung

Produkthaftung ist die rechtliche Verantwortung des Herstellers für *Personen-*, *Sach-* oder *Vermögensschäden*, die durch den Gebrauch defekter oder ausgefallener Betrachtungseinheiten entstehen. Dabei wird grundsätzlich eine *sachgemäße*, vom Hersteller *vorgeschriebene* Anwendung der Betrachtungseinheit vorausgesetzt. Die Kette der Haftpflichtigen erstreckt sich über *alle*, die an der Entstehung oder am Verkauf des Produktes involviert waren, inklusive Zulieferer. Im Schadensfall kommt es grundsätzlich zu einer *verschuldensunabhängigen* Haftung, Kausalhaftung oder *Strict Liability*. Dies gilt vor allem für die USA, vermehrt aber auch

Tabelle 1.1 Historische Entwicklung der Qualitäts- und Zuverlässigkeitssicherung

bis 1940	Qualitätsmerkmale werden festgelegt. Prüfungen werden zunehmend durchgeführt. Der Begriff *Fertigungsqualität* bürgert sich ein.
1940–1950	Defekte und Ausfälle werden systematisch erfaßt, analysiert und korrigiert. Die *statistische Qualitätskontrolle* bürgert sich ein. Man wird sich bewußt, daß die Qualität in eine Betrachtungseinheit hineinentwickelt werden muß; der Begriff *Entwurfsqualität* wird geläufig.
1950–1960	Die *Qualitätssicherung* wird als Mittel zur Erreichung eines vorgegebenen Qualitätsniveaus anerkannt. *Präventivmaßnahmen* gewinnen an Bedeutung. Man erkennt, daß kurzzeitig einwandfreies Funktionieren noch nicht *Zuverlässigkeit* bedeutet. Zuverlässigkeitsuntersuchungen führen zur systematischen Analyse von Ausfällen, zur Erstellung von Tabellen für die Ausfallraten, zur gezielten Verbesserung der Zuverlässigkeit und zur Durchführung von Entwurfsüberprüfungen. Diese Arbeiten werden in der Regel im Entwicklungsbereich durchgeführt.
1960–1970	Schwierigkeiten bezüglich Reproduzierbarkeit und Kontrolle des Änderungsstands sowie Schnittstellenprobleme fördern die Weiterentwicklung des *Konfigurationsmanagements*. Die *Zuverlässigkeitssicherung* bürgert sich ein. Methoden zur Schätzung und zum Nachweis der *MTBF* werden aufgestellt. Es zeigt sich, daß die *MTBF* nicht ohne weiteres in einer Abnahmeprüfung nachgewiesen werden kann; die Durchführung eines *Zuverlässigkeitssicherungsprogramms* wird gefördert. Die *Instandhaltbarkeit*, die *Verfügbarkeit* und die *logistische Unterstützung* gewinnen an Bedeutung.
1970–1980	Die wachsende Komplexität elektronischer Geräte und Systeme bringt die Aspekte der *Mensch-Maschine-Schnittstellen* und der *Lebenslaufkosten* in den Vordergrund. Die Begriffe *Produktsicherung, Kosten-* bzw *Systemwirksamkeit* und *System-Engineering* werden eingeführt. Die *Produkthaftung* gewinnt an Bedeutung. Die Aktivitäten der Qualitäts- und Zuverlässigkeitssicherung werden *projektspezifisch* festgelegt und in enger *Zusammenarbeit* mit allen Linienstellen durchgeführt. Kunden fordern den Nachweis der Zuverlässigkeit während der Garantieperiode.
1980–1990	Die Aspekte der *Prüfbarkeit* sowie *Prüf- und Vorbehandlungsstrategien* werden immer wichtiger. Die raschen Fortschritte der Mikroelektronik eröffnen neue Möglichkeiten für Redundanzstrukturen und für *eingebaute Prüfungen*. Der Begriff *Softwarequalität* gewinnt an Bedeutung. Als Oberbegriff für qualitative Betrachtungen über Verfügbarkeit, Zuverlässigkeit, Instandhaltbarkeit und logistische Unterstützung bürgert sich der Begriff *Dependability* (operationelle Verfügbarkeit in Bild 1.3) ein.
ab 1990	Die Notwendigkeit für immer kürzere Entwicklungszeiten (time to market) führen zum Konzept des *Concurrent Engineering*. Der Begriff *Total Quality Management* (TQM) bürgert sich ein, als Verfeinerung des Begriffs Qualitätssicherung (Tab. 2.3).

für Europa (EG-Richtlinie 85/374). Allerdings muß in Europa der Geschädigte immer noch den *Kausalzusammenhang* zwischen Schaden und Defekt bzw. Ausfall nachweisen [1.10, 1.12, 1.19]. In den rechtskräftigen Dokumenten über Produkthaftung wird anstelle von defekter oder ausgefallener Betrachtungseinheit in der Regel von fehlerhaftem Produkt gesprochen, zudem ist die Stellung der Software noch nicht endgültig geregelt.

Die rasche Zunahme der *Produkthaftpflichtfälle* in den USA (50'000 im Jahr 1960, 500'000 im Jahr 1970, über eine Million im Jahr 1980) darf von einem international tätigen Unternehmen nicht ignoriert werden. Der Grund für diese geradezu chaotischen Verhältnisse liegt z. T. wohl in der Besonderheit der prozessualen Verfahren der USA (Strict Liability und Jury). Diese Situation soll in Europa besser unter Kontrolle bleiben: Beweislast des Kausalzusammenhanges zwischen Schaden und Fehler beim Geschädigten, relativ schnelle Verjährung der Ansprüche (3 Jahre nach Erkenntnis von Schaden, Fehler und Hersteller, bzw. 10 Jahre nach Inverkehrssetzung des Produkts) und relativ hoher Selbstbehalt (500 Ecu). Ein gut ausgebautes *Konfigurationsmanagement* (Abschnitt 2.4.4) und die Durchführung von *Sicherheitsanalysen* (Abschnitt 3.1.16) sind wichtige Voraussetzungen um Produkthaftpflichtfälle zu vermeiden.

1.3 Hauptaufgaben zur Sicherstellung der Qualität und Zuverlässigkeit

Die Erfahrung zeigt, daß die Entwicklung und Herstellung komplexer Geräte oder Systeme mit hohen Anforderungen bezüglich Zuverlässigkeit, Instandhaltbarkeit, Verfügbarkeit und Sicherheit sowie mit einem festgelegten Qualitätsniveau nur dann möglich ist, wenn zur Sicherstellung dieser Eigenschaften während *aller Lebenslaufphasen* (Entstehungsphasen) *bestimmte Aktivitäten durchgeführt werden*. Bild 1.5 gibt die Lebenslaufphasen eines technischen Systems an. Es zeigt auch, was zu Beginn jeder Phase bzw. am Ende der vorhergehenden Phase vorliegen soll.

Die *Hauptaufgaben zur Sicherstellung der Qualität und Zuverlässigkeit* während der Entwicklung und Herstellung komplexer Geräte und Systeme sind in Tab. 1.2 zusammengestellt. In Tab. 1.2 wird auch gezeigt, in welchen *Lebenslaufphasen* die Lösung der einzelnen Aufgaben erfolgen soll. Die Aufgaben in Tab. 1.2 werden in Tab. 2.3 verfeinert und den Linienstellen für die Lösung zugeteilt. Wie aus Tab. 1.2 hervorgeht, erstrecken sich viele Aufgaben über mehrere Projektphasen und fordern die Zusammenarbeit *aller* an der Entstehung eines Produktes direkt *involvierten Linienstellen*. Ihre Lösung muß deshalb *koordiniert* werden. Im Rahmen eines Großprojekts sind die Aufgaben zur Sicherstellung der Qualität und Zuverlässigkeit in einem projektspezifischen *Qualitäts-* und *Zuverlässigkeitssicherungsprogramm* projektspezifisch formuliert (Abschnitt 2.4).

Auf der Basis der Aufgaben in Tab. 1.2 lassen sich die *Grundsätze* für eine bezüglich Kosten und Termine optimierte Qualitäts- und Zuverlässigkeitssicherung zusammenfassen:

1. Es soll prinzipiell nach der Regel »so gut wie nötig« operiert werden.
2. Die Aktivitäten zur Sicherstellung der Qualität und Zuverlässigkeit sollen möglichst *nahtlos durch alle Projektphasen* hindurch ausgeübt werden, von der Vorstudien- (Festlegung der Ziele) bis zur Nutzungsphase (Erfassung und Auswertung der Ausfalldaten im Betrieb).
3. Die Aktivitäten müssen in *enger Zusammenarbeit* mit allen am Projekt beteiligten *Linienstellen* durchgeführt werden, die Linienstellen übernehmen selbst einen großen Teil der Durchführung (Tab. 2.1).
4. Koordination und Steuerung der Aktivitäten erfolgen in einer *zentralen Stelle für die Qualitäts- und Zuverlässigkeitssicherung*, welche auch spezielle Aufgaben selbständig löst (Tab. 2.1).
5. Aus Gründen der Unabhängigkeit soll die zentrale Stelle für die Qualitäts- und Zuverlässigkeitssicherung der *Geschäftsleitung* unterstellt werden.

Hohe Qualitäts- und Zuverlässigkeitsforderungen sind nur dann mit einem angemessenen Aufwand erfüllbar, wenn jeder Mitarbeiter der Firma in die entsprechenden Aktivitäten miteinbezogen wird. Zu diesem Zweck ist eine gezielte, praxisorientierte *Motivation* und *Schulung* notwendig. Diese soll mit Vorteil firmenintern erfolgen (etwa 1/2 Tag für das obere Kader, 1 Tag für Projektleiter und Verkaufsingenieure, 3 Tage für Entwicklungsingenieure und Qualitätssicherungs-Fachleute), wobei man sich je länger je mehr auf die von Hoch- und Fachschulen vermittelten Grundlagen stützen kann.

DEFINITIONS- UND ENTWICKLUNGSPHASE		FERTIGUNGSPHASE		NUTZUNGS-PHASE
Vorstudien, Definition	Entwicklung, Konstruktion, Prototypenbau und -qualifikation	Vorserie, Serienreifmachung	Serienfabrikation	Verwendung
• Idee, Marktbedürfnisse • Beurteilung ausgelieferter Systeme • Vorstudienantrag	• Pflichtenheft • Schnittstellenspezifikationen • Projektantrag	• Bereinigtes Pflichtenheft • Qualifizierter und freigegebener Prototyp • Technische Dokumentation • Vorserienantrag	• Fertigungsdokumentation • Erprobte Fertigungsmittel • Qualifizierte und freigegebene erste Serieneinheit • Serienantrag	• Serieneinheit • Kundendokumentation • Ersatzteile

(rechts, vertikal: Ausscheidung)

Bild 1.5 Lebenslaufphasen (Entstehungsphasen) komplexer Geräte und Systeme

Tabelle 1.2   Hauptaufgaben zur Sicherstellung der Qualität und Zuverlässigkeit komplexer Geräte und Systeme (die Höhe der Streifen ist ein Maß für den relativen Aufwand)

Hauptaufgaben zur Sicherstellung der Qualität und Zuverlässigkeit komplexer Geräte und Systeme	Projektunabhängig	Spezifisch in der Phase					
		Vorstudien	Definition	Entw./Konstr.	Qualifikation	Fertigung	Nutzung
1. Ermittlung der Markt- bzw. Kundenforderungen	▪	█	▪	▪	▪	▪	▪
2. Durchführung von Grobanalysen		■	█	▪	▪	▪	
3. Erstellung bzw. Überprüfung von Pflichtenheften, Offerten usw.		■	█	▪	▪	▪	
4. Erstellung des Qualitäts- und Zuverlässigkeitssicherungprogramms		▪	■	▪	■	▪	
5. Analyse der Zuverlässigkeit und der Instandhaltbarkeit			▪	█	▪	▪	▪
6. Analyse der Sicherheit und der menschlichen Faktoren			■	█	■	▪	▪
7. Wahl und Qualifikation der Bauteile und Stoffe			▪	■	█	▪	
8. Wahl und Qualifikation der Unterlieferanten			▪	■	█	■	
9. Erstellung der projektabhängigen Spezifikationen			▪	█	▪	■	
10. Planung und Steuerung von Dokumentation und Bauzustand		▪	▪	■	▪	█	▪
11. Qualifikation der Prototypen				▪	█		
12. Sicherstellung der Fertigungsprozesse und -abläufe				▪	■	█	
13. Durchführung von Zwischenprüfungen				▪	▪	█	
14. Durchführung der Endprüfung/Abnahmeprüfung					▪	█	▪
15. Erfassung, Analyse und Korrektur der Defekte und Ausfälle					▪	█	▪
16. Logistische Unterstützung		▪	▪	■	▪	▪	■
17. Durchführung von Koordinations- und Überwachungsaufgaben	■	▪	▪	■	▪	■	▪
18. Erfassung und Analyse der Qualitätskosten	■		▪	■	■	█	▪
19. Erarbeitung von Konzepten, Methoden und Verfahren	█			▪	▪	■	
20. Motivation und Schulung der Linienstellen	█			▪	▪	■	

2 Festlegung und Durchsetzung von Qualitäts- und Zuverlässigkeitsforderungen

Qualitäts- und Zuverlässigkeitsforderungen sind wichtig, um spezifizierte operationelle Bedingungen zu erfüllen sowie um Betriebs- und Instandhaltungskosten unter Kontrolle zu halten. Sie schaffen klare Voraussetzungen für den Entwicklungsingenieur, müssen aber nach dem Grundsatz *so gut wie nötig* formuliert werden, denn übertriebene Forderungen können die Marktchancen eines Geräts oder Systems negativ beeinflussen. Nach einer kurzen Darlegung der allgemeinen Kundenforderung bezüglich Qualitäts- und Zuverlässigkeitssicherungen von Geräten und Systemen sowie des Zusammenhangs zwischen Lebenslaufkosten und Qualitäts- bzw. Zuverlässigkeitsforderungen wird in diesem Kapitel ausführlich auf die *Festlegung und Durchsetzung* von Zuverlässigkeitsforderungen eingegangen.

2.1 Kundenforderungen

Kundenforderungen auf dem Gebiet der Qualitäts- und Zuverlässigkeitssicherung können qualitativen oder quantitativen Charakter haben. *Quantitative* Forderungen (z. B. MTBF, MTTR, Verfügbarkeit) werden wie technische Eigenschaften in Pflichtenheften und Verträgen festgelegt. Sie spezifizieren die Werte für die Zuverlässigkeit, Instandhaltbarkeit oder Verfügbarkeit mit den entsprechenden Angaben bezüglich geforderter Funktion, Umwelt- bzw. Arbeitsbedingungen, personeller und materieller Bedingungen, logistischer Unterstützung und Nachweiskriterien. *Qualitative* Forderungen sind in Normen, Standards oder Empfehlungen enthalten. Diese Normen fordern grundsätzlich ein Qualitätssicherungssystem. Ihre Hauptziele sind:

1. *Standardisierung* bezüglich Konfiguration, Umweltbedingungen, Prüfbedingungen, Wahl von Bauteilen und Stoffen, logistischer Unterstützung usw.
2. Vereinheitlichung der Qualitäts- und Zuverlässigkeitssicherungssysteme
3. Festlegung einer gemeinsamen Sprache.

Die wichtigsten *Normen und Standards* auf dem Gebiet der Qualitäts- und Zuverlässigkeitssicherung sind in Tab. 2.1 zusammengefaßt.

Die ISO 9001 bzw. die äquivalente EN 90001 sollen die nationalen Qualitätsnormen für Gebrauchsgüter ablösen. Sie sind für eine breite Palette von Produkten gedacht, allgemein gehalten und damit in der Struktur nicht ganz ausgereift. Die ISO 9001 fordert ein System zur Sicherstellung der *Qualität* in der Entwicklungs- und Fertigungsphase. Das System soll wirksam und wirtschaftlich sein und Gewähr bieten, daß zu einer Abnahmeprüfung nur abnahmetaugliche Geräte vorgelegt werden. Die Forderungen erstrecken sich auf Organisation, Planung, Konfigurationsmanagement, Beschaffung, Steuerung der Fertigung, Prüf- und Meßeinrichtungen, Qualitätsprüfung und Korrekturmaßnahmen. Die Erfüllung der ISO 9001 wird zunehmend als Voraussetzung für die Erteilung von Aufträgen betrachtet. Darüber besteht aber noch keine international juristisch gestützte Abmachung, so daß die damit verbundene *Zertifizierung* nur bedingt international anerkannt wird. Zur Zertifizierung gehört die Genehmigung des Qualitätssicherungssystems des Auftragnehmers und insbesondere des Qualitätssicherungshandbuches. Für die Fertigungsphase allein ist die *ISO 9002* maßgebend.

Für die Aspekte der *Zuverlässigkeit* kann man sich auf die IEC 300-2 für ein Zuverlässigkeitssicherungsprogram und auf die IEC 300-3 für einzelne Analysemethoden beziehen. Eine ausgereifte Darstellung ist im MIL-STD-785 enthalten. Die Forderungen vom MIL-STD-785 sind der Komplexität des Geräts bzw. Systems anzupassen, sie sind sehr detailliert angegeben und umfassen Organisation, Planung, Analysen, Wahl und Qualifikation von Bauteilen und Stoffen, Entwurfsüberprüfungen, FMEA/FMECA, Qualifikationsprüfungen, Erfassung und Analyse der Ausfälle, Korrekturmaßnahmen, Hebung der Zuverlässigkeit in der Fertigungsphase und Nachweisprüfungen (ein Ersatz der MIL-STD-785 für industrielle Anwendungen ist in Vorbereitung). Zum *Nachweis einer MTBF* ist die *IEC 605-7* maßgebend. Die Prüfung wird grundsätzlich durch das Prüfniveau (geforderte Funktion, Temperaturzyklen, Ein- und Ausschaltung, Vibrationen usw.) und durch den Prüfplan bestimmt. Als Prüfpläne werden einfache Prüfpläne und Sequentialtests angeführt.

Die IEC 605-7 wie auch die MIL-STD-781 sind nur für den Fall einer *konstanten Ausfallrate* λ bzw. einer *MTBF* $= 1/\lambda$ anwendbar. Die IEC 706-1 und -2 bzw. die *MIL-STD-470* fordern die Realisierung eines *Instandhaltbarkeitssicherungsprogramms* und insbesondere die Durchführung von Analysen, Entwurfsüberprüfungen, FMEA/FMECA und Nachweisprüfungen. Gefordert wird auch die Erarbeitung eines *Instandhaltungskonzepts* (Ausfallerkennung/Ausfalllokalisierung, Strukturierung des Geräts bzw. Systems, Kundendokumentation, Logistik). Der *Nachweis der Instandhaltbarkeit* wird in der IEC 706-6 (oder *MIL-STD-471*) behandelt.

Die übrigen IEC-Normen behandeln spezielle Aspekte, wie z.B. FMEA (812), FTA (1025), Zuverlässigkeitswachstum (1014 und 1164), Vorbehandlung (1163), Markoff-Modelle (1165).

Tabelle 2.1 Wichtigste Normen und Standards auf dem Gebiet der Qualitäts- und Zuverlässigkeitssicherung von Geräten und Systemen

Industrie			
1994 Int.	ISO 9000	Quality management and quality assurance standards – Guidelines for selection and use (-1 to -4)	
	ISO 9001	Quality systems – Model for quality assurance in design, development, production, installation and servicing	
	ISO 9002	Quality systems – Model for quality assurance in production, installation and servicing	
	ISO 9003	Quality systems – Model for quality assurance in final inspection and test	
	ISO 9004	Quality management and quality system elements – Guidelines (-1 to -4)	
1993 Int. –95	IEC 300	Dependability management (-1: Program management, -2: Program element tasks, -3: Application guides)	
1978 Int. –94	IEC 605	Equipment reliability testing (-1: Gen. req., -2: Test cycles, -3: Test conditions, -4: Point and interval estimates, -6: Test for constant failure rate, -7: Tests for $MTBF = 1/\lambda$	
1982 Int. –94	IEC 706	Guide on maintainability of equipment (-1: Maint. program, -2: Analysis, --3: Data evaluation, -4: Support planning, -5: Diagnostic, -6: Statistical methods)	
1985 Int. –95	IEC	812, 863, 1014, 1025, 1070, 1078, 1123, 1160, 1163, 1164, 1165	
1985 EU	85/374	Product Liability	
Software Qualität			
1993 USA	IEEE/ANSI Std.	IEEE Software Engineering Standards Collection (in particular 610.12, 730/.1, 828, 829, 830, 982.1/.2, 1008, 1012, 1028, 1042, 1045, 1058.1, 1061, 1063, 1074/.1, 1209, 1219, 1298)	
Militär			
1959 USA	MIL-Q-9858	Quality Program Requirements (Ed.A, 1963)	
1965 USA	MIL-STD-785	Reliability Program for Systems and Eq. Devel. and Production (Ed.B, 1980)	
1965 USA	MIL-STD-781	Reliability Testing for Engineering Devel., Qualif. and Prod. (Ed.D, 1986)	
1966 USA	MIL-STD-470	Maintainability Program for Systems and Equipment (Ed. A, 1983)	
1968 NATO	AQAP-1	NATO Req. for an Industrial Quality Control System (3th. Ed. 1984)	
Raumfahrt			
1974 USA	NHB-5300.4 (1D-1)	Safety, Reliability, Maintainability, and Quality Provisions for the Space Shuttle Program	
1996 Europe	ECSS	European Corporation for Space Standardization	
	ECSS-E	Engineering (-00, -10)	
	ECSS-M	Project Management (-00, -10, -20, -30, -40, -50, -60,-70)	
	ECSS-Q	Product Assurance (-00, -20, -30, -40, -60, -70, -80)	

2.2 Wirtschaftlichkeitsbetrachtungen

Bei der Beschaffung einer großen Anzahl gleicher Geräte oder von komplexen Anlagen oder Systemen mit langer Anwendungsdauer spielen neben den reinen Anschaffungskosten auch die Betriebs-, Instandhaltungs- und Ausscheidungskosten eine wichtige Rolle. Alle diese Kosten hängen in der Regel stark von den Qualitäts- und Zuverlässigkeitsforderungen ab. Ihre Summe stellt die *Lebenslaufkosten* dar. Auch wenn genaue Modellvorstellungen zur Berechnung und Optimierung der Lebenslaufkosten noch wenig bekannt sind, ist bei der Festlegung von Qualitäts- und Zuverlässigkeitsforderungen der Zusammenhang zwischen diesen Forderungen und den Lebenslaufkosten zu berücksichtigen. Bild 2.1 zeigt als Beispiel den Einfluß des Qualitätsniveaus oder des Zuverlässigkeitsniveaus auf die Summe der Kosten für die Sicherstellung der Qualität, Zuverlässigkeit, Instandhaltbarkeit und Logistik von zwei komplexen Systemen mit verschiedenen Einsatzprofilen [3.1 (1986)].

Der Einstieg in solche Modellbetrachtungen soll anhand von Beispiel 2.1 geschaffen werden.

Beispiel 2.1
Gegeben sei eine Baugruppe mit n statistisch unabhängigen Bauteilen. Die Defektequote der Bauteile sei p, die Kosten für k Reparaturen (Lokalisierung und Ersatz von k defekten Bauteilen auf der Baugruppe) sei c_k. Gesucht wird der Mittelwert C_a der gesamten Reparaturkosten (die Baugruppe darf kein defektes Bauteil enthalten) und der mögliche Gewinn $C_a - C_b$, wenn die Bauteile einer Eingangsprüfung unterzogen werden, Prüfkosten c_t pro Bauteil und Herabsetzung der Defektequote von p auf p_0.

Lösung
Die Wahrscheinlichkeit, daß von den n Bauteilen genau k defekt sind, ist durch die Binomialverteilung (Gl. (A2.39)) gegeben

$$p_k = \binom{n}{k} p^k (1-p)^{n-k} .$$

Damit folgt

$$C_a = \sum_{k=1}^{n} c_k p_k = \sum_{k=1}^{n} c_k \binom{n}{k} p^k (1-p)^{n-k} . \tag{2.1}$$

Falls eine Eingangsprüfung vorgenommen wird, gilt

$$C_b = n c_t + \sum_{k=1}^{n} c_k \binom{n}{k} p_0^k (1-p_0)^{n-k} .$$

Der Gewinn (positiv oder negativ) folgt aus der Differenz $C_a - C_b$.

Mit ähnlichen Überlegungen wie jenen im Beispiel 2.1 folgt z.B. für den *Mittelwert* der gesamten Reparaturkosten C_{cm} während der Anwendungsdauer T einer Baugruppe mit Ausfallrate λ und mittleren Reparaturkosten c_{cm} per Ausfall der Wert

$$C_{cm} = \lambda\, T c_{cm} = \frac{T}{MTBF}\, c_{cm}. \qquad (2.2)$$

Das Glied $\lambda\, T$ stellt in Gl. (2.2) den Mittelwert (Erwartungswert) der Anzahl Ausfälle während der kumulativen Betriebszeit T dar, vgl. Gl. (A2.194).

Aus obigen Darlegungen kann für den *Mittelwert* C der Summe der Kosten für die Qualitätssicherung und zur Sicherstellung der Zuverlässigkeit, Instandhaltbarkeit und logistischen Unterstützung von komplexen Systemen folgende Kostengleichung aufgestellt werden [3.1 (1986)]:

$$C = C_q + C_r + C_{cm} + C_{pm} + C_l + \frac{T}{MTBF_S}\, c_{cm} + (1 - OA_S)\, T c_{off} + n_d c_d. \qquad (2.3)$$

In der Gl. (2.3) steht q für Qualität, r für Zuverlässigkeit, cm für Reparatur, pm für Wartung, l für logistische Unterstützung, off für Ausfallzustand und d für Defekte. $MTBF_S$ und OA_S sind der Mittelwert der ausfallfreie Arbeitszeit ($1/\lambda_S$) und die Gesamtverfügbarkeit (Gl.(3.92) mit T_{pm} anstelle T_{PM} und $MTBF$ anstelle $MTTF$) des Systems. T ist die kumulative Betriebszeit (useful life), n_d die Anzahl versteckter Defekte, die bei den Kunden entdeckt werden. C_q, C_r, C_{cm}, C_{pm} und C_l sind die Kosten für die Qualitätssicherung bzw. zur Sicherstellung der Zuverlässigkeit, der Instandsetzbarkeit, der Wartbarkeit und der logistischen Unterstützung. c_{cm},

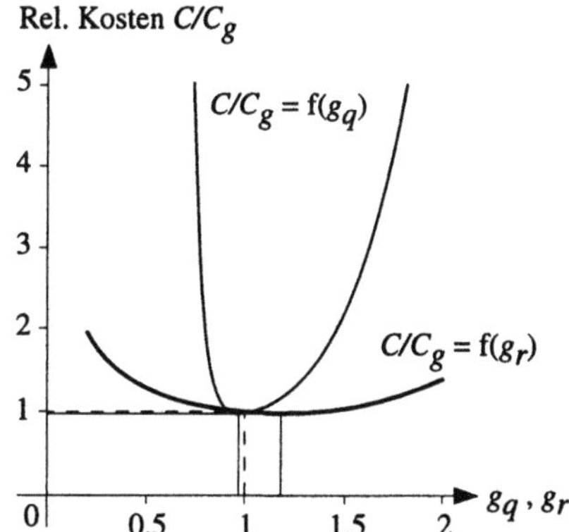

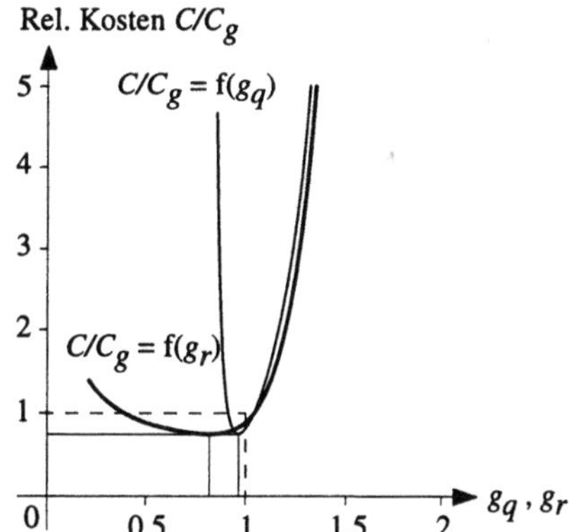

Bild 2.1   Summe der relativen Kosten C/C_g zur Qualitätssicherung und für die Sicherstellung der Zuverlässigkeit, Instandhaltbarkeit und logistischen Unterstützung von zwei komplexen Systemen mit verschiedenen Einsatzprofilen als Funktion des Erfüllungsgrads des Qualitäts- und Zuverlässigkeitsforderungen g_q und g_r (gestrichelt ist die Zielvorgabe)

c_{off}, und c_d sind die Kosten für eine Reparatur, für jede Stunde im Ausfallzustand und für jeden Defekt, der bei einem Kunden entdeckt und behoben wird. Die ersten fünf Glieder der Gl.(2.3) tragen zu den Anschaffungskosten *(direkte Kosten)* bei, die anderen drei Glieder stellen Kosten dar, die in der Nutzungsphase auftreten *(Folgekosten)*. Das Modell nimmt C_q, C_r, C_{cm}, C_{pm}, C_l, $MTBF_S$, OA_S, T, c_{cm}, c_{off}, und c_d als Parameter und erlaubt die Untersuchung der Änderung der Kosten C gemäß Gl.(2.3) als Funktion des Erfüllungsgrades der Forderungen. Dafür werden die Variablen $g_q = QA/QA_g$, $g_r = MTBF_S/MTBF_{Sg}$, $g_{cm} = MTTR_{Sg}/MTTR_S$, $g_{pm} = MTTPM_{Sg}/MTTPM_S$ und $g_l = MLD_{Sg}/MLD_S$ eingeführt, wobei QA_g, $MTBF_{Sg}$, $MTTR_{Sg}$, $MTTPM_{Sg}$ und MLD_{Sg} die spezifizierten Forderungen sind. Für jede dieser Forderungen wird zwischen dem Erfüllungsgrad g_i der Forderung und den entsprechenden Kosten eine Potenzfunktion

$$C_i = C_{ig}\, g_i^{m_i} \tag{2.4}$$

mit Parametern $m_i > 0$ angenommen ($m_l < 1$, $m_i > 1$ für die anderen Aspekte). Eine ähnliche Beziehung wird zwischen der Anzahl n_d Defekten, die beim Kunden entdeckt werden, und den Kosten für die Qualitätssicherung angenommen

$$n_d = \frac{1}{\left(\dfrac{C_q}{C_{qg}}\right)^{m_d}} - 1 = \frac{1}{g_q^{m_q m_d}} - 1. \tag{2.5}$$

Durch Einsetzen in die Gl. (2.3) erhält man (für OA_S aus Gl. (3.92))

$$C = C_{qg}g_q^{m_q} + C_{rg}g_r^{m_r} + C_{cmg}g_{cm}^{m_{cm}} + C_{pmg}g_{pm}^{m_{pm}} + C_{lg}g_l^{m_l} + \frac{Tc_{cm}}{g_r MTBF_{Sg}}$$

$$+ (1 - \frac{1}{1 + \dfrac{1}{g_r g_{cm}} \cdot \dfrac{MTTR_{Sg}}{MTBF_{Sg}} + \dfrac{1}{g_r g_l} \cdot \dfrac{MLD_{Sg}}{MTBF_{Sg}} + \dfrac{MTTPM_{Sg}}{g_{pm} T_{pm}}}) T c_{off}$$

$$+ (\frac{1}{g_q^{m_q m_d}} - 1) c_d. \tag{2.6}$$

Die spezifizierten Kosten C_g folgen aus Gl.(2.6), indem man alle Erfüllungsgrade gleich eins setzt ($g_q = g_r = g_{cm} = g_{pm} = g_l = 1$). Der Verlauf der relativen Kosten C/C_g in Bild 2.1 zeigt die typische Abhängigkeit zwischen Lebenslaufkosten und Forderungen bezüglich Zuverlässigkeit bzw. bezüglich Qualitätsicherung. Die Abhängigkeit zur Qualitätssicherung ist infolge der *Folgekosten* für Defekte, die erst bei den Kunden behoben werden, groß. Der Unterschied der beiden Systeme kommt auch gut zum Ausdruck. Für die untersuchten Systeme [3.1 (1986)] hat sich gezeigt, daß der Einfluß der Parameter m_i relativ klein war und daß die optimalen Werte (Minimum bei den Kurven) nahe den spezifizierten Werten lagen.

2.3 Festlegung von Zuverlässigkeitsforderungen

Bei der Festlegung der quantitativen, projektspezifischen Qualitäts- und Zuverlässigkeitsforderungen müssen von Anfang an auch deren Realisierungs- und Nachweismöglichkeiten berücksichtigt werden. Die *Forderungen* ergeben sich aus den *Kundenwünschen* bzw. aus den *Marktbedürfnissen* unter Berücksichtigung der technischen und finanziellen Grenzen sowie der Umweltprobleme (sustainable development), inkl. Energieverbrauch. Als Beispiel sollen in diesem Abschnitt die wichtigsten Aspekte bei der Formulierung der Forderungen für die $MTBF$, die $MTTR$ und den stationären Wert der Verfügbarkeit $PA = MTBF/(MTBF + MTTR)$ betrachtet werden ($MTBF = 1/\lambda$ = Mittelwert der ausfallfreien Arbeitszeit im Falle konstanter Ausfallrate λ, $MTTR$ = Mittelwert der Reparaturzeit).

Provisorische Ziele für die $MTBF$, die $MTTR$ und die Verfügbarkeit PA werden anhand folgender Überlegungen aufgestellt:

* Operationelle Anforderungen bezüglich Zuverlässigkeit, Instandhaltbarkeit, Verfügbarkeit
* Vorgesehene logistische Unterstützung
* Geforderte Funktion und vorgesehene Umweltbedingungen
* Erfahrungen mit ähnlichen Geräten und Systemen
* Vorhandensein von Redundanz
* Bedingungen für die Lebenslaufkosten
* Tragweite der Forderungen bezüglich Kosten, Umweltbelastung usw.

Typische Ausfallraten für elektronische Geräte liegen zwischen etwa 300 und $5000 \cdot 10^{-9}$ h^{-1} für eine Umgebungstemperatur θ_A von 35°C und einen *Einsatzfaktor* $d = 0.3$ und können bis zu 100mal größer für Systeme werden, vgl. Tab. 2.2 für Richtwerte. Der Einsatzfaktor $(0 < d \leq 1)$ berücksichtigt, daß das Gerät im Mittel

$$d \cdot 100\%$$

der Zeit in Betrieb ist. Anstelle der Ausfallrate λ kann auch die *mittlere Anzahl m Ausfälle per 100 Geräte* (oder in *%) und Jahr* angegeben werden

$$m = \lambda \cdot 8600\,\text{h} \cdot 100\% \approx \lambda \cdot 10^6\,\text{h}. \tag{2.7}$$

Werte von $m < 1\%$ stellen hohe Anforderungen für elektronische Geräte und können sich merklich auf den Gerätepreis auswirken.

Mit Hilfe von *Grobanalysen* und *Vergleichsstudien* werden die Ziele Schritt für Schritt verfeinert. Dabei ist es oft von Vorteil, wenn die Ziele bis zum Niveau Baugruppen aufgeteilt werden (Abschnitt 3.1.15). Für den *Nachweis einer MTBF* $= 1/\lambda$ sind folgende Angaben wichtig:

- quantitative Forderungen ($MTBF_0$ = spezifizierte $MTBF$ und $MTBF_1$ = minimal akzeptierbare $MTBF$)
- geforderte Funktion (inkl. Zeitverlauf)
- Umweltbedingungen (Temperaturzyklen, Ein-/Ausschaltzyklen, Vibrationen usw.)
- Fehler 1. Art (α) und Fehler 2. Art (β), vgl. Abschnitt A2.3.4
- Annahmebedingungen (Dauer der Prüfung, Anzahl zugelassener Ausfälle)
- Anzahl der zur Verfügung stehenden Geräte oder Systeme
- Parameter, die überprüft werden müssen, und Frequenz der Überprüfung
- Ausfälle, die nicht berücksichtigt werden
- Wartung und Vorbehandlung vor der Prüfung
- Instandhaltungsprozedur
- Protokolle und Berichte
- Bestimmungen im Falle eines negativen Prüfergebnisses.

Für den *Nachweis einer MTTR* sind folgende Angaben wichtig:

- quantitative Forderungen ($MTTR$, Varianz, Quantil)
- Prüfbedingungen (Personal, Werkzeuge, externe Prüfmittel, Ersatzteile)
- Anzahl und Art der durchzuführenden Reparaturen (simulierte Ausfälle)
- Einteilung der gesamten Reparaturzeit (Ausfallerkennung, -lokalisierung, -behebung, Funktionsprüfung, Logistikzeit)
- Annahmebedingungen
- Protokolle und Berichte
- Bestimmungen im Falle eines negativen Prüfergebnisses.

Der *Nachweis der Verfügbarkeit* erfolgt in der Regel indirekt über die Beziehung $PA = MTBF/(MTBF + MTTR)$. Für einen direkten Nachweis kann man sich auf die Prozedur für den Nachweis einer unbekannten Wahrscheinlichkeit p stützen (Abschnitt 6.1).

Tabelle 2.2   Richtwerte für die Ausfallrate λ und für die mittlere Anzahl m Ausfälle in % und pro Jahr von Geräten und Systemen (d = Einsatzfaktor, $\theta_A = 35°C$, Industriequalität)

Gerät	$d = 30\%$		$d = 100\%$	
	$\lambda\ [10^{-9}\,h^{-1}]$	$m\ [\%]$	$\lambda\ [10^{-9}\,h^{-1}]$	$m\ [\%]$
Haustelephonzentrale	2000	2	6000	6
Komfort-Telephongerät	200	0.2	600	0.6
Kopiergerät (inkl. Mechanik)	300 000	300	900 000	900
PC	3000	3	9000	9
Radaranlage (Boden, mobil)	200 000	200	600 000	600
Steuerung (SPS)	1000	1	3000	3
Großcomputer	—	—	150 000	150

2.4 Durchsetzung von Qualitäts- und Zuverlässigkeitsforderungen

Für einfache Geräte und Baugruppen genügt es oft, daß die Zuverlässigkeitsforderungen in das Pflichtenheft aufgenommen und vom Entwicklungsingenieur in Zusammenarbeit mit den Zuverlässigkeitsfachleuten berücksichtigt werden. Für komplexe Geräte und Systeme müssen die Aktivitäten der Qualitäts- und Zuverlässigkeitssicherung geplant und in jenen der *Linienstellen* als *Arbeitspaket* im gesamten Projektplan *integriert* werden. Für großen Vorhaben erfolgt eine solche Integration im Rahmen eines Qualitäts- und Zuverlässigkeitssicherungsprogramms.

Das *Qualitäts- und Zuverlässigkeitssicherungsprogramm* faßt die *projektbezogenen* Aktivitäten zur Sicherstellung der Qualität und Zuverlässigkeit einer Betrachtungseinheit zusammen und legt die Abgrenzungen in Bezug auf *Umfang* und *Zuständigkeiten* fest. Es ist zweckmäßig, ein Qualitäts- und Zuverlässigkeitssicherungsprogramm für die Entwicklungsphase und eines für die Fertigungsphase zu erstellen. Diese Programme müssen *projektspezifisch* sein und in die Arbeitspakete der Linienstellen *integriert* werden. Im folgenden werden die wichtigsten Aspekte bei der Erstellung und Beurteilung eines Qualitäts- und Zuverlässigkeitssicherungsprogramms für *komplexe* Geräte und Systeme dargelegt. Für einfachere Betrachtungseinheiten sind entsprechende *Anpassungen* bezüglich Umfang und Tiefe der einzelnen Aktivitäten notwendig.

Als *Checkliste* zur Erstellung eines Qualitäts- und Zuverlässigkeitssicherungsprogramms für komplexe Geräte und Systeme kann die Tab. 2.3 verwendet werden. Tabelle 2.3 verfeinert die Tab. 1.2, sie faßt die Aufgaben zur Sicherstellung der Qualität und Zuverlässigkeit während der Entwicklungs- und Fertigungsphase zusammen und gibt die Zuteilung der Aufgaben zu den Linienstellen an. Die wichtigsten Elemente eines *Qualitäts- und Zuverlässigkeitssicherungsprogramms* sind:

1. Projektorganisation, Projektplanung und Projektablauf
2. Zuverlässigkeits- und Sicherheitsanalysen
3. Wahl und Qualifikation von Bauteilen, Stoffen und Fertigungsprozessen
4. Konfigurationsmanagement
5. Qualitätsprüfungen
6. Qualitätsdatensystem.

Im folgenden wird auf den Inhalt bzw. auf die Beurteilung eines *Qualitäts- und Zuverlässigkeitssicherungsprogramms* für die Entwicklung komplexer Geräte oder Systeme eingegangen. Aus Tab. 2.3 (Punkt 4) kann die (hier) vorgeschlagene Zuteilung von *Kompetenzen* und *Verantwortungen* bei der Erstellung und Durchführung bzw. Nachführung eines solchen Programms entnommen werden. Eine Qualitäts- und Zuverlässigkeitssicherung auf der Basis der Tab. 2.3 erfüllt weitgehend die Forderungen des *Total Quality Managements* (TQM) und kann die Realisierung der *Concurrent Engineering* stark unterstützen.

Tabelle 2.3   Prinzipielle *Zuteilung der Aufgaben* zur Sicherstellung der Qualität und Zuverlässigkeit komplexer Geräte und Systeme (Checkliste zur Erstellung eines projektspezifischen Qualitäts- und Zuverlässigkeitssicherungsprogrammes, im Rahmen auch der TQM)

Zuteilung der Aufgaben zur Sicherstellung der Qualität und Zuverlässigkeit komplexer Geräte und Systeme (Checkliste für die Festlegung der projektspezifischen Aufgaben) *Abkürzungen: F = Federführung, M = Mitwirkung, I = Information*	Verkauf	Entwicklung	Fertigung	Zentrale Stelle
1 *Ermittlung der Markt- bzw. Kundenforderungen*				
1 Ermittlung der Beurteilung der ausgelieferten Geräte	F	I	I	M
2 Ermittlung der Wünsche und Bedürfnisse des Markts bzw. der Kunden	F	I	I	M
3 Kundenberatung	F			M
2 *Durchführung von Grobanalysen*				
1 Festlegung provisorischer Ziele für die Zuverlässigkeit, Instandhaltbarkeit, Verfügbarkeit, Sicherheit und für das Qualitätsniveau	M	M	M	F
2 Durchführung von Grobanalysen und Bestimmung potentieller Probleme	I	M		F
3 Durchführung von Vergleichsstudien	I	M		F
3 *Erstellung bzw. Überprüfung von Pflichtenheften, Offerten usw*				
1 Definition der geforderten Funktion	I	F		M
2 Festlegung der Umweltbedingungen	M	F		M
3 Festlegung realistischer Forderungen für die Zuverlässigkeit, Instandhaltbarkeit, Verfügbarkeit, Sicherheit und für das Qualitätsniveau	M	M	M	F
4 Festlegung der Prüf- und Nachweiskriterien	M	M	M	F
5 Abklärung der Möglichkeit, Daten aus der Nutzungsphase zu erhalten	F			M
6 Schätzung der Kosten für die Sicherstellung der Qualität und der Zuverlässigkeit	M	M	M	F
4 *Erstellung des Qualitäts- und Zuverlässigkeitssicherungsprogramms*				
1 Erstellung	M	M	M	F
2 Nachführung				
– Entwicklungsphase	I	F	I	M
– Fertigungsphase	I	I	F	M
5 *Analyse der Zuverlässigkeit und der Instandhaltbarkeit*				
1 Spezifizierung der geforderten Funktion der einzelnen Elemente		F		M
2 Festlegung der umweltbedingten, funktionsbedingten und zeitbedingten Beanspruchungen (detaillierte Arbeitsbedingungen)		F		M
3 Festlegung der Belastungsfaktoren		M		F
4 Aufteilung der Zuverlässigkeit und der Instandhaltbarkeit		M		F
5 Aufstellung der Zuverlässigkeitsblockdiagramme				
– Niveau Baugruppe		F		M
– Niveau Gerät und System		M		F
6 Identifikation und Analyse von Schwachstellen (FMEA/FMECA, Worst-Case, Driftanalysen, Stress-Strength-Analysen)				
– Niveau Baugruppe		F		M
– Niveau Gerät und System		M		F

Tabelle 2.3 (Forts.)

7 Durchführung von Vergleichsstudien				
– Niveau Baugruppe		F		M
– Niveau Gerät und System		M		F
8 Verbesserung der Zuverlässigkeit durch Redundanz				
– Niveau Baugruppe		F		M
– Niveau Gerät und System		M		F
9 Festlegung der Bauteile mit beschränkter Lebensdauer	I	F		M
10 Erstellung der Prüf- und Vorbehandlungsstrategie	I	M	M	F
11 Erarbeitung des Instandhaltungskonzepts	M	F	I	M
12 Analyse der Instandhaltbarkeit (Wartung und Instandsetzung)		F		M
13 Aufstellung mathematischer Modelle		M		F
14 Bestimmung der vorausgesagten Zuverlässigkeit bzw. Instandhaltbarkeit				
– Niveau Baugruppe	I	F		M
– Niveau Gerät und System	I	M		F
15 Untersuchung des Zeitverhaltens auf Niveau Gerät	I	I		F
6. *Analyse der Sicherheit und der menschlichen Faktoren*				
1 Analyse der Sicherheit (Verhinderung von Produkthaftfällen)				
– Unfallverhütung	M	F	M	M
– Technische Sicherheit				
• Systematische Analysen zur Vermeidung überkritischer Ausfälle (FMEA)				
– Niveau Baugruppe		F		M
– Niveau Gerät und System	I	M		F
• Theoretische Untersuchungen		M		F
2 Analyse der menschlichen Faktoren (Bedienungsfreundlichkeit, Anforderungen an die logistsche Unterstützung)	M	F	M	M
7. *Wahl und Qualifikation der Bauteile und Stoffe*				
1 Aufstellung der Liste der bevorzugten (qualifizierten und freigegebenen) Bauteile und Stoffe	I	M	I	F
2 Wahl nicht bevorzugter Bauteile und Stoffe		F	M	M
3 Qualifikation von Bauteilen und Stoffen				
– Planung		M	I	F
– Durchführung und Berichterstattung			M	F
– Analyse der Prüfresultate und der Ausfälle		I	I	F
4 Vorbehandlung von Bauteilen und Stoffen		I	M	F
8. *Wahl und Qualifikation der Unterlieferanten*				
1 Wahl der Unterlieferanten				
– Fremdteile		F	M	M
– Auswärtsfertigung		M	F	M
2 Qualifikation der Unterlieferanten in bezug auf Qualität und Zuverlässigkeit				
– Fremdteile		I	I	F
– Auswärtsfertigung		I	I	F
3 Eingangsprüfungen				
– Planung		M	M	F
– Durchführung und Berichterstattung			M	F
– Analyse und Prüfresultate			M	F
– Entscheid über Abhilfen				
• Niveau Fremdteile		M	M	F
• Niveau Auswärtsfertigung		F	M	M

Tabelle 2.3   (Forts.)

9. Erstellung der projektabhängigen Spezifikationen				
1 Zuverlässigkeits-Richtlinien		M		F
2 Instandhaltbarkeits-Richtlinien	M	M	I	F
3 Sicherheits-Richtlinien	I	M	I	F
4 Andere Vorschriften, Spezifikationen usw. für die Linienstellen der Entwicklung		F	I	M
5 Arbeitsanweisungen, Vorschriften usw. für die Linienstellen der Fertigung		I	F	M
6 Überwachung der Einhaltung	M	M	M	F
10. Planung und Steuerung von Dokumentation und Bauzustand				
1 Planung und Überwachung des Konfigurationsmanagements	M	M	M	F
2 Durchführung des Konfigurationsmanagements				
– Identifikation und Überwachung der Konfiguration				
• während der Entwicklungsphase		F		M
• während der Fertigungsphase			F	M
• während der Nutzungsphase (Garantieperiode)	F	I	I	M
– Überprüfung der Konfiguration (Entwurfsüberprüfungen)				
• während der Definitionsphase	M	F	M	M
• während der Entwicklungsphase	I	F	I	M
• während der Vorserienphase	M	F	M	M
– Steuerung der Konfiguration (Evaluierung, Koordinierung und Annahme resp. Verwerfung der Änderungsvorschläge)	M	F	M	M
11. Qualifikation der Prototypen				
1 Planung	I	F	I	M
2 Durchführung und Berichterstattung		F	M	M
3 Analyse der Prüfergebnisse	M	F	I	M
4 Spezielle Zuverlässigkeits-, Instandhaltbarkeits- und Sicherheitsprüfungen	I	M	I	F
12. Sicherstellung der Fertigungsprozesse und -abläufe				
1 Wahl und Qualifikation von Prozessen und Verfahren		F	M	M
2 Fertigungsplanung und -steuerung		M	F	M
3 Laufende Überprüfung bzw. Überwachung von Betriebsmitteln, Produktionsprozessen, Arbeitseinflüssen, Handhabung, Lagerung und Verpackung		I	F	M
13. Durchführung von Zwischenprüfungen				
1 Planung		M	F	M
2 Durchführung und Berichterstattung		I	F	I
14. Durchführung der Endprüfung/Abnahmeprüfung				
1 Umweltprüfungen und/oder Vorbehandlung von Serieneinheiten				
– Planung	I	M	M	F
– Durchführung und Berichterstattung	I	I	M	F
– Analyse der Prüfergebnisse	I	M	M	F
2 Endprüfung/Abnahmeprüfung				
– Planung	M	M	M	F
– Durchführung und Berichterstattung	I	I	M	F
– Analyse der Prüfergebnisse	I	M	M	F
3 Beschaffung, Instandhaltung und Eichung von Prüfgeräten und Prüfeinrichtungen (auch für 7. 11 und 13)	I	M	M	F

Tabelle 2.3   (Forts.)

15. Erfassung, Analyse und Korrektur der Defekte und Ausfälle				
1 Erfassung	M	M	M	F
2 Analyse und Entscheid über Abhilfen während der				
– Qualifikationsphase		F		M
– Zwischenprüfung		M	F	M
– Endprüfung/Abnahmeprüfung	M	M	M	F
– Nutzung (Garantieperiode)	F	M	M	M
3 Durchführung der Korrekturmaßnahmen an der Hardware bzw. der Software (Änderung, Reparatur, Nacharbeit)	I	M	M	F
4 Durchführung der Korrekturmaßnahmen an der Dokumentation	M	M	M	F
5 Verdichtung, Speicherung, Auswertung und Rückkopplung der Information	I	I	I	F
6 Steuerung des Qualitätsdatensystems	I	I	I	F
16. Logistische Unterstützung				
1 Bereitstellung der speziellen Meß- und Prüfgeräte für die Instandhaltung	M	F	I	M
2 Erstellung der Kundendokumentation	F	I	I	I
3 Schulung des Bedienungs- und Instandhaltungspersonals	F	I		I
4 Ermittlung des Bedarfs an Ersatzteilen, Instandhaltungspersonal usw.	F	M		M
5 Kundendienst	F	I	I	M
17. Durchführung von Koordinations- und Überwachungsaufgaben				
1 Projektspezifisch	M	M	M	F
2 Projektunabhängig	I	I	I	F
3 Durchführung unabhängiger Überprüfungen (Audits)				
– projektspezifisch	M	M	M	F
– projektunabhängig	I	I	I	F
4 Informationsrückkopplung	I	I	I	F
18. Erfassung und Analyse der Qualitätskosten				
1 Erfassung der Kosten	M	M	M	F
2 Analyse der Kosten und nötigenfalls Einleitung von Maßnahmen	M	M	M	F
3 Erstellung periodischer und spezieller Berichte	I	I	I	F
4 Prüfung der Wirtschaftlichkeit	I	I	I	F
19. Erarbeitung von Konzepten, Methoden und Verfahren				
1 Erarbeitung von Konzepten und Verfahren	M	M	M	F
2 Erstellung und Nachführung des Qualitäts- und Zuverlässigkeitssicherungshandbuchs	M	M	M	F
3 Untersuchung von Methoden	I	I	I	F
4 Bereitstellung von Computer-Programmen für Analysen und Auswertungen	I	I	I	F
5 Erfassung, Auswertung, Speicherung und Verteilung von Daten, Erfahrung und Know-how	I	I	I	F
20. Motivation und Schulung der Linienstellen				
1 Aufstellung des internen Aus- und Weiterbildungsprogramms	M	M	M	F
2 Erstellung der Lehrgänge	M	M	M	F
3 Durchführung bzw. Teilnahme	M	M	M	F

2.4.1 Projektorganisation, Projektplanung, Projektablauf

Die Durchführung eines Qualitäts- und Zuverlässigkeitssicherungsprogramms setzt einen klaren *Projektablauf* sowie eine transparente *Projektorganisation* und *Projektplanung* voraus. Ausgangspunkt dabei ist das *Pflichtenheft*. Folgendes Beispiel gibt das Inhaltsverzeichnis eines Pflichtenhefts für komplexe Geräte und Systeme an:

 1. Veranlassung
 2. Ziele
 3. Kosten, Termine
 4. Marktchance (Umsatz, Preis, Konkurrenzlage)
 5. Technische Eigenschaften
 6. Umweltbedingungen
 7. Operationelle Eigenschaften
 8. Qualitäts- und Zuverlässigkeitssicherung
 9. Spezielle Aspekte (Technologie-Engpässe, Patentwesen, Wertanalyse usw.)
10. Beilagen.

Für komplexe Systeme oder im Fall großer Abnehmer kann der Kunde auf den Inhalt des Pflichtenhefts einwirken. Ausgehend vom Pflichtenheft wird das Projekt in *Arbeitspakete* aufgeteilt. Aus der Strukturierung läßt sich die Projektorganisation ableiten, woraus wiederum die *Tätigkeitslisten* sowie der *Netzplan*, der *Balkenplan* und die *Meilensteinliste* aufgestellt werden können. Schließlich bleibt die Quantifizierung der personellen, materiellen und finanziellen Mittel für die Durchführung des Projekts. Das Qualitäts- und Zuverlässigkeitssicherungsprogramm muß sicherstellen, daß das Projekt formell richtig geplant und organisiert ist, und daß die personellen Besetzungen vorgenommen worden sind.

2.4.2 Zuverlässigkeits- und Sicherheitsanalysen

Zuverlässigkeits- und Sicherheitsanalysen umfassen Ausfall*rate*analysen, Ausfall*arten*analysen (FMEA/FMECA, FTA, vgl. Abschnitt 3.2), Untersuchung der konkreten Möglichkeiten zur Verbesserung der Zuverlässigkeit und der Sicherheit (Unterlastung, Vorbehandlung, Redundanz) und Vergleichsstudien. Die Methoden dazu werden im Kapitel 3 dargelegt. Das Qualitäts- und Zuverlässigkeitssicherungsprogramm soll angeben, *was* für das betreffende Projekt *konkret* getan wird. Insbesondere soll es folgende Fragen beantworten können:

1. Wie werden die Belastungsfaktoren festgelegt?
2. Mit welchen Ausfallratenkatalogen wird operiert? Wie sind die verschiedenen Faktoren gewählt worden?

3. Wie werden die Arbeitsbedingungen auf Bauteilebene bestimmt?
4. Wie lautet die Prozedur für die Ausfallartanalyse? Für welche Elemente wird sie durchgeführt?
5. Welche Arten von Vergleichsstudien werden durchgeführt?

Zudem sollen die Schnittstellen zur Wahl und Qualifikation von Bauteilen und Stoffen, zu den *Entwurfsüberprüfungen*, zum *Prüfkonzept*, zum Vorbehandlungskonzept, zu den Zuverlässigkeitprüfungen, zum Qualitätsdatensystem und zu den Aktivitäten bei den Unterlieferanten aufgezeigt werden. Die Unterlagen für die Berechnung der Ausfallraten der Bauteile müssen kritisch beurteilt werden (Quelle, Aktualität, Festlegung der Faktoren).

2.4.3 Wahl und Qualifikation von Bauteilen, Stoffen, Fertigungsprozessen und -abläufen

Bauteile und Stoffe sowie Fertigungsprozesse und -abläufe haben einen direkten Einfluß auf die Qualität und Zuverlässigkeit der fertiggestellten Geräte oder Systeme. Sie müssen deshalb sorgfältig ausgewählt und qualifiziert werden. Kriterien und Methoden zur Wahl und Qualifikation elektronischer Bauteile werden im Kapitel 5 dargelegt. Aus dem Qualitäts- und Zuverlässigkeitssicherungsprogramm soll hervorgehen, wie Bauteile, Stoffe und Prozesse ausgewählt und qualifiziert werden. Insbesondere soll es folgende Fragen beantworten können:

1. Existiert eine Liste der bevorzugten Bauteile und Stoffe? Wie wurde diese Liste aufgestellt? Sind die Annahmen für die Erstellung dieser Liste vereinbar mit den Umwelt- und Belastungsbedingungen in dem betreffenden Projekt? Sind die Aspekte der Zweitlieferanten und der langfristigen Beschaffung berücksichtigt worden?
2. Wie werden neue Bauteile und Stoffe qualifiziert? Wie sieht das Freigabeverfahren aus?
3. Unter welchen Bedingungen kann ein Entwicklungsingenieur oder ein Konstrukteur nicht-qualifizierte Bauteile und Stoffe verwenden?
4. Wie sind die Standard-Fertigungsprozesse qualifiziert worden?
5. Wie werden die speziellen Fertigungsprozesse qualifiziert?

Spezielle Fertigungsprozesse sind solche, deren Qualität nicht direkt am Gerät oder System überprüft werden kann (z. B. chemisch-metallurgische Verfahren) und solche, welche hohe Anforderungen bezüglich Reproduzierbarkeit erfüllen müssen oder deren Anwendung negative Einflüsse auf die Qualität oder Zuverlässigkeit des Geräts oder Systems haben können.

2.4.4 Konfigurationsmanagement

Das *Konfigurationsmanagement* ist ein wichtiges Werkzeug der Qualitätssicherung. Im Rahmen eines Projekts wird es in Beschreibung, Überprüfung, Steuerung und Überwachung der Konfiguration aufgeteilt. Die *Beschreibung der Konfiguration* wird in der *Dokumentation* festgehalten. Für komplexe Geräte und Systeme wird in der Regel die Dokumentation in Projektdokumentation, technische Dokumentation, Fertigungsdokumentation und Kundendokumentation eingeteilt, vgl. Bild 2.2.

Zur *Überprüfung* der Konfiguration werden *Entwurfsüberprüfungen* (Design Reviews) durchgeführt. Ihr Ziel ist es, sicherzustellen, daß das Gerät bzw. System den gestellten Anforderungen genügt. Dabei werden mit Hilfe von *Checklisten* die wichtigsten Aspekte der Entwicklung und der Konstruktion (Wahl von Bauteilen und Stoffen, Dimensionierung, Schnittstellenprobleme, Konstruktionsprobleme usw.), der Fabrikation (Herstellbarkeit, Prüfbarkeit, Reproduzierbarkeit), der Zuverlässigkeit, der Instandhaltbarkeit, der Sicherheit, des Patentwesens, des Value-Engineerings und der Wertanalyse kritisch beurteilt. Die wichtigsten Entwurfsüberprüfungen sind in Tab. 2.4 angegeben. Die Entwurfsüberprüfungen stehen unter der Führung des *Projektleiters*. Die Mitarbeit des Projekt-Verantwortlichen für die Qualitäts- und Zuverlässigkeitssicherung ist notwendig. An den wichtigen Entwurfsüberprüfungen sollen sich auch folgende Personen beteiligen:

- die betroffenen Teilprojektleiter
- Sachbearbeiter, die über die verschiedenen Aspekte berichten sollen
- je ein Vertreter aus Fertigung und Verkauf
- ein bis zwei unvoreingenommene erfahrene Entwickler oder externe Fachleute
- ein bis zwei Vertreter des Auftraggebers (falls gefordert).

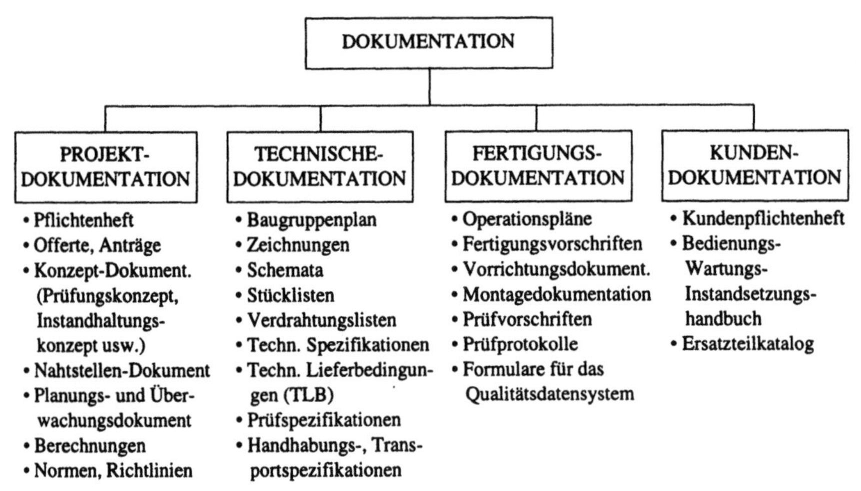

DOKUMENTATION			
PROJEKT-DOKUMENTATION	**TECHNISCHE-DOKUMENTATION**	**FERTIGUNGS-DOKUMENTATION**	**KUNDEN-DOKUMENTATION**
• Pflichtenheft • Offerte, Anträge • Konzept-Dokument. (Prüfungskonzept, Instandhaltungs-konzept usw.) • Nahtstellen-Dokument • Planungs- und Über-wachungsdokument • Berechnungen • Normen, Richtlinien	• Baugruppenplan • Zeichnungen • Schemata • Stücklisten • Verdrahtungslisten • Techn. Spezifikationen • Techn. Lieferbedingun-gen (TLB) • Prüfspezifikationen • Handhabungs-, Trans-portspezifikationen	• Operationspläne • Fertigungsvorschriften • Vorrichtungsdokument. • Montagedokumentation • Prüfvorschriften • Prüfprotokolle • Formulare für das Qualitätsdatensystem	• Kundenpflichtenheft • Bedienungs-Wartungs-Instandsetzungs-handbuch • Ersatzteilkatalog

Bild 2.2 Einteilung der Dokumentation im Fall komplexer Geräte und Systeme

Tabelle 2.4   Wichtige Entwurfsüberprüfungen (Design Reviews) während der Definitions- und Entwicklungsphase

	System-Entwurfsüberprüfung (System Design Review, SDR)	Vorläufige Entwurfsüberprüfungen (Preliminary Design Reviews, PDR)	Kritische Entwurfsüberprüfung (Critical Design Review, CDR)
Durchführung	Am Ende der Definitionsphase	Während der Entwicklungsphase (laufend, jedesmal wenn eine Baugruppe fertig entwickelt ist)	Am Ende der Qualifikation der Prototypen
Ziele(e)	• Kritische Überprüfung des Pflichtenhefts anhand der Erkenntnisse aus der Evaluation von Marktforschungen, Grobanalysen, Vergleichsstudien, Patentlage usw.	• Kritische Überprüfung der erstellten Unterlagen (Berechnungen, Schaltungen, Zeichnungen, Prüfspezifikation, usw.) • Vergleich der erhaltenen Resultate mit den Pflichtenheft-Forderungen • Überprüfung der Schnittstellen mit anderen Baugruppen	• Kritischer Vergleich der Ergebnisse aus der Qualifikation der Prototypen mit den Pflichtenheft-Forderungen • Formale Überprüfung der Übereinstimmung der hergestellten Prototypen mit der technischen Dokumentation • Überprüfung der Herstellbarkeit, Prüfbarkeit, Reproduzierbarkeit
Eingang (Input)	• Traktandenliste • Pflichtenheft (Entwurf) • Dokumentation (Berechnungen, Begründungen usw.) • Checklisten	• Traktandenliste • Dokumentation (Berechnungen, Schemata, Zeichnungen, Stücklisten, Prüfspezifikationen, Baugruppenplan, Schnittstellenspezifikationen usw.) • Protokolle der früheren vorläufigen Entwurfsüberprüfungen • Checklisten	• Traktandenliste • Technische Dokumentation • Prüfplan und Prüfvorschriften für die Qualifikation der Prototypen • Ergebnisse der Qualifikationsprüfung der Prototypen • Liste der Abweichungen zu den Pflichtenheft-Forderungen • Instandhaltungskonzept • Checklisten
Ausgang (Output)	• Pflichtenheft • Projektantrag für die Entwicklungsphase • Schnittstellenspezifikation • grobes Instandhaltungs- und Logistikkonzept • Protokoll	• Referenzen-Konfiguration der betroffenen Baugruppe(n) • Liste der Abweichungen zu den Pflichtenheft-Forderungen • Protokoll	• Liste definitiver Abweichungen zu den Pflichtenheft-Forderungen • Bereinigtes Pflichtenheft • Qualifizierte und freigegebene Prototypen • Eingefrorene techn. Dokumentation • Bereinigtes Instandhaltungskonzept • Vorserie-Antrag • Protokoll

Für jede Entwurfsüberprüfung sollen von den Teilnehmern projektbezogene Checklisten aufgestellt werden. Fragenkataloge als Grundlage zur Erstellung solcher Listen sind in Abschnitt 2.5 gegeben.

Die *Steuerung der Konfiguration* umfaßt die systematische Evaluierung, Koordinierung und Annahme bzw. Verwerfung der vorgeschlagenen Änderungen und Modifikationen der Konfiguration. Dazu gehört insbesondere das *Änderungswesen*. Änderungen entstehen als Folge von Defekten oder Ausfällen; Modifikationen haben ihren Ursprung in einer Änderung im Pflichtenheft.

Mit der *Überwachung der Konfiguration* wird erreicht, daß alle genehmigten Änderungen und Modifikationen der Konfiguration realisiert und protokolliert werden. Ein definiertes Verfahren für die Überwachung der Konfiguration ist notwendig, wenn die Änderungen und Modifikationen sowohl in der Dokumentation als auch in der Hardware bzw. Software durchgeführt werden müssen. Dabei ist auf die ständige Übereinstimmung zwischen Dokumentation und Hardware bzw. Software (Bauzustandsüberwachung) sowie auf etwaige Kompatibilitätsprobleme zu achten. Eine lückenlose Verfolgung und Protokollierung aller Lebenslaufschritte einer bestimmten Betrachtungseinheit ist notwendig, um die Forderung nach der *Verfolgbarkeit* zu erfüllen. Die Verfolgbarkeit wird selten für ein ganzes System gefordert, oft aber für jene Teile, welche die Sicherheit des Systems bestimmen können.

Dem Konfigurationsmanagement soll im Qualitäts- und Zuverlässigkeitssicherungsprogramm genügend Platz eingeräumt werden. Dabei stehen folgende Beurteilungsfragen im Vordergrund:

1. Welche Dokumente müssen wann, mit welchem Inhalt und durch welche Stelle erstellt werden?
2. Entspricht der Inhalt der Dokumente den Qualitätsforderungen?
3. Ist das Freigabeverfahren der Dokumente vereinbar mit den Qualitätsforderungen?
4. Sind die Änderungsverfahren der Projektdokumentation, der technischen Dokumentation, der Fertigungsdokumentation und der Kundendokumentation festgelegt? Ist die Aufwärtskompatibilität sichergestellt?
5. Wie wird die Bauzustandsüberwachung gewährleistet? Welche Betrachtungseinheiten sind der Verfolgbarkeit unterzogen?

2.4.5 Qualitätsprüfungen

Qualitätsprüfungen umfassen alle Aktivitäten zur Feststellung, inwieweit das Gerät bzw. System den gestellten Anforderungen genügt. Dazu gehören Eingangsprüfungen, Qualifikationsprüfungen, Zwischenprüfungen und Endprüfungen (inkl. Zuverlässigkeits-, Instandhaltbarkeits- und Sicherheitsprüfungen). Im Hinblick auf eine Optimierung des Prüfaufwands ist es wichtig, daß alle Prüfungen im Rahmen eines

Prüf- und Vorbehandlungskonzepts auf Geräte- bzw. Systemebene geplant und durchgeführt werden. Das Qualitäts- und Zuverlässigkeitssicherungsprogramm muß das ganze Prüfkonzept behandeln und folgende Fragen beantworten:

1. Wie sieht das Prüf- und Vorbehandlungskonzept auf Geräte- bzw. Systemebene aus? Wie wurde es freigegeben?
2. Wie werden die Unterlieferanten ausgewählt, qualifiziert und überwacht?
3. Was wird in den Beschaffungsunterlagen festgelegt? Wie wurden sie freigegeben?
4. Wie werden die Eingangsprüfungen durchgeführt? Mit welchen Stichprobenplänen? Mit welchen Prüfspezifikationen und Prüfvorschriften? Wie sieht das Freigabeverfahren dieser Dokumente aus?
5. Welche Bauteile bzw. Stoffe werden hundertprozentig geprüft? Welche vorbehandelt? Wie lauten die Prozeduren?
6. Wie werden die Prototypen qualifiziert? Wie sieht das Freigabeverfahren der entsprechenden Dokumentation aus? Wer entscheidet über die Prüfergebnisse?
7. Wie werden die Zwischen- und Endprüfungen durchgeführt? Wie ist das Freigabeverfahren der entsprechenden Dokumentation? Wer beurteilt die Prüfergebnisse?
8. Wie werden die Umweltprüfungen durchgeführt? Wie sieht das Freigabeverfahren der entsprechenden Dokumentation aus? Wer beurteilt die Prüfergebnisse?
9. Ist eine Vorbehandlung für die Serieneinheiten vorgesehen?
10. Wie werden fehlerhafte Prüflinge behandelt?
11. Wie lauten die Anweisungen für Handhabung, Transport, Lagerung und Verpackung der geprüften Betrachtungseinheiten? Wie sieht das Freigabeverfahren der entsprechenden Dokumentation aus?

2.4.6 Qualitätsdatensystem

Vom Beginn der Qualifikation der Prototypen an (Qualifikationsphase) müssen alle Defekte und Ausfälle systematisch erfaßt, analysiert und korrigiert werden. Dabei soll nach Möglichkeit, die Analyse bis hin zur *Ursache* geführt werden, um das Wiederauftreten derselben Probleme zu verhindern.

Das *Qualitätsdatensystem* ist ein oft computerunterstütztes System zur raschen und wirksamen Erfassung, Analyse und Korrektur aller Defekte und Ausfälle, die während der Herstellung und Prüfung einer Betrachtungseinheit auftreten, sowie zur Verdichtung, Speicherung, Auswertung und Rückkopplung der entsprechenden Qualitäts- und Zuverlässigkeitsdaten. Bild 2.3 zeigt das Prinzip des Qualitätsdatensystem und Tab. 2.5 gibt ein Beispiel einer Auswertung. Grundsätzlich muß ein Qualitätsdatensystem folgende Forderungen erfüllen (siehe z.B. [3.1 (1994)] für nähere Angaben)

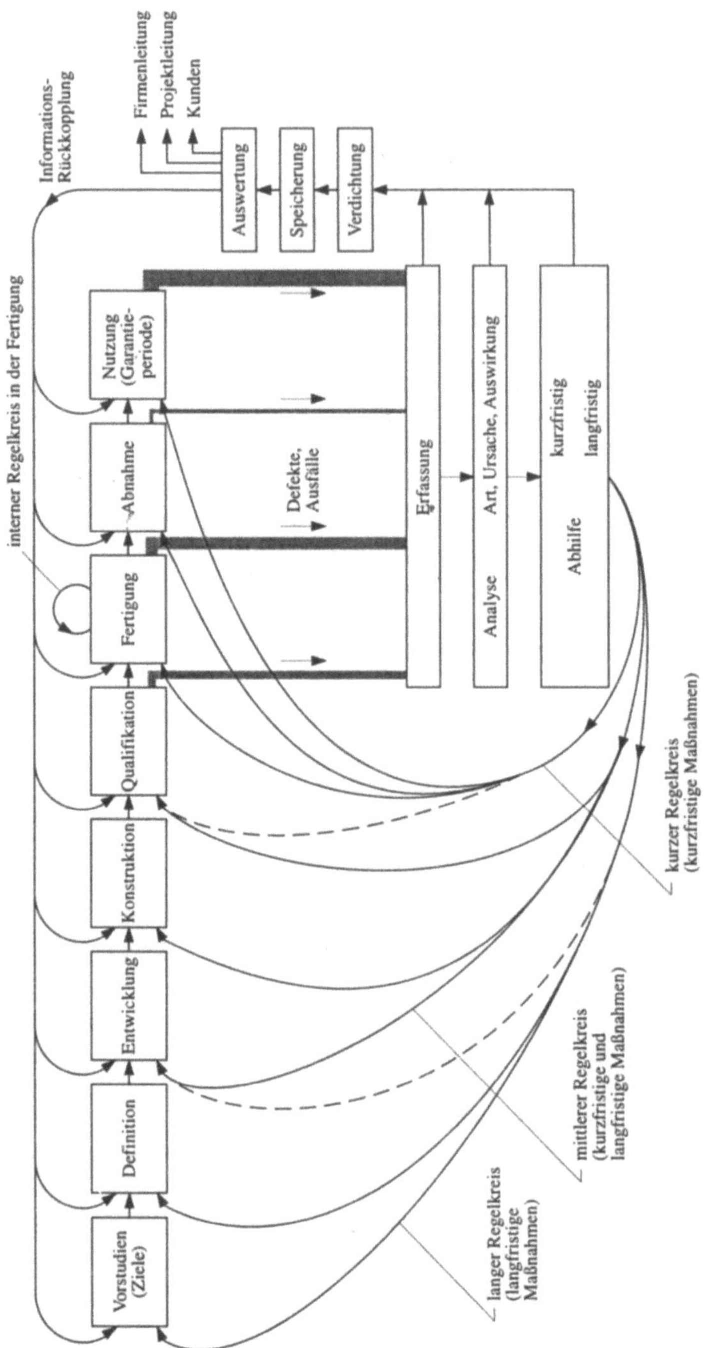

Bild 2.3 Prinzip des Qualitätsdatensystems

Tabelle 2.5   Auswertungen aus einem Qualitätsdatensystem (Niveau bestückter Leiterplatten LP)

a) Defekte und Ausfälle auf Leiterplattenebene

Periode: . . . .

Leiter-platte (LP)	Anzahl LP			Grobe Einteilung				Probleme		Maßnahmen		Kosten		
	ge-prüft	mit Pro blemen	%	Mon-tage	Lö-tung	Pla-tine	Bau-teil	Total	pro LP	kurz-fristig	lang-fristig	Ferti-gung	QS	an-dere

b) Defekte und Ausfälle auf Bauteilebene

Periode: . . . . Leiterplatte: . . . . Anzahl Leiterplatten: . . . .

Bauteil	Hersteller	Anzahl Bauteile		Anzahl Probleme	in %	Anzahl Probleme pro Auftrittsort			
		gleichen Typs	gleicher Anwen-dung			Eingangs-prüfung	Zwi-schen-prüfung	End-prüfung	Garantie-periode

c) Ursachenanalyse für Defekte und Ausfälle

Periode: . . . .

Bauteil	Leiter-platte	Ursache			Defektquote		Ausfallrate		Maßnahmen	
		Anwen-dung	inhärent	nicht identif.	beob-achtete	voraus-gesagte	beob-achtete	voraus-gesagte	kurz-fristig	lang-fristig

d) Korrelation Bauteile/Leiterplatten (Anzahl Probleme in % der geprüften Leiterplatten)

Periode: . . . .

Leiter-platte \ Bauteil						

1. Aktualität, Vollständigkeit und Nützlichkeit der abgelieferten Informationen müssen im Vordergrund stehen (beste Kompromißlösung).
2. Eine hohe Benutzerfreundlichkeit und ein minimaler manueller Arbeitsaufwand sollen angestrebt werden.
3. Die Abläufe und die entsprechenden Kompetenzen und Verantwortungen sollen klar festgelegt werden (verschiedene Stufen je nach Tragweite der Defekte oder Ausfälle).
4. Das System soll anpassungsfähig sein (neue Daten oder neue Bedürfnisse bezüglich Auswertungen).

Für die Beurteilung des Qualitäts- und Zuverlässigkeitssicherungsprogramms sind folgende Fragen wichtig:

1. Wie erfolgt die Erfassung der Defekte und Ausfälle? Ab welcher Projektphase wirkt das Qualitätsdatensystem?
2. Wie werden Defekte und Ausfälle analysiert? Welche Aufteilung wird vorgenommen? Wie lauten die Prozeduren?
3. Wer führt die Korrekturmaßnahmen durch? Wer überwacht ihre Durchführung? Wer überprüft die Endkonfiguration?
4. Wie erfolgt die Verdichtung, Auswertung und Rückkopplung der Informationen (Daten) zu den verschiedenen Stellen?
5. Welche Stelle ist für das Qualitätsdatensystem als ganzes zuständig? Hat die Fertigung ein eigenes Qualitätsdatensystem mit beschränkter Reichweite? Wie sind die Schnittstellen definiert?

2.5 Fragenkatalog zur Erstellung von Checklisten für Entwurfsüberprüfungen

Der folgende Fragenkatalog ist als Hilfe bei der Aufstellung *projektspezifischer Checklisten* für die Entwurfsüberprüfungen bei der Entwicklung komplexer Geräte und Systeme gedacht. Die Bezeichnungen der Entwurfsüberprüfungen entsprechen Tab. 2.4.

2.5.1 System-Entwurfsüberprüfung

1. Welche Erfahrungen mit ähnlichen Geräten und Systemen liegen vor?

2. Welches sind die Ziele für die Leistungsfähigkeit, Zuverlässigkeit, Instandhaltbarkeit, Verfügbarkeit und Sicherheit? Auf welches Anforderungsprofil (geforderte Funktion und Umweltbedingungen) beziehen sie sich?

3. Welche provisorische Aufteilung der Leistungsparameter, der Zuverlässigkeit und ggf. der Instandhaltbarkeit wurde vorgenommen?

4. Welches sind die kritischen Stellen? Liegen potentielle Probleme vor (neue Technologien, Schnittstellen)?

5. Sind Vergleichsstudien durchgeführt worden? Welche Resultate liegen vor?

6. Sind Stör- oder Entstörprobleme zu erwarten?

7. Liegen potentielle Probleme bezüglich Sicherheit vor?

8. Sind die Forderungen realistisch? Entsprechen sie den Marktbedürfnissen?

9. Liegt ein grobes Instandhaltungskonzept vor? Sind spezielle Forderungen bezüglich logistischer Unterstützung oder Ergonomie zu erwarten?

10. Sind spezielle Forderungen an die Software zu richten?

11. Ist die Patentlage überprüft worden? Sind Lizenzen notwendig? Sollen Patente angemeldet werden?

12. Liegen Schätzungen für die Lebenslaufkosten vor? Hat man diese unter Einbezug der Zuverlässigkeits- und Instandhaltbarkeitsforderungen optimiert?

13. Liegt eine Rentabilitätsbetrachtung vor? Wie ist die Konkurrenzlage? Ist das Entwicklungsrisiko abgeschätzt worden?

14. Sind die geschätzten Termine realistisch? Kann das Gerät bzw. das System zum richtigen Zeitpunkt auf den Markt gebracht werden?

15. Sind Beschaffungsschwierigkeiten bei der Serienproduktion zu erwarten?

2.5.2 Vorläufige Entwurfsüberprüfung auf Baugruppenebene

a) Allgemeines

1. Handelt es sich bei der betrachteten Baugruppe um eine Neuentwicklung, eine Weiterentwicklung oder eine Änderung bzw. Modifikation?

2. Können bestehende Elemente verwendet werden?

3. Wird die Baugruppe auch in anderen Geräten verwendet?

4. Liegen Erfahrungswerte aus ähnlichen Baugruppen vor? Welches waren die Probleme?

5. Liegt ein Blockschema bzw. ein Funktionsschema vor?

6. Sind die Pflichtenheft-Forderungen erfüllt? Wie wurde dies überprüft? Wo bestehen Abweichungen? Können einzelne Forderungen reduziert werden?

7. Gibt es Probleme mit dem Patentwesen? Müssen Lizenzen gekauft werden?

8. Werden die vorgesehenen Kosten und Termine eingehalten?

9. Wurden die Methoden des Value-Engineering angewandt?

10. Haben sich seit Beginn der Entwicklungsphase die Kunden- bzw. Marktbedürfnisse geändert?

b) Leistungsparameter

1. Welches sind die maßgebenden Leistungsparameter der Baugruppe?
2. Wie wurde die Erfüllung der Forderungen bez. Leistungsparameter sichergestellt (Annahmen, Modelle, Berechnungen)?
3. Hat man bei den Berechnungen auch Worst Cases betrachtet?
4. Sind die Probleme der elektromagnetischen Verträglichkeit gelöst?
5. Wurden bei der Dimensionierung die vorgeschriebenen Richtlinien und Normen beachtet?
6. Sind die Schnittstellenprobleme mit den anderen Baugruppen gelöst?
7. Sind Funktionsmuster im Labor ausreichend erprobt worden?

c) Software

1. Sind die für das betrachtete Projekt maßgebende Qualitätsmerkmale und Entwicklungsrichtlinien schriftlich festgelegt worden? Wurden sie beachtet?
2. Sind die Detailspezifikationen genügend umfassend und klar?
3. Ist das Programm modular, top-down entwickelt und bottom-up integriert und geprüft worden?
4. Sind die Schnittstellen zwischen den Programm-Modulen klar?
5. Sind das Programm und die Daten gegen Fehlbedienung, äußere Störungen und Überlast geschützt?
6. Ist die Software in ihrer endgültigen Hardware- und Software-Umgebung genügend erprobt worden? Wie?
7. Ist die Software ausreichend klar und korrekt dokumentiert?

d) Umwelteinflüsse

1. Sind die Umweltbedingungen, auch als Funktion der Zeit, definitiv festgelegt worden?
2. Wurden diese mit den internen Belastungen kombiniert und damit die Arbeitsbedingungen der einzelnen Elemente der Baugruppe ermittelt?
3. Sind die äußeren Störungen ermittelt oder angenommen worden? Ist der Einfluß dieser Störungen in den Berechnungen berücksichtigt worden?

e) Bauteile und Stoffe

1. Bei welchen Bauteilen und Stoffen hat man sich nicht an die Liste der bevorzugten Bauteile und Stoffe halten können? Aus welchen Gründen? Wie wurde die Qualifikation dieser Bauteile und Stoffe durchgeführt?
2. Welche Bauteile und Stoffe werden vorbehandelt?
3. Sind für bestimmte Bauteile oder Stoffe spezielle Qualitätsklassen notwendig? Warum? Kann man diese Teile rechtzeitig beschaffen?
4. Ist die Beschaffung auch für die Serienproduktion sichergestellt? Ist ein Zweitlieferant vorhanden? Sind die Forderungen bezüglich Qualität, Zuverlässigkeit und Sicherheit für die zugelieferten Bauteile und Stoffe erfüllt?
5. Sind Probleme bei den Eingangsprüfungen zu erwarten?

f) Zuverlässigkeit

1. Sind die Pflichtenheft-Forderungen erfüllt? Können einzelne Forderungen reduziert werden?
2. Ist das Anforderungsprofil definiert und als Grundlage berücksichtigt worden?
3. Ist ein Zuverlässigkeitsblockdiagramm aufgestellt worden?
4. Sind die gegenseitigen Beziehungen und Beeinflussungen der verschiedenen Elemente berücksichtigt worden?
5. Sind die Umweltbedingungen ausreichend definiert? Wie wurden die Arbeitsbedingungen der einzelnen Elemente bestimmt?
6. Ist die Unterlastung konsequent durchgesetzt worden?
7. Wurde die Temperatur der elektronischen Bauteile so niedrig wie möglich gehalten? Ist die Kühlung ausreichend und zweckmäßig?
8. Wurde der Einfluß von Ein- und Ausschaltvorgängen und von externen Störungen berücksichtigt?
9. Ist eine FMEA/FMECA durchgeführt worden? Für welche Teile? Sind Sicherheitsprobleme vorhanden? Sind die Bedingungen für eine el. Zulassung erfüllt?
10. Sind Drift- und Worst-Case-Analysen durchgeführt worden?
11. Ist die Ausfallrate jedes Elements bekannt? Stimmt sie überein mit dem bei der Aufteilung der Zuverlässigkeit festgelegten Wert? Ist die vorausgesagte Zuverlässigkeit berechnet worden?
12. Ist es notwendig, die Zuverlässigkeit durch Redundanz zu verbessern?
13. Sind Elemente vorhanden, die eine Vorbehandlung benötigen? Sind Elemente mit beschränkter Lebensdauer vorhanden?
14. Sind Vereinfachungen des Entwurfs oder der Konstruktion möglich?
15. Wurde für eine rasche und einfache Erkennung, Lokalisierung und Behebung der Ausfälle gesorgt? Können verborgene Ausfälle auftreten? Ist der Aufbau modular?
16. Sind die Aspekte der Bedienungsfreundlichkeit berücksichtigt worden?
17. Liegt ein Programm für die Zuverlässigkeitsprüfungen vor? Was umfaßt es?
18. Sind die Fragen der Herstellbarkeit, Prüfbarkeit und Reproduzierbarkeit beachtet worden? Sind die Beschaffungsprobleme (Zweitlieferanten, langfristige Lieferung) gelöst?
19. Sind die Probleme von Transport und Lagerung berücksichtigt worden?
20. Sind die logistischen Aspekte (Standardisierung der Werkzeuge und Prüfmittel, leichte Zugänglichkeit usw.) berücksichtigt worden?

g) Instandhaltbarkeit

1. Wurde ein Modularaufbau angestrebt? Sind die Module unabhängig? Ist das Gerät bzw. System in Ersatzteilen strukturiert?
2. Ist ein Konzept für die Ausfallerkennung und die Ausfall-Lokalisierung aufgestellt und realisiert worden? Werden verborgene Ausfälle ebenfalls erkannt und

lokalisiert? Können redundante Elemente ohne Betriebsunterbrechung auf Geräte- bzw. Systemebene repariert werden?

3. Ist eine automatische Betriebsüberwachung vorgesehen? Welche Funktionen werden überwacht? Ist eine Zustandsprüfung vorhanden?

4. Sind genügend Prüfpunkte vorgesehen? Sind diese leicht zugänglich? Sind sie richtig bezeichnet? Sind sie nach Funktionen geordnet? Haben sie Pull-up/ Pull-down Widerstände?

5. Wurde der Abgleich auf ein Minimum beschränkt? Sind die entsprechenden Elemente leicht zugänglich und gut bezeichnet? Sind Wechselwirkungen vermieden worden? Ist die Justierung unkritisch?

6. Ist die Anzahl der externen Prüfmittel auf ein Minimum beschränkt worden?

7. Hat man einen größtmöglichen Standardisierungsgrad angestrebt?

8. Sind die Ersatzteile definiert? Sind sie bezeichnet? Sind sie elektrisch und mechanisch leicht auftrennbar? Sind sie leicht auswechselbar?

9. Sind die Elemente mit beschränkter Lebensdauer leicht zugänglich? Sind die Zugangstüren leicht zu öffnen und selbsthaltend?

10. Sind die Einschübe mit Gleitschienen und Arretierungen versehen? Sind Griffe zum Heben der Module vorhanden?

11. Sind die Befestigungen leicht und mit standardisierten Werkzeugen lösbar? Sind sie auf ein Minimum reduziert worden?

12. Sind die Stecker schnell lösbar? Ist ihre Bezeichnung klar? Sind Verwechslungen möglich? Sind Reservekontakte vorhanden?

13. Sind Drähte und Kabel mit der richtigen Isolation versehen? Ist ihre Identifikation klar? Sind die Zuführungen ausreichend geschützt?

14. Sind empfindliche Elemente gegen äußere und innere Störungen (elektrische, elektromagnetische, thermische, klimatische, mechanische) geschützt?

15. Ist die Wartung einfach? Kann sie während des Betriebs durchgeführt werden?

16. Ist die Bedienungskonsole optimal ausgelegt (Bezeichnung, Beleuchtung, Ergonomie)? Sind die Abläufe sequentiell angeordnet?

h) Sicherheit

1. Sind die Aspekte der Unfallverhütung berücksichtigt worden (Vorschriften, Schutzdeckel, Erdung, Sicherungen, Warnschilder usw.)?

2. Ist die Sicherheit auch in Zusammenhang mit äußeren Einwirkungen (Naturkatastrophen, Sabotage usw.) untersucht worden?

3. Ist die technische Sicherheit beachtet worden? Ist eine FMEA/FMECA durchgeführt worden? Sind Single-Point Failures aufgetreten? Lassen sich diese vermeiden?

4. Sind Fail-Safe-Überlegungen und -Untersuchungen gemacht worden?

5. Welche Sicherheitsprüfungen sind vorgesehen? Sind sie ausreichend?

6. Sind die Aspekte der Sicherheit in der Dokumentation berücksichtigt worden (Produkthaftung)?

i) Menschliche Faktoren, Ergonomie

1. Hat man bei der Festlegung der Sequenzen für den Betrieb und für die Instandhaltung an das Ausbildungsniveau des Bedienungs- bzw. Instandhaltungspersonals gedacht?
2. Ist bei der Auslegung der Bedienungs- und Signalisierungselemente den ergonomischen Aspekten genügend Beachtung geschenkt worden?
3. Hat man versucht, die Baugruppe optimal an den Menschen anzupassen?

j) Standardisierung

1. Sind möglichst standardisierte Bauteile und Stoffe verwendet worden?
2. Hat man während der Dimensionierung und der Konstruktion an die Austauschbarkeit der Bauteile gedacht?
3. Entsprechen die verwendeten Bezeichnungen in der Dokumentation und in der Hardware den vorgeschriebenen Richtlinien und Normen?

k) Konfiguration

1. Ist die technische Dokumentation vollständig und einwandfrei? Entspricht sie dem aktuellen Stand des Projektes?
2. Sind die Schnittstellenprobleme mit den anderen Baugruppen gelöst?
3. Kann man den aktuellen Stand der Dokumentation einfrieren und als Referenz-Dokumentation betrachten?
4. Kann man den aktuellen Stand der Konfiguration einfrieren und als Referenz-Konfiguration betrachten?

l) Fabrikation, Prüfung

1. Sind sämtliche Fragen der Herstellbarkeit, Prüfbarkeit und Reproduzierbarkeit beachtet worden?
2. Sind spezielle Fertigungsprozesse notwendig? Wurden sie untersucht, qualifiziert, erprobt? Welche Erfahrungen liegen vor?
3. Welche Qualifikationsprüfungen sind für die Prototypen vorgesehen? Werden in diese Prüfungen Zuverlässigkeits-, Instandhaltbarkeits- und Sicherheitsprüfungen einbezogen? Lassen sich diese Prüfungen in das Prüfkonzept für das ganze Gerät bzw. System integrieren?
4. Sind besondere Verpackungs-, Transport- oder Lagerungsprobleme zu erwarten?

2.5.3 Kritische Entwurfsüberprüfung auf Geräte- bzw. Systemebene

a) Formelles

1. Ist die technische Dokumentation vollständig?
2. Ist die technische Dokumentation auf Richtigkeit überprüft worden? Welche Stellen waren daran beteiligt?

3. Sind die verschiedenen Dokumente der technischen Dokumentation auf Kohärenz überprüft worden? Durch wen?

4. Ist die Eindeutigkeit bei der Numerierung auch bezüglich Änderungsindex gewährleistet? Kann damit die Bauzustandsüberwachung sichergestellt werden?

5. Ist die Beschriftung der Hardware zweckmäßig? Genügt sie den Erfordernissen der Fabrikation und der Instandhaltung?

6. Ist die Übereinstimmung zwischen den Prototypen und der technischen Dokumentation überprüft worden?

7. Ist die Software ausreichend dokumentiert?

b) Technisches

1. Ist das Gerät bzw. System bezüglich Umweltverträglichkeit überprüft worden (Herstellung, Anwendung, Ausscheidung)?

2. Ist die technische Dokumentation ausreichend, um eine eindeutige Interpretation der Prüfresultate und der Prüfvorschriften zuzulassen? Ist diese Dokumentation auf dem letzten Stand? Ist die Übereinstimmung mit der Hardware überprüft worden?

3. Ist das *Anforderungsprofil* für die Zuverlässigkeitsprüfungen definiert worden?

4 Ist das realisierte *Instandhaltungskonzept* ausreichend? Sind Ersatzteile mit verschiedenem Entwicklungstand austauschbar? Sind die Kriterien für die Prüfung der Instandhaltbarkeit definiert worden? Welche Ausfälle wurden simuliert? Wie sind die personellen und materiellen Bedingungen für die Wartung und die Reparatur festgelegt worden?

5. Wurden die *Bedienungsfreundlichkeit* und andere ergonomische Aspekte geprüft? Wie?

6. Sind die Kriterien für die Prüfung der *Sicherheit* (Unfallverhütung und technische Sicherheit) definiert worden?

7. Sind die Fehler- und *Ausfallkriterien* für die kritischen Parameter definiert worden? Ist für diejenigen deterministischen Parameter, die während der Prüfungen nicht genügend genau gemessen werden können, eine indirekte Messung vorgesehen worden?

8. Sind die vorgesehenen Zwischen- und Endprüfungen in der Fertigung aus heutiger Sicht ausreichend? Lassen sich schon jetzt Probleme der Prüfbarkeit oder der Herstellbarkeit erkennen? Sind die *Prüfvorschriften* vollständig?

9. Ist die *Software* ausreichend, klar und korrekt dokumentiert? Ist sie in ihrer endgültigen Hardware- und Software-Umgebung genügend erprobt worden?

10. Sind Verpackungs-, Transport- und Lagerungsaspekte untersucht worden?

11. Sind Defekte und Ausfälle systematisch analysiert worden (Art, Ursache, Auswirkung)? Sind die entsprechenden Korrekturmaßnahmen überprüft worden? Wie? Durch wen? Auch kostenmäßig?

12. Ist die Liste der *Abweichungen* vollständig? Sind diese Abweichungen annehmbar? Erfüllt das Gerät bzw. das System die Kunden- bzw. Marktbedürfnisse noch? Kann die Vorserie freigegeben werden?

3 Zuverlässigkeits-, Instandhaltbarkeits- und Verfügbarkeitsanalysen

Zuverlässigkeitsanalysen in der Entwicklungsphase dienen in erster Linie der rechtzeitigen Erkennung und Beseitigung von *Schwachstellen* und der Durchführung von *Vergleichsstudien*. Sie umfassen eine *Ausfallratenanalyse*, d. h. die Berechnung der vorausgesagten Zuverlässigkeit, und eine *Ausfallartenanalyse*, d. h. die systematische Untersuchung der Art und *Auswirkung* von Defekten und Ausfällen. In einer beschränkten Form sind auch *Instandhaltbarkeitsanalysen* möglich. Die Verbindung der Zuverlässigkeits- und Instandhaltbarkeitsaspekte erlaubt die Durchführung von Zuverlässigkeitsanalysen im reparierbaren Fall sowie von *Verfügbarkeitsanalysen*. Für Geräte und Systeme spielt ferner zunehmend die *Qualität der Software* eine wichtige Rolle. In diesem Kapitel werden die *Möglichkeiten* solcher Untersuchungen gezeigt. Abgesehen von den Betrachtungen über die Ausfallraten, die spezifisch für elektronische Bauteile sind, gelten viele Resultate für elektronische und für mechanische Systeme. Auf die speziellen Untersuchungsmethoden mechanischer Systeme wird im Abschnitt 3.1.14 kurz eingegangen. Die für die Sicherstellung der (intrinsischen) Zuverlässigkeit, Instandhaltbarkeit und Qualität der Software wichtigen *Entwicklungsrichtlinien* (design guidelines) werden im Kapitel 4 ausführlich dargelegt. Für mathematische Grundlagen wird auf Anhang A2 verwiesen.

3.1 Zuverlässigkeitsanalysen in der Entwicklungsphase

Ein wichtiger Teil der *Zuverlässigkeitsanalysen* in der Entwicklungsphase besteht in der Untersuchung der Ausfall*rate* und der Ausfall*arten* der gegebenen Betrachtungseinheit. Auf die *Ausfallartenanalyse* wird im Abschnitt 3.1.16 eingegangen. Die Untersuchung der *Ausfallrate* führt zur Berechnung der *vorausgesagten Zuverlässigkeit*, d. h. jener Zuverlässigkeit, die anhand der Struktur der Betrachtungseinheit und der Zuverlässigkeit ihrer Elemente rechnerisch bestimmt wird. Die Voraussage ist wichtig, um Schwachstellen frühzeitig zu erkennen, Alternativlösungen zu untersuchen, Zusammenhänge zwischen Zuverlässigkeit, Instandhaltbarkeit, logistischer Unterstützung und Verfügbarkeit quantitativ zu erfassen sowie Zuverlässigkeitsforderungen an Unterlieferanten stellen zu können. Infolge der getroffenen Vereinfachungen bei der Festlegung der Modelle, der ungenügenden Berücksichtigung der Auswirkung innerer und äusserer Störeinflüsse (Schaltvorgänge, EMV/EMC, Schnittstellenprobleme), der Vernachlässigung von Entwicklungs-, Konstruktions- und Fertigungsfehlern sowie der Unsicherheit der verwendeten Daten kann die vorausgesagte Zuverlässigkeit nur einen Schätzwert der wahren Zuverlässigkeit darstellen. Die wahre Zuverlässigkeit kann nur mit Hilfe von *Zuverlässigkeitsprüfungen* ermittelt werden (Abschnitt 6.2). Bezogen auf die Ausfallrate eines Geräts oder Systems kann mit der nötigen Erfahrung das *Verhältnis* der wahren zur vorausgesagten Zuverlässigkeit klein gehalten werden (Faktor 0.5 bis 2, wobei in der Regel die Voraussage pessimistisch ist). Im Rahmen von *Vergleichsstudien* spielt aber die absolute Genauigkeit keine wesentliche Rolle, so daß speziell in solchen Fällen die Berechnung der vorausgesagten Zuverlässigkeit wichtig bleibt.

Zu den theoretischen Überlegungen, die zur Berechnung der vorausgesagten Zuverlässigkeit notwendig sind, braucht man auch eingehende Kenntnisse der Betrachtungseinheit und der *konkreten Möglichkeiten zur Verbesserung* der Zuverlässigkeit. Von der Betrachtungseinheit sind vor allem die Wirkungsweise und die Arbeitsbedingungen jedes Elementes sowie die gegenseitige Beeinflussung der verschiedenen Elemente wie Eingang/Ausgang, Aufteilung der Last, Auswirkung der Ausfälle, Transiente usw. wichtig. Zu den konkreten Möglichkeiten zur Zuverlässigkeitsverbesserung gehören die

- korrekte Anwendung der Bauteile (statische und dynamische Belastungen sowie Schnittstellenprobleme)
- Reduktion der thermischen, elektrischen und mechanischen Belastungen
- Verwendung besser geeigneter Bauteile und Materialien
- Vereinfachung von Entwurf und Konstruktion
- Vorbehandlung kritischer Bauteile und Baugruppen
- Verwendung von Redundanz.

Diesbezügliche *Entwicklungsrichtlinien* (design guidelines) werden im Kapitel 4 ausführlich besprochen. Die Erfüllung solcher Richtlinien ist im Rahmen der Maßnahmen zur Verbesserung der Zuverlässigkeit wichtig.

Unter Berücksichtigung obiger Darlegungen stellt Bild 3.1 die Prozedur für eine Zuverlässigkeitsanalyse auf Baugruppenebene in Form eines Flußdiagrammes dar. Die Prozedur umfaßt auch eine *Ausfallartenanalyse* (Abschnitt 3.1.16), zur Verifizierung der Annahmen über die Ausfallarten, und die Durchführung von *Entwurfsüberprüfungen* (Design Reviews), zur Überprüfung u.a. der Beachtung von Entwicklungsrichtlinien. Die Kontrolle der Annahmen über die Ausfallarten ist unerlässlich überall dort, wo Redundanz erscheint, insbesondere zur Festlegung des *Se-*

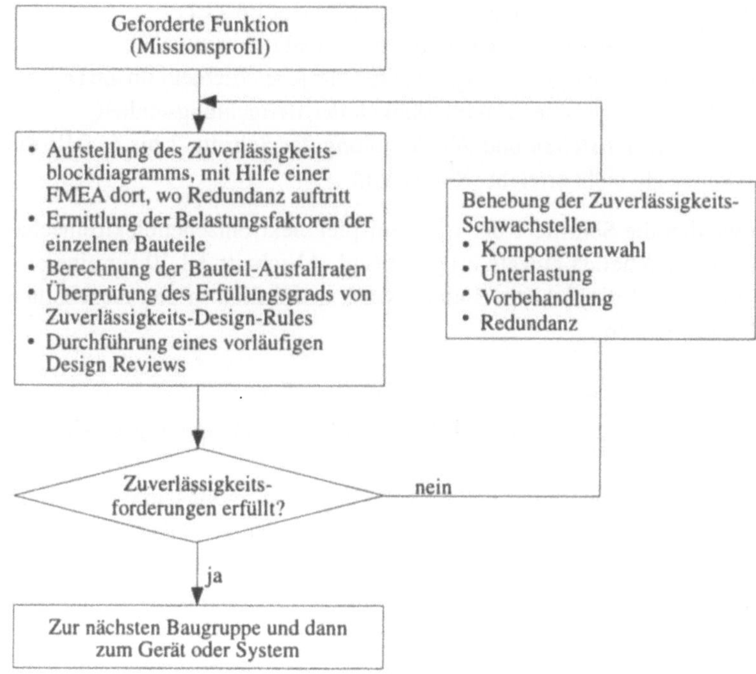

Bild 3.1 Prozedur für die Zuverlässigkeitsanalyse einer Baugruppe

rienelementes im Zuverlässigkeitsblockdiagramm (vgl. Bilder 3.9, 3.10, 3.29 und 3.30). In den folgenden Abschnitten wird für Zuverlässigkeit stets *vorausgesagte Zuverlässigkeit* und für System stets *technisches System* (ideale menschliche Faktoren und logistische Unterstützung) verstanden.

3.1.1 Prozedur zur Berechnung der vorausgesagten Zuverlässigkeit elektronischer Baugruppen

Unter der Annahme, daß das Zuverlässigkeitsblockdiagramm aufgestellt werden kann, erfolgt die Berechnung der *vorausgesagten Zuverlässigkeit* einer Baugruppe (oder in sich einer beliebigen Betrachtungseinheit) gemäß folgenden Schritten, vgl. Bild 3.1:

1. Definition der geforderten Funktion und des Anforderungsprofils
2. Aufstellung des Zuverlässigkeitsblockdiagramms (ZBD)

3. Bestimmung der Arbeitsbedingungen für jedes Element im ZBD
4. Bestimmung der Ausfallrate für jedes Element im ZBD
5. Berechnung der vorausgesagten Zuverlässigkeit für jedes Element im ZBD
6. Berechnung der vorausgesagten Zuverlässigkeit der Betrachtungseinheit
7. Behebung der *Schwachstellen* und Wiederholung der Schritte 2 bis 6, falls die Zuverlässigkeitsziele nicht erreicht worden sind.

Im folgenden werden die Schritte 1 bis 4 am Beispiel elektronischer/elektromechanischer Betrachtungseinheiten einzeln erläutert (vgl. Abschnitt 3.1.10 für eine einfache Anwendung). Auf die Schritte 5 und 6 wird ausführlich in den Abschnitten 3.1.2 bis 3.1.8 eingegangen.

3.1.1.1   Definition der geforderten Funktion und des Anforderungsprofils

Die *geforderte Funktion* spezifiziert die Aufgabe der Betrachtungseinheit (Bauteil, Baugruppe, Gerät oder System). Ihre Festlegung bildet den Ausgangspunkt jeder Analyse, weil damit auch der Ausfall definiert wird. Dabei ist es aus praktischen Gründen wichtig, daß für alle maßgebenden Parameter Toleranzbereiche statt fester Werte vorgeschrieben werden.

Zusätzlich zur geforderten Funktion müssen auch die *Umweltbedingungen* auf Geräte- oder Systemebene festgelegt werden. Zu diesen gehören Umgebungstemperatur (z.B. +10 bis +50°C), Lagertemperatur (z.B. –20 bis +60°C), Feuchtigkeit (z.B. 60 bis 80%), Staub, korrosive Atmosphäre, Vibrationen, Schocks , Lärm, Netzschwankungen usw. Aus den Umweltbedingungen und den internen Belastungen können die *Arbeitsbedingungen* der einzelnen Bauteile und damit ihre Ausfallraten bestimmt werden.

Geforderte Funktion und Umweltbedingungen sind oft zeitabhängig. Daraus ergibt sich ein *Anforderungsprofil*. Es ist üblich, ein repräsentatives Anforderungsprofil ins *Pflichtenheft* aufzunehmen, damit die Zuverlässigkeitsziele und -berechnungen darauf *bezogen* werden können. Für komplexe Geräte oder Systeme wird im Pflichtenheft oft mit einer groben Beschreibung der geforderten Funktion begonnen, welche im Laufe der Entwicklungsphase verfeinert wird.

3.1.1.2   Aufstellung des Zuverlässigkeitsblockdiagramms

Das *Zuverlässigkeitsblockdiagramm* ist ein *Ereignisdiagramm*. Es gibt Antwort auf die Frage: Welche Elemente müssen zur Erfüllung der geforderten Funktion funktionieren und welche dürfen ausfallen (Redundanz). Die Aufstellung erfolgt, indem man die Betrachtungseinheit in *Elemente* zerlegt, die eine klar umrissene Aufgabe erfüllen. Diese Elemente werden dann zu einem Blockdiagramm derart zusammengefügt, daß die *für die Funktionserfüllung notwendigen Elemente in Serien- und redundante Elemente in Parallelschaltung* erscheinen.

Mit dem Zuverlässigkeitsblockdiagramm wird stets beim höchsten Integrationsniveau begonnen. Für jede tiefere Stufe wird die entsprechende geforderte Funktion formuliert und das zutreffende Zuverlässigkeitsblockdiagramm aufgestellt. Dies hinunter bis zum Niveau, auf welchem die Zuverlässigkeitsangaben jedes Elements bekannt sind oder berechnet werden können, vgl. Bild 3.2.

Da es sich beim Zuverlässigkeitsblockdiagramm um ein Ereignisdiagramm handelt, dürfen für jedes Element nur *zwei Zustände* (gut/ausgefallen) und *eine Ausfallart* (die dominierende, z. B. Kurzschluß oder Unterbrechung) angenommen werden.

Die Beispiele 3.1 bis 3.3 zeigen, daß das Zuverlässigkeitsblockdiagramm prinzipiell verschieden vom Funktionsdiagramm ist. Es wird auch deutlich, daß die Reihenfolge der in Serie geschalteten Elemente keine Rolle spielt. Erscheint im Zuverlässigkeitsblockdiagramm ein Element mehr als einmal, obwohl es in der Hardware nur einmal vorhanden ist, so muß dieses Element speziell bezeichnet werden, vgl. die Beispiele 3.2 und 3.3 sowie Tab. 3.1.

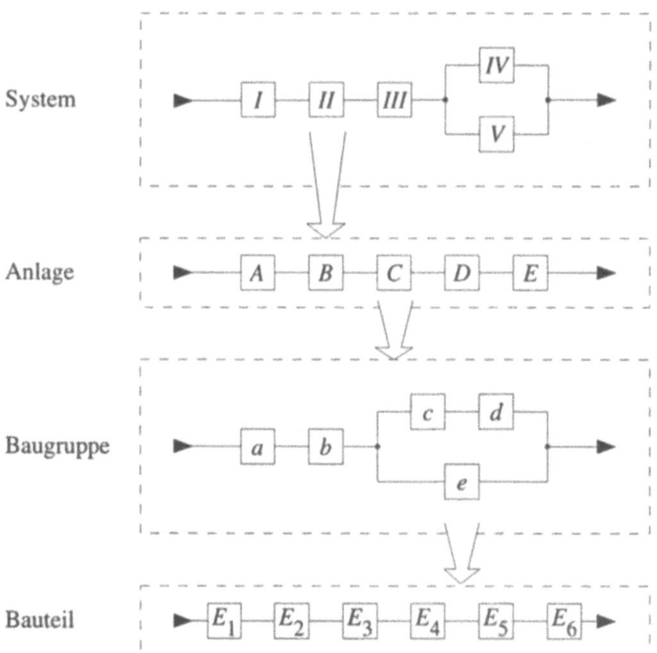

Bild 3.2 Top-down Aufstellung des Zuverlässigkeitsblockdiagramms

Beispiel 3.1

Man stelle die Zuverlässigkeitsblockdiagramme folgender Schaltungen auf

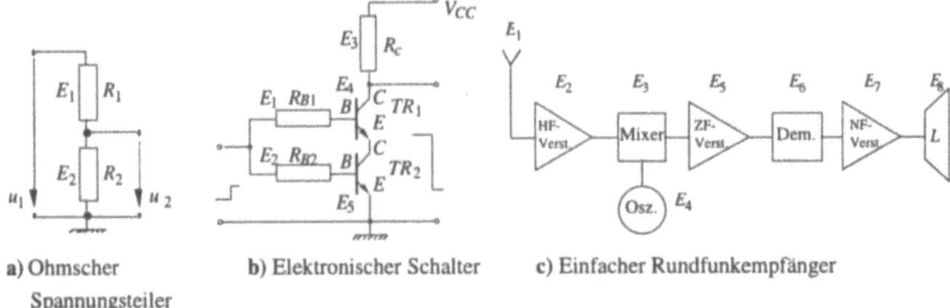

a) Ohmscher
   Spannungsteiler

b) Elektronischer Schalter

c) Einfacher Rundfunkempfänger

Lösung

In den Fällen a) und c) ist keine Redundanz vorhanden; für die Erfüllung der geforderten Funktion müssen alle Elemente funktionieren. Im Fall b) sind die Transistoren E_4 und E_5 in Redundanz, falls als *Ausfallart* ein *Kurzschluß* zwischen Emitter und Kollektor angenommen wird (die Ausfallart der Widerstände ist in der Regel eine Unterbrechung). Aus diesen Überlegungen folgt für die Zuverlässigkeitsblockdiagramme:

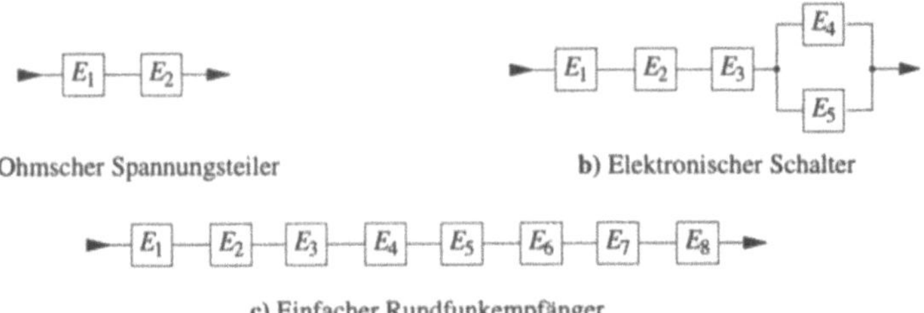

a) Ohmscher Spannungsteiler

b) Elektronischer Schalter

c) Einfacher Rundfunkempfänger

Beispiel 3.2

Ein Gerät wird für zwei verschiedene Missionen verwendet. Die entsprechenden Zuverlässigkeitsblockdiagramme sind im umseitigen Bild gegeben. Man stelle das Zuverlässigkeitsblockdiagramm auf für den Fall, daß die gleichzeitige Erfüllung beider Missionen verlangt wird.

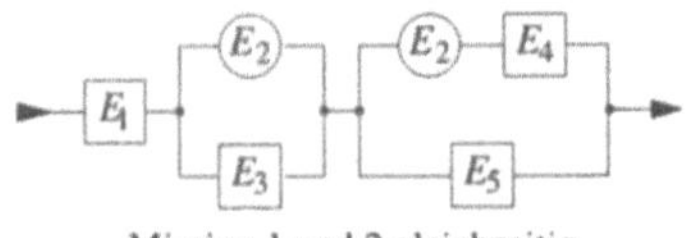

Mission 1

Mission 2

Lösung

Falls die gleichzeitige Erfüllung beider Missionen verlangt wird, müssen die Zuverlässigkeitsblockdiagramme der einzelnen Missionen *in Serie* geschaltet und vereinfacht werden. In diesem Beispiel erscheint das Element E_2 im Zuverlässigkeitsblockdiagramm zweimal, obwohl es im Gerät nur einmal vorhanden ist, deshalb die *unterschiedliche* Darstellung von E_2 (bei einem Ausfall von E_2 bleibt nur noch der Weg über E_3 und E_5).

Mission 1 und 2 gleichzeitig

Tabelle 3.1 Typische Strukturen von Zuverlässigkeitsblockdiagrammen und entsprechende Zuverlässigkeitsfunktionen (Annahmen: nichtreparierbar bis zum Systemausfall, heiße Redundanz, unabhängige Elemente; der Index i bezieht sich auf das Element E_i)

Zuverlässigkeitsblockdiagramm	Zuverlässigkeitsfunktion $(R_S = R_S(t),\ R_i = R_i(t))$	Bemerkungen
E_i	$R_S = R_i$	Einzelelement, für $\lambda(t) = \lambda \rightarrow R_i(t) = e^{-\lambda_i t}$
$E_1\ E_2\ \cdots\ E_n$	$R_S = \prod_{i=1}^{n} R_i$	Serienmodell $\lambda_S(t) = \lambda_1(t) + \ldots + \lambda_n(t)$
E_1, E_2 — 1 aus 2	$R_S = R_1 + R_2 - R_1 R_2$	Redundanz 1 aus 2, für $R_1(t) = R_2(t) = e^{-\lambda t}$ gilt $R_S(t) = 2 e^{-\lambda t} - e^{-2\lambda t}$
E_1, E_2, $\vdots$, E_n — k aus n	$R_1 = \ldots = R_n = R$ $R_S = \sum_{i=k}^{n} \binom{n}{i} R^i (1-R)^{n-i}$	Redundanz k aus n, für $k = 1$ gilt $R_S = 1 - (1-R)^n$
E_1, E_2, E_3 / E_4, E_5 — E_6, E_7	$R_S = (R_1 R_2 R_3 + R_4 R_5 - R_1 R_2 R_3 R_4 R_5) R_6 R_7$	Serien-/Parallelstruktur
E_1; E_2, E_v; E_3 — Meldung — 2 aus 3	$R_1 = R_2 = R_3 = R$ $R_S = (3 R^2 - 2 R^3) R_v$	Majoritäts-Redundanz (allgemeiner Fall $n+1$ aus $2n+1$)
E_1, E_3; E_5; E_2, E_4	$R_S = R_5 (R_1 + R_2 - R_1 R_2)(R_3 + R_4 - R_3 R_4) + (1 - R_5)(R_1 R_3 + R_2 R_4 - R_1 R_2 R_3 R_4)$	Brückenschaltung mit Zweiwegverbindung
E_1, E_3; E_5; E_2, E_4	$R_S = R_4 (R_2 + R_1 (R_3 + R_5 - R_3 R_5) - (R_1 R_2)(R_3 + R_5 - R_3 R_5)) + (1 - R_4) R_1 R_3$	Brückenschaltung mit gerichteter Verbindung
E_1; E_2, E_4, E_2; E_3, E_5	$R_S = R_2 R_1 (R_4 + R_5 - R_4 R_5) + (1 - R_2) R_1 R_3 R_5$	das Element E_2 erscheint zweimal im Zuverlässigkeitsblockdiagramm

Beispiel 3.3

Man stelle das Zuverlässigkeitsblockdiagramm der folgenden elektronischen Schaltung mit Redundanz auf. Die geforderte Funktion verlangt, daß P_2 und (P_1 oder $P_{1'}$) funktionieren müssen.

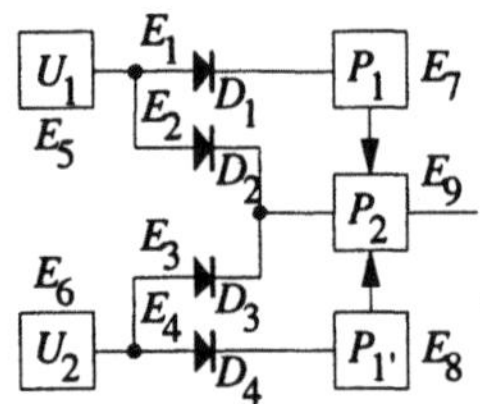

Lösung

Zur Aufstellung des Zuverlässigkeitsblockdiagramms empfiehlt sich, zuerst mit den beiden Missionen » P_1 oder $P_{1'}$ muß funktionieren« und » P_2 muß funktionieren« *getrennt* zu operieren. Die beiden Missionen müssen dann gleichzeitig erfüllt werden (Beispiel 3.2). Diese Überlegungen führen direkt zu folgendem Zuverlässigkeitsblockdiagramm:

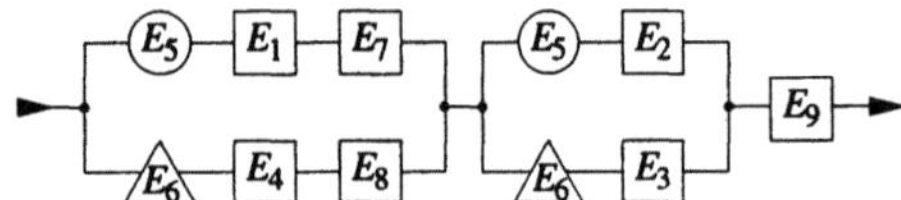

Tabelle 3.1 faßt die typischen Strukturen von Zuverlässigkeitsblockdiagrammen zusammen. Sie gibt auch die Formeln zur Berechnung der entsprechenden Zuverlässigkeit für den Fall einer (bis zum Systemausfall) *nichtreparierbaren Betrachtungseinheit* (Indizes S für System in unseren Betrachtungen) *mit heißer Redundanz und unabhängigen Elementen* an. Die oberen sechs Strukturen werden in den Abschnitten 3.1.2 bis 3.1.7, die übrigen im Abschnitt 3.1.8 untersucht.

3.1.1.3 Bestimmung der Arbeitsbedingungen

Die *Arbeitsbedingungen* jedes Elements (Bauteils) im Zuverlässigkeitsblockdiagramm haben einen direkten Einfluß auf die Zuverlässigkeit der Betrachtungseinheit (Gerät oder System) und müssen deshalb sorgfältig ermittelt werden. Sie werden durch die *Umweltbedingungen* und die *internen Belastungen* der Elemente bestimmt. Für elektronische Bauteile gibt Tab. 3.2 die Parameter an, welche für die Bestimmung der Ausfallrate wichtig sind.

Grundsätzlich wird angenommen, daß die Bauteile keinesfalls überlastet werden. Es ist dabei zu berücksichtigen, daß in der Regel die *Belastbarkeit* mit steigender Umgebungstemperatur *abnimmt*. Als Beispiel zeigt Bild 3.3 den Verlauf der Belastbarkeit bezüglich Leistung eines bipolaren Si-Transistors. Gestrichelt ist eine übliche *Unterlastungskurve*.

Tabelle 3.2 Wichtigste Parameter zur Bestimmung der Ausfallrate

Bauteil	Umgebungstemp. (θ_A)	Chiptemperatur (θ_J)	Leistungsbelastung (S)	Spannungsbel. (S, π_V)	Strombelastung (S)	Durchbruchspannung	Technologie	Komplexität	Gehäusetyp, -größe	Kontaktierung	Umwelt (π_E)	Qualitätsniveau (π_Q)
Integrierte Schaltungen		•					•	•	•		•	•
Hybride Schaltungen	•	•	•	•	•	•	•	•	•	•	•	•
Transistoren	•		•			•	•		•		•	•
Dioden, Thyristoren		•			•		•		•	•	•	•
Optoelektronische Bauteile		•		•			•		•		•	•
Widerstände	•		•				•				•	•
Potentiometer	•		•	•	•		•				•	•
Kondensatoren	•			•			•				•	•
Spulen, Transformatoren	•		•				•				•	•
Relais, Schalter	•			•	•		•	•			•	•
Stecker	•				•		•	•			•	•

Auf dem fallenden Teil der Belastbarkeitslinie ist die Sperrschichttemperatur näherungsweise konstant (175°C). Es ist üblich, den *Belastungsfaktor S* folgendermaßen zu definieren

$$S = \frac{\text{tatsächliche Belastung}}{\text{maximale Belastbarkeit bei 25°C}}. \tag{3.1}$$

Eine absichtliche Nichtausnützung der maximalen Belastbarkeit bei gegebener Umgebungstemperatur θ_A nennt man *Unterlastung* (derating). Der Zusammenhang zwischen dem Belastungsfaktor S und der Ausfallrate ist für einige wichtige elektronische Bauteile aus den Bildern 3.4 und 3.5 ersichtlich. Als Faustregel gilt für $\theta_A \leq 50°C$:

$S \approx 0.4$ bis 0.6 für Leistung, Spannung und Strom
$S \approx 0.8$ für Fan-Out
$S \approx 0.7$ für U_{ein} bei linearen ICs.

Genauere Angaben sind im Abschnitt 4.1.1 (Tab. 4.1) gegeben. Ganz allgemein können zu kleine Belastungsfaktoren ($S < 0.1$) so störend wie zu große Belastungsfaktoren ($S > 0.9$) sein.

3.1.1.4 Bestimmung der Ausfallrate

Für eine gegebene Betrachtungseinheit ist die *Ausfallrate* gleich der Wahrscheinlichkeit, bezogen auf δt, im Intervall $(t, t + \delta t]$ auszufallen, unter der Bedingung, daß sie bis zur Zeit t nicht ausgefallen ist (Gl. (A2.20)). Es ist üblich, die Ausfallrate mit $\lambda(t)$ zu bezeichnen. Ihr typischer Verlauf setzt sich aus den Perioden der Frühausfälle, der Ausfälle mit konstanter (oder näherungsweise konstanter) Ausfallrate und der Verschleißausfälle zusammen (Bild 1.2). Durch eine gezielte Vorbehandlung (Abschnitt 7.1) können *Frühausfälle* provoziert werden, so daß zu Beginn der Nutzungsphase eine konstante (oder näherungsweise konstante) Ausfallrate angenommen werden kann. In diesem Fall wird

$$\lambda(t) = \lambda \tag{3.2}$$

gesetzt. Die Ausfallrate eines neuen Bauteils kann nur experimentell ermittelt werden (Abschnitte 6.2.2 und 6.4). Für etablierte Bauteile liegen entsprechende Werte in speziellen *Ausfallratenkatalogen* vor [3.21 – 3.29]. Drei der wichtigsten Kataloge für elektronische und elektromechanische Bauteile sind die IEC 1709 [3.24], der CNET-Ausfallratenkatalog [3.23] und das MIL-HDBK-217 [3.26]. Für die Berechnung der vorausgesagten Zuverlässigkeit werden die Ausfallraten anhand solcher Ausfallratenkataloge bestimmt. Dabei geht man z.B. im Falle von CNET von folgenden Grundmodellen aus:

$$\lambda = \lambda_b\, \pi_T\, \pi_S\, \pi_E\, \pi_Q\, \pi_A \tag{3.3}$$

für diskrete Bauteile, und

$$\lambda = \pi_Q\, \pi_L\, (\lambda_A\, \pi_T + \lambda_B\, \pi_E) + \lambda_U \tag{3.4}$$

für ICs. λ_b berücksichtigt die Technologie, π_T die Temperatur (Umgebung θ_A,

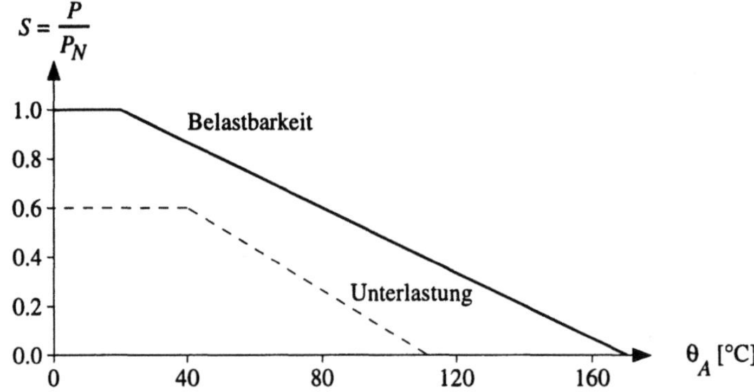

Bild 3.3 Belastbarkeit und empfohlene Unterlastung (Belastungsfaktor S) eines Si-Transistors als Funktion der Umgebungstemperatur θ_A

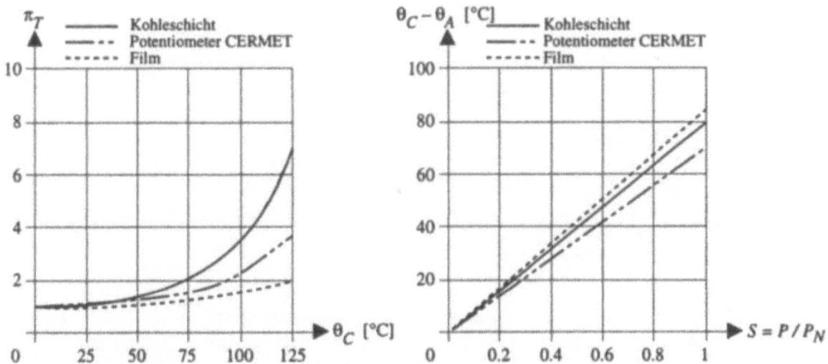

Bild 3.4 π_T als Funktion der Oberflächentemperatur θ_C sowie $\theta_C - \theta_A$ als Funktion des Belastungsfaktors S für Widerstände, CNET RDF93 [3.23] ($\lambda = \lambda_b\, \pi_T$, $\lambda_b[10^{-9}\,\mathrm{h}^{-1}] = 0.2$ für MF und K bzw. 12 für CERMET)

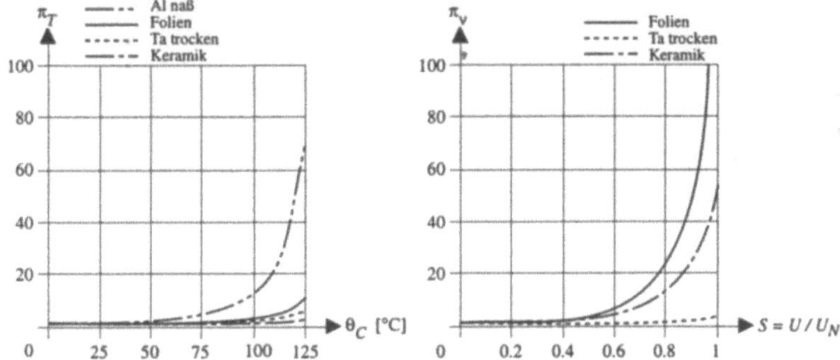

Bild 3.5 π_T als Funktion der Umgebungstemperatur θ_A sowie π_V als Funktion des Belastungsfaktors S für Kondensatoren (125°C Typ), CNET RDF93 [3.23] ($\lambda = \lambda_b\, \pi_T\pi_V$ mit $\lambda_b[10^{-9}\,\mathrm{h}^{-1}] =$ 0.2 für Ker. Typ I, 0.25 für Fol., 0.6 für Ker. Typ II, 4 für Ta trocken und 10 für Al naß)

Gehäuse θ_C oder Sperrschicht θ_J je nach Bauteil), π_S die elektrische Belastung, π_E die Umweltbedingungen, π_Q das Qualitätsniveau, π_A die Bauteileigenschaften und die Anwendung (es können mehrere Faktoren sein), λ_A die Komplexität, λ_B die Anzahl Anschlüsse (Pins) und den Gehäusetyp, und λ_U einen für die Telecom typischen Anwendungsfall. Der Wert von λ liegt zwischen etwa $0.1 \cdot 10^{-9}\,\mathrm{h}^{-1}$ für einfache passive Bauteile und $100 \cdot 10^{-9}\,\mathrm{h}^{-1}$ für komplexe VLSI-ICs, vgl. Tab. 5.1 und für das Beispiel CNET RDF93 die Bilder 3.4 bis 3.7. Es ist üblich, die Einheit $10^{-9}\,\mathrm{h}^{-1}$ mit *FIT* (Failures In Time) zu bezeichnen.

π_T steigt oft *exponentiell* mit der Temperatur an. Speziell bei ICs wird in der Regel ein *Arrhenius-Modell* angenommen (Gl. (6.51)). Gemäß diesem Modell gilt

$$\frac{\pi_{T_2}}{\pi_{T_1}} = A \approx e^{\frac{E_a}{k}\left(\frac{1}{T_1} - \frac{1}{T_2}\right)}. \tag{3.5}$$

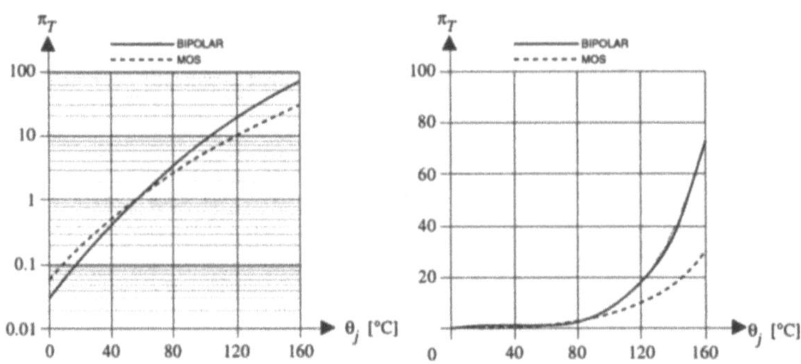

Bild 3.6 π_T als Funktion der Chiptemperatur θ_J für ICs, gemäß CNET RDF93 [3.23]

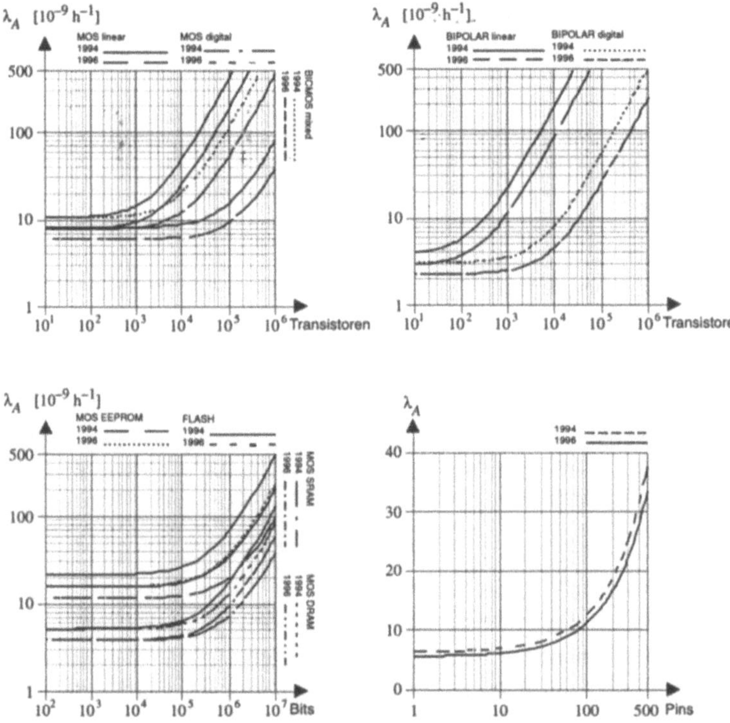

Bild 3.7 λ_B als Funktion der Anzahl Pins für ICs sowie λ_A als Funktion der Anzahl Bits bzw. Transistoren (4 Tr = 1 Gate) für bipolare ICs, MOS ICs und Speicher, gemäß CNET RDF93 [3.23]

Dabei ist A der *Beschleunigungsfaktor*, k die Boltzmannsche Konstante ($8.6 \cdot 10^{-5}$ eV/K), T die absolute Chiptemperatur und E_a die *Aktivierungsenergie*. Übliche globale Werte für die Aktivierungsenergie liegen zwischen 0.4 und 0.7 eV. Die Aktivierungsenergien für spezifische *Ausfallmechanismen* sind in Tab. 5.5 gegeben. Die Darstellung im Bild 3.6 (im linearen Maßstab) bringt die große Abhängigkeit

Tabelle 3.3 Wichtige Umweltbedingungen und entsprechende π_E-Faktoren (CNET RDF93 [3.23])

Bezeichnung	Belastung					π_E-Faktor				
	Vibrationen	Nebel	Staub	RH %	mechanische Schocks	ICs Mon.	Hyb.	D. H.	R	C
Boden fest, günstig (G_B)	2 – 200 Hz $\leq 0.1\,g$	s	s	40 – 70	$\leq 5\,g$ / 22 ms	0.5*	1	1	1	1
Boden fest, ungünstig (G_F)	2 – 200 Hz 1 g	m	m	5 – 100	$\leq 20\,g$ / 6 ms	2.5	2.5	2.5**	2.5 –3	2.5 –3
Boden mobil, ungünstig (G_M)	2 – 500 Hz 3 g	m	m	5 – 100	30 g / 11 ms bis 100 g / 6 ms	5	5	5**	5.5 –9.5	5.5 –9.5
Schiff geschützt (N_S)	2 – 200 Hz 2 g	s	s	5 – 100	10 g / 11 ms bis 30 g / 6 ms	4	4	4**	4 –7	4 –7
Schiff ungeschützt (N_U)	2 – 200 Hz 5 g	h	m	10 – 100	10 g / 11 ms bis 50 g / 2.3 ms	6	6	6**	7 –12	7 –12

RH = relative Feuchtigkeit, D. H.= diskrete Halbleiter, R= Widerstände, C= Kondensatoren,
h = hoch, m= mäßig, s= schwach, g = 9.81 m/s^2, * für Dauerbetrieb, ** ca. ×1.5 für zerbr. Verpack.

des Faktors π_T von der *Chiptemperatur* θ_J deutlich zum Ausdruck. Aus dieser Darstellung läßt sich die Entwicklungsrichtlinie $\theta_J < 100°C$ begründen, vgl. auch Tab. 4.1 und Abschnitt 4.1.6.

Der Einfluß der *Umweltbedingungen* (klimatisch und mechanisch) wird mit dem Faktor π_E berücksichtigt (Umweltfaktor). Tabelle 3.3 faßt einige wichtige Anwendungsklassen zusammen und gibt die entsprechenden π_E-Faktoren an. G_B darf auch für *übliche Industrieanwendungen* verwendet werden (G_M entspricht z. B. einem fahrenden Wagen auf einer Landstraße).

Für den π_Q-*Faktor* (Qualitätsfaktor) werden verschiedene *Qualitätsniveaus* unterschieden. Tabelle 3.4 gibt einige Beispiele davon. Der π_Q-Faktor berücksichtigt den Einfluß der Entwurfs- und Fertigungsqualität, inkl. Qualifikations- und Freigabeprüfungen. Die Erfahrung zeigt, daß *marktübliche Bauteile guter Qualität* oft bei der Klasse der CECC qualifizierten Bauteile in Tab. 3.4 liegen. Diese Klasse entspricht oft jenen der MIL-Klassen B, JANTX, P. Eine *Vorbehandlung* drängt sich allgemein nur für kritische Bauteile (neue VLSI-ICs, Kundenschaltungen sowie einige lineare ICs und Leistungsbauteile) auf, vgl. Tab. 7.1.

Obige Angaben erlauben eine *Schätzung* der Ausfallraten der üblichen elektronischen Bauteile. Zur Erzielung genauer Resultate stützt man sich auf die letzten Ausgaben der Ausfallratenkataloge. Mit der nötigen Erfahrung kann die *Abweichung gegenüber den Felddaten* klein gehalten werden (Faktor 0.5 bis 2, wobei die Felddaten oft besser als die berechneten Daten sind). Abweichungen um Faktor 5 oder größer deuten auf ein Problem (Bauteilschwäche, Anwendungsfehler oder auch falsche Einschätzung der Faktoren π_E oder π_Q) hin. Quervergleiche zwischen verschiedenen Ausfallratenkatalogen sowie mit eigenen Felddaten und mit Herstellerangaben sind deshalb wichtig. Alle diese Informationen werden oft in einem *firmeninternen Ausfallratenkatalog* zusammengestellt, der mit einer Kurzfassung der Theorie jedem Entwicklungsingenieur als Arbeitsunterlage abgegeben werden sollte.

Ein Vergleich zwischen den drei maßgebenden Ausfallratenkatalogen MIL-HDBK, CNET und Siemens/DIN/IEC für einige typische Bauteile im normalen Anwendungsfall ($\theta_A = 35°C$, $\theta_J = 45°C$, $S = 0.6$, G_B, π_Q für CECC-qualifizierte bzw. für B-1-, JANTX- und P-Bauteile) führt zu folgenden Werten:

	MIL-HDBK-217F	RDF93/HDR5/IRPH93	SN29500
4M DRAM	37	61	34
1M SRAM	103	88	56
1M EPROM	32	54	101
80486 µP	509	150	48
LM741 Op Amp	24	23	9
Dig. CMOS, 30000 gates, 40 pins	144	34	59
100mA GP Diode	2	2	2
1W bip. Transistor	0.5	3	3.5
1W MOSFET	27	4	27
1nF Keramikkondensator	1.5	2	2
1µF Folienkondensator	3	2	1
100µF Ta Trockenkondensator	2	13	2
100µF Al Naßkondensator	18	10	4
100kΩ Metallfilm-Widerstand	0.5	0.3	0.1
50kΩ Cermet Potentiometer	41	16	40

Obwohl punktuelle Abweichungen vorliegen, gleichen sich die Werte auf *Baugruppenebene* oft weitgehend aus. Es besteht deshalb in der Industrie der Wunsch nach gemeinsamen Modellen, zumindest um *Vergleichsstudien* zwischen verschiedenen Lieferanten einfach durchführen zu können. Solche Modelle sollten *genügend einfach* sein, damit sie in der Industrie von jedem Entwicklungsingenieur verwendet werden können, und sich trotzdem auf *physikalisch begründete* Modelle stützen (genauere Modelle auf der Basis von Ausfallmechanismen müssen als Grundlage obiger einfacheren Modelle aufgestellt werden). Anstrebungen in dieser Richtung sind vorhanden, vgl. z. B. [1.2 (1996, S. 672)].

Tabelle 3.4 π_Q-Faktoren (CNET RDF93 [3.23])

Klasse	Qualifikation (π_{q1})			Evaluation (π_{q2})	
	ver-stärkte	ähnlich CECC	keine spezielle	mit	ohne
Monolithisch integrierte Schaltungen	0.7	1.0	1.3	1.0	1.3
Hybride integrierte Schaltungen	0.2	1.0	1.5	1.0	1.5
Diskrete Halbleiterbauteile	0.2	1.0	2.0	1.0	2.0
Widerstände	0.1	1.0	2.0	1.0	2.0
Kondensatoren	0.1	1.0	2.0	1.0	2.0

[*] für spezielle Dioden und für Optokoppler, $\pi_Q = \pi_{q1}\,\pi_{q2}\,\pi_{q3}$ ($\pi_{q3} = 1$ oder 10)

3.1.2 Zuverlässigkeit des Einzelelements

Die (vorausgesagte) Zuverlässigkeit eines (bis zum Systemausfall) nicht reparierbaren Systems erfolgt in vielen praktischen Anwendungen mit Hilfe der in der Tab. 3.1 aufgelisteten Grundmodelle. Diese Modelle werden im folgenden eingeführt.

Das (nichtreparierbare) *Einzelelement* wird durch die Verteilungsfunktion $F(t) = \Pr\{\tau \le t\}$ seiner ausfallfreien Arbeitszeit τ charakterisiert. Die *Zuverlässigkeitsfunktion* $R(t)$, d.h. die Wahrscheinlichkeit für keinen Ausfall im Intervall $(0, t]$, ist gegeben durch (Gl. (A2.18))

$$R(t) = \Pr\{\text{kein Ausfall in } (0,t]\} = \Pr\{\tau > t\} = 1 - F(t). \tag{3.6}$$

In der Regel wird $R(0) = 1$ angenommen. Der *Mittelwert der ausfallfreien Arbeitszeit MTTF* (Mean Time To Failure) läßt sich berechnen aus (Gl. (A2.49))

$$MTTF = \mathrm{E}[\tau] = \int_0^\infty R(t)\,dt. \tag{3.7}$$

Gleichung (3.7) stellt eine fundamentale Beziehung dar. Sie gilt nicht nur für ein Einzelelement, sondern auch für eine *beliebige Betrachtungseinheit* (eines beliebigen Systems). Aus diesem Grund wird im folgenden mit $R_S(t)$ und $MTTF_S$ gearbeitet

$$MTTF_S = \int_0^\infty R_S(t)\,dt. \tag{3.8}$$

Darüber hinaus kann Gl. (3.7) auch für *reparierbare* Betrachtungseinheiten (Systeme) verwendet werden. Nimmt man z.B. an, daß nach einem Ausfall das System als *neuwertig* betrachtet werden kann, so läuft nach der Erneuerung wieder eine ausfallfreie Arbeitszeit τ mit der gleichen Verteilungsfunktion und damit mit dem gleichen Erwartungswert an. Falls die Betrachtungseinheit eine auf T_L beschränkte *Anwendungsdauer* aufweist, springt $R(t)$ bei $t = T_L$ auf 0, so daß die obere Grenze des Integrals in Gl. (3.7) gleich T_L gesetzt werden kann. Im folgenden wird stets $T_L = \infty$ angenommen.

Für die *Ausfallrate* gilt (Gl. (A2.20))

$$\lambda(t) = \lim_{\delta t \downarrow 0} \frac{1}{\delta t}\Pr\{t < \tau \le t + \delta t \mid \tau > t\} = -\frac{\frac{d\,R(t)}{dt}}{R(t)}.$$

Mit $R(0) = 1$ folgt

$$R(t) = e^{-\int_0^t \lambda(x)\,dx}, \tag{3.9}$$

woraus für $\lambda(t) = \lambda$

$$R(t) = e^{-\lambda t}. \tag{3.10}$$

Der Mittelwert der ausfallfreien Arbeitszeit ist in diesem Fall gleich $\frac{1}{\lambda}$. Es ist üblich

$$\frac{1}{\lambda} = MTBF \tag{3.11}$$

zu setzen, wobei *MTBF* für *Mean Time Between Failures* steht. Auf den Unterschied zwischen *MTTF* und *MTBF* wird im Anhang A1 beim Begriff *MTBF* eingegangen. Wie aus Gl. (3.9) hervorgeht, ist die Zuverlässigkeitsfunktion des Einzelelements durch die Ausfallrate $\lambda(t)$ bestimmt. Im Fall verschleißfreier elektronischer Bauteile gilt in weiten Grenzen $\lambda(t) = \lambda$. Die ausfallfreie Arbeitszeit ist dann *exponentiell verteilt* (Gl. (A2.22)). Für nicht-konstante Ausfallraten kann die Verteilungsfunktion der ausfallfreien Arbeitszeit oft mit einer gewichteten Summe verschiedener Verteilungsfunktionen (z. B. Gamma- und verschobene Weibull-Verteilung) approximiert werden.

Die Gln. (3.9) und (3.10) setzen voraus, daß das Einzelelement zur Zeit $t = 0$ neu ist. In manchen Anwendungen interessiert man sich auch für die ausfallfreie Arbeitszeit im Intervall $(0, t]$ unter der Bedingung, daß die Betrachtungseinheit vor dem Zeitpunkt $t = 0$ schon während x_0 Zeiteinheiten ausfallfrei gearbeitet hat. Diese *bedingte Zuverlässigkeit* wird mit $R(t, x_0)$ bezeichnet. Für sie gilt (Gl. (A2.25))

$$R(t, x_0) = \Pr\{\tau > t + x_0 \mid \tau > x_0\} = \frac{R(t + x_0)}{R(x_0)} = e^{-\int_{x_0}^{t+x_0} \lambda(x)\,dx} \tag{3.12}$$

Für eine konstante Ausfallrate $\lambda(x) = \lambda$ folgt

$$R(t, x_0) = e^{-\lambda t} = R(t).$$

Diese Eigenschaft der *Gedächtnislosigkeit* tritt *nur bei konstanter Ausfallrate* auf. Ihre Anwendung erleichtert die Berechnungen wesentlich.

3.1.3 Zuverlässigkeit von Geräten und Systemen ohne Redundanz

Im Sinne der Zuverlässigkeit ist ein *System ohne Redundanz*, falls für die Erfüllung der geforderten Funktion *alle* seine Elemente ($E_1, ..., E_n$) funktionieren müssen. In diesem Fall besteht das Zuverlässigkeitsblockdiagramm aus einer *Serienschaltung* (Tab. 3.1). Für die Untersuchungen geht man oft von der Annahme aus, daß die ausfallfreien Arbeitszeiten $\tau_1, ..., \tau_n$ der Elemente $E_1, ..., E_n$ *unabhängige* Zufallsgrößen sind (unabhängige Arbeitsweise aller Elemente). Die Berechnungen sind dann besonders einfach. Mit e_i sei das Ereignis

$$e_i = \text{das Element } E_i \text{ arbeitet ausfallfrei in } (0, t]$$

bezeichnet. Die Wahrscheinlichkeit für das Eintreten dieses Ereignisses ist gleich der Zuverlässigkeitsfunktion $R_i(t)$ des Elements E_i. Es gilt also

$$\Pr\{e_i\} = \Pr\{\tau_i > t\} = R_i(t). \tag{3.13}$$

Das System arbeitet im Intervall $(0, t]$ ausfallfrei, wenn gleichzeitig alle Elemente $E_1, ..., E_n$ im Intervall $(0, t]$ ausfallfrei arbeiten. Folglich gilt für die *Zuverlässigkeitsfunktion* des Systems

$$R_S(t) = \Pr\{e_1 \cap ... \cap e_n\}. \tag{3.14}$$

Wegen der vorausgesetzten Unabhängigkeit der Arbeitsweise aller Elemente folgt (Gl. (A2.9))

$$R_S(t) = \prod_{i=1}^{n} R_i(t). \tag{3.15}$$

Für die *Ausfallrate* des Systems gilt dann aus (Gl. (3.9))

$$\lambda_S(t) = \sum_{i=1}^{n} \lambda_i(t), \tag{3.16}$$

wobei $\lambda_i(t)$ die Ausfallrate des Elements E_i ist. Die Gl. (3.16) erlaubt folgende wichtige Schlußfolgerung:

Die Ausfallrate eines Systems ohne Redundanz, bestehend aus Elementen, deren ausfallfreie Arbeitszeiten unabhängig sind, ist gleich der Summe der Ausfallraten seiner Elemente.

Der Erwartungswert der ausfallfreien Arbeitszeit des Systems folgt aus Gl. (3.8). Der Spezialfall, in welchem alle Elemente eine *konstante Ausfallrate* aufweisen $\lambda_i(t) = \lambda_i$ führt zu

$$R_S(t) = e^{-(\lambda_1 + ... + \lambda_n)t}, \qquad \lambda_S(t) = \lambda_S = \sum_{i=1}^{n} \lambda_i, \qquad MTBF_S = \frac{1}{\lambda_S}. \tag{3.17}$$

3.1.4 Der Begriff der Redundanz

Die hohen Anforderungen bezüglich Zuverlässigkeit, Verfügbarkeit und/oder Sicherheit, die in vielen Anwendungen gestellt werden, lassen sich oft nur mit Hilfe von Redundanz erfüllen. *Redundanz* entsteht grundsätzlich durch das Einführen von zusätzlichen Elementen (Reserve-Elemente), welche dieselbe Funktion wie andere

Elemente ausführen und dadurch die Zuverlässigkeit, die Verfügbarkeit und/oder die Sicherheit der Betrachtungseinheit (des Systems) erhöhen. Im Zuverlässigkeitsblockdiagramm wird eine Redundanz stets als *Parallelschaltung* erscheinen. Es werden prinzipiell drei Redundanzarten unterschieden:

1. *Heiße Redundanz* (aktive oder parallele Redundanz): Das Redundanzelement ist von Anfang an der gleichen Belastung wie das arbeitende Element ausgesetzt. Die Ausfallrate im Reservezustand ist gleich der Ausfallrate im Arbeitszustand ($\lambda_r = \lambda$).

2. *Warme Redundanz* (leicht belastete Redundanz): Das Redundanzelement ist bis zum Ausfall des arbeitenden Elements oder bis zu seinem eigenen Ausfall einer kleineren Belastung ausgesetzt. Die Ausfallrate im Reservezustand ist kleiner als die Ausfallrate im Arbeitszustand ($\lambda_r < \lambda$).

3. *Kalte Redundanz* (Standby-, unbelastete Redundanz): Das Redundanzelement ist bis zu dem Ausfall des arbeitenden Elements keiner Belastung ausgesetzt (z. B. der Reserverad beim Auto). Die Ausfallrate im Reservezustand wird gleich null gesetzt ($\lambda_r \equiv 0$).

Aus obigen Darlegungen könnte man schließen, daß eine Redundanz lediglich aus der Verdoppelung der schwachen Teile besteht. Das ist aber nur teilweise richtig, denn oft werden raffiniertere Entwicklungs- und/oder Konstruktionsmaßnahmen (wie beispielsweise fehlerkorrigierende Codierung oder Parallelausführung der gleichen Funktion aber mit anderen Elementen) verwendet. Es kann auch vorkommen, daß die Redundanz nicht genau die gleiche Funktion ausführt wie das Arbeitselement *(Pseudo-Redundanz)*. Außerdem bedingt die Redundanz oft eine *Aufteilung der Last* und/oder das Einführen von *Zusatzeinrichtungen* zur Überwachung bzw. Umschaltung, die in den Zuverlässigkeitsberechnungen berücksichtigt werden müssen.

Einige wichtige Redundanzstrukturen mit unabhängigen Elementen in heißer Redundanz werden in den Abschnitten 3.1.5 bis 3.1.8 untersucht. Die Analyse der warmen und der kalten Redundanz sowie der Fälle, in welchen der Ausfall eines Elements einen Einfluß auf die Ausfallrate anderer Elemente hat, z. B. *Aufteilung der Last*, erfolgt für einfache Strukturen im Abschnitt 3.1.11 und für komplexere Fälle im Abschnitt 3.3 (Reparaturraten $\equiv 0$).

3.1.5 Parallelmodelle

Ein *Parallelmodell* besteht aus n Elementen, die im Sinne der Zuverlässigkeit parallel geschaltet sind. Für die Erfüllung der geforderten Funktion sind k Elemente notwendig. Die übrigen $n - k$ Elemente bilden die Reserve. Eine solche Struktur wird als *Redundanz k aus n* bezeichnet.

Es sei zuerst der Fall einer *heißen Redundanz 1 aus 2* untersucht (Tab. 3.1). Die geforderte Funktion ist erfüllt, wenn im Intervall $(0, t]$ mindestens eines der Elemente E_1 oder E_2 ausfallfrei arbeitet. Mit der gleichen Bezeichnung wie im Abschnitt 3.1.3 folgt unter Verwendung der Gl. (A2.12)

$$R_S(t) = \Pr\{e_1 \cup e_2\} = \Pr\{e_1\} + \Pr\{e_2\} - \Pr\{e_1 \cap e_2\}. \tag{3.18}$$

Sind die ausfallfreien Arbeitszeiten der Elemente E_1 und E_2 unabhängig (unabhängige Arbeitsweise der Elemente E_1 und E_2), gilt für die *Zuverlässigkeitsfunktion* des Systems

$$R_S(t) = R_1(t) + R_2(t) - R_1(t)R_2(t). \tag{3.19}$$

Der *Mittelwert der ausfallfreien Arbeitszeit* ($MTTF_S$) läßt sich aus Gl. (3.8) berechnen. Der Spezialfall gleicher Elemente mit konstanter Ausfallrate $R_1(t) = R_2(t) = e^{-\lambda t}$ führt zu

$$R_S(t) = 2e^{-\lambda t} - e^{-2\lambda t} \tag{3.20}$$

und

$$MTTF_S = \frac{2}{\lambda} - \frac{1}{2\lambda} = \frac{3}{2\lambda}. \tag{3.21}$$

Die Verallgemeinerung zur *heißen Redundanz k aus n* (Tab. 3.1) ist möglich. Für den Fall gleicher Elemente gilt

$$R_S(t) = \sum_{i=k}^{n} \binom{n}{i} R^i(t)(1 - R(t))^{n-i}. \tag{3.22}$$

Dabei ist $R(t)$ die Zuverlässigkeitsfunktion jedes Elements. $R_S(t)$ kann als die Wahrscheinlichkeit interpretiert werden, in n *Bernoullischen Versuchen* (Gl. (A2.39) mit $p = R(t)$) mindestens k Erfolge zu beobachten. Die $MTTF_S$ läßt sich aus Gl. (3.8) berechnen und liefert für $R(t) = e^{-\lambda t}$

$$MTTF_S = \frac{1}{\lambda}(\frac{1}{k} + \frac{1}{k+1} + \ldots + \frac{1}{n}). \tag{3.23}$$

Der verhältnismäßig kleine Gewinn für die $MTTF_S$ gemäß Gln. (3.21) und (3.23) wird viel größer, wenn eine *Reparatur* ohne Betriebsunterbrechungen (auf Niveau Betrachtungseinheit) zugelassen wird (Tab. 3.12 und Tab. 3.13). Für kurze Missionen ($t \ll 1/\lambda$) ist aber auch im *nichtreparierbaren Fall* der Gewinn durch die Redundanz groß, wie Bild 3.8 zeigt ($R(t)$ bleibt praktisch auf 1 für $\lambda t \ll 1$).

Neben der hier untersuchten Redundanz k aus n (Gl. (3.22)) ist man in bestimmten Anwendungen (z. B. in Förderungssystemen, Relaisstationen usw.) daran interessiert, daß nicht mehr als $n - k$ *aufeinanderfolgende* Elemente ausfallen. Eine solche Zuverlässigkeitsstruktur ist in der Literatur als *konsekutives System k aus n* [3.39] bekannt. Ein konsekutives System ist in der Regel theoretisch zuverlässiger als die entsprechende Redundanz k aus n.

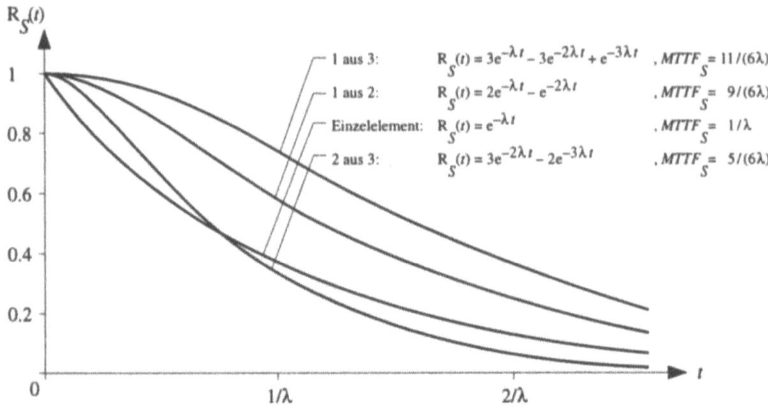

Bild 3.8   Zuverlässigkeitsfunktion für das Einzelelement und für eine heiße Redundanz 1 aus 2,
1 aus 3 und 2 aus 3 (nichtreparierbar bis zum Systemausfall, gleiche Elemente, konst. Ausfallrate λ)

3.1.6 Serien-/Parallelstrukturen

Serien-/Parallelstrukturen lassen sich durch sukzessive Anwendung der Formeln
für das Serien- und das Parallelmodell untersuchen. Das gilt insbesondere im Fall
eines nicht-reparierbaren Systems mit heißer Redundanz und unabhängigen Elementen. Zur Illustration des Vorgehens wird das 5. Modell in Tab. 3.1 behandelt.

1. Schritt: Die Serienschaltungen von E_1, E_2 und E_3 bzw. von E_4 und E_5 bzw.
von E_6 und E_7 werden durch E_8 bzw. E_9 bzw. E_{10} ersetzt, man erhält

mit $\begin{aligned} R_8(t) &= R_1(t)R_2(t)R_3(t) \\ R_9(t) &= R_4(t)R_5(t) \\ R_{10}(t) &= R_6(t)R_7(t). \end{aligned}$

2. Schritt: Die Parallelschaltung von E_8 und E_9 wird durch E_{11} ersetzt, man
erhält

mit $R_{11}(t) = R_8(t) + R_9(t) + R_8(t)R_9(t).$

3. Schritt: Für die *Zuverlässigkeitsfunktion* des Systems folgt aus Schritt 1 und
Schritt 2

$$R_S = R_{11}R_{10} = (R_1 R_2 R_3 + R_4 R_5 - R_1 R_2 R_3 R_4 R_5)R_6 R_7, \tag{3.24}$$

mit $R_S = R_S(t)$ und $R_i = R_i(t)$.

Für den *Mittelwert der ausfallfreien Arbeitszeit* gilt Gl. (3.8) mit $R_S(t)$ aus Gl. (3.24). Weisen alle Elemente eine konstante Ausfallrate (λ_1 bis λ_7) auf, so folgt

$$R_S(t) = e^{-(\lambda_1+\lambda_2+\lambda_3+\lambda_6+\lambda_7)t} + e^{-(\lambda_4+\lambda_5+\lambda_6+\lambda_7)t} - e^{-(\lambda_1+\lambda_2+\lambda_3+\lambda_4+\lambda_5+\lambda_6+\lambda_7)t}$$

und damit

$$MTTF_S = \frac{1}{\lambda_1+\lambda_2+\lambda_3+\lambda_6+\lambda_7} + \frac{1}{\lambda_4+\lambda_5+\lambda_6+\lambda_7} - \frac{1}{\lambda_1+\lambda_2+\lambda_3+\lambda_4+\lambda_5+\lambda_6+\lambda_7}. \tag{3.25}$$

Die Realisierung einer Redundanz impliziert die Verwendung von Elementen zur Überwachung oder Umschaltung, welche oft in Serie zur Parallelschaltung der Redundanz im Zuverlässigkeitsdiagramm aufgenommen werden. Für den Entwicklungsingenieur ist dann wichtig, daß er eine Vorstellung bekommt über den Einfluß des Serienelementes auf die durch die Redundanz eingeführte Zuverlässigkeitsverbesserung. Die Bilder 3.9 und 3.10 vermitteln eine solche Vorstellung. Im Bild 3.9 wird ein Einzelelement E_1 (Ausfallrate λ_1) mit der Serienschaltung einer heißen Redundanz 1 aus 2 (mit den gleichen Elementen E_1 zur Vereinfachung) in Serie mit Element E_2 (Ausfallrate λ_2) verglichen. Im Bild 3.10 wird angenommen, daß auch das Element E_2 redundant geführt werden muß. Aus den Graphiken der Bilder 3.9 und 3.10 kann folgende *Faustregel* abgeleitet werden:

$$10\lambda_3 < \lambda_2 < 0.1\,\lambda_1. \tag{3.26}$$

Genauere Hinweise lassen sich leicht aus den mit den Bildern 3.9 und 3.10 angegebenen Gleichungen ableiten. Für reparierbare Geräte und Systeme wird der Einfluß des Serienelementes viel größer, so daß obige Regel in $20\lambda_3 < \lambda_2 < 0.01\lambda_1$ modifiziert werden muß, vgl. Abschnitt 3.3.5 sowie die Bilder 3.29 und 3.30.

3.1.7 Majoritätsredundanz

Die *Majoritätsredundanz* ist eine spezielle Ausführung der Redundanz k aus n, welche vor allem bei *digitalen Schaltungen* zur Anwendung gelangt. Für die Erfüllung der geforderten Funktion werden $2n+1$ gleiche Elemente in heißer Redundanz verwendet. Die $2n+1$ Ausgänge werden durch ein *Vergleichselement* miteinander verglichen, wobei am Ausgang dieses Elements das Signal erscheint, welches gleich wie die Mehrzahl der $2n+1$ Eingangssignale ist. Die Untersuchung erfolgt mit Hilfe der Prozedur für die Serien-/Parallelstrukturen. Für $n=1$ ergibt sich beispielsweise eine heiße Redundanz 2 aus 3 in Serie mit dem Vergleichselement E_v (Tab. 3.1). Die Majoritätsredundanz realisiert damit in einfacher Weise eine *störungstolerante Struktur* mit *automatischer korrekter Weiterführung* der geforderten Funk-

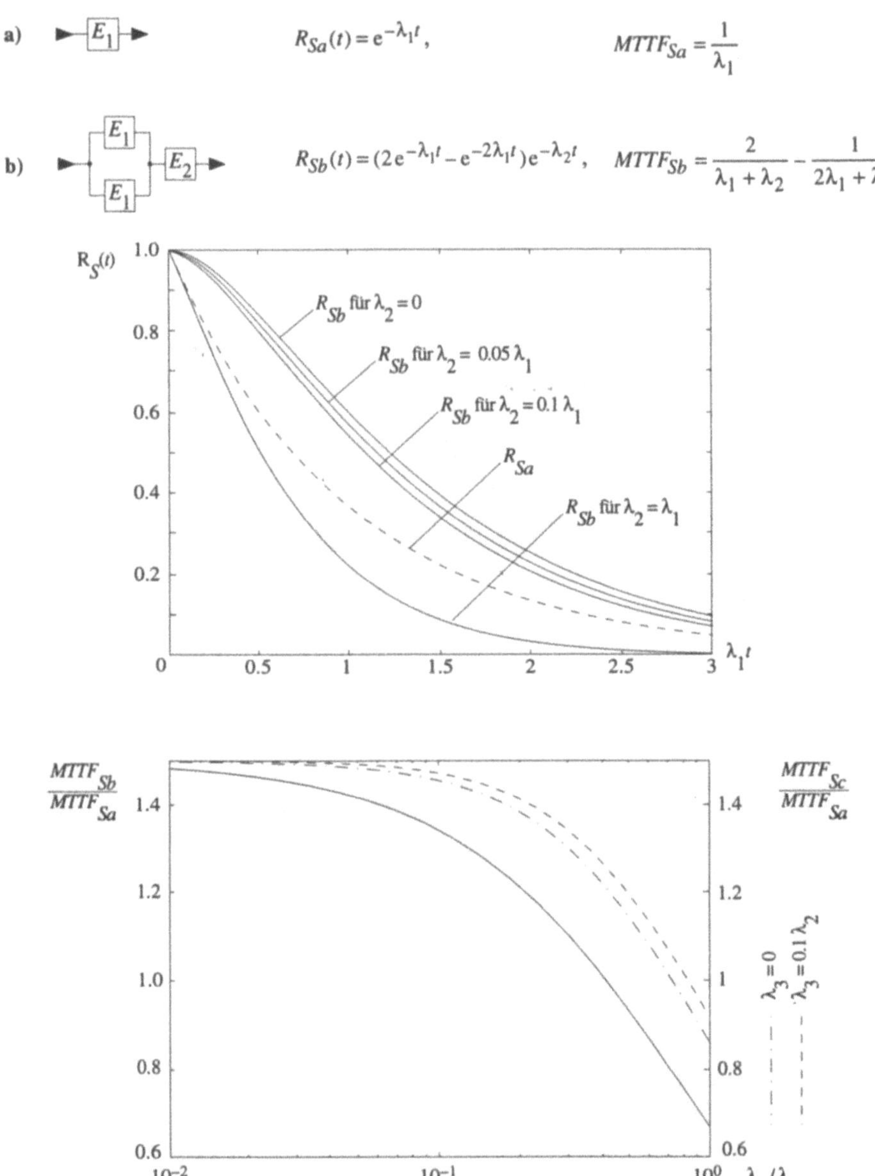

Bild 3.9 Vergleich zwischen Grundstrukturen (nichtreparierbar bis Systemausfall, heiße Redundanz, unabhängige Elemente, konstante Ausfallraten λ_1, λ_2; auf der rechten Seite des unteren
Bildes ist der Vergleich zwischen Fall a und Fall c aus Bild 3.10 angegeben)

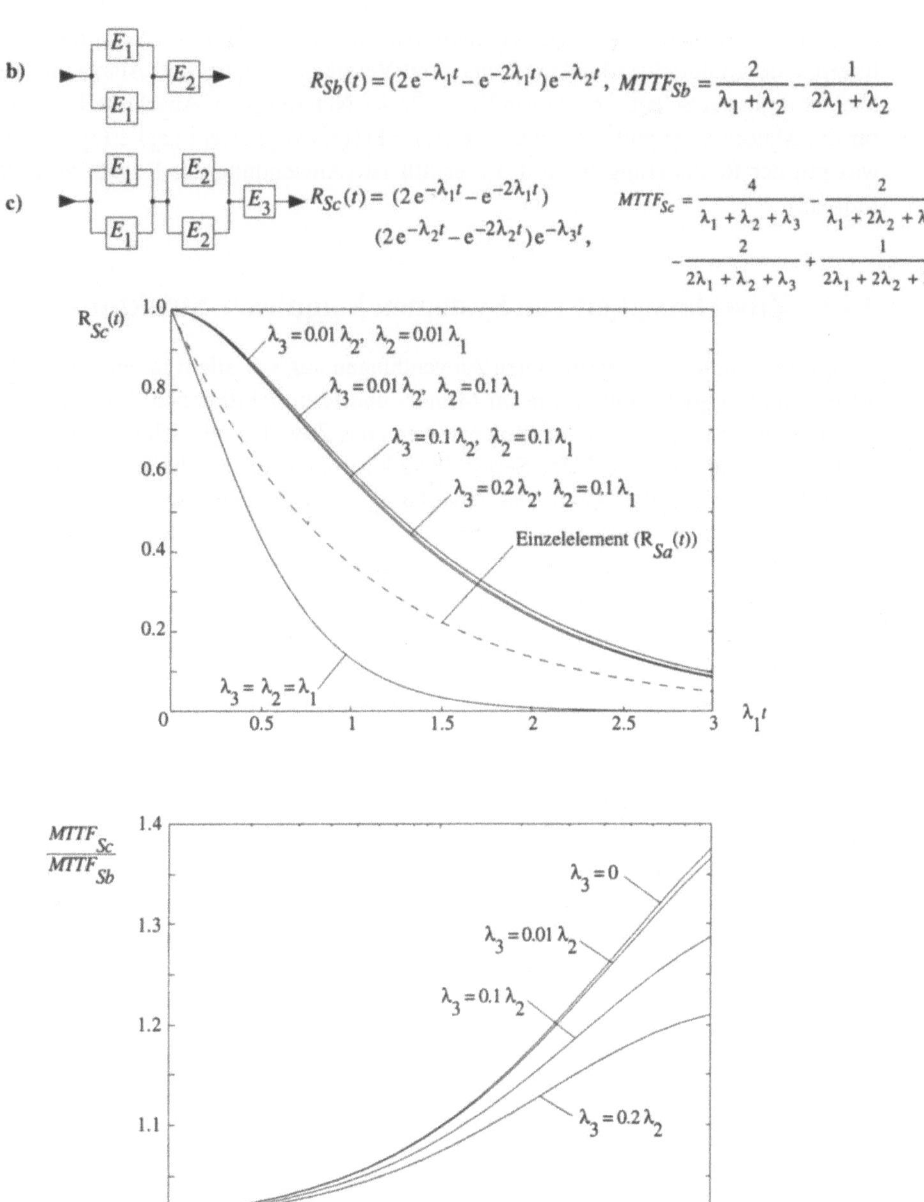

Bild 3.10 Vergleich zwischen Grundstrukturen (nichtreparierbar bis Systemausfall, heiße Redundanz, unabhängige Elemente, konstante Ausfallraten λ_1, λ_2, λ_3)

tion, ohne Umschalteinrichtung, bei einem Ausfall ($n = 1$). Bild 3.11 zeigt die Realisierung der Majoritätsredundanz 2 aus 3 mit Vergleichselement und Alarm im Falle einer digitalen Schaltung (für ein Bit). Mit der Notation vom Abschnitt 3.1.3 gilt für die Majoritätsredundanz 2 aus 3 $R_S(t) = \Pr\{(e_1 \cap e_2) \cup (e_1 \cap e_3) \cup (e_2 \cap e_3)\}$, was mit der Realisierung in Bild 3.1 erfüllt ist (Anwendung der Regeln von De Morgan).

3.1.8 Zuverlässigkeit von Systemen komplexer Struktur

Komplexe Strukturen treten in vielen Anwendungen auf, vor allem in der Nachrichtentechnik, Energietechnik sowie im Militär- und Raumfahrtbereich. Im Sinne der Zuverlässigkeit ist eine Struktur *komplex*, wenn das Zuverlässigkeitsblockdiagramm nicht existiert oder nicht auf eine Serien-/Parallelstruktur mit unabhängigen Elementen zurückgeführt werden kann. Das Zuverlässigkeitsblockdiagramm existiert nicht, falls für ein Element mehr als zwei Zustände (gut/ausgefallen) oder mehr als eine Ausfallart (z. B. Kurzschluß oder Unterbrechung) berücksichtigt werden müssen, sowie in vielen vermaschten störungstoleranten Strukturen. Die Reduktion des Zuverlässigkeitsblockdiagramms auf eine Serien-/Parallelstruktur mit unabhängigen Elementen ist bei vernetzten (vermaschten) Strukturen, und wenn Elemente mehrmals im Zuverlässigkeitsblockdiagramm erscheinen, in der Regel nicht möglich.

In solchen Fällen können die Untersuchungen schwierig werden und den Einsatz eines Computers erfordern. Gut entwickelt sind die Untersuchungsmethoden, falls das Zuverlässigkeitsblockdiagramm aufgestellt werden kann, heiße Redundanz auftritt und alle (verschiedenen) Elemente des Systems unabhängig angenommen werden können (das gleiche Element kann mehrmals im Zuverlässigkeitsblockdiagramm erscheinen). Unter diesen Annahmen kann die Untersuchung prinzipiell mit Hilfe *Boolescher Modelle* erfolgen. Wichtige Spezialfälle können aber auch mit einfachen, z. T. heuristischen Methoden analysiert werden. In den folgenden Abschnit-

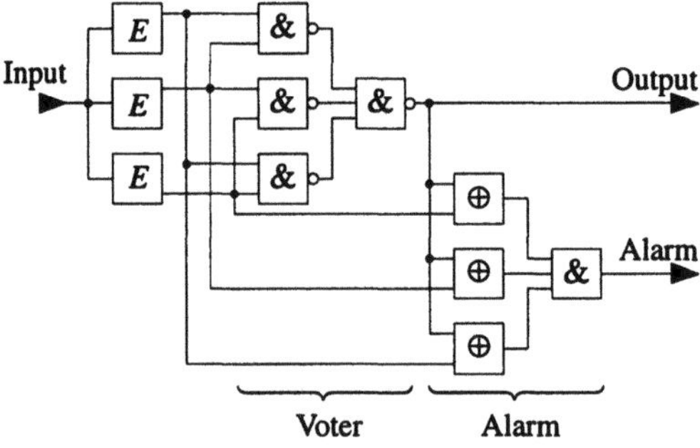

Bild 3.11 Realisierung der Majoritätsredundanz 2 aus 3 mit Vergleichselement und Alarm pro Bit einer digitalen Schaltung

ten wird man sich auf diese heuristische Methoden beschränken, für Boolesche Modelle sei auf [3.47, 3.48] verwiesen

3.1.8.1 Methode des Schlüsselelementes

Die *Methode des Schlüsselelementes* stützt sich auf den *Satz der totalen Wahrscheinlichkeit* (Gl. (A2.13)). Das Ereignis

> System arbeitet ausfallfrei in $(0, t]$

wird in die zwei komplementären Ereignisse

> Element E_i arbeitet ausfallfrei in $(0, t] \cap$ System arbeitet ausfallfrei in $(0, t]$

> Element E_i ist in $(0, t]$ ausgefallen $\cap$ System arbeitet ausfallfrei in $(0, t]$

aufgeteilt. Für die *Zuverlässigkeitsfunktion* des Systems folgt dann

$$R_S(t) = \; R_i(t)\,\mathrm{Pr}\{\text{System arbeitet ausfallfrei in } (0, t] \,|$$
$$E_i \text{ arbeitet ausfallfrei in } (0, t]\}$$
$$+ (1 - R_i)\,\mathrm{Pr}\{\text{System arbeitet ausfallfrei in } (0, t] \,|$$
$$E_i \text{ ist in } (0, t] \text{ ausgefallen}\}. \qquad (3.27)$$

Bei dieser Aufspaltung ist das Element E_i so zu wählen, daß die Berechnung der *bedingten Wahrscheinlichkeiten* in Gl. (3.27) mit der Methode der Serien-/Parallelstrukturen erfolgen kann. Im folgenden sollen zwei wichtige Beispiele untersucht werden.

Brückenschaltungen: Das Zuverlässigkeitsblockdiagramm einer *Brückenschaltung* mit Zweiwegverbindung ist in Bild 3.12 gegeben. Element E_5 weist die Besonderheit auf, daß es in beiden Richtungen arbeiten kann, von E_1 über E_5 nach E_4 bzw. von E_2 über E_5 nach E_3. Es steht damit in einer *Schlüsselposition* (Schlüsselelement).

Diese Situation wird zur Berechnung der Zuverlässigkeitsfunktion benutzt. Dafür wird Gl. (3.27) mit $E_i = E_5$ verwendet. Für die Berechnung der bedingten Wahrscheinlichkeiten werden aus Bild 3.12 die entsprechenden Zuverlässigkeitsblockdiagramme hergeleitet:

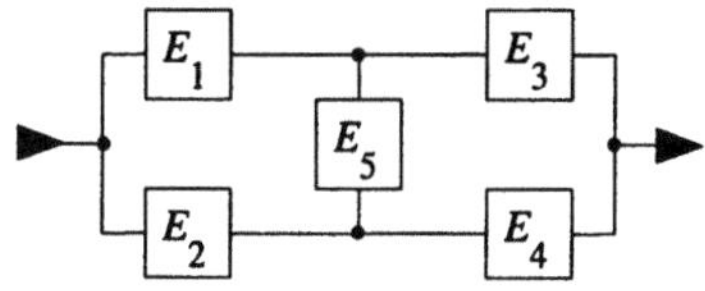

Bild 3.12 Zuverlässigkeitsblockdiagramm einer Brückenschaltung mit Zweiwegverbindung

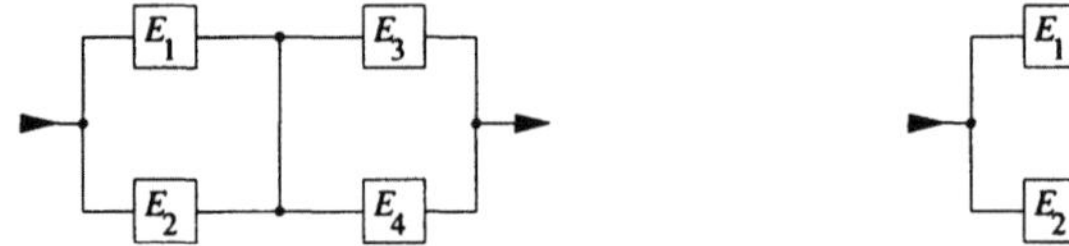

E_5 arbeitet ausfallfrei in $(0, t]$ E_5 ist in $(0, t]$ ausgefallen

Aus Gl. (3.27) folgt für die Zuverlässigkeitsfunktion des Systems (mit $R_i = R_i(t)$)

$$R_S = R_5 (R_1 + R_2 - R_1 R_2)(R_3 + R_4 - R_3 R_4)$$
$$+ (1 - R_5)(R_1 R_3 + R_2 R_4 - R_1 R_2 R_3 R_4). \tag{3.28}$$

Beispiel 3.4

Man berechne die Zuverlässigkeit folgendes Systems gemäß Variante a). Um wieviel würde sich die Zuverlässigkeit erhöhen, falls man die Struktur gemäß Variante b) modifizieren würde? (Annahmen: nichtreparierbar bis zum Systemausfall, heiße Redundanz, unabhängige Arbeitsweise der Elemente, $R_{E_1} = R_{E_{1'}} = R_{E_{1''}} = R_1$, $R_{E_2} = R_{E_{2'}} = R_2$).

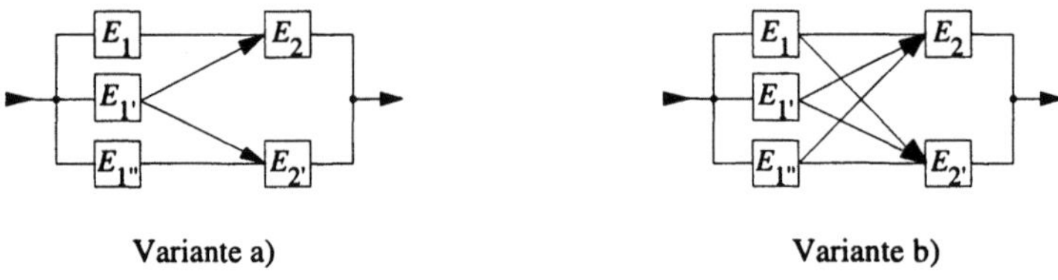

Variante a)   Variante b)

Lösung

Für die Variante a) steht das Element $E_{1'}$ in einer Schlüsselposition. Ähnlich wie für Gl. (3.28) erhält man $R_a = R_1(2 R_2 - R_2^2) + (1 - R_1)(2 R_1 R_2 - R_1^2 R_2^2)$, mit $R_i = R_i(t)$. Bei der Variante b) handelt es sich um die Serienschaltung einer Redundanz 1 aus 3 und 1 aus 2. Aus den Abschnitten 3.1.5 und 3.1.6 folgt $R_b = R_1 R_2 (3 - 3 R_1 + R_1^2)(2 - R_2)$, mit $R_i = R_i(t)$. Damit wird

$$R_b - R_a = 2 R_1 R_2 (1 - R_2)(1 - R_1)^2. \tag{3.29}$$

Die Differenz $R_b - R_a$ erreicht als Maximum den Wert $1/54$ bei $R_1 = 1/3$ und $R_2 = 1/2$. Bezüglich Zuverlässigkeit bleibt damit der Vorteil der Variante b) gegenüber der Variante a) klein.

Zuverlässigkeitsblockdiagramme, in welchen ein und dasselbe Element mehrmals erscheint: In den praktischen Anwendungen tritt oft die Situation auf, daß Elemente mehrmals im Zuverlässigkeitsblockdiagramm erscheinen, obwohl diese Elemente nur einmal im betrachteten System vorhanden sind. Solche Situationen lassen sich mit der *Methode des Schlüsselelementes* einfach analysieren. Die Beispiele 3.5 und 3.6 illustrieren zwei Fälle.

Beispiel 3.5

Man berechne die Zuverlässigkeit des im Beispiel 3.2 betrachteten Systems für den Fall, in dem die gleichzeitige Erfüllung beider Missionen verlangt wird.

Lösung

Im Zuverlässigkeitsblockdiagramm von Beispiel 3.2 steht das Element E_2 in einer Schlüsselposition. Ähnlich wie für die Gl. (3.28) erhält man (mit $R_i = R_i(t)$)

$$R_S = R_2\,R_1(R_4 + R_5 - R_4\,R_5) + (1 - R_2)\,R_1\,R_3\,R_5 \ . \tag{3.30}$$

Beispiel 3.6

Man berechne die Zuverlässigkeit der redundanten Speisung gemäß Beispiel 3.3.

Lösung

Im Zuverlässigkeitsblockdiagramm von Beispiel 3.3 stehen U_1 und U_2 in einer Schlüsselposition. Die *zweifache* Anwendung der Methode des Schlüsselelementes führt (unter der Annahme $R_{E1} = R_{E2} = R_{E3} = R_{E4} = R_D$, $R_{E5} = R_{E6} = R_U$, $R_{E7} = R_{E8} = R_1$ und $R_{E9} = R_2$) zu

$$R_S = R_U\,R_2\,(R_U\,(2\,R_D\,R_1 - R_D^2\,R_1^2)(2\,R_D - R_D^2) + 2(1 - R_U)\,R_D^2\,R_1) \tag{3.31}$$

mit $R_S = R_S(t)$, $R_U = R_U(t)$, $R_D = R_D(t)$, $R_1 = R_1(t)$ und $R_2 = R_2(t)$.

3.1.8.2 Methode der erfolgreichen Pfade

Bei der *Methode der erfolgreichen Pfade* wird von folgender Idee ausgegangen:

Das System erfüllt die geforderte Funktion, wenn es zwischen dem Eingang und dem Ausgang des Zuverlässigkeitsblockdiagrammes mindestens einen Pfad gibt, auf welchem alle betroffenen Elemente ihre geforderte Funktion erfüllen.

Diese Pfade müssen stets von links nach rechts führen und dürfen keine Schleife enthalten. Bei den gerichteten Verbindungen ist nur die angegebene Richtung möglich.

Zur Illustration wird diese Methode direkt auf das Beispiel von Bild 3.13 angewandt. Wie im Abschnitt 3.1.3 bezeichnet e_i das Ereignis

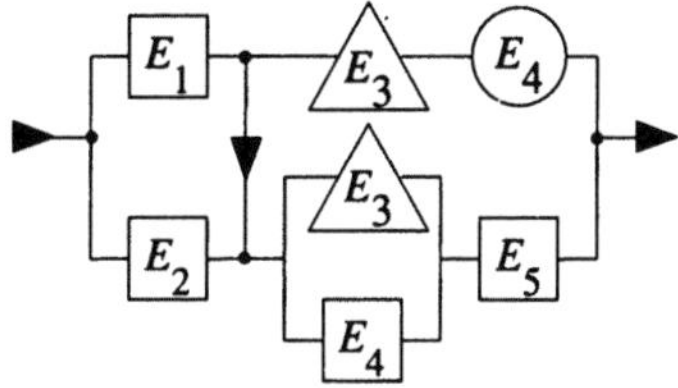

Bild 3.13 Zuverlässigkeitsblockdiagramm einer vernetzten Struktur (die gerichtete Verbindung hat Zuverlässigkeit eins)

Element E_i arbeitet ausfallfrei in $(0, t]$.

Damit ist $\Pr\{e_i\} = R_i(t)$ und $\Pr\{\bar{e}_i\} = 1 - R_i(t)$.

Für das Zuverlässigkeitsblockdiagramm in Bild 3.13 ergeben sich folgende *erfolgreiche Pfade*

$$e_1 \cap e_3 \cap e_4, \quad e_1 \cap e_3 \cap e_5, \quad e_1 \cap e_4 \cap e_5, \quad e_2 \cap e_3 \cap e_5, \quad e_2 \cap e_4 \cap e_5$$

und somit

$$\begin{aligned} R_S(t) = \ &\Pr\{(e_1 \cap e_3 \cap e_4) \cup (e_1 \cap e_3 \cap e_5) \cup (e_1 \cap e_4 \cap e_5) \\ &\cup (e_2 \cap e_3 \cap e_5) \cup (e_2 \cap e_4 \cap e_5)\}. \end{aligned} \tag{3.32}$$

Die Auswertung von Gl. (3.32) erfolgt mit Hilfe des Additionssatzes (Gl. (A2.9)) und führt zur Zuverlässigkeitsfunktion des Systems

$$\begin{aligned} R_S = \ &R_1 R_3 R_4 + R_1 R_3 R_5 + R_1 R_4 R_5 + R_2 R_3 R_5 + R_2 R_4 R_5 - 2 R_1 R_3 R_4 R_5 \\ &- R_1 R_2 R_3 R_5 - R_1 R_2 R_4 R_5 - R_2 R_3 R_4 R_5 + R_1 R_2 R_3 R_4 R_5 \end{aligned} \tag{3.33}$$

mit $R_S = R_S(t)$ und $R_i = R_i(t)$. Die Berechnung der $MTTF_S$ erfolgt ähnlich wie mit Gl. (3.25).

3.1.8.3 Methode des Zustandsraumes

Bei dieser Methode wird von folgender Grundidee ausgegangen:

Jedem Element E_i wird ein Indikator $\zeta_i(t)$ mit folgender Eigenschaft zugeordnet: $\zeta_i(t) = 1$, solange E_i ausfallfrei arbeitet, und $\zeta_i(t) = 0$ wenn E_i ausgefallen ist (für ein nicht-reparierbares Element bedeutet $\zeta_i(t) = 1$, daß die ausfallfreie Arbeitszeit des Elements E_i größer als t ist. Der Vektor mit den Komponenten $\zeta_i(t)$ bestimmt den Zustand des Systems zur Zeit t eindeutig. Enthält das System n unabhängige Elemente, so sind 2^n Zustände möglich. Nach dem Aufstellen der Liste der 2^n möglichen Zustände zur Zeit t werden alle jene Zustände bestimmt, bei welchen das System die geforderte Funktion erfüllt; die Wahrscheinlichkeit, daß sich das System in einem dieser Zustände befindet, ist gleich der Zuverlässigkeitsfunktion $R_S(t)$.

Die 2^n möglichen Zustände zur Zeit t für das Zuverlässigkeitsblockdiagramm vom Bild 3.13 sind

$$
\begin{array}{ll}
E_1 & 1\,0\,1\,0\,1\,0\,1\,0\,1\,0\,1\,0\,1\,0\,1\,0\,1\,0\,1\,0\,1\,0\,1\,0\,1\,0\,1\,0\,1\,0\,1\,0 \\
E_2 & 1\,1\,0\,0\,1\,1\,0\,0\,1\,1\,0\,0\,1\,1\,0\,0\,1\,1\,0\,0\,1\,1\,0\,0\,1\,1\,0\,0\,1\,1\,0\,0 \\
E_3 & 1\,1\,1\,1\,0\,0\,0\,0\,1\,1\,1\,1\,0\,0\,0\,0\,1\,1\,1\,1\,0\,0\,0\,0\,1\,1\,1\,1\,0\,0\,0\,0 \\
E_4 & 1\,1\,1\,1\,1\,1\,1\,1\,0\,0\,0\,0\,0\,0\,0\,0\,1\,1\,1\,1\,1\,1\,1\,1\,0\,0\,0\,0\,0\,0\,0\,0 \\
E_5 & 1\,1\,1\,1\,1\,1\,1\,1\,1\,1\,1\,1\,1\,1\,1\,1\,0\,0\,0\,0\,0\,0\,0\,0\,0\,0\,0\,0\,0\,0\,0\,0 \\
S   & 1\,1\,1\,0\,1\,1\,1\,0\,1\,1\,1\,0\,0\,0\,0\,0\,1\,0\,1\,0\,0\,0\,0\,0\,0\,0\,0\,0\,0\,0\,0\,0
\end{array}
$$

Eine Eins in dieser Tabelle bedeutet, daß das betreffende Element zur Zeit t noch nicht ausgefallen ist. Das Ereignis

> das System arbeitet ausfallfrei in $(0,t]$

ist damit dem Ereignis

$$(e_1 \cap e_2 \cap e_3 \cap e_4 \cap e_5) \cup (\bar{e}_1 \cap e_2 \cap e_3 \cap e_4 \cap e_5) \cup (e_1 \cap \bar{e}_2 \cap e_3 \cap e_4 \cap e_5)$$

$$\cup (e_1 \cap e_2 \cap \bar{e}_3 \cap e_4 \cap e_5) \cup (\bar{e}_1 \cap e_2 \cap \bar{e}_3 \cap e_4 \cap e_5) \cup (e_1 \cap \bar{e}_2 \cap \bar{e}_3 \cap e_4 \cap e_5)$$

$$\cup (e_1 \cap e_2 \cap e_3 \cap \bar{e}_4 \cap e_5) \cup (\bar{e}_1 \cap e_2 \cap e_3 \cap \bar{e}_4 \cap e_5) \cup (e_1 \cap \bar{e}_2 \cap e_3 \cap \bar{e}_4 \cap e_5)$$

$$\cup (e_1 \cap e_2 \cap e_3 \cap e_4 \cap \bar{e}_5) \cup (e_1 \cap \bar{e}_2 \cap e_3 \cap e_4 \cap \bar{e}_5)$$

äquivalent. Nach entsprechender Vereinfachung folgt (die Vereinfachung kann auch mit Hilfe des *Karnaugh-Diagramms* vorgenommen werden)

$$(e_2 \cap e_3 \cap e_5) \cup (e_1 \cap e_3 \cap e_4 \cap \bar{e}_5) \cup (e_1 \cap \bar{e}_2 \cap e_3 \cap \bar{e}_4 \cap e_5)$$

$$\cup (e_1 \cap \bar{e}_2 \cap e_4 \cap e_5) \cup (e_2 \cap \bar{e}_3 \cap e_4 \cap e_5),$$

woraus folgt

$$R_S(t) = \mathrm{Pr}\{(e_2 \cap e_3 \cap e_5) \cup (e_1 \cap e_3 \cap e_4 \cap \bar{e}_5) \cup (e_1 \cap \bar{e}_2 \cap e_3 \cap \bar{e}_4 \cap e_5)$$

$$\cup (e_1 \cap \bar{e}_2 \cap e_4 \cap e_5) \cup (e_2 \cap \bar{e}_3 \cap e_4 \cap e_5)\}. \tag{3.34}$$

Die Auswertung der Gl. (3.34) führt wiederum zur Gl. (3.33). Dabei soll berücksichtigt werden, daß im Gegensatz zur Gl. (3.32) die fünf Ereignisse von Gl. (3.34) *unvereinbar* sind (die Kolonnen in der Tabelle der 2^n Zustände stellen unvereinbare Ereignisse dar).

3.1.9 Grobe Schätzung der vorausgesagten Zuverlässigkeit

Oft wird in den früheren Projektphasen oder für gewisse Probleme der Logistik eine grobe Schätzung der vorausgesagten Zuverlässigkeit verlangt. Man geht dabei davon aus, daß die Betrachtungseinheit (das System) keine Redundanz enthält und alle Elemente an der Erfüllung der geforderten Funktion beteiligt sind. Die Berechnung der Ausfallrate erfolgt dann mit Hilfe der Gl. (3.17), wobei für die Ausfallraten λ_i der einzelnen Elemente nur die Technologie, die Umwelteinflüsse (Faktor π_E) und die Qualität (Faktor π_Q) berücksichtigt werden. Die Prozedur ist als *Zählmethode* (parts count method) bekannt.

3.1.10 Berechnungsbeispiel einer einfachen elektronischen Schaltung

Beispiel 3.7 zeigt ausführlich die Schritte zur Berechnung der vorausgesagten Zuverlässigkeit einer einfachen elektronischen Schaltung.

Beispiel 3.7

Man berechne die vorausgesagte Zuverlässigkeit des folgenden elektronischen Schalters

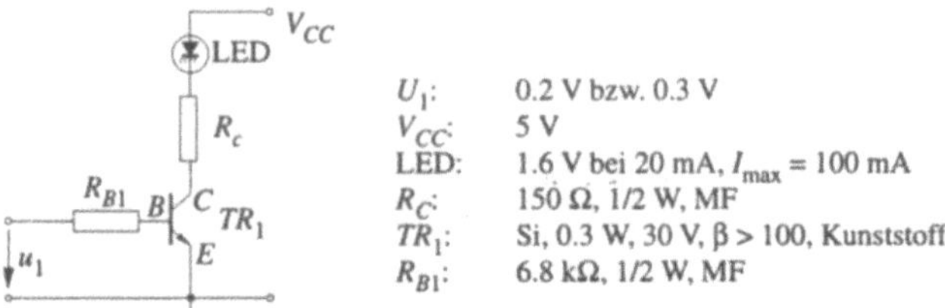

U_1:	0.2 V bzw. 0.3 V
V_{CC}:	5 V
LED:	1.6 V bei 20 mA, I_{max} = 100 mA
R_C:	150 Ω, 1/2 W, MF
TR_1:	Si, 0.3 W, 30 V, β > 100, Kunststoff
R_{B1}:	6.8 kΩ, 1/2 W, MF

Lösung

Die Lösung stützt sich auf die in Abschnitt 3.1.1 angegebene Prozedur.

1. Die *geforderte Funktion* lautet: Die Lumineszenzdiode LED muß im Takt mit der Steuerspannung u_1 leuchten. Die Umweltbedingungen entsprechen jenen einer stationären Anlage (G_F in Tab. 3.3) mit Umgebungstemperatur $\theta_A = 25°C$ außerhalb und $\theta_A = 40°C$ im Innern des Geräts.

2. Da alle Elemente an der Erfüllung der geforderten Funktion beteiligt sind, besteht das Zuverlässigkeitsblockdiagramm aus der Serienschaltung der fünf Elemente E_1 bis E_5. Dabei stellt E_5 die Leiterplatte samt Lötstellen dar.

$$E_1 \;\widehat{=}\; \text{LED}, \quad E_2 \;\widehat{=}\; R_C, \quad E_3 \;\widehat{=}\; R_{B1}, \quad E_4 \;\widehat{=}\; TR_1$$
$$E_5 \;\widehat{=}\; \text{Leiterplatte und Lötstellen}$$

3. Die Belastungsfaktoren der einzelnen Elemente lassen sich anhand der Schaltung bestimmen. Bei sperrendem Transistor wird ein Belastungsfaktor von 0.1 für alle Elemente angenommen. Leitet der Transistor, so ist der Belastungsfaktor etwa 0.2 für die Diode und 0.1 für alle anderen Elemente. Die Umgebungstemperatur ist 25°C für die LED und 40°C für die übrigen Elemente.

4. Die Ausfallraten der einzelnen Elemente werden als Beispiel hier mit den Daten aus dem MIL-HDBK-217 F bestimmt. Für den Qualitätsfaktor werden Klassen *P* für Widerstände und *JAN* für den Transistor und die LED angenommen. Damit folgt

LED: $\qquad \lambda = \lambda_b \pi_E \pi_Q \pi_T = 0.23 \cdot 2 \cdot 2.4 \cdot 1.2 \cdot 10^{-9}\,h^{-1} \approx 1.3 \cdot 10^{-9}\,h^{-1}$

Transistor: $\qquad \lambda = \lambda_b \pi_E \pi_Q \pi_A \pi_R \pi_S \pi_T = 0.74 \cdot 6 \cdot 2.4 \cdot 0.7 \cdot 0.77 \cdot 0.16 \cdot 1.7 \cdot 10^{-9}\,h^{-1}$

$\qquad\qquad\qquad \approx 1.6 \cdot 10^{-9}\,h^{-1}$

Widerstände: $\qquad \lambda = \lambda_b \pi_E \pi_Q \pi_R = 0.84 \cdot 2 \cdot 0.3 \cdot 1 \cdot 10^{-9}\,h^{-1} \approx 0.5 \cdot 10^{-9}\,h^{-1}$,

wenn der Transistor durchgeschaltet ist. Für die Leiterplatte und die Lötstellen findet man $\lambda_5 = 1 \cdot 10^{-9}\,h^{-1}$. Obige λ-Werte bleiben wegen der sehr kleinen Belastungsfaktoren praktisch unverändert, wenn die LED ausgeschaltet ist.

5. Aus obigen Resultaten läßt sich die Zuverlässigkeitsfunktion jedes Elements angeben. Da die Ausfallrate konstant ist, gilt $R_i(t) = e^{-\lambda_i t}$.

6. Die vorausgesagte Zuverlässigkeit der Schaltung kann nun mit Hilfe der Gl. (3.17) berechnet werden. Man erhält $R_S(t) = e^{-4.9 \cdot 10^{-9} t}$. Für zehn Jahre Dauerbetrieb ist damit die vorausgesagte Zuverlässigkeit der Schaltung > 0.999.

7. Erachtet man, beispielsweise aus Sicherheitsgründen, die Ausfallrate des Transistors als zu hoch und kann kein Transistor besserer Qualität beschafft werden, dann soll für dieses Element eine *Redundanz* eingebaut werden. Unter der Annahme, die *Ausfallart* dieser Transistoren sei ein *Kurzschluß* zwischen Emitter und Kollektor, erhält man für die Schaltung und für das Zuverlässigkeitsblockdiagramm

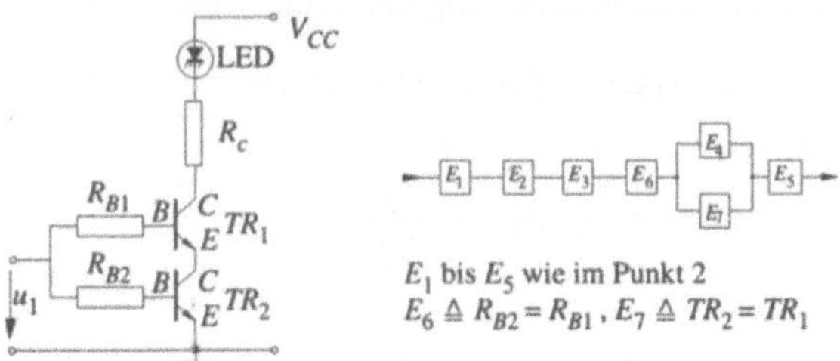

Wegen der sehr kleinen Belastungsfaktoren liefert die Berechnung der Ausfallrate der einzelnen Elemente praktisch die gleichen Werte wie im Fall ohne Redundanz. Für die Zuverlässigkeitsfunktion der Schaltung folgt dann (unter der Annahme unabhängiger Elemente)

$$R_S(t) = e^{-3.8 \cdot 10^{-9} t} (2 e^{-1.6 \cdot 10^{-9} t} - e^{-3.2 \cdot 10^{-9} t}),$$

und daraus

$$R_S(t) \approx e^{-3.8 \cdot 10^{-9} t} \qquad \text{für } t \text{ bis zu } 10^6 \text{ h}.$$

Die Zuverlässigkeit der Schaltung wird damit praktisch nicht mehr vom Transistor beeinflußt. Diese Feststellung bringt den Vorteil der Redundanz (für $t \ll 1/\lambda$) zum Ausdruck (vgl. Bild 3.8). Wäre jedoch die Ausfallart der Transistoren TR_1 und TR_2 eine *Unterbrechung* zwischen Kollektor und Emitter, würden die beiden Elemente E_4 und E_7 im Zuverlässigkeitsblockdiagramm in Serie erscheinen.

3.1.11   Parallelmodelle mit Elementen in warmer Redundanz

In den Parallelmodellen vom Abschnitt 3.1.5 sind alle Elemente bis zum Ausfall den gleichen Bedingungen unterworfen und arbeiten unabhängig voneinander (heiße Redundanz mit unabhängigen Elementen). Diese Annahme impliziert insbesondere, daß zwischen den Elementen keine *Lastaufteilung* erfolgt. In vielen praktischen Anwendungen (diskrete Bauteileebene oder Leistungselemente) teilen sich die Elemente die Last auf, so daß ihre Arbeitsweise nicht mehr *unabhängig* ist. Das gleiche gilt bei der *kalten* oder *warmen Redundanz*. Im Falle *abhängiger Elemente* erfolgt die Untersuchung der Zuverlässigkeit mit Hilfe von stochastischen Prozessen. Das Problem bleibt einfach, wenn die *Ausfallrate* für jedes Element *konstant ist*, oder sich *nur bei einem Ausfall* ändern kann (zeithomogene Markoff-Prozesse).

Für diesen Fall zeigt Bild 3.14 das allgemeine Modell für eine *Redundanz* k *aus* n. $Z_0, ..., Z_{n-k+1}$ sind die Zustände des stochastischen Prozesses. In Z_i sind *genau* i *Elemente ausgefallen*. Im Zustand Z_{n-k+1} ist das System ausgefallen. Bezeichnet man mit λ die Ausfallrate im *Arbeitszustand* und mit λ_r die Ausfallrate im *Reservezustand*, so beschreibt das Modell von Bild 3.14 insbesondere folgende Situationen:

1. *Heiße Redundanz ohne Lastaufteilung*:

$$v_i = (n-i)\,\lambda, \qquad i = 0, ..., n-k, \tag{3.35}$$

λ bleibt bei jeder Zustandsänderung konstant.

2. *Heiße Redundanz mit Lastaufteilung* ($\lambda = \lambda(i)$):

$$v_i = (n-i)\,\lambda(i), \qquad i = 0, ..., n-k, \tag{3.36}$$

$\lambda(i)$ wächst bei jeder Zustandsänderung.

3. *Warme Redundanz*:

$$v_i = k\,\lambda + (n-k-i)\,\lambda_r, \qquad i = 0, ..., n-k, \tag{3.37}$$

λ und λ_r bleiben bei jeder Zustandsänderung konstant.

4. *Kalte Redundanz*:

$$v_i = k\,\lambda, \qquad i = 0, ..., n-k, \tag{3.38}$$

λ bleibt bei jeder Zustandsänderung konstant.

Für die Untersuchung des Modells gemäß Bild 3.14 führt man folgende *Zustandswahrscheinlichkeiten* ein:

$$P_i(t) = \Pr\{\text{der Prozeß ist zur Zeit } t \text{ im Zustand } Z_i\}. \tag{3.39}$$

Aus Bild 3.14 erhält man für $P_i(t)$

$$P_i(t + \delta t) = P_i(t)(1 - v_i\,\delta t) + P_{i-1}(t)\,v_{i-1}\,\delta t. \tag{3.40}$$

Gemäß Gl. (3.40) ist der Prozeß zur Zeit $t + \delta t$ im Zustand Z_i, falls man zur Zeit t bereits in Z_i war und während δt in Z_i bleibt oder, falls es zur Zeit t in Z_{i-1} war

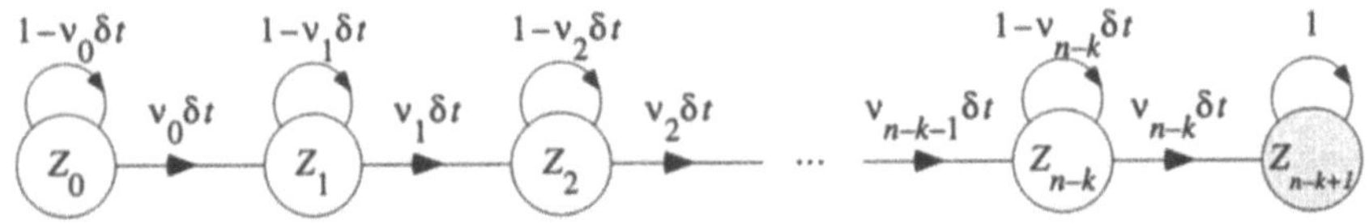

Bild 3.14   Diagramm der Übergangswahrscheinlichkeiten in $(t, t + \delta t]$ für eine (bis zum Systemausfall) nichtreparierbare Redundanz *k* aus *n* (konstante Ausfallrate zwischen aufeinanderfolgenden Zustandsübergängen, *t* beliebig, $\delta t \downarrow 0$)

und während δt nach Z_i kommt. Gleichung (3.40) gilt für δt sehr klein und macht davon Gebrauch, daß zwischen aufeinanderfolgenden Zustandsänderungen die Ausfallrate (Übergangsrate in Bild 3.14) *konstant* ist (*Gedächtnislosigkeit* der zeithomogenen Markoff-Prozesse). Aus Gl. (3.40) folgt

$$\frac{P_i(t + \delta t) - P_i(t)}{\delta t} = -v_i\, P_i(t) + v_{i-1}\, P_{i-1}(t),$$

woraus folgt

$$\dot{P}_i(t) = -v_i\, P_i(t) + v_{i-1}\, P_{i-1}(t). \tag{3.41}$$

Das Modell von Bild 3.14 läßt sich damit durch folgendes System von Differentialgleichungen beschreiben *(Todesprozeß)*:

$$\begin{aligned}
\dot{P}_0(t) &= -v_0\, P_0(t) \\
\dot{P}_i(t) &= -v_i\, P_i(t) + v_{i-1}\, P_{i-1}(t), \qquad i = 1, \ldots, n - k \\
\dot{P}_{n-k+1}(t) &= v_{n-k}\, P_{n-k}(t).
\end{aligned} \tag{3.42}$$

Die Lösung des Gleichungssystems (3.42) liefert die Zustandswahrscheinlichkeiten $P_i(t)$, aus welchen dann die *Zuverlässigkeitsfunktion* des Systems

$$R_S(t) = \sum_{i=0}^{n-k} P_i(t) = 1 - P_{n-k+1}(t) \tag{3.43}$$

berechnet werden kann. Mit $P_0(0) = 1$ folgt für die *Laplace-Transformierte* von $R_S(t)$

$$\tilde{R}_S(s) = \int_0^\infty R_S(t)\, e^{-st}\, dt \tag{3.44}$$

der Ausdruck

$$\tilde{R}_S(s) = \frac{(s + v_0) \ldots (s + v_{n-k}) - v_0 \ldots v_{n-k}}{s(s + v_0) \ldots (s + v_{n-k})}. \tag{3.45}$$

Der *Mittelwert der ausfallfreien Arbeitszeit* läßt sich einfach aus

$$MTTF_S = \tilde{R}_S(0) \tag{3.46}$$

berechnen und führt zu

$$MTTF_S = \sum_{i=0}^{n-k} \frac{1}{v_i}. \tag{3.47}$$

Der Fall der *kalten Redundanz k aus n* (ν_i gemäß Gl. (3.38)) führt zu

$$R_S(t) = \sum_{i=0}^{n-k} \frac{(k\lambda t)^i}{i!} e^{-k\lambda t} \tag{3.48}$$

und

$$MTTF_S = \frac{n-k+1}{k\lambda}. \tag{3.49}$$

Gleichung (3.48) zeigt den Zusammenhang zwischen der *Poisson-Verteilung* und dem Auftritt von exponentiell verteilten Ereignissen; $1 - R_S(t)$ ist die Verteilung der Summe von $n - k + 1$ unabhängigen Zufallsgrößen verteilt nach $F(t) = 1 - e^{-k\lambda t}$, was der Situation der kalten Redundanz k aus n für Elemente mit konstanter Ausfallrate λ entspricht (vgl. auch Gl. (A2.107)).

Für die *heiße Redundanz k aus n* ohne Lastaufteilung (ν_i gemäß Gl. (3.35)) erhält man die Ausdrücke der Gln. (3.22) und (3.23).

3.1.12   Elemente mit mehr als einer Ausfallart

In den vorangehenden Abschnitten wurde angenommen, jedes Element weise nur eine *Ausfallart* auf, z.B. Kurzschluß oder Unterbrechung. Oft ist es aber so, daß viele Bauteile verschiedene *Ausfallarten* aufweisen (Tab. 5.4). Als Beispiel sei in diesem Abschnitt eine Diode betrachtet. Es sei

$$R(t) = \Pr\{\text{kein Ausfall in } (0,t]\}$$

$$\overline{R}(t) = 1 - R(t) = \Pr\{\text{Ausfall in } (0,t]\}$$

$$\overline{R}_U(t) = \Pr\{\text{Ausfall wegen Unterbrechung in } (0,t]\}$$

$$\overline{R}_K(t) = \Pr\{\text{Ausfall wegen Kurzschluß in } (0,t]\}.$$

Offenbar ist

$$\overline{R}(t) = \overline{R}_U(t) + \overline{R}_K(t). \tag{3.50}$$

Beispiel 3.8

Bei einer zeitraffenden Prüfung von 1000 Dioden seien in t kumulativen Betriebsstunden 100 Ausfälle aufgetreten, davon 30 Unterbrechungen und 70 Kurzschlüsse. Man schätze die Werte von $\overline{R}(t)$, $\overline{R}_U(t)$ und $\overline{R}_K(t)$.

Lösung

Die Maximum-Likelihood-Schätzung einer unbekannten Wahrscheinlichkeit p ist gemäß Gl. (A2.189) $\hat{p} = k/n$. Damit wird $\hat{\overline{R}}(t) = 0.1$, $\hat{\overline{R}}_U(t) = 0.03$ und $\hat{\overline{R}}_K(t) = 0.07$.

Bei der Serienschaltung von zwei Dioden tritt ein Ausfall der Schaltung erst dann auf, wenn eine Unterbrechung oder zwei Kurzschlüsse auftreten. Damit ist

$$\overline{R}_S = 1 - (1 - \overline{R}_U)^2 + \overline{R}_K^2 = 2\overline{R}_U - \overline{R}_U^2 + \overline{R}_K^2 \qquad (3.51)$$

mit $R_S = R_S(t)$, $\overline{R}_K = \overline{R}_K(t)$ und $\overline{R}_U = \overline{R}_U(t)$. Ähnlich gilt für die Parallelschaltung von zwei Dioden

$$\overline{R}_S = 2\overline{R}_K - \overline{R}_K^2 + \overline{R}_U^2. \qquad (3.52)$$

Um sich gleichzeitig gegen mindestens eine Unterbrechung oder einen Kurzschluß zu schützen, *störungstolerant* für *mindestens* einen Ausfall, wird die sogenannte *Quadredundanz* verwendet. Je nachdem, ob die Unterbrechungen oder die Kurzschlüsse überwiegen, wird eine Quadredundanz mit oder ohne Querverbindung verwendet. Für die Quadredundanz gilt

$$\overline{R}_S = 2\overline{R}_U^2 - \overline{R}_U^4 + (2\overline{R}_K - \overline{R}_K^2)^2 \qquad (3.53)$$

bzw.

$$\overline{R}_S = 2\overline{R}_K^2 - \overline{R}_K^4 + (2\overline{R}_U - \overline{R}_U^2)^2. \qquad (3.54)$$

Ein einfacher und sicherer Weg zur Aufstellung der Gln. (3.51) bis (3.54) besteht in der Anwendung der *Methode des Zustandsraums*, hier mit drei möglichen Zuständen (gut, U, K) für jedes Element, vgl. Beispiel 3.9 (die Superposition der beiden Ausfallarten geht für die Gln. (3.53) und (3.54) nur wegen der Symmetrie der Schaltungen).

Beispiel 3.9
Man berechne mit der Methode des Zustandsraums die Zuverlässigkeit von zwei Dioden in Parallelschaltung unter der Annahme, daß Kurzschlüsse und Unterbrechungen möglich sind.

Lösung
Unter Berücksichtigung der drei möglichen Zustände gut, Unterbrechung (b, break) und Kurzschluß (s, short circuit) kann für die Parallelschaltung von zwei Dioden folgende Tabelle der möglichen Zustände aufgestellt werden:

D_1	1	1	1	b	b	b	s	s	s
D_2	1	b	s	1	b	s	1	b	s
S	1	1	0	1	0	0	0	0	0

Für $\overline{R}_S$ folgt dann

$$\overline{R}_S = \mathrm{Pr}\{S = 0\} = 2R\overline{R}_K + \overline{R}_U^2 + 2\overline{R}_U\overline{R}_K + \overline{R}_K^2$$
$$= 2(1 - \overline{R}_U - \overline{R}_K)\overline{R}_K + \overline{R}_U^2 + 2\overline{R}_U\overline{R}_K + \overline{R}_K^2 = 2\overline{R}_K - \overline{R}_K^2 + \overline{R}_U^2.$$

3.1.13   Störungstolerante Betrachtungseinheiten

Im Falle speziell hoher Zuverlässigkeits-, Verfügbarkeits- und/oder Sicherheitsforderungen muß die Betrachtungseinheit (das System) *störungstolerant* konzipiert werden. Grundidee dabei ist, das Auftreten einer Störung (Ausfall oder Defekt) sofort zu erkennen und die Betrachtungseinheit derart zu *rekonfigurieren*, daß sie sicher bleibt und ihre geforderte Funktion mit minimaler Leistungseinbuße weiterführen kann.

Einige einfache Fälle störungstoleranter Strukturen mit automatischer Weiterführung der geforderten Funktion bei einem Ausfall sind in den Abschnitten 3.1.5 bis 3.1.8 gezeigt worden, vgl. insbesondere die *Majoritätsredundanz* (Abschnitt 3.1.7) und die *Quadredundanz* (Abschnitt 3.1.12). Letztere ist eine der wenigen Strukturen, welche *mindestens* einen Ausfall irgendwelcher Art tolerieren kann. Der Preis dafür ist aber eine Vervierfachung der Anzahl Elemente. Im Zusammenhang mit ICs wäre es jedoch nicht sinnvoll, eine Quadredundanz mit vier Elementen auf dem *gleichen* Chip zu realisieren, weil das Risiko einer Wechselwirkung mit darauffolgendem Totalausfall, *Single-point failure*, zu groß ist.

Die Berücksichtigung der möglichen *Ausfallarten* ist im Rahmen der Untersuchung ausfalltoleranter Systeme ausschlaggebend. Dies erfolgt mit den Methoden der *Ausfallartenanalysen* (FMEA/FMECA, FTA usw.), die in Abschnitt 3.1.16 vorgestellt werden. Die Ausfallartenanalyse ermöglicht u. a. die Erfassung von Abhängigkeiten und Wechselwirkungen zwischen den Elementen der Betrachtungseinheit (des Systems) und damit die Realisierung geeigneter Maßnahmen zur Verhinderung von Folgeausfällen.

Folgeausfälle können z. B. durch Schutz der Ein- und/oder Ausgänge der kritischen Bauteile verhindert werden (Dioden D_1 bis D_4 im Beispiel 3.3). Weitere Maßnahmen sind die Realisierung redundanter Elemente mit *unterschiedlichen* Bauteilen und das Einfügen von Standby-Elementen zu einer 2-aus-3-Majoritätsredundanz, welche erst beim Ausfall zweier aktiver Elemente in Betrieb genommen werden usw. Diese und ähnliche Maßnahmen werden erfolgreich in Raumfahrtprojekten und allgemein in Geräten und Systemen angewandt, an welchen hohen Zuverlässigkeits- und/oder Sicherheitsanforderungen gestellt werden.

Alle Teile, welche an mehreren Funktionen beteiligt sind, müssen sorgfältig ausgelegt bzw. dimensioniert werden. Zu diesen gehören beispielsweise *Clock-Schaltungen*, *Bus-Nahtstellen* sowie *eingebaute Prüfungen und Überwachungen* (Paritätsprüfung, Watchdog, Zustandsprüfung, Betriebsüberwachung usw.). Der Erkennung und Lokalisierung *verborgener Ausfälle* und der Vermeidung *falscher Meldungen* ist große Bedeutung beizumessen. Falsche Meldungen können z. B. bereits durch *Synchronisationsprobleme* in der Überwachung verursacht werden. Auf Aspekte der Ausfallerkennung und -Lokalisierung wird im Abschnitt 3.2.1.1 eingegangen.

Obige Darlegungen gelten primär für *Ausfälle*, lassen sich aber auf *Defekte* der *Hardware* oder der *Software* übertragen. Die Untersuchungen bei der Software sind oft schwieriger, auch weil entsprechende Modelle noch nicht ausgereift sind. Wichtige *Entwicklungsrichtlinien* für Hardware und Software werden im Kapitel 4 angegeben.

Die Untersuchung störungstoleranter Strukturen unter Berücksichtigung der *Wechselwirkung* zwischen Zuverlässigkeit und Leistungsfähigkeit, *Performability Analysis*, sind noch Gegenstand von Forschungsarbeiten [3.37].

3.1.14 Zuverlässigkeit mechanischer Betrachtungseinheiten, Driftausfälle

Solange man die Zuverlässigkeit einer Betrachtungseinheit (eines Systems) als Wahrscheinlichkeit auffaßt, eine geforderte Funktion erfolgreich auszuführen, ohne direkte Beziehung zur ausfallfreien Arbeitszeit, besteht kein prinzipieller Unterschied zwischen der Untersuchungsmethode einer elektronischen und jener einer *mechanischen Betrachtungseinheit.* In Anlehnung zu den Abschnitten 3.1.1 bis 3.1.8 erfolgt in diesem Fall die Berechnung der vorausgesagten Zuverlässigkeit gemäß folgender Prozedur:

1. Definition der geforderten Funktion (oder Mission)
2. Aufstellung des Zuverlässigkeitsblockdiagramms (ZBD)
3. Bestimmung der Zuverlässigkeit jedes Elementes im ZBD
4. Berechnung der vorausgesagten Zuverlässigkeit der Betrachtungseinheit
5. Behebung der Schwachstellen und Wiederholung der Schritte 2 bis 4, falls die Zuverlässigkeitsziele nicht erreicht worden sind.

Die Beispiele 3.10 und 3.11 zeigen konkrete Anwendungen dieser Prozedur.

Beispiel 3.10
Die Befestigung einer Baugruppe soll schnell lösbar und zuverlässig sein. Sie erfolgt mittels zweier Flansche, die mit vier um 90° versetzten Klammerverschlüssen zusammengepreßt werden. Die Erfahrung zeigt, daß die Verbindung ihre Funktion erfüllt, falls mindestens zwei gegenüberliegende Klammerverschlüsse ausfallfrei arbeiten. Man stelle das Zuverlässigkeitsblockdiagramm der Verbindung auf und berechne ihre Zuverlässigkeit (für die vier Klammerverschlüsse gilt $R_1 = R_2 = R_3 = R_4 = R$).

Lösung
Da mindestens zwei gegenüberliegende Klammerverschlüsse (E_1 und E_3 oder E_2 und E_4) ausfallfrei arbeiten müssen, erhält man als Zuverlässigkeitsblockdiagramm nebenstehende Serien-/Parallelstruktur. Unter der Annahme einer unabhängigen Arbeitsweise aller

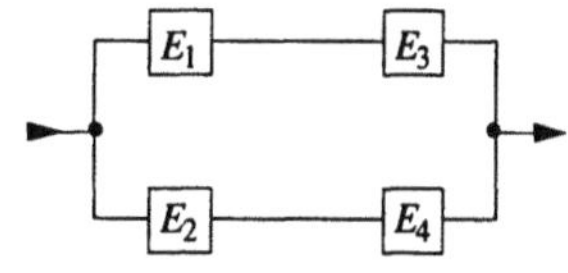

vier Klammerverschlüsse folgt aus Abschnitt 3.1.6 für die Zuverlässigkeit der Verbindung $R_S = 2R^2 - R^4$. Würden zwei beliebig plazierte Klammerverschlüsse ausreichen, hätte man eine heiße Redundanz 2 aus 4 und damit $R_S = 6R^2 - 8R^3 + 3R^4$.

Beispiel 3.11

Für die horizontale Separation der Nutzlastverkleidung eines Satelliten werden Spezialeinrichtungen gebaut, die nach dem nebenstehenden elektrisch-pyrotechnischen Prinzip arbeiten. Das elektrische Signal kommt über die elektrischen Kabel E_1 und E_2 (in Redundanz) zum elektrisch-pyrotechnischen Wandler E_3, der die Zündleitungen zündet. Die Zündleitungen führen das pyrotechnische Signal zu den Trennladungen der Verbindungsbolzen E_{12} und E_{13} des Spannungsgürtels. Diese Trennladungen sind zweiseitig

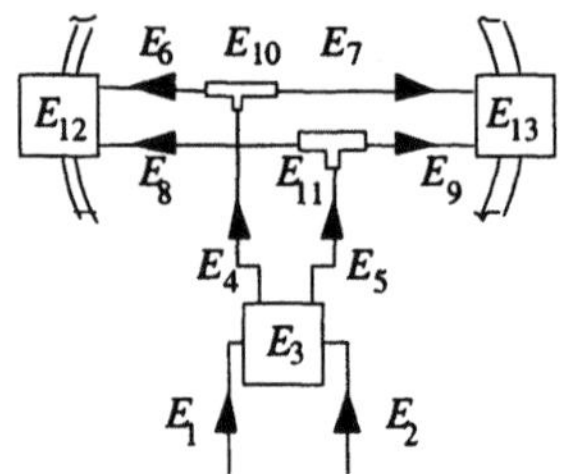

zündbar, und es genügt, wenn auf einer Seite gezündet wird (Redundanz). Für die Erfüllung der geforderten Funktion müssen beide Bolzen gleichzeitig durchgesprengt werden. Man berechne die vorausgesagte Zuverlässigkeit obiger Separationseinrichtung als Funktion der Zuverlässigkeiten $R_1, \ldots, R_{13}$ ihrer (als unabhängig angenommenen) Elemente.

Lösung

Das Zuverlässigkeitsblockdiagramm der Separationseinrichtung wird am einfachsten aufgestellt, indem man die Sprengung der Bolzen E_{12} und E_{13} getrennt behandelt und dann die Zuverlässigkeitsblockdiagramme der beiden Missionen in Serie schaltet und vereinfacht (Beispiel 3.3). Das führt zu folgendem Zuverlässigkeitsblockdiagramm:

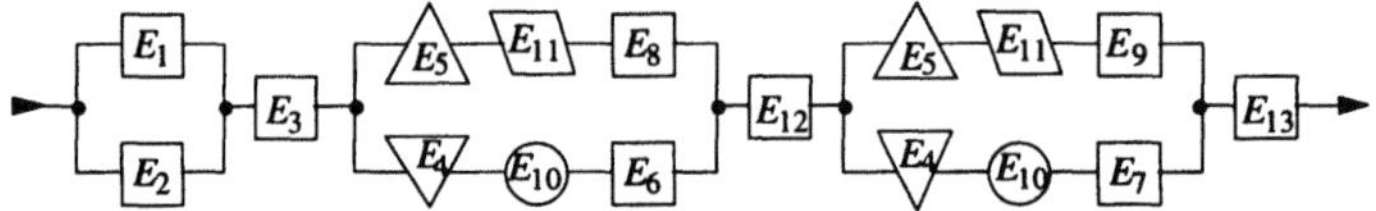

Die Elemente E_4, E_5, E_{10} und E_{11} erscheinen je zweimal im Zuverlässigkeitsblockdiagramm. Unter der Annahme einer unabhängigen Arbeitsweise aller 13 Elemente führt die mehrfache Anwendung der *Methode des Schlüsselelementes* (Abschnitt 3.1.8.1) zu

$$R_S = R_3 R_{12} R_{13} (R_1 + R_2 - R_1 R_2)\{R_5 R_{11}[R_4 R_{10} (R_7 + R_9 - R_7 R_9)(R_6 + R_8 - R_6 R_8)$$

$$+ (1 - R_4 R_{10}) R_8 R_9] + (1 - R_5 R_{11}) R_4 R_6 R_7 R_{10}\}. \tag{3.55}$$

Anders verhält es sich, wenn man an der Verteilungsfunktion der ausfallfreien Arbeitszeit interessiert ist. Für elektronische Betrachtungseinheiten sind die Ausfallraten der einzelnen Bauteile oft gut genug bekannt, daß sich die Berechnungen auf diese Angaben stützen können. Für mechanische Betrachtungseinheiten trifft dies selten zu. Darüber hinaus hängt die Zuverlässigkeit mechanischer Betrachtungseinheiten in der Regel stark von der Montage sowie von der Fertigungsqualität der Einzelteile ab, und für viele mechanische Teile ist die korrekte Planung der Wartung zur Vermeidung von *Verschleißausfällen* wichtig. Solche Überlegungen sowie die sorgfältige Beachtung der Dimensionierungsregeln (aus der Festigkeitslehre) und der oft produkt- oder firmenspezifischen Entwicklungs- bzw. Konstruktionsrichtlinien sind unerläßlich im Rahmen von Zuverlässigkeitsuntersuchungen mechanischer Betrachtungseinheiten. Ganz allgemein empfiehlt sich folgendes Vorgehen:

1. Aufteilung der Bauteile/Baugruppen in Klassen: Verschleißteile mit Wartung, Verschleißteile ohne Wartung, sicherheitskritische Teile (z.B. Radmutter eines Autos) usw.

2. Festlegung der erforderlichen Wartungsarbeiten (Selbsttests sind im Maschinenbau schwer zu realisieren).

3. Festlegung der maßgebenden Berechnungsmethoden (in der Regel aus der Festigkeitslehre, unterstützt durch FMEA-Analysen) sowie der anwendbaren Entwicklungs- bzw. Konstruktionsrichtlinien.

4. Festlegung von geeigneten Umwelt- und Zuverlässigkeitsprüfungen (Dauerversuche).

5. Aufstellung und Verfolgung eines formalisierten Entwicklungs- und Konstruktionsablaufes.

In Einzelfällen kann die vorausgesagte Zuverlässigkeit aus dem *Verhältnis* zwischen *Beanspruchung* und *Festigkeitsgrenze* (Widerstandsfähigkeit des Materials zu einer bestimmten Beanspruchung) berechnet werden. Der Verlauf der Beanspruchung als Funktion der Zeit wird allerdings oft durch die Konstruktion und die spezifische Anwendung der Betrachtungseinheit bestimmt. Die Festigkeitsgrenze wird je nach *Ausfallart* (Ermüdung, Fließen usw.) festgelegt und oft gleich der *Elastizitätsgrenze* gesetzt. Dadurch wird aber schon hier eine Annahme getroffen, die in vielen Anwendungen nicht zutrifft, weil für viele mechanische Teile eine *plastische Deformation* in Kauf genommen werden muß; bei den Lötstellen der SMT steht z.B. eine große *viskoplastische Deformation* im Vordergrund jeder Betrachtung [5.71, 5.74, 5.75, 5.76, 5.78, 5.80, 5.88, 5.89]. Im folgenden wird *zur Vereinfachung* mit festen, der Beanspruchung unabhängigen Festigkeitsgrenzen operiert.

Wenn $\xi_L(t)$ die *Beanspruchung* (load) und $\xi_S(t)$ die *Festigkeitsgrenze* (strength) bezeichnen, so tritt unter obigen Annahmen ein *Ausfall* genau dann auf, wenn $|\xi_L(t)| > |\xi_S(t)|$ wird. In der klassischen Festigkeitslehre werden Beanspruchung und Festigkeit als *deterministische Größen* aufgefaßt, der *Sicherheitsfaktor* ist dann gleich dem Verhältnis Festigkeitsgrenze zur Beanspruchung. In den Zuverlässigkeitsanalysen werden sie als *Zufallsgrößen* (oft als *Zufallsprozesse*) betrachtet, vgl. die Beispiele 3.12 und 3.13. Eine zweckmäßige Prozedur für solche Analysen ist :

1. Definition des Anforderungsprofils.

2. Aufstellung von *Versagenshypothesen* (Knicken, Biegen usw.) und Bewertung derselben mit Hilfe einer FMEA/FMECA (Tab. 3.5); Versagenshypothesen sind oft abhängig (korreliert), diese Abhängigkeit soll so weit wie möglich berücksichtigt werden.

3. Berechnung der Beanspruchung (in der Regel Vergleichsspannung) bezüglich der kritischen Versagenshypothesen.

4. Berechnung der Festigkeitsgrenze (zulässige Spannung) unter Berücksichtigung von Wechselspannungen, Kerben, Oberflächenbeschaffenheit usw.

5. Berechnung der vorausgesagten Zuverlässigkeit der Betrachtungseinheit (Gln. (3.56) bis (3.62)).

6. Behebung der *Schwachstellen* und Wiederholung der Schritte 2 bis 5, falls die Zuverlässigkeitsziele nicht erreicht worden sind.

Bei der Berechnung der Zuverlässigkeit können grundsätzlich folgende Fälle unterschieden werden:

1. Eine *Versagenshypothese*, Beanspruchung und Festigkeitsgrenze können als positive Zufallsgrößen betrachtet werden. Für die Zuverlässigkeitsfunktion gilt

$$R(t) = \Pr\{\xi_S(x) > \xi_L(x),\ 0 < x \le t\}. \tag{3.56}$$

2. Mehrere *Versagenshypothesen*, Beanspruchungen und Festigkeitsgrenzen können als positive Zufallsgrößen betrachtet werden. Für die Zuverlässigkeitsfunktion gilt

$$R(t) = \Pr\{(\xi_{S_1}(x) > \xi_{L_1}(x)) \cap (\xi_{S_2}(x) > \xi_{L_2}(x)) \cap \dots$$
$$\dots \cap (\xi_{S_n}(x) > \xi_{L_n}(x)),\ 0 < x \le t\}. \tag{3.57}$$

Die Auswertung der Gl. (3.57) kann im Falle einer Abhängigkeit der Versagenshypothesen und/oder der Beanspruchungen aufwendig werden.

Am einfachsten ist die Situation, wenn man annehmen kann, daß Beanspruchung und Festigkeitsgrenze *unabhängige, positive Zufallsgrößen* sind. Damit ist die bedingte Wahrscheinlichkeit $\Pr\{\xi_S > \xi_L \mid \xi_L = x\} = \Pr\{\xi_S > x\} = 1 - F_S(x)$. Durch Verallgemeinerung des *Satzes der totalen Wahrscheinlichkeit* folgt dann

$$R = \Pr\{\xi_S > \xi_L\} = \int\limits_0^\infty f_L(x)(1 - F_S(x))\,dx. \tag{3.58}$$

Dabei sind $F_L(x)$ bzw. $F_S(x)$ die Verteilungsfunktionen und $f_L(x)$ bzw. $f_S(x)$ die Verteilungsdichten der Beanspruchung bzw. der Festigkeitsgrenze. Gleichung (3.58) gilt für das *Einzelelement*. Für die *Serienschaltung* von zwei *unabhängigen* Elementen sind folgende Grenzfälle zu unterscheiden:

1. Die Elemente sind der *gleichen Belastung* ausgesetzt: Die Ereignisse $\xi_{S_1} > \xi_L$ und $\xi_{S_2} > \xi_L$ sind unabhängig, und weil auch ξ_{S_1} sowie ξ_{S_2} unabhängig von ξ_L sind, gilt $\Pr\{\xi_{S_1} > \xi_L \cap \xi_{S_2} > \xi_L \mid \xi_L = x\} = \Pr\{\xi_{S_1} > x\}\Pr\{\xi_{S_2} > x\}$, und damit

$$R_S = \Pr\{\xi_{S_1} > \xi_L \cap \xi_{S_2} > \xi_L\} = \int\limits_0^\infty f_L(x)(1 - F_{S_1}(x))(1 - F_{S_2}(x))\,dx. \tag{3.59}$$

2. Die Belastungen sind *verschieden* und *unabhängig*. Hier gilt, ähnlich wie für Gl. (3.59),

$$R_S = \Pr\{\xi_{S_1} > \xi_{L_1} \cap \xi_{S_2} > \xi_{L_2}\} = \Pr\{\xi_{S_1} > \xi_{L_1}\}\Pr\{\xi_{S_2} > \xi_{L_2}\}$$

$$= (\int_0^\infty f_{L_1}(x)(1 - F_{S_1}(x))dx)(\int_0^\infty f_{L_2}(x)(1 - F_{S_2}(x))dx) = R_1 R_2. \tag{3.60}$$

In beiden Fällen ist $R_S \leq \min(R_1, R_2)$. Für die *Parallelschaltung* von zwei *unabhängigen* Elementen treten obige Grenzfälle ebenfalls auf:

1. Gleiche Belastung

$$R_S = 1 - \Pr\{\xi_{S_1} \leq \xi_L \cap \xi_{S_2} \leq \xi_L\} = 1 - \int_0^\infty f_L(x)F_{S_1}(x)F_{S_2}(x)dx. \tag{3.61}$$

2. Verschiedene, unabhängige Belastungen

$$R_S = 1 - \Pr\{\xi_{S_1} \leq \xi_{L_1}\}\Pr\{\xi_{S_2} \leq \xi_L\} = 1 - (1 - R_1)(1 - R_2) = R_1 + R_2 - R_1 R_2. \tag{3.62}$$

Wie aus Gln. (3.60) und (3.62) hervorgeht, können im Falle unabhängiger Belastungen und Elemente die Resultate der Tab. 3.1 übernommen werden. Dieser Grenzfall trifft allerdings für mechanische Betrachtungseinheiten selten zu. Er kann aber für die Untersuchung von Ausfällen, die infolge verschiedener Störungen auftreten, oder von *Driftausfällen* bei elektronischen Schaltungen verwendet werden.

Beispiel 3.12
Die Beanspruchung ξ_L einer mechanischen Verbindung sei normalverteilt mit Mittelwert $m_L = 100\,\text{N/mm}^2$ und Streuung $\sigma_L = 40\,\text{N/mm}^2$. Die Festigkeitsgrenze ξ_S sei ebenfalls normalverteilt mit Mittelwert $m_S = 150\,\text{N/mm}^2$ und Streuung $\sigma_S = 10\,\text{N/mm}^2$. Man berechne die Zuverlässigkeit der Verbindung.

Lösung
Da ξ_L und ξ_S normalverteilt sind, ist auch ihre Differenz normalverteilt (Beispiel A2.15). Ihr Mittelwert ist gemäß Gl. (A2.73) gleich $m_S - m_L = 50\,\text{N/mm}^2$, ihre Streuung ist gemäß Gl. (A2.75) gleich $\sqrt{\sigma_S^2 + \sigma_L^2} \approx 41\,\text{N/mm}^2$. Für die Zuverlässigkeit der Verbindung erhält man dann (es wird mit Tab. A3.1 operiert, als wären ξ_L und $\xi_S \geq 0$)

$$R = \Pr\{\xi_S > \xi_L\} = \Pr\{\xi_S - \xi_L > 0\} = \frac{1}{41\sqrt{2\pi}}\int_0^\infty e^{-\frac{(x-50)^2}{2\cdot 41^2}}\,dx = \frac{1}{\sqrt{2\pi}}\int_{\frac{-50}{41}}^\infty e^{-\frac{y^2}{2}}\,dy \approx 0.89.$$

Beispiel 3.13
Die Festigkeitsgrenze ξ_S eines Stabs sei normalverteilt mit Mittelwert $m_S = 450\,\text{N/mm}^2 - 0.01t\,\text{N/mm}^2\,\text{h}^{-1}$ und Streuung $\sigma_S = 25\,\text{N/mm}^2 + 0.001t\,\text{N/mm}^2\,\text{h}^{-1}$. Die Beanspruchung ξ_L sei konstant und gleich $350\,\text{N/mm}^2$. Man berechne die Zuverlässigkeit des Stabs bei $t = 0$ und $t = 10^4\,\text{h}$.

Lösung

Bei $t = 0$ ist $m_S = 450 \, \text{N/mm}^2$ und $\sigma_S = 25 \, \text{N/mm}^2$. Für die Zuverlässigkeit des Stabs folgt

$$R = \Pr\{\xi_S > \xi_L\} = \frac{1}{\sqrt{2\pi}} \int\limits_{\frac{350-450}{25}}^{\infty} e^{-\frac{y^2}{2}} \, dy \approx 0.99997 \, .$$

Nach 10'000 Betriebsstunden ist $m_S = 350 \, \text{N/mm}^2$ und $\sigma_S = 35 \, \text{N/mm}^2$; für die Zuverlässigkeit des Stabs gilt dann

$$R = \Pr\{\xi_S > \xi_L\} = \frac{1}{\sqrt{2\pi}} \int\limits_{\frac{350-350}{35}}^{\infty} e^{-\frac{y^2}{2}} \, dy = \frac{1}{\sqrt{2\pi}} \int\limits_{0}^{\infty} e^{-\frac{y^2}{2}} \, dy = 0.5 \, .$$

Die Berechnung der vorausgesagten Zuverlässigkeit mit der Methode des Vergleichs zwischen Beanspruchung und Festigkeit ist theoretisch möglich, in der Praxis scheitert sie aber oft vielfach am Mangel aussagekräftiger Informationen über die statistischen Parameter der Beanspruchungen und Festigkeiten sowie infolge der eingangs erwähnten Vernachlässigung plastischer Deformationen. Obige Untersuchungen bleiben trotzdem wertvoll bei der Suche nach *Schwachstellen*, bei *Vergleichsstudien*, *Sensitivitätsanalysen* usw. Falls genaue Zuverlässigkeitsangaben von mechanischen Betrachtungseinheiten gefordert sind, müssen sie in der Regel durch *Zuverlässigkeitsprüfungen* ermittelt werden.

3.1.15   Aufteilung der Zuverlässigkeitsziele

Für komplexe Geräte und Systeme ist es wichtig, so früh wie möglich in der Entwicklungsphase eine *Aufteilung der Zuverlässigkeitsziele* auf Baugruppen- und Unterbaugruppenebene vorzunehmen. Durch eine solche Aufteilung wird der Entwicklungsingenieur aufgefordert, *seine* Baugruppe auch bezüglich Zuverlässigkeitsaspekte zu untersuchen.

Die Aufteilung ist einfach, wenn das System keine Redundanz enthält und die verwendeten Bauteile konstante Ausfallraten aufweisen. Die Ausfallrate λ_S ist dann ebenfalls konstant und gleich der Summe der Ausfallraten der Elemente (Gl. (3.17)). Eine mögliche Prozedur zur Aufteilung von λ_S ist in diesem Fall:

1. Zerlegung des Systems in die Elemente $E_1, \ldots, E_n$.
2. Festlegung eines Komplexitätsfaktors k_i für jedes Element ($0 \le k_i \le 1$, $k_1 + \ldots + k_n = 1$).
3. Festlegung des *Einsatzfaktors* d_i jedes Elements
   (d_i = Betriebszeit des Elements E_i / Betriebszeit des Systems).
4. Aufteilung der Ausfallrate λ_S des Systems auf die Elemente $E_1, \ldots, E_n$ gemäß

$$\lambda_i = \frac{k_i}{d_i} \lambda_S \, . \tag{3.63}$$

Falls alle Elemente die gleiche Komplexität haben ($k_1 = \ldots = k_n = 1/n$) und den gleichen Einsatzfaktor aufweisen ($d_1 = \ldots = d_n = 1$), gilt

$$\lambda_i = \frac{1}{n}\lambda_S. \tag{3.64}$$

Neben obigen Überlegungen müssen oft auch Kosten sowie technologiebedingte Aspekte und Ausfallauswirkungen berücksichtigt werden. Entsprechende Optimierungen sind dann projektspezifisch vorzunehmen.

Falls das System Redundanz enthält, kann man oft mit Hilfe der vereinfachenden Beziehungen gemäß Tab. 3.14 oder Tab. 3.15 operieren.

3.1.16 Analyse der Art und Auswirkung von Ausfällen

Zur Ausfall*ratenanalyse* (vorausgesagte Zuverlässigkeit) kommt für die kritischen Elemente einer Betrachtungseinheit (eines Systems) stets auch eine Ausfall*artenanalyse* hinzu. Diese wird mit FMEA *(Failure Modes and Effects Analysis)* bzw. mit FMECA *(Failure Modes, Effects and Criticality Analysis)* bezeichnet und besteht in der systematischen Untersuchung der möglichen Ausfälle bezüglich ihrer Auswirkung auf die *Funktionstüchtigkeit* und auf die *Sicherheit* des betreffenden Elements und der von diesem beeinflußten Elemente. Die Untersuchung berücksichtigt die verschiedenen *Ausfallarten* (Tab. 5.4) und *Ausfallursachen*. Sie ermöglicht die Erkennung *potentieller Gefahren* und damit auch die Analyse der Vorkehrungen zur Beseitigung oder zumindest Milderung der *Auswirkungen* bzw. zur Verkleinerung der Auftrittswahrscheinlichkeit von Ausfällen. Bei der FMEA/FMECA werden oft nicht nur Ausfälle, sondern auch Defekte berücksichtigt. Die Abkürzung FMEA/FMECA steht dann für *Fault Modes Effects Analysis/Fault Modes, Effects and Criticality Analysis.*

Grundsätzlich wird zwischen einer *Konstruktion-* und einer *Prozess*-FMEA/FMECA unterschieden. Dabei geht es vor allem um die Schwerpunkte der *Ursachen* der für die Untersuchungen angenommenen *Ausfallarten* und um die fachliche Kompetenz der an der Durchführung der FMEA/FMECA beteiligten Mitarbeiter. Im Folgenden wird kein spezieller Unterschied gemacht, in der Annahme, daß je nach Bedarf der Verantwortlichen für die FMEA/FMECA über die nötige Unterstützung von Fachleuten verfügen kann.

Eine FMEA/FMECA wird in der Regel vom *Entwicklungsingenieur* in Zusammenarbeit mit einem Zuverlässigkeitsingenieur, und speziellen Fachleuten nach Bedarf, *bottom-up* durchgeführt. Infolge des mit einer FMEA/FMECA verbundenen großen Aufwandes beschränkt man sich oft auf die *Schnittstellen*, speziell dort, wo *Redundanz* auftritt, und auf die sicherheitskritischen Elementen. Die Prozedur ist etabliert [3.81 – 3.90] und in ihren wesentlichen Schritten in Tab. 3.5 angegeben. Die Anwendung dieser Prozedur auf die Schaltung in Beispiel 3.7 (Punkt 7) ist in Tab. 3.6 gezeigt.

Tabelle 3.5 Prozedur für die Durchführung einer Failure Modes, Effects and Criticality Analysis (FMEA, falls Punkt 9 nicht berücksichtigt wird)

1. Laufende *Numerierung* der Schritte.
2. *Bezeichnung* der betreffenden Elemente (z. B. Transistor, Speisung, Ventile usw.) und Kurzbeschreibung ihrer Funktionen, mit Referenzangabe zum Zuverlässigkeitsblockdiagramm.
3. Annahme einer möglichen *Ausfallart*. (Dabei ist oft zu berücksichtigen, in welcher Betriebsphase einer Mission sich die Betrachtungseinheit befindet, denn ein Ausfall oder ein Fehler in einer frühen Betriebsphase kann einen Einfluß auf die untersuchte Betriebsphase haben.)
4. Kurzbeschreibung der möglichen *Ursachen* für die in (3) angenommene Ausfallart. Die Identifikation der Ursachen ist notwendig, um die Auftrittswahrscheinlichkeit schätzen oder berechnen zu können (9) und um Verhütungs- oder Kompensationsmaßnahmen zu untersuchen (7). Eine Ausfallart (Kurzschluß, Unterbrechung, Drift usw.) kann mehrere Ursachen haben; ferner kann es sich um einen Primär- oder um einen Folgeausfall handeln. Alle unabhängigen Ursachen müssen identifiziert und untersucht werden.
5. Beschreibung der *Symptome*, mit welchen sich die in (3) angenommene Ausfallart manifestiert, sowie der Möglichkeiten zur Lokalisierung des Ausfalls. Ferner Kurzbeschreibung der lokalen Auswirkung des Ausfalls auf das betreffende Element und auf die Elemente, die in Beziehung mit diesem stehen (beispielsweise Input/Output).
6. Kurzbeschreibung der *Auswirkungen* der in (3) angenommenen Ausfallart auf die ganze Betrachtungseinheit in bezug auf die Sicherheit und auf die Erfüllung der geforderten Funktion.
7. Kurzbeschreibung der *Vorkehrungen*, welche die Auswirkung des Ausfalls mildern, die Auftrittswahrscheinlichkeit verkleinern oder die Weiterführung der Mission bzw. der geforderten Funktion erlauben.
8. *Gewichtung der Auswirkung* der in (3) angenommenen Ausfallart auf die Sicherheit und auf die Erfüllung der geforderten Funktion der ganzen Betrachtungseinheit. Die Bewertungsziffer wird in der Regel gemäß folgender Skala festgelegt: 1 = praktisch keine Auswirkung (sicher), 2 = Teilausfall (unkritisch), 3 = Vollausfall (kritisch), 4 = überkritischer Ausfall (katastrophal). Die Bewertung erfolgt mit Ingenieurgefühl.
9. Berechnung oder Schätzung der *Auftrittswahrscheinlichkeit* der in (3) angenommenen Ausfallart unter Berücksichtigung der in (4) identifizierten Ausfallursachen. (Anstelle der Auftrittswahrscheinlichkeit kann auch die Ausfallrate angegeben werden.) Eine für Sicherheitsanalysen übliche Abstufung der Auftrittswahrscheinlichkeit ist A = häufig, B = wahrscheinlich, C = wenig wahrscheinlich, D = unwahrscheinlich, E = sehr unwahrscheinlich.
10. Zusammenfassung von Bemerkungen oder *Anregungen* zu den Angaben der früheren Punkte, zur Einführung von Korrekturmaßnahmen usw.

Neben der FMEA/FMECA ist auch die *Fault Tree Analysis* (FTA) bekannt, welche ebenfalls eine systematische Untersuchung der Auswirkung von Ausfällen und Fehlern erlaubt. Dabei geht man *top-down* von einem unerwünschten Ereignis (Top event) aus und setzt es mit UND- bzw. ODER-Verknüpfungen von internen Ausfällen oder auch von externen Einflüssen zusammen. Ein Vorteil der FTA ist, daß sie auch Situationen behandeln kann, in welchen das unerwünschte Ereignis auf Ebene Betrachtungseinheit (System) durch das Zusammenwirken *mehrerer* Ausfälle oder Fehler zustandekommt. Sie ist aber weniger systematisch als die FMEA/FMECA und gibt weniger Gewähr, daß alle Ausfall- bzw. Fehlerarten berücksichtigt worden sind. Die Erfahrung zeigt, daß die FMEA/FMECA und die FTA sich gegenseitig ergänzen. Ein Beispiel einer FTA für die Schaltung in Beispiel 3.7 (Punkt 7) ist in Bild 3.15 gegeben.

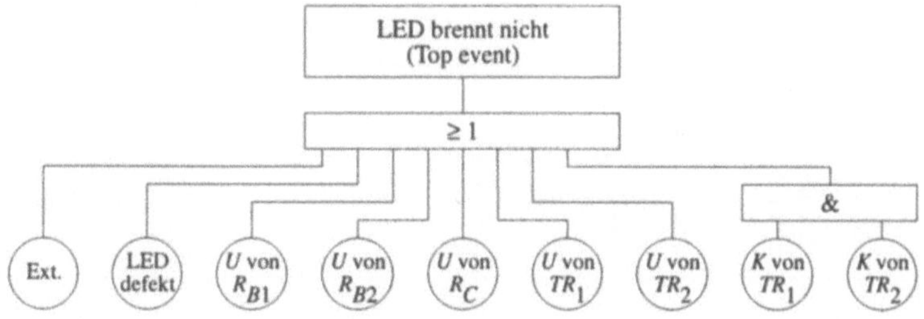

Bild 3.15   Vereinfachte Fault Tree Analysis (FTA) für die Schaltung in Beispiel 3.7, Punkt 7 (U = Unterbrechung, K = Kurzschluß, Ext. sind externe Ursachen wie z. B. Stromausfall, Kontakt- oder Verbindungsproblem, menschlicher Eingriff usw.)

Die Verfahren der FMEA/FMECA sind für die Hardware entwickelt worden, lassen sie sich aber auch auf die Software übertragen [3.85, 3.89, 4.74]. Für die Untersuchung *mechanischer Betrachtungseinheiten* stellt die FMEA/ FMECA eines der wichtigsten Analysewerkzeuge dar.

Tabelle 3.7 faßt im Sinne einer kurzen Übersicht die wichtigsten Werkzeuge zur Untersuchung von Ursachen und Wirkungen zusammen. Das Ishikava-Diagramm (fishbone diagram) stellt die Beziehung Ursache zur Wirkung in graphischer Form dar und berücksichtigt getrennt die verschiedenen Hauptursachen (oft *Maschine, Material, Methode* und *Mensch*) gemäß folgender Darstellung:

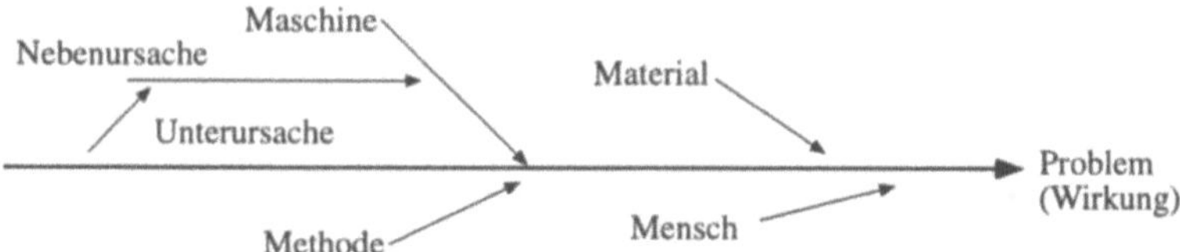

3.1.17 Durchführung von Entwurfsüberprüfungen (Design Reviews)

Zur Überprüfung der Resultate von Zuverlässigkeitsanalysen und der Wirksamkeit von Zuverlässigkeitssicherungsmaßnahmen sind im Rahmen der vorläufigen *Entwurfsüberprüfungen* (Tab. 2.4) auch die Zuverlässigkeitsaspekte (inklusive Instandhaltbarkeit, Verfügbarkeit und Software-Qualität) zu beurteilen. Ein umfangreicher Fragenkatalog zur Aufstellung von projektspezifischen Checklisten ist in Abschnitt 2.5 gegeben. Bei solchen Fragen geht es in der Regel weniger um die berechnete (vorausgesagte) Zuverlässigkeit selbst als vielmehr um das Suchen nach *Schwachstellen*. Ein umfangreicher Ein umfangreicher Fragenkatalog zur Erstellung von *projektspezifischen Checklisten* für vorläufige Entwurfsüberprüfungen ist im Abschnitt 2.5 gegeben.

Tabelle 3.6 FMECA für die Schaltung in Beispiel 3.7 (Punkt 7)

FAILURE MODES AND EFFECTS ANALYSIS / FAILURE MODES, EFFECTS AND CRITICALITY ANALYSIS

Anlage: *Steuerung*
Betrachtungseinheit: *LED-Anzeige*
Erstellt durch: *A. Birolini*   Datum: *13. 9. 1990*

FMEA/FMECA

Mission/Geforderte Funktion: *Fehleranzeige*
Betriebsphase: *Arbeitszustand*   Seite: *1*

(1) Nr.	(2) Element	(3) Angenommene Ausfallart	(4) Mögliche Ursachen	(5) Symptome, lokale Auswirkung	(6) Auswirkung auf Mission	(7) Maßnahmen zur Verhütung/ Kompensation	(8) Bewertung	(9) Auftrittswahrscheinlichkeit	(10) Bemerkungen und Empfehlungen
1.	TR_1, NPN-Si-Transistor in Kunststoffgehäuse (E_4)	Kurzschluß BCE, CE	schlechte Lötstelle	Redundanz ausgefallen; $U_{CE}=0$; keine Auswirkung auf andere Elemente	praktisch keine Auswirkung	—	1	$p=10^{-5}$	a) λ für $\theta_A=40°C$ und G_F
			inhärenter Ausfall					$\lambda=2\,10^{-9}\,h^{-1}$	b) es ist möglich, den Ausfall von TR_1 zu melden (Niveau-Detektion)
		Kurzschluß BC	schlechte Lötstelle	Diode leuchtet weniger stark; beim Überbrücken der Strecke CE funktioniert die Schaltung wieder; keine Auswirkung auf andere Elemente	Teilausfall	Verwendung eines Transistors besserer Qualität (JAN oder JANTX); Verbesserung von Handhabung, Montage, Lötverfahren	2	$p=10^{-5}$	
			inhärenter Ausfall					$\lambda=0.5\,10^{-9}\,h^{-1}$	
		Kurzschluß BE	schlechte Lötstelle	Schaltung defekt; beim Überbrücken der Strecke CE funktioniert die Schaltung wieder; keine Auswirkung auf andere Elemente	Vollausfall (ev. Teilausfall)		3	$p=10^{-5}$	
			inhärenter Ausfall					$\lambda=0.5\,10^{-9}\,h^{-1}$	
		Unterbrechung bzw. Durchschlag	falsche Polung, Beschädigung, kalte Lötstelle				3	$p=10^{-3}$	
			inhärenter Ausfall					$\lambda=2.5\,10^{-9}\,h^{-1}$	
		intermittierender Ausfall	Beschädigung, kalte Lötstelle	Schaltung funktioniert nur unregelmäßig, keine Auswirkung auf andere Elemente	Teilausfall bis Vollausfall	Verbesserung von Handhabung, Montage, Lötverfahren	2 bis 3	$p=10^{-4}$	
		Drift	Beschädigung	Schaltung funktioniert auch bei sehr großer Drift; keine Auswirkung auf andere Elemente	praktisch keine Auswirkung	bessere Handhabung	1	$p=10^{-4}$	
			Alterung			—		$\lambda=0.5\,10^{-9}\,h^{-1}$	
2.	LED, Lumineszenzdiode (E_1)	Unterbrechung	falsche Polung, Beschädigung kalte Lötstelle	Diode leuchtet nicht; keine Auswirkung auf andere Elemente	Vollausfall	Verbesserung von Handhabung, Montage, Lötverfahren	3	$p=10^{-3}$	a) λ für $\theta_A=40°C$ und G_F
			inhärenter Ausfall			Reduktion von θ_A		$\lambda=3\,10^{-9}\,h^{-1}$	b) Vorsicht beim Abbiegen der Anschlußdrähte
		Kurzschluß	schlechte Lötstelle	Diode leuchtet nicht; keine große Auswirkung auf andere Elemente	Vollausfall	Verbesserung des Lötverfahrens	3	$p=10^{-5}$	c) max. Lötzeit beachten, Abstand zwischen Lötstelle und Gehäuse >2 mm
			inhärenter Ausfall			Reduktion von θ_A		$\lambda=1.5\,10^{-9}\,h^{-1}$	
		intermittierender Ausfall	Beschädigung, kalte Lötstelle	Diode leuchtet unregelmäßig; keine Auswirkung auf andere Elemente	Teilausfall bis Vollausfall	Verbesserung von Handhabung, Montage, Lötverfahren	2 bis 3	$p=10^{-4}$	d) Reinigungsmittel beachten
		Drift	Beschädigung	Diode leuchtet weniger stark; keine Auswirkung auf andere Elemente	Teilausfall	bessere Handhabung	2	$p=10^{-4}$	e) hermet. Gehäuse
			Alterung			Reduktion von θ_A		$\lambda=0.5\,10^{-9}\,h^{-1}$	
			Korrosion			Schutz gegen Feuchte		$\lambda=0$ e)	

Tabelle 3.6 (Forts.)

Nr.	Element	Ausfallmechanismus	Ausfallursache	Beschreibung	Ausfallart	Maßnahme	Anzahl	p / λ	Bemerkungen
3.	R_C, Metall-film-wider-stand (MF) zur Begrenzung des Kollektor-stroms (E_2)	Unterbrechung	Beschädigung, kalte Lötstelle	Schaltung defekt; beim Überbrücken von R_C mit einem gleichgroßen Widerstand funktioniert die Schaltung wieder; keine Auswirkung auf andere Elemente	Vollausfall	Verbesserung von Handhabung, Montage, Lötverfahren	3	$p = 10^{-4}$	a) λ für $\theta_A = 40°C$ und G_F b) der Kurzschluß von R_C kann bis zu einem Kurzschluß auf V_{CC} führen
			inhärenter Ausfall			Kohlemassewiderstand verwenden		$\lambda = 10^{-9}\,h^{-1}$	
		Kurzschluß	inhärenter Ausfall	Schaltung defekt; Diode leuchtet sehr stark; Folgeausfall von LED und/oder TR_1 und/oder TR_2	Vollausfall	2 Widerstände in Serie ($R_C/2$)	3	$\lambda = 0$	
		intermittierender Ausfall	Beschädigung, kalte Lötstelle	Schaltung funktioniert nur unregelmäßig; keine Auswirkung auf andere Elemente	Teilausfall bis Vollausfall	Verbesserung von Handhabung, Montage, Lötverfahren	2 bis 3	$p = 10^{-4}$	
		Drift	Beschädigung	Schaltung funktioniert auch bei sehr großer Drift; keine Auswirkung auf andere Elemente	praktisch keine Auswirkung	bessere Handhabung	1	$p = 10^{-6}$	
			Alterung			——		$\lambda = 0$	
4.	R_{B1}, Metall-film-wider-stand (MF) zur Begrenzung des Basis-stroms (E_3)	Unterbrechung	Beschädigung, kalte Lötstelle	Schaltung defekt; beim Überbrücken von R_{B1} mit einem gleichgroßen Widerstand funktioniert die Schaltung wieder; keine Auswirkung auf andere Elemente	Vollausfall	Verbesserung von Handhabung, Montage, Lötverfahren	3	$p = 10^{-4}$	a) λ für $\theta_A = 40°C$ und G_F b) der Kurzschluß von R_{B1} kann bis zum Ausfall von TR_1 führen
			inhärenter Ausfall			Kohlemassewiderstand verwenden		$\lambda = 10^{-9}\,h^{-1}$	
		Kurzschluß	inhärenter Ausfall	Schaltung teilweise defekt; TR_1 wird stark gesättigt und kann wegen Folgeausfall ausfallen	Teilausfall	2 Widerstände in Serie ($R_{B1}/2$)	2	$\lambda = 0$	
		intermittierender Ausfall	Beschädigung, kalte Lötstelle	Schaltung funktioniert nur unregelmäßig; keine Auswirkung auf andere Elemente	Teilausfall bis Vollausfall	Verbesserung von Handhabung, Montage, Lötverfahren	2 bis 3	$p = 10^{-4}$	
		Drift	Beschädigung	Schaltung funktioniert auch bei sehr großer Drift; keine Auswirkung auf andere Elemente	praktisch keine Auswirkung	bessere Handhabung	1	$p = 10^{-6}$	
			Alterung			——		$\lambda = 0$	
5.	R_{B2} (E_6)	vgl. Punkt 4							
6.	TR_2 (E_7)	vgl. Punkt 1							
7.	Leiterplatte und Lötstellen (E_5)	vgl. Punkt 1 bis 4							

Tabelle 3.7 Übersicht der wichtigsten Werkzeuge zur Untersuchung von Ursachen und Wirkungen

Werkzeug	Kurzbeschreibung	Anwendungsbereich	Aufwand
FMEA/FMECA (Failure Mode Effects Analysis/Failure Mode, Effects and Criticality Analysis)	Systematische Untersuchung *bottom-up* der Auswirkung bis auf Systemebene der Ausfall*arten* aller Bauteile sowie von Fertigungs- und in beschränktem Umfang auch von Betriebsmängeln (Fehlern)	Entwicklungsphase (Konstruktion-FMEA/FMECA) und Fertigungsphase (Prozeß-FMEA/FMECA); erforderlich bei wichtigen Schnittstellen, wo Redundanz auftritt und für sicherheitskritische Elemente	sehr groß, falls sie für alle Elemente durchgeführt wird (0.2-0.4 MM für ein PCB)
FTA (Fault Tree Analysis)	Quasisystematische Untersuchung top-down der Auswirkung von Ausfällen, Fehlern und auch externen Einflüssen auf die Zuverlässigkeit und/oder Sicherheit eines Systems; die einzelnen Ausfallarten bilden durch UND- bzw. ODER-Verknüpfungen das unerwünschte Ereignis (Top event)	Ähnlich wie für die FMEA/FMECA, kann aber besser die Zusammenwirkung *mehrerer* Ursachen und den Einfluß *externer* Ursachen (bis z. B. zu Sabotage oder Erdbeben) berücksichtigen	groß bis sehr groß, falls viele Top events betrachtet werden
Ishikarwa-Diagramm (Fishbone Diagram)	Graphische Darstellung (Veranschaulichung) der Beziehung zwischen Problemursachen und Problem (bzw. zwischen Ursache und Wirkung); die Einflußgrößen (Neben- und Unterursachen) werden in vier Klassen (Maschine, Material, Methode, Mensch) gruppiert	Ideale Diskussionsgrundlage für Gruppenarbeiten, insbesondere zur Ursachenforschung bei Schwachstellen	klein bis groß
Kepner-Tregoe-Methode	Strukturierte Problemerfassungs-Problemanalyse- und Entscheidungstechnik bei komplexen Situationen; sie umfaßt eine Situationsanalyse, Problemanalyse, Entscheidungsanalyse und Analyse potentieller Probleme	Allgemein anwendbar, speziell bei komplexen Situationen und im Rahmen interdisziplinärer Arbeitsgruppen	hängt von der Komplexität der jeweiligen Situation ab
Pareto-Diagramm	Darstellung der Häufigkeit (Histogramm) und der Summenhäufigkeit der Problemursachen, gruppiert in geeigneten Klassen	Erleichterung der objektiven Entscheidsfindung bei der Zuordnung von Ursachen und damit bei der Festlegung geeigneter Korrekturmaßnahmen (Pareto-Prinzip: 80% der Fehler entstehen aus 20% der Ursachen)	klein
Korrelations-Diagramm	Darstellung der Datenpaare zweier Größen (aus mehreren Messungen) in einem geeigneten (oft kartesischen) Koordinatensystem	Abschätzung eines Zusammenhanges zwischen zwei Größen	klein bis mittelgroß

3.2 Instandhaltbarkeitsanalysen in der Entwicklungsphase

Die *Instandhaltbarkeit* beeinflußt im reparierbaren Fall sowohl die *Zuverlässigkeit* als auch die *Verfügbarkeit* stark. Sie stellt damit einen wichtigen Parameter bei *Optimierungsfragen* dar. Wirksame Maßnahmen zur Erreichung einer hohen Instandhaltbarkeit sind *Modularisierung*, Einbau von *Selbstprüfungen* und durchdachte *logistische Unterstützung*. Die große Vielfalt von Geräten und Systemen zwingt allerdings oft zu projektspezifischen Lösungen. In diesem Abschnitt wird nach der Darlegung der Begriffe Instandhaltung und Instandhaltbarkeit, speziell auf das Instandhaltungskonzept sowie auf die Methoden zur Berechnung der Instandhaltbarkeit und der Ersatzteilbevorratung eingegangen, vgl. [4.21 – 4.45] für spezifische Aspekte. Entwurfs- und Konstruktionsrichtlinien für die Instandhaltbarkeit werden im Abschnitt 4.2 dargelegt.

Unter *Instandhaltung* versteht man die Aktivitäten zur Erhaltung resp. zur Wiederherstellung der spezifizierten Eigenschaften eines Geräts oder Systems. Im Gegensatz zur *Instandhaltbarkeit*, welche als Eigenschaft betrachtet wird und im Kompetenzbereich des Entwicklungsingenieurs liegt, bezieht sich also der Begriff Instandhaltung auf die Nutzungsphase. Es ist üblich, Instandhaltung in *Wartung* und *Instandsetzung* zu unterteilen. Oft wird auch *Reparatur* anstelle von Instandsetzung verwendet. Bild 3.16 faßt die wichtigsten Aufgaben der Wartung und Schritte zur Instandsetzung zusammen. Die Zeit, die von der Ausfallerkennung bis zur erfolgreichen Beendigung der Funktionsprüfung verstreicht (inklusive logistischer Zeit, z.B. zur Beschaffung von Ersatzteilen oder Meßgeräten), bildet die Instandsetzungszeit.

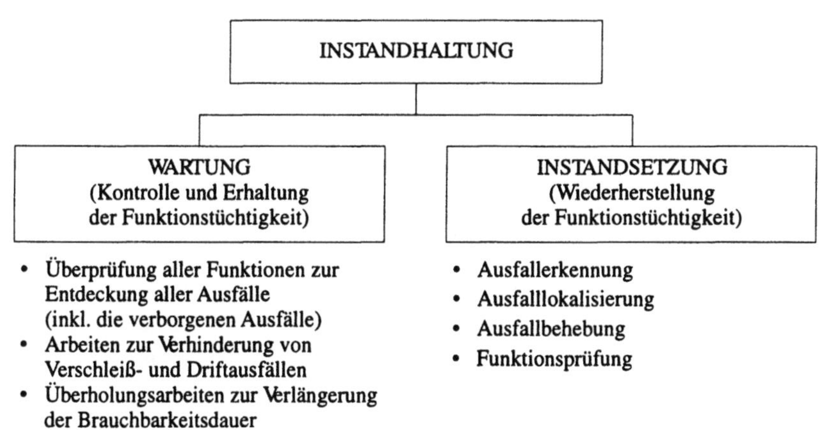

Bild 3.16 Unterteilung der Instandhaltung

Die *Instandhaltbarkeit* wird ausgedrückt durch die Wahrscheinlichkeit, daß der Zeitaufwand für eine Instandsetzung bzw. für eine Wartung kleiner als ein vorgegebenes Zeitintervall ist, wenn die Instandhaltungsarbeiten unter *vorgegebenen materiellen und personellen Bedingungen* erfolgen. Die Instandhaltbarkeit wird in *Wartbarkeit* und *Instandsetzbarkeit* unterteilt. Bezeichnet man mit τ' die Zeit für eine Instandsetzung und mit τ'' die Zeit für eine Wartung, so gilt

$$\text{Instandsetzbarkeit} = \Pr\{\tau' \le t\} \tag{3.65}$$

und

$$\text{Wartbarkeit} = \Pr\{\tau'' \le t\}. \tag{3.66}$$

Dabei sind τ' und τ'' Zufallsgrößen und t ist das vorgegebene Zeitintervall, in welchem die Instandsetzung bzw. die Wartung unter den gegebenen materiellen und personellen Bedingungen erfolgen soll. Zur groben Charakterisierung der Instandsetzungs- und der Wartungszeit genügt in vielen Fällen die Angabe der Mittelwerte (Erwartungswerte)

$$
\begin{array}{lll}
MTTR & = & \text{Mittelwert der Instandsetzungszeit (Mean Time To Repair)} \\
MTTPM & = & \text{Mittelwert der Zeit für eine Wartung} \\
& & \text{(Mean Time To Preventive Maintenance).}
\end{array}
$$

Die Erfahrung zeigt [4.24, 4.29, 4.39], daß τ' und τ'' oft eine *logarithmische Normalverteilung* aufweisen (Gl. (A2.37)). Der typische Verlauf der entsprechenden Dichte ist in Tab. A2.1 gezeigt. Charakteristisch für die Dichte der logarithmischen Normalverteilung ist ihr rasches Anwachsen (nach einer Zeitspanne, während der sie praktisch null ist) und Abfall nach Erreichen des Maximums. Dieser Verlauf kann durch die Zusammensetzung der Instandsetzungs- bzw. der Wartungszeiten erklärt werden.

Für Untersuchungen über Reparaturzeiten τ' oder Wartungszeiten τ'' (z. B. graphische Schätzung der Verteilungsfunktion, Parameterschätzung oder Hypothesenprüfung) muß oft mit der logarithmischen Normalverteilung operiert werden (vgl. Abschnitt 6.3). Im Rahmen von Zuverlässigkeitsanalysen reparierbarer Geräte oder Systeme kann man allerdings davon ausgehen, daß die Reparaturzeiten im Mittel *wesentlich kürzer* als die ausfallfreien Arbeitszeiten sind. Die genaue Form der Verteilungsfunktion der Reparaturzeiten hat dann nur einen Einfluß auf die Resultate, die vor allem vom MTTR-Wert abhängen. Für solche Untersuchungen empfiehlt sich, exponentialverteilte Reparaturzeiten anzunehmen (konstante Reparaturrate $\mu = 1/MTTR$ im Abschnitt 3.3).

Bei der Beurteilung der in der Nutzungsphase erreichten Instandhaltbarkeit ist der Einfluß der logistischen Unterstützung unbedingt zu berücksichtigen. MTTR-Forderungen werden im Abschnitt 2.3 und MTTR-Prüfungen im Abschnitt 6.3 dargelegt.

3.2.1 Instandhaltungskonzept

Ein *Instandhaltungskonzept* muß sowohl die Aspekte des Herstellers als auch jene des Benutzers eines Gerätes oder Systems berücksichtigen. Für den Hersteller ergeben sich folgende Schwerpunkte:

1. Erarbeitung eines Konzepts für die Ausfallerkennung bzw. Ausfall-Lokalisierung und Berücksichtigung derselben bei der Entwicklung des Geräts oder Systems sowie Bereitstellung der Prüfeinrichtungen für die Instandhaltung
2. Strukturierung des Geräts oder Systems in Ersatzteilen unter Berücksichtigung des Konzepts für die Ausfallerkennung und die Ausfall-Lokalisierung
3. Erstellung der Kundendokumentation.

Wichtig für den Benutzer komplexer Systeme sind auch:

4. Organisation der Instandhaltung
5. Ausrüstung und Ausbildung des Instandhaltungspersonals.

Im folgenden wird auf obige Aspekte eingegangen. Dabei wird von einem *komplexen* Gerät oder System ausgegangen, für welches eine eingebaute Ausfallerkennung und Ausfall-Lokalisierung gefordert wird.

3.2.1.1 Ausfallerkennung, Ausfall-Lokalisierung

Für komplexe Geräte oder Systeme mit Redundanz ist eine möglichst *automatische Ausfallerkennung* wichtig. Diese kann im Rahmen einer *Zustandsprüfung* (eingeleitet durch das Bedienungspersonal) oder durch die *Betriebsüberwachung* (läuft automatisch im Hintergrund) erfolgen. Vor- und Nachteile dieser beiden Mittel sind in Tab. 3.8 zusammengefaßt. Die Forderung nach einer Betriebsüberwachung kann auch aus Gründen der Sicherheit gestellt werden.

Die *Ausfall-Lokalisierung* (Diagnostik) bezweckt, Ausfälle bis auf Ebene *Ersatzteile* zu lokalisieren. Bei der Strukturierung eines Geräts oder Systems ist deshalb darauf zu achten, daß Ersatzteile auch konstruktiv eine Einheit bilden und dadurch mit Identifikationsnummern eindeutig bezeichnet werden können. Ersatzteile werden deshalb oft auch als *LRU* (Last Repairable Unit) bezeichnet. Die Ausfall-Lokalisierung soll mit Hilfe *eingebauter* Mittel möglich sein. Die Verwendung externer Stimuli und Meßgeräte ist zu vermeiden. *Checklisten* können aber den Diagnostiktest sinnvoll ergänzen.

Ausfallerkennung und Ausfall-Lokalisierung sind eng gekoppelt und sollten mit *gemeinsamen Mitteln* (Hard- und Software) sichergestellt werden. Dabei ist ein hoher *Automatisierungsgrad* anzustreben. Die Prüfergebnisse sollen protokolliert werden können. Der Zusammenhang zwischen Meldung der eingebauten Prüfungen und Angabe in der Dokumentation muß eindeutig sein.

Tabelle 3.8 Möglichkeiten einer halbautomatischen oder automatischen Ausfallerkennung

| | Zustandsprüfung | | Betriebs-überwachung |
	grobe (Quicktest)	vollständige (Funktionsprüfung)	
Eigenschaften	• Überprüfung der wichtigsten Funktionen, wenn nötig mit Hilfe von Teststimuli • wird vom Bedienungspersonal eingeleitet und läuft dann automatisch mittels eingebauter Mittel ab	• periodische Überprüfung sämtlicher Haupt- und Nebenfunktionen • wird vom Bedienungspersonal eingeleitet und läuft automatisch oder halbautomatisch und, sofern möglich, ohne externe Stimuli- und Meßgeräte ab	• Überwachung der Hauptfunktionen und Anzeige der überkritischen sowie der Vollausfälle und der wichtigsten Teilausfälle • Durchführung mittels eingebauter Mittel (Hard- und Software)
Vorteile	• kleiner Aufwand • erlaubt eine rasche Kontrolle des Funktionszustands	• gibt ein klares Bild des Funktionszustands des Geräts bzw. Systems • erlaubt eine Ausfall-Lokalisierung bis auf Baugruppenebene	• läuft automatisch im Hintergrund ab
Nachteile	• beschränkt in der Ausfall-Lokalisierung	• relativ aufwendig • für die Durchführung muß das Gerät bzw. System außer Betrieb gesetzt werden	• aufwendig

Eingebaute Prüfungen (Built-In Tests, BIT) sollten nicht nur Ausfälle im üblichen Sinne, sondern auch *verborgene Ausfälle* und wenn möglich Defekte (in der Hard- und Software) erkennen und lokalisieren können. In der Regel werden sie mit den Kriterien der *Prüfbarkeit* charakterisiert [4.21, 4.29, 4.30, 4.35, 4.38, 4.45]

• Ausfall- bzw. Defekterkennungsgrad
• Ausfall- bzw. Defektlokalisierungsgrad
• Richtigkeit der Prüfergebnisse (Anteil falscher Angaben)
• Dauer der Prüfung.

Die beiden ersten Eigenschaften können als Wahrscheinlichkeiten ausgedrückt werden. Dabei sollen die Forderungen für Ausfälle und für Defekte *getrennt* formuliert werden. Als Maß für die Richtigkeit der Prüfergebnisse kann das Verhältnis der Anzahl korrekt nachgewiesener Ausfälle bzw. Defekte zur Anzahl der (geschätzten) möglichen Ausfälle bzw. Defekte genommen werden. Für die Dauer der Prüfung wird oft mit dem Mittelwert der Prüfdauer operiert.

Zur Bewertung *eingebauter Prüfungen* wird mit Vorteil die *FMEA/FMECA* (Tab. 3.5) verwendet, vgl. z. B. [4.25]. Andere Verfahren (Tabelle der funktionalen Abhängigkeiten und Abhängigkeitsmatrix) werden z. B. in der IEC 706 [4.29] beschrieben.

Sind speziell für die eingebauten Prüfungen Prüf- oder Meßgeräte in das Gerät oder System integriert worden, so spricht man von *eingebauten Prüfeinrichtungen* (Built-In Test Equipment, BITE). Bei der Auswahl solcher Prüfeinrichtungen ist der Kosten/Nutzen-Faktor zu berücksichtigen. Spezielle Einrichtungen erlauben im allgemeinen eine schnellere Ausfall-Lokalisierung, sind aber in der Regel teurer als Standardausführungen. Bei der Festlegung von eingebauten Prüfungen und/oder Prüfeinrichtungen sind folgende Aspekte wichtig:

1. *Einfachheit*: Prüfprozedur, Handhabung und Unterlagen müssen so einfach wie möglich ausgelegt werden.
2. *Standardisierung*: Größtmögliche Standardisierung in der Hard- und Software ist anzustreben.
3. *Zuverlässigkeit*: Eingebaute Prüfungen und Prüfeinrichtungen müssen um ein Vielfaches zuverlässiger als das überwachte Gerät oder System sein; ihr Ausfall sollte die Funktiontüchtigkeit des Gerätes oder Systems *nicht beeinträchtigen* (FMEA/ FMECA).
4. *Instandhaltung*: Die Instandhaltung eingebauter Prüfungen und Prüfeinrichtungen muß einfach sein; es soll sichergestellt werden, daß auch der Benutzer dem Änderungswesen des Herstellers angeschlossen ist.

Eine *ferngesteuerte Diagnostik* wird zunehmend verlangt, was entsprechende Anforderungen an die eingebauten Prüfungen und Prüfeinrichtungen bedingt. Für Geräte und Systeme mit hohen Zuverlässigkeits- oder Sicherheitsanforderungen, speziell im Falle verteilter störungstoleranten Systemen, erwartet man ferner, daß bei einem Ausfall automatisch oder halbautomatisch eine *Rekonfiguration* des Geräts oder Systems stattfindet [4.32, 4.33].

3.2.1.2 Strukturierung des Geräts bzw. Systems

Für eine gute Instandhaltbarkeit ist eine klare *Strukturierung* des Gerätes oder Systems wichtig. Die Struktur legt die *Ersatzteile* fest und steht damit in enger Beziehung mit den Möglichkeiten der *Ausfall-Lokalisierung*. Als Ersatzteil wird jene Einheit bezeichnet, welche bei einer Reparatur auf Geräte- oder Systemebene ausgetauscht wird (LRU), oft eine Baugruppe. Zur Erreichung kurzer Instandhaltungszeiten werden auf Geräte- und Systemebene immer mehr komplexe Ersatzteile (Leiterplatten, Funktionseinheiten usw.) genommen. Solche Ersatzteile werden oft im Labor (Werkstatt) repariert und wieder in *Umlauf* gebracht (Abschnitt 3.2.4.3).

Eng gekoppelt mit der Strukturierung sind die Aspekte des *Modularaufbaus*, der *Zugänglichkeit*, der *Austauschbarkeit* sowie der *Justierung* und des *Abgleiches*. Mit der Einführung der integrierten Schaltungen (ICs) und dem Übergang von der Analog- zur Digitaltechnik ist ein Modularaufbau leichter geworden. Damit haben sich auch Justierungs- und Abgleichsarbeiten vereinfacht. Der rasche Technologiewechsel erschwert hingegen die Austauschbarkeit, vor allem wenn diese über viele Jahre (10 bis 20) sichergestellt werden muß. Das Problem kann oft durch eine klare Definition der *Schnittstellen* entschärft werden.

3.2.1.3   Erstellung der Kundendokumentation

Die *Kundendokumentation* umfaßt für komplexe Geräte und Systeme folgende
Teile:

- Allgemeine Systembeschreibung
- Bedienungshandbuch
- Wartungshandbuch
- Instandsetzungshandbuch
- Illustrierter Ersatzteilkatalog
- Organisation der Instandhaltung.

Es ist wichtig, daß die Angaben in der Kundendokumentation dem aktuellen Stand
der Hard- und Software des Gerätes oder Systems entsprechen. Gewicht muß auch
auf eine *klare und knappe* Darstellung gelegt werden. Die verwendeten Ausdrücke
sind dem Niveau des Instandhaltungspersonals anzupassen. Theoretisch orientierte
Abhandlungen müssen zugunsten von Flußdiagrammen, Checklisten und Signal-
beschreibungen kurz gehalten werden. Die Prozeduren sind eindeutig zu formulieren, damit sie auch von ungeübtem Bedienungs-, Wartungs- oder Instandsetzungs-
personal fehlerfrei durchgeführt werden können. *Kontrollstellen* sollen verhindern,
daß wichtige Schritte übersprungen werden. Auf mögliche Folgen für die *Produkthaftung* muß speziell in Prospekten und Systembeschreibungen geachtet werden
(Abschnitt 1.2.10).

3.2.1.4   Organisation der Instandhaltung

Es ist üblich, für komplexe Geräte und Systeme zwischen zwei bis vier *Instandhaltungsstufen* zu unterscheiden. Die erste Stufe betrifft die Wartung und die Instandsetzung am Gerät oder System, durch *Austausch* des ausgefallenen *Ersatzteils*.
Die Ersatzteile werden in der zweiten Instandhaltungsstufe (Labor, Werkstatt)
repariert und wieder in *Umlauf* gebracht. Eine dritte Stufe kann notwendig werden,
falls die Ersatzteile in kleinere Einheiten unterteilt werden müssen. Die letzte Instandhaltungsstufe bezieht sich in der Regel auf grössere Überholungsarbeiten. Als
Beispiel zeigt Tab. 3.9 die prinzipielle Einteilung der Logistik im Rüstungssektor.

Die Organisation der Instandhaltung muß im Falle großer Geräte oder Systeme
oft den spezifischen Bedürfnissen der Kunden angepaßt werden. Der Hersteller soll
hier dazu beitragen, daß die vom Kunden für die logistische Unterstützung freige-
gebenen Mittel optimal eingesetzt werden.

Tabelle 3.9 Prinzipielle Instandhaltungsstufen im Rüstungssektor

Instandhaltungsstufe	Ort	Ausführung	Tätigkeiten
Vorgeschobener Instandhaltungsdienst			
Stufe 1	Feld	Bedienungspersonal	• einfache Wartungsarbeiten • Zustandsprüfung • Ausfallerkennung • Ausfall-Lokalisierung bis auf Baugruppenebene
Stufe 2	Deckung	Instandhaltungstruppe	• Wartung • Ausfall-Lokalisierung bis auf Ersatzteilebene • Reparatur durch Austausch der ausgefallenen Ersatzteile • Funktionsprüfung
Rückwärtiger Instandhaltungsdienst			
Stufe 3	Depot	Instandhaltungsverband	• schwierige Wartungsarbeiten • Reparatur der Ersatzteile
Stufe 4	Zeughaus oder Industrie	Fachleute aus Zeughaus oder Industrie	• Überholungsarbeiten • wichtige Änderungen bzw. Modifikationen

3.2.1.5 Ausrüstung und Ausbildung des Instandhaltungspersonals

Zweckmäßig ausgerüstetes, gut ausgebildetes und motiviertes Bedienungs- und Instandhaltungspersonal stellt eine wichtige Voraussetzung für kurze Instandhaltungszeiten dar und trägt wesentlich zur Vermeidung *menschlichen Versagens* bei. Der Wert der *Ausbildung* darf nicht unterschätzt werden. Die Ausbildung muß laufend der Komplexität des Gerätes oder Systems angepaßt werden. Wichtig ist auch die praktische Erfahrung des Personals, welche oft mit Hilfe *simulierter Ausfälle* vermittelt werden muß. Genügend Aufmerksamkeit ist ferner der *Organisation* und *Unterstellung* der Instandhaltung zu schenken.

3.2.2 Durchführung von Entwurfsüberprüfungen

Noch mehr als die Zuverlässigkeit muß die Instandhaltbarkeit in ein Gerät oder System während der Entwicklungsphase *hineinentwickelt* werden. Dazu gehören insbesondere die Beachtung (Verfolgung) von *Entwicklungsrichtlinien* und die Durchführung von *Entwurfsüberprüfungen* (Design Reviews), Entwicklungsrichtlinien bezüglich Instandhaltbarkeit werden im Abschnitt 4.2 besprochen. Ein umfangreicher Fragenkatalog zur Erstellung von *projektspezifischen Checklisten* für vorläufige Entwurfsüberprüfungen ist im Abschnitt 2.5 gegeben.

3.2.3 Berechnung der vorausgesagten Instandhaltbarkeit

Ausgehend von der Struktur des betrachteten Gerätes oder Systems und der Zuverlässigkeit und Instandhaltbarkeit seiner Elemente (Ersatzteile oder LRU gemäß Abschnitt 3.2.1.1) kann die *vorausgesagte Instandhaltbarkeit* berechnet werden. In der Regel wird dabei eine *ideale* logistische Unterstützung vorausgesetzt (inhärente Instandhaltbarkeit). Zwei der oft verwendeten Berechnungsmethoden werden im MIL-HDBK-472 [6.15] vorgestellt.

Die erste Methode setzt voraus, daß für jedes Element des Zuverlässigkeitsblockdiagrammes (Ersatzteil, LRU) die Mittelwerte der ausfallfreien Arbeitszeit ($MTTF_i$) und der Reparaturzeit ($MTTR_i$) bekannt sind. Berechnet wird der Mittelwert der Reparaturzeit des Systems ($MTTR_S$). Die gleiche Prozedur gilt auch für die Berechnung des Mittelwerts der Zeit für eine Wartung ($MTTPM_S$).

Die zweite Methode basiert auf der Überlegung, daß die Instandhaltbarkeit des Systems aus einer repräsentativen Stichprobe von Instandhaltbarkeitsaktionen gewonnen werden kann. Die Stichprobe wird unter Berücksichtigung der Ausfallraten der Ersatzteile (LRU) ausgewählt. Für die zweite Methode können die Resultate aus Abschnitt 6.3 verwendet werden.

In beiden Fällen sind die Berechnungen einfach, und die erhaltenen Werte für die Instandhaltbarkeit stellen brauchbare Schätzungen der reellen Verhältnisse dar. Im folgenden wird die erste Methode näher erläutert.

3.2.3.1   Berechnung der $MTTR_S$

Gegeben sei ein System ohne Redundanz (Abschnitt 3.1.3). Sein Zuverlässigkeitsblockdiagramm auf Niveau Ersatzteile enthalte die n Elemente $E_1, ..., E_n$ in Serienschaltung. Bekannt sind auch die Mittelwerte der ausfallfreien Arbeitszeit ($MTTF_i$) und der Reparaturzeit ($MTTR_i$) jedes Elements. Gesucht ist der *Mittelwert der Reparaturzeit* des Systems ($MTTR_S$).

Für diese Berechnung sei T die kumulative Betriebszeit jedes Elementes. Ist T sehr groß ($T \to \infty$), werden beim Element E_i im Mittel

$$\frac{T}{MTTF_i}$$

Ausfälle auftreten. Der mittlere Zeitaufwand für die Reparatur des Elements E_i wird

$$MTTR_i \frac{T}{MTTF_i}$$

betragen. Für das ganze System wird man also im Mittel

$$\sum_{i=1}^{n} \frac{T}{MTTF_i} \tag{3.67}$$

Ausfälle und eine mittlere totale Reparaturzeit von

$$\sum_{i=1}^{n} MTTR_i \frac{T}{MTTF_i} \tag{3.68}$$

haben. Aus den Gln. (3.67) und (3.68) kann der Mittelwert der Reparaturzeit des Systems ($MTTR_S$) berechnet werden

$$MTTR_S = \frac{\displaystyle\sum_{i=1}^{n} \frac{MTTR_i}{MTTF_i}}{\displaystyle\sum_{i=1}^{n} \frac{1}{MTTF_i}} . \tag{3.69}$$

Gleichung (3.69) liefert den *mathematisch exakten Erwartungswert* der Reparaturzeit des Systems. Die Annahme, wonach alle Elemente die gleiche kumulative Betriebszeit T aufweisen, ist äquivalent zur Annahme, daß bei jedem Ausfall das System stillgelegt wird, und trifft für Systeme ohne Redundanz oft zu. Zudem wird hier implizit angenommen, daß das *Ein- und Ausschalten* der Elemente keinen Einfluß auf ihre Zuverlässigkeit hat.

Beispiel 3.14

Man berechne den Mittelwert der Reparaturzeit ($MTTR_S$) folgendes Systems

MTTF = 500 h	MTTF = 400 h	MTTF = 250 h	MTTF = 100 h
MTTR = 2 h	MTTR = 2.5 h	MTTR = 1 h	MTTR = 0.5 h

Wie groß ist die mittlere totale Stillstandszeit des Systems im Intervall $(0, t]$ für $t \to \infty$, von der Wartung abgesehen ?

Lösung

Aus Gl. (3.69) folgt

$$MTTR_S = \frac{\dfrac{2\,h}{500\,h} + \dfrac{2.5\,h}{400\,h} + \dfrac{1\,h}{250\,h} + \dfrac{0.5\,h}{100\,h}}{\dfrac{1}{500\,h} + \dfrac{1}{400\,h} + \dfrac{1}{250\,h} + \dfrac{1}{100\,h}} = \frac{0.01925}{0.0185\,h^{-1}} = 1.04\,h .$$

Der Mittelwert der Stillstandszeit des Systems beträgt ebenfalls 1.04 h, weil Stillstandszeit und Reparaturzeit *gleich* sind (System ohne Redundanz). Für die mittlere totale Betriebszeit im Intervall $(0, t]$ gilt gemäß Gl. (3.91),

$$\lim_{t \to \infty} E[\text{totale Betriebszeit in } (0, t]] = t \frac{MTTF_S}{MTTF_S + MTTR_S},$$

woraus für die mittlere totale *Stillstandszeit* des Systems im Intervall $(0, t]$ folgt

$$\lim_{t \to \infty} E[\text{totale Stillstandszeit in } (0,t]] = t \, \frac{MTTR_S}{MTTF_S + MTTR_S} \, .$$

Nimmt man für jedes Element eine konstante Ausfallrate (λ_i) an, so folgt $MTTF_S = 1/\lambda_S$ mit $\lambda_S = \lambda_1 + \dots + \lambda_n$, woraus

$$\lim_{t \to \infty} E[\text{totale Stillstandszeit in } (0,t]] = t \, \frac{\lambda_S \, MTTR_S}{1 + \lambda_S \, MTTR_S} \, .$$

Die numerische Auswertung liefert

$$t \, \frac{MTTR_S}{MTTF_S + MTTR_S} \approx t \, \frac{MTTR_S}{MTTF_S} = t \, 0.0185 \cdot 1.04 = 0.019 \, t \, .$$

Falls jedes Element eine konstante Ausfallrate (λ_i) aufweist, gilt $MTTF_i = 1/\lambda_i$ und damit

$$MTTR_S = \frac{\sum\limits_{i=1}^{n} \lambda_i \, MTTR_i}{\sum\limits_{i=1}^{n} \lambda_i} = \sum\limits_{i=1}^{n} \frac{\lambda_i}{\lambda_S} MTTR_i \, , \qquad \text{mit} \quad \lambda_S = \sum\limits_{i=1}^{n} \lambda_i \, . \tag{3.70}$$

Die Gleichungen (3.69) und (3.70) gelten näherungsweise auch für Systeme mit Redundanz. Hier muß aber zwischen *Reparaturzeit* und *Stillstandszeit* unterschieden werden. Falls nur heiße Redundanz vorliegt, kann der Mittelwert der Reparaturzeit des Systems mit Hilfe der Gl. (3.69) berechnet werden; dabei wird die Summe *über alle Elemente* (inklusive Redundanz) gebildet. Unter der Annahme, daß Elemente in Redundanz ohne Betriebsunterbrechungen repariert werden können, liefert Gl. (3.69) eine gute Schätzung für den Mittelwert der Stillstandszeit des Systems, wenn die Summe nur *über die Serienelemente* gebildet wird (Beispiel 3.15).

Beispiel 3.15
Wie ändert sich die $MTTR_S$ des Systems von Beispiel 3.14, falls für das Element mit $MTTF = 100\,\text{h}$ eine heiße Redundanz eingeführt wird?

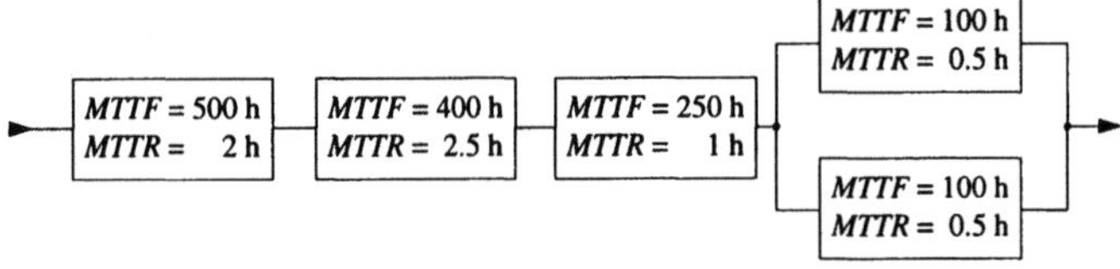

Besteht jetzt, unter der Annahme, daß die Redundanz ohne Betriebsunterbrechung repariert werden kann, ein Unterschied zwischen den Mittelwerten der Reparaturzeit und der Stillstandszeit (abgesehen von der Wartung)?

Lösung

Unter den getroffenen Annahmen gilt für den *Mittelwert der Reparaturzeit*

$$MTTR_S = \frac{\dfrac{2\,h}{500\,h} + \dfrac{2.5\,h}{400\,h} + \dfrac{1\,h}{250\,h} + \dfrac{0.5\,h}{100\,h} + \dfrac{0.5\,h}{100\,h}}{\dfrac{1}{500\,h} + \dfrac{1}{400\,h} + \dfrac{1}{250\,h} + \dfrac{1}{100\,h} + \dfrac{1}{100\,h}} = \frac{0.02425}{0.0285\,h^{-1}} = 0.85\,h.$$

Die *Stillstandszeit* ist verschieden von der *Reparaturzeit* und wird praktisch nur von den Serienelementen bestimmt, weil der Beitrag der Redundanz zur Stillstandszeit sehr klein ist. (Unter der Annahme einer konstanten Ausfallrate $\lambda = 1/MTTF$ und Reparaturrate $\mu = 1/MTTR$ gilt gemäß Tab. 3.12 für den stationären Wert der Punkt-Verfügbarkeit der Redundanz $PA = \mu(2\lambda+\mu)/(2\lambda(\lambda+\mu)+\mu^2) = 2(0.02+2)/(0.02(0.01+2)+4) = 0.99995$ und damit eine Nichtverfügbarkeit der Redundanz von 0.005%.) Aus dieser Überlegung folgt

$$\text{Mittelwert der Stillstandszeit} \approx \frac{\dfrac{2\,h}{500\,h} + \dfrac{2.5\,h}{400\,h} + \dfrac{1\,h}{250\,h}}{\dfrac{1}{500\,h} + \dfrac{1}{400\,h} + \dfrac{1}{250\,h}} = \frac{0.01425}{0.0085\,h^{-1}} = 1.68\,h.$$

Unter der Annahme einer konstanten Ausfallrate (λ_i) für jedes Element folgt für die mittlere Stillstandszeit im Intervall $(0,\,t]$

$$\lim_{t \to \infty} E[\text{totale Stillstandszeit in } (0,t]] \approx t\,0.0085 \cdot 1.68 = 0.014\,t.$$

3.2.2.2   Berechnung der $MTTPM_S$

Für die Berechnung des *Mittelwerts der Zeit einer Wartung des Systems* ($MTTPM_S$) müssen folgende Grenzfälle unterschieden werden:

1. Die Wartung wird für das ganze System in einem Mal durchgeführt (ein Element nach dem andern). Wenn das System aus den Elementen E_1 bis E_n besteht, und der Mittelwert der Zeit für eine Wartung für das Element E_i gleich $MTTPM_i$ ist, so gilt für diesen Fall

$$MTTPM_S = \sum_{i=1}^{n} MTTPM_i. \tag{3.71}$$

2. Jedes Element wird unabhängig von den anderen gewartet, und der Mittelwert der Zeit zwischen aufeinanderfolgenden Wartungsaktionen ist für das Element E_i gleich $MTBPM_i$. Gleichung (3.69) kann in diesem Fall mit $MTBPM$ anstelle von $MTTF$ und $MTTPM$ anstelle von $MTTR$ verwendet werden.

Fall 2 ist von praktischer Bedeutung, wenn die Wartung ohne Betriebsunterbrechung durchgeführt werden kann.

3.2.4 Grundmodelle für die Ersatzteilbevorratung

Ersatzteilbevorratungen sind wichtig für Betrachtungseinheiten mit einer relativ langen *Anwendungsdauer* oder falls kurze Reparaturzeiten oder eine möglichst große Unabhängigkeit vom Hersteller gefordert wird. Prinzipiell muß zwischen zentraler und dezentraler logistischer Unterstützung unterschieden werden.

3.2.4.1   Zentrale logistische Unterstützung, nichtreparierbare Ersatzteile

Bei der *zentralen logistischen Unterstützung* liegen alle Ersatzteile in einem einzigen Lager. Bezogen auf ein bestimmtes Ersatzteil kann hier das Ziel der Ersatzteilbevorratung im Falle nichtreparierbarer Ersatzteile folgendermaßen formuliert werden:

Zur Zeit $t = 0$ wird das erste Ersatzteil in Betrieb genommen, es fällt zur Zeit $t = \tau_1$ aus und wird durch das zweite Ersatzteil ersetzt; dieses fällt zur Zeit $t = \tau_1 + \tau_2$ aus und wird durch das dritte Ersatzteil ersetzt usw; gesucht ist die Anzahl Ersatzteile n, die in Reserve gelegt werden müssen, damit der Bedarf während der kumulativen Betriebszeit T mit einer vorgegebenen Wahrscheinlichkeit γ (z. B. $\gamma = 0.9$) abgedeckt werden kann.

Zur Beantwortung dieser Frage muß der *kleinste* Wert von n bestimmt werden, für welchen

$$\Pr\{\tau_1 + \dots + \tau_n > T\} \geq \gamma \tag{3.72}$$

gilt. Es wird in der Regel angenommen, daß die τ_i unabhängige, positive Zufallsgrößen mit derselben Verteilungsfunktion $F(t)$ und Verteilungsdichte $f(t)$ sind. Ihr Mittelwert wird mit $E[\tau_i] = MTTF$ bezeichnet.

Wird die Anzahl Ersatzteile aus

$$n = \frac{T}{MTTF} \tag{3.73}$$

berechnet, so kann der Bedarf nur mit der *Wahrscheinlichkeit 0.5* abgedeckt werden. Es sind also mehr als $T / MTTF$ Ersatzteile zu reservieren, um mit einer größeren Wahrscheinlichkeit dem Bedarf entsprechen zu können.

Die Wahrscheinlichkeit auf der linken Seite der Gl. (3.72) kann durch die n-te Faltung der Verteilungsfunktion $F(t)$ mit sich selbst ausgedrückt werden. Gemäß Gl. (A2.93) gilt

$$\Pr\{\tau_1 + \dots + \tau_n > T\} = 1 - F_n(T)$$

mit

$$F_1(T) = F(T) \qquad \text{und} \qquad F_n(T) = \int_0^T F_{n-1}(T - x) f(x) dx. \tag{3.74}$$

Für die in der Zuverlässigkeitstheorie üblichen Verteilungsfunktionen existiert eine geschlossene Form für die Funktion $F_n(T)$ nur für die Exponential-, die Gamma- und die Normalverteilung. Für die *Exponentialverteilung* ($F(t) = 1 - e^{-\lambda t}$) gilt Gl. (A2.106)

$$\Pr\{\tau_1 + \ldots + \tau_n > T\} = \sum_{i=0}^{n-1} \frac{(\lambda T)^i}{i!} e^{-\lambda T}. \tag{3.75}$$

Der für die Anwendung wichtige Fall der *Weibull-Verteilung* ($F(t) = 1 - e^{-(\lambda t)^\beta}$) muß numerisch gelöst werden. Bild 3.17 zeigt die entsprechenden Resultate für kleine Werte von n und mit $\beta \geq 1$ als Parameter. Für große Werte von n kann die Lösung mit Hilfe des *zentralen Grenzwertsatzes* (Gl. (A2.83)) gefunden werden. Gemäß dem Zentralen Grenzwertsatz gilt

$$\lim_{t \to \infty} \Pr\{\frac{\sum\limits_{i=1}^{n}(\tau_i - E[\tau])}{\sqrt{n\,\text{Var}[\tau]}} > x\} = \frac{1}{\sqrt{2\pi}} \int_x^\infty e^{-\frac{y^2}{2}} dy. \tag{3.76}$$

Eine einfache Transformation ($x\sqrt{n\,\text{Var}[\tau]} + n\,E[\tau] = T$) führt zu

$$\Pr\{\sum_{i=1}^{n} \tau_i > T\} = \frac{1}{\sqrt{2\pi}} \int_{\frac{T-n\,E[\tau]}{\sqrt{n\,\text{Var}[\tau]}}}^{\infty} e^{-\frac{y^2}{2}} dy = \gamma. \tag{3.77}$$

Für gegebene Werte von γ, T, $E[\tau]$ und $\text{Var}[\tau]$ kann nun n mit Hilfe einer Tabelle der Standard-Normalverteilung $\Phi(t)$ bestimmt werden.

Mit $(T - n\,E[\tau])/\sqrt{n\,\text{Var}[\tau]} = -d$ folgt

$$n = \left(\frac{d\kappa}{2} + \sqrt{(\frac{d\kappa}{2})^2 + \frac{T}{E[\tau]}}\right)^2, \qquad \text{mit} \quad \kappa = \frac{\sqrt{\text{Var}[\tau]}}{E[\tau]}. \tag{3.78}$$

Für übliche Werte von γ gilt für den Parameter d, aus $\Phi(d) = \gamma$, vgl. Tab. A3.1

$\gamma =$	0.99	0.95	0.90	0.75	0.5
$d =$	2.33	1.64	1.28	0.67	0

Die Gln. (3.76) bis (3.78) gelten für beliebige Verteilungsfunktionen $F(t)$. Gleichung (3.78) stellt eine gute *Näherungsformel* dar, welche für $\gamma \leq 0.9$ bereits für $n \geq 5$ verwendet werden kann. Das Verhältnis $\kappa = \sqrt{\text{Var}[\tau]}/E[\tau]$ wird *Variationskoeffizient* genannt. Für die Exponentialverteilung ist $\kappa = 1$. Für die Weibull-Verteilung gilt (Tab. A2.1)

$$\kappa = \frac{\sqrt{\text{Var}[\tau]}}{E[\tau]} = \sqrt{\frac{\Gamma(1 + 2/\beta)}{(\Gamma(1 + 2/\beta))^2} - 1}. \tag{3.79}$$

Der Verlauf von κ gemäß Gl. (3.79) ist in Bild 3.18 für $\beta \geq 1$ gegeben.

Die Approximation mit Hilfe des zentralen Grenzwertsatzes ist im Fall der Weibull-Verteilung für $\beta \geq 1$ in Bild 3.17 *gestrichelt* angegeben. Für $\gamma \leq 0.9$ und $n \geq 5$ ist die Abweichung zwischen dem genauen und dem approximierten Wert kleiner als 0.5. Diese Abweichung nimmt für wachsende Werte von β rasch ab ($F_n(T)$ nähert sich der Normalverteilung schnell an).

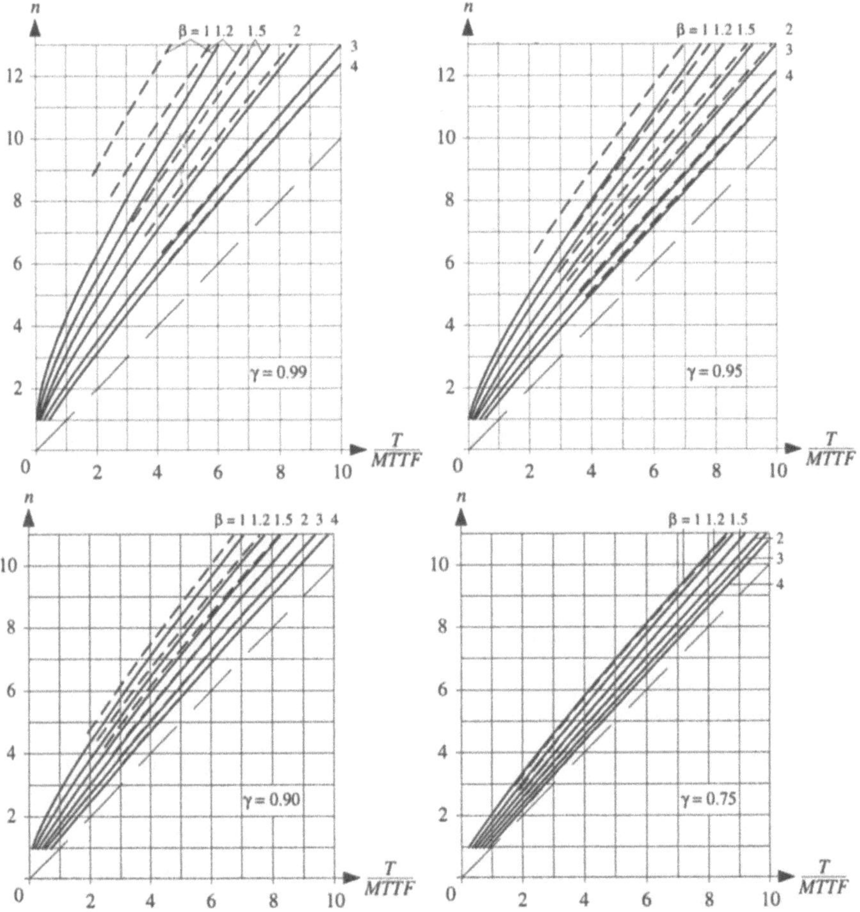

Bild 3.17 Anzahl Ersatzteile (n), die notwendig sind, um mit einer Wahrscheinlichkeit γ den Bedarf während der kumulativen Betriebszeit T zu decken; es gilt $\gamma = \mathrm{Pr}\{\tau_1 + \ldots + \tau_n > T\}$ mit $\mathrm{Pr}\{\tau_i \leq t\} = 1 - e^{(-\lambda t)^\beta}$ und $MTTF = \Gamma(1 + 1/\beta)/\lambda$ (gestrichelt ist die mit Hilfe des zentralen Grenzwertsatzes erhaltene Lösung)

Eine besondere Situation tritt ein, wenn in der Betrachtungseinheit das *gleiche Ersatzteil* k-mal verwendet wird. Für $F(t) = 1 - e^{-\lambda t}$ genügt es in den Gln. (3.75) oder (3.78) mit

$$\lambda' = k\lambda$$

anstelle von λ zu operieren. Für alle anderen Verteilungsfunktionen gilt diese einfache Multiplikationsregel in Gl. (3.78) nur näherungsweise. Die Approximation verbessert sich, wenn das Verhältnis n/k groß wird. Die einfache Regel, welche bei der Exponentialverteilung zur Anwendung kommt, stützt sich auf die Erkenntnis, daß die Summe von k Poisson-Prozessen mit den Intensitäten $\lambda_1, ..., \lambda_k$ wiederum einen Poisson-Prozeß, mit der Intensität $\lambda_1 + ... + \lambda_k$ darstellt (vgl. Beispiel 6.8). Die hier untersuchte Situation entspricht auch dem Fall, wo k Systeme das gleiche Ersatzteil verwenden (eines pro System) und das *Lager zentral* geführt wird.

Beispiel 3.16
Ein Ersatzteil mit der konstanten Ausfallrate $\lambda = 10^{-3}\,\text{h}^{-1}$ komme dreimal in einem System vor. Man bestimme die Anzahl Ersatzteile, die beschafft werden müssen, um mit einer Wahrscheinlichkeit $\gamma \geq 0.9$ den Betrieb während $T = 10'000\,\text{h}$ sicherstellen zu können.

Lösung
$T' / \mathrm{E}[\tau] = kT / \mathrm{E}[\tau] = kT\lambda = 30$. Für die exakte Lösung (Gl. (3.75)) muß der kleinste Wert von n bestimmt werden, für welchen gilt

$$\sum_{i=0}^{n-1} \frac{30^i}{i!} e^{-30} \geq 0.9\,.$$

Aus Tab. A3.2 folgt für $F(t_{\nu,q}) = 1 - 0.9 = 0.1$ und $t_{\nu,q} = 60$ der Wert $\nu = 2n \approx 75.2$ (lineare Interpolation). Damit ist $\nu = 76$ und folglich $n = 38$ zu nehmen. Liegen schon 3 Teile in dem System vor, so sind 35 Ersatzteile zu beschaffen. Die Näherungslösung gemäß Gl. (3.78) würde für $d = 1.28$ und $\kappa = 1$

$$[0.64 + \sqrt{0.64^2 + 30}]^2 = 37.9\,,$$

d. h. ebenfalls $n = 38$ ergeben.

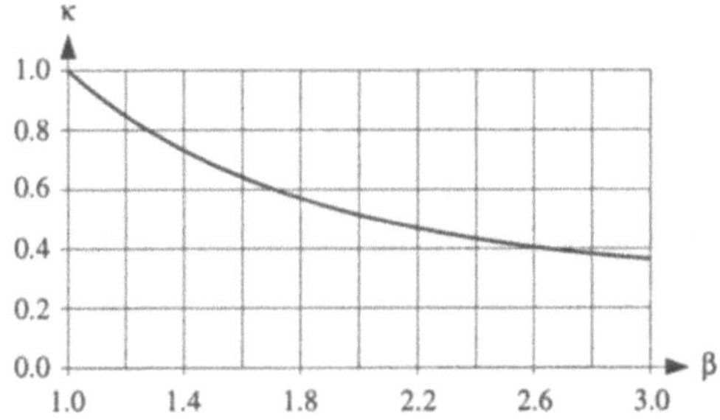

Bild 3.18 Variationskoeffizient der Weibull-verteilung für $\beta \geq 1$

3.2.4.2   Dezentrale logistische Unterstützung, nichtreparierbare Ersatzteile

Bei Anwendern, die mehrere (k) gleiche oder ähnliche Geräte bzw. Systeme an verschiedenen Orten in Betrieb haben, wird die Ersatzteilbevorratung oft *dezentral* organisiert. Gründe dafür sind Überlegungen bezüglich Reaktionszeit, Sicherheit und Einfachheit. Als Nachteil erscheint allerdings ein Mehraufwand an Ersatzteilen. Der Fall von k *dezentralen Lagern* (ein Lager für jedes der k Systeme) würde auf eine Anzahl Ersatzteile $n'k$ führen, wobei n' die Anzahl Ersatzteile pro System ist, berechnet mit $\gamma' = \sqrt[k]{\gamma}$. Die k Systeme werden dabei als unabhängig angenommen. $\gamma = \gamma'^k$ drückt die Wahrscheinlichkeit aus, daß n' Ersatzteile in allen (einzelnen) Systemen ausreichen werden. Die Gl. (3.78) gilt auch in diesem Fall mit n' anstelle von n und d_k aus $\Phi(d_k) = \sqrt[k]{\gamma}$ anstelle von d aus $\Phi(d) = \gamma$. Für $F(t) = 1 - e^{-\lambda t}$ erhält man aus Gl. (3.78) für das Verhältnis der Anzahl Ersatzteile in einem zentralen Lager zur Anzahl Ersatzteile in einem dezentralen Lager

$$\frac{n_{zen}}{n_{dez}} = \frac{(d/2 + \sqrt{d^2/4 + k\lambda T})^2}{k(d_k/2 + \sqrt{d_k^2/4 + \lambda T})^2} \tag{3.80}$$

oder

$$\frac{n_{zen}}{n_{dez}} \approx \frac{1 + d/\sqrt{k\lambda T}}{1 + d_k/\sqrt{\lambda T}} \tag{3.81}$$

für $\lambda T \gg d_k/4$.

Beispiel 3.17
Das Ersatzteil eines Systems habe eine konstante Ausfallrate $\lambda = 10^{-4}\,\text{h}^{-1}$. Der Benutzer des Systems möchte eine kumulative Betriebszeit von $T = 50'000\,\text{h}$ mit einer Wahrscheinlichkeit $\gamma \geq 0.95$ erreichen. Wie viele Ersatzteile könnte er sparen, wenn er dafür sein Lager mit denjenigen von fünf anderen Benutzern ($k = 6$) zusammenlegen würde?

Lösung
Ein Benutzer allein muß gemäß Bild 3.17, für $\gamma = \sqrt[6]{0.95} \approx 0.99$ und $\lambda T = 5$, $n = 12$ Ersatzteile beschaffen (14 Ersatzteile gemäß Gl. (3.78) mit $d_k = 2.39$ ($\Phi(2.39) = \sqrt[6]{0.95}$) oder gestrichelte Linie in Bild 3.17). Durch Zusammenlegen der Lager wird $\lambda' T = 6 \cdot 5 = 30$, und aus Gl. (3.78) folgt dann $n = [0.82 + \sqrt{0.82^2 + 30}]^2 = 40.4$ (genauer $n = 39.9$ aus Tab. A3.2). Damit muß jeder Benutzer nur 7 (genau: $6.6 = 39.9/6$) Ersatzteile besorgen (für n_{zen}/n_{dez} erhält man 0.48 aus Gl. (3.80), genauer $7/12 \approx 0.58$).

Oft wird versucht, eine in bezug auf die Verfügbarkeit des Systems oder auf die Kosten der logistischen Unterstützung optimale Aufteilung zwischen zentralem und dezentralem Lager zu finden. Die zu optimierende Zielfunktion kann je nach Anwendung verschieden sein. Beispiele dafür sind:

1. Für ein gegebenes Kapital sind Anzahl und örtliche Verteilung der Ersatzteile derart zu bestimmen, daß der Mittelwert der Stillstandszeit oder die mittlere totale Stillstandszeit im Intervall $(0, t]$ auf Systemebene minimal wird.
2. Für einen gegebenen Mittelwert der Stillstandszeit oder eine gegebene mittlere totale Stillstandszeit im Intervall $(0, t]$ auf Systemebene sind Anzahl und örtliche Verteilung der Ersatzteile derart zu bestimmen, daß das Kapital minimal wird.

Als Kapital wird oft der Anschaffungspreis der Ersatzteile genommen. Wie aus obigen Zielfunktionen hervorgeht, wird der Problemkreis der Ersatzteilbevorratung von Anfang an in jenen der Verfügbarkeit des Systems integriert. Solche Untersuchungen können für komplexe logistische Strukturen nicht mehr auf dem analytischen Weg durchgeführt werden. Ein entsprechendes Computerprogramm wurde in [3.49] entwickelt.

3.2.4.3 Reparierbare Ersatzteile

In den Abschnitten 3.2.4.1 und 3.4.2.2 wurde angenommen, daß die Ersatzteile nichtreparierbar sind. Der Fall *reparierbarer Ersatzteile* muß mit Hilfe der Theorie der stochastischen Prozesse untersucht werden. Das oft anzutreffende Modell der reparierbaren kalten Redundanz 1 aus n (k aus n, falls das Ersatzteil k-mal im System verwendet wird) ist im Abschnitt 3.3.4 behandelt, vgl. Tab. 3.13 für den Fall konstanter Ausfall- und Reparaturrate. Weiterführende Betrachtungen sind z. B. in [3.1 (1994)] zu finden.

3.3 Zuverlässigkeit und Verfügbarkeit reparierbarer Geräte und Systeme

Die Untersuchung des Zeitverhaltens reparierbarer Geräte und Systeme erfolgt mit Hilfe der Theorie der *stochastischen Prozesse*, vgl. Anhang A2.2 für eine Einführung. Dabei wird in der Regel vom Zuverlässigkeitsblockdiagramm und von den Verteilungsfunktionen der ausfallfreien Arbeitszeit und der Instandsetzungszeit jedes Elementes im Zuverlässigkeitsblockdiagramm ausgegangen. Die Zuverlässigkeit und die Verfügbarkeit werden als Funktion der Zeit berechnet. Enthält die Betrachtungseinheit keine Redundanz, bleibt die Zuverlässigkeitsfunktion dieselbe, ob man die Instandsetzbarkeit berücksichtigt oder nicht. Anders ist es wenn redundante Teile vorhanden sind. Hier wird in der Regel angenommen, daß die geforderte Funktion auch während der Instandsetzung eines redundanten Teiles weiter ausge-

führt wird. Im Gegensatz zu den Zuverlässigkeitsanalysen werden bei den Verfügbarkeitsanalysen Betriebsunterbrechungen zugelassen. Je nach Art der Unterbrechung werden verschiedene Verfügbarkeitsarten definiert. Die wichtigsten davon
werden im Abschnitt 3.3.1 eingeführt. Abschnitt 3.3.2 behandelt den Fall eines
Geräts oder Systems ohne Redundanz. In den Abschnitten 3.3.3 und 3.3.4 werden
Parallelmodelle und im Abschnitt 3.3.5 einfache Serien-/Parallestrukturen betrachtet. Näherungsformeln für größere Serien-/Parallestrukturen werden im Abschnitt
3.3.6 eingeführt. Auf den Einfluß der Umschalteinrichtungen sowie auf jenen der
Wartung wird in den Abschnitten 3.3.7 resp. 3.3.8 eingegangen. Ein Computerprogramm zur Analyse komplexer Systeme wird im Abschnitt 3.3.9 vorgestellt.
Ganz allgemein wird man sich in diesem Kapitel (abgesehen vom Abschnitt 3.3.1
über das Einzelelement) auf Geräte und Systeme mit *konstanten* Ausfall- und Reparaturraten für alle Elemente (konstant während der Verweilzeit in jedem Zustand,
kann aber bei Zustandswechseln ändern, z. B. infolge Lastaufteilung), d.h. auf
Markoff-Modelle beschränken. Für Verallgemeinerungen sowie für Betrachtungen
über komplexe Systeme wird auf [3.1 (1994)] verwiesen. Die wichtigsten Resultate
sind in den Tabellen 3.10 bis 3.15 und Bildern 3.29 und 3.30 gegeben.

Zur Vereinheitlichung der Modelle und zur Vereinfachung der Berechnungen
werden für die Abschnitte 3.3.2 bis 3.3.5 folgende Annahmen getroffen:

1. Das System wechselt ständig zwischen Arbeits- und Reparaturzustand, *Dauerbetrieb* ohne Wartung; mit Ausnahme der Untersuchungen im stationären Zustand (Verfügbarkeit) wird angenommen, daß zur Zeit $t = 0$ das System neu ist
   (Eintritt des Zustandes Z_0); zur Verdeutlichung werden alle berechneten Zuver-
   lässigkeitsgrößen mit den Indices SO ($R_{S0}(t)$, $MTTF_{S0}$ usw.) versehen, S steht
   für System und 0 für den Ausgangszustand Z_0 bei $t = 0$ (S_i, falls zur Zeit $t = 0$
   der Zustand Z_i tritt ein).
2. Während der Reparatur eines Aufalls auf Niveau System können *keine weiteren
   Ausfälle* auftreten.
3. Es steht nur *eine* Reparaturmannschaft zur Verfügung; die Reparatur wird begonnen, sobald die Reparaturmannschaft frei (von einer früheren Reparatur) ist.
4. Redundante Elemente werden auf Systemebene *ohne Betriebsunterbrechung* repariert.
5. Nach jeder Reparatur ist das *reparierte Element neuwertig*.
6. Die ausfallfreien Arbeitszeiten und Reparaturzeiten jedes Elements sind stetig,
   statistisch *unabhängig, positiv* und haben *endliche* Mittelwerte und Varianzen;
   der Mittelwert der ausfallfreien Arbeitszeiten wird mit *MTTF* (Mean Time To
   Failure), jener der Reparaturzeiten mit *MTTR* (Mean Time To Repair) bezeichnet; in den Abschnitten 3.3.2 bis 3.3.6 wird konsequent angenommen, daß die
   ausfallfreien Arbeitszeiten und die Reparaturzeiten *exponentiell* verteilt sind,
   was zu *Markoff-Prozessen* gemäß Tab. A2.4 führt.
7. Der Einfluß der Wartung und der Umschalteinrichtungen wird vernachlässigt
   (erst in den Abschnitten 3.3.7 und 3.3.8 betrachtet).

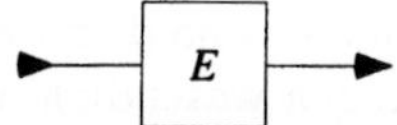

Bild 3.19 Zuverlässigkeitsblockdiagramm eines Einzelelementes

Diese Annahmen treffen in vielen Anwendungen zu. Kritisch zu überprüfen ist Annahme 5, vor allem, wenn das reparierte Element aus einer Kette von Teilen besteht, die bei einem Ausfall nur teilweise ersetzt werden. Sie ist erfüllt, falls die nicht ersetzten Teile eine *konstante Ausfallrate* aufweisen. Die Annahme 2 vereinfacht die Berechnungen (reduziert die Anzahl Zustände im Zustandsraum). Sie ist für viele Systeme näherungsweise erfüllt und liefert insofern eine gute Schätzung der reellen Verhältnisse, als die Wahrscheinlichkeit für mehrfache Ausfälle auf Systemebene in der Regel sehr klein ist.

3.3.1 Das Einzelelement

Ein *Einzelelement* ist eine Anordnung beliebiger Komplexität (Bauteil, Baugruppe, Gerät, System), welches für Zuverlässigkeitsuntersuchungen als eine Einheit betrachtet wird. Sein Zuverlässigkeitsblockdiagramm besteht aus einem einzigen Element (Bild 3.19). Das Zeitverhalten eines solchen Elements ist im Bild 3.20 gezeigt. Dabei wird angenommen, daß das Element *neu zur Zeit* $t = 0$ ist.

$\tau_1, \tau_2, \ldots$ sind die *ausfallfreien Arbeitszeiten.* Sie sind statistisch unabhängige Zufallsgrößen und besitzen die Verteilungsfunktion

$$F(t) = \Pr\{\tau_i \le t\}, \qquad i = 1, 2, \ldots. \tag{3.82}$$

$\tau_1', \tau_2', \ldots$ sind die *Instandsetzungszeiten* (Reparaturzeiten). Sie sind ebenfalls statistisch unabhängige Zufallsgrößen, ihre Verteilungsfunktion wird mit G(t) bezeichnet

$$G(t) = \Pr\{\tau_i' \le t\}, \qquad i = 1, 2, \ldots. \tag{3.83}$$

Unter der Annahme, das Element sei *neuwertig* nach jeder Reparatur (Annahme 5 in der Einleitung zum Abschnitt 3.3), ist das Einzelelement zu den Zeitpunkten

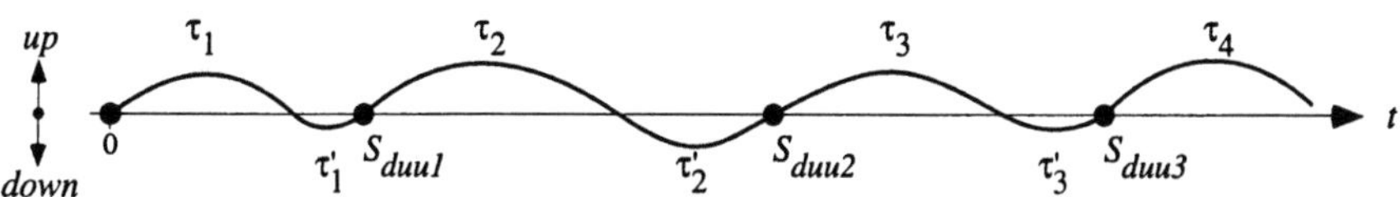

Bild 3.20 Möglicher Zeitverlauf eines reparierbaren Einzelelementes (Instandsetzungszeiten übertrieben groß eingezeichnet, *up* steht für Arbeitszustand und *down* für Reparaturzustand)

$0, S_{duu1}, S_{duu2}, \dots$ neuwertig. Diese Zeitpunkte sind damit *Erneuerungspunkte*, ihr Vorhandensein erleichtert die Untersuchungen wesentlich. In der Theorie der stochastischen Prozesse nennt man den Prozeß mit Zeitpunkten $0, S_{duu1}, S_{duu2}, \dots$ einen *Erneuerungsprozeß*. Der Prozeß bestehend aus $\tau_1, \tau_1', \tau_2, \tau_2', \dots$ ist ein *alternierender Erneuerungsprozeß*.

1. **Zuverlässigkeitsfunktion $R_{S0}(t)$:** Die Zuverlässigkeitsfunktion ist gleich der Wahrscheinlichkeit, daß die Betrachtungseinheit während dem Intervall $(0, t]$ die geforderte Funktion unter den gegebenen Arbeitsbedingungen ausführt. Es ist also

$$R_{S0}(t) = \Pr\{\text{kein Ausfall in } (0, t] \mid \text{neu zur Zeit } t = 0\}, \qquad (3.84)$$

und damit

$$R_{S0}(t) = 1 - F(t). \qquad (3.85)$$

2. **Punkt-Verfügbarkeit $PA_{S0}(t)$:** Die Punkt-Verfügbarkeit ist gleich der Wahrscheinlichkeit, daß die Betrachtungseinheit zum Zeitpunkt t die geforderte Funktion unter den gegebenen Arbeitsbedingungen ausführt. Es ist also

$$PA_{S0}(t) = \Pr\{\text{im Arbeitszustand zur Zeit } t \mid \text{neu zur Zeit } t = 0\}, \qquad (3.86)$$

und es gilt (Gl. (A2.120) mit $p = 1$)

$$PA_{S0}(t) = 1 - F(t) + \int_0^t h_{duu}(x)(1 - F(t - x))\,dx. \qquad (3.87)$$

$h_{duu}(t)\,\delta t$ gibt für δt sehr klein die Wahrscheinlichkeit an, daß irgend einer der Erneuerungspunkte S_{duui} ($i = 1, 2, \dots$) im Intervall $(t, t + \delta t]$ fällt. Man kann zeigen, daß für $t \to \infty$ ganz allgemein

$$\lim_{t \to \infty} PA_{S0}(t) = PA_S = \frac{MTTF}{MTTF + MTTR} \approx 1 - \frac{MTTR}{MTTF} \qquad (3.88)$$

gilt. *MTTF* und *MTTR* sind dabei die Erwartungswerte der ausfallfreien Arbeitszeiten $\tau_1, \tau_2, \dots$ bzw. der Instandsetzungszeiten $\tau_1', \tau_2', \dots$. Für $F(t) = 1 - e^{-\lambda t}$ und $G(t) = 1 - e^{-\mu t}$, d. h. für konstante Ausfallrate $\lambda = 1/MTBF = 1/MTTF$ und konstante Reparaturrate $\mu = 1/MTTR$ folgt aus Gl. (3.87), vgl. Beispiel 3.18,

$$PA_{S0}(t) = \frac{\mu}{\lambda + \mu} + \frac{\lambda}{\lambda + \mu} e^{-(\lambda + \mu)t}.$$

Die Konvergenz von $PA_{S0}(t)$ gegen den Wert PA_S erfolgt hier *exponentiell* mit einer Zeitkonstante $1/(\lambda + \mu) \leq 1/\mu = MTTR$. PA_S ist ein *asymptotischer Wert* und gleichzeitig auch der Wert der Punkt-Verfügbarkeit für alle $t \geq 0$ im *stationären Zustand*. Ein stationärer Zustand liegt vor, wenn *die Betrachtungseinheit lange vor dem Zeitpunkt $t = 0$ (praktisch für $t < -10\,MTTR$) eingeschaltet wurde und erst ab $t = 0$ beobachtet wird ($t = 0$ ist dabei ein willkürlicher Zeitpunkt).*

Im stationären Fall ist bei $t = 0$ die Betrachtungseinheit mit der Wahrscheinlichkeit PA_S im Arbeitszustand und mit der Wahrscheinlichkeit $1 - PA_S$ in Reparatur.

Im Falle konstanter Ausfallrate λ und Reparaturrate μ, und falls zur Zeit $t = 0$ das Einzelelement nur mit der Wahrscheinlichkeit p im Arbeitszustand ist ($0 \le p \le 1$), gilt [3.1 (1994)]

$$PA_S(t) = \frac{\mu}{\lambda + \mu} + (p - \frac{\mu}{\lambda + \mu})e^{-(\lambda+\mu)t}.$$

Die Konvergenz von $PA_S(t)$ gegen $PA_S = \mu / (\lambda + \mu)$ ist auch hier *exponentiell*, mit Zeitkonstante $MTTR$. Die Verallgemeinerung der Verteilungsfunktionen der ausfallfreien Arbeitszeiten und/oder der Reparaturzeiten ist im allgemeinen Fall schwierig. Für $p = 1$, konstante Ausfallrate λ und Reparaturzeiten $\tau_1', \tau_2', \dots$ verteilt nach einer *Gammaverteilung* mit $\beta \ge 3$ kann die Ungleichung

$$\left|PA_{S0}(t) - PA_S\right| \le \lambda\, MTTR\, e^{-t/MTTR}, \qquad t \ge 3\,MTTR$$

aufgestellt werden [3.45]. Es liegt deshalb die Behauptung nahe:

Für $t > 10\,MTTR$ kann man in allen praktischen Fällen $PA_S(t) \approx PA_S$ annehmen.

Beispiel 3.18
Man bestimme die Laplace-Transformierte und daraus die entsprechende Zeitfunktion der Punkt-Verfügbarkeit $PA_{S0}(t)$ für den Fall konstanter Ausfallrate λ und Reparaturrate μ.

Lösung
Mit $f(t) = \lambda e^{-\lambda}$ und $g(t) = \mu e^{-\mu t}$ folgt aus den Gln. (3.87) und (A2.117)

$$\tilde{PA}_{S0}(s) = \frac{s + \mu}{s(s + \lambda + \mu)},$$

und damit (Tab. A2.7)

$$PA_{S0}(t) = \frac{\mu}{\lambda + \mu} + \frac{\lambda}{\lambda + \mu}e^{-(\lambda+\mu)t}.$$

3. **Durchschnittliche Verfügbarkeit $AA_{S0}(t)$**: Die durchschnittliche Verfügbarkeit ist gleich dem erwarteten Prozentsatz der Missionsdauer t, während der die Betrachtungseinheit die geforderte Funktion unter den vorgegebenen Arbeitsbedingungen ausführt. Es ist also

$$AA_{S0}(t) = \frac{1}{t}E[\text{totale Betriebszeit in } (0, t]\,|\,\text{neu zur Zeit } t = 0], \tag{3.89}$$

und es gilt

$$\mathrm{AA}_{S0}(t) = \frac{1}{t}\int\limits_{0}^{t} \mathrm{PA}_{S0}(x)\,dx \tag{3.90}$$

mit $\mathrm{PA}_{S0}(t)$ aus Gl. (3.87). Für den stationären Zustand gilt

$$AA_S = PA_S = \frac{MTTF}{MTTF + MTTR} \approx 1 - \frac{MTTR}{MTTF}. \tag{3.91}$$

4. **Gesamtverfügbarkeit $OA_{S0}(t)$**: Als Gesamtverfügbarkeit (Overall Availability) definiert man das Verhältnis der totalen Betriebszeit zur Summe der totalen Betriebszeit und der totalen Instandhaltungszeit in einem Intervall $(0, T]$ für $T \to \infty$. Mit den Abkürzungen $MTTF$ = Mittelwert der ausfallfreien Arbeitszeit, MDT = Mittelwert der Ausfallzeiten (Reparatur plus Logistik), MLD = Mittelwert der logistischen Wartungszeiten, $MTTPM$ = Mittelwert der Wartungszeiten und T_{PM} = Wartungsperiode folgt für die Gesamtverfügbarkeit

$$OA_S = \frac{MTTF}{MTTF + MDT} = \frac{MTTF}{MTTF + MTTR + MLD + \dfrac{MTTF}{T_{PM}}\,MTTPM}. \tag{3.92}$$

5. **Intervall-Zuverlässigkeit $IR_{S0}(t,\ t+\theta)$**: Die Intervall-Zuverlässigkeit ist gleich der Wahrscheinlichkeit, daß die Betrachtungseinheit während des Intervalles $(t, t+\theta]$ die geforderte Funktion unter den vorgegebenen Arbeitsbedingungen ausführt. Es ist also

$$\mathrm{IR}_{S0}(t, t+\theta) = \Pr\{\text{im Arbeitszustand in } [t, t+\theta] \mid \text{neu zur Zeit } t = 0\}, \tag{3.93}$$

und es gilt [3.1 (1994)]

$$\mathrm{IR}_{S0}(t, t+\theta) = 1 - \mathrm{F}(t+\theta) + \int\limits_{0}^{t} h_{duu}(x)(1 - \mathrm{F}(t+\theta-x))\,dx. \tag{3.94}$$

Für $\mathrm{F}(t) = 1 - e^{-\lambda t}$, d. h. im Falle einer *konstanten Ausfallrate* λ erhält man

$$\mathrm{IR}_{S0}(t, t+\theta) = \mathrm{PA}_{S0}(t)\, e^{-\lambda\theta}, \tag{3.95}$$

und insbesondere im stationären Zustand

$$\mathrm{IR}_S(\theta) = \mathrm{PA}_S\, e^{-\lambda\theta} \tag{3.96}$$

mit PA_S aus Gl. (3.88). Die *Produktregel*, welche in den Gln. (3.95) und (3.96) zur Anwendung kommt, kann *nur* für den Fall konstanter Ausfallrate verwendet werden.

6. **Missions-Verfügbarkeit $MA_{S0}(T_0, t_f)$**: Die Missions-Verfügbarkeit ist gleich

Tabelle 3.10 Wichtigste Resultate für das reparierbare Einzelelement im stationären Zustand

	Ausfall- und Reparaturrate		Definition
	beliebig	konstant	Bemerkungen
1. Pr{im Arbeits- zustand zur Zeit $t = 0$}	$\dfrac{MTTF}{MTTF + MTTR}$	$\dfrac{\mu}{\lambda + \mu}$	$MTTF = \mathrm{E}[\tau_i], \quad i \geq 1$ $MTTF = \mathrm{E}[\tau_i'], \quad i \geq 1$
2. Verteilungsfunktion der ersten ausfall- freien Arbeitszeit (ab $t = 0$)	$\dfrac{1}{MTTF} \displaystyle\int_{\theta}^{\infty} (1 - \mathrm{F}(x))\,dx$	$1 - e^{-\lambda t}$	Für die erste Reparaturzeit (ab $t = 0$) muß man $MTTF$ mit $MTTR$ und $\mathrm{F}(x)$ mit $\mathrm{G}(x)$ ersetzen
3. Punkt- Verfügbarkeit	$\dfrac{MTTF}{MTTF + MTTR}$	$\dfrac{\mu}{\lambda + \mu}$	$PA_S = \mathrm{Pr}\{$im Arbeits- zustand zur Zeit $t\}, \quad t \geq 0$
4. Durchschnittliche Verfügbarkeit	$\dfrac{MTTF}{MTTF + MTTR}$	$\dfrac{\mu}{\lambda + \mu}$	$AA_S = (1/t)\,\mathrm{E}[$totale Be- triebszeit in $(0, t]], \quad t \geq 0$
5. Intervall- Zuverlässigkeit	$\dfrac{1}{MTTF + MTTR} \displaystyle\int_{\theta}^{\infty} (1 - \mathrm{F}(x))\,dx$	$\dfrac{\mu}{\lambda + \mu}\, e^{-\lambda \theta}$	$\mathrm{IR}_S(\theta) = \mathrm{Pr}\{$im Arbeits- zustand in $(t, t + \theta]\}, \quad t \geq 0$

λ = konstante Ausfallrate ($1/\lambda = MTBF$), μ = konstante Reparaturrate ($1/\mu = MTTR$)

der Wahrscheinlichkeit, daß eine Mission mit der totalen Betriebszeit T_0 keinen Ausfall haben wird, der nicht innerhalb der Zeitspanne t_f repariert werden kann. Man kann zeigen [3.1 (1991)], daß im Falle *konstanter Ausfallrate* λ gilt

$$\mathrm{MA}_{S0}(T_0, t_f) = e^{-\lambda T_0 (1 - \mathrm{G}(t_f))}. \tag{3.97}$$

Die Missions-Verfügbarkeit spielt eine Rolle wenn Betriebsunterbrechungen $< t_f$ toleriert werden können.

Tabelle 3.10 faßt die wichtigsten Resultate für das reparierbare Einzelelement im stationären Zustand zusammen.

3.3.2 Geräte und Systeme ohne Redundanz

Das Zuverlässigkeitsblockdiagramm eines *Geräts oder Systems ohne Redundanz* besteht in der Serieschaltung aller lebenswichtigen Elemente (Bild 3.21).

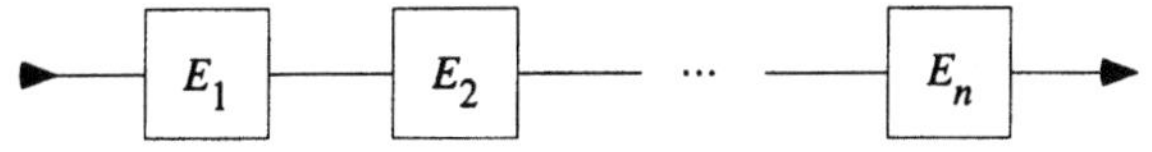

Bild 3.21 Zuverlässigkeitsblockdiagramm eines Systems ohne Redundanz (Serienmodell)

Für die Untersuchungen geht man in diesem Abschnitt von der Annahme aus, daß jedes Element eine konstante Ausfallrate λ_{0i} und eine konstante Reparaturrate μ_{i0} besitzt (Annahme 5 in der Einleitung zum Abschnitt 3.3), und unabhängig von den anderen Elementen arbeitet und ausfällt. Infolge der konstanten Ausfall- und Reparaturraten läßt sich das Zeitverhalten des Systems durch einen zeithomogenen *Markoff-Prozeß* beschreiben (Anhang A2.2.4, Tab. A2.4). Bild 3.22 gibt das entsprechende Diagramm der Übergangswahrscheinlichkeiten in $(t, t + \delta t]$ an.

1. **Zuverlässigkeitsfunktion $R_{S0}(t)$:** Das System wird im Intervall $(0, t]$ nur dann ausfallfrei arbeiten, wenn kein Element in diesem Zeitintervall ausfällt. Für $R_{S0}(t)$ folgt

$$R_{S0}(t) = e^{-\lambda_{S0}\, t}, \qquad \text{mit} \qquad \lambda_{S0} = \sum_{i=1}^{n} \lambda_{0i}, \tag{3.98}$$

woraus

$$MTTF_{S0} = \frac{1}{\lambda_{S0}}. \tag{3.99}$$

2. **Punkt-Verfügbarkeit $PA_{S0}(t)$:** Ein System von Differentialgleichungen für die Berechnung von $PA_{S0}(t)$ kann mit Hilfe von Bild 3.22 und der Tab. A2.4 aufgestellt werden. Für den *stationären Zustand* erhält man dann

$$PA_S = AA_S = \frac{1}{1 + \sum_{i=1}^{n} \dfrac{\lambda_{0i}}{\mu_{i0}}} \approx 1 - \sum_{i=1}^{n} \frac{\lambda_{0i}}{\mu_{i0}}. \tag{3.100}$$

Die Näherungsformel auf der rechten Seite der Gl. (3.100) gilt für $\lambda_{0i} \ll \mu_{i0}$ (erfüllt in allen praktischen Anwendungen) und ist identisch mit jener, die man bei der Berechnung der Punkt-Verfügbarkeit unter der Annahme, daß jedes Element unabhängig von den anderen arbeitet und repariert wird (eine Reparaturmannschaft pro Element), erhalten würde

$$PA_S = \prod_{i=1}^{n} PA_i = \prod_{i=1}^{n} \frac{1}{1 + \dfrac{\lambda_{0i}}{\mu_{i0}}} \approx 1 - \sum_{i=1}^{n} \frac{\lambda_{0i}}{\mu_{i0}}. \tag{3.101}$$

3. **Intervall-Zuverlässigkeit $IR_{S0}(t, t + \theta)$:** Infolge der konstanten Ausfallrate aller Elemente gilt

$$IR_{S0}(t, t + \theta) = PA_{S0}(t)e^{-\lambda_{S0}\,\theta}, \tag{3.102}$$

und für den asymptotischen und stationären Wert

$$IR_S(\theta) = PA_S\, e^{-\lambda_{S0}\,\theta}. \tag{3.103}$$

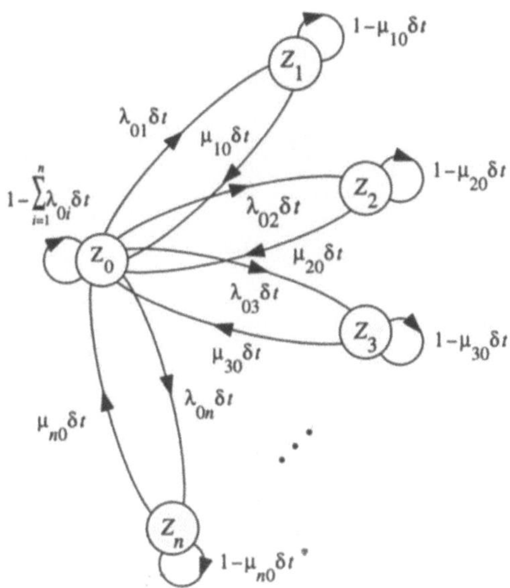

Bild 3.22   Diagramm der Übergangswahrscheinlichkeiten in $(t, t+\delta t]$ eines Systems ohne Redundanz (konst. Ausfallraten λ_{0i} und Reparaturraten μ_{i0}, kein weiterer Ausfall während einer Reparatur auf Niveau System, t beliebig, $\delta t \downarrow 0$, schraffiert sind die Down-states)

Tabelle 3.11 faßt die wichtigsten Resultate für ein Gerät oder System ohne Redundanz (Seriemodell) bestehend aus den Elementen $E_1, ..., E_n$.

3.3.3 Redundanz 1 aus 2

Eine *Redundanz 1 aus 2* stellt die einfachste Redundanzstruktur dar, die man in den Anwendungen finden kann. Sie besteht aus zwei Elementen E_1 und E_2, eines davon im Arbeitszustand, das andere im Reservezustand. Fällt z. B. das Arbeitselement aus, so geht dieses in den Reparaturzustand über und das Reserveelement übernimmt die Erfüllung der geforderten Funktion. Ein Ausfall auf Systemebene tritt nur dann auf, wenn während der Reparatur eines Elements auch das andere Element ausfällt. Das entsprechende Zuverlässigkeitsblockdiagramm ist in Bild 3.23 gezeigt. Die Untersuchungen setzen die Annahmen 1 bis 7 voraus (Einleitung zum Abschnitt 3.3). Insbesondere gilt, daß die Instandsetzung eines redundanten Elements *ohne Betriebsunterbrechung* auf Systemebene erfolgen kann und implizit, daß sie sofort nach dem Auftreten des Ausfalls beginnt.

Infolge der konstanten Ausfall- und Reparaturrate läßt sich das Zeitverhalten des Systems gemäß Bild 3.23 mittels eines zeithomogenen *Markoff-Prozesses* untersuchen (Anhang A2.2.4, Tab. A2.4). Die Anzahl Zustände ist 5, wenn die Elemente E_1 und E_2 verschieden sind (Bild 3.24) und 3, wenn sie identisch sind (Bild 3.25).

Tabelle 3.11   Wichtige Resultate für reparierbare Systeme ohne Redundanz

Größe	Ausdruck	Bemerkungen
1. Zuverlässigkeits- funktion $R_{S0}(t)$	$$\prod_{i=1}^{n} R_i(t)$$	jedes Element arbeitet unabhängig von den anderen Elementen
2. Mittelwert der aus- fallfreien Arbeitszeit $MTTF_{S0}$	$$\int_{0}^{\infty} R_{S0}(t)\,dt$$	$R_i(t) = e^{-\lambda_{0i}\,t}$ ergibt $R_{S0}(t) = e^{-\lambda_{S0}\,t}$, mit $\lambda_{S0} = \lambda_{01} + \ldots + \lambda_{0n}$ und $MTTF_{S0} = 1/\lambda_{S0}$
3. Ausfallrate $\lambda_{S0}(t)$	$$\sum_{i=1}^{n} \lambda_{0i}(t)$$	jedes Element arbeitet und fällt unabhängig von den anderen Elementen aus
4. Punkt-Verfügbarkeit und durchschnittliche Verfügbarkeit im stationären Zustand (eine Reparaturmannschaft) $PA_S = AA_S$	1) $\dfrac{1}{1 + \sum_{i=1}^{n} \dfrac{\lambda_{0i}}{\mu_{i0}}} \approx 1 - \sum_{i=1}^{n} \dfrac{\lambda_{0i}}{\mu_{i0}}$ 2) $\dfrac{1}{1 + \sum_{i=1}^{n} \lambda_{0i}\, MTTR_i} \approx 1 - \sum_{i=1}^{n} \lambda_{0i}\, MTTR_i$	im Ausfallzustand kann kein weiterer Ausfall eintreten: 1) konstante Ausfallrate (λ_{0i}) und Reparaturrate (μ_{i0}) jedes Elementes 2) konstante Ausfallrate (λ_{0i}) und bleibige Reparaturrate jedes Elementes, $MTTR_i$ = Mittelwert der Reparaturzeit des i-ten Elementes
5. Intervall-Zuverlässigkeit im stationären Zustand $IR_S(\theta)$	$$PA_S\, e^{-\lambda_{S0}\,\theta}$$	Die Ausfallrate jedes Elementes ist konstant ($\lambda_{S0} = \lambda_{01} + \ldots + \lambda_{0n}$)

Im Falle identischer Elemente seien, wie im Bild 3.25, λ die konstante Ausfallrate im Arbeitszustand, λ_r die konstante Ausfallrate im Reservezustand und μ die konstante Reparaturrate. Man beachte, daß $\lambda_r = \lambda$ der Fall der *heißen* (parallelen) Redundanz und $\lambda_r \equiv 0$ der Fall der *kalten* (standby) Redundanz darstellen. Das System ist ausgefallen (down) im Zustand Z_2.

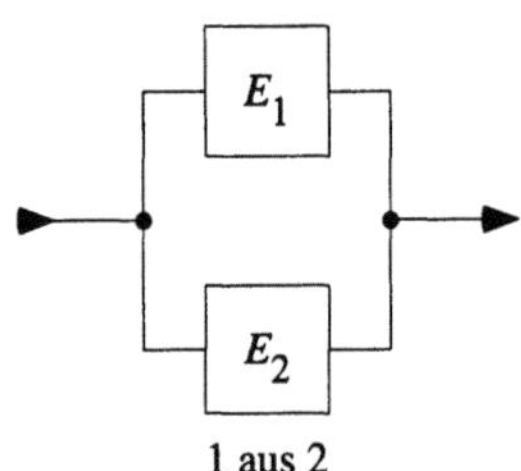

Bild 3.23   Zuverlässigkeitsblockdiagramm einer Redundanz 1 aus 2

Aus Bild 3.25a und mit Hilfe der Tab. A2.4 können die Differentialgleichungen für die Zustandswahrscheinlichkeiten

$$P_i(t) = \Pr\{\text{der Prozeß ist zur Zeit } t \text{ im Zustand } Z_i\}, \quad i = 0, 1, 2, \qquad (3.104)$$

aufgestellt werden, vgl. Beispiel A2.22.

1. **Punkt-Verfügbarkeit $PA_{S0}(t)$:** Wird im Zusammenhang mit Bild 3.25a als Anfangsbedingung $P_0(0) = 1$ und $P_1(0) = P_2(0) = 0$ gewählt, so gehen die Zustandswahrscheinlichkeiten $P_0(t)$, $P_1(t)$ und $P_2(t)$ in die bedingten Zustandswahrscheinlichkeiten $P_{00}(t) \equiv P_0(t)$, $P_{01}(t) \equiv P_1(t)$ und $P_{02}(t) \equiv P_2(t)$ über. Die Punkt-Verfügbarkeit $P_{S0}(t)$ ist dann gegeben durch

$$PA_{S0}(t) = P_{00}(t) + P_{01}(t). \qquad (3.105)$$

Für die Laplace-Transformierte von $PA_{S0}(t)$ folgt (Beispiel A2.22 und Anhang A3.9)

$$\tilde{PA}_{S0}(s) = \frac{(s+\mu)\,(s+\lambda+\lambda_r+\mu)+s\lambda}{s\,((s+\lambda+\lambda_r)\,(s+\lambda+\mu)+\mu(s+\mu))}. \qquad (3.106)$$

Für $t \to \infty$ gilt dann

$$\lim_{t\to\infty} PA_{S0}(t) = PA_S = \frac{\mu(\lambda+\lambda_r+\mu)}{(\lambda+\lambda_r)\,(\lambda+\mu)+\mu^2} \approx 1 - \frac{\lambda(\lambda+\lambda_r)}{\mu(\lambda+\lambda_r+\mu)}. \qquad (3.107)$$

PA_S ist auch der Wert der Punkt-Verfügbarkeit und der durchschnittlichen Verfügbarkeit für alle $t \geq 0$ im *stationären Zustand*.

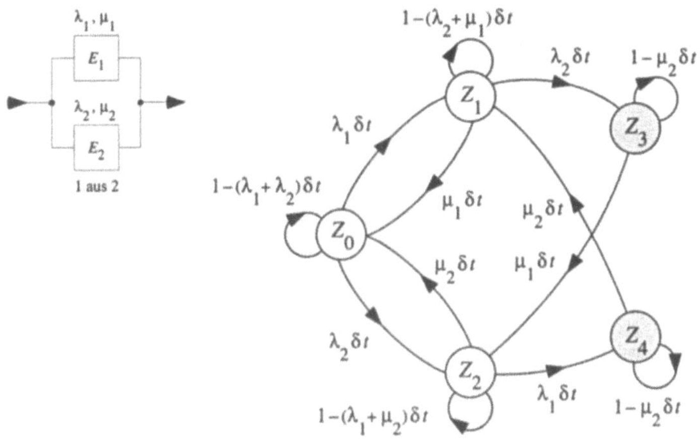

Bild 3.24 Zuverlässigkeitsblockdiagramm und Diagramm der Übergangswahrscheinlichkeiten in $(t, t+\delta t]$ für eine heiße Redundanz 1 aus 2 mit zwei verschiedenen Elementen mit konstanten Ausfallraten λ_1, λ_2 und konstanten Reparaturraten μ_1, μ_2 (eine Reparaturmannschaft, t beliebig, $\delta t \downarrow 0$, schraffiert sind die Down-states)

2. Zuverlässigkeitsfunktion $R_{S0}(t)$: Für die Berechnung der Zuverlässigkeitsfunktion muß berücksichtigt werden, daß die Redundanz 1 aus 2 im Intervall $(0, t]$ nur dann ausfallfrei arbeitet, wenn in diesem Intervall der Zustand Z_2 *nicht angenommen* wird. Um festzustellen, ob während des Intervalls $(0, t]$ der Zustand Z_2 angenommen wurde, wird Z_2 *absorbierend* gemacht. Dies führt zum Diagramm der Übergangswahrscheinlichkeiten in $(t, t+\delta t]$ vom Bild 3.25b. Die Berechnungen sind ähnlich wie für die Punkt-Verfügbarkeit. Allerdings sind die Zustandswahrscheinlichkeiten für das Diagramm gemäß Bild 3.25b anders als für das Diagramm gemäß Bild 3.25a. Zur Vermeidung von Verwechslungen werden die Zustandswahrscheinlichkeiten für Bild 3.25b mit $P_0'(t)$, $P_1'(t)$ und $P_2'(t)$ bezeichnet, vgl. Beispiel A2.23 und Tab. A2.4. Falls zur Zeit $t = 0$ das System im Zustand Z_0 ist, folgt für die Zuverlässigkeitsfunktion

$$R_{S0}(t) = P_{00}'(t) + P_{01}'(t) \tag{3.108}$$

mit der Laplace-Transformierte

$$\tilde{R}_{S0}(s) = \frac{s + 2\lambda + \lambda_r + \mu}{(s + \lambda + \lambda_r)(s + \lambda) + s\mu}. \tag{3.109}$$

Der Mittelwert der ausfallfreien Arbeitszeit ist gegeben durch ($MTTF_{S0} = \tilde{R}_{S0}(0)$)

$$MTTF_{S0} = \frac{2\lambda + \lambda_r + \mu}{\lambda(\lambda + \lambda_r)}. \tag{3.110}$$

Man kann zeigen [3.1 (1994)], daß für $\lambda \ll \mu$ die *Näherungsgleichung*

$$R_{S0}(t) \approx e^{-\lambda_{S0} t}, \qquad \text{mit} \qquad \lambda_{S0} = \frac{1}{MTTF_{S0}} = \frac{\lambda(\lambda + \lambda_r)}{2\lambda + \lambda_r + \mu} \tag{3.111}$$

gilt. Dieses Resultat ist für die Untersuchung komplexer Strukturen (insbesondere mit Hilfe der Methode der Makrostrukturen, vgl. Abschnitt 3.3.6) wichtig. Es zeigt z. B. im Falle der heißen Redundanz ($\lambda_r = \lambda$), daß

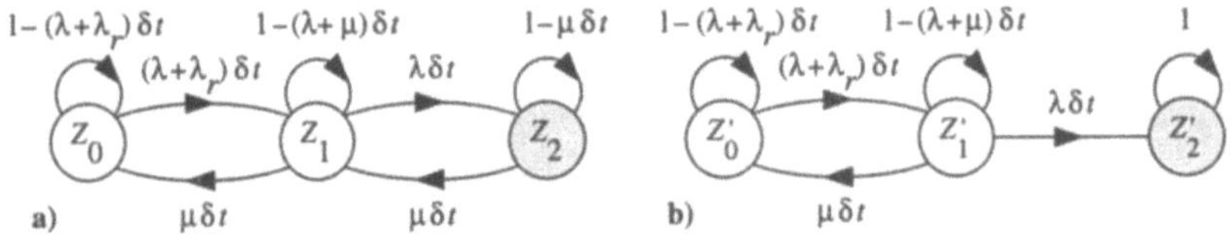

Bild 3.25 **a)** Diagramm der Übergangswahrscheinlichkeiten in $(t, t+\delta t]$ einer warmen Redundanz 1 aus 2 (gleiche Elemente, eine Reparaturmannschaft, konstante Ausfall- und Reparaturraten (λ bzw. λ_r und μ), t beliebig, $\delta t \downarrow 0$, schraffiert ist der Down-state); **b)** wie a, zur Berechnung der Zuverlässigkeit

eine reparierbare heiße Redundanz 1 aus 2 mit konstanter Ausfallrate l und Reparaturrate m kann für $\lambda \ll \mu$ mit guter Näherung durch ein Einzelelement mit konstanter Ausfallrate $\lambda_S \approx 2\lambda^2/(3\lambda+\mu)$ und konstanter Reparaturrate $\mu_S \approx \lambda_S/(1-PA_S) \approx \mu$ ersetzt werden (vgl. Tab. 3.15).

3. **Intervall-Zuverlässigkeit $IR_{S0}(t,\ t+\theta)$**: Wegen der Gedächtnislosigkeit des zeithomogenen Markoff-Prozesses läßt sich die Intervall-Zuverlässigkeit aus den Ausdrücken der bedingten Zustandswahrscheinlichkeiten und der Zuverlässigkeitsfunktionen berechnen.

$$IR_{S0}(t,\ t+\theta) = P_{00}(t)R_{S0}(\theta) + P_{01}(t)R_{S1}(\theta). \tag{3.112}$$

Für den asymptotischen und stationären Wert folgt

$$IR_S(\theta) = \frac{\mu^2 R_{S0}(\theta) + \mu(\lambda+\lambda_r)R_{S1}(\theta)}{(\lambda+\lambda_r)(\lambda+\mu)+\mu^2} \approx R_{S0}(\theta). \tag{3.113}$$

Tabelle 3.12 faßt die wichtigsten Resultate für eine reparierbare Redundanz 1 aus 2 mit identischen Elementen zusammen. Aus Tab. 3.12 ist der durch die Möglichkeit einer Reparatur ohne Betriebsunterbrechung erzielbare große Gewinn für die $MTTF_{S0}$ ersichtlich. Für den Fall heißer Redundanz gilt (mit $1/\lambda = MTBF$ und $1/\mu = MTTR$)

	Einzel-element	1 aus 2 nicht reparierbar	1 aus 2 reparierbar
$\dfrac{MTTF_S}{1/\lambda} =$	1	1.5	$\dfrac{\mu}{2\lambda} = \dfrac{MTBF}{2\,MTTR}$

Tabelle 3.12 Zuverlässigkeitsfunktion $R_{S0}(t)$ für $\mu \gg \lambda$ bzw. λ_r, Erwartungswert der ausfallfreien Arbeitszeit $MTTF_{S0}$, Verfügbarkeit $PA_S = AA_S$ und Intervall-Zuverlässigkeit $IR_S(\theta)$ einer reparierbaren Redundanz 1 aus 2 mit identischen Elementen, konstanten Ausfall- und Reparaturraten und nur einer Reparaturmannschaft

	1 aus 2 heiße Redundanz $(\lambda_r = \lambda)$	1 aus 2 warme Redundan $(\lambda_r < \lambda)$	1 aus 2 kalte Redundan $(\lambda_r \equiv 0)$
$R_{S0}(t)^+$	$\approx e^{-\dfrac{2\lambda^2 t}{3\lambda+\mu}}$	$\approx e^{-\dfrac{\lambda(\lambda+\lambda_r)t}{2\lambda+\lambda_r+\mu}}$	$\approx e^{-\dfrac{\lambda^2 t}{2\lambda+\mu}}$
$MTTF_{S0}^+$	$\dfrac{3\lambda+\mu}{2\lambda^2} \approx \dfrac{\mu}{2\lambda^2}$	$\dfrac{2\lambda+\lambda_r+\mu}{\lambda(\lambda+\lambda_r)} \approx \dfrac{\mu}{\lambda(\lambda+\lambda_r)}$	$\dfrac{2\lambda+\mu}{\lambda^2} \approx \dfrac{\mu}{\lambda^2}$
$PA_S = AA_S{}^*$	$\dfrac{\mu(2\lambda+\mu)}{2\lambda(\lambda+\mu)+\mu^2} \approx 1-2\left(\dfrac{\lambda}{\mu}\right)^2$	$\dfrac{\mu(\lambda+\lambda_r+\mu)}{(\lambda+\lambda_r)(\lambda+\mu)+\mu^2} \approx 1-\dfrac{\lambda(\lambda+\lambda_r)}{\mu^2}$	$\dfrac{\mu(\lambda+\mu)}{\lambda(\lambda+\mu)+\mu^2} \approx 1-\left(\dfrac{\lambda}{\mu}\right)^2$
$IR_S(\theta)^*$	$\approx R_{S0}(\theta)$	$\approx R_{S0}(\theta)$	$\approx R_{S0}(\theta)$

$\lambda,\ \lambda_r =$ Ausfallrate ($r =$ Reserve), $\mu =$ Reparaturrate,
$^+$ neu zur Zeit $t = 0$, * asymptotischer und stationärer Wert

Obige Untersuchungen können leicht auch auf andere Zusammenstellungen der Übergangsraten bedingt durch *Aufteilung der Last*, Unterschiede in den Elementen, Priorität in der Reparatur usw. erweitert werden [3.1 (1994)].

Beispiel 3.19

Man berechne den Mittelwert der ausfallfreien Arbeitszeit $MTTF_{S0}$ sowie den asymptotischen und stationären Wert der Punkt-Verfügbarkeit PA_S für den Fall einer heißen Redundanz 1 aus 2 mit zwei verschiedenen Elementen E_1 und E_2 mit jeweils konstanten Ausfallraten λ_1, λ_2 und konstanten Reparaturraten μ_1, μ_2 (eine Reparaturmannschaft).

Lösung

Bild 3.24 gibt das Zuverlässigkeitsblockdiagramm und das *Diagramm der Übergangswahrschein-lichkeiten in* $(t, t + \delta t]$ an. $MTTF_S$ und PA_S können direkt aus einem System von algebraischen Gleichungen gewonnen werden. Gemäß Tab. A2.4 und Bild 3.24 gilt für den Mittelwert der ausfallfreien Arbeitszeiten

$$MTTF_{S0} = \frac{1}{\lambda_1 + \lambda_2}(1 + \lambda_1\, MTTF_{S1} + \lambda_2\, MTTF_{S2})$$

$$MTTF_{S1} = \frac{1}{\lambda_2 + \mu_1}(1 + \mu_1\, MTTF_{S0})$$

$$MTTF_{S2} = \frac{1}{\lambda_1 + \mu_2}(1 + \mu_2\, MTTF_{S0})$$

woraus

$$MTTF_{S0} = \frac{(\lambda_1 + \mu_2)(\lambda_2 + \mu_1) + \lambda_1(\lambda_1 + \mu_2) + \lambda_2(\lambda_2 + \mu_1)}{\lambda_1\,\lambda_2\,(\lambda_1 + \lambda_2 + \mu_1 + \mu_2)}$$

und, insbesondere für $\lambda_1 \ll \mu_1$ und $\lambda_2 \ll \mu_2$,

$$MTTF_{S0} \approx \frac{\mu_1\mu_2}{\lambda_1\,\lambda_2(\mu_1 + \mu_2)}.$$

Ähnlich, wie für Gl. (3.111) gilt dann auch hier für die *Zuverlässigkeitsfunktion*

$$R_{S0}(t) \approx e^{-\lambda_{S0} t}, \qquad \text{mit} \quad \lambda_{S0} = \frac{1}{MTTF_{S0}} \approx \frac{\lambda_1\,\lambda_2(\mu_1 + \mu_2)}{\mu_1\mu_2} = \lambda_1\,\lambda_2\Big(\frac{1}{\mu_1} + \frac{1}{\mu_2}\Big).$$

Für den *stationären Wert* der *Punkt-Verfügbarkeit* und der *durchschnittlichen Verfügbarkeit* PA_S gilt $PA_{S0} = p_0 + p_1 + p_2$ mit p_0, p_1 und p_2 aus (Tab. A2.4)

$$(\lambda_1 + \lambda_2)\,p_0 = \mu_1\,p_1 + \mu_2\,p_2$$
$$(\lambda_2 + \mu_1)\,p_1 = \lambda_1\,p_0 + \mu_2\,p_4$$
$$(\lambda_1 + \mu_2)\,p_2 = \lambda_2\,p_0 + \mu_1\,p_3$$
$$\mu_1\,p_3 = \lambda_2\,p_1$$
$$\mu_2\,p_4 = \lambda_1\,p_2$$
$$p_0 + p_1 + p_2 + p_3 + p_4 = 1.$$

Von den ersten fünf Gleichungen muß eine *beliebige* (z. B. die dritte) fallen gelassen (lineare Abhängigkeit) und an deren Stelle die sechste Gleichung verwendet werden. Die Lösung liefert p_0 bis p_4, woraus

$$PA_S = \frac{\mu_1\mu_2\,(\mu_1\mu_2 + (\lambda_1 + \lambda_2)(\lambda_1 + \lambda_2 + \mu_1 + \mu_2))}{\mu_1^2\mu_2^2 + \mu_1\mu_2(\lambda_1 + \lambda_2)(\lambda_1 + \lambda_2 + \mu_1 + \mu_2) + \lambda_1\lambda_2\,(\mu_1^2 + \mu_2^2 + (\lambda_1 + \lambda_2)(\mu_1 + \mu_2))}.$$

PA_S kann auch in der Form

$$PA_S = \frac{1}{1 + \dfrac{\lambda_1\lambda_2(\mu_1^2 + \mu_2^2 + (\lambda_1 + \lambda_2)(\mu_1 + \mu_2))}{\mu_1\mu_2\,(\mu_1\mu_2 + (\lambda_1 + \lambda_2)(\lambda_1 + \lambda_2 + \mu_1 + \mu_2))}}$$

geschrieben werden, was für $\lambda_1 \ll \mu_1$ und $\lambda_2 \ll \mu_2$ zu

$$PA_S \approx 1 - \frac{\lambda_1\lambda_2}{\mu_1^2\mu_2^2}(\mu_1^2 + \mu_2^2) = 1 - \frac{\lambda_1}{\mu_1}\frac{\lambda_2}{\mu_2}(\frac{\mu_1}{\mu_2} + \frac{\mu_2}{\mu_1})$$

führt. Für $\lambda_1 = \lambda_2 = \lambda$ und $\mu_1 = \mu_2 = \mu$ folgen die Gln. (3.107) und (3.110) wieder.

3.3.4 Redundanz k aus n

Eine *Redundanz k aus n* besteht aus der Parallelschaltung von n Elementen, wovon k für die Erfüllung der geforderten Funktion notwendig sind und $n - k$ in Reserve stehen. Bild 3.26 zeigt das entsprechende Zuverlässigkeitsblockdiagramm, unter der Annahme einer hundertprozentig zuverlässigen Umschalteinrichtung.

Für die folgenden Untersuchungen wird von der Annahme ausgegangen, daß die n Elemente identisch sind. Untersucht wird der Fall einer *warmen* Redundanz. Unter der Annahme einer konstanten Ausfallrate λ, bzw. λ_r (r für Reserve) und Reparaturrate μ für jedes Element, kann das Zeitverhalten der Redundanz k aus n mit Hilfe eines *Geburts- und Todesprozesses* untersucht werden (Anhang A2.2.4.3). Bild 3.27 gibt das entsprechende Diagramm der Übergangswahrscheinlichkeiten in $(t, t + \delta t]$ an, dabei gilt für die Übergangsraten v_i

$$v_i = k\,\lambda + (n - k - i)\lambda_r, \qquad i = 0, \ldots, n - k. \tag{3.114}$$

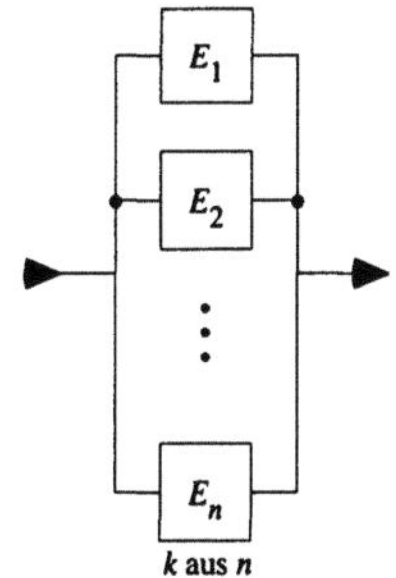

Bild 3.26 Zuverlässigkeitsblockdiagramm einer Redundanz k aus n mit idealer Umschalteinrichtung

Aus Bild 3.27 und mit Hilfe der Tab. A2.4 kann man für die Zustandswahrscheinlichkeit $P_i(t)$ gemäß Gl. (3.104) ein System von Differentialgleichungen für die Berechnung der Punkt-Verfügbarkeit bzw. für die *Zuverlässigkeitsfunktion* aufstellen. Für den stationären Wert der *Punkt-Verfügbarkeit* erhält man insbesondere

$$PA_S = \sum_{j=0}^{n-k} p_j \tag{3.115}$$

mit

$$p_j = \frac{\pi_j}{\sum\limits_{i=0}^{n-k+1} \pi_i}, \qquad \pi_0 = 1 \quad \text{und} \quad \pi_i = \frac{v_0 \cdots v_{i-1}}{\mu^i}. \tag{3.116}$$

PA_S ist auch der asymptotische und stationäre Wert der *durchschnittlichen Verfügbarkeit* AA_S. Tabelle 3.13 faßt die wichtigsten Resultate für eine reparierbare Redundanz k aus n mit identischen Elementen zusammen. Es zeigt sich, daß die Resultate von $n-k$ abhängen [3.1 (1994)], Tabelle 3.13 konzentriert sich deshalb auf die Fälle $n-k=1$ und $n-k=2$.

3.3.5 Einfache Serien-/Parallelstrukturen

Eine *Serien-/Parallelstruktur* ist eine Kombination von Serien- und Parallelmodellen (Tab. 3.1). Die Untersuchung erfolgt fallweise und stützt sich auf die Methoden der Abschnitte 3.3.2 bis 3.3.4. Falls sich das Zeitverhalten durch *zeithomogene Markoff-Prozesse* beschreiben läßt, können die entsprechenden Gleichungen mit Hilfe der Tab. A2.4 aufgestellt werden.

Als **erstes Beispiel** sei eine heiße Redundanz 1 aus 2 mit den Elementen $E_1 = E_2 = E$ in Serie mit einem Vergleichselement E_v betrachtet. Die Ausfallraten aller Elemente seien konstant, ebenfalls die Reparaturraten. Das System verfügt über eine einzige Reparaturmannschaft und man nimmt an, daß während einer Reparatur auf Niveau System kein weiterer Ausfall auftreten kann. Bild 3.28 gibt das

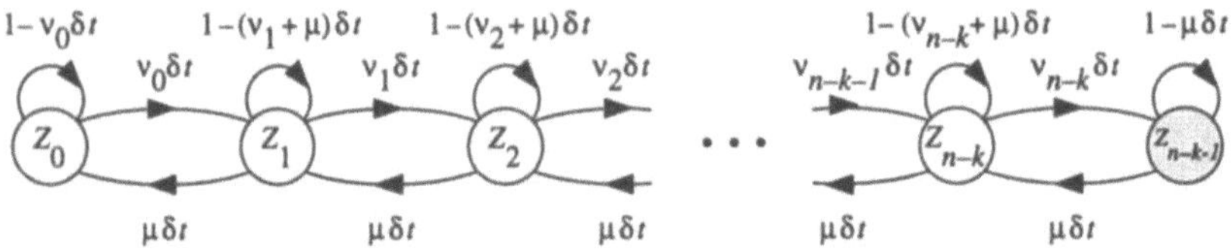

Bild 3.27 Diagramm der Übergangswahrscheinlichkeiten in $(t, t+\delta t]$ einer warmen Redundanz k aus n mit identischen Elementen (konstante Ausfall- und Reparaturraten, eine Reparaturmannschaft, kein weiterer Ausfall während einer Reparatur auf Niveau System, t beliebig, $\delta t \downarrow 0$, schraffiert ist der Down-state)

Tabelle 3.13 Mittelwert der ausfallfreien Arbeitszeit und stationäre Werte der Verfügbarkeit und der Intervall-Zuverlässigkeit einer reparierbaren warmen Redundanz k aus n mit identischen Elementen (konstante Ausfall- und Reparaturraten, eine Reparaturmannschaft, kein weiterer Ausfall während einer Reparatur auf Niveau System)

		Mittelwert der ausfallfreien Arbeitszeit $MTTF_{S0}$	Stationärer Wert der Punkt-Verfügbarkeit und der durchschnittlichen Verfügbarkeit ($PA_S = AA_S$)	Stat. Wert der Intervall-Zuv. ($IR_S(\theta)$)
$n-k=1$	allg. Fall	$\dfrac{v_0+v_1+\mu}{v_0 v_1} \approx \dfrac{\mu}{v_0 v_1}$	$\dfrac{v_0\mu+\mu^2}{v_0 v_1 + v_0\mu+\mu^2} \approx 1-\dfrac{v_0 v_1}{\mu^2}$	$\approx R_{S0}(\theta)$
	$n=2$ $k=1$	$\dfrac{2\lambda+\lambda_r+\mu}{\lambda(\lambda+\lambda_r)} \approx \dfrac{\mu}{\lambda(\lambda+\lambda_r)}$	$\dfrac{\mu(\lambda+\lambda_r+\mu)}{(\lambda+\lambda_r)(\lambda+\mu)+\mu^2} \approx 1-\dfrac{\lambda(\lambda+\lambda_r)}{\mu^2}$	$\approx R_{S0}(\theta)$
	$n=3$ $k=2$	$\dfrac{4\lambda+\lambda_r+\mu}{2\lambda(2\lambda+\lambda_r)} \approx \dfrac{\mu}{2\lambda(2\lambda+\lambda_r)}$	$\dfrac{\mu(2\lambda+\lambda_r+\mu)}{(2\lambda+\lambda_r)(2\lambda+\mu)+\mu^2} \approx 1-\dfrac{2\lambda(2\lambda+\lambda_r)}{\mu^2}$	$\approx R_{S0}(\theta)$
$n-k=2$	allg. Fall	$\dfrac{v_2(v_0+v_1+\mu)}{v_0 v_1 v_2} + \dfrac{\mu(v_0+\mu)+v_0 v_1}{v_0 v_1 v_2} \approx \dfrac{\mu^2}{v_0 v_1 v_2}$	$\dfrac{v_0 v_1\mu + v_0\mu^2+\mu^3}{v_0 v_1 v_2 + v_0 v_1\mu + v_0\mu^2+\mu^3} \approx 1-\dfrac{v_0 v_1 v_2}{\mu^3}$	$\approx R_{S0}(\theta)$
	$n=3$ $k=1$	$\dfrac{\lambda(2\lambda+3\lambda_r+\mu)}{\lambda(\lambda+\lambda_r)(\lambda+2\lambda_r)} + \dfrac{\mu(\lambda+2\lambda_r+\mu)}{\lambda(\lambda+\lambda_r)(\lambda+2\lambda_r)} + \dfrac{1}{\lambda} \approx \dfrac{\mu^2}{\lambda(\lambda+\lambda_r)(\lambda+2\lambda_r)}$	$\dfrac{\mu((\lambda+2\lambda_r)(\lambda+\lambda_r)+\mu(\lambda+2\lambda_r)+\mu^2)}{(\lambda+2\lambda_r)((\lambda(\lambda+\lambda_r)+\mu(\lambda+\lambda_r)+\mu^2)+\mu^3}$ $\approx 1-\dfrac{\lambda(\lambda+\lambda_r)(\lambda+2\lambda_r)}{\mu^3}$	$\approx R_{S0}(\theta)$
	$n=5$ $k=3$	$\dfrac{3\lambda(6\lambda+3\lambda_r+\mu)}{(3\lambda+2\lambda_r)(3\lambda+\lambda_r)3\lambda} + \dfrac{\mu(3\lambda+2\lambda_r+\mu)}{(3\lambda+2\lambda_r)(3\lambda+\lambda_r)3\lambda} + \dfrac{1}{3\lambda} \approx \dfrac{\mu^2}{(3\lambda+2\lambda_r)(3\lambda+\lambda_r)3\lambda}$	$\dfrac{\mu(3\lambda+2\lambda_r)(3\lambda+\lambda_r+\mu)+\mu^2}{(3\lambda+2\lambda_r)(3\lambda+\lambda_r)(3\lambda+\mu)+\mu^2(3\lambda+2\lambda_r)+\mu^3}$ $\approx 1-\dfrac{3\lambda(3\lambda+\lambda_r)(3\lambda+2\lambda_r)}{\mu^3}$	$\approx R_{S0}(\theta)$

$v_i = k\lambda+(n-k-i)\lambda_r,\ i=0,\dots,n-k,\quad \lambda,\ \lambda_r = \text{Ausfallrate }(r=\text{Reserve}),\quad \mu = \text{Reparaturrate}$

Zuverlässigkeitsblockdiagramm und das Diagramm der Übergangswahrscheinlichkeiten in $(t, t+\delta t]$ an.

Die *Zuverlässigkeitsfunktion* des Systems gemäß Bild 3.28 kann mit Hilfe der Gleichungen aus Tab. A2.4 oder direkt gemäß folgender Überlegung gewonnen werden: Gemäß Gl. (3.15) oder gemäß Gl. (3.98) gilt

$$R_{S0}(t) = R_{1\text{ aus }2}(t)\,R_{E_v}(t). \tag{3.117}$$

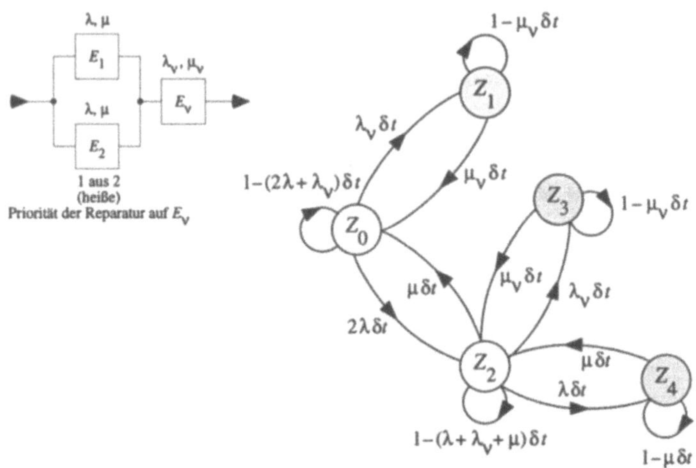

Bild 3.28 Zuverlässigkeitsblockdiagramm und Diagramm der Übergangswahrscheinlichkeiten in $(t, t+\delta t]$ einer heißen Redundanz 1 aus 2 mit Vergleichselement bzw. Umschalteinrichtung (konstante Ausfall- und Reparaturraten, eine Reparaturmannschaft, kein weiterer Ausfall während einer Reparatur eines Ausfalles auf Systemebene, Priorität der Reparatur auf E_v, t beliebig, $\delta t \downarrow 0$ schraffiert sind die Down-states)

Da nun das Serienelement E_v eine konstante Ausfallrate λ_v aufweist ($R_{E_v}(t) = e^{-\lambda_v t}$), folgt die *Laplace-Transformierte* von $R_{S0}(t)$ direkt aus der Laplace-Transformierten der Zuverlässigkeitsfunktion der Redundanz 1 aus 2, indem man s durch $s + \lambda_v$ ersetzt. Für den Mittelwert der ausfallfreien Arbeitszeit $MTTF_{S0} = \tilde{R}_{S0}(0)$ gilt insbesondere, aus Gl. (3.110) mit $\lambda_r = \lambda$,

$$MTTF_{S0} = \frac{3\lambda + \lambda_v + \mu}{(2\lambda + \lambda_v)(\lambda + \lambda_v) + \mu\lambda_v}, \tag{3.118}$$

was für $\lambda_v \ll \lambda \ll \mu$ auf

$$MTTF_{S0} \approx \frac{\mu}{2\lambda^2 + \mu\lambda_v} = \frac{1}{\lambda_v + 2\lambda(\lambda/\mu)} \lesssim \frac{1}{\lambda_v} \tag{3.119}$$

führt. Unter Verwendung der Näherungsgleichung (3.111) folgt auch

$$R_{S0}(t) \approx e^{-\lambda_{S0} t}, \qquad \text{mit} \quad \lambda_{S0} \approx \lambda_v + \frac{2\lambda^2}{3\lambda + \mu} \approx \frac{1}{MTTF_{S0}}. \tag{3.120}$$

Für den stationären Wert der Punkt-Verfügbarkeit PA_S und der *durchschnittlichen Verfügbarkeit AA_S* findet man [3.1 (1994)]

$$PA_S = AA_S = \frac{\mu^2 \mu_v + 2\lambda\mu\mu_v}{\mu^2 \mu_v + 2\lambda\mu\mu_v + 2\lambda(\lambda\mu_v + \lambda_v\mu) + \mu^2\lambda_v}$$

$$= \frac{1}{1 + \dfrac{\lambda_v}{\mu_v} + \dfrac{2(\lambda/\mu)^2}{1 + 2\lambda/\mu}} \tag{3.121}$$

und, insbes. für $\lambda_v \ll \lambda \ll \mu \approx \mu_v$,

$$PA_S = AA_S \quad \approx 1 - \frac{\lambda_v}{\mu_v} - \frac{2(\lambda/\mu)^2}{1 + 2\lambda/\mu} \lessapprox 1 - \frac{\lambda_v}{\mu_v}. \tag{3.122}$$

Für den stationären Wert der *Intervall-Zuverlässigkeit* gilt ferner

$$\mathrm{IR}_S(\theta) \approx \mathrm{R}_{S0}(\theta). \tag{3.123}$$

Als **zweites Beispiel** wird der Fall einer *Majoritätsredundanz 2 aus 3* (heiße Redundanz 2 aus 3 in Serie mit einem Vergleichselement) untersucht. Ähnlich wie für das erste Beispiel (Bild 3.28) gilt für die Zuverlässigkeitsfunktion

$$\mathrm{R}_{S0}(t) = \mathrm{R}_{2\,\text{aus}\,3}(t)e^{-\lambda_v t}, \tag{3.124}$$

für den Mittelwert der ausfallfreien Arbeitszeit folgt dann (mit Hilfe der Tab. 3.13)

$$MTTF_{S0} = \frac{5\lambda + \lambda_v + \mu}{(3\lambda + \lambda_v)(2\lambda + \lambda_v) + \mu\lambda_v}. \tag{3.125}$$

Der stationäre Wert der Punkt-Verfügbarkeit und der durchschnittlichen Verfügbarkeit läßt sich mit Hilfe der Tab. A2.4 finden [3.1 (1994)]

$$PA_S = AA_S = \frac{\mu(3\lambda + \lambda_v + \mu)}{(3\lambda + \lambda_v + \mu)(\lambda_v + \mu) + 3\lambda(2\lambda + \lambda_v)}, \tag{3.126}$$

und für den stationären Wert der Intervall-Zuverlässigkeit gilt ferner

$$\mathrm{IR}_S(\theta) \approx R_{S0}(\theta). \tag{3.127}$$

Die Bilder 3.29 und 3.30 geben den Vergleich bezüglich der ausfallfreien Arbeitszeit $MTTF_{S0}$ und der Unverfügbarkeit $1 - PA_S$ zwischen verschiedenen Grundstrukturen ($\mu_1 = \mu_2 = \mu_3 = \mu$) an, vgl. die Bemerkungen zu den Bildern 3.9 und 3.10 für nichtreparierbare Systeme ($\mu = 0$). Aus den Darstellungen der Bilder 3.29 und 3.30 kann folgende *Faustregel* abgeleitet werden:

$$20\lambda_3 < \lambda_2 < 0.01\lambda_1. \tag{3.128}$$

a) $\quad MTTF_{Sa} = 1/\lambda_1,\qquad\qquad 1 - PA_{Sa} \approx \lambda_1/\mu$

b) $\quad MTTF_{Sb} \approx \dfrac{\mu}{2\lambda_1^2 + \mu\lambda_2},\qquad 1 - PA_{Sb} \approx \dfrac{\lambda_2}{\mu} + \dfrac{2(\lambda_1/\mu)^2}{1 + 2\lambda_1/\mu}$

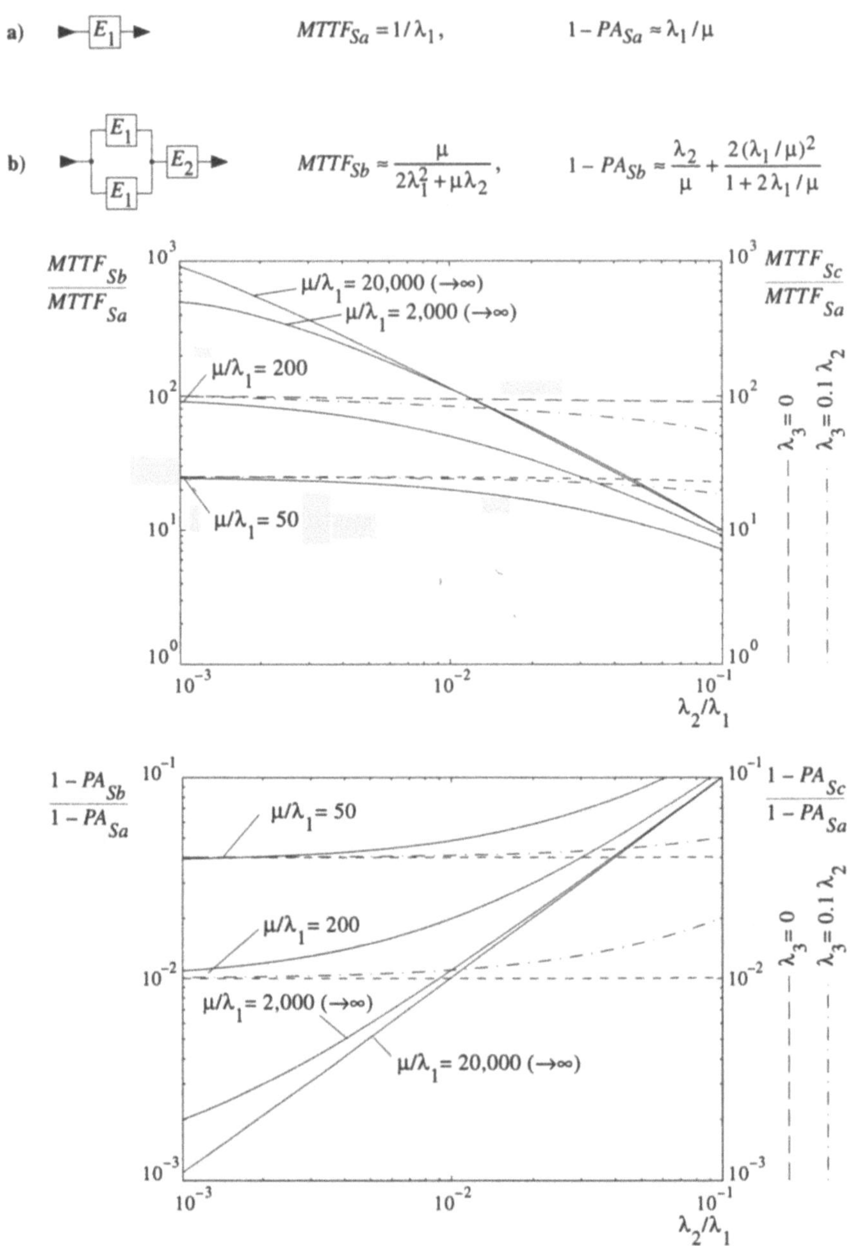

Bild 3.29 Vergleich zwischen Grundstrukturen (unabhängige, reparierbare Elemente, eine Reparaturmannschaft, Priorität der Reparatur auf E_2, konstante Ausfallraten λ_1 und λ_2, konstante Reparaturrate μ, Gleichungen für *Makrostrukturen* aus Tab. 3.15; auf der rechten Seite ist der Vergleich zwischen Fall a) und Fall c) aus Bild 3.30)

b) $MTTF_{Sb} \approx \dfrac{\mu}{2\lambda_1^2 + \mu\lambda_2}$, $\qquad 1 - PA_{Sb} \approx \dfrac{\lambda_2}{\mu} + \dfrac{2(\lambda_1/\mu)^2}{1 + 2\lambda_1/\mu}$

c) $MTTF_{Sc} \approx \dfrac{\mu}{2\lambda_1^2 + 2\lambda_2^2 + \mu\lambda_3}$, $1 - PA_{Sc} \approx \dfrac{2\lambda_1^2}{\mu^2} + \dfrac{\lambda_3}{\mu} + \dfrac{2(\lambda_2/\mu)^2}{1 + 2\lambda_2/\mu}$

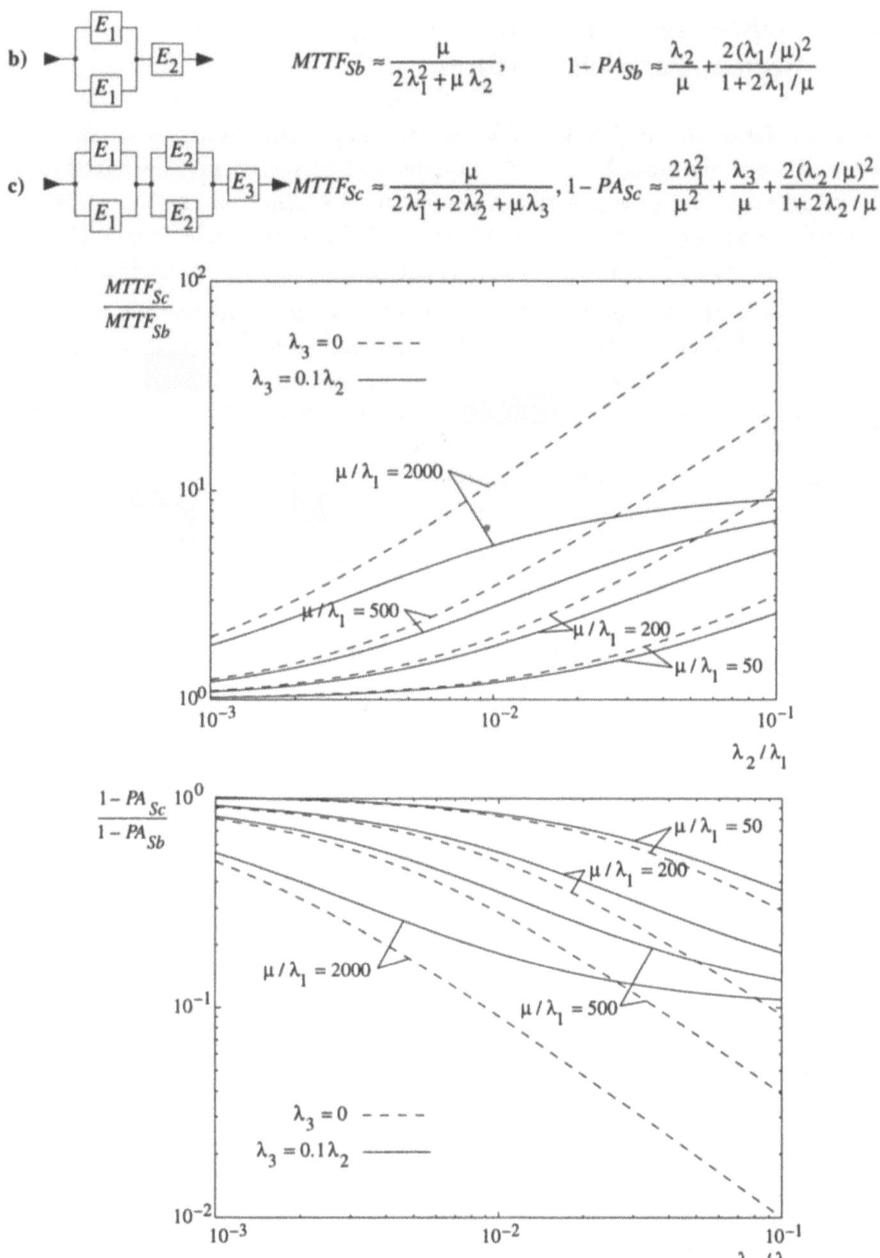

Bild 3.30 Vergleich zwischen Grundstrukturen (unabhängige, reparierbare Elemente, eine Reparaturmannschaft, Priorität der Reparatur auf E_3, konstante Ausfallraten λ_1, λ_2 und λ_3 konstante Reparaturrate μ, Gleichungen für *Makrostrukturen* aus Tab. 3.15)

3.3.6 Näherungsformeln für große reparierbare Serien-/Parallelstrukturen

Für große Serien-/Parallelstrukturen kann eine analytische Lösung aufwendig werden, auch wenn die Ausfall- und Reparaturrate jedes Elementes im Zuverlässigkeitsblockdiagramm konstant angenommen werden (hohe Anzahl von Zuständen). In solchen Fällen empfiehlt sich die Verwendung von *Näherungsformeln*. Prinzipiell können Näherungsformeln aus folgenden Überlegungen gewonnen werden [3.1 (1994)]:

1. **Unabhängige Arbeitsweise aller Elemente**: es wird angenommen, daß jedes Element im Zuverlässigkeitsblockdiagramm *unabhängig* von den anderen Elementen arbeitet und repariert wird (heiße Redundanz, unabhängige Elemente, eine Reparaturmannschaft pro Element). Die Serienelemente sowie die Parallelstrukturen werden sukzessiv bottom-up zusammengefaßt; für jedes der so gebildeten Einzelelemente wird die Ausfallrate λ_S aus dem Serienmodell oder aus dem Parallelmodell und die *äquivalente Reparaturrate* ($\mu_S = 1/MTTR_S$) aus der Gleichung für die Punkt-Verfügbarkeit (PA_S) gewonnen; Tab. 3.14 faßt die Grundmodelle zur Untersuchung von Serien-/Parallelstrukturen unter obigen Annahmen zusammen.

2. **Bildung von Makrostrukturen:** Eine *Makrostruktur* ist eine Serien-, Parallel- oder einfache Serien-/Parallelstruktur, welche als eine Einheit interpretiert wird und die Bedingungen der Modelle in den Abschnitten 3.3.3 bis 3.3.5 erfüllt, insbesondere eine Reparaturmannschaft und kein weiterer Ausfall während einer Reparatur auf Niveau System; die Prozedur ist ähnlich jener im Falle unabhängiger Arbeitsweise aller Elemente (Punkt 1 oben); Tabelle 3.15 faßt die Grundmodelle zur Untersuchung von Serien-/Parallelstrukturen mit Hilfe von Makrostrukturen zusammen.

3. **Eine Reparaturmannschaft und kein weiterer Ausfall während der Reparatur eines Ausfalles auf Niveau System:** Diese Annahmen (vgl. Punkte 2 und 3 am Beginn des Abschnittes 3.3) gelten für viele praktische Anwendungen und treffen für alle Modelle der Abschnitte 3.3.2 bis 3.3.5 und der Tab. 3.15 zu; die Annahme über keinen weiteren Ausfall während einer Reparatur auf Niveau System hat offenbar *keinen Einfluß* auf die Zuverlässigkeitsfunktion des Systems.

4. **Zusammenfassung von Elementen oder Zuständen:** Elemente im Zuverlässigkeitsblockdiagramm (insbesondere Serienelemente) oder Zustände im Diagramm der Übergangswahrscheinlichkeiten in $(t, t+\delta t]$ können oft zusammengefaßt werden und damit die Anzahl Gleichungen reduzieren.

5. **Vernachlässigung von Zuständen:** Zustände mit mehr als k Ausfällen ($k \geq 2$) können oft auf dem Diagramm der Übergangswahrscheinlichkeiten in $(t, t+\delta t]$ vernachlässigt werden, der resultierende Fehler kann unter allgemein gültigen Annahmen geschätzt werden [3.51 (1992)].

Tabelle 3.14 Grundmodelle zur Vereinfachung der Untersuchung großer Serien-/Parallelstrukturen unter der Annahme, daß jedes Element unabhängig von den anderen arbeitet und repariert wird (heiße Redundanz, unabhängige Elemente, eine Reparaturmannschaft pro Element)

λ, μ E	$\lambda_S = \lambda, \qquad \mu_S = \mu, \qquad PA_S = \dfrac{1}{1+\lambda_S/\mu_S} \approx 1 - \dfrac{\lambda_S}{\mu_S}$ $\Rightarrow \quad \mu_S = \dfrac{\lambda_S \, PA_S}{1-PA_S} \approx \dfrac{\lambda_S}{1-PA_S}$
$\lambda_1,\mu_1 \quad \lambda_n,\mu_n$ $E_1 - \cdots - E_n$	$PA_S = PA_1 \ldots PA_n = \dfrac{1}{1+\lambda_1/\mu_1} \cdots \dfrac{1}{1+\lambda_n/\mu_n} \approx 1 - \left(\dfrac{\lambda_1}{\mu_1} + \ldots + \dfrac{\lambda_n}{\mu_n}\right)$ $\lambda_S = \lambda_1 + \ldots + \lambda_n \;\Rightarrow\; \mu_S \approx \dfrac{\lambda_S}{1-PA_S} \approx \dfrac{\lambda_1 + \ldots + \lambda_n}{\lambda_1/\mu_1 + \ldots + \lambda_n/\mu_n}$
λ_1,μ_1 E_1 λ_2,μ_2 E_2 1 aus 2 (heiße)	$PA_S = PA_1 + PA_2 - PA_1\,PA_2$ $\approx 1 - \dfrac{\lambda_1\lambda_2}{\mu_1\mu_2 + \mu_1\lambda_2 + \mu_2\lambda_1} \approx 1 - \dfrac{\lambda_1\lambda_2}{\mu_1\mu_2}$ $MTTF_{S0} = \dfrac{(\lambda_1+\mu_2)(\lambda_2+\mu_1)+\lambda_1(\lambda_1+\mu_2)+\lambda_2(\lambda_2+\mu_1)}{\lambda_1\lambda_2(\lambda_1+\lambda_2+\mu_1+\mu_2)} = \dfrac{1}{\lambda_S}$ $\rightarrow \lambda_S \approx \dfrac{\lambda_1\lambda_2(\mu_1+\mu_2)}{\mu_1\mu_2} \quad \Rightarrow \quad \mu_S \approx \dfrac{\lambda_S}{1-PA_S} = \mu_1+\mu_2$
λ,μ E λ,μ E λ,μ E 2 aus 3 (heiße)	$PA_S = 3\cdot PA^2 - 2\cdot PA^3 \approx 1 - \dfrac{3(\lambda/\mu)^2}{1+3\lambda/\mu} \approx 1 - 3\left(\dfrac{\lambda}{\mu}\right)^2$ $MTTF_{S0} = \dfrac{5\lambda+\mu}{6\lambda^2} \approx \dfrac{\mu}{6\lambda^2} = \dfrac{1}{\lambda_S}$ $\rightarrow \lambda_S \approx \dfrac{6\lambda^2}{\mu} \quad \Rightarrow \quad \mu_S \approx \dfrac{\lambda_S}{1-PA_S} \approx 2\mu$

Die Methoden 1 bis 3 werden im folgenden an einer Serien-/Parallelstruktur gemäß Bild 3.31 angewendet (vgl. auch [3.1 (1994)]).

Für die **Methode 1** erhält man mit Hilfe der Tab. 3.14:

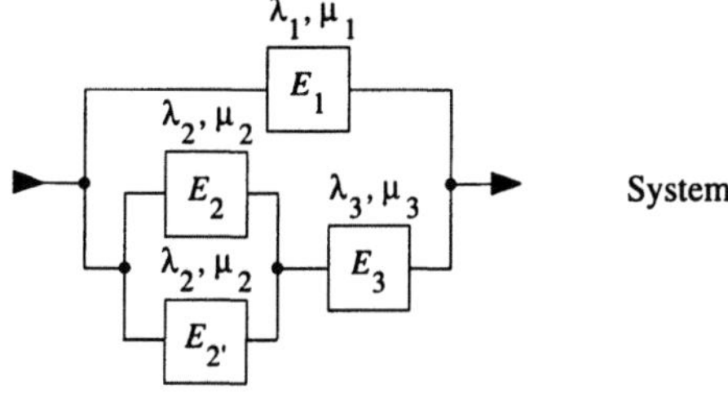

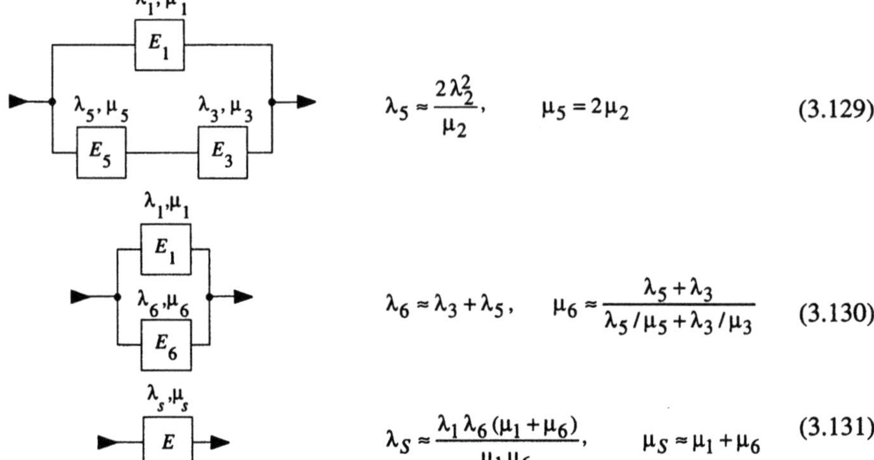

$$\lambda_5 \approx \frac{2\lambda_2^2}{\mu_2}, \qquad \mu_5 = 2\mu_2 \tag{3.129}$$

$$\lambda_6 \approx \lambda_3 + \lambda_5, \qquad \mu_6 \approx \frac{\lambda_5 + \lambda_3}{\lambda_5/\mu_5 + \lambda_3/\mu_3} \tag{3.130}$$

$$\lambda_S \approx \frac{\lambda_1 \lambda_6 (\mu_1 + \mu_6)}{\mu_1 \mu_6}, \qquad \mu_S \approx \mu_1 + \mu_6 \tag{3.131}$$

Aus Gl. (3.131) folgt für das System

$$\lambda_S \approx \lambda_1 \left(\frac{\lambda_3}{\mu_1} + \frac{2\lambda_2^2}{\mu_1 \mu_2} + \frac{\lambda_3}{\mu_3} + (\frac{\lambda_2}{\mu_2})^2 \right) \tag{3.132}$$

$$PA_S \approx 1 - \frac{\lambda_S}{\mu_S} \approx 1 - \frac{\lambda_1}{\mu_1} \left(\frac{\lambda_3}{\mu_3} + (\frac{\lambda_2}{\mu_2})^2 \right). \tag{3.133}$$

Für die **Methode 2** erhält man mit Hilfe der Tab. 3.15:

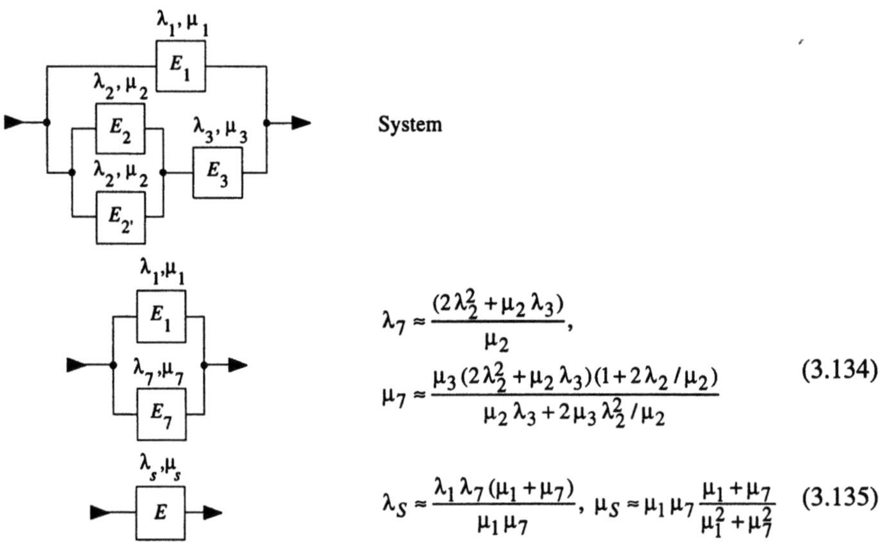

$$\lambda_7 \approx \frac{(2\lambda_2^2 + \mu_2 \lambda_3)}{\mu_2},$$

$$\mu_7 \approx \frac{\mu_3 (2\lambda_2^2 + \mu_2 \lambda_3)(1 + 2\lambda_2/\mu_2)}{\mu_2 \lambda_3 + 2\mu_3 \lambda_2^2/\mu_2} \tag{3.134}$$

$$\lambda_S \approx \frac{\lambda_1 \lambda_7 (\mu_1 + \mu_7)}{\mu_1 \mu_7}, \quad \mu_S \approx \mu_1 \mu_7 \frac{\mu_1 + \mu_7}{\mu_1^2 + \mu_7^2} \tag{3.135}$$

Tabelle 3.15 Grundmodelle zur Vereinfachung der Untersuchung großer Serien-/Parallelstrukturen mit Hilfe von Makrostrukturen (heiße Redundanz, eine Reparaturmannschaft pro Makrostruktur, kein weiterer Ausfall während einer Reparatur auf Niveau System)

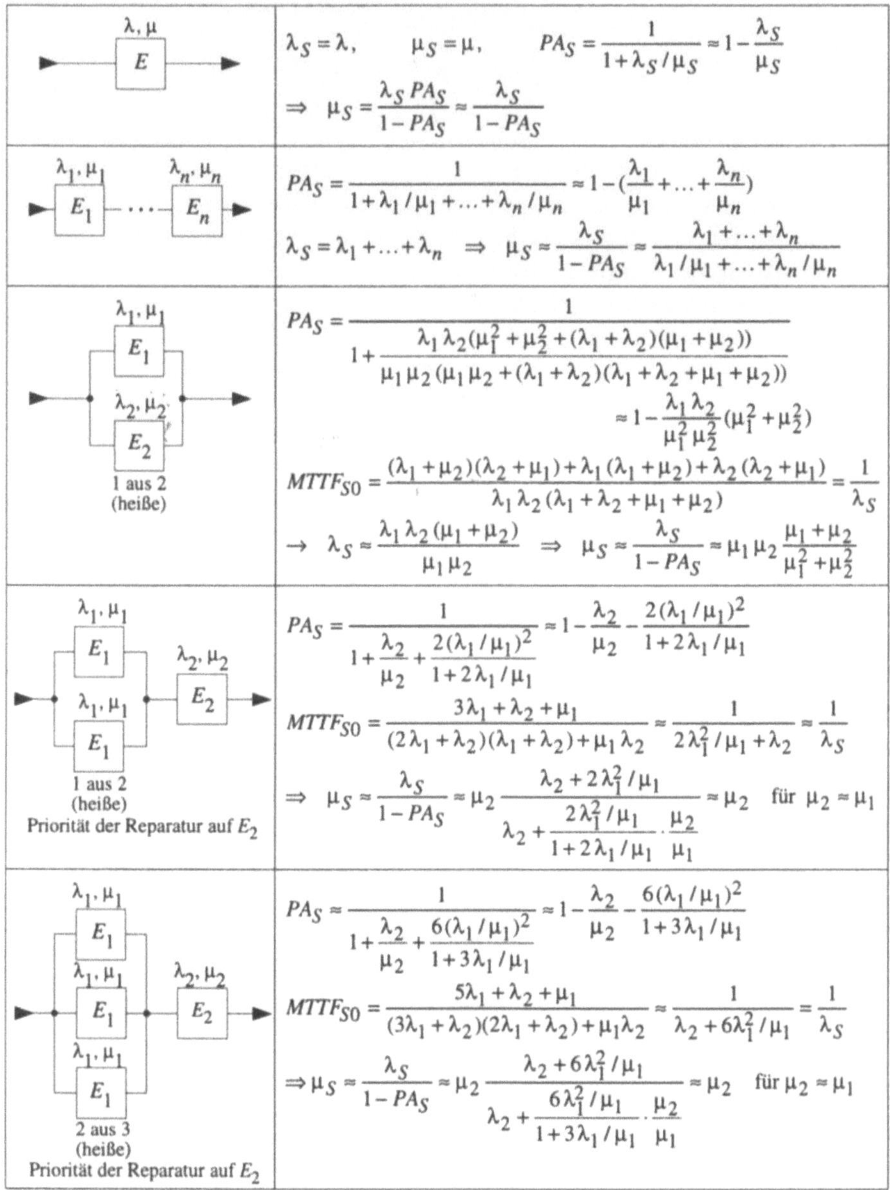

$$\lambda_S = \lambda, \qquad \mu_S = \mu, \qquad PA_S = \frac{1}{1 + \lambda_S / \mu_S} \approx 1 - \frac{\lambda_S}{\mu_S}$$

$$\Rightarrow \quad \mu_S = \frac{\lambda_S \, PA_S}{1 - PA_S} \approx \frac{\lambda_S}{1 - PA_S}$$

$$PA_S = \frac{1}{1 + \lambda_1/\mu_1 + \dots + \lambda_n/\mu_n} \approx 1 - \left(\frac{\lambda_1}{\mu_1} + \dots + \frac{\lambda_n}{\mu_n}\right)$$

$$\lambda_S = \lambda_1 + \dots + \lambda_n \quad \Rightarrow \quad \mu_S \approx \frac{\lambda_S}{1 - PA_S} \approx \frac{\lambda_1 + \dots + \lambda_n}{\lambda_1/\mu_1 + \dots + \lambda_n/\mu_n}$$

1 aus 2 (heiße)

$$PA_S = \frac{1}{1 + \dfrac{\lambda_1 \lambda_2 (\mu_1^2 + \mu_2^2 + (\lambda_1 + \lambda_2)(\mu_1 + \mu_2))}{\mu_1 \mu_2 (\mu_1 \mu_2 + (\lambda_1 + \lambda_2)(\lambda_1 + \lambda_2 + \mu_1 + \mu_2))}}$$

$$\approx 1 - \frac{\lambda_1 \lambda_2}{\mu_1^2 \mu_2^2}(\mu_1^2 + \mu_2^2)$$

$$MTTF_{S0} = \frac{(\lambda_1 + \mu_2)(\lambda_2 + \mu_1) + \lambda_1(\lambda_1 + \mu_2) + \lambda_2(\lambda_2 + \mu_1)}{\lambda_1 \lambda_2 (\lambda_1 + \lambda_2 + \mu_1 + \mu_2)} = \frac{1}{\lambda_S}$$

$$\rightarrow \quad \lambda_S \approx \frac{\lambda_1 \lambda_2 (\mu_1 + \mu_2)}{\mu_1 \mu_2} \quad \Rightarrow \quad \mu_S \approx \frac{\lambda_S}{1 - PA_S} \approx \mu_1 \mu_2 \frac{\mu_1 + \mu_2}{\mu_1^2 + \mu_2^2}$$

1 aus 2 (heiße) Priorität der Reparatur auf E_2

$$PA_S = \frac{1}{1 + \dfrac{\lambda_2}{\mu_2} + \dfrac{2(\lambda_1/\mu_1)^2}{1 + 2\lambda_1/\mu_1}} \approx 1 - \frac{\lambda_2}{\mu_2} - \frac{2(\lambda_1/\mu_1)^2}{1 + 2\lambda_1/\mu_1}$$

$$MTTF_{S0} = \frac{3\lambda_1 + \lambda_2 + \mu_1}{(2\lambda_1 + \lambda_2)(\lambda_1 + \lambda_2) + \mu_1 \lambda_2} \approx \frac{1}{2\lambda_1^2/\mu_1 + \lambda_2} \approx \frac{1}{\lambda_S}$$

$$\Rightarrow \quad \mu_S \approx \frac{\lambda_S}{1 - PA_S} \approx \mu_2 \frac{\lambda_2 + 2\lambda_1^2/\mu_1}{\lambda_2 + \dfrac{2\lambda_1^2/\mu_1}{1 + 2\lambda_1/\mu_1} \cdot \dfrac{\mu_2}{\mu_1}} \approx \mu_2 \quad \text{für } \mu_2 \approx \mu_1$$

2 aus 3 (heiße) Priorität der Reparatur auf E_2

$$PA_S \approx \frac{1}{1 + \dfrac{\lambda_2}{\mu_2} + \dfrac{6(\lambda_1/\mu_1)^2}{1 + 3\lambda_1/\mu_1}} \approx 1 - \frac{\lambda_2}{\mu_2} - \frac{6(\lambda_1/\mu_1)^2}{1 + 3\lambda_1/\mu_1}$$

$$MTTF_{S0} = \frac{5\lambda_1 + \lambda_2 + \mu_1}{(3\lambda_1 + \lambda_2)(2\lambda_1 + \lambda_2) + \mu_1 \lambda_2} \approx \frac{1}{\lambda_2 + 6\lambda_1^2/\mu_1} = \frac{1}{\lambda_S}$$

$$\Rightarrow \mu_S \approx \frac{\lambda_S}{1 - PA_S} \approx \mu_2 \frac{\lambda_2 + 6\lambda_1^2/\mu_1}{\lambda_2 + \dfrac{6\lambda_1^2/\mu_1}{1 + 3\lambda_1/\mu_1} \cdot \dfrac{\mu_2}{\mu_1}} \approx \mu_2 \quad \text{für } \mu_2 \approx \mu_1$$

Durch sukzessiven Einsatz folgt λ_S, μ_S und dann $PA_S \approx 1 - \lambda_S / \mu_S$

$$\lambda_S \approx \lambda_1 \left(\frac{\lambda_3}{\mu_1} + \frac{2\lambda_2^2}{\mu_1 \mu_2} + \frac{\lambda_3/\mu_3 + 2(\lambda_2/\mu_2)^2}{1 + 2\lambda_2/\mu_2} \right) \tag{3.136}$$

$$PA_S = 1 - \frac{\lambda_1}{\mu_1}\left(\frac{\lambda_3}{\mu_3} + \frac{2\lambda_2^2}{\mu_2 \mu_3} \right)\left(\frac{\mu_3}{\mu_1} + \frac{(\mu_2\lambda_3 + 2\mu_3\lambda_2^2/\mu_2)^2 \mu_1/\mu_3}{(2\lambda_2^2 + \mu_2\lambda_3)^2 (1 + 2\lambda_2/\mu_2)^2} \right). \tag{3.137}$$

Die **Methode 3** führt auf ein System von acht algebraischen Gleichungen zur Bestimmung von $\lambda_S = 1/MTTF_{S0}$ und von dreizehn algebraischen Gleichungen zur Bestimmung von PA_S, für welche hier auf [3.1 (1994)] verwiesen wird.

Ein analytischer Vergleich der oben erhaltenen Ausdrücke ist schwierig. Ein numerischer Vergleich hat folgende Resultate ergeben (λ, μ in h^{-1}, $MTTF$ in h):

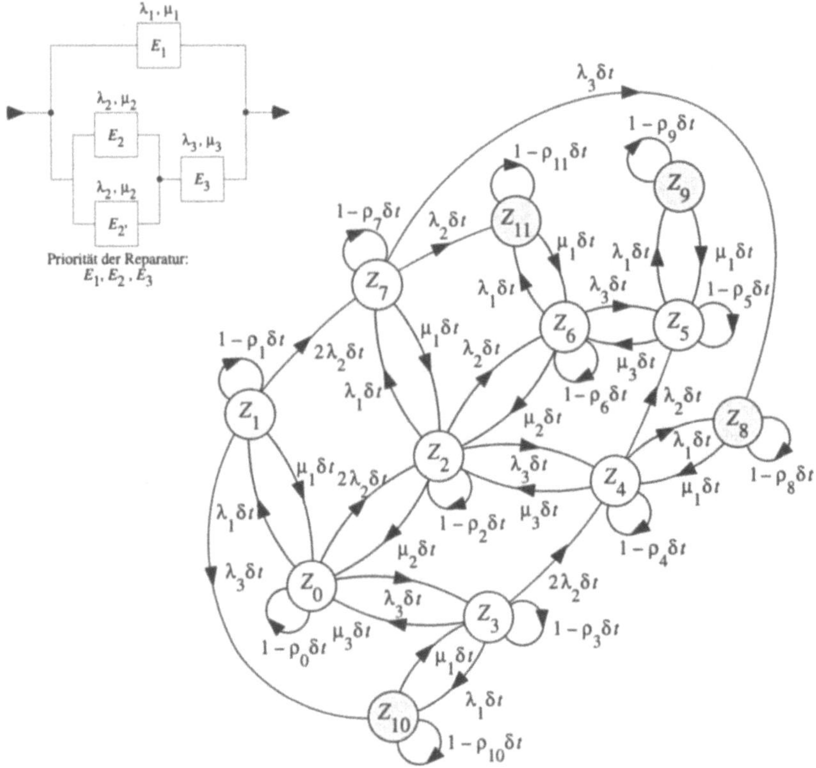

Bild 3.31 Zuverlässigkeitsblockdiagramm und Diagramm der Übergangswahrscheinlichkeiten in $(t, t+\delta t]$ einer relativ einfachen Serien-/Parallelstruktur (konstante Ausfall- und Reparaturraten, eine Reparaturmannschaft, kein weiterer Ausfall während einer Reparatur eines Ausfalls auf Niveau System, Priorität der Reparatur E_1, E_2, E_3, t beliebig, $\delta t \downarrow 0$, schraffiert sind die Down-states)

λ_1	1/100	1/100	1/1'000	1/1'000
λ_2	1/1'000	1/1'000	1/10'000	1/10'000
λ_3	1/10'000	1/10'000	1/100'000	1/100'000
μ_1	1	1/5	1	1/5
μ_2	1/5	1/5	1/5	1/5
μ_3	1/5	1/5	1/5	1/5
$MTTF_{S0}$ (Methode 1)	$1.575 \cdot 10^{+5}$	$9.302 \cdot 10^{+4}$	$1.657 \cdot 10^{+7}$	$9.926 \cdot 10^{+6}$
$MTTF_{S0}$ (Methode 2)	$1.528 \cdot 10^{+5}$	$9.136 \cdot 10^{+4}$	$1.652 \cdot 10^{+7}$	$9.906 \cdot 10^{+6}$
$MTTF_{S0}$ (Methode 3)	$1.589 \cdot 10^{+5}$	$9.332 \cdot 10^{+4}$	$1.658 \cdot 10^{+7}$	$9.927 \cdot 10^{+6}$
$1 - PA_{S0}$ (Methode 1)	$5.250 \cdot 10^{-6}$	$2.625 \cdot 10^{-5}$	$5.025 \cdot 10^{-8}$	$2.513 \cdot 10^{-7}$
$1 - PA_{S0}$ (Methode 2)	$2.806 \cdot 10^{-5}$	$5.446 \cdot 10^{-5}$	$2.621 \cdot 10^{-7}$	$5.045 \cdot 10^{-7}$
$1 - PA_{S0}$ (Methode 3)	$6.574 \cdot 10^{-6}$	$5.598 \cdot 10^{-5}$	$6.060 \cdot 10^{-8}$	$5.062 \cdot 10^{-7}$

Wie aus obigen Resultaten hervorgeht, können für $\lambda_i / \mu_i \ll 1$ in vielen praktischen
Fällen die Methoden der Makrostrukturen (Tab. 3.15) oder der unabhängigen Elemente (Tab. 3.14) zur Untersuchung großer Serien-/Parallelstrukturen verwendet
werden

3.3.7 Einfluß der Umschalteinrichtungen

Umschalteinrichtungen dienen zur Überwachung und zum Aus- bzw. Einschalten
ausgefallener oder reparierter Elemente. In vielen Fällen genügt es, sie im Zuverlässigkeitsblockdiagramm in Serie zur Redundanz zu schalten, vgl. Bild 3.28. Oft
reicht dies aber nicht aus, weil die einzelnen Schalter und Meßstellen getrennt
berücksichtigt werden müssen. Bild 3.32 zeigt ein Beispiel für eine Redundanz 1
aus 2. Im Zuverlässigkeitsblockdiagramm erscheinen die Elemente S_1, E_1, M_1 und
S_2, E_2, M_2 als zwei Serienschaltungen. Zur Vereinfachung wird man sich hier auf
die Berechnung der *Zuverlässigkeitsfunktion* im nichtreparierbaren Fall beschränken. τ_{b1}, τ_{b2} und τ_c seien die ausfallfreien Arbeitszeiten der Blöcke (S_1, E_1, M_1),

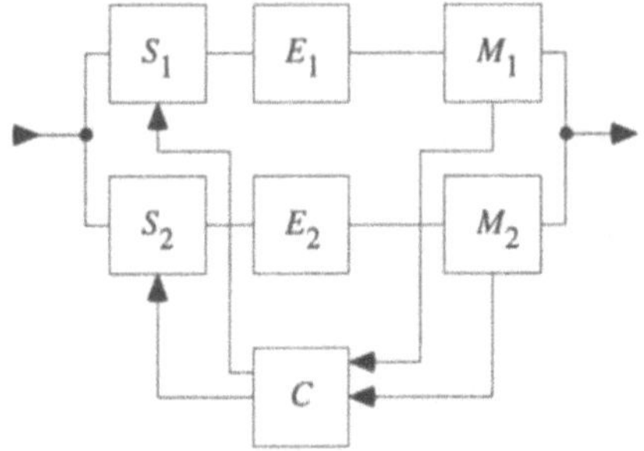

Bild 3.32 Redundanz 1 aus 2 mit Schaltern S_1, S_2, Meßstellen M_1 bzw. M_2 und Kontrolleinheit C

$(S_2,\ E_2,\ M_2)$ und C. Die entsprechenden Verteilungsfunktionen seien $F_c(t)$ für τ_c und $F_b(t)$ für τ_{b1} und τ_{b2}, die Dichten $f_c(t)$ und $f_b(t)$.

Zuerst sei der Fall einer *kalten Redundanz* betrachtet. Zur Zeit $t = 0$ werde E_1 eingeschaltet. Ein Ausfall des Systems wird mit einem der folgenden unvereinbaren Ereignisse

$$\tau_c > \tau_{b1} \cap (\tau_{b1} + \tau_{b2}) \le t$$

$$\tau_c < \tau_{b1} \le t$$

eintreten. Dabei wird implizit angenommen, ein Ausfall der Kontrolleinheit C habe keinen Einfluß auf das Element im Arbeitszustand, und es erfolge keine Umschaltung (die Erfüllung dieser Bedingung soll in der Entwicklungsphase mit einer FMEA/FMECA überprüft werden (Abschnitt 3.1.16)). Unter diesen Annahmen folgt für die *Zuverlässigkeitsfunktion des Systems* [3.1 (1994)]

$$R_S(t) = 1 - (\int\limits_0^t f_b(x)(1 - F_c(x))F_b(t - x)\,dx + \int\limits_0^t f_b(x)F_c(x)\,dx). \qquad (3.138)$$

Für $f_b(t) = \lambda_b\,e^{-\lambda_b t}$ und $f_c(t) = \lambda_c\,e^{-\lambda_c t}$ gilt dann

$$R_S(t) = e^{-\lambda_b t} + (1 - e^{-\lambda_c t})\frac{\lambda_b}{\lambda_c}e^{-\lambda_b t}, \qquad (3.139)$$

und der entsprechende *Mittelwert der ausfallfreien Arbeitszeit* ist

$$MTTF_S = \frac{2\lambda_b + \lambda_c}{\lambda_b(\lambda_b + \lambda_c)}. \qquad (3.140)$$

$\lambda_c \equiv 0$ bzw. $F_c(t) \equiv 0$ führt zu den Resultaten von Abschnitt 3.1.11 (oder 3.3.3 mit $\mu = 0$) für die kalte Redundanz 1 aus 2.

Für den Fall einer *heißen Redundanz* (d. h. falls zur Zeit $t = 0$ E_1 eingeschaltet und E_2 in heißer Redundanz betrieben wird) tritt ein Ausfall des Systems mit einem der folgenden unvereinbaren Ereignisse auf

$$\tau_{b1} \le t \cap \tau_c > \tau_{b1} \cap \tau_{b2} \le t$$

$$\tau_c < \tau_{b1} \le t.$$

Für die *Zuverlässigkeitsfunktion* (im nichtreparierbaren Fall) des Systems gilt dann

$$R_S(t) = 1 - (F_b(t)\int\limits_0^t f_b(x)(1 - F_c(x))\,dx + \int\limits_0^t f_b(x)F_c(x)\,dx). \qquad (3.141)$$

Mit $f_b(t) = \lambda_b\,e^{-\lambda_b t}$ und $f_c(t) = \lambda_c\,e^{-\lambda_c t}$ folgt

$$R_S(t) = \frac{2\lambda_b + \lambda_c}{\lambda_b + \lambda_c} e^{-\lambda_b t} - \frac{\lambda_b}{\lambda_b + \lambda_c} e^{-(2\lambda_b + \lambda_c)t}, \tag{3.142}$$

und der entsprechende *Mittelwert der ausfallfreien Arbeitszeit* wird

$$MTTF_S = \frac{2\lambda_b + \lambda_c}{\lambda_b(\lambda_b + \lambda_c)} - \frac{\lambda_b}{(\lambda_b + \lambda_c)(2\lambda_b + \lambda_c)}. \tag{3.143}$$

$\lambda_c \equiv 0$ bzw. $F_c(t) \equiv 0$ führt zu den Resultaten von Abschnitt 3.1.5 (oder 3.3.3 mit $\mu = 0$) für die heiße Redundanz 1 aus 2.

3.3.8 Einfluß der Wartung

Eine *Wartung* ist notwendig, um Drift- oder Verschleißausfälle zu vermeiden und *verborgene Ausfälle* zu entdecken und zu beheben. In diesem Abschnitt wird der Einfluß der Wartung anhand eines grundlegenden Modells untersucht, vgl. [3.1 (1994)] für weitere Beispiele.

Gegeben sei ein reparierbares *Einzelelement* mit den Verteilungsfunktionen $F(t)$ für die ausfallfreie Arbeitszeit bzw. $G(t)$ für die Reparaturzeit. Das Einzelelement sei neu zur Zeit $t = 0$. Die Wartung werde periodisch zu den Zeitpunkten nT_{PM} ($n = 1, 2, \ldots$) durchgeführt. Die Dauer der Wartung sei *vernachlässigbar klein* und nach jeder Wartung sei das Einzelelement *neuwertig*. Wird eine Wartung während einer Reparatur fällig, so sind folgende zwei Fälle zu unterscheiden:

1. Die Wartung wird nicht durchgeführt.
2. Die Wartung wird durchgeführt, d.h. die laufende Reparatur wird in einer vernachlässigbaren Zeitspanne beendet (es kommt hier die implizierte Annahme zum Ausdruck, daß die Wartung mit einem viel größeren Einsatz an personellen und materiellen Mitteln als die Reparatur erfolgt).

In der Praxis treten beide Fälle auf. Im zweiten Fall sind die Zeitpunkte $0, T_{PM}, \ldots$ *Erneuerungspunkte* für das Einzelelement. Im folgenden wird nur der zweite Fall untersucht.

Die *Zuverlässigkeitsfunktion* $R_{PM}(t)$ läßt sich berechnen aus

$$R_{PM}(t) = R(t) \qquad \text{für } 0 \le t < T_{PM}$$

$$R_{PM}(t) = R^n(T_{PM})R(t - nT_{PM}) \quad \text{für } nT_{PM} \le t < (n+1)T_{PM}, \, n \ge 1. \tag{3.144}$$

Bild 3.33 zeigt den Verlauf von $R(t)$ und $R_{PM}(t)$ für den Fall einer beliebigen Verteilungsfunktion $F(t)$ und für $F(t) = 1 - e^{-\lambda t}$. Infolge der *Gedächtnislosigkeit* der Exponentialverteilung gilt für $F(t) = 1 - e^{-\lambda t}$ stets $R_{PM}(t) = R(t) = e^{-\lambda t}$, *unabhängig* von der Wartungsperiode T_{PM}. Aus Gl. (3.144) folgt für den *Mittelwert der ausfallfreien Arbeitszeit*

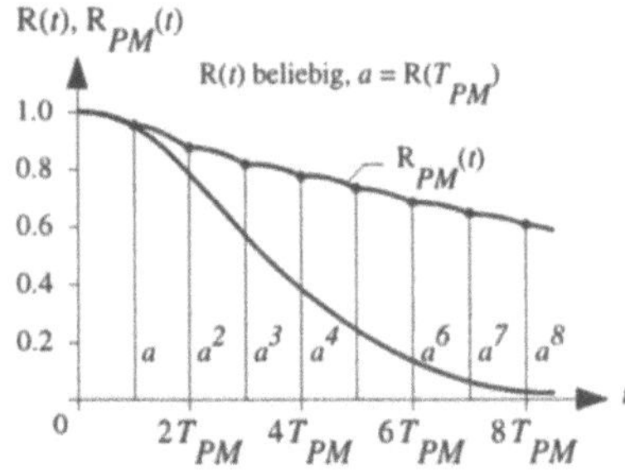
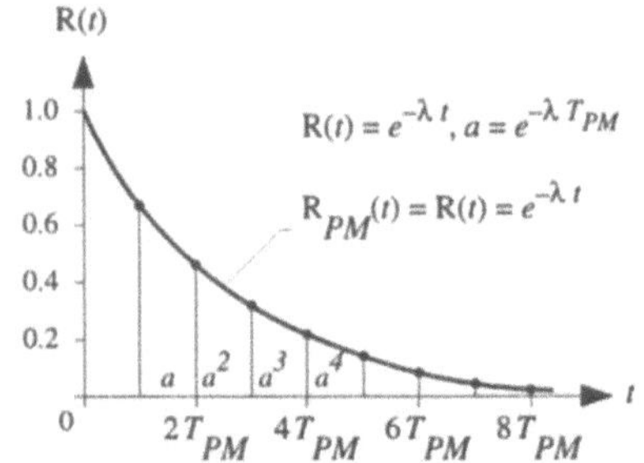

Bild 3.33   Verlauf der Zuverlässigkeitsfunktion eines Einzelelements mit periodischer Wartung (Periode T_{PM}) für zwei Verteilungsfunktionen der ausfallfreien Arbeitszeit

$$MTTF_{PM} = \int_0^\infty R_{PM}(t)\,dt = \frac{\int_0^{T_{PM}} R(t)\,dt}{1 - R(T_{PM})}. \tag{3.145}$$

Für $F(t) = 1 - e^{-\lambda t}$ folgt aus Gl. (3.145) $MTTF = 1/\lambda$, *unabhängig* von der Wartungsperiode T_{PM}. Die Bestimmung der *optimalen Wartungsperiode* darf nicht allein auf Gl. (3.145) beruhen (für $f(0) = F(0) = 0$ geht $MTTF \to \infty$ für $T_{PM} \to 0$). In der Regel sind auch Kosten- sowie logistische Aspekte zu berücksichtigen.

Die Berechnung der *Punkt-Verfügbarkeit* $PA_{PM}(t)$ ist einfach, falls die Wartung unabhängig vom Zustand des Einzelelements zu den Zeitpunkten nT_{PM} durchgeführt werden. Für diesen Fall gilt

$$PA_{PM}(t) = PA_{S0}(t) \qquad \text{für} \ \ 0 \le t < T_{PM}$$

$$PA_{PM}(t) = PA_{S0}(t - nT_{PM}) \quad \text{für} \ nT_{PM} \le t < (n+1)T_{PM}, \qquad n \ge 1, \tag{3.146}$$

mit $PA_{S0}(t)$ aus Gl. (3.87). Bild 3.34 zeigt den prinzipiellen Verlauf der Punkt-Verfügbarkeit gemäß Gl. (3.146).

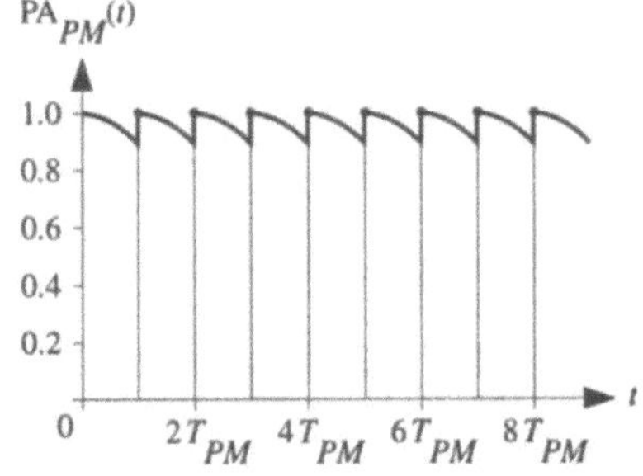

Bild 3.34   Prinzipieller Verlauf der Punkt-Verfügbarkeit eines Einzelelements mit Instandsetzung nach jedem Ausfall und periodischer Wartung (an den Wartungszeitpunkten T_{PM}, $2T_{PM}$, ... wird das Einzelelement in einer vernachlässigbaren Zeit neuwertig gesetzt)

3.3.9 Computerunterstützte Zuverlässigkeits- und Verfügbarkeitsanalyse komplexer Systeme

Die Berechnung der Zuverlässigkeit komplexer Geräte und Systeme mit vielen Elementen oder mit vernetzter Zuverlässigkeitsstruktur kann zeitraubend werden. Der Einsatz von Computerprogrammen für solche Anwendungen liegt auf der Hand. Von einer solchen Software erwartet man insbesondere große Benutzerfreundlichkeit, Robustheit und Übertragbarkeit. Spezielle Leistungsmerkmale und Eigenschaften sind:

1. Das Programm soll direkt vom Entwicklungsingenieur am Arbeitsplatz wie andere CAD/CAE Werkzeuge verwendet werden können (PC oder Terminal), verwaltet wird es von der zentralen Stelle für die Qualitäts- und Zuverlässigkeitssicherung.

2. Das Programm muß beliebig komplexe Zuverlässigkeitsblockdiagramme verarbeiten können, gleiche Elemente dürfen mehrmals auftreten, die Struktur darf vernetzt sein, Serien- und Parallelmodelle sollen automatisch editiert und vereinfacht werden.

3. Bauteile sollen nach der kommerziellen und einer firmeninternen Bezeichnung gespeichert werden (mindestens 10'000), nicht anwendungsspezifische Daten sollen fest gespeichert werden können (Datenbank), für anwendungsspezifische Daten (abgefragt) sollen folgende Erleichterungen vorhanden sein:

   - die Umgebungstemperatur auf Bauteilebene soll automatisch aus der Umgebungstemperatur auf Systemebene und den frei wählbaren Temperaturdifferenzen zwischen den Baugruppen berechnet werden

   - der Einsatzfaktor (Duty-cycle) soll von Baugruppenebene aufwärts frei gewählt werden können und automatisch berücksichtigt werden

   - der Umweltfaktor (π_E), der Belastungsfaktor (S), der Qualitätsfaktor (π_Q) und die Felddaten sollen für ganze Baugruppen oder für bestimmte Bauteilfamilien pauschal geändert werden können (SET-Anweisungen).

4. Die Berechnung der Ausfallraten von Bauteilen soll nach verschiedenen Ausfallratenkatalogen erfolgen (Vergleichsstudien).

5. Das Programm soll mit marktüblichen CAD/CAE-Werkzeugen kommunizieren können (Übernahme von Bauteildaten, Einlesen von Stücklisten).

6. Durch eine flexible und intelligente Datenausgabe (Ausgabemedien, Sortiermöglichkeiten, Darstellungsformen) soll die Lokalisierung von globalen und lokalen (Zuverlässigkeits-)Schwachstellen erleichtert werden.

7. Das Programm muß für Erweiterungen offen und weitgehend unabhängig von proprietären Hilfsmitteln sein.

Speziell für reparierbare Systeme:

8. Im Falle konstanter Ausfall- und Reparaturraten (Markoff-Modelle) soll die Erzeugung des Diagramms der Übergangswahrscheinlichkeiten in $(t, t + \delta t]$ und der Gleichungssysteme ausgehend vom Zuverlässigkeitsdiagramm automatisch erfolgen, zur Lösung der Gleichungssysteme sollen speziell wirksame Algorithmen verwendet werden.

9. Das Programm soll verschiedene Strategien für die Instandsetzung (first-in/first-out, Priorität usw.) verarbeiten können und bereit sein, mit semi-regenerativen Prozessen (im Falle zeitabhängiger Reparaturraten) zu operieren.

10. Lösungen für die wichtigsten Approximationsmethoden (unabhängige Elemente, Makrostrukturen usw.) sollen implementiert sein.

Das Software-Paket CARP ETH der Professur für Zuverlässigkeitstechnik der ETHZ erfüllt obige Voraussetzungen und steht auch den Industriepartnern zur Verfügung [1.2, 1996].

4 Entwicklungsrichtlinien für Zuverlässigkeit, Instandhaltbarkeit und Softwarequalität

Entwicklungsrichtlinien (Design Guidelines) sind wichtig, um bei der Entwicklung und Fertigung von Geräten und Systemen möglichst viele Ursachen für Schwachstellen, die schwierig in einer Berechnung zu erfassen sind (Vorschädigungen, Schnittstellenprobleme, EMV-Aspekte, Transiente, Einfluß von Fertigungsprozessen usw.), zu eliminieren oder zumindest unter Kontrolle zu halten. Viele dieser Regeln stützen sich auf Erfahrungen und können unterschiedlich aufgenommen werden, sie gelten allgemein als *Empfehlungen* und stellen für junge Ingenieure eine wertvolle Hilfe beim Übertritt in die Praxis dar.

4.1 Entwicklungsrichtlinien für Zuverlässigkeit

Die Zuverlässigkeitsanalysen in der Entwicklungsphase (Abschnitt 3.1) können nur eine Schätzung der wahren Zuverlässigkeit einer Betrachtungseinheit liefern. Gründe dafür sind die *Ungenauigkeit* der verwendeten Modelle und Ausfalldaten, das Nichtberücksichtigen von *Entwicklungs-, Konstruktions-, Fertigungs- und Bedienungsfehlern* sowie *Vorschädigungen* durch Handhabung, Transport, Lagerung usw. Um die Abweichung zwischen der vorausgesagten und der wahren Zuverlässigkeit klein zu halten und ganz allgemein die inhärente Zuverlässigkeit eines Geräts oder Systems zu verbessern, stützt man sich in der Praxis auf *Entwicklungs- und Konstruktionsrichtlinien* (design guidelines).

4.1.1 Richtlinien für Unterlastung

Die Kombination von elektrischer und thermischer Belastung hat den größten Einfluß auf die Ausfallrate elektronischer Bauteile. Um diesem Umstand Rechnung zu tragen, wird mit *Unterlastung* operiert. Tabelle 4.1 gibt empfohlene *Belastungs-*

Tabelle 4.1 Empfohlene Belastungsfaktoren für elektronische Bauteile ($\theta_A \leq 50°C$)

Bauteil	Leistung	Spannung	Strom	Innentemp.	Frequenz
Widerstände					
• feste	0.6			0.8	
• veränderbare	0.6			0.7	
• Thermistoren	0.4			0.7	
Kondensatoren					
• Folien, Keramik		0.6		0.8	
• Ta (trocken)		0.6		0.8	
• Al (naß)		0.8		0.8	
Dioden					
• Mehrzweck		0.7^*	0.6	0.7	
• Zener	0.6			0.7	
Transistoren	0.6	0.6^*	0.7	0.7	$0.1 f_T$
Thyristoren, Triacs		0.6^*	0.6	0.7	
Optoel. Bauteile	0.6	0.8^{**}	0.2	0.8	
ICs					
• lineare		0.8^{**}	0.8^+	0.7^x	0.9
• Spannungsregler		0.8	0.7^+	0.7^x	
• dig. bipolare			0.8^+	0.7^x	
• dig. MOS			0.8^+	0.7^x	0.9
Schalter, Relais			$0.4{-}0.7^{++}$	0.7	0.5
Stecker		0.7	0.6	0.8	0.5

* Durchbruchspannung, ** Isolationsspannung (0.7 für U_{ein}),
$^+$ Laststrom, $^{++}$ kleine Werte für induktive Last, ^{x} $\theta_J < 100°C$

faktoren für übliche elektronische Bauteile mit Umgebungstemperatur $\theta_A \leq 50°C$ an. Für Umgebungstemperaturen höher als 50°C soll der Belastungsfaktor linear abnehmen (etwa 0.1 bei 70% der maximalen Betriebstemperatur des betreffenden Bauteils).

4.1.2 Richtlinien für die Kühlung

Die *Chiptemperatur* θ_J der Halbleiterbauteile muß möglichst niedrig gehalten werden ($\theta_J < 100°C$, wenn möglich $\theta_J < 85°C$). θ_J setzt sich zusammen aus der Umgebungstemperatur θ_A und der durch die eigene Verlustleistung P verursachten Temperaturerhöhung. Zwischen θ_J, θ_A und P gilt im stationären Zustand die Beziehung

$$\theta_J = \theta_A + R_{JA}\, P \tag{4.1}$$

oder

$$\theta_J = \theta_A + (R_{JC} + R_{CS} + R_{SA})P. \tag{4.2}$$

Dabei stellen R_{JC}, R_{CS} und R_{SA} bzw. $R_{JA} = R_{JC} + R_{CS} + R_{SA}$ die thermischen Widerstände der Strecken Chip–Gehäuse, Gehäuse–Kühlkörper und Kühlkörper–Umgebung bzw. Chip–Umgebung dar. Für eine erste Berechnung können R_{JC}, R_{CS} und R_{SA} als temperaturunabhängig angenommen werden. Der Wert von R_{JC} hängt von der Konstruktion des Bauteils und vom Gehäusetyp ab (insbesondere vom Leadframe), jener von R_{CS} vom Leitmedium zwischen Gehäuse und Kühlkörper (Leitpaste, Leitscheiben) und jener von R_{SA} von den thermischen Eigenschaften des Kühlkörpers und vom Kühlmittel. Richtwerte für R_{JC} und R_{JA} für den Fall einer natürlichen Kühlung ohne Kühlkörper sind in Tab. 4.2 gegeben. Je nach Anwendung können folgende Fälle unterschieden werden:

1. *Natürliche Kühlung ohne Kühlkörper*: Die Arbeitstemperatur θ_J läßt sich aus Gl. (4.1) berechnen; falls sie zu hoch wird, muß entweder die Verlustleistung reduziert oder ein Gehäuse mit kleinerem R_{JA} verwendet werden.

2. *Forcierte Kühlung ohne Kühlkörper*: Bei dieser Kühlungsart ist R_{JA} eine Funktion des Kühlmittels. Der Wert für R_{JA} ergibt sich aus

$$R_{JA} = \frac{\theta_J - \theta_A}{P}. \tag{4.3}$$

3. *Kühlung mit Kühlkörper*: Das Kühlvermögen des Kühlkörpers wird durch dessen thermischen Widerstand bestimmt.

$$R_{SA} = \frac{\theta_J - \theta_A}{P} - R_{JC} - R_{CS}. \tag{4.4}$$

Tabelle 4.2 Thermischer Widerstand verschiedener Gehäusetypen von Halbleiterbauteilen

Gehäusetyp	Materialtyp	R_{JC} [°C/W]	R_{JA} [°C/W][**]
DIL	Plastic	10 - 40[*]	30 - 120[*]
DIL	Ceramic/Cerdip	7 - 20[*]	30 - 100[*]
PGA	Ceramic	6 - 10[*]	20 - 40[*]
SOL, SOM, SOP	Plastic (SMT)	20 - 60[*]	70 - 240[*]
PLCC	Plastic	10 - 20[*]	30 - 70[*]
QFP	Plastic	15 - 25[*]	30 - 80[*]
TO	Plastic	70 - 140	200 - 400
TO	Metal	2 - 5	—

[*] tiefe Werte für ≥ 64 Anschlüsse, [**] natürliche Kühlung ohne Kühlkörper (0.15 m/s, Faktor 2 kleiner für forcierte Kühlung mit 4 m/s)

4.1.3 Richtlinien für Feuchtigkeit

Feuchtigkeit ist für viele elektronische Bauteile nach der Temperatur die kritischste Belastungsgröße, insbesondere für ICs in *Kuststoffgehäusen*. Störend dabei ist weniger der Wasserdampf selbst, sondern vielmehr die in ihm aufgelösten Verunreinigungen und Gase. Diese können Säuren bilden und metallische Leiterbahnen und Kontakte durch Korrosion oder Elektrolyse angreifen. Grundsätzlich zu vermeiden in den Anwendungen ist *Tau-* oder *Eisbildung* direkt auf den Bauteilen (wenige molekulare Wasserschichten reichen zur Auslösung von Korrosion). Ein wirksamer Schutz gegen Feuchtigkeitseinwirkungen ist der *Dauerbetrieb* mit forcierter Kühlung durch trockene Luft oder inerte Stoffe (die Verwendung von feuchtigkeitshindernden Stoffen (Getter) ist kritisch zu überprüfen; sie ist zu vermeiden, falls Chlorverbindungen auftreten). Ist ein Dauerbetrieb nicht möglich, so müssen einerseits die Bauteile *geschützt* werden und anderseits sind *elektrolytisch wirksame Paare* (zwischen verschiedenen Metallen) zu verhindern. Als Schutzmaßnahmen kommen *Lackierung* (nicht polymerisierter Lack, gespritzt) oder Vergießen in einer geeigneten Masse in Frage. Bei der Verwendung von Epoxidharz ist darauf zu achten, daß bei der Aushärtung die Bauteile nicht thermisch oder mechanisch überbelastet werden (ungleiche Ausdehnungskoeffizienten). Die Verwendung von *dichten Gehäusen* für Baugruppen oder Geräte ist wegen der Gefahr der *Taubildung* kritisch zu überprüfen. Ein typisches Symptom für die Feuchtigkeitseinwirkung ist die Vergrößerung der Leckströme und die Verkleinerung des Isolationswiderstands (Faktor 100 bis 1000 innerhalb eines Jahres).

4.1.4 Richtlinien für elektromagnetische Verträglichkeit und Entstörung

Elektromagnetische Verträglichkeit (EMV/EMC) ist die Fähigkeit einer Betrachtungseinheit, äußeren elektromagnetischen Störungen zu widerstehen und den Pegel der eigenen Störungen nach außen unterhalb gegebener Grenzwerte zu halten. Zugelassene Störungen sind in Normen festgehalten. Elektromagnetische Störungen sind um so gefährlicher, je energiereicher oder je kürzer die entsprechenden *Anstiegszeiten* sind. Spannungssteilheiten (du/dt) bis zu einigen 10 kV/ns sowie Energien bis zu 1J sind möglich. Die wichtigsten *Störverursacher* in elektronischen Geräten und Systemen sind

- Schaltvorgänge (auch von mechanischen Schaltern)
- elektrostatische Entladungen
- Stationäre elektromagnetische Felder.

Die Übertragung von der Störquelle zum Störopfer geschieht *galvanisch, induktiv* oder *kapazitiv*. Störungen bzw. Störeinflüsse können grundsätzlich *nicht eliminiert,* sondern *nur reduziert* werden. Zu diesem Zweck sind folgende *Richtlinien* und *Bauregeln* wichtig:

1. Für schnelle logische Schaltungen ($f > 10$ MHz) eine möglichst *große Fläche für die Masse* und *für* V_{CC} reservieren (*Multilayer-Ebene* oder zumindest *enge Vermaschung*); Logikmasse bei galvanisch nicht getrennten Systemen von der Masse der Leistungselektronik getrennt verdrahten und nur an *einem Bezugspunkt* (Sternpunkt) mit dieser verbinden (über antiparallelen Dioden); Multilayer mit 4 (Signal, V_{CC}, Gnd, Signal) oder mit 6 (Schirm, Signal, V_{CC}, Gnd, Signal, Schirm) Schichten verwenden.

2. Für langsame logische Schaltungen, für *analoge Schaltungen* oder für Schaltungen der Leistungselektronik eine *sternförmige* Erdung verwenden (alle Teile einzeln zu einem gemeinsamen Erdungspunkt auf Systemebene durch antiparallele Dioden führen).

3. *Induktivitätsarme Stützkondensatoren* (10 nF) verwenden und genau dort plazieren, wo Impulsbelastungen auftreten (pro IC für S-TTL und Bustreiber, pro 4 ICs für LS-TTL, HCMOS und CMOS), ergänzt durch einen 1 µF Folien- oder 10 µF Elektrolytkondensator pro Leiterplatte; im Falle großer Impulsbelastung, den *Spannungsregler* direkt auf der Leiterplatte montieren um Störungen von und auf Nachbarprints zu vermeiden.

4. *Keine schnellere Logik* als notwendig verwenden; ICs mit *stark unterschiedlichen* Flankensteilheiten meiden; *geforderte Flankensteilheiten* an den Logikeingängen (insbesondere zwischen $U_{iL_{max}}$ und $U_{iH_{min}}$) einhalten (10 ns für AS-TTL und ACMOS, bis zu 150 ns für HCT und HCMOS), andernfalls *Schmitt-Trigger* verwenden; für Taktflanken t_r, $t_f < 20$ ns einhalten.

5. *Dynamische Belastungen* der Bauteile, insbesondere bezüglich Durchbruchspannung, beachten (Unterlastung); transientes Verhalten und *Laufzeiten* berücksichtigen; Störverursacher in *unmittelbarer Nähe* entstören; *Schaltvorgänge* von Induktivitäten und Kapazitäten beachten.

6. *Wellenanpassung* bei langen Signalleitungen (Länge > Flankendauer × Ausbreitungsgeschwindigkeit) vornehmen, auch bei differentieller Datenübertragung (Reflexionen vermeiden mit Hilfe von Abschlußwiderständen, Serie für die Quelle und parallel (mit Serienkondensator ≈ 200 pF pro m) beim Empfänger, speziell für HCMOS).

7. Leistungsreiche *Störimpulse auf langen Signalleitungen* am Anfang und Ende der Leitung eliminieren (Supressor-Dioden, HF-Drosseln oder RC-Glieder nur dann verwenden, wenn die Verlangsamung der Flanken unkritisch ist).

8. Signal- und Rückführleitungen *verdrillen* (eine Umdrehung pro cm), Koaxialkabel und Kabelschirme rundumfassend und beidseitig an Masse legen für magnetische Felder, an mehreren Punkten für elektrische Felder; bei *Flachbandkabeln* Signalleitung mit Masse alternieren oder Flachbandkabel mit verdrillten Leitungen (eine Ader auf Masse) verwenden (die kritische Leitungs-

länge für Übersprechen ist ca. 15 cm bei S-TTL und 25 cm bei LS-TTL oder HCMOS).

9. Öffnungen bei *schirmenden Gehäusen* vermeiden (mehrere kleine Löcher besser als eine große Öffnung); Material mit *großer* μ_r gegen NF-magnetische Felder und *gut leitende Folien* gegen elektrische Felder und HF-magnetische Felder oder ebene Wellen verwenden (über 10 MHz dominiert die Absorbtion); für eine HF gerechte Kontaktierung aller Verbindungskabel an die Gehäuse achten (Mantel induktivitätsarm 360° an den Gehäuse befestigen); *Common-mode Ströme* vermeiden; alle Induktivitäten ohne magnetischen Kern schirmen.

10. Ein *ESD-Schutzkonzept* mit verteilter Erdung, z. B. mit Guard Rings, ESD-Netzwerke oder *Supressor-Dioden* realisieren und alle Verbindungen nach innen und nach außen schützen (360° Kontaktierung der Mäntel, Inputs über Latches usw.); alle exponierten metallischen Teile am Gehäuse erden; einen zweiten Schirm für besonders kritische Teile verwenden; alle Bedienungselemente *ESD-immun* machen.

4.1.5 Richtlinien zur Wahl von Bauteilen

1. Auf alle vom Hersteller oder firmenintern festgelegten *Grenzwerte* achten, speziell für dynamische Parameter und Durchbruchswerte.
2. *Bauteilsortiment* möglichst klein halten und wo immer möglich einen Zweitlieferanten sicherstellen.
3. Nicht qualifizierte Bauteile (oder Materialien) erst nach Einschätzung der *Risiken* bezüglich Technologie und Zuverlässigkeit einsetzen (die Lernphase bei einem Hersteller kann 6 bis 24 Monate dauern); im Falle kritischer Anwendungen soll Kontakt mit dem Hersteller aufgenommen werden.

4.1.6 Anwendungsrichtlinien für Bauteile

1. *Unbenutzte Logikeingänge* beschalten, in der Regel mittels *Pull-up/Pull-down-Widerständen* (100 kΩ für CMOS), auch um die *Prüfbarkeit* zu erhöhen (Incircuit-Tester); Pull-up/Pull-down-Widerstände sind wichtig auch für Eingänge, die von Three-state-Ausgängen gesteuert werden; *unbenutzte Ausgänge* bleiben grundsätzlich unbeschaltet.
2. Alle *CMOS-Eingänge und -Ausgänge* von und zu einem *Stecker* müssen geschützt werden, 100 kΩ Pull-up/Pull-down Widerstand und 1 bis 10 kΩ Serienwiderstand für Ausgänge (Dioden sind notwendig, falls V_{in} und V_{out} nicht zwischen -0.3 V und $V_{DD} + 0.3$ V bleiben); beim Ein- und Auschalten muß die richtige *Sequenz* erfolgen (Gnd, V_{DD}, Signale beim Einschalten und umgekehrt beim Ausschalten).

3. *Leistungsbauteile* hinreichend kühlen und fern von temperaturempfindlichen Bauteilen plazieren (die Ausfallrate verdoppelt sich in der Regel für eine Temperaturzunahme von 10 bis 20°C); für Halbleiterbauteile ist $\theta_J < 100$°C, wenn möglich $\theta_J < 85$°C zu halten.

4. *Belastbarkeit von Leistungsbauteilen* bezüglich thermischer Zyklen beachten, Belastungsfaktor $S < 0.4$ wenn mehr als 10^5 Lastzyklen gefordert werden (Richtwert $N \approx 10^7 e^{-0.05\Delta\theta_J}$).

5. Transiente im *Durchbruchbereich* vermeiden, speziell für Transistoren ($V_{BEO} < 5$ V, Belastungsfaktor $S < 0.5$ für V_{CE}, V_{GS} und V_{DS}).

6. *Spezielle Dioden* (Tunnel, Step-recovery, Pin, Varactor) nach Möglichkeit vermeiden (2 bis 20mal weniger zuverlässig als gewöhnliche Si-Dioden); *Zenerdioden* sind etwa 1.5mal weniger zuverlässig als Si-Schaltdioden, ihr Belastungsfaktor sollte nicht kleiner als 0.1 werden.

7. Bei *Optokoppler* eine Drift bei I_0 / F_F von ±30% bei der Dimensionierung der Schaltung berücksichtigen; LED und Optokoppler haben eine beschränkte Lebensdauer (Useful Life), allgemein $> 10^6$ h für $\theta_J \leq 40$°C und $< 10^5$ h für $\theta_J > 80$°C (wenn möglich $\theta_J < 50$°C halten).

8. ·Arbeitstemperatur, Spannungsbelastung (statisch und dynamisch) sowie Eignung der Technologie von *Kondensatoren* für den vorgesehenen Anwendungszweck beachten, vor allem bei Keramik-, Folien- und Elektrolytkondensatoren; *Folienkondensatoren* auf Impulsbelastbarkeit prüfen; nasse *Al-Kondensatoren* haben eine beschränkte *Lebensdauer* (halbiert sich bei jeder Temperaturzunahme von ca. 10°C) und eine relativ hohe Serieninduktivität; bei trockenen *Ta-Kondensatoren* darf der Schaltungswiderstand (von den Kondensatorklemmen her gesehen) nicht zu klein werden (wenn möglich $\geq 1\,\Omega/$V, allerdings sind neue Typen weniger empfindlich); Elektrolytkondensatoren durch 10 bis 100 nF parallel geschaltete Keramikkondensatoren bei Gleichrichtern oder im Fall von Impulsbelastungen schützen; Elektrolytkondensatoren < 1 μF vermeiden.

9. *EPROM-Fenster* stets zudecken (metallisierte Folie).

10. *Variable Widerstände* sollten vermieden werden (50 bis 100mal unzuverlässiger als feste Widerstände); bei Leistungswiderständen muß auf die Arbeitstemperatur sowie auf die Spannungsbelastung geachtet werden.

4.1.7 Richtlinien für Leiterplatten und Baugruppen

1. Alle Speisungen *dauerkurzschlußfest* dimensionieren; Speisespannungen stabilisieren, abblocken (10 bis 100 nF Keramikkondensatoren) und auf Über- und Unterspannung überwachen (Schutzdiode über den Spannungsregler, damit beim Abschalten $V_{out} < V_{in}$ bleibt).

2. *Schnittstellen* sauber definieren, elektrisch anpassen und störtechnisch trennen.

3. *Timing Diagramme* unter Worst-case-Bedingungen aufstellen, unter Berücksichtigung auch von *Glitches*.

4. Bei langen parallellaufenden Signalleitungen auf die *induktive und kapazitive Kopplung* achten (0.5 bis 1 µH/m, 50 bis 100 pF/m); Signalleitungen von Speiseleitungen möglichst räumlich *getrennt führen*; Ground-Tracks vorsehen um Übersprechen zu vermeiden; für schnelle Schaltungen Wellenanpassung vorsehen (Serienwiderstand bei der Quelle, Parallelwiderstand beim Empfänger).

5. Input- und Outputdrivers zusammen, nahe den Steckern und möglichst entfernt von V_{CC} und von Clockleitungen plazieren (*asynchrone Inputs* müssen mit D-FF oder mit Latches synchronisiert werden).

6. Leiterplatten gegen Beschädigungen bei allfälligem *Ein- oder Ausstecken* unter Spannung schützen (vor- oder nachlaufende Kontakte).

7. Für Leiterplatten in der SMT *Bauteilabstände* größer als 0.5 mm und *Leiterbreite sowie -abstände* nicht kleiner als 0.25 mm bevorzugen; Prüfflächen und Lötstop-Pads vorsehen; erprobte *Pad-Dimensionen* verwenden (Pad-Breite = Anschlußbreite + 0.2 mm, Pad-Länge = Auflagelänge + 0.6 mm); für große Leadless-ICs in Keramikgehäusen einen zusätzlichen Leadframe verwenden.

8. Die *Reihenfolge der Ein- und Ausschaltung* der verschiedenen Speisungen beachten; keine Ansteuerung von *nichtgespeisten Schaltungen*.

9. Die Fixierung von Leistungsbauteilen flexibler machen, damit die Lötstellen nicht allein alle thermomechanische Kräfte aufnehmen müssen (gefederte Befestigungen).

10. Schon beim Entwurf Vorkehrungen für eine möglichst gute *Prüfbarkeit* (Abschnitt 4.2.2) der Leiterplatte bzw. der Baugruppe treffen (CAD-System entsprechend aussuchen und manuell ergänzen).

11. Bohrlöcher mit 25 µm Vorverkupferung und großer Bohrlochrauhigkeit vorsehen (Vermeidung von Blasen).

12. Beim SMT-Layout für Wellenlötung auf eine einheitliche (optimale) Ausrichtung der ICs achten (keine Lötschatten).

4.1.8 Richtlinien für Montage, Lötung und Prüfung

1. *Arbeitsplätze* für Bestückung, Lötung, Prüfung und Reparatur entsprechend den Anforderungen zum *ESD-Schutz* auslegen (Personen und Gegenstände über 1 MΩ erden); bei der Montage die Anschlüsse der Halbleiterbauteile möglichst nicht berühren; ESD-taugliche Lötgeräte verwenden.

2. *Verarbeitung* der Bauteilanschlüsse vor der Bestückung vorziehen; Leistungshalbleiter an Kühlkörpern mit Federung der Pin-Anschlüsse montieren; bei der *automatischen Bestückung* von konventionellen Bauteilen darauf achten, daß die Isolation von Bauteilanschlüssen nicht in die Lötung ragt (Widerstandsnetz-

werke, Relais, Kondensatoren) und die IC-Anschlüsse nicht an den Lötaugen angeschlagen werden; für Bauteile der SMT Abstand zwischen Bauteilen und Leiterplatte möglichst größer als 0.3 mm gewährleisten (waschen); bei großen SM-Bauteilen (insbesondere Fine Pitch QFP) automatische Bestückung bevorzugen (Beschädigung der Lötanschlüsse).

3. *Temperaturprofil* laufend überwachen; bei der *Wellenlötung* den besten Kompromiß zwischen Lötzeit und Löttemperatur (etwa 3 s bei 245°C) sowie geeignete Vortemperierung (auf 100°C in 60 s) wählen; Zusammensetzung und Reinheit des Lötzinns überwachen; genügend Abstand zwischen Lötstelle und Gehäuse für Keramik-Kondensatoren und Halbleiterbauteile gewährleisten; für die *SMT*, *Reflow* bevorzugen, *Lötstop-Maske* vorsehen (dafür sorgen, daß das Substrat genügend rein ist); *gemischte Bestückung* vermeiden (thermischer Schock der *SMD*, besonders kritisch bei großflächigen kunststoffverkapselten ICs und Keramikkondensatoren größer als 100 nF infolge Rißbildung und Eindringen von Fluxmittel); Qualität der SM-Lötstellen beobachten; für Leiterplatten mit hoher Packungsdichte, mit großen ICs oder für Metal-Core-Leiterplatten sollten Konvektions- oder Vapor-Phase-Lötverfahren bevorzugt werden (ganz allgemein, Bauteile oder Baugruppen mit großer thermischen Masse hinreichend vortemperieren).

4. Lötung *vergoldeter Anschlüsse* vermeiden, jedenfalls vorverzinnen um die lokale Gold-Konzentration < 4% in der Lötstelle (intermetallischen Verbindungen) bzw. < 0.5% im Lötbad (Lötbadkontamination) zu gewährleisten.

5. Mehr als einmaliges Erwärmen bis zur Löttemperatur und insbesondere jede Form von *Nacharbeit* vermeiden; für temperaturempfindliche Bauteile geeigneten Schutz beim Löten vorsehen (Kühlring z. B.).

6. Für hohe Zuverlässigkeitsforderungen Leiterplatten nach der Lötung *reinigen* (möglichst mit deionisiertem Wasser, jedenfalls mit halogenfreien Flüssigkeiten); Kontamination der Flüssigkeiten überwachen; Ultraschall nur dann verwenden, wenn Vorschädigungen (Resonanzeffekte) ausgeschlossen bleiben.

7. Beim *Prüfen* von Bauteilen oder bestückten Leiterplatten jede Form von *Überlastung (Backdriving)* vermeiden; nicht unter Spannung ein- oder ausstecken; Prüfsequenz bei ICs einhalten.

8. *Mechanische Befestigungen* so ausführen, daß die stromleitenden Anschlüsse durch thermische Spannungen nicht belastet werden.

4.1.9 Richtlinien für Lagerung und Transport

1. *Lagertemperatur* möglichst zwischen 5 und 30°C sowie *rel. Feuchtigkeit* zwischen 40 und 60% halten; Staub, korrosive Atmosphäre und mechanische Belastung vermeiden; *hermetische Behälter* nur dann verwenden, wenn hohe Feuchtigkeit nicht ausgeschlossen bleibt.

2. *Antistatisch* lagern und handhaben; nur *Beutel* aus emissionsfreien und antistatischen Materialien verwenden, PVC vermeiden, *metallisierte Beutel* bevorzugen, Wiederverwendung von Beuteln erst nach Nachweis ihrer Beständigkeit erlauben.

3. First-in/First-out-Regel anwenden; Lagerzeiten < 2 Jahre halten.

4. Transport bestückter Leiterplatten in *antistatischen Behältern* gewährleisten.

4.2   Entwicklungsrichtlinien für Instandhaltbarkeit

4.2.1   Allgemeine Richtlinien

1. Konzept für eine automatische *Ausfallerkennung* und eine automatische oder halbautomatische *Ausfall-Lokalisierung* bis zum Niveau *Ersatzteil* (LRU) aufstellen und (mittels BIT/BITE) realisieren; *verborgene Ausfälle* und möglicherweise auch Softwaredefekte einbeziehen.

2. Gerät bzw. System in Ersatzteilen (LRUs) strukturieren und *Modularaufbau* konsequent durchziehen; die Module möglichst unabhängig sowie elektrisch und mechanisch leicht auftrennbar machen. *Ersatzteile* so konzipieren, daß sie leicht auswechselbar und mit marktüblichen Einrichtungen prüfbar sind.

3. Größtmögliche *Standardisierung* für Bauteile, Werkzeuge und Prüfmittel anstreben; Bedarf an *externen Prüfmitteln* minimal halten.

4. Bedienungs-, Wartungs- und Instandsetzungsprozeduren möglichst einfach halten und in entsprechenden *Handbüchern* beschreiben; Sicherheit des Bedienungs- und Instandhaltungspersonals stets gewährleisten.

5. *Umweltbedingungen* (thermische, klimatische, mechanische usw.) im Betrieb sowie während Transport und Lagerung berücksichtigen.

4.2.2   Richtlinien für Prüfbarkeit

Eine hohe *Prüfbarkeit* (testability) fordert ganz allgemein eine hohe *Beobachtbarkeit* (Möglichkeit, interne Signale durch die Ausgänge zu beobachten) und eine hohe *Steuerbarkeit* (Möglichkeit, interne Signale von den Eingängen aus zu steuern). Um dies zu erreichen, ist für komplexe Schaltungen folgende Verfeinerung der Entwicklungsrichtlinien wichtig:

1. Asynchrone Logik grundsätzlich *meiden*; falls asynchrone Eingänge vorliegen, sie unmittelbar am Eingang der Schaltung synchronisieren (D-FF, Latches).

2. *Logische Funktionen* (Ausdrücke) möglichst maximal vereinfachen.

3. Die *Prüfbarkeit von Verbindungen* und einfachen Teilschaltungen durch Verwendung von ICs mit *Boundary-Scan* verbessern [4.31].

4. *Analoge und digitale Schaltungsteile* sowie Schaltkreise mit unterschiedlichen Speisespannungen auseinander halten; Stromversorgungen mechanisch auftrennbar machen.

5. *Rückkopplungen* auftrennbar machen, Beispiel:

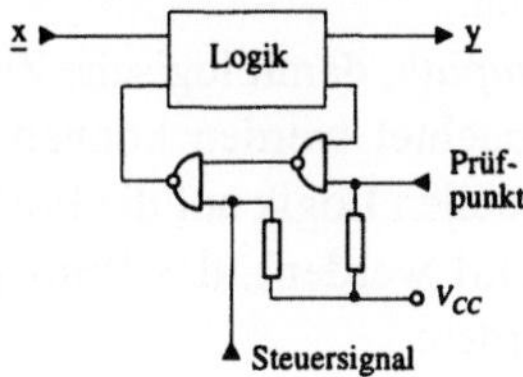

6. Möglichst *abgeschlossene (*elektrisch auftrennbare*) Funktionseinheiten* bilden, mit nicht zu großer sequentiellen Tiefe, die einzeln geprüft werden können;

mit Gates

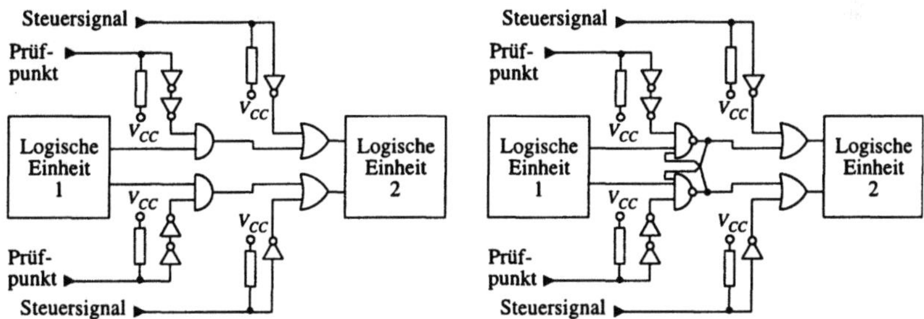

oder mit Multiplexer (MUX)

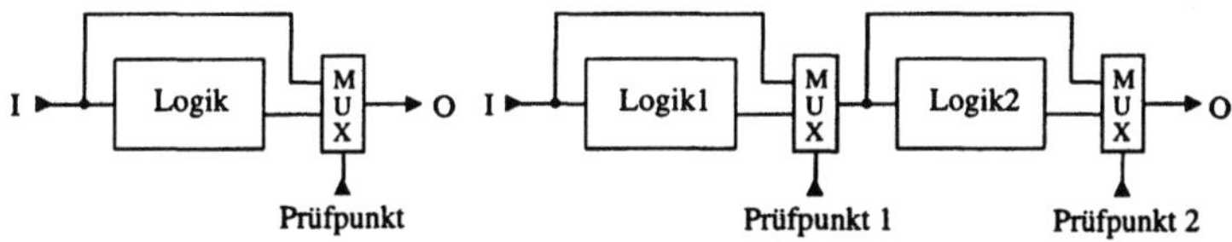

7. *Externe Initialisierung* von Bauteilen der sequentiellen Logik ermöglichen, Beispiele:

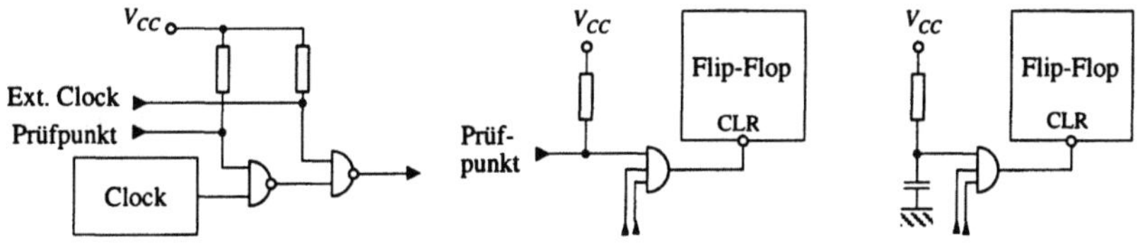

8. Geeignete *Selbstprüfungen* (BIST) und Selbstprüfungseinrichtungen (BISTE) bereitstellen, Testmodi auch zur Erkennung und Lokalisierung *verborgener Ausfälle* einführen.

9. Genügende *Prüfpunkte* einführen (mindestens an den Eingängen und Ausgängen der Funktionseinheiten) und diese mit *Pull-up/Pull-down-Widerständen* versehen; Anschluß für eine Sonde anbringen und allfällige kapazitive Belastung berücksichtigen.

10. Einführung eines *Scanpath*, damit logische Zustände im Inneren der Schaltung gesteuert, bzw. beobachtet werden können (durch den Scanpath kann die Prüfung einer sequentiellen Logik auf die Prüfung der kombinatorischen Logik praktisch zurückgeführt werden), das Prinzip des Scanpath kann folgendermaßen dargestellt werden:

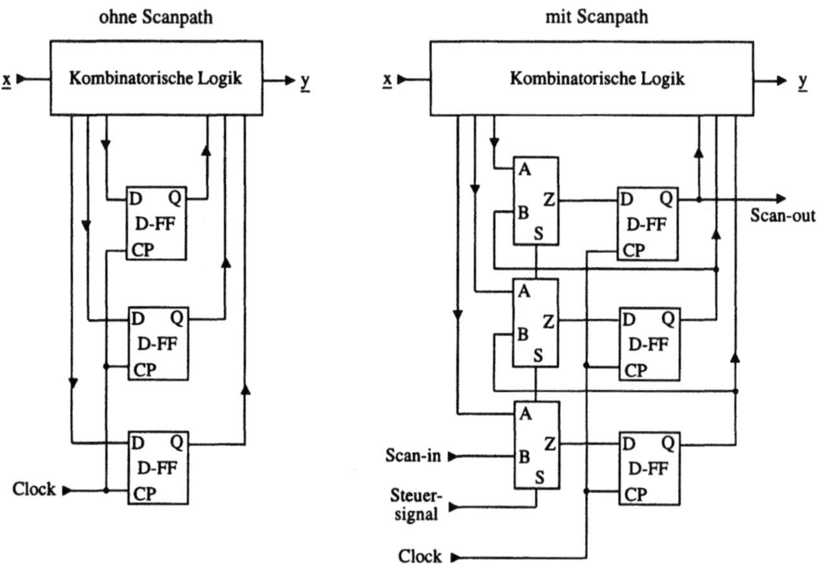

Funktionsweise des Scanpath:

1. Steuersignal aktivieren → Z auf B
2. geeignetes Testmuster bei Scan-in seriell einlesen (n Clocks); dasselbe Testmuster soll bei Scan-out mit zusätzlichen $n-1$ Clocks wieder erscheinen (mit wenigen Testmustern können die FFs und der Scanpath geprüft werden)
3. ein Testmuster bei Scan-in seriell einlesen (n Clocks) → Testmuster liegt am Ausgang der FFs, d.h. an den internen Eingängen der kombinatorischen Logik
4. Steuersignal deaktivieren → Z auf A
5. Testmuster an Eingang ($\underline{x}$) legen und Ausgänge ($\underline{y}$) prüfen

6. ein Clockpuls geben → interne Ausgänge in den FF einlesen
7. Steuersignal aktivieren → Z auf B
8. Scan-out seriell auslesen ($n-1$ Clocks) und prüfen (zugleich kann ein neues Testmuster von Scan-in (mit n Clocks) eingelesen werden)
9. Wiederholung der Schritte 3 bis 8, bis die kombinatorische Logik ausreichend geprüft worden ist (vgl. z. B. [4.21, 4.28, 4.32, 4.35, 4.43] für Algorithmen zur Prüfung kombinatorischer Schaltungen).

4.2.3 Richtlinien für Zugänglichkeit und Auswechselbarkeit

1. Zugangstüren und -klappen in ausreichender Größe und *selbsthaltend* ausführen; die Anwendung *spezieller Werkzeuge meiden*.
2. *Zugänglichkeit* als Funktion der *Zugriffshäufigkeit* planen, Verschleißteile und Prüfpunkte leicht zugänglich machen, Befestigungen schnell lösbar realisieren.
3. *Indirekte Steckverbindungen* bevorzugen; *Reservekontakte* bei Steckverbindungen vorsehen.
4. Rasche *Auswechselbarkeit* ermöglichen, Einschubtechnik anwenden, Führungen anbringen.
5. Fehlerhaften Einbau oder falsche Verbindungen durch *konstruktive Maßnahmen* verhindern.

4.2.4 Richtlinien für Bedienung und Abgleich

1. *Bedienungselemente* standardisieren, klar bezeichnen und *logisch anordnen*.
2. *Ergonomische Aspekte berücksichtigen* (Gestaltung von Konsolen, Anzeigen, Kommunikationsmitteln, Steuermitteln, Handgriffen usw.).
3. *Abläufe* (Betriebsabläufe) *sequentiell anordnen*.
4. Meldungen über *Betriebszustand* sowie von Störungen bzw. Ausfällen *einfach interpretierbar* machen.
5. Jede Form von Abgleich im Feld vermeiden (falls unbedingt notwendig, klare Prozedur festlegen).

4.3 Maßnahmen zur Qualitätssicherung der Software

Die Qualität der Software kann prinzipiell mit den Methoden und Werkzeugen der Qualitätssicherung der Hardware sichergestellt werden. Zu diesen Methoden und Werkzeugen gehören insbesondere die *Verhinderung von Defekten,* das *Konfigurationsmanagement* und die *Qualitätsprüfung.* Allerdings bestehen zwischen der Software und der Hardware so grundsätzliche Unterschiede, z. B. infolge

- viel größere Vielfalt
- keine eigentliche Fertigungsphase
- hohe Arbeitskosten, geringe Materialkosten
- keine Ausfälle, sondern nur Defekte (Fehler)
- stärkere Aussetzung an Änderungen der Spezifikationen
- empfindlich gegenüber Einschränkungen, die von der Hardwareumgebung verursacht werden
- andere Qualitätsmerkmale als für die Hardware,

daß eine *Erweiterung* der Methoden und Werkzeuge der Qualitätssicherung der Hardware notwendig ist.

Eine *erste Aufgabe* der Qualitätssicherung der Software ist die Aufstellung einer *Prioritätenliste der Qualitätsmerkmale,* die für das *betreffende Projekt* relevant sind, dazu kann Tab. 4.3 verwendet werden. Aus dieser Prioritätenliste können gezielte Richtlinien aufgestellt werden, die für das betreffende Projekt als *zwingende Vorschriften* deklariert werden. Als *zweite Aufgabe* ist ein klarer Projektablauf zu definieren, mit umfangreichen *Entwurfsüberprüfungen* (Design Reviews) am Ende jeder Phase, vgl. Tab. 4.4 für das Gerüst eines solchen Ablaufplanes.

Die Anstrengungen, um die Qualität der Software zu verbessern, sind groß und zeigen sich in *Standards* [4.66, 4.64, 4.59] und in *Vorgehensmodellen* [4.57]. Im folgenden sollen die wichtigsten *Ursachen für Defekte* in der Software und allgemein gültige Entwicklungsrichtlinien zur *Verhinderung von Defekten* in der Software und zur *Software-Prüfung* kurz besprochen werden.

4.3.1 Ursachen für Defekte in der Software

Defekte können auf viele Arten und an verschiedenen Stellen während der Entstehung der Software erzeugt oder eingeführt werden. Die folgende Liste faßt wichtige *Ursachen für Defekte* bei der Software zusammen.

1. Bei der Vorstudien und Definition:
   - Mißverständnisse oder Unklarheiten in der Problemstellung

- ungenügende Beachtung von Randbedingungen bezüglich Rechnergröße, Speicherplatz, Rechenzeit, I/O-Einheiten usw.
- ungenaue Definition der Schnittstellen
- zu wenige Beachtung vom Bedürfnis und Ausbildungsniveau des Benutzers.

2. Bei Entwurf, Codierung und Prüfung:
- unvollständige oder unklare Detailspezifikationen
- Fehlinterpretation der Detailspezifikationen
- Unklare Strukturierung der Software
- Unstimmigkeiten in den Algorithmen
- Geschwindigkeitsprobleme
- Fehler bei der Konversion der Daten
- mangelhafte Initialisierung der Software.

3. Bei Integration, Erprobung und Nutzung:
- zu starke Wechselwirkung zwischen den verschiedenen Softwareteilen
- Versehen bei Änderungen oder Korrekturen vorhandener Defekte
- unklare oder unvollständige Dokumentation
- Veränderung der Hardware- und/oder Software-Umgebung
- Auslaufen wichtiger Systemressourcen (dynamischer Speicherplatz usw.).

Die *Behebung* von Defekten wird in der Regel um so aufwendiger, je später diese im Entstehungsprozeß der Software auftreten. Man schätzt, daß zwischen den Phasen Definition, Entwicklung und Integration je etwa ein Faktor 10 an Mehraufwand entsteht. Wenn zudem noch berücksichtigt wird, daß viele Softwaredefekte nur bei bestimmten Kombinationen von Daten und Zuständen auftreten und damit lange Zeit versteckt bleiben können, so wird die Forderung nach *präventiven Maßnahmen* zur Verhinderung von Defekten noch klarer.

4.3.2 Richtlinien zur Verhinderung von Defekten in der Software

1. Bei der Entwicklung von Software *schriftlich* festgelegte *Richtlinien, Verfahren* und *Prozeduren* einhalten (solche Standards legen Qualitätsmerkmale sowie Verfahren fest und sind in der Regel projektspezifisch).
2. *Detailspezifikationen* sorgfältig und unter Berücksichtigung der Strukturierung der Software formulieren (sie sollen vor Beginn der Codierung vorliegen und auch die Schnittstellen definieren).
3. *Höhere Programmiersprachen* bevorzugen (ADA, C, C++ usw.).
4. Vor allem für Großprojekte geeignete *Hilfsmittel* (Tools) für die Programmentwicklung und -überprüfung verwenden.
5. *Strukturierte, objektorientierte Programmierung* anwenden, klaren Programmstil verwenden.

Tabelle 4.3   Wichtigste Qualitätsmerkmale der Software

Qualitätsmerkmale	Definition	Bemerkungen
Benutzer-freundlichkeit (Usability)	Maß für die Anpassung der Software an die Bedürfnisse des Benutzers	Die Bedürfnisse beziehen sich insbesondere auf das Verstehen und das Arbeiten mit der Software
Defektfreiheit (Reliability, besser: Defect-Immunity)	Eigenschaft der Software, eine gegebene, geforderte Funktion unter bestimmten Hardware-Bedingungen störungsfrei auszuführen	Der Begriff »Zuverlässigkeit« sollte vermieden werden; Defektfreiheit kann als Wahrscheinlichkeit ausgedrückt werden
Dokumentation (Documentation)	Gesamtheit der für die Entwicklung, Installation, Benutzung, Änderung und Korrektur der Software notwendigen Dokumente	Bestimmt die langfristige Brauchbarkeit der Software; die Dokumentation muß vollständig und übersichtlich verfaßt werden
Effizienz (Efficiency)	Eigenschaft der Software, den kleinstmöglichen Bedarf an Ausführungszeit, Verweilzeit, Speicherplatz und I/O-Mittel zu haben	Hängt von der Hardware-Umgebung ab; Effizienz ist für Echtzeitprozesse besonders wichtig
Flexibilität (Flexibility)	Eigenschaft der Software, mit dem kleinstmöglichen Aufwand gezielt verändert werden zu können	Veränderungen können von Korrekturen, Modifikationen, Anpassungen usw. herrühren
Integrität (Integrity)	Eigenschaft der Software, gegen unerlaubte Anwendung oder äußere Störungen geschützt zu sein	Der Schutz gilt für die Software und auch für die Daten; Integrität ist für Standardsoftware besonders wichtig
Konsistenz (Consistency)	Eigenschaft der Software, eindeutige Zuordnungen zu besitzen	z. B. Daten $\rightarrow$ Speicher, Funktion $\rightarrow$ Modul usw.
Korrigierbarkeit (Maintainability)	Eigenschaft der Software, mit möglichst kleinem Aufwand korrigiert werden zu können	Oft wird "Wartbarkeit" verwendet; Korrigierbarkeit kann als Wahrscheinlichkeit ausgedrückt werden
Prüfbarkeit (Testability)	Eigenschaft der Software, leicht beurteilt und geprüft werden zu können	Ähnlich wie bei der Hardware wird die Prüfbarkeit in Defekterkennungsgrad, Defektlokalisierungsgrad, Richtigkeit der Prüfergebnisse und Dauer der Prüfung unterteilt
Robustheit (Robustness)	Eigenschaft der Software, bei Defekten, Fehlbedienungen und Überlast stabil zu bleiben	Im übertragenen Sinn versteht man unter Stabilität auch die *Fail-Safe*-Eigenschaft
Übertragbarkeit (Portability)	Eigenschaft der Software, möglichst unabhängig vom Betriebssystem und von der Hardware zu sein	Oft wird "Portabilität" verwendet; Übertragbarkeit ist für Standardsoftware besonders wichtig
Vollständigkeit (Completeness)	Maß für die Fähigkeit, alle geforderten Funktionen zu erfüllen	Sie umfaßt implizite auch die Übereinstimmung mit den Spezifikationen

6. Das Programm in *unabhängigen Modulen* unterteilen, *Top-down*-Vorgehen verwenden, die *Module einzeln prüfbar* machen und *bottom-up integrieren*.
7. Alle durch die *I/O-Mittel* gegebenen Bedingungen berücksichtigen.
8. Struktur und Format der Daten beachten, *automatische Überprüfung der Daten* vorsehen, Programm und Daten gegen *Fehlbedienung, äußere Störungen* und *Überlast* schützen.
9. Die Aspekte der *Prüfbarkeit* (Defekterkennungsgrad, Defektlokalisierungsgrad, Richtigkeit der Prüfergebnisse und Dauer der Prüfung) umfassend berücksichtigen; die Prüfbarkeit durch Verwendung von *Definitionssprachen* (Vienna, RTRL, PSL, IORL usw.) erhöhen.
10. Verständlichkeit und Lesbarkeit der Software durch geeignetes Hinzufügen von *Kommentar* verbessern, Software klar und korrekt *dokumentieren*, hinreichendes *Konfigurationsmanagement* und umfassende *Prüfungen* durchführen.

Für Geräte und Systeme, an welche besonders hohe Anforderungen bezüglich Zuverlässigkeit oder Sicherheit gestellt werden, muß die Software möglichst *störungstolerant* konzipiert werden. Dabei sollen die Defekte erkannt werden und keinen Ausfall verursachen (Wiederholung von Programmteilen, Reinitialisierung der Software usw.). Entsprechende Richtlinien sind in der Regel projektspezifisch festzulegen.

4.3.3 Konfigurationsmanagement

Das *Konfigurationsmanagement* ist für die Hardware und die Software ein wichtiges Werkzeug der *Qualitätssicherung*. Die entsprechenden Methoden sind im Abschnitt 2.4.4 dargelegt. Die dortigen Ausführungen gelten primär für die Hardware, lassen sich aber auf die Software weitgehend übertragen. Besonders wichtig beim Konfigurationsmanagement der Software ist das *Änderungswesen* sowie die Durchführung von *Entwurfsüberprüfungen* (Design Reviews, Walk Throughs). Zudem sind spezielle Softwarehilfen zur Unterstützung des Konfigurationsmanagements in großen Softwareprojekten entwickelt worden, vgl. z.B. IEEE Std 828, 1028, 1045 [4.66].

4.3.4 Software-Prüfung

Die *Prüfung der Software* ist allgemein schwierig, weil schon relativ kleine Programme eine große Anzahl möglicher Zustände und Zustandsfolgen aufweisen. Als Ziel muß deshalb eine Prüfung angestrebt werden, die zwar unvollständig ist, jedoch alle relevanten Fälle bzw. Zustände erfaßt. Eine solche *Prüfstrategie* ist in der Regel projektspezifisch. Die folgenden Richtlinien können ihre Aufstellung erleichtern:

1. Die Prüfung während *Entwurf und Codierung* der Software planen.
2. Geeignete *Hilfsmittel* (Debugger, Coverage-Analyzer, Testgeneratoren usw.) verwenden.
3. Die Prüfung *zuerst auf Modulebene* durchführen, dabei alle Anweisungen, Zweige und logischen Pfade prüfen.
4. Die *Module sukzessiv integrieren* (bottom-up) und mit relevanten Prüfmustern prüfen (zufällige Pattern möglich), die ganze Software in ihrer *endgültigen Hardware- und Software-Umgebung* ausreichend prüfen.
5. Alle entdeckten Defekte umfassend *protokollieren*.

Tabelle 4.4   Prinzipieller Ablaufplan für der Software-Entwicklung

<table>
<tr><th colspan="2">Phase</th><th>Ziele / Aktivitäten</th><th>Eingang (Input)</th><th>Ausgang (Output)</th></tr>
<tr><td colspan="2">Vorstudien</td><td>• Detaillierte Umschreibung und Abgrenzung des Problems
• Überprüfung der Realisierbarkeit</td><td>• Problemstellung
• Randbedingungen bezüglich Rechnergröße, Programmiersprachen, I/O-Möglichkeiten usw.
• Vorstudienauftrag</td><td>• Spezifikationen
• Projektantrag</td></tr>
<tr><td colspan="2">Definition</td><td>• Erarbeiten von möglichen Lösungsvarianten
• Vergleich der Varianten
• Definition der Schnittstellen nach außen
• Überprüfung der Realisierbarkeit</td><td>• Spezifikationen
• Auftrag für die Definitionsphase
• Antrag für die Weiterbearbeitung der geeigneten Lösung</td><td>• Bereinigte Spezifikationen
• Schnittstellenspezifikationen
• Neue Schätzung der Termine und Kosten
• Zustimmung des Benutzers</td></tr>
<tr><td rowspan="2">Entwicklung</td><td>Entwurf, Codierung, Prüfung</td><td>• Erstellung der Detailspezifikationen
• Programmentwurf (Strukturierung der Software)
• Programmerstellung (Codierung)
• Prüfung der einzelnen Module
• Übernahme der Daten</td><td>• Bereinigte Spezifikationen
• Schnittstellenspezifikationen
• Auftrag für Entwurf, Codierung und Prüfung</td><td>• Software mit geprüften Modulen
• Überprüfte I/O-Mittel</td></tr>
<tr><td>Integration, Erprobung</td><td>• Integration und Erprobung der ganzen Software
• Erstellung der Dokumentation</td><td>• Software mit geprüften Modulen
• Überprüfte I/O-Mittel</td><td>• Fertiggestellte und erprobte Software
• Kundenspezifikationen
• Vollständige Dokum.</td></tr>
<tr><td colspan="2">Nutzung</td><td>• Benutzung/Einsatz der Software
• Unterhalt der Software</td><td>• Fertiggestellte und erprobte Software
• Kundenspezifikationen
• Vollständige Dokum.</td><td></td></tr>
</table>

5 Qualifikation elektronischer Bauteile und Geräte

Mit der *Qualifikationsprüfung* wird über die Eignung einer bestimmten Betrachtungseinheit (Bauteil oder Gerät in diesem Kapitel) für eine gegebene Anwendung entschieden. Sie ist ein Teil eines *Freigabeverfahrens* (Prototypenfreigabe bei einem Hersteller, Freigabe innerhalb der Firma zur Verwendung in Geräten und Systemen für einen Anwender). Eine Qualifikationsprüfung umfaßt grundsätzlich eine *Charakterisierung* sowie *Umweltprüfungen, Zuverlässigkeitsprüfungen* und *Ausfallanalysen*. In diesem Kapitel wird die Qualifikation von komplexen integrierten Schaltungen (ICs) als Beispiel für solche Prüfungen eingehend behandelt. Manche dieser Überlegungen können auf Geräte- und Systemebene übertragen werden, allerdings unter Berücksichtigung allfälliger Einschränkungen, verursacht durch die Prüfeinrichtungen. Auf Qualifikationsprüfungen für Geräte wird im Kapitel 7 eingegangen. Für die statistischen Aspekte der Qualitäts- und Zuverlässigkeitsprüfungen wird auf Kapitel 6 verwiesen.

5.1 Auswahlkriterien für elektronische Bauteile

Die Zuverlässigkeitsanalysen zeigen (Abschnitt 3.1.3), daß die Ausfallrate einer Betrachtungseinheit ohne Redundanz gleich der Summe der Ausfallraten ihrer Elemente ist. Zur Erreichung einer hohen Zuverlässigkeit auf Systemebene ist deshalb der Wahl von Bauteilen und Stoffen große Bedeutung beizumessen. Voraussetzung für eine solche Wahl sind möglichst genaue Kenntnisse über

- die *vorgesehene Anwendung*: geforderte Funktion, Umweltbedingungen, Zuverlässigkeitsziele, Sicherheitsziele
- die *Eigenschaften des Bauteils bzw. Stoffes*: Technologie, Grenzdaten, Belastbarkeit sowie Langzeitverhalten der Leistungsparameter
- Möglichkeiten für zeitraffende Prüfungen
- die Resultate früherer Qualifikationsprüfungen

- Erfahrungswerte aus ähnlichen Bauteilen und Stoffen
- Möglichkeiten für Unterlastung und Vorbehandlung
- mögliche *Entwicklungsprobleme*: Empfindlichkeit der Leistungsparameter, Störanfälligkeit, Schnittstellenprobleme
- Einschränkungen bezüglich Standardisierung
- mögliche *Fertigungsprobleme*: Verarbeitung, Prüfung, Montage, Lagerung usw.
- *Beschaffungsbedingungen*: Kosten, Termine, Zweitlieferant, langfristige Beschaffung, Einstufung der Hersteller bezüglich Qualität und Zuverlässigkeit.

In der Praxis ist zwischen obigen Forderungen ein *Kompromiß* zu suchen. Eine Übersicht über die Technologie-Eigenschaften der üblichen elektronischen Bauteile ist in Tab. 5.1 gegeben.

5.2   Qualifikation elektronischer Bauteile

Mit der *Qualifikationsprüfung* wird über die Eignung eines bestimmten Bauteils für eine gegebene Anwendung entschieden. Sie wird in der Regel als Teil eines *Freigabeverfahrens* durchgeführt. Für den Hersteller betrifft dies die Freigabe der Prototypen zur Serienfertigung. Für den Anwender geht es um die Aufnahme des betreffenden Bauteils in die *Liste der qualifizierten Bauteile* (QPL). Ein solches Freigabeverfahren wird bei jeder neuen Technologie oder bei wichtigen Änderungen angewandt. Darüber hinaus werden periodisch *Requalifikationen* durchgeführt, um die Kontinuität bezüglich Qualität und Zuverlässigkeit sicherzustellen.

Die Qualifikationsprüfung eines elektronischen Bauteils umfaßt eine *Charakterisierung*, *Umwelt-* und *Spezialprüfungen* sowie *Zuverlässigkeitsprüfungen*. Im Hinblick auf die Untersuchung der auftretenden Ausfallmechanismen ist sie durch eine eingehende *Ausfallanalyse* zu unterstützen. Für den Anwender besteht damit die Qualifikation eines elektronischen Bauteils aus folgenden Schritten:

1. Festlegung der Anwendung
2. Durchführung der Charakterisierung
3. Durchführung der Umwelt- und Spezialprüfungen
4. Durchführung der Zuverlässigkeitsprüfungen
5. Durchführung von Ausfallanalysen
6. Beurteilung der Beschaffungsbedingungen (Kosten, Termine, Zweitlieferant, Hersteller- bzw. Lieferantenqualifikation).

Der Umfang der einzelnen Schritte hängt von der *Bedeutung des Bauteils* ab und von der *Erfahrung*, die man in früheren Prüfungen gemacht hat. Für die Festlegung der Umweltprüfungen kann man sich in der Regel auf etablierte Normen [5.9, 5.5, 5.6, 5.11] stützen.

Ein Beispiel für eine *umfassende Qualifikationsprüfung* für ICs in *Kunststoffgehäusen* ist in Bild 5.1 gegeben.

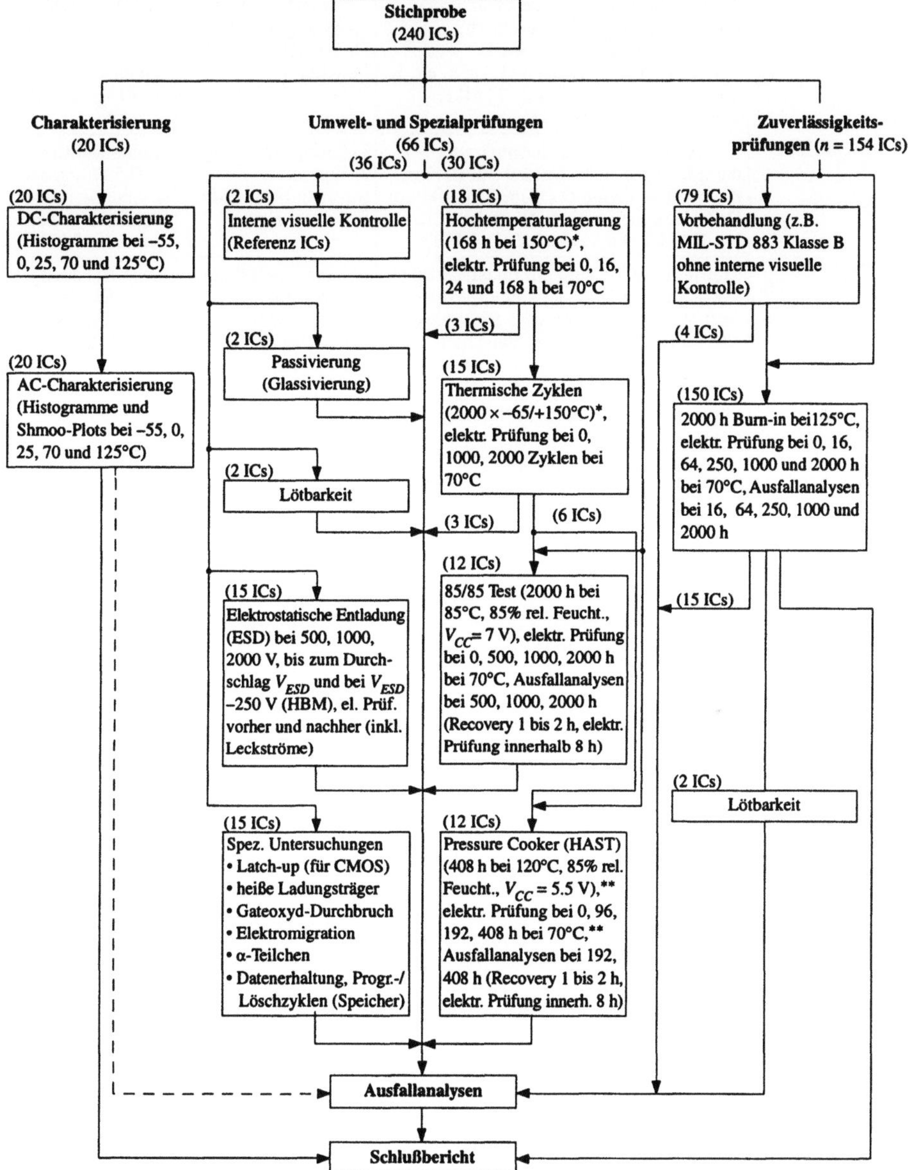

Bild 5.1   Qualifikationsprüfung für ICs in *Kunststoffgehäusen* ($\lambda_2 = \lambda_1 A \approx 10^{-5} \mathrm{h}^{-1}$, Umweltbed. G_M in Tab. 3.3),   *150°C bei Epoxy und 175°C bei Silikon, **1000 h bei Si_3N_4-Glassivierung

Tabelle 5.1   Technologie-Eigenschaften der üblichen elektronischen Bauteile

Bauteil	Technologie, Eigenschaften	Empfindlich auf	Anwendungsbereich
Feste Widerstände			
• Kohleschicht	Auf Keramikstäbchen bei hoher Temperatur aufgebrachte Schicht kristalliner Kohle; ±5% üblich; mittelgroßer TK; rel. kleine D (−1 bis +4%); Ausfallart: U, Drift, ev. K; großes Rauschen; $1\,\Omega$ bis $22\,M\Omega$; kleine λ (0.2 bis 0.4 FIT)	Leistungsbelastung; Temperatur; Überspannung; Frequenz ($> 50\,MHz$); Feuchtigkeit	Kleine Belastung ($< 1\,W$); nicht zu hohe Temperatur ($< 85°C$) und Frequenz ($< 50\,MHz$)
• Metallfilm	Auf Aluminiumoxid-Keramik aufgedampfte NiCr-Schicht; ±0.5% üblich; kleiner TK; kleine D (±1%); Ausfallart: Drift, U, ev. K; kleines Rauschen; $10\,\Omega$ bis $2.4\,M\Omega$; kleine λ (0.2 bis 1 FIT)	Leistungsbelastung; Temperatur; Stromspitzen; ESD; Feuchtigkeit	Kleine Belastung ($< 0.5\,W$); große Genauigkeit und Stabilität; hohe Frequenz ($< 500\,MHz$)
• Draht	Meistens NiCr-Draht auf Glasfaserträger (ev. Keramikträger) gewickelt; Präzision (±0.1%) oder Leistung (±5%); kleiner TK; Ausfallart: U, ev. K zwischen benachbarten Windungen; kleines Rauschen; $0.1\,\Omega$ bis $250\,k\Omega$; mittelgroße λ (2 bis 4 FIT)	Leistungsbelastung; Temperatur; Überspannung; mechanische Belastung (Draht $< 25\,\mu m$); Feuchtigkeit	Hohe Belastung; große Stabilität; kleine Frequenz ($< 20\,kHz$)
• Thermistoren (NTC, PTC)	NTC: Aus Metalloxiden gepreßte und bei hoher Temperatur gesinterte Stäbchen mit großem negativem TK ($TK \sim 1/T^2 \approx 3$ bis $6\%/°C$ bei $25°C$); λ wie für PTC; PTC: Keramische ($BaTiO_3$ oder $SrTiO_3$) mit Metallsalzen), bei hoher Temperatur gesinterte Substanzen mit starker Widerstandserhöhung (10^3 bis 10^4) innerhalb $50°C$; mittelgroße (5 bis 50 FIT)	Thermischer Durchbruch (NTC); Strom- und Spannungsbelastung; Feuchtigkeit	NTC: Kompensation, Regelung, Stabilisierung; PTC: Temperaturfühler, Überlastschutz usw.
Veränderliche Widerstände			
• Cermetpotentiometer, Cermettrimmer	Auf Keramikstäbchen als Dickschicht aufgetragene und bei etwa $800°C$ eingebrannte Metallglasur (oft Rutheniumoxid); üblich ±10%; schlechte Linearität (5%); mittelgroßer TK; Ausfallart: Lokaler Verschleiß, Drift, U; rel. großes Drehrauschen (nimmt mit der Alterung zu); $20\,\Omega$ bis $2\,M\Omega$; mittelgroße λ (10 bis 50 FIT)	Leistungsbelastung; Strombelastung; Frittspannung ($< 1.5\,V$); Temperatur; Vibrationen; Lärm; Staub; Feuchtigkeit; Frequenz (Draht)	Nur einsetzen, wenn eine Regelmöglichkeit während des Betriebs erforderlich ist; für Prüfabgleiche feste Widerstände vorziehen; Belastbarkeit proportional zum verwendeten Widerstandsteil
• Drahtpotentiometer, Drahttrimmer	CuNi- oder NiCr-Draht auf Keramik-Ringkörper oder -Zylinderkörper (Spindelwiderstand) gewickelt; üblich ±10%; gute Linearität (1%); Präzision oder Leistung; kleiner, nichtlinearer TK; kleine D; Ausfallart: lokaler Verschleiß, U; relativ kleines Drehrauschen; $10\,\Omega$ bis $50\,k\Omega$; mittelgroße λ (1 bis 100 FIT)		

Tabelle 5.1 (Forts.)

Bauteil	Technologie, Eigenschaften	Empfindlich auf	Anwendungsbereich
Kondensatoren • Folien KS, KP, KT, KC	Wickelkondensatoren mit Kunststoff-folie (K) aus Polystyrol (S), Polypropylen (P), Polyethylenterephthalat (T) oder Polycarbonat (C) als Dielektrikum und Al-Folie als Belag; sehr kleiner Verlustfaktor (S, P, C); Ausfallart: K, Drift; pF bis μF; kleine bis mittelgroße λ (2 bis 5 FIT)	Spannungsbelastung; Impulsbelastung (T, C); Temperatur (S, P); Feuchtigkeit[*] (S, P); Reinigungsmittel (S)	Enge C-Toleranzen; hohe Stabilität (S, P); kleiner Verlustfaktor (S, P); definierter Temperaturkoeffizient
• Folien MKP, MKT, MKC, MKU	Wickelkondensatoren mit metallisierter Folie (MK) aus Polypropylen (P), Polyethylenterephthalat (T), Polycarbonat (C), Celluloseacetat (U); selbstheilend; kleiner Verlustfaktor; Ausfallart: U, K; nF bis μF; kleine bis mittelgroße λ (2 bis 5 FIT)	Spannungsbelast.; Frequenz (T, C, U); Temperatur (P); Feuchtigkeit[*] (P, U)	Hohe Kapazitätswerte; kleiner Verlustfaktor; rel. tiefe Frequenzen (< 20 kHz für T, U)
• Folien MP, MKV	Wickelkondensatoren mit metallisiertem Papier (MP) und zusätzlicher Polypropylenfolie als Dielektrikum (MKV); selbstheilend; kleiner Verlustfaktor; Ausfallart: K oder Drift; $0.1\,\mu$F bis mF; kleine bis mittelgroße λ (2 bis 5 FIT)	Spannungsbelastung und Temperatur (MP); Feuchtigkeit	Kopplung, Glättung, Stützung (MP); Schwingkreise, Kommutierung, Bedämpfung (MKV)
• Keramik	Oft als Vielschichtkondensatoren mit metallisierten Keramikschichten durch Sintern bei hoher Temperatur und kontrolliertem Brennprozeß hergestellt (Klasse 1: $\varepsilon_r < 200$, Klasse 2: $\varepsilon_r \geq 200$); sehr kleiner Verlustfaktor (Klasse 1); Temperaturkompensation (Klasse 1); hohe Resonanzfrequenz; Ausfallart: K, U; pF bis μF; kleine λ (0.3 bis 3 FIT)	Spannungsbelast.; Temperatur (bereits beim Löten); Feuchtigkeit[*]; Alterung bei hoher Temperatur (Kl. 2)	Klasse 1: hohe Stabilität, kleine Verluste, geringe Alterung; Klasse 2: Kopplung, Glättung, Stützung usw.
• Tantal (trocken)	Aus einem porösen, oxidierten Zylinder (gesintertes Tantalpulver) als Anode mit Mangandioxid als Elektrolyt und einem metallischen Mantel als Kathode hergestellt; gepolt; mittelgroßer, frequenzabhängiger Verlustfaktor; Ausfallart: K, Drift; $0.1\,\mu$F bis mF; mittelgroße λ (5 bis 10 FIT, 20 bis 40 für Tropfen)	Falschpolung; Spannungsbelastung; Wechselstromwiderstand der Schaltung (Z_0); Temperatur; Frequenz (> 1 kHz); Feuchtigkeit*	Rel. hohe Kapazität pro Volumeneinheit; hohe Anforderung bezüglich Zuverlässigkeit; $Z_0 \geq 2\,\Omega/$V am Kondensator
• Aluminium (naß)	Wickelkondensatoren mit oxidiertem Al-Belag (Anode und Dielektrikum) und leitendem Elektrolyt (Kathode); erhältlich auch mit zwei formierten Folien (ungepolt); großer, frequenz- und temperaturabhängiger Verlustfaktor; Ausfallart: Drift, U; μF bis 200 mF; mittelgroße bis große λ (10 bis 50 FIT); begrenzte Brauchbarkeitsdauer (Funktion der Welligkeit)	Falschpolung (falls gepolt); Spannungsbelastung; Temperatur; Reinigungsmittel (Halogen); Lagerzeit; Frequenz (> 1 kHz); Feuchtigkeit*	Sehr hohe Kapazität pro Volumeneinheit; unkritische Anwendungen bezüglich Stabilität; rel. tiefe Umgebungstemperatur (0 bis 55°C)

Tabelle 5.1   (Forts.)

Bauteil	Technologie, Eigenschaften	Empfindlich auf	Anwendungsbereich
Dioden (Si) • Mehrzweck	PN-Übergang aus hochreinem Si durch Diffusion oder Legierung hergestellt; die Wirkungsweise beruht auf der Rekombination der Minoritatsträger in den Bahngebieten; Ausfallart: K, U; kleine λ (1 bis 2 FIT, 10 bis 20 FIT für Leistungsdioden ($\theta_J = 100°C$))	Durchlaßstrom; Sperrspannung; Temperatur; Transienten; Feuchtigkeit[*]	Signaldioden (analog, Schalter); Gleichrichter; schnelle Schaltdioden (Schottky, Avalanche)
• Zener	Stark dotierter PN-Übergang (Ladungsträgererzeugung im starken el. Feld und rasche Zunahme des Sperrstroms bei kleinen Sperrspannungen); Ausfallart: K, U, D; rel. kleine λ (2 bis 4 FIT, 50 bis 100 FIT für Spannungs-Referenz ($\theta_J = 100°C$))	Leistungsbelastung; Temperatur; Feuchtigkeit[*]	Niveauregelung; Spannungsreferenz; ($\pm5\%$ Drift zulassen)
Transistoren • Bipolare	PNP- bzw. NPN-Übergang in Planartechnik hergestellt (Diffusion oder Ionenimplantation); Ausfallart: K, U, Drift, thermische Ermüdung für Leistungstransistoren; kleine λ (2 bis 4 FIT, 20 bis 40 FIT für Leistungstransistoren ($\theta_J = 100°C$))	Leistungsbelastung; Temperatur; Durchbruchspannung (VBCEO, VBEBO); Feuchtigkeit[*]	Schalter, Verstärker, Leistungsstufen; ($\pm20\%$ Drift zulassen, +500% für I_{CBO}
• FET	Spannungsgesteuerter Halbleiterwiderstand, mit Steuerung über Diode (JFET) oder isolierender Schicht (MOSFET); die Wirkungsweise beruht auf der Majoritätsträgerbewegung; N- oder P-Kanal; Anreicherungs- oder Verarmungstyp (MOSFET); Ausfallart: Drift, K, U; mittelgroße λ (3 bis 6 FIT, 30 bis 60 FIT für Leistungstransistoren ($\theta_J = 100°C$))	Leistungsbelastung; Temperatur; Durchbruchspannung; ESD; Bestrahlung; Feuchtigkeit[*]	Schalter (MOS) und Verstärker (JFET) für hochohmige Schaltungen; ($\pm20\%$ Drift zulassen)
Steuerbare Gleichrichter • Thyristoren, Triacs	NPNP-Übergang mit schwach dotierten inneren Zonen (P, N), der durch einen Steuerimpuls gezündet werden kann (Thyristor), bzw. spezielle Antiparallelschaltung zweier Thyristoren mit nur einem Zündkreis (Triac); Ausfallart: Drift, K, U; mittelgroße λ (25 bis 100 FIT für $I_N = 1$ bis 5A)	Temperatur; Sperrspannung; Spannungs- und Stromsteilheit; Kommutierungseffekte; Feuchtigkeit[*]	Gesteuerte Gleichrichter; harte Steuerung; Überspannungs- u. Überstromschutz vorsehen; ($\pm20\%$ Drift zulassen)
Opto-Halbleiter • LED, IRED, Fotoelemente, Optokoppler usw.	Elektrisch/optischer bzw. optisch/elektrischer Wandler mit fotoempfindlichen Halbleiterbauteilen hergestellt; Sender (LED, IRED, Laserdioden usw.), Empfänger (Fotowiderstände, Fototransistoren, Solarzellen usw.), Optokoppler, Anzeigen; Ausfallart: U, Drift, K; mittelgroße λ (2 bis 200 FIT); beschr. Anwendungsd.	Temperatur (0.7 bis 1.2 eV); Strombelastung; ESD; Feuchtigkeit[*]; mech. Belastung	Anzeige; Sensortechnik; galvanische Trennung; Störunterdrückung; ($\pm30\%$ Drift zulassen)

Tabelle 5.1   (Forts.)

Bauteil	Technologie, Eigenschaften	Empfindlich auf	Anwendungsbereich
Digitale ICs • Bipolar	Monolithische ICs mit bipolaren Transistoren (TTL, ECL, I^2L); wichtige TTL: Standard TTL (10 mW, 10 ns, 1.2 V), S TTL (20 mW, 3 ns, 1.1 V), LS TTL (2 mW, 10 ns, 1 V) AS TTL (6 mW, 2 ns, 1.3 V) und ALS TTL (1 mW, 3 ns, 1.8 V); $V_{CC} = 4.5$ bis 5.5 V; $Z_{aus} < 150\,\Omega$ für beide Zustände; kleine bis mittelgroße λ (2 bis 6 FIT für SSI/MSI, 20 bis 200 FIT für LSI)	Speisespannung; Störungen (>1 V); Temperatur (0.5 eV, allg. $\theta_J \leq 175°C$, $\leq 200°C$ für SOI); ESD; Flankensteilheit; Feuchtigkeit[*]	Schnelle bis sehr schnelle Logik (LS TTL bis 35 MHz, ECL bis über 500 MHz) bei unkritischem Leistungsverbrauch; rel. hohe kapazit. Belastung
• MOS	Monolitische ICs mit MOS-Transistoren, vorwiegend N-Kanal vom Anreicherungstyp, früher auch P-Kanal; oft TTL-kompatibel und daher $V_{DD} = 4.5$ bis 5.5 V (100 µW, 10 ns): sehr große Z_{ein}; mittelgroße Z_{aus} (1 bis 10 kΩ); mittelgroße bis große λ (50 bis 300 FIT für LSI/VLSI)	ESD; Störungen (>2 V); Temperatur (0.4 eV, allg. $\theta_J \leq 175°C$); Flankensteilheit; Bestrahlung; Feuchtigkeit[*]	Speicher und Mikroprozessoren (≤ 20 MHz); hochohmige Quellenimpedanz; kleine kapazitive Belastung
• CMOS	Monolitische ICs mit komplementären MOS-Transistoren vom Anreicherungstyp; $V_{DD} = 3$ bis 18 V; Leistungsverbrauch $\sim$ f (10 µW bei 10 kHz, $V_{DD} = 5$ V, $C_L = 50$ pF); Verzögerungszeit $\sim C_L$ und abhängig von V_{DD} (60 ns bei $V_{DD} = 5$ V und $C_L = 15$ pF); schnelle CMOS (HCMOS, HCT) für 2 bis 6 V mit 6 ns bei 5 V und 20 µW bei 10 kHz; großer stat. Störabstand (0.4 V_{DD}); ehr große Z_{ein}; mittelgroße Z_{aus} (0.5 bis 5 kΩ); kleine bis mittelgroße λ (2 bis 6 FIT für SSI/MSI, 20 bis 200 FIT für LSI/VLSI)	ESD; Latch-up; Temperatur (0.4 eV, allg. $\theta_J \leq 175°C$, $\leq 125°C$ für Speicher allg.); Flankensteilheit; Störungen ($> 0.4\,V_{DD}$); Bestrahlung; Feuchtigkeit[*]	Geringer Leistungsverbrauch; hoher Störabstand; relativ kleine Frequenz (10 MHz CMOS, 50 MHz HCMOS); hochohmige Quellenimpedanz; kleine kapazitive Belastung
Analoge ICs • Operationsverstärker, Komparatoren, Spannungsregler usw.	Monolitische ICs mit bipolaren und/oder FET-Transistoren zur Verarbeitung analoger Signale (Operationsverstärker, spezielle Verstärker, Komparatoren, Spannungsregler usw.); bis zu etwa 200 Transistoren; oft in Metallgehäusen; mittelgroße bis große λ (3 bis 300 FIT)	Temperatur (0.6 eV, allg. $\theta_J \leq 175°C$, $\leq 125°C$ für LP); Eingangsspannung; Laststrom; Bestrahlung (FET); Feuchtigkeit[*]	Signalverarbeitung; Spannungsregelung; kleiner bis mittelgroßer Leistungsverbrauch;($\pm 20\%$ Drift zulassen)
Hybride ICs • Dickschicht, Dünnschicht	Zusammenschaltung von Chipbauteilen (ICs, Transistoren, Dioden, Kondensatoren) auf einem Dickschicht- oder Dünnschicht-Substrat mit aufgebrachten Widerständen und Verbindungen; Umfang des Substrats 2 bis 10 cm; mittelgroße bis große λ (meistens durch die Chipbauteile bestimmt)	Fertigungsqualität; Temperatur; mech. Belastung; Feuchtigkeit[*]	Kompakte und zuverlässige Bauweise (Avionik, Meßtechnik, Übertragungstechnik usw.); ($\pm 20\%$ Drift zulassen)

D = Drift (in der Regel nach 10 000 h bei 125°C); ESD = elektrostatische Entladung; K = Kurzschluß;

TK = Temperaturkoeff.; U = Unterbrechung; λ in 10^{-9} h^{-1} (FIT) für $\theta_A = 35°C$, $\pi_E = 1$, $\pi_Q = 1$)

[*]nicht-hermetisches Gehäuse

Wie aus Bild 5.1 hervorgeht, berücksichtigen die Umwelt- und Spezialprüfungen sämtliche durch die gegebene Anwendung bestimmten elektrischen, thermischen und klimatischen Belastungen. Die Festlegung der Anzahl ICs für die Zuverlässigkeitsprüfungen stützt sich prinzipiell auf die Gln. (3.5) bzw. (6.51), allerdings unter Berücksichtigung, daß das Burn-in ohne mechanische Belastungen erfolgt. Die Aktivierungsenergie kann mit Hilfe der Tabelle 5.5 geschätzt werden. In Bild 5.1 gilt für die Ausfallrate während des Burn-in $\lambda_2 = \lambda_1 A \approx 10^{-5}\,\mathrm{h}^{-1}$, damit werden $\lambda_2\,nt \approx 3$ Ausfälle erwartet (für eine eingehende Ausfallanalyse sind 3 bis 6 Ausfälle notwendig). Die Kosten für eine Qualifikationsprüfung gemäß Bild 5.1 (mit zwei bis drei Herstellern als Vergleichsstudie) liegen für ein VLSI-IC bei etwa 50 000 DM, zuzüglich 30 000 bis 60 000 DM, falls die Prüfsoftware für die Charakterisierung erstellt werden muß. Über solche Qualifikationsprüfungen liegen umfangreiche praktische Erfahrungen vor, vgl. z. B. [5.2 (1989, 1993), 5.7, 5.14, 5.15].

5.2.1　Elektrische Prüfung komplexer ICs

Die elektrische Prüfung von LSI- und VLSI-ICs erfolgt in drei Schritten:

1. Kontaktprüfung
2. Funktionsprüfung und Prüfung der dynamischen Parameter (AC)
3. Prüfung der Gleichstromparameter (DC).

Mit der *Kontaktprüfung* wird festgestellt, ob alle Verbindungen zum Chip in Ordnung sind (kein Kurzschluß und keine Unterbrechung). Dafür werden zuerst alle Pins geerdet. Jeweils ein Pin wird mit etwa $-100\,\mu\mathrm{A}$ belastet und die sich aufbauende Spannung gegen Masse gemessen. Für alle üblichen Input- und Output-Pins muß diese Spannung zwischen etwa -0.1 und -1.5 V liegen. Bei der *Funktions- und AC-Prüfung* wird die Wahrheitstabelle (in der Regel ein Teil davon) unter Berücksichtigung der Laufzeiten überprüft. Testfrequenzen bis zu 600 MHz sind heutzutage möglich. Bild 5.2 zeigt das Prinzip der Messung. Der Vergleich zwischen dem erwarteten und dem tatsächlichen Output erfolgt zu einem definierten Zeitpunkt. Durch Verschiebung dieses Zeitpunkts (mit etwa 20 ps Auflösung)

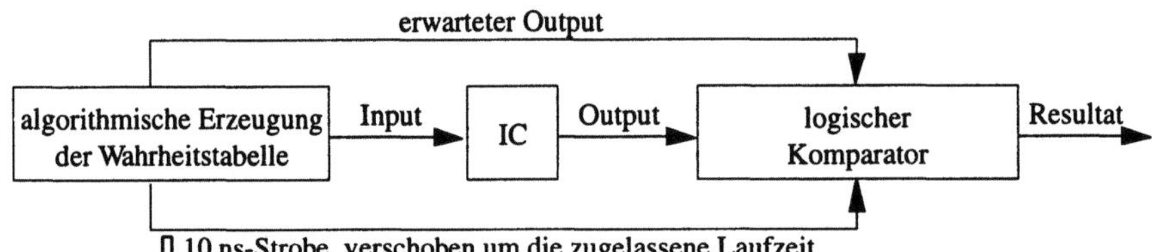

Bild 5.2 Prinzip der Funktions- und AC-Prüfung von LSI- und VLSI-ICs

können die Zeitparameter erfaßt werden. Die Genauigkeit der Messung liegt z. Zt. etwa bei 200 ps. Trotz der algorithmischen Erzeugung der Wahrheitstabelle können im Falle von LSI- und VLSI-ICs nur ein Bruchteil der möglichen Zustände und Zustandsfolgen geprüft werden (für einen Speicher mit n Zellen sind z. B. bis zu n^2 Zustände bei n! Adreßfolgen möglich, was für $n = 50$ etwa 10^{80} Prüfschritte erfordern würde). Bei solchen Prüfungen müssen deshalb Einschränkungen gemacht werden. Dies hat zur Folge, daß für die *Optimierung* der Funktionsprüfung in der Regel Kenntnisse über die spezifischen Anwendungen der ICs notwendig sind. Dieses Problem existiert nicht für SSI- und MSI-ICs. Für diese wird zudem oft auf die Verifizierung der Laufzeiten verzichtet, weil wegen der beschränkten logischen Tiefe praktisch alle aktiven Elemente von den Pins aus gemessen werden können. Die *Prüfung der Gleichstromparameter* erfolgt einfach mit Hilfe einer Stromquelle- oder einer Spannungsquelle, die zwischen den Pins kommutiert wird; die sich aufbauenden Spannungen resp. Ströme werden gemessen.

5.2.2 Charakterisierung komplexer ICs

Die *Charakterisierung* ist eine parametrische, experimentelle Untersuchung der elektrischen Eigenschaften eines Bauteils (IC im Bild 5.1). Sie erlaubt die Bestimmung der Einflüsse der verschiedenen Parameter (Speisespannung, Eingangsschwellen, Frequenz, Temperatur usw.) auf die Funktionstüchtigkeit des Bauteils sowie die Entdeckung entsprechender Schwachstellen und kritischer *Testmuster* (Test Patterns). Die Resultate dienen der Optimierung der Prüfsoftware für eine (all-

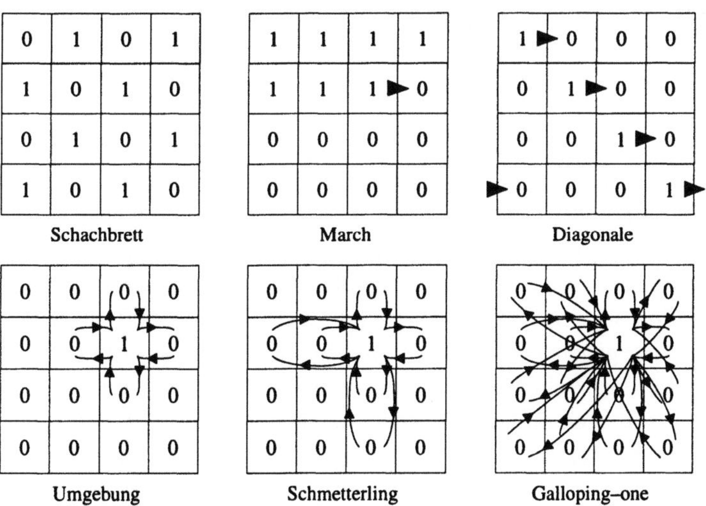

Bild 5.3 Testmuster zur Prüfung von Speichern (vgl. Tab. 5.2)

Tabelle 5.2 Qualitativer Einfluß verschiedener Testmuster auf die wichtigsten Defektarten statischer RAMs und approximative Prüfzeit für ein 128 K × 8 statisches RAM (100 ns)

Testmuster	Funktion		Dyn. Parameter		Prüfschritte	Approx. Prüfzeit [s]	
	D, H, K, U	C*	A, RA	C**		Bit. Adr.	Wort.Adr.
Schachbrett	mittel	gering	—	—	$4n$	—	0.05
March	gut	gering	gering	—	$5n$	—	0.06
Diagonale	gut	mittel	gering	gering	$10n$	1	0.13
Umgebung	gut	gut	mittel	mittel	$26n - 16\sqrt{n}$	27	0.34
Schmetterling	gut	gut	gut	mittel	$8n^{3/2} + 2n$	$8 \cdot 10^3$	38
Galloping-one	gut	gut	gut	gut	$4n^2 + 6n$	$4 \cdot 10^5$	$7 \cdot 10^3$

A = Adressierung, C = kap. Kopplung, D = Dekoder, H = Halten auf 0 bzw. auf 1, K = Kurzschl.,
RA = Leserverst.-Erholungszeit, U = Unterbr.
*Testmuster abhängig, **Testmuster und Niveau abhängig

fällige) Eingangsprüfung der Serienbauteile. Eine Charakterisierung wird stets bei drei bis fünf verschiedenen Temperaturen und mit mehreren Testmustern durchgeführt. Letzteres trifft insbesondere für Speicher zu. Bild 5.3 zeigt einige einfache *Testmuster für Speicher*. Für die Testmuster aus Bild 5.3 gibt Tab. 5.2 eine qualitative Beurteilung der *Entdeckungswahrscheinlichkeit* und die approximative Prüfdauer für ein 128 K × 8 statisches RAM an. Genaue quantitative Angaben über die Entdeckungswahrscheinlichkeit der verschiedenen Testmuster sind wenig bekannt. Wie Tab. 5.2 zeigt, hängt die Prüfdauer stark vom Testmuster ab. Prüfzeiten über 10 s pro Testmuster sind aber auch für eine Charakterisierung lang, weil die einzelnen Muster mehrere tausend Mal wiederholt werden müssen. Untersuchungen zur Optimierung des Prüfaufwands sind Gegenstand von Forschungsarbeiten, vielversprechend sind *pseudozufällige* Testmuster vom Typ Umgebung (Bild 5.3).

Ein wichtiges Werkzeug für die Charakterisierung ist der *Shmoo-Plot*. Ein Shmoo-Plot ist die Darstellung in einem kartesischen Koordinatensystem des Arbeitsbereichs eines ICs als Funktion von zwei Parametern. Als Beispiel zeigt Bild 5.4 die Shmoo-Plots eines 128 K × 8 statischen RAM für zwei verschiedene Testmuster *Diagonale* und *Schmetterling*, jeweils bei 0°C (•) und bei 70°C (×) [5.7]. Für die Aufnahme der Shmoo-Plots von Bild 5.4 wurde das entsprechende Testmuster für jede Kombination von Speisespannung und Zugriffszeit $31 \cdot 60 = 1860$ mal wiederholt. Tritt bei der gegebenen Kombination kein Defekt auf, so wird auf dem Shmoo-Plot ein • oder ein × eingetragen. Wie aus Bild 5.4 ersichtlich ist, besteht beim untersuchten Speicher eine dynamische (kapazitive) Kopplung zwischen benachbarten Zellen (das Testmuster Schmetterling ist auf diese Art von Defekten empfindlicher als das Testmuster Diagonale). Die Form eines Shmoo-Plots hängt vom Bauteil und vom Testmuster ab. Für die statistische Auswertung von Shmoo-

Plots wird in der Regel nicht mit Histogrammen, sondern mit *Composite Shmoo-Plots* operiert. In einem Composite Shmoo-Plot wird für jeden festen Wert der Ordinate die empirische Verteilungsfunktion der Abszissenwerte in Schritten von 10% eingetragen.

Da es bei einem komplexen ICs nicht möglich ist, alle Zustände zu prüfen, ist zur *Optimierung* des Prüfaufwands und zur richtigen Interpretation der Prüfresultate eine enge Zusammenarbeit zwischen Bauteilanwender und Testingenieur wichtig.

Die Messung der *Gleichstromparameter* stellt für digitale ICs (abgesehen von kleinen Eingangsströmen im pA-Bereich) keine Schwierigkeit dar. Die IC-Anschlüsse werden einzeln sequentiell in den jeweils gewünschten Zustand gebracht und dann mit einer Stromquelle zur Messung einer Spannung (V_{OH}, V_{OL}, V_{IH}, V_{IL} usw.) bzw. mit einer Spannungsquelle zur Messung eines Stroms (I_{DD}, I_{OH}, I_{OL}, I_{IH}, I_{IL} usw.) gespeist. Tabelle 5.3 zeigt als Beispiel Resultate für einen CMOS-Kundenschaltkreis mit Schmitt-Trigger am Eingang.

5.2.3 Umwelt- und Spezialprüfungen

Umwelt- und Spezialprüfungen dienen der Untersuchung des Bauteilverhaltens unter erhöhten Belastung. Dabei handelt es sich oft um *zerstörende* Prüfungen. Eine *Ausfallanalyse* nach jeder Beanspruchung ist zur Erfassung der *Ausfallmechanismen* wichtig (Abschnitt 5.3). Art und Umfang der Umwelt- und Spezialprüfungen hängen von der vorgesehenen Anwendung ab. Im folgenden sollen die Prüfungen gemäß Bild 5.1 kurz beschrieben werden:

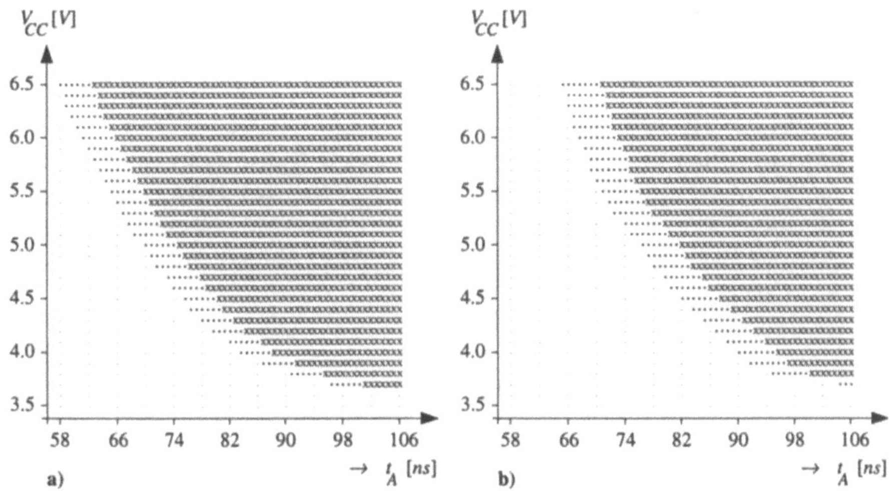

Bild 5.4 Shmoo-Plots eines $128\,K \times 8$ statischen RAM für zwei Testmuster (Diagonale und Schmetterling) bei 0°C und bei 70°C

Tabelle 5.3 DC-Parameter einer CMOS-IC mit Schmitt-Trigger am Eingang (40 Pins, 20 ICs)

		25°C			70°C		
V_{DD})		12 V	15 V	18 V	12 V	15 V	18 V
I_{DD}) (µA)	min	310	410	560	260	340	470
	M	331	435	588	270	358	504
	max	340	450	630	290	390	540
V_{0H}) (V)	min	11.04	14.16	17.24	10.96	14.12	17.16
($I_{0H} = 2.4$ mA)	M	11.14	14.25	17.32	11.03	14.15	17.24
	max	11.20	14.33	17.40	11.12	14.20	17.32
V_{0L} (V)	min	0.40	0.36	0.32	0.44	0.24	0.32
($I_{0L} = 2.4$ mA)	M	0.47	0.42	0.38	0.52	0.45	0.41
	max	0.52	0.44	0.44	0.60	0.52	0.48
V_{Hyst} (V)	min	2.65	3.19	3.89	2.70	3.19	3.79
	M	2.76	3.33	3.97	2.75	3.32	3.93
	max	2.85	3.44	4.09	2.85	3.44	4.04

M = arithmetischer Mittelwert

1. ***Interne visuelle Kontrolle:*** Die zwei dafür vorgesehenen ICs werden der internen visuellen Kontrolle unterzogen und anschließend für *Vergleichsstudien* aufbewahrt. Vor dem Öffnen der Gehäuse (in der Regel mit naßchemischen Methoden) wird eine Röntgenuntersuchung durchgeführt mit dem Zweck, Unregelmäßigkeiten (Gehäuse, Bondung, Chipbefestigung usw.) und vorhandene Fremdteilchen zu ermitteln. Nach der Öffnung des Gehäuses wird mittels Lichtmikroskop (bis zu $1000 \times$ bei Auflichtmikroskopen und bis zu $100 \times$ bei Stereomikroskopen) die Chipoberfläche inspiziert. Nicht selten kommen Qualitätsprobleme, z. B. Bondungsfehler, Kontamination, Ätzfehler, Metallisierungsfehler usw. zum Vorschein. Viele dieser Probleme haben keinen großen Einfluß auf die Zuverlässigkeit der ICs. Bild 5.5a zeigt einen *Richtfehler* bei einem Kontaktfenster (links kann infolge der schwachen Metallisierung eine Überhitzung und/oder Elektromigration auftreten) und in Bild 5.5b sind Unterbrechungen in der Metallisierung einer 1 M DRAM gezeigt.

2. ***Glassivierung:*** Die Glassivierung (oft auch als *Passivierung* bezeichnet) ist die Schutzschicht auf dem Chip. Für ICs in Kunststoffgehäusen sollte sie fehlerfrei sein, weniger kritisch ist sie für hermetische Gehäuse. Hauptfehler in der Glassivierung sind *Risse* und *Pinholes*. Um diese aufzuzeigen, wird der Chip während ca. 5 Min. in eine 50°C warme Mischung aus Phosphorsäure und Salpetersäure getaucht und dann mit dem Lichtmikroskop untersucht. Risse entstehen in einer Phosphor-dotierten SiO_2-Glassivierung (PSG), wenn diese zu wenig Phosphor

enthält ($< 2\%$). Zuviel Phosphor ($> 4\%$) erleichtert aber die Bildung von Phosphorsäure. Neuerdings wird für die Glassivierung *Siliziumnitrid* in Schichten mit SiO_2 verwendet, welche wesentlich bessere Resultate bei *Feuchteprüfungen* und bezüglich ionischer Kontamination zeigen.

3. ***Lötbarkeit:*** Die Lötbarkeit sollte heutzutage bei verzinnten Anschlüssen kein Problem mehr darstellen. Kritisch kann sie jedoch bei vergoldeten oder versilberten Anschlüssen, im Falle einer langen Lagerzeit (> 2 Jahre) oder Vorbehandlung bei hoher Temperatur ($> 2\,000$ h) werden. Die Prüfung der Lötbarkeit erfolgt anschließend einer definierten *Voralterung* meistens gemäß der *Tauch-* oder der *Meniskographmethode*.

4. ***Elektrostatische Entladung*** (Electrostatic Discharge, ESD): Elektrostatische Entladungen bei der Handhabung, Montage und Prüfung von ICs oder von bestückten Leiterplatten können zerstörend wirken. Alle IC-Familien sind empfindlich auf ESD und haben eingebaute Schutzschaltungen, zunehmend mit aktiven Elementen (Faktor 2 besser). Zur Prüfung der Empfindlichkeit gegen elektrostatische Entladungen sind viele Prozeduren bekannt, insbesondere im Zusammenhang mit dem *Human Body Model* (HBM) und dem *Charge Device Model* (CDM). Die folgende Prozedur für das HBM stützt sich auf eine breite Erfahrung [5.2 (1993), 5.7]:

(i) Von total 15 ICs werden 9 in drei gleichen Gruppen einer Prüfung bei 500, 1000 und 2000 V unterworfen, mit drei weiteren ICs wird in Schritten von 250 V auf der Basis der Resultate aus den ersten drei Prüfungen die Störimmunitätsschwelle V_{ESD} experimentell ermittelt, die letzten drei ICs werden einer Prüfung bei $V_{ESD} - 250$ V unterzogen (Bestätigung).

(ii) Die Prüfung besteht aus drei positiven und drei negativen Impulsen pro Anschluß in etwa 30 s, welche durch die Entladung eines Kondensators von 100 pF mit einem Serienwiderstand von 1.5 kΩ erzeugt werden (Verdrahtungsinduktivität < 10 µH), die Maße wird als Referenz verwendet und die nicht benutzten Anschlüsse bleiben offen.

(iii) Gemessen werden vor und nach jeder Prüfung sowohl die Leckströme (übliche Schwellen sind ± 1 pA für Unterbrechungen und ± 200 nA für Kurzschluß) wie auch die funktionellen Eigenschaften (statisch und dynamisch).

Bleibende Beschädigungen treten je nach Hersteller oft zwischen 1000 V bis 3000 V auf. Die festgelegten Werte von 100 pF und 1.5 kΩ (HBM) stellen Mittelwerte aus Messungen mit Menschen dar (80 bis 500 pF, 50 bis 5000 Ω, 2 kV auf synthetischen und 0.8 kV auf antistatischen Böden bei einer relativen Feuchtigkeit von 50%). Maßnahmen zum Schutz gegen ESD werden im Abschnitt 4.1.4 gegeben.

5. **Spezialprüfungen:** Spezialprüfungen gemäß Bild 5.1 sind *technologische Charakterisierungen* und werden nach Bedarf durchgeführt, sie können von einer einfachen Kontrolle (Bild 5.5c) bis zu umfangreichen Prüfungen (z. B. Datenerhaltung von EPROMs) reichen [5.31–5.60]:

Latch-up ist ein typischer Ausfallmechanismus von PNPN-Strukturen, insbesondere der CMOS-Technologie (Zündung parasitärer Thyristorstrukturen). Moderne CMOS-Bauteile haben oft eine relativ hohe Latch-up-Immunitätsschwelle mit Injektionsströmen bis über 200 mA. Eine Überprüfung der Latch-up-Empfindlichkeit kann allerdings für spezielle ICs (z. B. ASICs) notwendig werden (Designfehler). Latch-up-Prüfungen simulieren in der Regel Überspannungen in den Speise- und Signalleitungen sowie kritische Einschaltsequenzen der IC. Das Auftreten des Latch-up bewirkt eine plötzliche Zunahme des Speisestroms (Strombegrenzung wird benötigt). Dieser niederohmige Zustand hört erst beim Ausschalten der Speisespannung auf (Thyristoreffekt). Unter gewissen Umständen kann ein Latch-up auch durch ionisierende Strahlen ausgelöst werden.

Heiße Ladungsträger (Hot Carriers) entstehen bei Mikro- und Submikrometer-MOSFETs infolge der großen Feldstärke (10^4 bis 10^5 V/cm) im Transistorkanal. Die Beschleunigung der Ladungsträger ist so groß, daß diese eine mittlere kinetische Energie der Größenordnung eV aufnehmen (thermisches Gleichgewicht ≈ 0.02 eV) und die Potentialbarriere an der Oxidgrenzfläche überspringen können. Die Injektion der heißen Ladungsträger bewirkt eine stetige Verschlechterung der Transistorparameter. Dieser *Verschleißmechanismus* kann in MOSFETs durch direkte Messung der Verschiebung der Schwellspannung (V_{TH}) als Funktion der Zeit nachgewiesen werden. In VLSI- und ULSI-ICs bewirkt eine solche Verschlechterung eine Erhöhung der Schaltzeiten (Zugriffszeiten in SRAMs), Probleme der Datenerhaltung (soft writing in EPROMs) und eine starke Zunahme des Rauschens. Ein Verschleiß durch heiße Ladungsträger wird durch erhöhte Drainspannung und tiefe Betriebstemperaturen (negative Aktivierungsenergie $E_a \approx -0.034$ eV) beschleunigt. Die Prüfung erfolgt in der Regel im dynamischen Betrieb der ICs bei erhöhter Speisespannung (7 bis 9 V) und Tieftemperaturen (–20 bis –70°C).

Gateoxid-Durchbruch (Time Dependent Dielectric Breakdown, TDDB) entsteht in sehr dünnen Gateoxidschichten (50 bis 150 nm) infolge extrem hoher Feldstärke (bis 10 MV/cm). Die Spannungsbelastung dielektrischer Dünnschichten bewirkt eine kontinuierliche Ladungsinjektion (Fowler-Nordheim, heiße Ladungsträger usw.) in die Isolierschicht. Ist die kritische Schwelle der injizierten Ladung erreicht, tritt der Durchbruch (meist plötzlich) ein. Der Gateoxid-Durchbruch verursacht bei MOS-ICs erhöhte Leckströme oder Kurzschlüsse zwischen Gate und Substrat. Die Zeitentwicklung dieses Ausfallmechanismus hängt stark von den *Oxiddefekten* sowie von Prozeßparametern ab. Besonders tangiert sind die großen Speicher (≥ 4 M). Für die Zeitraffung durch die Tem-

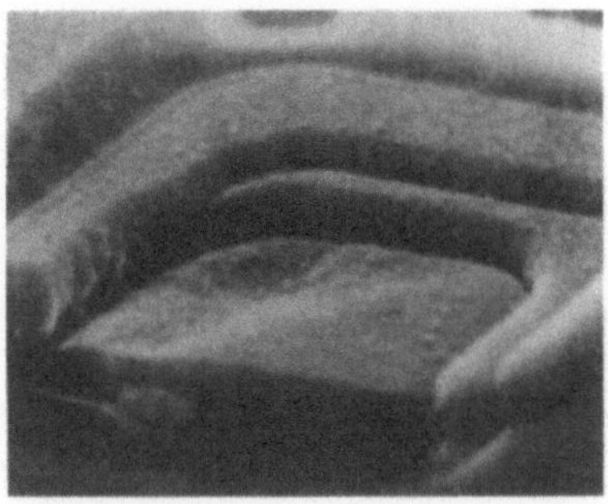

a) Richtfehler bei einem Kontaktfenster (REM ×10 000)

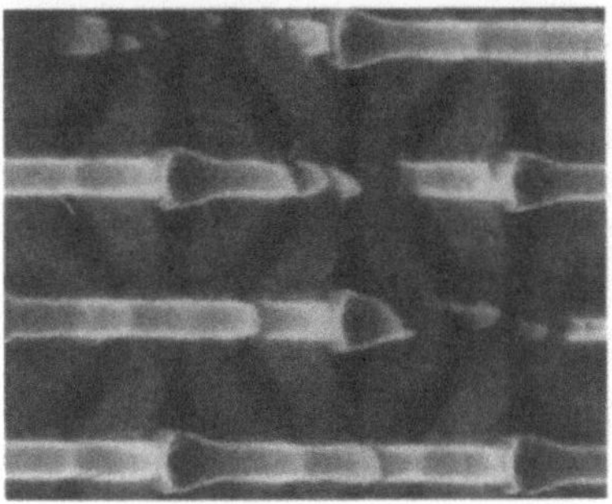

b) Unterbrechungen in der Metallisierung einer 1M DRAM (Partikeln im photolith. Prozeß, REM ×2500)

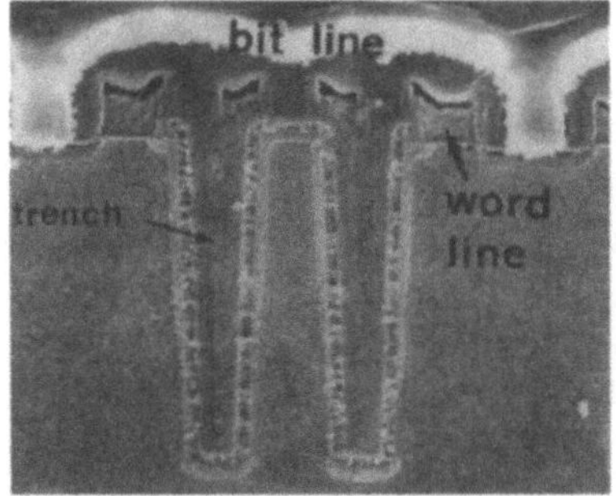

c) Schliff durch eine 4M DRAM-Zelle (trench-capacitor, REM ×5000)

d) Silberdendriten-Bildung an einem Au-Bond ball (REM ×800)

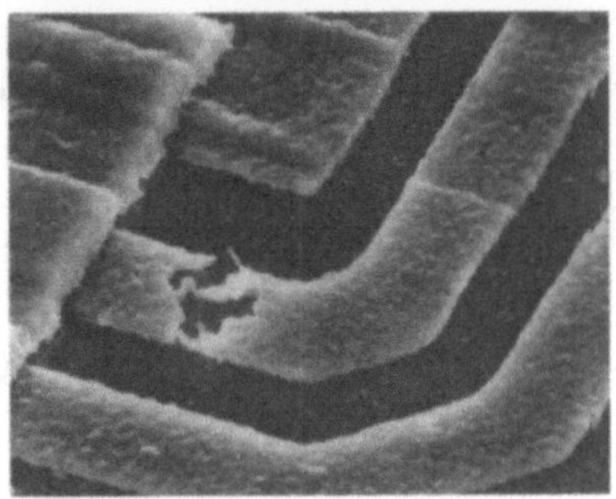

e) Elektromigration an einem 16K Schottky TTL PROM nach 7 Jahren Einsatz (REM ×500)

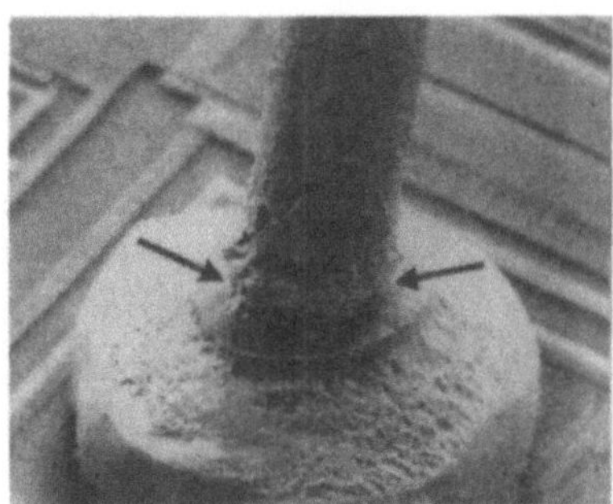

f) Delimination am Bonddraht einer IC mit Kunststoffgehäuse nach 500 thermischen Zyklen −50/+150°C (REM ×500)

Bild 5.5 Ausfallanalysen an integrierten Schaltungen

peratur kann das *Arrhenius-Modell* mit $E_a \approx 0.3$ eV verwendet werden, für die Spannung liegt eine exponentielle Abhängigkeit vor und für die Zeitabhängigkeit wird oft eine logarithmische Normalverteilung der ausfallfreien Arbeitszeit angenommen. TDDB-Untersuchungen werden oft mit Teststrukturen (Kapazitäten) vorgenommen.

Elektromigration ist der Transport von Atommetallen und auch von Si an den Al/Si-Kontakten infolge extrem hoher Stromdichten ($> 10^6$ A/cm^2), vgl. z. B. Bild 5.5e. Früher auf die ECL-Technologie beschränkt, tritt die Elektromigration heutzutage auch bei den anderen Technologien auf (Miniaturisierung). Die Berechnung des Medians (t_{50}) der Zeit bis zum Ausfall als Funktion der Stromdichte und der Temperatur stützt sich auf das Blacksche (empirische) Modell $t_{50} = B j^n e^{E_a/(kT)}$ mit $E_a \approx 0.55$ eV für reines Al (0.75 eV für Al/Cu Legierungen) und $n = 2$. B ist eine prozeßabhängige Konstante [5.44]. Elektromigrationsprüfungen werden in der Regel an Teststrukturen durchgeführt. Standardisiert sind z. B. die sogenannten SWEAT- und BEM-Tests [5.57]. Übliche Maßnahmen zur Verhinderung der Elektromigration sind die Optimierung der Korntextur (Bamboo-Strukturen), die Verwendung kompressiver Glassivierungen, der Einsatz von Al-Legierungen und das Einführen von Mehrschicht-Metallisierungen.

Soft Errors sind (auf der Anwenderseite) sporadische, oft zufällige Störungen, die bei integrierten Schaltungen (insbesondere DRAMs) durch einfallende α-*Teilchen* auftreten können. α-Teilchen (He_4^{++}) entstehen oft beim Zerfall von schweren radioaktiven Nukliden (Spurenelemente in Keramik-, Seal-Glas- und anderen Gehäusematerialien). Trifft ein α-Teilchen einen empfindlichen Schaltungsteil (Speicherzelle, Bitleitung usw.), so kann die gespeicherte Information (50 bis 100 fC) durch die (10^5 bis 10^7) freigesetzten Elektron-Loch-Paare zerstört werden. Umfassende Untersuchungen sind z. B. in [5.47, 5.58] beschrieben.

Datenerhaltung und Programmier-/Löschzyklen (Data Retention and Program/Erase Cycles) sind für programmierbare Festspeicher (EPROM, EEPROM, FLASH) wichtig. Die Prüfung der Datenerhaltung erfolgt in der Regel mit einer Hochtemperaturlagerung (2000 h bei $125°C$ für Kunststoffgehäuse und 500 h bei $250°C$ für Keramikgehäuse) mit zwei bis vier Zwischenmessungen bei $70°C$ (Schachbrett-Testmuster mit Messung von t_{AA} und evtl. der Margin-Spannung). Übliche Werte für Programmier-/Löschzyklen im Rahmen einer Qualifikationsprüfung sind 100 für EPROMs und $10\,000$ für EEPROMs und FLASH [5.2 (1993), 5.7, 5.15, 5.43].

6. *Hochtemperaturlagerung:* Ziel der Hochtemperaturlagerung ist der Nachweis allfälliger Instabilitätsmechanismen der ICs. Aktiviert werden vor allem Ausfallmechanismen in Verbindung mit *Oberflächeneffekten* (Vertreibung von mobilen Ionen an der Chip-Oberfläche oder in den Oxiden, Ausheilung von aufgefangenen Ladungen in den Oxidgrenzflächen usw.). Die Temperatur soll so hoch wie

möglich sein (150°C für Epoxyharz, 175°C für Silikoneharz, 250°C für Keramik) und die Dauer bis zur ersten elektrischen Messung nicht größer als 24 h werden (Kontaminationen aus dem Gehäuse). Für die Prüfung werden ICs auf eine Metallplatte (Anschlüsse auf die Platte) gestellt und in einen Ofen gelegt. Bei einer reifen Technologie sollte die Hochtemperaturlagerung praktisch keine Ausfälle mehr verursachen.

7. **Thermische Zyklen:** Durch thermische Zyklen werden insbesondere jene Ausfallmechanismen aktiviert, die auf ungleiche Ausdehnungskoeffizienten der verwendeten Materialien zurückzuführen sind. Gleichzeitig werden auch Schwachstellen im Substrat, in der Metallisierung, in der Oxidschicht und in der Bondung zum Vorschein gebracht, vgl. Bild 5.5f. Die Prüfung erfolgt ähnlich wie bei der Hochtemperaturlagerung, allerdings in einem Zweikammer-Ofen. Die Erfahrung zeigt, daß für eine reife Technologie Ausfälle erst bei einigen Tausend Zyklen auftreten (kleinere Werte für Leistungsbauteile).

8. **Feuchteprüfungen** (85/85 und Pressure Cooker): Ziel der Feuchteprüfung (für Kunststoffgehäuse) ist, den Einfluß der Feuchtigkeit auf die Chipoberfläche (u. a. Korrosion) zu untersuchen. Zwei Prozeduren stehen im Vordergrund:

   (i)   Normaldruck, 85 ± 2°C und 85 ± 5% rel. Feuchtigkeit (*85/85-Prüfung*) während 72 bis 5000 h (große Werte für Siliziumnitrid-Glassivierung).

   (ii)   Erhöhter Druck (*Pressure-Cooker-Prüfung*), z. B. 120 ± 2°C und 85 ± 5% rel. Feuchtigkeit (*120/85-Prüfung*, Highly Accelerated Stress Test (HAST)) während 24 bis 1000 h (große Werte für Siliziumnitrid-Glassivierung).

In beiden Fällen werden die ICs mit Vorteil unter Spannung gesetzt und so polarisiert, daß der Leistungsverbrauch minimal und die elektrische Feldstärke maximal werden (Reverse bias mit alternierender Polarisierung, evtl. 1 h on / 3 h off falls der Leistungsverbrauch > 0.01 W ist). Eine 120/85-Prüfung weist gegenüber der 85/85-Prüfung einen etwa 5 bis 10mal größeren Beschleunigungsfaktor auf. Die quantitativen Zusammenhänge sind allerdings nur näherungsweise bekannt, weshalb die 120/85-Prüfung in erster Linie als Vergleichsprüfung zum Einsatz kommt (im Falle quantitativer Untersuchungen ist auf den Reinigungsgrad der Prüfkammer zu achten). Für die 85/85-Prüfung sind viele Modelle zur Berechnung des *Beschleunigungsfaktors A* vorgeschlagen worden [5.51, 5.52]

$$A = e^{E_a \, [C_1 \, (\theta_2 - \theta_1) + C_2 \, (RH_2 - RH_1)]} \tag{5.1}$$

$$A = e^{[\frac{E_a}{k}(\frac{1}{T_1} - \frac{1}{T_2}) + C_3 \, (RH_2^2 - RH_1^2)]} \tag{5.2}$$

$$A = e^{[\frac{E_a}{k}(\frac{1}{T_1} - \frac{1}{T_2}) + C_4 \, (\frac{1}{RH_1} - \frac{1}{RH_2})]} \tag{5.3}$$

$$A = e^{[\frac{1}{k}(\frac{E_a(RH_1)}{T_1} - \frac{E_A(RH_2)}{T_2}) + (RH_2 - RH_1)]} \, . \tag{5.4}$$

Dabei ist E_a die *Aktivierungsenergie*, k die Boltzmannsche Konstante, θ die Temperatur in °C, T die absolute Temperatur, *RH* die rel. Feuchtigkeit in % und C_1 bis C_4 Konstanten. Gleichungen (5.1) bis (5.4) stützen sich auf das *Eyring-Modell* (Gl. (6.54)). Die Gln. (5.1) bis (5.3) berücksichtigen den Einfluß der Temperatur und der Feuchtigkeit multiplikativ. In Gl. (5.4) ist die Aktivierungsenergie eine Funktion der relativen Feuchtigkeit. Die Konstanten C_1 bis C_4 und die Funktionen $\mathrm{E}_a(RH_1)$ und $\mathrm{E}_a(RH_2)$ hängen vom verwendeten Kunststoff sowie von der Art der Glassivierung, der Metallisierung und der Prozeßqualität ab. Vergleichsstudien zwischen den verschiedenen Modellen sind noch nicht untermauert. Mit Bezug auf die Referenzbedingungen 35°C und 60% RH kann als Richtwert für eine *PSG-Glassivierung* ein *Beschleunigungsfaktor A* (Raffungsfaktor) zwischen 100 und 150 für eine 85/85-Prüfung und zwischen 500 und 1500 für eine 120/85-Prüfung angenommen werden [5.2 (1993), 5.7, 5.51, 5.52]. Damit sollten im Hinblick auf eine normale Anwendung ($\theta_A \approx 35°C$, RH $\approx 60\%$, Brauchbarkeitsdauer ≤ 10 Jahre) die ICs etwa 1000 h der 85/85-Prüfung oder 150 h der 120/85-Prüfung ohne merkliche Korrosionserscheinungen überstehen. Für *Siliziumnitrid-Glassivierung* liegen diese Werte einen Faktor 5 bis 10 höher.

Auch verbunden mit dem Einfluß der Feuchtigkeit ist die Metallwanderung in Anwesenheit eines elektrischen Feldes und chemischer Agenten (*Dendrites*, vgl. z. B. Bild 5.5d). Ein weiteres Problem bei den *kunststoffverkapselten ICs* ist die *Bondierung von Golddrähten auf eine Aluminium-Metallisierung*. Infolge der unterschiedlichen Interdiffusionsgeschwindigkeiten von Aluminium und Gold entsteht eine spröde *intermetallische Schicht* (Kirkendall voids), welche die elektrischen und mechanischen Eigenschaften der Bondierung stark beeinflussen. Diese Erscheinung, als *Purpurpest* bekannt, führte Anfang der siebziger Jahre zu erheblichen Zuverlässigkeitsproblemen. Der Vorgang beschleunigt sich ab etwa 180°C exponentiell, so daß bei der thermischen Vorbehandlung solcher Bauteile Vorsicht geboten ist. Eine entsprechende Überprüfung der Bauteile nach der Hochtemperaturlagerung und nach den thermischen Zyklen ist im Rahmen einer Qualifikationsprüfung zu empfehlen (Bild 5.1), vor allem dann, wenn lange Lagerzeiten vorgesehen sind. Die Purpurpest wurde u. a. durch Reduktion der Metallisierungsdicke (Al), Erhöhung der Drahtstärke (Au) an der Kontaktstelle und Verkleinerung der Bondierungstemperatur weitgehend beseitigt.

5.2.4 Zuverlässigkeitsprüfungen

Ziele der *Zuverlässigkeitsprüfungen* elektronischer Bauteile ist die Ermittlung von Angaben über

- die Ausfallrate (möglicherweise als Funktion der Zeit)
- das Langzeitverhalten kritischer Leistungsparameter

• die Zweckmäßigkeit einer Vorbehandlung im Rahmen der Eingangsprüfung der Serienbauteile.

Die Prüfung besteht in der Regel aus einem verlängerten *Burn-in* mit elektrischen Messungen und Ausfallanalysen in angemessenen zeitlichen Abständen (Bild 5.1). Der Umfang der Stichprobe soll so bestimmt werden, daß die erwartete Anzahl Ausfälle während der Prüfung möglicherweise zwischen 3 und 6 liegt (vgl. Bild 6.6). Dabei stützt man sich auf die Angaben der Abschnitte 6.2, 6.4 und 3.1.1.4. Die Grundlagen für die statistische Auswertung der Resultate sind im Abschnitt 6.2 und im Anhang A2.3 gegeben.

5.3 Ausfallarten, Ausfallmechanismen und Ausfallanalysen elektronischer Bauteile

5.3.1 Ausfallarten elektronischer Bauteile

Die *Ausfallart* ist das *Symptom*, mit welchem sich ein Ausfall manifestiert. Für den Anwender genügt oft (im Hinblick auf die Untersuchung der *Ausfallauswirkung* eines elektronischen Bauteils) die Einteilung in *Kurzschluß*, *Unterbrechung*, *Drift* und *Funktionsfehler*. Richtwerte zur relativen Häufigkeit dieser Ausfallarten für die üblichen elektronischen Bauteile sind in Tab. 5.4 gegeben. Wie Tab. 5.4 zeigt, tritt ein Ausfall bei optoelektronischen Bauteilen, Widerständen und Schwingquarzen meistens als Unterbrechung, bei Dioden und Transistoren sowie bei Folien-, Keramik- und trockenen Tantal-Kondensatoren meist als Kurzschluß, bei Relais und linearen ICs als Funktionsfehler und bei den übrigen Bauteilen stark gemischt auf.

Dieses unterschiedliche, oft *anwendungsbedingte* Ausfallverhalten erschwert die Festlegung genauer Regeln für den *Einbau von Redundanz* auf Bauteilebene sowie für die Realisierung von Schutzmaßnahmen zur Vermeidung von *Folgeausfällen*. Für die kritischen Fälle, bei welchen die betrachtete Struktur einen Ausfall irgendwelcher Art tolerieren soll, bleibt die Verwendung der *Quadredundanz* (Abschnitt 3.1.12). In der Regel wird jedoch versucht, durch Felddaten oder Qualifikationsprüfungen die verschiedenen *Ausfallmechanismen* zu beschreiben und von dieser Seite her zuverlässigkeitsverbessernde Maßnahmen abzuleiten.

5.3.2 Ausfallmechanismen elektronischer Bauteile

Der *Ausfallmechanismus* ist der chemische und/oder physikalische Vorgang, der zu einem Ausfall führt. Zahlreiche Ausfallmechanismen sind untersucht worden. Für

Tabelle 5.4   Relative Häufigkeit der Ausfallarten elektronischer Bauteile (Richtwerte)

Bauteil		K	U	D	F
Digitale bipolare ICs		$30^{*\Delta}$	30^*	—	20
Digitale MOS-ICs		20^Δ	60^*	—	20
Lineare ICs		—	25^+	—	75^{++}
Bipolare Transistoren		75	25	—	—
Feldeffekt-Transistoren (FET)		60	10	10	20
Dioden	Mehrzweck	50	30	20	—
	Zener	20	40	40	—
Thyristoren		40	10	—	$50^\lozenge$
Optoelektronische Bauteile		10	50	40	—
Feste Widerstände		≈ 0	60	40	—
Veränderbare Widerstände		≈ 0	30	30	$40^\#$
Kondensatoren	Folien	50	40	10	—
	Keramik	50	20	30	—
	Ta (trocken)	60	30	10	—
	Al (naß)	30	30	40	—
Spulen		40	40	10	10
Relais		20	—	—	$80^\dagger$
Schwingquarze		—	80	20	—

K = Kurzschluß, U = Unterbrechung, D = Drift; F = Funktionsfehler,
* 50% Input/50% Output, $^\Delta$ 50% K auf V_{CC}/50% K auf GND,
$^+$ kein Output, $^{++}$ falscher Output, $^\lozenge$ öffnet nicht, $^\#$ Verschleiß, † Kontakt

einige von ihnen hat man passende Modelle gefunden, bei vielen anderen sind die Gesetzmäßigkeiten noch empirisch [5.31 – 5.60]. Grundsätzlich sollte die Modellierung von Ausfallmechanismen in *zwei Schritten* erfolgen: 1) experimentelle Validierung des *physikalischen Modells*, und 2) *mathematische* Modellierung. In beiden Fällen sollten auch die Gültigkeitsgrenzen angegeben werden. Zwei wichtige, allgemein gültige Modellvorstellungen (Arrhenius und Eyring) werden im Abschnitt 6.4 eingeführt. Spezielle Modelle zur Beschreibung der Temperatur- und Feuchtigkeitseinflüsse sind im Abschnitt 5.2.3 vorgestellt worden. Zur Illustration faßt Tab. 5.5 die wichtigsten Ausfallmechanismen von ICs zusammen. Aufgeführt sind auch die entsprechenden Einflußfaktoren und für Richtwerte die relativen Häufigkeiten der verschiedenen Ausfallmechanismen (ICs in Kunststoffgehäusen). Der Anteil der *Anwendungsfehlerausfälle* kann (je nach Anwender) noch größer als 60% werden. Für VLSI- und ULSI-ICs ist zu erwarten, daß der Anteil *Gateoxid-Durchbruch*, *heiße Ladungsträger* und *Elektromigration* zunehmen wird.

Tabelle 5.5   Wichtige Ausfallmechanismen von ICs in Kunststoffgehäusen

Ausfallmechanismus	Kurzbeschreibung	Ursachen	Beschleunigungsfaktoren	AP
Bondung • Purpurpest	Bildung einer spröden intermetallischen Grenzfläche an der Au/Al-Schnittstelle (Löcher infolge der Diffusion von Au), welche zur Abhebung der Bondierung führt	Unterschiedliche Interdiffusionskonst. von Au und Al, Bondtemperatur, zu dicke Metallisierung (Al)	θ_J über etwa 180°C ($E_a = 0.7$ bis $1.1\,eV$)	5
• Ermüdung	Mechanische Ermüdung des Bonddrahts oder der Bondbefestigung infolge thermischer Zyklen (für hermetische Gehäuse auch infolge Resonanzschwingungen)	Untersch. Ausdehnungskoeffizienten (Resonanzfrequenz der Bonddrähte im Falle hermetischer Gehäuse)	therm. Zykl. mit $\Delta\theta > 150°C$ (Vibr. bei der Resonanzfreq. $\leq 20\,kHz$) im Falle herm. Geh.	
Oberfläche • Ionenwanderung (Leckströme, Inversion)	Wanderung von Ionen an der Oberfläche neben einer Metallisierung oder einer Isolationsfläche, mit Bildung einer Inversionsschicht, oft auch zwischen zwei Diffusionsgebieten	Kontamination mit Na^+, K^+ u. a.; zu dünne Oxidschicht (MOS), Gehäusematerial	E, θ_J ($E_a = 0.5$ bis 1.2 eV, bis 2 eV für lineare ICs)	10
Metallisierung • Korrosion • Migration von Metallen	Elektrochemische oder galvanische Reaktion in Anwesenheit von Feuchte und ionischen Verunreinigungen (P, Na, Cl u.a.), kritisch bei SiO_2-Glassivierung mit mehr als 4% P ($< 2\%$ gibt Risse, Metallwanderung in Anwesenheit von chemischen Agenten, Wasser und E mit Bildung von Dendriten	Feuchtigkeit, Verunreinigungen (Na^+, Cl^-, K^+), Risse oder Pinholes in der Glassivierung, Spannung, Materialwanderung (Au, Ag, Pd, Cu, Pb, Sn), Kontamination vom Gehäuse	RH, E, θ_J ($E_a = 0.5$ bis 0.7 eV)	10
• Elektromigration	Materialwanderung von Metallionen (auch von Si bei den Kontaktstellen) in Richtung des Elektronenflusses, mit Bildung von Löchern	Stromdichte ($> 10^6$ A/cm^2), Temperaturgradient, Unregelmäßigkeiten in der Metallisierung	j^n, θ_J ($n = 2$, $E_a = 0.55$ bis 0.75eV, 1eV für große Al-Körner)	
Oxid • Zeitabhängiger Durchbruch (TDDB) • Ionenwanderung (Durchbruch, Inversion, paras. Transistoren)	Durchbruch in dünnen Oxiden, der plötzlich auftritt, wenn im Oxid genügende Ladungen injiziert worden sind, Ladungsinjektion in die Oxidschicht unter dem Einfluß von E und θ_J, Bildung von Ladungen an der SiO_2/Si-Grenzfläche	Hohe Spannungen, dünne Oxide, Defekte im Oxid, Kontamination mit Alkali-Ionen, Pinholes, Oxidfehler, Diffusionsfehler	E; θ_J ($E_a = 0.2$ bis 0.4 eV für dünne Oxide mit Defekte, 0.5 bis 0.6eV für intrinsische Oxide)	15
Andere • Legierungsbildung • heiße Ladungsträger • α-Teilchen • Latch-up usw.	Starke Legierungsbildung zwischen Metallisierung (Al) und Substrat (Si); Injekion von Elektronen infolge zu hoher E; Erzeugung von El./Löcher-Paare durch α-Strahlung (DRAMs); Aktivierung von PNPN-Strukturen	Maskenfehler; Überhitzung, reines Al, Dimensionen, E; Gehäusematerial, externe Strahlung usw.	E; θ_J thermische Zyklen ($\Delta\theta > 200°C$); externe Strahlung, Überspannung	10
Anwendungsfehlerausfall	Elektrische, thermische, klimatische oder mechanische Überlastung	Anwendung, Dimensionierung; Handhabung, Prüfung	———	50
				100

5.3.3 Ausfallanalysen elektronischer Bauteile

Die *Ausfallanalyse* bezweckt das Auffinden der *Ausfallursachen* und die Untersuchung der *Ausfallmechanismen* des betrachteten Bauteils. Währenddem die Analyseverfahren stark vom Bauteil und von der Technologie abhängen, ist der Ablauf der Analyse für viele Bauteile gleich. Bild 5.6 zeigt diesen Ablauf am Beispiel der ICs. Die Hauptschritte in Bild 5.6 sind:

1. *Feststellung des Ausfalls und Analyse der Ausfallumstände*: Die Beschreibung des Ausfalls und der Ausfallumstände muß möglichst genau erfolgen. Bei der Identifikation der betroffenen ICs sind Angaben über Herstellungsdatum, Lagerzeit, Lagerbedingungen und durchgeführte Prüfungen wichtig. Ausfallumstände wie Betriebszustand, kumulierte Betriebszeit und herrschende Umweltbedingungen müssen sorgfältig dokumentiert werden. Im Falle einer offensichtlichen Ausfallursache (aus der Analyse der Ausfallumstände) kann die Prozedur unterbrochen werden.

2. *Nichtdestruktive Analyse, globale Ausfallart*: Die nichtdestruktive Analyse beginnt mit einer externen visuellen Kontrolle. Beurteilt werden mechanische Beschädigungen, Risse, Kontamination, Korrosionserscheinungen, Verbrennungen, Überhitzung der Anschlüsse usw. Anschließend wird eine *Röntgenuntersuchung*, zur Entdeckung allfälliger Unregelmäßigkeiten (Gehäuse, Bondierung und Chipbefestigung) sowie von Fremdteilchen oder Blasen, und eine möglichst umfassende elektrische Prüfung (Abschnitt 5.2.1) durchgeführt. Falls der IC hermetisch verkapselt ist, folgt eine Dichtigkeitsprüfung und, wenn erforderlich, eine Taupunktmessung. Das Resultat der nichtdestruktiven Analyse ist eine ausführliche Beschreibung des *Symptoms*, mit welchem sich der Ausfall manifestiert, mit Hinweisen auf mögliche Ausfallursachen und Ausfallmechanismen. Im Falle einer offensichtlichen Ausfallursache kann die Prozedur unterbrochen werden.

3. *Semidestruktive Analyse*: Die semidestruktive Analyse beginnt mit dem *Öffnen des Gehäuses*. Dies erfolgt mittels mechanischer Werkzeuge bei *hermetischen Gehäusen* und mittels Naß- (evtl. Plasma-) Ätzen bei *Kunststoffgehäusen*. Eine grobe interne visuelle Kontrolle wird zuerst mit einem Lichtmikroskop (Vergrößerung bis zu 1'000fach) durchgeführt. Beurteilt werden Unterbrechungen, Kurzschlüsse, Beschaffenheit der Glassivierung, Beschädigungen durch elektrostatische Entladungen, Korrosionserscheinungen, Risse in der Metallisierung, Veränderungen infolge Elektromigration, Oxidfehler, Anwesenheit von Fremdteilchen usw. Zur besseren Lokalisierung des Fehlers (oder Ausfalls) auf dem Chip können, für funktionstüchtige ICs, der *Electron Beam Tester* (Elektronenstrahl-Potentialmeßtechnik), *Flüssigkristalle* (LC), *infrarot-Mikroskope* (IRM), *Emissions-Mikroskope* (EMMI) oder eine der Detektionsarten für abnormale Leckströme, *Electron Beam Induced Current* (EBIC) und *Optical Beam Induced Current* (OBIC), verwendet werden. Für gewisse Untersuchungen ist der Einsatz

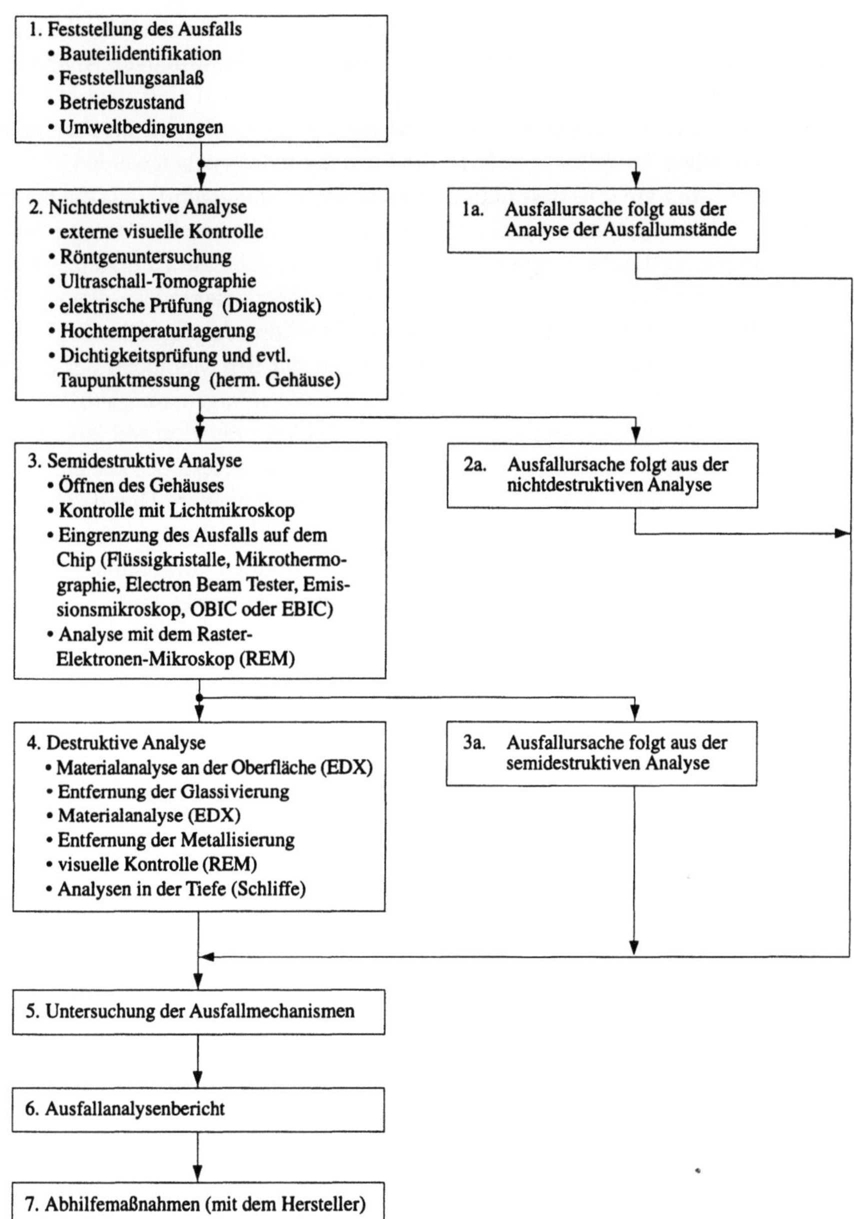

Bild 5.6 Ablauf der Ausfallanalyse elektronischer Bauteile (Beispiel ICs)

eines *Rasterelektronenmikroskops* (REM) erforderlich, was in der Regel die Entfernung der Passivierung bedingt. Das Resultat der semidestruktiven Analyse ist eine ausführliche Beschreibung der *internen Ausfallart* und eine erste Information über mögliche *Ausfallursachen* und *Ausfallmechanismen*. Im Falle einer offensichtlichen Ausfallursache kann die Prozedur unterbrochen werden.

4. *Destruktive Analyse*: Die destruktive Analyse wird durchgeführt, falls die bis dahin erhaltenen Resultate noch nicht befriedigend sind und reelle Chancen bestehen, durch eine tiefere Analyse die gewünschten Ergebnisse zu erzielen. Nach Entfernung der Passivierung und nötigenfalls der Metallisierung werden visuelle Kontrollen mit Hilfe des Rasterelektronenmikroskops durchgeführt (vgl. Bild 5.5 für einige Beispiele). Die Analysen werden mit den Methoden der *chemischen Mikroanalyse* (*Elektronensonde, Ionensonde, Röntgenstrahlung*) weitergeführt. Bei Bedarf können metallographische *Schliffe* präpariert werden.

5. *Untersuchung der Ausfallmechanismen*: Hier gilt es, die Resultate der Schritte 1 bis 4 richtig zu interpretieren. Gegebenenfalls müssen weitere Untersuchungen angeschlossen werden. Unter Umständen wird auch eine Rücksprache mit dem *Hersteller* erforderlich. Trotz großem Aufwand kann es vorkommen, daß die Frage nach den Ausfallmechanismen nur teilweise beantwortet wird.

6. *Abhilfemaßnahmen*: In Abhängigkeit der festgestellten Ausfallursachen sind geeignete Abhilfemaßnahmen zu treffen. Falls die Analyse Bauteilschwächen aufgezeigt hat, sind entsprechende Gespräche mit dem *Hersteller* einzuleiten. Falls ein *Anwendungsfehlerausfall* vorliegt, sind die nötigen Korrekturen durch die Entwicklungsabteilung, in der Fertigung oder beim Kundendienst vorzunehmen.

7. *Bericht*: Die Ausfallanalyse wird mit einem Bericht abgeschlossen, in welchem alle wichtigen Resultate dokumentiert werden.

5.4 Qualifikation elektronischer Baugruppen und Geräte

Viele der Prozeduren und Methoden zur Qualifikation komplexer elektronischer Bauteile (Abschnitt 5.2) können auf die Qualifikation elektronischer Baugruppen und Geräte übertragen werden. Grundsätzlich müssen aber Einschränkungen infolge der beschränkten Möglichkeiten der Prüfeinrichtungen in Kauf genommen werden.

Die Qualifikation von Baugruppen und Geräten erfolgt in der Regel auf Ebene der *Prototypen* oder der *Vorserieneinheiten*. Die Prozedur ist jener für Bauteile ähnlich und umfaßt damit elektrische sowie Umwelt- und Zuverlässigkeitsprüfungen.

Die *elektrische Prüfung* hat das Ziel, sämtliche elektrische Parameter im *Pflichtenheft* zu überprüfen. Sie ist möglichst umfassend zu halten und soll auch die Festlegung der in bezug auf Wirksamkeit und Kosten *optimalen Prüfstrategie* für die Serieneinheiten ermöglichen.

Die *Umweltprüfungen* haben den Zweck, die Grenzen der Belastbarkeit sowie versteckte Mängel (systematischer Natur), die nur beim Zusammenwirken mehrerer Belastungen (elektrisch, thermisch, mechanisch) zum Vorschein kommen, aufzuzeigen. Eine Qualifikationsprüfung für Baugruppen und Geräte sollte mindestens folgende Schritte enthalten (vgl. Abschnitt 5.4.2 für nähere Angaben):

1. Elektrisches Verhalten bei Extremtemperaturen mit Funktionsüberwachung
2. Rasche thermische Zyklen mit Funktionsüberwachung
3. Vibrationen möglichst bei tiefen Temperaturen
4. EMV- und ESD-Prüfungen am eingeschalteten Gerät.

Für jeden der obigen Prüfschritte sollten zwei neue Prüflinge zur Verfügung gestellt werden. Die elektrische Prüfung hat auch *Drift* zu erfassen und die Ausfallanalyse sollte *technologische* Untersuchungen enthalten.

Zuverlässigkeitsprüfungen sind notwendig, um die *erreichte Zuverlässigkeit* beurteilen zu können. Je früher damit begonnen wird, desto schneller können Schwachstellen, welche in den Zuverlässigkeitsanalysen nicht zum Vorschein gekommen sind, entdeckt und mit geringem Aufwand behoben werden. Dadurch entsteht ein *Lernprozeß*, der zu einer gezielten Verbesserung der Zuverlässigkeit und damit zu einem serienreifen Produkt führt (Abschnitt 7.5). Zuverlässigkeitsprüfungen auf Geräte- oder Systemebene decken die Aspekte der *Zuverlässigkeit, Instandhaltbarkeit* und *Verfügbarkeit* ab. Da sie in der Regel aufwendig sind, müssen sie soweit wie möglich mit anderen Prüfungen koordiniert werden. Die Prüfbedingungen sollten möglichst nahe bei den *realen Einsatzbedingungen* liegen. Allerdings muß man zur Schätzung oder zum Nachweis einer MTBF aus Zeitgründen oft zeitraffende Prüfungen durchführen. Die Bestimmung des *Beschleunigungsfaktors* ist im allgemeinen schwierig (Beispiel 6.16), so daß es in solchen Fällen primär um die Untersuchung des prinzipiellen Verlaufs der Ausfallrate (Frühausfälle, Verschleiß) und weniger um die genaue Erfassung der konstanten Ausfallrate $\lambda = 1/MTBF$ geht. Die Prozedur für eine umfassende Zuverlässigkeitsprüfung elektronischer Baugruppen und Geräte wird im Abschnitt 5.4.2 besprochen, zeitraffende Prüfungen werden im Abschnitt 6.4 und die Schätzung bzw. der Nachweis einer MTBF im Abschnitt 6.3 dargelegt.

5.4.1 Elektrische Prüfung elektronischer Baugruppen

Die elektrische Prüfung elektronischer Baugruppen, insbesondere von bestückten Leiterplatten kann prinzipiell auf drei verschiedene Arten erfolgen:

1. Funktionsprüfung direkt am Gerät, in dem die Leiterplatte verwendet wird
2. Funktionsprüfung mit Hilfe eines Funktionsprüfgeräts
3. In-Circuit-Test mit anschließender Funktionsprüfung am Gerät, in welchem die Leiterplatte verwendet wird.

Die erste Methode kann für kleine Serien verwendet werden. Sie setzt voraus, daß die Bauteile einer ausreichenden *Eingangsprüfung* unterzogen wurden und daß bei der Prüfung der bestückten Leiterplatten eine halbautomatische oder automatische Fehlerlokalisierung möglich ist. Die zweite Methode wird aus Kostengründen nur für mittelgroße und große Serien verwendet. Die dritte, am meisten verbreitete Methode setzt den Zugang zu einem *In-Circuit-Testgerät* voraus. In einem In-Circuit-Testgerät werden die Bauteile einzeln elektrisch isoliert und *statisch* oder quasi-statisch geprüft. Dies reicht für passive Bauteile und für diskrete Halbleiterbauteile sowie für SSI- und MSI-ICs in der Regel aus. Für LSI- und VLSI-ICs kann hingegen die Funktionsprüfung nur beschränkt durchgeführt werden, u. a. weil die Testrate lediglich 100 bis 200 kHz erreichen kann. Darüber hinaus sind keine dynamischen Messungen möglich. Es ist somit nicht sinnvoll, auf eine Eingangsprüfung der kritischen Bauteile zu verzichten. Ein weiterer Nachteil der In-Circuit-Testgeräte ist, daß beim Testen einzelner ICs die Ausgänge der vorgeschalteten ICs auf Low bzw. High forciert werden *(backdriving)*, was zu Vorschädigungen führen kann. Die Grundregeln der *Prüfbarkeit* müssen bei vorgesehener Anwendung eines In-Circuit-Testgeräts respektiert werden (Abschnitt 4.2.2). Weitere Probleme eines In-Circuit-Tests sind z. B. die Feststellung der Polarität von Elektrolytkondensatoren, die Messung parallelgeschalteter Bauteile und die Überprüfung von Toleranzen in Analogschaltungen. Trotz dieser Schwächen bleibt das In-Circuit-Testgerät infolge der guten Fehlerlokalisierungsmöglichkeiten ein wirksames Prüfmittel für bestückte Leiterplatten (ein Trend in Richtung kombinierter In-Circuit-Test und Funktionstest ist erkennbar).

5.4.2 Umwelt- und Zuverlässigkeitsprüfung elektronischer Baugruppen und Geräte

Bei der Freigabe von *Prototypen* oder *Vorserieneinheiten* sind zur rechtzeitigen Erkennung versteckter Mängel (systematischer Natur) oder von *Zuverlässigkeitsschwachstellen* gezielte Umwelt- und Zuverlässigkeitsprüfungen notwendig.

Folgende Prozedur [7.25] hat sich für eine umfassende *Umweltprüfung* an elektronischen Baugruppen und Geräten als zweckmäßig erwiesen (10 bis 20 Baugruppen bzw. Geräte):

1. Verhalten bei Extremtemperaturen (Messung bei 25°C nach jedem Schritt)
   - ab 70°C in 15°C-Schritten bis Ausfall (in der Regel bei 120 bis 140°C), 48 h pro Schritt mit Dauerüberwachung der Hauptfunktionen
   - −20, −40, −60°C, 48 h pro Schritt.

2. Thermische Zyklen (10 000 Zyklen $-20/+100°C$, Haltezeiten 30 min)
   - 5°C/min im Prüfling mit Dauerüberwachung der Hauptfunktionen
   - 30°C/min im Prüfling mit Dauerüberwachung der Hauptfunktionen.

3. Feuchteprüfung (Zwischen- und Endmessungen im getrockneten Zustand)
   - 85°C/85% r.F. (85/85), 240 h mit Dauerüberwachung der Hauptfunktionen
   - 30°C/100% r.F. (30/100), 480 h ohne Speisung
   - 95°C/95% r.F. (95/95) für 2 h, Kühlung auf $-20°C$ in 3 h, Heizung auf 95°C in 2 h, 100 Zyklen ohne Speisung.

4. Vibrationen (ohne Speisung)
   - Sinus bis 3000 Hz (Bestimmung der Resonanzfrequenzen, evtl. unterstützt durch eine Modalanalyse)
   - Random 20-500 Hz, 1, 3, 6 evtl. auch $10\,g_{rms}$, 3 Achsen je 1 h.

5. ESD-Prüfung (Geräte mit Speisung, Prüfling isoliert auf geerdete Bezugsfläche)
   - Relais-Entladung (2, 4, 6, 8 evtl. 15 kV positiv und negativ)
   - Funken-Entladung (2, 4, 8, 15 evtl. 25 kV positiv und negativ).

6. EMV-Prüfung (nach den geltenden Standards).

Am Schluß jeder Prüfung sind eingehende elektrische Prüfungen (Parametermessungen), Ausfallanalysen sowie *metallographische Untersuchungen* (Schliffe) durchzuführen. Umfangreiche untersuchungen [7.25] haben gezeigt, daß elektronische Geräte hohe Belastungen bis zu den oben angegebenen Grenzen ohne bleibende Störungen überstehen können. Die *Schliffe* (über 1000 im Rahmen obiger Untersuchung) haben potentielle Probleme bei den Lötstellen zum Vorschein gebracht (Blasen, Lunker, Risse, Mikrorisse usw.). Besonders wichtig dabei war die Untersuchung der *Ausbreitung von Mikrorissen* als Funktion der Belastung. Es konnte bestätigt werden, daß *thermische Zyklen* maßgebend für die *Ausbreitung der Mikrorisse* sind, daß diese Ausbreitung erst nach einigen Tausend (5000 bis 10 000) Zyklen deutlich spürbar wird (exponentieller Zuwachs) und daß die Entstehung von Mikrorissen durch Qualitätsschwankungen in der Fertigung stark begünstigt wird. Bild 5.7 zeigt einige typische Beispiele. Während die Durchstecktechnologie oft wenig empfindlich auf die Ausbreitung von Mikrorissen ist, trifft dies auf die Surface Mount Technology (SMT) in der Regel nicht mehr zu. Das wurde eingehend für Pitch 0.5 mm [5.78] und für Pitch 0.3 mm [5.79, 5.81, 5.88] untersucht. Es zeigt sich, daß speziell bei der SMT die Ausbreitung von Mikrorissen stark vom elastischen und *zeitabhängig-plastischen Verhalten* des Lotes sowie vom *Gefüge* abhängt. Maßgebend dabei ist allerdings die Feststellung, daß infolge der *plastischen Verformung* die thermomechanischen Spannungen (z.B. beim Ein- und Ausschalten eines Gerätes) schnell abgebaut werden und die Spannung σ als Funktion der Dehnungsgeschwindigkeit $\dot{\varepsilon}$ zwei Bereiche zeigt [5.78, 5.88]: *Korngrenzengleiten* bei kleinen σ bzw. $\dot{\varepsilon}$ (Deformation entlang der Korngrenzen, praktisch ohne Versetzung innerhalb des Korns) und *Versetzungsklettern* bei hohen σ bzw. $\dot{\epsilon}$ (die Körner werden in Richtung der Deformationshauptachse verformt). Da in den Anwendungen überwiegend kleine Spannungen zutreffen und damit Korngrenzengleiten aktiviert wird, muß in beschleunigten Prüfungen darauf geachtet werden, daß derselbe Mechanismus wie in der vorgesehenen Anwendung angeregt wird. Dies kann insbesondere über den Teperaturgradient bei der Heizung bzw. Kühlung gesteuert werden. Experimentelle *Richtwerte* sind

$\leq$ 5°C/min für Korngrenzgleiten

$\geq$ 20°C/min für Versetzungsklettern.

Für eine umfassende *Zuverlässigkeitsprüfung* elektronischer Baugruppen und Geräte kann man sich auf folgende Prozedur stützen:

1. 4000 h dynamisches Burn-in bei 80°C (2 bis 4 Baugruppen, Dauerüberwachung der Hauptfunktionen, elektrische Prüfung bei 24, 96, 240, 1000 und 4000 h).
2. 5000 thermische Zyklen $-20/+100$°C mit $\leq$ 5°C/min für Anwendungen mit *kleiner* Eigenerwärmungsgeschwindigkeit und $\geq$ 20°C für Anwendungen mit *großer* Eigenerwärmungsgeschwindigkeit (infolge der zwei involvierten Deformationsmechanismen Korngrenzgleiten und Versetzungsklettern), Haltezeiten $\geq$ 10 min (3 Baugruppen, elektrische Prüfung und metallographische Untersuchungen (Schliffe) nach 1'000, 2'000 und 5'000 Zyklen).
3. 4000 thermische Zyklen $0/+80$°C mit 5°C/min kombiniert mit Random-Vibrationen 20-500 Hz, $1 g_{rms}$ (4 Baugruppen, el. Prüfung und metallographische Untersuchungen (Schliffe) nach 1000, 2000 und 4000 Zyklen).

Die Erfahrung zeigt, daß thermische Zyklen kombiniert mit Vibrationen die Belastung darstellt, welche die Ausbreitung von Mikrorissen am meisten begünstigt. Falls eine solche Belastung in den praktischen Anwendungen auftritt, sollte die Durchstecktechnologie bevorzugt werden.

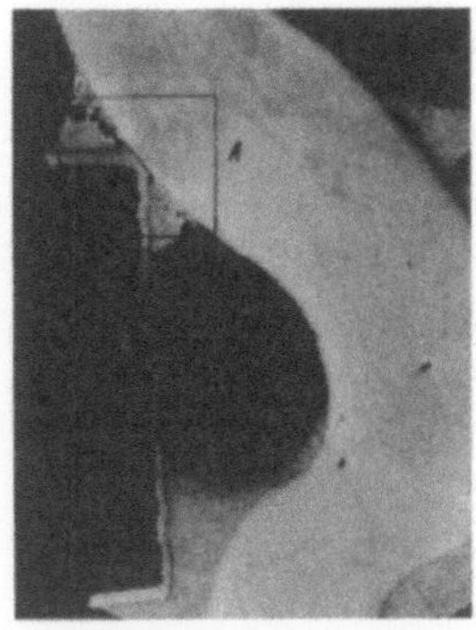

a) Verhinderung der Entgasung infolge Pin-Verformung (Risse entlang den Blasen, ×20)

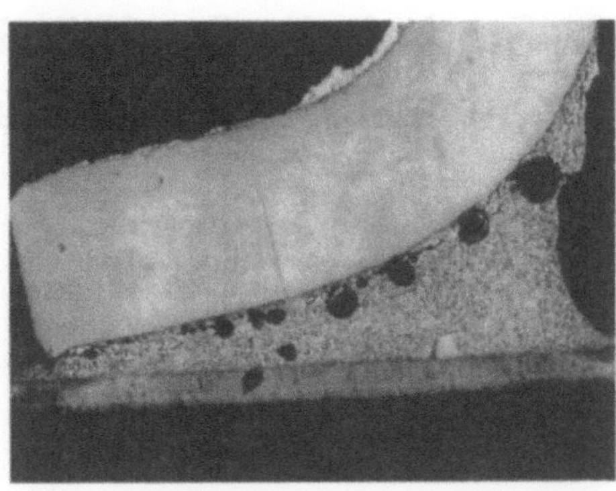

d) Kette von Blasen bei einem SOP-Bauteil (×60)

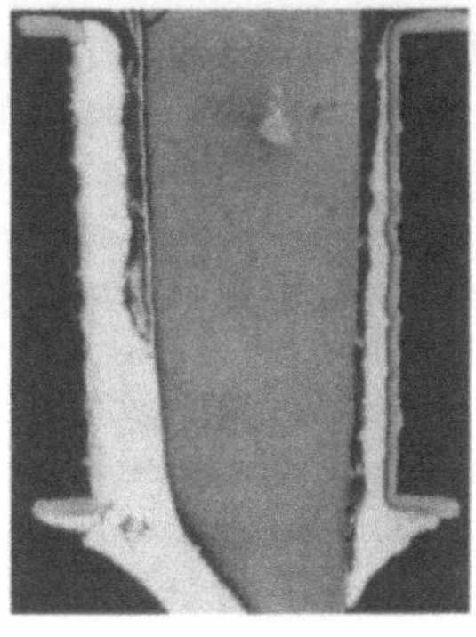

b) Die Isolation des Widerstandsnetzwerks taucht in die Lötstelle ein (×20)

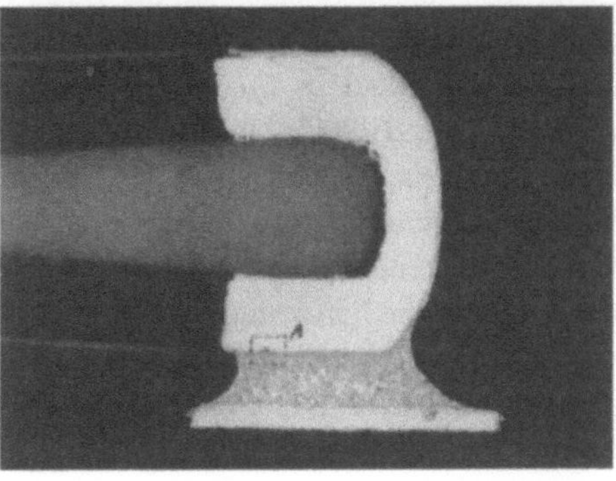

e) Lötfehler bei einem auf der Oberfläche montierten (SM) Widerstand (×30)

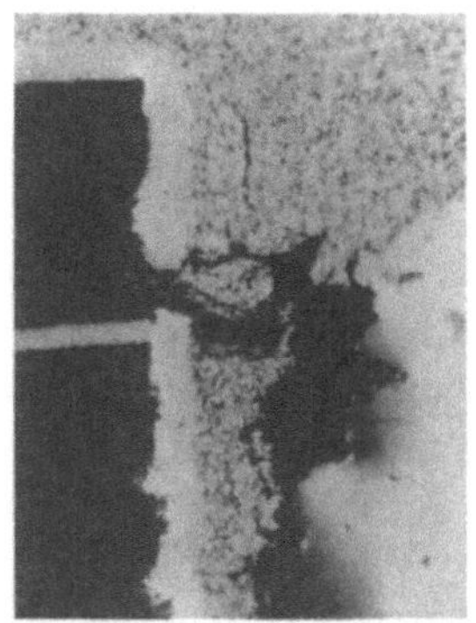

c) Fehler in der Durchkontaktierung eines Multilayers (Ausgasen beim Löten, ×50)

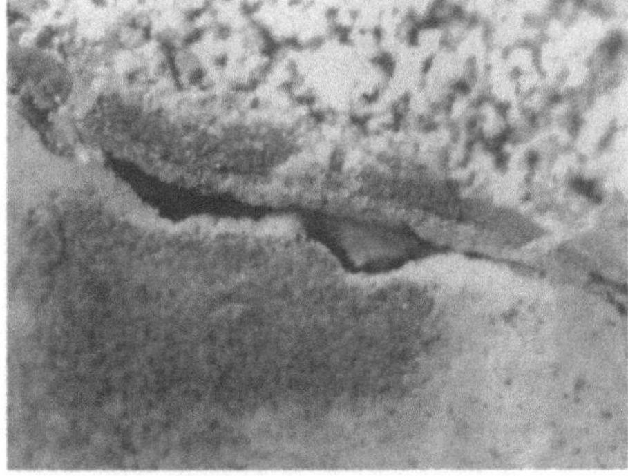

f) Detail vom Bild 5.7e (×500)

Bild 5.7 Beispiele von Fertigungsfehlern, die verantwortlich für die Initialisierung von Mikrorissen sind (Durchstecktechnologie **a) – c)**,   SMT **d) – f)**)

6 Statistische Qualitätskontrolle und Zuverlässigkeitsprüfungen

Statistische Qualitätskontrolle und Zuverlässigkeitsprüfungen dienen grundsätzlich der (statistischen) *Schätzung* und dem (statistischen) *Nachweis* von Qualitäts- und Zuverlässigkeitsmerkmalen auf der Basis von Stichprobenprüfungen. Bei der Schätzung geht es um eine *Punkt-* oder *Intervallschätzung* des unbekannten Merkmals (z.B. λ oder $MTBF = 1/\lambda$), beim Nachweis wird eine *Hypothese* H_0 aufgestellt (z.B. $MTBF > 10\,000$ h) und verworfen oder angenommen anhand der Resultate einer Stichprobe. Eingangs wird die Schätzung und der Nachweis einer *unbekannten Wahrscheinlichkeit p* (als Beispiel für eine Ausschußwahrscheinlichkeit, eine Zuverlässigkeit, eine Instandhaltbarkeit, eine Verfügbarkeit usw.) betrachtet. Anschließend werden die Schätzung und der Nachweis einer *konstanten Ausfallrate* λ oder von $MTBF = 1/\lambda$ und einer *MTTR* dargelegt. Auf zeitraffende Prüfungen und Anpassungstests wird kurz eingegangen. Die mathematischen Grundlagen zu diesem Kapitel sind im Anhang A2.3 gegeben.

6.1 Statistische Qualitätskontrolle

Neben der *statistischen Prozeßkontrolle*, die hier nicht speziell behandelt wird, ist das Ziel der *statistischen Qualitätskontrolle*, eine hinreichend genaue Aussage über die *Defektequote p* einer gegebenen Betrachtungseinheit anhand einer Stichprobe zu erhalten. Es wird prinzipiell zwischen der *Schätzung* und dem *Nachweis* von p unterschieden, dabei muß p nicht unbedingt eine Defektequote sein, sondern steht ganz allgemein für eine *unbekannte Wahrscheinlichkeit*.

Die Betrachtungen in diesem Abschnitt stützen sich auf folgende *Annahme*: Alle Elemente einer *Stichprobe* haben *die gleiche Defektequote p* und *sind statistisch unabhängig*. Diese Annahme stellt oft eine brauchbare Darstellung der Wirklichkeit dar. Sie impliziert, daß das Los *homogen* und viel größer als die Stichprobe ist und erlaubt mit der *Binomialverteilung* zu operieren. Gemäß der Binomialverteilung gibt

$$p_k = \binom{n}{k} p^k (1-p)^{n-k} \tag{6.1}$$

die Wahrscheinlichkeit an, daß in einer Stichprobe vom Umfang n genau k defekte Betrachtungseinheiten auftreten werden, wenn die Defektequote p bekannt ist. Oft ist aber p unbekannt, und Zweck der statistischen Qualitätskontrolle ist eben die Schätzung oder der Nachweis von p.

6.1.1 Schätzung einer Defektequote p

Wenn in einer Stichprobe vom Umfang n genau k defekte Betrachtungseinheiten beobachtet wurden, so ist die *Maximum-Likelihood Punktschätzung* für die Defektequote p gegeben durch (Gl. (A2.189))

$$\hat{p} = \frac{k}{n}. \tag{6.2}$$

Für die *Intervallschätzung* können bei gegebener *Aussagewahrscheinlichkeit* (confidence level) $\gamma = 1 - \beta_1 - \beta_2$ die *untere* $\hat{p}_l$ (lower) und *obere* $\hat{p}_u$ (upper) *Vertrauensgrenze* aus

$$\sum_{i=k}^{n} \binom{n}{i} \hat{p}_l^i (1-\hat{p}_l)^{n-i} = \beta_2, \tag{6.3}$$

mit $\hat{p}_l = 0$ (und $\beta_2 = 0$) für $k = 0$, und

$$\sum_{i=0}^{k} \binom{n}{i} \hat{p}_u^i (1-\hat{p}_u)^{n-i} = \beta_1, \tag{6.4}$$

mit $\hat{p}_u = 1$ (und $\beta_1 = 0$) für $k = n$ ermittelt werden. Dabei stehen β_1 bzw. β_2 für das *Risiko*, daß der wahre Wert von p größer als $\hat{p}_u$ bzw. kleiner als $\hat{p}_l$ ist. Die *Aussagewahrscheinlichkeit* ist nicht größer (oft viel kleiner) als $\gamma = 1 - \beta_1 - \beta_2$. Mit wachsender Anzahl unabhängiger Stichproben konvergiert die relative Häufigkeit der Fälle, in welchen das *Vertrauensintervall* $[\hat{p}_l, \hat{p}_u]$ die unbekannte Defektequote p überdeckt, gegen die Aussagewahrscheinlichkeit γ. Die Begründung obiger Gleichungen ist in Anhang A2.3.3.2.1 gegeben. In den praktischen Anwendungen kann man sich oft mit einer *graphischen Bestimmung* von $\hat{p}_l$ und $\hat{p}_u$ begnügen. Bild 6.1 zeigt solche Diagramme (gezogene Linien) für $\beta_1 = \beta_2 = 0.05$ und $\beta_1 = \beta_2 = 0.1$ ($\gamma = 0.9$ und $\gamma = 0.8$). Für $n \to \infty$, mit guter Näherung aber bereits für $\min(np, n(1-p)) \geq 5$, konvergieren die Kurven von Bild 6.1 gegen die *Vertrauensellipsen*. Mit Hilfe dieser Näherung lassen sich die Werte $\hat{p}_l$ und $\hat{p}_u$ analytisch aus

$$\hat{p}_{u,l} = \frac{k + 0.5b^2 \pm b\sqrt{k(1 - k/n) + b^2/4}}{n + b^2} \tag{6.5}$$

berechnen. Dabei ist b der $(1+\gamma)/2$-*Quantil* der Standard-Normalverteilung und kann aus Tab. A3.1 bestimmt werden, für die üblichen Werte von γ gilt

γ =	0.6	0.8	0.9	0.95	0.98	0.99
b =	0.84	1.28	1.64	1.96	2.33	2.583

Die Vertrauensgrenzen $\hat{p}_l$ und $\hat{p}_u$ können auch als *einseitige Vertrauensintervalle* aufgefaßt werden. In diesem Fall gilt (Beispiel 6.1)

$$0 \le p \le \hat{p}_u \qquad \text{mit} \quad \beta_2 = 0 \quad \text{und} \quad \gamma = 1 - \beta_1 \tag{6.6}$$

$$\hat{p}_l \le p \le 1 \qquad \text{mit} \quad \beta_1 = 0 \quad \text{und} \quad \gamma = 1 - \beta_2. \tag{6.7}$$

Beispiel 6.1 (vgl. auch Beispiel 6.4)
In einer Stichprobe vom Umfang $n = 25$ sind 5 defekte Betrachtungseinheiten gefunden worden. Man bestimme die Punktschätzung und für $\gamma = 0.8$ ($\beta_1 = \beta_2 = 0.1$) die Intervallschätzung der Defektequote p.

Lösung
Aus Gl. (6.2) folgt die Punktschätzung $\hat{p} = \frac{5}{25} = 0.2$. Für die Intervallschätzung findet man aus Bild 6.1 das Vertrauensintervall [0.1, 0.34]; Gl. (6.5) würde [0.12, 0.32] ergeben. Das entsprechende einseitige Vertrauensintervall ist durch $p \le 0.34$ mit $\gamma = 0.9$ gegeben ($p \ge 0.1$ mit $\gamma = 0.9$ hat im Fall einer Defektequote eine kleinere Bedeutung).

6.1.2 Zweiseitige Stichprobenprüfungen zum Nachweis einer Defektequote p

Häufiger als die Schätzung kommt im Rahmen der statistischen Qualitätskontrolle der *Nachweis* einer Defektequote p vor. Dabei geht es prinzipiell um die Prüfung folgender Vereinbarung zwischen Lieferanten und Abnehmer:

Die Betrachtungseinheiten sollen mit einer Wahrscheinlichkeit näherungsweise gleich (aber nicht kleiner als) $1 - \alpha$ angenommen werden, falls die wahre (unbekannte) Defektequote p kleiner als p_0 ist, und sie sollen mit einer Wahrscheinlichkeit näherungsweise gleich (aber nicht kleiner als) $1 - \beta$ zurückgewiesen werden, falls p größer als p_1 ist ($p_1 > p_0$).

Der Wert p_0 wird als *spezifizierte* und p_1 als *maximal akzeptierbare Defektequote* bezeichnet. Die Größe α ist das *Lieferantenrisiko* (Fehler 1. Art), d. h. die Wahrscheinlichkeit, die Hypothese $H_0 : p < p_0$ abzulehnen, obwohl sie wahr ist. Die Größe β ist das *Abnehmerrisiko* (Fehler 2. Art), d. h. die Wahrscheinlichkeit, die Hypothese H_0 anzunehmen, obwohl die Alternativhypothese $H_1 : p > p_1$ wahr ist

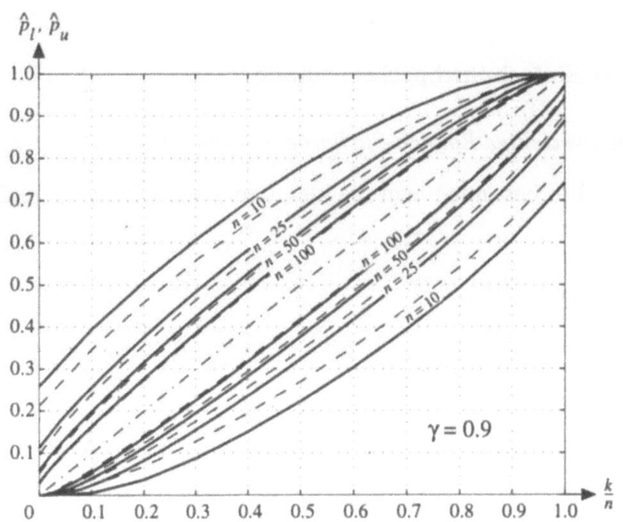

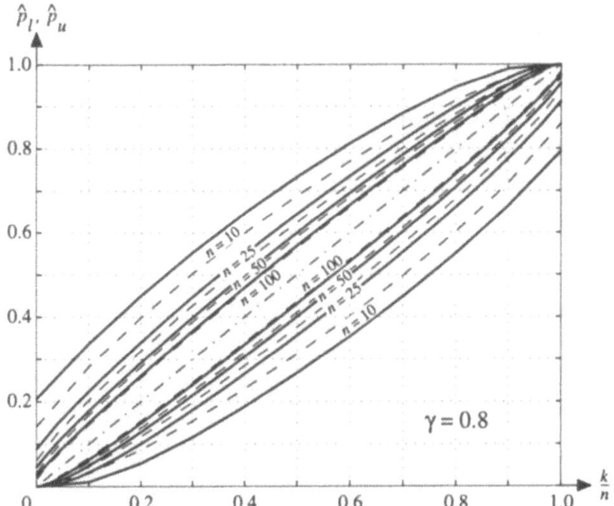

Bild 6.1 Vertrauensgrenzen $\hat{p}_l$ und $\hat{p}_u$ für eine unbekannte Wahrscheinlichkeit p in Funktion der beobachteten relativen Häufigkeit k/n, mit dem Stichprobenumfang n und der Aussagewahrscheinlichkeit γ als Parameter; gezogen sind die exakten Werte aus den Gln. (6.3) und (6.4), gestrichelt sind die Vertrauensellipsen gemäß Gl. (6.5)
Beispiel: $n = 25$, $k = 5$ ergibt $\hat{p} = k/n = 0.2$ und für $\gamma = 0.9$ das Vertrauensintervall [0.09, 0.38]

$(0 < \alpha < 1 - \beta < 1)$. Die Überprüfung obiger Abmachung ist ein Problem der (statistischen) *Hypothesenprüfung* (Anhang A2.3.4) und kann mit Hilfe der zweiseitigen Einfach-Stichprobenprüfung oder der Folge-Stichprobenprüfung erfolgen. Ausgangslage ist auch hier das Modell der Bernoullischen Versuche (Gl. (6.1)).

6.1.2.1   Zweiseitige Einfach-Stichprobenprüfung

Die Prozedur für die *zweiseitige Einfach-Stichprobenprüfung* lautet:

1. Aus p_0, p_1, α und β bestimme man die kleinsten ganzen Zahlen c und n, für welche gilt

$$\sum_{i=0}^{c} \binom{n}{i} p_0^i (1-p_0)^{n-i} \geq 1 - \alpha \tag{6.8}$$

und

$$\sum_{i=0}^{c} \binom{n}{i} p_1^i (1-p_1)^{n-i} \leq \beta . \tag{6.9}$$

2. Man nehme eine *Stichprobe* vom Umfang n, bestimme die Anzahl k defekter Betrachtungseinheiten, und

   - verwerfe die Hypothese $H_0 : p < p_0$, falls $k > c$
   - nehme die Hypothese H_0 an, falls $k \leq c$. $\tag{6.10}$

Die Kurve in Bild 6.2 verdeutlicht die Gültigkeit dieser Regel. Sie wird *Annahmekennlinie* oder *Operationscharakteristik* genannt, weil sie für jeden Wert von p die *Annahmewahrscheinlichkeit* angibt, d. h. die Wahrscheinlichkeit, daß in einer Stichprobe vom Umfang n *höchstens* c defekte Betrachtungseinheiten auftreten werden.

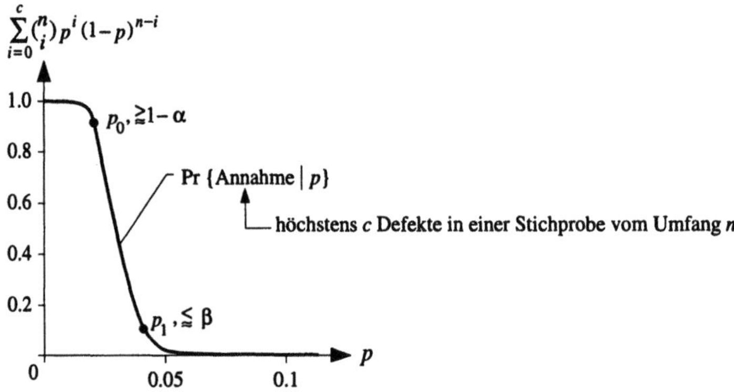

Bild 6.2   Annahmewahrscheinlichkeit als Funktion der Defektequote p für n und c fest ($p_0 = 2\%$, $p_1 = 4\%$, $\alpha = \beta = 0.1$, $n = 509$, $c = 14$)

Mit Hilfe der Annahmekennlinie läßt sich der *Durchschlupf* (*AOQ*, Average Outgoing Quality) berechnen. *AOQ* ist gleich dem prozentualen Anteil defekter Betrachtungseinheiten, die unbemerkt zum Abnehmer gelangen, wenn bei den zurückgewiesenen Stichproben alle Fehler beseitigt wurden (die zurückgewiesenen Stichproben sind nachträglich hundertprozentig geprüft worden). Für *AOQ* gilt

$$AOQ = p\,\mathrm{Pr}\{\text{Annahme} \mid p\} = p \sum_{i=0}^{c} \binom{n}{i} p^i (1-p)^{n-i}. \tag{6.11}$$

Der maximale Durchschlupf wird *AOQL* (Average Outgoing Quality Limit) genannt.

Die Lösung der Ungleichungen (6.8) und (6.9) ist in der Regel aufwendig. Für p_0 und p_1 klein (bis im %-Bereich) wird mit Vorteil die *Poissonsche Näherung*

$$\binom{n}{i} p^i (1-p)^{n-i} \approx \frac{(n\,p)^i}{i!} e^{-n\,p} \tag{6.12}$$

verwendet (Gl. (A2.43)). Die Lösung erfolgt dann mit Hilfe einer Tabelle der χ^2-Verteilung (Tab. A3.2) oder für viele Anwendungen direkt aus Tab. 6.3 oder Bild 6.3.

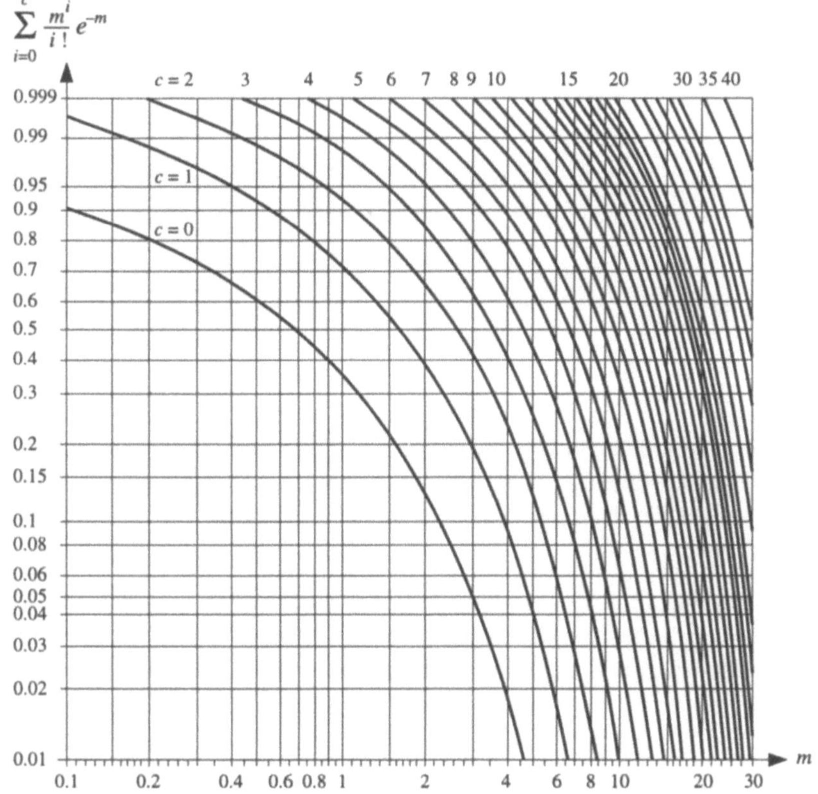

Bild 6.3 Kurven der Poisson-Verteilung (Tab. A3.2)

Beispiel 6.2

Man bestimme den Umfang n der Stichprobe und die Anzahl c zugelassener defekter Betrachtungseinheiten für die Prüfung der Null-Hypothese $H_0 : p < p_0 = 1\%$ gegen die Alternativhypothese $H_1 : p > p_1 = 2\%$ mit dem Lieferanten- und Abnehmerrisiko $\alpha = \beta = 0.1$.

Lösung

Für $\alpha = \beta = 0.1$ folgt aus Tab. A3.2 $v = 30$ und durch lineare Interpolation $F(20.4) \approx 0.093$ und $F(40.8) \approx 0.907$ ($v = 28$ reicht gerade nicht aus). Damit ist $c = \frac{v}{2} - 1 = 14$ und $n = \frac{20.4}{0.02} = 1020$, die Werte aus Tab. 6.3 wären $n = 1017$ und $c = 14$ (für $\alpha = \beta = 0.2$ würde man $c = 6$ und $n = 462$ finden). Praktisch zum gleichen Resultat kommt man auch mit der graphischen Lösung aus Bild 6.3: $c = 14$, $m_0 \approx 10.2$ und $m_1 \approx 20.4$ für $\alpha \approx \beta \lesssim 0.1$. Sowohl bei der analytischen wie auch bei der graphischen Methode muß die Lösung durch sukzessive Approximation gefunden werden (Wahl von v bzw. c, Erfüllung der Bedingungen für α und β unter Berücksichtigung des Verhältnisses p_1/p_0).

6.1.2.2   Folge-Stichprobenprüfung

Die Prozedur für die *Folge-Stichprobenprüfung*, auch als *Sequentialtest* bezeichnet, lautet:

1. Man zeichne in einem kartesischen Koordinatensystem die *Annahmegerade*

$$k = an - b_1 \tag{6.13}$$

und die *Ablehnungsgerade*

$$k = an + b_2 \tag{6.14}$$

mit

$$a = \frac{\ln \dfrac{1 - p_0}{1 - p_1}}{\ln \dfrac{p_1}{p_0} + \ln \dfrac{1 - p_0}{1 - p_1}}, \quad b_1 = \frac{\ln \dfrac{1 - \alpha}{\beta}}{\ln \dfrac{p_1}{p_0} + \ln \dfrac{1 - p_0}{1 - p_1}}, \quad b_2 = \frac{\ln \dfrac{1 - \beta}{\alpha}}{\ln \dfrac{p_1}{p_0} + \ln \dfrac{1 - p_0}{1 - p_1}}. \tag{6.15}$$

2. Man nehme vom Los eine Betrachtungseinheit nach der anderen heraus, prüfe sie und trage das Ergebnis in das Diagramm von Schritt 1 ein; die Prüfung wird beendet, sobald die erhaltene Treppenkurve die Annahme- oder die Ablehnungsgerade schneidet.

Der Vorteil der Folge-Stichprobenprüfung ist, daß sie im Mittel eine kleinere Stichprobe als die entsprechende zweiseitige Einfach-Stichprobenprüfung erfordert (Beispiel 6.11, Bild 6.8), die Stichprobengröße und damit auch die *Prüfdauer* ist aber zufällig.

6.1.3 Einseitige Stichprobenprüfungen zum Nachweis einer Defektequote p

Die im Abschnitt 6.1.2 beschriebenen Stichprobenprüfungen haben den Vorteil, daß für $\alpha = \beta$ der Lieferant und der Abnehmer das *gleiche Risiko* tragen, einen falschen Entscheid zu treffen. In den praktischen Anwendungen beschränkt man sich oft auf *einseitige Einfach-Stichprobenprüfungen*, d. h. auf die Festlegung von nur p_0 und α oder p_1 und β. Damit ist aber die Annahmekennlinie *nicht* vollständig definiert. Für jeden Wert von c ($c = 0, 1, \dots$) gibt es ein maximales n ($n = 1, 2, \dots$) welches die Gl. (6.8) für gegebene p_0 und α bzw. ein minimales n, welches die Gl. (6.9) für gegebene p_1 und β erfüllt. Man kann zeigen, daß für wachsende Werte von c die Annahmekennlinien steiler werden (Bild 6.4). Dadurch kann für *kleine Werte* von c entweder der Lieferant oder der Abnehmer *bevorzugt* werden, je nachdem ob p_0 und α oder p_1 und β festgelegt werden. Wählt man z.B. $c = 0$ bei gegebenen p_0 und α, so bleibt die Annahmewahrscheinlichkeit nahe $1 - \alpha$ für Werte von $p > p_0$.

Es ist üblich, in obigen Fällen

$$p_0 = AQL \quad \text{und} \quad p_1 = LTPD \tag{6.16}$$

zu bezeichnen. Dabei steht AQL für *Acceptable Quality Level* und $LTPD$ für *Lot Tolerance Percent Defective*.

Zahlreiche einseitige Stichprobenprüfungen zum Nachweis von AQL-Werten sind in nationalen und internationalen Normen (MIL-STD-105, DIN 40080, IEC 410, ISO 2859) als *Einfach-Stichprobenprüfungen* angegeben. Diese Pläne stützen sich auf praktische Überlegungen, so daß bei ihrer Beurteilung folgende Hinweise nützlich sein können:

- AQL-Werte sind in % gegeben
- Werte für n und c werden in der Regel mit der *Poissonschen Näherung* ermittelt

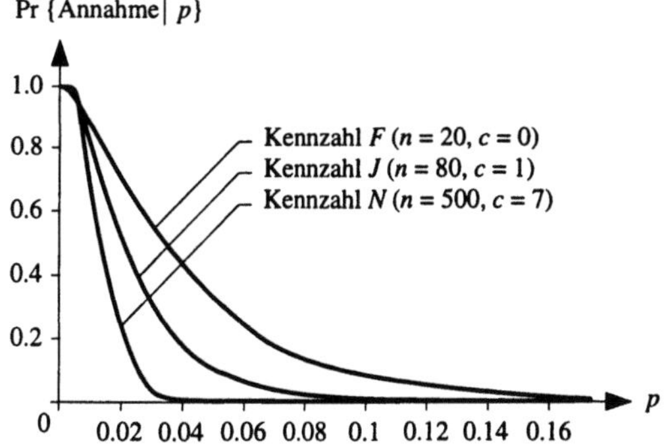

Bild 6.4 Annahmekennlinien von einseitigen Einfach-Stichprobenprüfungen gemäß Tab. 6.1 für $AQL = 0.65\%$ und Stichprobengrößen $n = 20, 80$ und 500

- für einen bestimmten *AQL*-Wert werden nicht alle *c*-Werte lückenlos aufgeführt, der Wert von α nimmt mit wachsendem *c* in der Regel ab
- die Stichprobengröße wird anhand der Losgröße bestimmt, der Zusammenhang zwischen Stichprobengröße und Losgröße basiert auf praktische Gesichtspunkte
- es wird zwischen einer *reduzierten Prüfung* (Niveau I), einer *normalen Prüfung* (Niveau II) und einer *verschärften Prüfung* (Niveau III) unterschieden
- begonnen wird in der Regel mit einer normalen Prüfung; der Übergang zu einer verschärften Prüfung erfolgt, falls 2 von 5 aufeinanderfolgenden, unabhängigen Losen zurückgewiesen werden; die Rückkehr zu einer normalen Prüfung erfolgt, falls 5 aufeinanderfolgende, unabhängige Lose angenommen worden sind
- der Wert von α wird nicht ausdrücklich angegeben, er liegt für $c = 0$ bei etwa 0.05 bei der reduzierten, 0.1 bei der normalen und 0.2 bei der verschärften Prüfung.

Tabelle 6.1 zeigt einen Auszug aus der Norm IEC 410. Bild 6.4 zeigt die entsprechenden *Annahmekennlinien* für einen *AQL*-Wert von 0.65% und Stichproben vom Umfang $n = 20$, 80 und 500.

Prüfanweisungen für den Nachweis von *LTPD*-Werten mit einem Abnehmerrisiko $\beta \approx 0.1$ sind in Tab. 6.2 angegeben.

Tabelle 6.1 Prüfanweisungen für die einseitige Einfach-Stichprobenprüfungen zum Nachweis von *AQL*-Werten bei normalen Prüfungen (Auszug aus IEC 410 [6.2])

Kennzahl	Größe Los N	Stich-probe n	\multicolumn{12}{c}{*AQL* in %}
			0.04 c	0.065 c	0.10 c	0.15 c	0.25 c	0.40 c	0.65 c	1.0 c	1.5 c	2.5 c	4.0 c	6.5 c
A	2 – 8	2	↓	↓	↓	↓	↓	↓	↓	↓	↓	↓	↓	0
B	9 – 15	3	↓	↓	↓	↓	↓	↓	↓	↓	↓	↓	0	↑
C	16 – 25	5	↓	↓	↓	↓	↓	↓	↓	↓	↓	0	↑	↓
D	26 – 50	8	↓	↓	↓	↓	↓	↓	↓	↓	0	↑	↓	1
E	51 – 90	13	↓	↓	↓	↓	↓	↓	↓	0	↑	↓	1	2
F	91 – 150	20	↓	↓	↓	↓	↓	↓	0	↑	↓	1	2	3
G	151 – 280	32	↓	↓	↓	↓	↓	0	↑	↓	1	2	3	5
H	281 – 500	50	↓	↓	↓	↓	0	↑	↓	1	2	3	5	7
J	501 – 1200	80	↓	↓	↓	0	↑	↓	1	2	3	5	7	10
K	1.2k – 3.2k	125	↓	↓	0	↑	↓	1	2	3	5	7	10	14
L	3.2k – 10k	200	↓	0	↑	↓	1	2	3	5	7	10	14	21
M	10k – 35k	315	0	↑	↓	1	2	3	5	7	10	14	21	↑
N	35k – 150k	500	↑	↓	1	2	3	5	7	10	14	21	↑	↑
P	150k – 500k	800	↓	1	2	3	5	7	10	14	21	↑	↑	↑
Q	über 500k	1250	1	2	3	5	7	10	14	21	↑	↑	↑	↑

↑ darüber bzw. ↓ darunter liegende Stichprobenanweisung verwenden, *c*= zugelassene Defekte

Beispiel 6.3 (vgl. auch die Beispiele 6.5–6.7)
Bei einer Lieferung von hochwertigen Bauteilen möchte man 99% Wahrscheinlichkeit haben, daß die Defektequote nicht größer als 0.1% ist. Bestimme die geeignete einseitige Stichprobenprüfung und die entsprechende Prüfprozedur(en).

Lösung
Die Wahl zwischen AQL und LTPD muß zugunsten von LTPD getroffen werden, weil das Risiko der Annahme einer falschen Hypothese gegeben ist, $\beta = (100 - 99)\% = 1\%$. Die exakte Bestimmung der Stichprobengröße n und der Anzahl c zugelassener defekten Bauteile erfolgt mit Hilfe der Gl. (6.9); die graphische Lösung mit Hilfe von Bild 6.3 führt schneller zum Resultat. Für

$$\sum_{i=0}^{c} \frac{m^i}{i!} e^{-m} = \beta = 0.01$$

findet man aus Bild 6.2 $m \approx 4.6$ für $c = 0$, $m \approx 6.6$ für $c = 1$, $m \approx 8.4$ für $c = 2$, $m \approx 10$ für $c = 3$ usw. Da nun $m = n \cdot p = n \cdot 0.001$ ist, folgen die möglichen Prüfprozeduren $n \approx 4600$ mit $c = 0$, $n \approx 6600$ mit $c = 1$, $n \approx 8400$ mit $c = 2$, $n \approx 10\,000$ mit $c = 3$ usw. Die Beurteilung des Verlaufs der Kurven für $c = 0, 1, \ldots$ in Bild 6.3 erlaubt die Wahl für c zu treffen. Mit $c = 3$ und $n \approx 10\,000$ hätte man z. B. aus Bild 6.2 ein Risiko $\beta \approx 2\%$ Bauteile mit einer Defektequote $p \geq 9/10\,000 = 0.09\%$ oder $\beta \approx 15\%$ für $p \geq 0.06\%$ oder $\beta \approx 50\%$ für $p \geq 0.035\%$ zu akzeptieren.

Tabelle 6.2 Prüfanweisungen für die einseitige Einfach-Stichprobenprüfungen zum Nachweis von *LTPD*-Werten (Auszug aus MIL-S-19500 [6.15])

Anzahl zugelassener Defekte	*LTPD* in %										
	1	1.5	2	3	5	7	10	15	20	30	50
c	n	n	n	n	n	n	n	n	n	n	n
0	231	153	116	76	45	32	22	15	11	8	5
1	390	258	195	129	77	55	38	25	18	13	8
2	533	354	266	176	105	75	52	34	25	18	11
3	668	444	333	221	132	94	65	43	32	22	13
4	798	531	398	265	158	113	78	52	38	27	16
5	927	617	462	308	184	131	91	60	45	31	19
6	1054	700	528	349	209	149	104	68	51	35	21
7	1178	783	589	390	234	166	116	77	57	39	24
8	1300	864	648	431	258	184	128	85	63	43	26
9	1421	945	709	471	282	201	140	93	69	47	28
10	1541	1025	770	511	306	218	152	100	75	51	31
11	1664	1109	832	555	330	238	166	111	83	54	33
12	1781	1187	890	594	356	254	178	119	89	59	36
13	1896	1264	948	632	379	271	190	126	95	63	38
14	2015	1343	1007	672	403	288	201	134	101	67	40
15	2133	1422	1066	711	426	305	213	142	107	71	43
16	2249	1499	1124	750	450	321	225	150	112	74	45
17	2364	1576	1182	788	473	338	236	158	118	79	47
18	2478	1652	1239	826	496	354	248	165	124	83	50
19	2591	1728	1296	864	518	370	259	173	130	86	52
20	2705	1803	1353	902	541	386	271	180	135	90	54
25	3259	2173	1629	1086	652	466	326	217	163	109	65

n = Stichprobengröße

Neben den Einfach-Stichprobenprüfungen werden für den Nachweis von *AQL*-Werten in der Praxis oft auch *Mehrfach-Stichprobenprüfungen* verwendet. Bild 6.5 zeigt das Ablaufschema einer *Doppel-Stichprobenprüfung*. Die Annahmewahrscheinlichkeit läßt sich im Fall der Doppel-Stichprobenprüfung gemäß Bild 6.5 folgendermaßen berechnen

$$\Pr\{\text{Annahme} \mid p\} = \sum_{i=0}^{c_1} \binom{n_1}{i} p^i (1-p)^{n_1-i}$$
$$+ \sum_{i=c_1+1}^{d_1-1} \left\{ \binom{n_1}{i} p^i (1-p)^{n_1-i} \sum_{j=0}^{c_2-i} \binom{n_2}{i} p^j (1-p)^{n_2-j} \right\}. \qquad (6.17)$$

Doppel-Stichprobenprüfungen wie auch weitere *Mehrfach-Stichprobenprüfungen* sind in nationalen und internationalen Normen festgelegt. Aus der Norm IEC 410 folgt beispielsweise folgende Prüfanweisung für eine *Doppel-Stichprobenprüfung* zum Nachweis einer *AQL* von 1%

Losgröße	n_1	n_2	c_1	d_1	c_2
281 – 500	32	32	0	2	1
501 – 1200	50	50	0	3	3
1201 – 3200	80	80	1	4	4
3201 – 10000	125	125	2	5	6

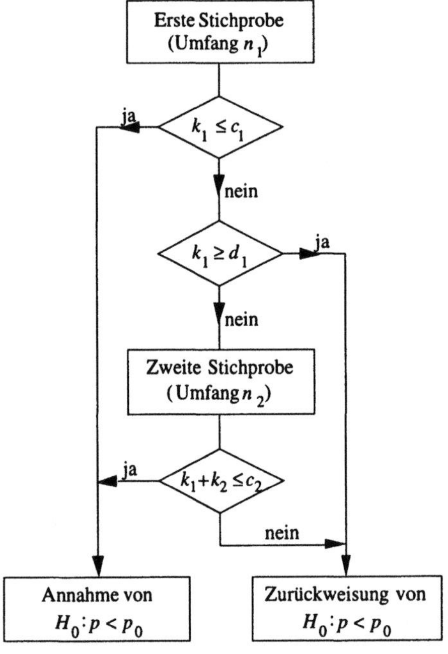

Bild 6.5 Ablauf einer Doppel-Stichprobenprüfung

Der Vorteil von Doppel- und Mehrfach-Stichprobenprüfungen ist, daß sie *im Mittel* kleinere Stichproben als die entsprechenden Einfach-Stichprobenprüfungen erfordern.

6.2 Statistische Zuverlässigkeitsprüfungen

Zuverlässigkeitsprüfungen sind notwendig, um die bei einer Betrachtungseinheit *erreichte* Zuverlässigkeit beurteilen zu können. Je früher damit begonnen wird, desto schneller können Schwachstellen, die in den Zuverlässigkeitsanalysen nicht zum Vorschein kamen, entdeckt und mit geringem Aufwand behoben werden. Dadurch entsteht ein *Lernprozeß*, der zu einer gezielten Verbesserung der Zuverlässigkeit und damit zu einem serienreifen Produkt führt (Bild 7.4). Da Zuverlässigkeitsprüfungen in der Regel aufwendig sind, müssen sie soweit wie möglich mit anderen Prüfungen koordiniert werden. Die Prüfbedingungen sollen nahe bei den reellen Einsatzbedingungen liegen. Vom Standpunkt der Statistik aus wird, wie im Fall der Qualitätsprüfungen, zwischen einer *Schätzung* und einem *Nachweis* einer Zuverlässigkeitsgröße unterschieden.

6.2.1 Schätzung und Nachweis einer Zuverlässigkeit oder einer Verfügbarkeit

Die Zuverlässigkeit wie auch die Verfügbarkeit sind laut Definition Wahrscheinlichkeiten. Für die Schätzung oder den Nachweis können deshalb die Methoden von Abschnitt 6.1 zur Schätzung oder zum Nachweis einer *unbekannten Wahrscheinlichkeit p* verwendet werden. Wenn die *Zuverlässigkeit* mit R und die *Verfügbarkeit* (stationärer Wert der Punkt-Verfügbarkeit und der durchschnittlichen Verfügbarkeit) mit PA bezeichnet wird, so genügt es, für p anstelle der Defektequote die Größe

$$p = 1 - R \tag{6.18}$$

bzw.

$$p = 1 - PA \tag{6.19}$$

zu setzen. Beim Nachweis geht dann die Nullhypothese $H_0 : p < p_0$ in $H_0 : R > R_0$ bzw. $H_0 : PA > PA_0$ über, was der Bedeutung der Zuverlässigkeit bzw. der Verfügbarkeit entspricht. Dasgleiche gilt für die *Instandhaltbarkeit* und für jede andere Zuverlässigkeitsgröße, die sich als *Wahrscheinlichkeit* ausdrücken läßt. Alle Resultate und Überlegungen aus Abschnitt 6.1 können damit übernommen werden (Beispiele 6.4 bis 6.7).

Beispiel 6.4

Bei einer Zuverlässigkeitsprüfung werden 100 Baugruppen getestet. 95 davon haben den Test bestanden. Man bestimme das Vertrauensintervall für die Zuverlässigkeit R mit einer Aussagewahrscheinlichkeit $\gamma = 0.9$ ($\beta_1 = \beta_2 = 0.05$).

Lösung

Mit $p = 1 - R$ und $\hat{R} = 0.95$ folgt aus Bild 6.1 das Vertrauensintervall [0.03, 0.10] für p und damit [0.9, 0.97] für R. Die Berechnung mit Gl. (6.5) führt auf das Vertrauensintervall [0.025, 0.099] für p und [0.901, 0.975] für R.

Beispiel 6.5

Die Zuverlässigkeit einer Baugruppe war 0.9 und soll durch eine konstruktive Maßnahme verbessert worden sein. Bei der Prüfung von 100 Baugruppen haben 93 davon den Test bestanden. Es ist zu prüfen, ob mit einem Fehler 1. Art $\alpha = 20\%$ die Hypothese $H_0 : R > 0.95$ bestätigt werden kann.

Lösung

Für $p_0 = 1 - R_0 = 0.05$, $\alpha = 20\%$ und $n = 100$ folgt aus Gl. (6.8) $c = 7$ vgl. auch Bild 6.3 mit $m = n\,p_0 = 5$. Da nur 6 Baugruppen ausgefallen sind, kann die Hypothese $R > 0.95$ zu einem Signifikanzniveau $\geq 1 - \alpha = 0.8$ angenommen werden.

Beispiel 6.6

Man bestimme die minimale Anzahl Versuche n, die durchzuführen sind, um die Hypothese $R > 0.95$ mit einem Abnehmerrisiko $\beta = 0.1$ überprüfen zu können. Wie groß ist dabei die zulässige Anzahl c der Mißerfolge?

Lösung

Gleichung (6.9) muß mit $p_1 = 1 - R = 0.05$ und $\beta = 0.1$ erfüllt werden. Damit sind n und c aus

$$\sum_{i=0}^{c} \binom{n}{i} 0.05^i \cdot 0.95^{n-i} \lesseqgtr 0.1$$

zu bestimmen. Die Anzahl Versuche ist minimal für $c = 0$. Aus $0.95^n \approx 0.1$ folgt $n = 45$, (die Berechnung mit der Poissonschen Näherung (Gl. (6.12)) würde $n = 46$ ergeben).

Beispiel 6.7

a) Ausgehend vom Beispiel 6.6 ist n für $c = 2$ gesucht; b) wie groß ist für $c = 0$ und für $c = 2$ das Lieferantenrisiko, wenn die wahre Zuverlässigkeit 0.97 beträgt?

Lösung

a) Aus Gl. (6.9) folgt

$$\sum_{i=0}^{2} \binom{n}{i} 0.05^i \cdot 0.95^{n-i} \lesseqgtr 0.1$$

woraus $n = 105$ (die Lösung mit der Poissonschen Näherung ergibt gemäß Bild 6.3 $m \approx 5.3$ und damit $n = 106$, aus Tab. A3.2 würde man finden $v = 6$, $t_{6,0.9} = 10.645$ und damit $n = 107$).

b) Das Lieferantenrisiko ist

$$\alpha = 1 - \sum_{i=0}^{c} \binom{n}{i} 0.03^{i} \cdot 0.97^{n-i} ,$$

daraus folgt $\alpha \approx 0.75$ für $c = 0$ und $n = 45$ sowie $\alpha \approx 0.61$ für $c = 2$ und $n = 105$ (die Lösung mit der Poissonschen Näherung ergibt gemäß Bild 6.3 $\alpha \approx 0.75$ für $c = 0$ und $m = 1.35$ sowie $\alpha \approx 0.62$ für $c = 2$ und $m = 3.15$, aus Tab. A3.2 würde man durch lin. Interpolation finden $\alpha \approx 0.73$ für $\nu = 2$ und $t_{2,\alpha} = 2.7$ sowie $\alpha \approx 0.61$ für $\nu = 6$ und $t_{6,\alpha} = 6.3$).

6.2.2 Schätzung und Nachweis einer konstanten Ausfallrate λ oder einer $MTBF = 1 / \lambda$

Die $MTBF$ ist der Mittelwert (Erwartungswert) der ausfallfreien Arbeitszeit einer Betrachtungseinheit mit *konstanter* Ausfallrate λ. Für eine solche Betrachtungseinheit gilt $R(t) = e^{-\lambda t}$ und $MTBF = 1/\lambda$. Dieser Abschnitt gilt der *Schätzung* und dem *Nachweis einer MTBF* bzw. von $\lambda = 1/MTBF$. Es wird insbesondere der Fall einer gegebenen *festen kumulativen Betriebszeit* T betrachtet, wobei allenfalls vorkommende Reparaturzeiten vernachlässigt sind und einzelne Arbeitszeiten als unabhängig angenommen werden. Aufgrund des Zusammenhangs mit dem homogenen Poisson-Prozeß und der Additionseigenschaft unabhängiger Poisson-Prozesse (Beispiel 6.8) kann sich die (feste) *kumulative Betriebszeit* T prinzipiell *beliebig* aus Betriebszeiten einzelner (statistisch identischer) Betrachtungseinheiten zusammensetzen. Insbesondere sei auf folgende Fälle hingewiesen:

- Inbetriebnahme einer einzigen Betrachtungseinheit, die nach jedem Ausfall sofort erneuert wird (Reparaturzeiten werden vernachlässigt); hier gilt

$$T = t \qquad (t = \text{Kalenderzeit})$$

- Inbetriebnahme von m gleichartigen Betrachtungseinheiten, von denen jede für sich nach einem Ausfall sofort erneuert wird; hier gilt

$$T = mt, \qquad m = 1, 2, \ldots . \tag{6.20}$$

Man kann sich leicht überzeugen (Beispiel 6.8), daß in beiden Fällen ergibt sich für den Ausfallprozeß ein (zeit)*homogener Poisson-Prozeß* mit Intensität λ auf dem (festen) Zeitintervall $[0, T]$. Somit ist die Wahrscheinlichkeit für genau k Ausfälle in der kumulativen Betriebszeit T durch

$$\Pr\{\text{genau } k \text{ Ausfälle während } T \mid \lambda\} = \frac{(\lambda T)^{k}}{k!} e^{-\lambda T} \tag{6.21}$$

gegeben (Gl. (A2.107)). Die statistischen Verfahren für die Schätzung und den Nachweis von λ bzw. der $MTBF = 1/\lambda$ können damit auf die statistische Untersuchung des *Parameters einer Poissonverteilung* zurückgeführt werden.

Neben dem Fall einer festen kumulativen Betriebszeit T und sofortiger Erneuerung (Erneuerungszeit gleich Null) sind weitere Möglichkeiten bekannt. Unter Benutzung der Bezeichnung $t_1^* < t_2^* < \dots$ für die einzelnen Ausfallzeitpunkte seien, ausgehend von m Betrachtungseinheiten zur Zeit $t = 0$, folgende genannt:

1. *Feste Anzahl k von Ausfällen* (die Prüfung wird beim k-ten Ausfall (bei $t = t_k^*$) eingestellt) und ausgefallene Betrachtungseinheiten werden jeweils *sofort ersetzt*; für die Ausfallrate λ gilt die Punktschätzung

$$\hat{\lambda} = \frac{k}{m\,t_k^*}. \tag{6.22}$$

2. *Feste Anzahl k von Ausfällen* (die Prüfung wird beim k-ten Ausfall (bei $t = t_k^*$) eingestellt) und ausgefallene Betrachtungseinheiten werden *nicht ersetzt*; für λ gilt die Punktschätzung

$$\hat{\lambda} = \frac{k}{m\,t_1^* + (m-1)(t_2^* - t_1^*) + \dots + (m-k+1)(t_k^* - t_{k-1}^*)}$$
$$= \frac{k}{t_1^* + \dots + t_k^* + (m-k)t_k^*}. \tag{6.23}$$

3. *Feste Prüfdauer t* und ausgefallene Betrachtungseinheiten werden *nicht ersetzt*; für λ gilt die Punktschätzung

$$\hat{\lambda} = \frac{k}{m\,t_1^* + (m-1)(t_2^* - t_1^*) + \dots + (m-k)(t - t_k^*)}$$
$$= \frac{k}{t_1^* + \dots + t_k^* + (m-k)t}. \tag{6.24}$$

Eine weitere wichtige Situation trifft zu, wenn im obigen Fall 3 die einzelnen Ausfallzeitpunkte t_i^* nicht bekannt sind.

4. *Feste Prüfdauer t*, ausgefallene Betrachtungseinheiten werden *nicht ersetzt*, nur die Anzahl k der Ausfälle ist bekannt; für λ gilt die Punktschätzung

$$\hat{\lambda} = -\frac{1}{t}\ln(1 - \frac{k}{m}) \approx \frac{k}{m\,t}(1 + \frac{k}{2m}). \tag{6.25}$$

Beispiel 6.8
Eine Betrachtungseinheit mit konstanter Ausfallrate λ arbeite zuerst während einer festen Zeitspanne T_1 und anschließend während einer festen Zeitspanne T_2. Reparaturzeiten werden vernachlässigt. Man bestimme die Wahrscheinlichkeit für k Ausfälle in der Zeitspanne $T = T_1 + T_2$.

Lösung
Innerhalb jedes der Zeitintervalle T_1 und T_2 bildet das Ausfallverhalten der Betrachtungseinheit einen (zeit)homogenen *Poisson-Prozeß* mit Intensität λ. Gemäß der Gl. (A2.107) gilt für diesen Prozeß

$$\Pr\{\text{genau } i \text{ Ausfälle in der Zeitspanne } T_1 \mid \lambda\} = \frac{(\lambda\, T_1)^i}{i!}\, e^{-\lambda\, T_1}.$$

Wegen der Gedächtnislosigkeit des Poisson-Prozesses folgt dann

$$\Pr\{\text{genau } k \text{ Ausfälle in } T = T_1 + T_2 \mid \lambda\} \;=\; \sum_{i=0}^{k} \frac{(\lambda\, T_1)^i}{i!} e^{-\lambda\, T_1} \frac{(\lambda\, T_2)^{k-i}}{(k-i)!} e^{-\lambda\, T_2}$$

$$= e^{-\lambda\, T} \sum_{i=0}^{k} \lambda^k \frac{T_1^i}{i!} \frac{T_2^{k-i}}{(k-i)!} = \frac{(\lambda\, T)^k}{k!} e^{-\lambda\, T}. \qquad (6.26)$$

Der letzte Teil der Gl. (6.26) ergibt sich aus dem binomischen Satz für $(T_1 + T_2)^k$. Dieses Beispiel zeigt, daß die *kumulative Betriebszeit T beliebig aufgeteilt werden kann*; notwendig und hinreichend ist die Bedingung $\lambda = konstant$. Genau die gleiche Beweisführung kann verwendet werden um zu zeigen, daß die *Summe von zwei unabhängigen Poisson-Prozessen* mit den Intensitäten λ_1 und λ_2 *wiederum ein Poisson-Prozeß* mit der Intensität $\lambda_1 + \lambda_2$ ist:

$$\Pr\{\text{genau } k \text{ Ausfälle in } (0, T]\}$$

$$= \sum_{i=0}^{k} \frac{(\lambda_1\, T)^i}{i!} e^{-\lambda_1\, T} \frac{(\lambda_2\, T)^{k-i}}{(k-i)!} e^{-\lambda_2\, T} = \frac{((\lambda_1+\lambda_2)\, T)^k}{k!}\, e^{-(\lambda_1+\lambda_2)T}.$$

6.2.2.1 Schätzung einer konstanten Ausfallrate λ oder einer *MTBF=1 / λ*

Wenn in T fest gegebenen kumulativen Betriebsstunden genau k Ausfälle aufgetreten sind, so ergibt sich aus Gl. (A2.195) die *Maximum-Likelihood Punktschätzung* der unbekannten Parameter λ bzw. $MTBF = 1/\lambda$

$$\hat{\lambda} = \frac{k}{T} \qquad \text{und} \qquad \hat{MTBF} = \frac{k}{T}. \qquad (6.27)$$

Für die *Intervallschätzung* können bei gegebener *Aussagewahrscheinlichkeit* (confidence level) $\gamma = 1 - \beta_1 - \beta_2$ ($0 < \beta_1 < 1 - \beta_2 < 1$) im Falle $k > 0$ die *untere (lower)* $\hat{\lambda}_l$ und *obere* (upper) $\hat{\lambda}_u$ *Vertrauensgrenze* aus (Gln. (A2.206) und (A2.207))

$$\sum_{i=k}^{\infty} \frac{(\hat{\lambda}_l\, T)^i}{i!} e^{-\hat{\lambda}_l\, T} = \beta_2, \qquad \text{und} \qquad \sum_{i=0}^{k} \frac{(\hat{\lambda}_u\, T)^i}{i!} e^{-\hat{\lambda}_u\, T} = \beta_1$$

oder

$$\hat{\lambda}_l = \frac{\chi^2_{2k,\beta_2}}{2T} \qquad \text{und} \qquad \hat{\lambda}_u = \frac{\chi^2_{2(k+1),1-\beta_1}}{2T} \qquad (6.28)$$

ermittelt werden. Somit folgt für $MTBF = 1/\lambda$ eine entsprechende Intervallschätzung mit den Grenzen $\hat{MTBF}_l$ und $\hat{MTBF}_u$

$$\hat{MTBF}_l = \frac{2T}{\chi^2_{2(k+1),1-\beta_1}} \qquad \text{und} \qquad \hat{MTBF}_u = \frac{2T}{\chi^2_{2k,\beta_2}}. \qquad (6.29)$$

Die zur Berechnung der Intervallschätzung benötigten q-Quantile $\chi^2_{v,q}$ der χ^2-Verteilung mit v Freiheitsgraden sind in Tab. A3.2 angegeben. Für $k = 0$ folgt aus Gl. (A2.210)

$$\hat{\lambda}_l = 0 \qquad \text{und} \qquad \hat{\lambda}_u = \frac{\ln\dfrac{1}{\beta_1}}{T}$$

bzw.

$$MT\hat{B}F_l = \frac{T}{\ln\dfrac{1}{\beta_1}} \qquad \text{und} \qquad MT\hat{B}F_u = \infty; \tag{6.30}$$

die *Aussagewahrscheinlichkeit* γ ist dann gleich $1 - \beta_1$. Für praktische Anwendungen genügt in vielen Fällen eine graphische Lösung. Bild 6.6 zeigt die Zusammenhänge zwischen γ, k, T, $\hat{\lambda}_l$ und $\hat{\lambda}_u$, dabei wurden $\beta_1 = \beta_2 = \frac{1-\gamma}{2}$ gewählt. Bild 6.6 vermittelt eine konkrete Vorstellung über die *Breite des Vertrauensintervalls* als Funktion der Anzahl Ausfälle k für eine gegebene Aussagewahrscheinlichkeit γ.

Die Vertrauensgrenzen $\hat{\lambda}_l$ und $\hat{\lambda}_u$ bzw. $MT\hat{B}F_u$ und $MT\hat{B}F_l$ können auch als *einseitige Vertrauensintervalle* aufgefaßt werden. In diesem Fall gilt (Beispiel 6.9)

$$\lambda \leq \hat{\lambda}_u \qquad \text{bzw.} \qquad MTBF \geq MT\hat{B}F_l, \qquad \text{mit } \beta_2 = 0 \text{ und } \gamma = 1 - \beta_1 \tag{6.31}$$

$$\lambda \geq \hat{\lambda}_l \qquad \text{bzw.} \qquad MTBF \leq MT\hat{B}F_u, \qquad \text{mit } \beta_1 = 0 \text{ und } \gamma = 1 - \beta_2. \tag{6.32}$$

Beispiel 6.9
Bei der Prüfung einer Baugruppe mit konstanter Ausfallrate seien in $T = 10^4$ kumulativen Betriebsstunden 4 Ausfälle aufgetreten. Bestimme das Vertrauensintervall der $MTBF$ für eine Aussagewahrscheinlichkeit $\gamma = 0.8$ ($\beta_1 = \beta_2 = 0.1$).

Lösung
Aus Bild 6.6 findet man für $k = 4$ und $\gamma = 0.8$, $\hat{\lambda}_l / \hat{\lambda} = MTBF / MT\hat{B}F_u \approx 0.43$ und $\hat{\lambda}_u / \hat{\lambda} = MT\hat{B}F / MT\hat{B}F_l \approx 2$. Mit $T = 10^4$ und $k = 4$ folgt $M\hat{T}BF = T / k = 2500$ h und damit für $\gamma = 0.8$ die Vertrauensgrenzen $MT\hat{B}F_l \approx 1250$ h und $MT\hat{B}F_u \approx 5814$ h. Die entsprechenden Vertrauensgrenzen für die Ausfallrate λ sind $\hat{\lambda}_l = 1/ MT\hat{B}F_u \approx 1.7 \cdot 10^{-4}$ h^{-1} und $\hat{\lambda}_u = 1/ MT\hat{B}F_l \approx 8 \cdot 10^{-4}$ h^{-1}. Aus diesen Resultaten können auch die einseitigen Vertrauensintervalle $MTBF \geq 1250$ h bzw. $\lambda \leq 8 \cdot 10^{-4}$ h^{-1} mit $\gamma = 0.9$ angegeben werden.

Im obigen Fall (Gln. (6.27) bis (6.32)) war die totale *kumulative Betriebszeit T fest* (gegeben), unabhängig von den Auftrittszeitpunkten der einzelnen Ausfälle und von der Anzahl m der beteiligten Betrachtungseinheiten. Anders ist die Situation, wenn die *Anzahl k der Ausfälle fest* (gegeben) ist, d. h. wenn die Prüfung beim k-ten Ausfall unterbrochen wird. Die kumulative Betriebszeit ist hier eine *Zufallsgröße*, gegeben durch das Glied $k/\hat{\lambda}$ in den Gln. (6.22) bzw. (6.23) für die Fälle einer sofortigen Erneuerung bzw. keiner Erneuerung der ausgefallenen Betrachtungseinheiten. Unter Verwendung der Eigenschaften des homogenen Poisson-Prozesses kann man zeigen, daß die Größen

$$m\,(t_i^* - t_{i-1}^*)\qquad\text{bei sofortiger Erneuerung}$$

und

$$(m - i + 1)\,(t_i^* - t_{i-1}^*)\qquad\text{im Falle keiner Erneuerung,}$$

mit $i = 1, \ldots, k$ und $t_0^* = 0$, unabhängige Beobachtungen einer gemäß $F(t) = 1 - e^{-\lambda t}$ verteilten Zufallsgröße sind. Das ist notwendig und hinreichend um zu zeigen, daß $\hat{\lambda}$ aus den Gln. (6.22) und (6.23) eine Maximum-Likelihood Schätzung von λ ist. Für die Untersuchung des Vertrauensintervalls können die Resultate vom Anhang A2.3.3.2.3 verwendet werden (mit $n = k$).

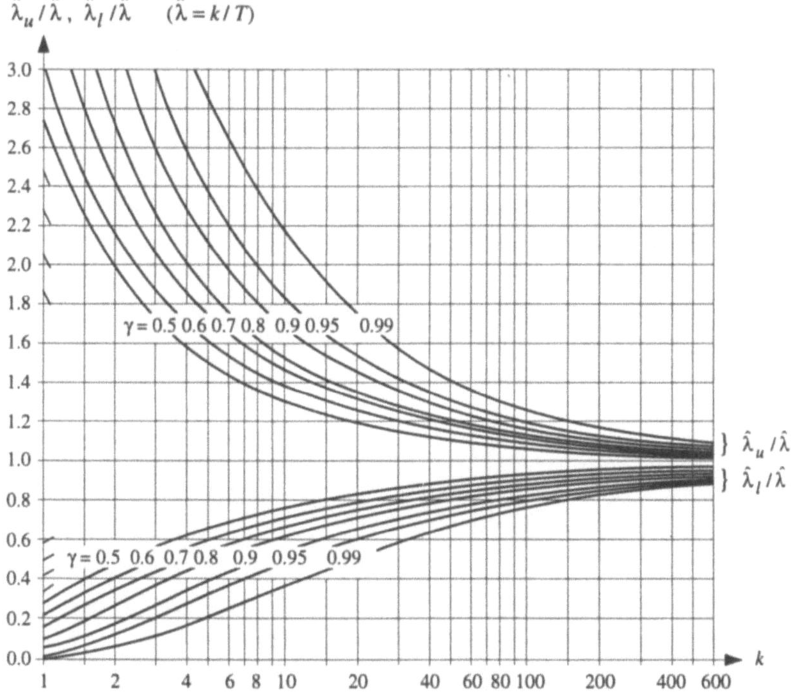

Bild 6.6 Vertrauensgrenzen $\hat{\lambda}_l$ und $\hat{\lambda}_u$ für eine unbekannte konstante Ausfallrate λ oder von $MTBF = 1/\lambda$ (T = kumulative Betriebszeit, k = Anzahl Ausfälle während T, γ = Aussagewahrscheinlichkeit; es gilt $\hat{MTBF}_l = 1/\hat{\lambda}_u$ und $\hat{MTBF}_u = 1/\hat{\lambda}_l$)
Beispiel: $T = 10^6$ h, $k = 2$ und $\gamma = 0.9$ ergibt $\hat{\lambda} = 2 \cdot 10^{-6}$ h^{-1} und das Vertrauensintervall
$[0.28,\ 2.68] \cdot 2 \cdot 10^{-6}$ h^{-1}

6.2.2.2 Zweiseitige Einfachprüfungen zum Nachweis einer konstanten Ausfallrate λ oder einer $MTBF = 1 / \lambda$

Ähnlich wie in Abschnitt 6.1.2 treffen Lieferant und Abnehmer folgende Vereinbarung:

Die Betrachtungseinheiten sollen mit einer Wahrscheinlichkeit näherungsweise gleich (aber nicht kleiner als) $1-\alpha$ angenommen werden, falls die wahre (unbekannte) MTBF größer als $MTBF_0$ ist, und sie sollen mit einer Wahrscheinlichkeit näherungsweise gleich (aber nicht kleiner als) $1-\beta$ zurückgewiesen werden, falls die wahre MTBF kleiner als $MTBF_1$ ist ($MTBF_0 > MTBF_1$).

$MTBF_0$ wird als *spezifizierte MTBF* und $MTBF_1$ als *minimal akzeptierbare MTBF* bezeichnet. Die Größe α ist das zulässige *Lieferantenrisiko* (Fehler 1. Art), d. h. die Wahrscheinlichkeit, die Hypothese $H_0 : MTBF > MTBF_0$ abzulehnen, obwohl sie wahr ist. Die Größe β ist entsprechend das zulässige *Abnehmerrisiko* (Fehler 2. Art), d. h. die Wahrscheinlichkeit, die Hypothese H_0 anzunehmen, obwohl die Alternativhypothese $H_1 : MTBF < MTBF_1$ wahr ist ($0 < \alpha < 1-\beta < 1$). Die Überprüfung obiger Abmachung ist ein Problem der (statistischen) *Hypothesenprüfung* (Anhang A2.3.4) und kann mit Hilfe der zweiseitigen Einfachprüfung oder der Folgeprüfung erfolgen. Wie zu Beginn des Abschnitts 6.2.2 erwähnt, gelten die folgenden Resultate auch für die Prüfung der Hypothese $H_0 : \lambda < \lambda_0 = 1/MTBF_0)$ gegen die Alternativhypothese $H_1 : \lambda > \lambda_1 = 1/MTBF_1$.

Bei der *zweiseitigen Einfachprüfung* sind die kumulative Betriebszeit T und die Anzahl zugelassener Ausfälle c während T fest (keine Zufallsgrößen); die Prozedur lautet:

1. Aus $MTBF_0$, $MTBF_1$, α, β bestimme man die kleinste ganze Zahl c und den Wert von T, für welche gilt

$$\sum_{i=0}^{c} \frac{(\frac{T}{MTBF_0})^i}{i!} e^{-T/MTBF_0} \geq 1-\alpha \tag{6.33}$$

$$\sum_{i=0}^{c} \frac{(\frac{T}{MTBF_1})^i}{i!} e^{-T/MTBF_0} \leq \beta. \tag{6.34}$$

2. Man führe eine Prüfung mit der festen *kumulativen Betriebszeit T* durch, bestimme die totale Anzahl k von Ausfällen während T und

   * verwerfe die Hypothese $H_0 : MTBF > MTBF_0$, falls $k > c$
   * nehme H_0 an, falls $k \leq c$. $\tag{6.35}$

Tabelle 6.3 Anzahl c zugelassener Ausfälle während der kumulativen Betriebszeit T und Werte von $T/MTBF_0$ zum Nachweis von $MTBF/MTBF_0$ gegen $MTBF_0 < MTBF_1$ (gilt auch für den Nachweis von $\lambda = 1/MTBF$ und von $p < p_0$ gegen $p > p_1$ mit $T/MTBF_0 = n\,p_0$)

	$\dfrac{MTBF_0}{MTBF_1} = 1.5$	$\dfrac{MTBF_0}{MTBF_1} = 2$	$\dfrac{MTBF_0}{MTBF_1} = 3$
$\alpha \approx \beta \lesssim 0.1$	$c = 40$ $T/MTBF_0 \approx 32.98$ $(\alpha \approx \beta \approx 0.098)$	$c = 14^*$ $T/MTBF_0 \approx 10.17$ $(\alpha \approx \beta \approx 0.093)$	$c = 5$ $T/MTBF_0 \approx 3.12$ $(\alpha \approx \beta \approx 0.096)$
$\alpha \approx \beta \lesssim 0.2$	$c = 17$ $T/MTBF_0 \approx 14.33$ $(\alpha \approx \beta \approx 0.197)$	$c = 6$ $T/MTBF_0 \approx 4.62$ $(\alpha \approx \beta \approx 0.185)$	$c = 2$ $T/MTBF_0 \approx 1.47$ $(\alpha \approx \beta \approx 0.184)$
$\alpha \approx \beta \lesssim 0.3$	$c = 6$ $T/MTBF_0 \approx 5.41$ $(\alpha \approx \beta \approx 0.297)$	$c = 2$ $T/MTBF_0 \approx 1.85$ $(\alpha \approx \beta \approx 0.284)$	$c = 1$ $T/MTBF_0 \approx 0.92$ $(\alpha \approx \beta \approx 0.236)$

* $c = 13$ ergibt $T/MTBF_0 \approx 9.48$ und $\alpha \approx \beta \approx 0.1003$

Die Kurve in Bild 6.7 verdeutlicht die Gültigkeit der Vereinbarung zwischen Lieferanten und Abnehmer, sie erfüllt die Gln. (6.33) und (6.34) und wird *Annahmekennlinie* genannt. Da die Annahmekennlinie als Funktion von $1/MTBF$ *monoton fallend* ist, nehmen für $MTBF > MTBF_0$ das Lieferantenrisiko und für $MTBF < MTBF_1$ das Abnehmerrisiko ab. Die Größen c und $T/MTBF_0$ hängen von α, β und vom Verhältnis $MTBF_0/MTBF_1$ ab. Für übliche Werte von α, β und $MTBF_0/MTBF_1$ gibt Tab. 6.3 die Größen c und $T/MTBF_0$ an. Diese Tabelle kann auch, mit $MTBF_0/MTBF_1 = p_1/p_0$, und $T/MTBF_0 = n\,p_0$, für den Nachweis einer unbekannten Wahrscheinlichkeit (Gln. (6.8) und (6.9)) im Falle der Poissonschen Näherung (Gl. (6.12)) verwendet werden.

Beispiel 6.10

Zum *MTBF*-Nachweis einer Baugruppe seien folgende Bedingungen aufgestellt worden: $MTBF_0 = 2000$ h (spezifizierte *MTBF*), $MTBF_1 = 1000$ h (minimal akzeptierbare *MTBF*), Erzeugerrisiko $\alpha \le 0.2$, Abnehmerrisiko $\beta \le 0.2$. Man bestimme: a) die kumulative Prüfzeit (T) und die zugelassene Anzahl Ausfälle (c) während T,   b) die Annahmewahrscheinlichkeit, wenn die wahre *MTBF* gleich 3000 h ist.

Lösung

a) Mit Hilfe von Bild 6.3 findet man $c = 6$ und $m \approx 4.6$ für $\Pr\{\text{Annahme}\} \approx 0.82$ sowie $c = 6$ und $m \approx 9.2$ für $\Pr\{\text{Annahme}\} \approx 0.19$; daraus folgt $c = 6$ und $T = 9200$ h. Diese Werte stimmen mit den Werten aus Tab. A3.2 gut überein ($\nu = 14$). Die genauen Werte sind in Tab. 6.3 gegeben: $c = 6$ und $T = 4.62\,MTBF_0$ (für $\alpha \approx \beta \approx 0.185$).   b) Für $MTBF = 3000$ h, $T = 9200$ h und $c = 6$ gilt

$$\Pr\{\text{Annahme} \mid MTBF = 3000\ \text{h}\} = \Pr\{\text{nicht mehr als 6 Ausfälle in } T = 9200\ \text{h} \mid MTBF = 3000\ \text{h}\}$$

$$= \sum_{i=0}^{6} \frac{3.07^i}{i!} e^{-3.07} \approx 0.96.$$

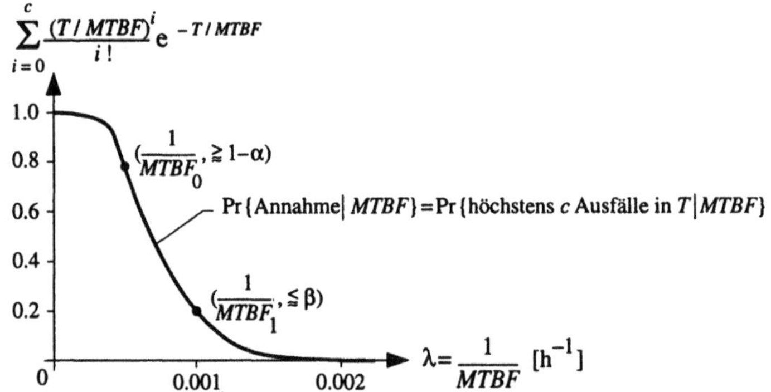

Bild 6.7 Annahmewahrscheinlichkeit als Funktion von $\lambda = 1/MTBF$ für T und c fest ($MTBF_0 = 2000$ h, $MTBF_1 = 1000$ h, $\alpha = \beta \approx 0.185$, $T = 9240$ h, $c = 6$, vgl. Tab. 6.3)

Neben der hier beschriebenen zweiseitigen Einfachprüfung wird oft auch die *Folgeprüfung* (Sequentialtest) verwendet (Anhang A2.3.4.1.3). Bei dieser Prüfung werden weder die kumulative Betriebszeit T noch die Anzahl c zugelassener Ausfälle vor Beginn der Prüfung festgelegt. Die Anzahl der auftretenden Ausfälle wird in Funktion der kumulativen Betriebszeit (oft normiert auf $MTBF_0$) aufgetragen. Die Prüfung wird beendet, sobald die Treppenkurve, die im Verlauf der Prüfung aufgenommen wird, die Annahme- oder die Ablehnungsgerade schneidet. Folgeprüfungen bieten den Vorteil, daß die Prüfdauer im Mittel kürzer als bei den entsprechenden zweiseitigen Einfachprüfungen ist. Für die Annahme- und die Ablehnungsgeraden gilt gemäß den Gln. (6.13) bis (6.15), mit $p_0 = 1 - e^{-\delta t/MTBF_0}$, $p_1 = 1 - e^{-\delta t/MTBF_1}$, $n = T/\delta t$ und $\delta t \to 0$ (zeitkontinuierlich),

$$\text{Annahmegerade:} \quad k = ax - b_1 \quad \text{mit} \quad x = \frac{T}{MTBF_0} \tag{6.36}$$

$$\text{Ablehnungsgerade:} \quad k = ax + b_2 \quad \text{mit} \quad x = \frac{T}{MTBF_0}, \tag{6.37}$$

wobei

$$a = \frac{\dfrac{MTBF_0}{MTBF_1} - 1}{\ln\dfrac{MTBF_0}{MTBF_1}}, \qquad b_1 = \frac{\ln\dfrac{1-\alpha}{\beta}}{\ln\dfrac{MTBF_0}{MTBF_1}}, \qquad b_2 = \frac{\ln\dfrac{1-\beta}{\alpha}}{\ln\dfrac{MTBF_0}{MTBF_1}}. \tag{6.38}$$

In den Anwendungen stützt man sich auf Folgeprüfungen, die in nationalen und internationalen (IEC 605-7) Normen enthalten sind. Zur Einschränkung des Prüfaufwandes sind diese Prüfungen oft bezüglich Prüfdauer und Anzahl zugelassener Ausfälle begrenzt. Bild 6.8 gibt zwei Folgeprüfungen für $\alpha = \beta = 0.2$ und für $MTBF_0/MTBF_1 = 1.5$ bzw. $MTBF_0/MTBF_1 = 2$ an. Gestrichelt dargestellt sind die Annahme- und Ablehnungsgeraden gemäß den Gln. (6.36) bis (6.38).

Beispiel 6.11

Man bestimme im Fall vom Beispiel 6.10 den Erwartungswert der Prüfdauer bis zur Annahme, falls die wahre $MTBF$ gleich $MTBF_0$ ist und eine Folgeprüfung gemäß Bild 6.8 verwendet wird.

Lösung

Für $\dfrac{MTBF_0}{MTBF_1} = 2$ folgt aus Bild 6.8 $E[\text{Prüfdauer} \mid \dfrac{MTBF_0}{MTBF_1}] \approx 2.4\, MTBF_0 = 4800\ \text{h}$.

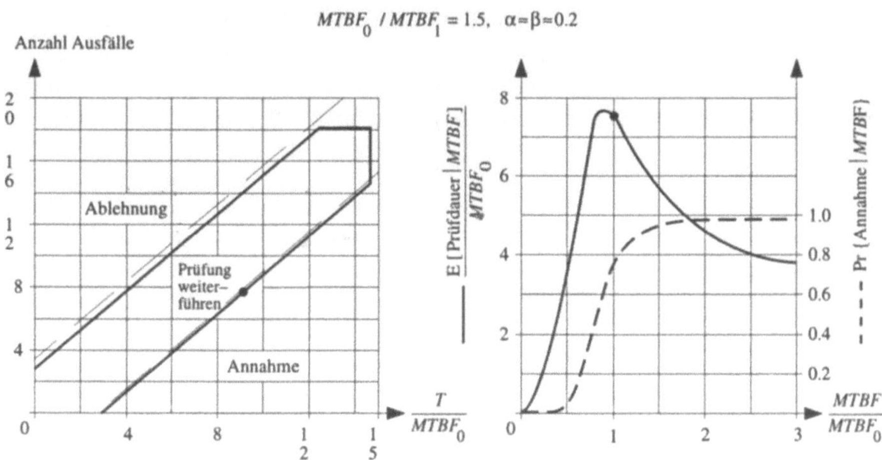

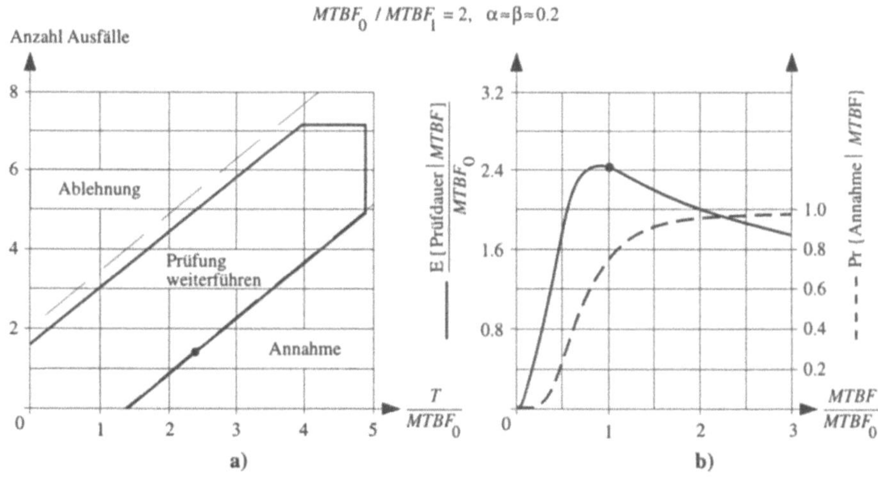

Bild 6.8 **a)** Folgeprüfpläne für den Nachweis von $MTBF > MTBF_0$ gegen $MTBF < MTBF_1$ bei $\alpha = \beta = 0.2$ und für $MTBF_0 / MTBF_1 = 1.5$ bzw. 2 (IEC 605-7), gestrichelt dargestellt sind die Geraden gemäß Gln. (6.36) bis (6.38) **b)** Erwartungswert der Prüfdauer bis zum Entscheid Annahme sowie Annahmewahrscheinlichkeit als Funktion von $MTBF / MTBF_0$

6.2.2.3 Einseitige Einfachprüfungen zum Nachweis einer konstanten Ausfallrate λ oder einer $MTBF = 1 / \lambda$

Zweiseitige Einfachprüfungen (Bild 6.7) und Folgeprüfungen (Bild 6.8) haben den Vorteil, daß für $\alpha = \beta$ der Lieferant und der Abnehmer das *gleiche Risiko* tragen, einen falschen Entscheid zu treffen. Oft wird aber nur mit $MTBF_0$ und α oder mit $MTBF_1$ und β operiert, d. h. mit *einseitigen Einfachprüfungen*. Die Darlegungen vom Abschnitt 6.1.3 können auf diese Fälle übertragen werden. Insbesondere für kleine Werte von c ist Vorsicht geboten, da der Lieferant bzw. der Abnehmer *bevorzugt* werden kann, falls lediglich mit $MTBF_0$ und α bzw. mit $MTBF_1$ und β operiert wird. Bild 6.9 zeigt die Annahmekennlinien für verschiedene Werte von c als Funktion von $1/MTBF$, zum Nachweis der Hypothese $H_0 : MTBF > 1000$ h gegen $H_1 : MTBF < 1000$ h mit einem Fehler 2. Art $\beta \approx 0.2$ für $MTBF = 1000$ h.

Beispiel 6.12
Zum Nachweis der MTBF eines Gerätes werden folgende Bedingungen aufgesetzt: 1) nachzuweisen ist eine $MTBF > 5000$ h; 2) das Risiko einer falschen Entscheid (Annahme eines Gerätes wenn die $MTBF < 5000$ h ist) soll $\leq 5\%$ bleiben; 3) für die Prüfung stehen höchstens $T = 30\,000$ kumulative Betriebsstunden zur Verfügung. Bestimme die geeignete Prüfprozedur.

Lösung
Weil nur das Risiko der Annahme einer falschen Hypothese festgelegt wurde, fällt die Wahl nach einer einseitigen Einfachprüfung der Form $MTBF > 5000$ h gegen $MTBF < 5000$ h mit $\beta = 5\%$. Die exakten Werte der kumulativen Betriebszeit T und der Anzahl c zugelassener Ausfälle können aus der Gl. (6.34) bestimmt werden. Eine graphische Lösung mit Hilfe vom Bild 6.3 führt allerdings schneller zum Resultat: 1) Für $\sum_{i=0}^{c} \frac{m^i}{i!} e^{-m} \leq 0.05 = 5\%$ findet man die Paare $c = 0$ mit $m = 3$, $c = 1$ mit $m \approx 4.8$, $c = 2$ mit $m \approx 6.3$ usw.; 2) Aus $m = \lambda T = T / MTBF$ folgt für $T \leq 30\,000$ h und $MTBF = 5000$ h die Bedingung $m \leq 6$; 3) Damit bleibt das Paar $c = 1$ mit $m \approx 4.8$ und die Prüfprozedur lautet: Prüfe während $T = 4.8 \cdot 5000$ h $= 24\,000$ h kumulativen Betriebsstunden und nehme die Hypothese $MTBF < 5000$ h an falls 0 oder höchstens 1 Ausfall auftritt (aus Bild 6.3 kann man ablesen, daß für $c = 1$ und $m \approx 4.8$ das Risiko β etwa 5% ist).

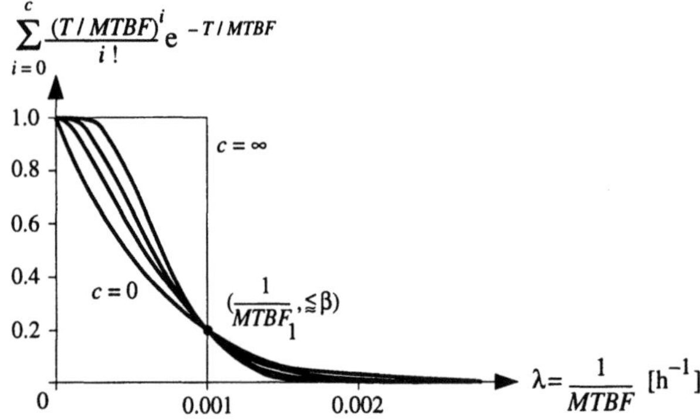

Bild 6.9 Annahmekennlinien für $MTBF_1 = 1000$ h, $\beta \approx 0.2$ und $c = 0$ ($T = 1610$ h), $c = 1$ ($T = 2995$ h), $c = 2$ ($T = 4280$ h), $c = 5$ ($T = 7905$ h) und $c = \infty$

6.3   Statistische Instandhaltbarkeitsprüfungen

Es ist üblich, die Instandhaltbarkeit in *Wartbarkeit* und *Instandsetzbarkeit* zu unterteilen und für beide Eigenschaften getrennte Prüfungen durchzuführen. Wird die Wartbartkeit bzw. die Instandsetzbarkeit als eine *Wahrscheinlichkeit* betrachtet, so können für ihre Schätzung und für ihren Nachweis die Resultate aus Abschnitt 6.1 verwendet werden (vgl. Abschnitt 6.2.1).

Oft interessiert jedoch die *Schätzung* oder der *Nachweis* eines bestimmten Parameters wie z. B. der *MTTPM* (Mean Time To Preventive Maintenance) oder der *MTTR* (Mean Time To Repair). Für empirische Schätzungen können die Resultate aus dem Abschnitt A2.3.2 verwendet werden. In diesem Abschnitt werden die Schätzung und eine Methode zum Nachweis einer *MTTR* betrachtet, unter der Annahme, daß die Reparaturzeiten eine *logarithmische Normalverteilung* besitzen.

6.3.1   Schätzung einer *MTTR*

Unter der Annahme, daß die Reparaturzeit τ' eine logarithmische Normalverteilung besitzt, mit Verteilungsfunktion

$$F(t) = \frac{1}{\sigma\sqrt{2\pi}} \int_0^t \frac{1}{y} e^{-\frac{(\ln y + \ln\lambda)^2}{2\sigma^2}}\, dy = \frac{1}{\sqrt{2\pi}} \int_{-\infty}^{\frac{\ln(\lambda t)}{\sigma}} e^{-\frac{x^2}{2}}\, dx \qquad (6.39)$$

und Mittelwert bzw. Varianz

$$E[\tau'] = MTTR = \frac{e^{\frac{\sigma^2}{2}}}{\lambda}, \qquad \text{Var}[\tau'] = \frac{e^{2\sigma^2} - e^{\sigma^2}}{\lambda^2} = MTTR^2\,(e^{\sigma^2} - 1), \quad (6.40)$$

folgt für die *Maximum-Likelihood Punktschätzung* der Parameter λ und σ (Anhang A2.3.3.1)

$$\hat{\lambda} = (\prod_{i=1}^{n} \frac{1}{t_i})^{\frac{1}{n}} \qquad \text{und} \qquad \hat{\sigma}^2 = \frac{1}{n}\sum_{i=1}^{n} (\ln(\hat{\lambda} t_i))^2 . \qquad (6.41)$$

Eine *Punktschätzung* von λ und σ kann auch mit Hilfe der *Quantilmethode* erfolgen, vgl. z. B. [3.1 (1994)].

Für die *Intervallschätzung* der Parameter λ und σ wird davon ausgegangen, daß der Logarithmus einer logarithmisch normalverteilten Größe normal verteilt ist mit Mittelwert $\ln(1/\lambda)$ und Varianz σ^2. Mit der Transformation $t_i \to \ln t_i$ der einzelnen Beobachtungen $t_1, ..., t_n$ erhält man aus den entsprechenden Resultaten für die Normalverteilung, für $\beta_1 = \beta_2 = \frac{1-\gamma}{2}$, das Vertrauensintervall

$$[\frac{n\hat{\sigma}^2}{\chi^2_{n-1,\frac{1+\gamma}{2}}}, \frac{n\hat{\sigma}^2}{\chi^2_{n-1,\frac{1-\gamma}{2}}}] \qquad\qquad (6.42)$$

für σ^2 und

$$[\hat{\lambda}e^{-\varepsilon}, \hat{\lambda}e^{\varepsilon}], \qquad \text{mit} \quad \varepsilon = \frac{\hat{\sigma}}{\sqrt{n-1}}\, t_{n-1,\frac{1+\gamma}{2}}, \qquad\qquad (6.43)$$

für λ. Dabei sind $\hat{\lambda}$ und $\hat{\sigma}$ gemäß Gl. (6.41) einzusetzen, und $\chi^2_{n-1,q}$ bzw. $t_{n-1,q}$ sind die q-Quantile der χ^2- bzw. der t-Verteilung mit $n-1$ Freiheitsgraden (Tab. A3.2 und Tab. A3.3).

Beispiel 6.13

Es seien 1.1, 1.3, 1.6, 1.9, 2.0, 2.3, 2.4, 2.7, 3.1 und 4.2 h 10 Beobachtungen von Reparaturzeiten, verteilt nach einer logarithmischen Normalverteilung. Man ermittle die Maximum-Likelihood-Schätzung und für $\gamma = 0.9$ das Vertrauensintervall der Parameter λ und σ^2 sowie die Maximum-Likelihood-Schätzung der *MTTR*.

Lösung

Für die Maximum-Likelihood-Schätzung von λ und σ^2 folgt aus Gl. (6.41) $\hat{\lambda} \approx 0.476$ h^{-1} und $\hat{\sigma}^2 \approx 0.146$. Mit Hilfe der Gl. (6.40) folgt dann $\widehat{MTTR} \approx e^{0.073} / 0.476$ h$^{-1} \approx 2.26$ h. Aus den Gln. (6.42) und (6.43) erhält man mit Hilfe der Tab. A3.2 und A3.3 das Vertrauensintervall $[0.476\,e^{-0.127\cdot1.833}, 0.476\,e^{0.127\cdot1.833}]$ h$^{-1} \approx [0.38, 0.60]$ h^{-1} für λ, und das Vertrauensintervall $[1.46/16.919, 1.46/3.325] \approx [0.086, 0.44]$ für $\hat{\sigma}^2$.

6.3.2 Nachweis einer *MTTR*

Der Nachweis einer *MTTR* wird hier unter der Annahme untersucht, die Reparaturzeit τ' besitze eine *logarithmische Normalverteilung* mit bekanntem σ^2. Zu prüfen ist die Nullhypothese $H_0 : MTTR = MTTR_0$ gegen die Alternativhypothese $H_1 : MTTR = MTTR_1$ mit einem Fehler 1. Art gleich α und einem Fehler 2. Art gleich β (Anhang A2.3.4). Die Prozedur lautet:

1. Aus α und β ($0 < \alpha < 1 - \beta < 1$) bestimme man die t_β- und $t_{1-\alpha}$-Quantile der Standard-Normalverteilung (Tab. A3.1)

$$\frac{1}{\sqrt{2\pi}} \int_{-\infty}^{t_\beta} e^{-\frac{x^2}{2}}\, dx = \beta \qquad \text{und} \qquad \frac{1}{\sqrt{2\pi}} \int_{-\infty}^{t_{1-\alpha}} e^{-\frac{x^2}{2}}\, dx = 1 - \alpha \qquad\qquad (6.44)$$

und dann aus

$$n = \frac{(t_{1-\alpha}\, MTTR_0 - t_\beta\, MTTR_1)^2}{(MTTR_1 - MTTR_0)^2}(e^{\sigma^2} - 1) \qquad\qquad (6.45)$$

die Stichprobengröße n (nächsthöhere natürliche Zahl).

2. Man führe n unabhängige Reparaturen durch und nehme die Beobachtungen $t_1, \ldots, t_n$ auf (repräsentative Stichprobe von Reparaturzeiten).

3. Man berechne die Größe $\hat{E}[\tau']$ gemäß Gl. (A2.168) mit τ' anstelle von τ und verwerfe H_0, falls

$$\hat{E}[\tau'] > MTTR_0 \left(1 + t_{1-\alpha} \sqrt{\frac{e^{\sigma^2}-1}{n}}\right) \tag{6.46}$$

gilt; ansonsten wird H_0 angenommen.

Der Beweis obiger Prozedur setzt eine genügend große Stichprobe voraus ($n \geq 30$), so daß für $\hat{E}[\tau']$ eine *Normalverteilung* mit Mittelwert $MTTR$ und Varianz $\mathrm{Var}[\tau']/n$ angenommen werden kann. Ausgehend von den Fehlern 1. und 2. Art

$$\alpha = \Pr\{\hat{E}[\tau'] > c \mid MTTR = MTTR_0\}, \quad \beta = \Pr\{\hat{E}[\tau'] < c \mid MTTR = MTTR_1\}$$

und mit Hilfe der Gln. (6.39) und (6.44) kann die Beziehung

$$c = MTTR_0 + t_{1-\alpha} \sqrt{\frac{\mathrm{Var}_0[\tau']}{n}} = MTTR_1 + t_\beta \sqrt{\frac{\mathrm{Var}_1[\tau']}{n}} \tag{6.47}$$

aufgestellt werden. Die Stichprobengröße n gemäß Gl. (6.45) folgt dann aus Gl. (6.47) mit $\mathrm{Var}_0[\tau'] = (e^{\sigma^2} - 1) MTTR_0^2$ und $\mathrm{Var}_1[\tau'] = (e^{\sigma^2} - 1) MTTR_1^2$. Der rechte Ausdruck in Gl. (6.46) ist gemäß Gl. (6.47) gleich der Konstante c. Die *Annahmekennlinie* läßt sich berechnen aus

$$\Pr\{\text{Annahme} \mid MTTR\} = \Pr\{\hat{E}[\tau'] \leq c \mid MTTR\} = \frac{1}{\sqrt{2\pi}} \int_{-\infty}^{d} e^{-\frac{x^2}{2}} dx \tag{6.48}$$

mit

$$d = \frac{MTTR_0}{MTTR} t_{1-\alpha} - \left(1 - \frac{MTTR_0}{MTTR}\right) \sqrt{\frac{n}{e^{\sigma^2}-1}}.$$

Durch Einsetzen von $n/(e^{\sigma^2} - 1)$ aus Gl. (6.45) erkennt man, daß die Annahmekennlinie nicht von σ^2 abhängt (abgesehen von der Rundung für n).

Beispiel 6.14
Man bestimme die Rückweisungsbedingung (Gl. (6.46)) und die Annahmekennlinie für den Nachweis von $MTTR = MTTR_0 = 2$ h gegen $MTTR = MTTR_1 = 2.5$ h mit $\alpha = \beta = 0.1$. σ^2 sei bekannt und gleich 0.2.

Lösung
Für $\alpha = \beta = 0.1$ gilt aus Gl. (6.44) und Tab. A3.1 $t_{1-\alpha} = 1.28$ und $t_\beta = -1.28$. Aus Gl. (6.45) folgt dann $n = 30$ und damit die Rückweisungsbedingung

$$\sum_{i=1}^{30} t_i > 2\,\mathrm{h}\,(1+1.28\sqrt{\frac{e^{0.2}-1}{30}})\,30 = 66.6\,\mathrm{h}.$$

Für die Annahmekennlinie erhält man aus Gl. (6.48)

$$\Pr\{\text{Annahme} \mid \mathit{MTTR}\} = \frac{1}{\sqrt{2\,\pi}} \int_{-\infty}^{d} e^{-\frac{x^2}{2}}\,dx$$

mit $d \approx 25.84\ \mathrm{h}/\mathit{MTTR} - 11.64$, vgl. nebenstehendes Bild.

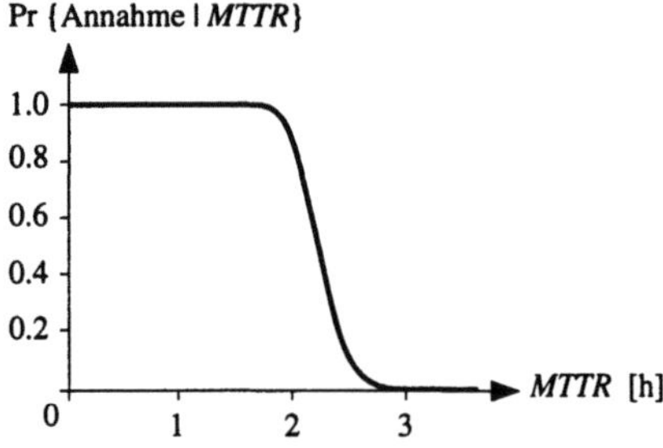

6.4 Zeitraffende Prüfungen

Die Ausfallrate λ elektronischer Bauteile liegt im Bereich von 10^{-10} bis 10^{-7} h^{-1}, jene von einfachen Baugruppen im Bereich von 10^{-7} bis 10^{-5} h^{-1}. Aus Kosten- und Termingründen muß deshalb für solche Betrachtungseinheiten oft die Möglichkeit für *zeitraffende Prüfungen* zur Schätzung oder zum Nachweis ihrer Ausfallrate in Betracht gezogen werden, dies insbesondere dann, wenn *Felddaten* unter normalen Betriebsbedingungen schwer erhältlich oder nicht genügend genau sind. Bei den zeitraffenden Prüfungen geht man davon aus, daß der Zeitablauf der Ausfallmechanismen durch Erhöhung der Beanspruchungen beschleunigt wird. Der quantitative Zusammenhang zwischen Aktivierungsgrad und Größe der Beanspruchung, der *Beschleunigungsfaktor A*, wird durch gezielte Prüfungen ermittelt. Dabei soll sichergestellt werden, daß die Aktivierung *echt* ist, d.h., daß kein Zustand oder *Ausfallmechanismus* angeregt wird, der unter normalen Bedingungen nicht aufgetreten wäre. Eine oft anzutreffende *Arbeitshypothese* setzt voraus, daß die Beanspruchungen keinen Einfluß auf den *Typ* der Verteilungsfunktion der ausfallfreien Arbeitszeiten haben und nur die Parameter modifizieren. Diese Hypothese wird im folgenden als erfüllt angenommen.

Viele *Ausfallmechanismen* elektronischer Bauteile werden durch die Temperatur aktiviert. Zur Berechnung des Beschleunigungsfaktors A kann in einem relativ großen Temperaturbereich (etwa 0 bis 150°C für ICs) oft das *Arrhenius-Modell* verwendet werden. Das Arrhenius-Modell beruht auf dem Arrhenius-Gesetz, das für die Geschwindigkeit (v) einer chemischen Reaktion als Funktion der Temperatur (T) folgenden Zusammenhang gibt [5.42]

$$v = v_0\, e^{-\frac{E_a}{kT}}. \tag{6.49}$$

Dabei sind v_0 und E_a Parameter, k ist die Boltzmannsche Konstante ($k = 8.6 \cdot 10^{-5}$ eV/K) und T die absolute Temperatur (K). E_a wird als *Aktivierungsenergie* bezeichnet und in eV ausgedrückt. Nimmt man an, daß das betrachtete Ereignis auftritt, wenn die chemische Reaktion eine bestimmte Schwelle überschritten hat und die Reaktion in Funktion der Zeit proportional zu einer Funktion r(t) abläuft, so gilt für die Zeiten t_1 und t_2 zur Erreichung dieser Schwelle bei Temperaturen T_1 und T_2

$$v_1 \, \mathrm{r}(t_1) = v_2 \, \mathrm{r}(t_2).$$

Insbesondere folgt für r(t) ~ t, d. h. für einen *linearen* Ablauf der Reaktion

$$v_1 \, t_1 = v_2 \, t_2.$$

Unter Berücksichtigung der Gl. (6.49) gilt dann für das Verhältnis t_1 / t_2

$$\frac{t_1}{t_2} = e^{\frac{E_a}{k}\left(\frac{1}{T_1} - \frac{1}{T_2}\right)}.$$

Überträgt man diese *deterministische* Modellvorstellung auf die Mittelwerte $MTTF_1$ und $MTTF_2$ der *zufälligen* ausfallfreien Arbeitszeit bei den Temperaturen T_1 und T_2, so gilt für den *Beschleunigungsfaktor A*

$$A = \frac{MTTF_1}{MTTF_2} \qquad \text{bzw.} \qquad A = \frac{MTBF_1}{MTBF_2} = \frac{\lambda_2}{\lambda_1} \tag{6.50}$$

der Ausdruck

$$A = e^{\frac{E_a}{k}\left(\frac{1}{T_1} - \frac{1}{T_2}\right)}. \tag{6.51}$$

Gleichung (6.50) gilt links für den allgemeinen Fall, und rechts für den Fall einer *konstanten* (zeitunabhängigen, aber belastungsabhängigen) *Ausfallrate* $\lambda = \lambda(T)$. Falls die Aktivierungsenergie E_a unbekannt ist, kann Gl. (6.51) verwendet werden, um aus Prüfungen bei den Temperaturen T_1 und T_2 und den dabei empirisch ermittelten $MTTF_1$ bzw. $MTBF_2$ eine Schätzung $\hat{E}_a$ der Aktivierungsenergie zu erhalten. In der Praxis werden Prüfungen bei *mindestens drei Temperaturen* durchgeführt, auch um die Gültigkeit des Modells zu überprüfen. Der Wert E_a hängt vom betrachteten Ausfallmechanismus ab (vgl. Tab. 5.5) und liegt meistens zwischen 0.1 und 2 eV. Größere Werte für E_a geben größere Beschleunigungsfaktoren, weil man $v_1 t_1 = v_2 t_2$ angenommen hat und $v \sim 1/e^{E_a/kT}$ ist. *Globale Mittelwerte* für E_a liegen bei integrierten Schaltungen (ICs) zwischen etwa 0.4 und 0.7 eV. Diese Werte können z. B. aus dem Verlauf der Ausfallrate als Funktion der Sperrschichttemperatur ermittelt werden. Es soll darauf hingewiesen werden, daß das *Modell von Arrhenius* nicht für alle elektronischen Bauteile zutrifft. Bild 6.10 zeigt den Verlauf des Beschleunigungsfaktors A gemäß Gl. (6.51) als Funktion von θ_2 in °C für $\theta_1 = 35$ und 55°C und mit E_a als Parameter ($\theta_i = T_i - 273$).

Im Falle einer *konstanten Ausfallrate* λ kann der Beschleunigungsfaktor $A = MTBF_1 / MTBF_2 = \lambda_2 / \lambda_1$ direkt als *Multiplikationsfaktor* bei der Umrechnung der *kumulativen Betriebszeit* (T in Abschnitt 6.2.2) von der Belastung T_2 zur Belastung T_1 verwendet werden. Beispiel 6.15 verdeutlicht diesen Zusammenhang.

Beispiel 6.15

Während 10^7 kumulativen Betriebsstunden einer bestimmten CMOS integrierten Schaltung seien bei einer Chip-Temperatur von 130°C vier Ausfälle aufgetreten. Man bestimme für $\gamma = 0.8$ die Intervallschätzung der Ausfallrate bei $\theta_1 = 35°C$ unter der Annahme konstanter Ausfallrate und einer Aktivierungsenergie von 0.4 eV.

Lösung

Für $\theta_1 = 35°C$, $\theta_2 = 130°C$ und $E_a = 0.4$ eV folgt aus Gl. (6.51) bzw. aus Bild 6.10 $A \approx 35$. Die kumulative Betriebszeit bei 35°C ist damit $0.35 \cdot 10^9$. Mit $k = 4$ folgt nun zuerst $\hat{\lambda} = 1 / \hat{MTBF} = k / T = 11.4 \cdot 10^{-9}$ h^{-1}. Für $\gamma = 0.8$ erhält man dann aus Bild 6.6 $\hat{\lambda}_l / \hat{\lambda} \approx 0.43$ und $\hat{\lambda}_u / \hat{\lambda} \approx 2$. Für das Vertrauensintervall von λ folgt dann $[0.43, 2]\,\hat{\lambda} = [4.9, 22.8]\,10^{-9}$ h^{-1}.

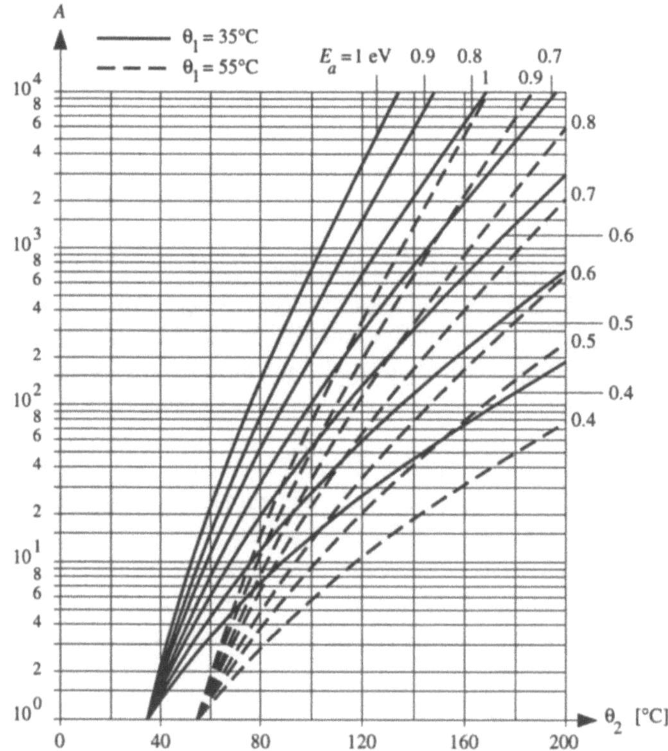

Bild 6.10 Beschleunigungsfaktor A beim Arrhenius-Modell (Gl. (6.51)) als Funktion von θ_2 für $\theta_1 = 35$ und 55°C, und mit E_a in eV als Parameter ($\theta_i = T_i - 273$)

Liegt für die untersuchte Betrachtungseinheit nicht nur ein einziger *dominierender Ausfallmechanismus* vor, sondern besteht sie aus Elementen $E_1, ..., E_n$ mit verschiedenen Ausfallmechanismen (in der Regel auch mit verschiedenen Beschleunigungsfaktoren), so muß im allgemeinen Fall für jedes Element der Betrachtungseinheit *sein eigener* Beschleunigungsfaktor berücksichtigt werden. Das Serienmodell (im Sinne der Zuverlässigkeitstheorie) kann oft verwendet werden. Aus der Gl. (3.16) folgt für die Ausfallrate bei der Temperatur T_2

$$\lambda_S(T_2) = \sum_{i=1}^{n} A_i\, \lambda_i(T_1). \tag{6.52}$$

Dabei sind $\lambda_1(T_1), ..., \lambda_n(T_1)$ die Ausfallraten der Elemente E_1 bis E_n bei T_1 und A_1 die entsprechenden Beschleunigungsfaktoren, vgl. Beispiel 6.16. Gleichung (6.52) gilt auch im Falle zeitabhängiger Ausfallraten $\lambda_i(T_1) = \lambda_i(t, T_1)$.

Beispiel 6.16

Man berechne die äquivalente Ausfallrate einer bestückten Leiterplatte bei einer Burn-in-Temperatur θ_A von 85°C. Die Leiterplatte besteht aus 10 Metallfilm-Widerständen mit Belastungsfaktor $S = 0.1$ und $\lambda(25°C) = 0.2 \cdot 10^{-9}$ h^{-1}, 5 Keramik-Kondensatoren der Klasse 1 mit $S = 0.4$ und $\lambda(25°C) = 0.1 \cdot 10^{-9}$ h^{-1}, 2 Al-Naß-Kondensatoren mit $S = 0.6$ und $\lambda(25°C) = 8 \cdot 10^{-9}$ h^{-1} und 4 linearen ICs in Keramik-Gehäusen mit $\Delta\theta_{JA} = 10°C$ und $\lambda(35°C) = 20 \cdot 10^{-9}$ h^{-1} (Print- und Lötstellen werden vernachlässigt).

Lösung

Die Beschleunigungsfaktoren der Widerstände und Kondensatoren können aus den Bildern 3.4 und 3.5 ermittelt werden. Man erhält

$$\text{Metallfilm-Widerstände:} \quad A \approx \tfrac{1.4}{1.0} = 1.4$$

$$\text{Keramik-Kondensatoren:} \quad A \approx \tfrac{1.2}{1.0} = 1.2$$

$$\text{Al Naß-Kondensatoren:} \quad A \approx \tfrac{7.0}{1.0} = 7.0.$$

Für die ICs wird angenommen, daß in Bild 3.6 $\pi_T \lambda_A \gg \pi_E \lambda_B$ ist. Damit gilt $\lambda \sim \pi_T$ und der Beschleunigungsfaktor kann aus Bild 3.6 ermittelt werden ($\theta_J = 35°C$ bzw. 95°C). Man erhält

$$\text{lineare bipolare ICs:} \quad A \approx \tfrac{7.5}{0.3} = 25.$$

Die Ausfallrate (λ_S) der Leiterplatte (ohne Print- und Lötstelle) ist damit

$$\lambda(25°C) = (10 \cdot 0.2 + 5 \cdot 0.1 + 2 \cdot 8 + 4 \cdot 20)10^{-9}\text{h}^{-1} \approx 98 \cdot 10^{-9}\text{h}^{-1}$$

$$\lambda(85°C) = (10 \cdot 0.2 \cdot 1.4 + 5 \cdot 0.1 \cdot 1.2 + 2 \cdot 8 \cdot 7.0 + 4 \cdot 20 \cdot 25)10^{-9}\text{h}^{-1} \approx 2115 \cdot 10^{-9}\text{h}^{-1}.$$

Ein weiteres Modell zur Untersuchung der Zeitraffung infolge einer Temperaturerhöhung stützt sich auf Überlegungen von H. Eyring [6.16, 6.17]. Gemäß dem *Eyring-Modell* gilt für den Beschleunigungsfaktor

$$A = \frac{T_2}{T_1} e^{\frac{B}{k}\left(\frac{1}{T_1} - \frac{1}{T_2}\right)}. \tag{6.53}$$

B ist eine Konstante. Ebenfalls von Eyring ist folgendes Modell, das gleichzeitig den Einfluß der Temperatur T und einer zweiten Größe X berücksichtigt

$$A = \frac{T_2}{T_1} e^{\frac{B}{k}(\frac{1}{T_1}-\frac{1}{T_2})} \, e^{[X_1(C+\frac{D}{kT_1})-X_2(C+\frac{D}{kT_2})]} . \tag{6.54}$$

Gleichung (6.54) wird als *verallgemeinertes Eyring-Modell* bezeichnet. Anstelle der Belastungsgröße X wird oft eine Funktion der normierten Größe $x = X/X_0$ verwendet (x^n, $1/x^n$, $\ln x^n$, $\ln(1/x^n)$ usw.). B kann eine Aktivierungsenergie sein, C und D sind Konstanten. Zahlreiche Varianten des Eyring-Modells sind vorgeschlagen worden, z. B.

$$A = (\frac{j_2}{j_1})^n \, e^{\frac{E_a}{k}(\frac{1}{T_1}-\frac{1}{T_2})} \tag{6.55}$$

für Elektromigration (j = Stromdichte) und

$$A = (\frac{RH_2}{RH_1})^n \, e^{\frac{E_a}{k}(\frac{1}{T_1}-\frac{1}{T_2})} \tag{6.56}$$

für Korrosion (RH = relative Feuchtigkeit).

Die Verfeinerung obiger Modelle im Falle komplexer Bauteile ist stets im Fluß. Folgende Trends lassen sich erkennen:

1. Die Ausfallrate ist nicht unbedingt zeitunabhängig, Verschleißausfälle sollen berücksichtigt werden.
2. Der Beitrag der dominierenden Ausfallmechanismen erscheint additiv in der gesamten Ausfallrate (Gl. (6.52)); besonders untersucht sind Effekte im Oxid (zeitabhängiger Durchbruch, heiße Ladungsträger), an der Oxidoberfläche (Kontamination) und in der Metallisierung (Elektromigration) sowie einige vom Gehäuse oder extern induzierte Ausfallmechanismen (ESD, Latch-up, α-Teilchen), vgl. z. B. [5.32, 5.44, 5.54, 3.28 (1989, 1990)].
3. Analysiert werden auch vereinfachte Modelle (Verfeinerung der Gln. (3.3) und (3.4)).

Solche Modelle stellen gute Ansätze für eine bessere Modellierung der Ausfallrate komplexer ICs dar, können aber noch nicht als definitiv angenommen werden. Offene Fragen sind die statistische Aussagekraft der Ausgangsdaten, die Betrachtung von Frühausfällen (diese sollten durch Vorbehandlung eliminiert werden) und die Berücksichtigung von Anwendungsfehlerausfällen (Anwendungsfehlerausfälle sollten wie Frühausfälle getrennt ausgewertet werden). Alles spricht für eine intensivere, weltweite Koordination der Anstrengungen auf diesem Gebiet.

Zu den beschriebenen Prüfverfahren bzw. Modellen, welche eine echte Zeitraffung bewirken, kommen für eine grobe und rasche Beurteilung der Lebensdauer von Bauteilen *Kurzzeitversuche* unter *extremen Beanspruchungen* hinzu. Typische Beispiele hierfür sind Feuchteprüfungen bei erhöhtem Druck und hundertprozentiger relative Feuchtigkeit von plastikverkapselten ICs sowie Prüfungen von Keramik-ICs bei 200 bis 400°C. Solche Prüfungen können Ausfallmechanismen auslösen, die im normalen Einsatz nicht wirksam werden. Die Extrapolation der Resultate auf geringere Beanspruchungen muß in solchen Fällen mit *Vorsicht* erfolgen und durch eingehende *Ausfallanalysen* unterstützt werden.

6.5 Anpassungstests

Ausgehend von den *statistisch unabhängigen Beobachtungen* $t_1, \ldots, t_n$ (bzw. von der entsprechenden geordneten Beobachtungen $t_{(1)}, \ldots, t_{(n)}$) einer gemäß $F(t) = \Pr\{\tau \leq t\}$ verteilten Zufallsgröße τ werden in der Praxis oft *Anpassungstests* zur Überprüfung einer Hypothese der Form $H_0 : F(t) = F_0(t)$ für einen gegebenen Fehler 1. Art α verwendet. Dabei stellt $F_0(t)$ eine vorgegebene, postulierte Verteilungsfunktion dar. Die Alternativhypothese ist im allgemeinen Fall nicht spezifiziert, und von der Form $H_1 : F(t) \neq F_0(t)$. Von den vielen bekannten Methoden werden hier die Prozeduren des *Tests von Kolmogoroff-Smirnow* und des χ^2-*Anpassungstests* beschrieben (Anhänge A2.3.4.2 und A2.3.4.3).

6.5.1 Test von Kolmogoroff-Smirnow

Der Test von Kolmogoroff-Smirnow basiert auf der Konvergenz für $n \to \infty$ der *empirischen Verteilungsfunktion* (Gl. (A2.175))

$$\hat{F}(t) = \begin{cases} 0 & \text{für} \quad t < t_{(1)} \\[2mm] \dfrac{i}{n} & \text{für} \quad t_{(i)} \leq t < t_{(i+1)} \\[2mm] 1 & \text{für} \quad t \geq t_{(n)} \end{cases}$$

gegen die wahre Verteilungsfunktion und vergleicht deshalb die aus den Beobachtungen $t_1, \ldots, t_n$ erhaltene empirische Verteilungsfunktion mit $F_0(t)$. Dabei wird $F_0(t)$ als vollständig bekannt und stetig vorausgesetzt. Die Prozedur lautet:

1. Man ermittle die maximale Abweichung $D_n = \sup | \hat{F}(t) - F_0(t) |$.
2. Ausgehend vom zulässigen Fehler 1. Art α und vom Stichprobenumfang n bestimme man aus Tab. A2.5 oder aus Bild 6.11 den kritischen Wert $y_{1-\alpha}$.
3. Die Hypothese $H_0 : F(t) = F_0(t)$ wird abgelehnt, falls $D_n > y_{1-\alpha}$ wird, ansonsten nimmt man H_0 an.

Es ist auch möglich, diese Prozedur mit einem *graphischen Schätzverfahren* zu verbinden. Dazu werden die empirischen Verteilungsfunktion $\hat{F}(t)$ und der Streifen $F_0(t) \pm y_{1-\alpha}$ in ein Spezialpapier *(Wahrscheinlichkeitspapier)* gezeichnet, auf welchem $F_0(t)$ als eine Gerade erscheint. Falls $\hat{F}(t)$ den Streifen $F_0(t) \pm y_{1-\alpha}$ verläßt, ist die Hypothese $H_0 : F(t) = F_0(t)$ abzulehnen. Möglichkeiten, eine Verteilungsfunktion $F_0(t)$ mit Hilfe von Spezialpapieren auf eine Gerade zu transformieren, sind im Anhang A2.3.2.2 dargelegt, vgl. auch Bild 6.12 bis Bild 6.14 und Anhang A3.4. Beispiel 6.17 zeigt eine typische graphische Auswertung auf der Grundlage der *Weibull-Verteilung*. Beispiel 6.18 untersucht den Fall einer Population von Betrachtungseinheiten mit *Frühausfällen*. Anschließend behandelt Beispiel 6.19 eine *logarithmische Normalverteilung* mit einer graphischen Auswertung.

Beispiel 6.17
Bei der *zeitraffenden Prüfung* eines Elektrolyt-Kondensators seien folgende Werte für die Lebensdauer aufgenommen worden: 59, 71, 153, 235, 347, 589, 837, 913, 1185, 1273, 1399, 1713 und 2567 h. a) Man zeichne die empirische Verteilungsfunktion auf das Weibull-Papier. b) Unter der Annahme, daß eine Weibull-Verteilung vorliegt, schätze man die Parameter λ und β graphisch auf dem Weibull-Papier.   c) Die Schätzung von λ und β nach der Maximum-Likelihood-Methode habe für β den Wert $\hat{\beta} = 1.12$ ergeben; man bestimme $\hat{\lambda}$ und vergleiche die hier erhltenen $\hat{\lambda}$ und $\hat{\beta}$ mit den Werten aus Punkt b.

Lösung
a) Bild 6.12 zeigt das *Weibull-Papier* mit der empirischen Verteilungsfunktion, $\hat{F}(t)$.
b) Aus der graphischen Schätzung (Gerade b)) findet man $\hat{\lambda} \approx 1/840$ h und $\hat{\beta} = 1.05$ (vgl. auch Bild A2.11).
c) Mit $\hat{\beta} = 1.12$ folgt aus Gl. (A2.191) $\hat{\lambda} \approx 1/908$ h. Die mit Hilfe der Maximum-Likelihood-Methode ermittelte Weibull-Verteilungsfunktion ist in Bild 6.12 ebenfalls eingezeichnet (Gerade c)).

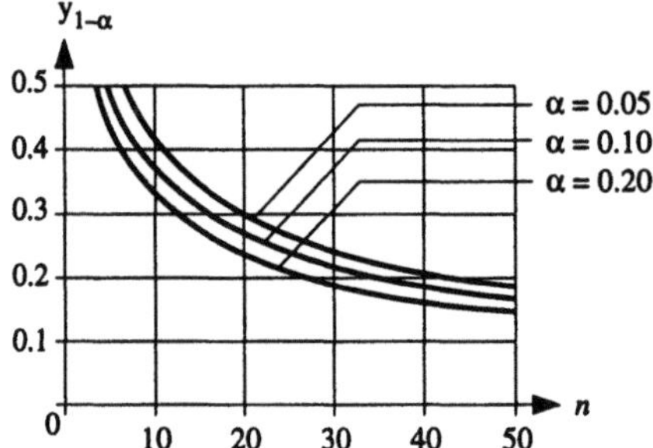

Bild 6.11   Kritischer Wert $y_{1-\alpha}$ für die maximale Abweichung zwischen der empirischen und der postulierten Verteilungsfunktion ($\Pr\{\sup_t | \hat{F}(t) - F_0(t) | \leq y_{1-\alpha} | F_0(t)$ wahr$\} = 1 - \alpha$)

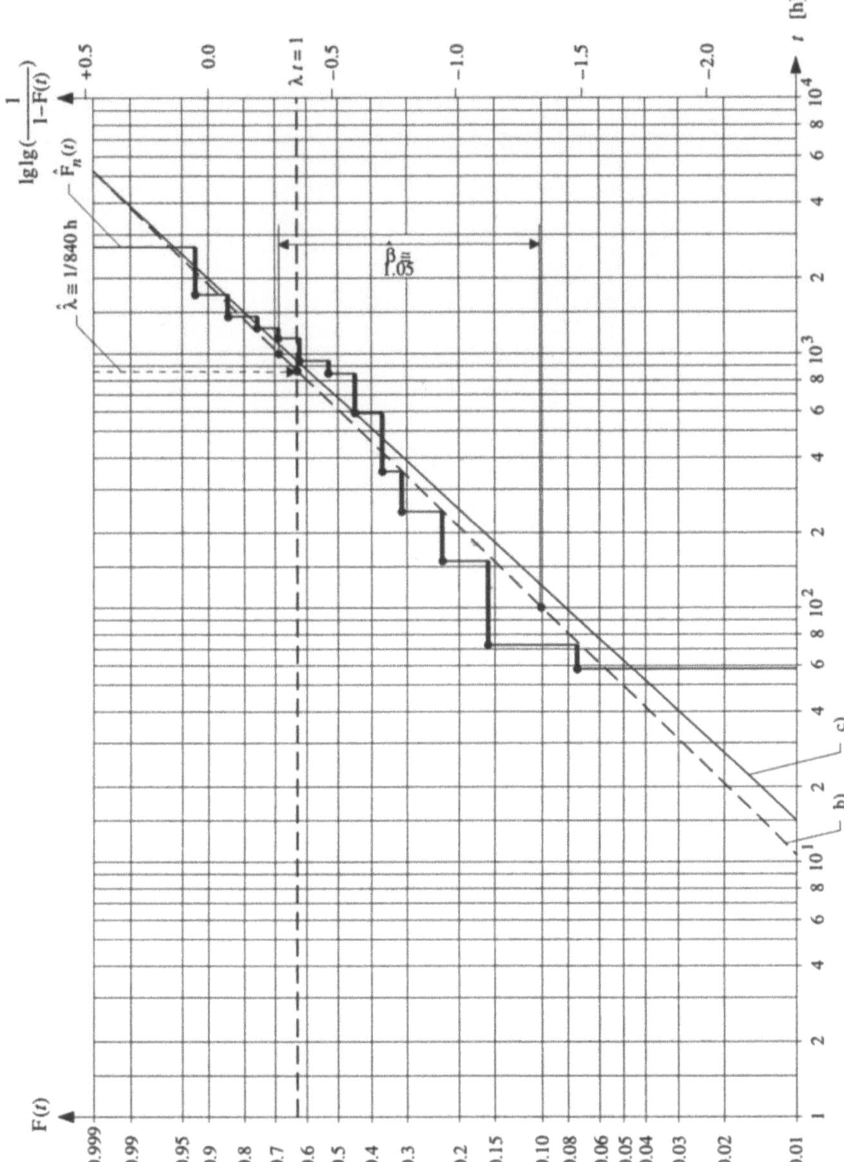

Bild 6.12 Empirische Verteilungsfunktion $\hat{F}(t)$ und Schätzfunktionen b) und c) der Weibull-Verteilung gemäß Beispiel 6.17

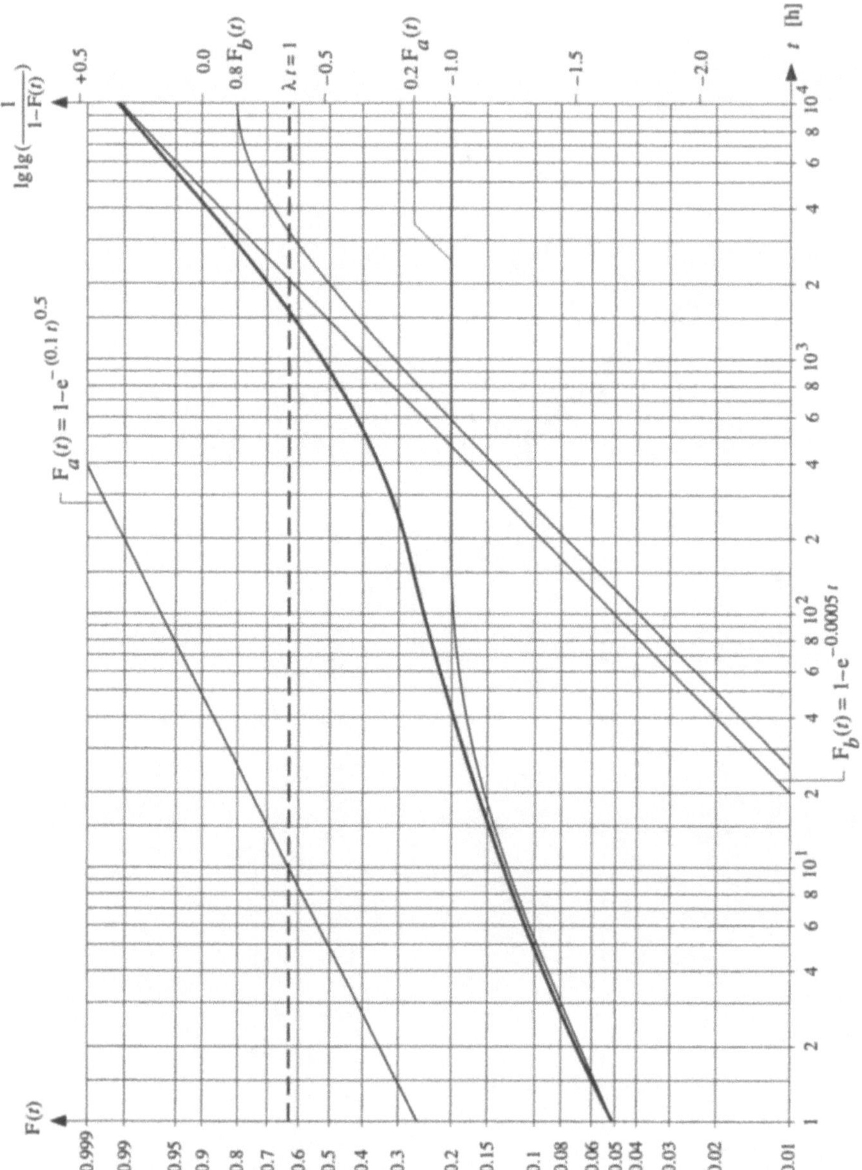

Bild 6.13　Verlauf der gewichteten Summe einer Weibull-Verteilung $F_a(t)$ und einer Exponentialverteilung $F_b(t)$ gemäß Beispiel 6.18

Beispiel 6.18

Man untersuche die Verteilungsfunktion $F(t) = 0.2\,(1 - e^{-(0.1\,t)^{0.5}}) + 0.8\,(1 - e^{-0.0005\,t})$ auf dem Weibull-Papier.

Lösung

Die *gewichtete Summe* einer Weibull-Verteilung mit $\beta = 0.5$, $\lambda = 0.1\ \text{h}^{-1}$, $MTTF = \Gamma(1 + 1/\beta)/\lambda = 20$ h und einer Exponentialverteilung, mit $\lambda = 0.0005\ \text{h}^{-1}$ und $MTBF = 1/\lambda = 2000$ h stellt die Verteilungsfunktion der ausfallfreien Arbeitszeit einer Grundgesamtheit von Betrachtungseinheiten mit einer Ausfallrate gemäß $\lambda(t) =$
$(0.001\,(0.1t)^{-0.5}e^{-(0.1\,t)^{0.5}} + 0.0004\,e^{-0.0005\,t})/$
$(0.2\,e^{-(0.1\,t)^{0.5}} + 0.8\,e^{-0.0005\,t})$, d. h. mit *Frühausfällen* bis $t \approx 200$ h dar, vgl. das nebenstehendes Bild ($\lambda(t)$ bleibt zwischen etwa 300 h und

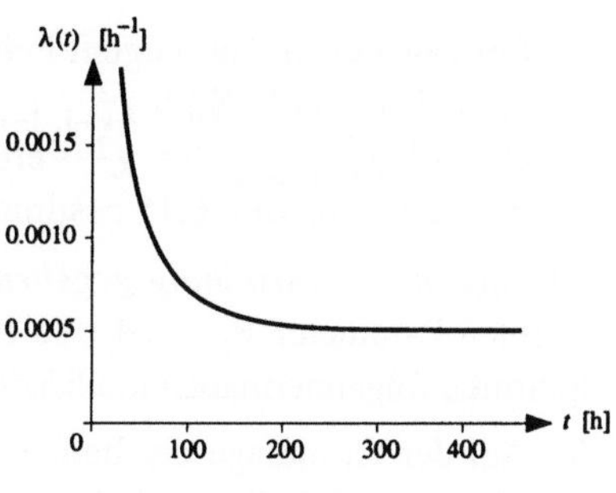

400000 h näherungsweise konstant und geht für $t \to \infty$ auf Null, allerdings ist $F(400\,000\ \text{h}) \approx 1$). Die Aufzeichnung der entsprechenden Verteilungsfunktion auf dem *Weibull-Papier* zeigt den charakteristischen *s-förmigen Verlauf* in Bild 6.13.

Beispiel 6.19

Man prüfe mit Hilfe des Tests von Kolmogoroff-Smirnow für $\alpha = 0.2$, ob die durch die Beobachtungen $t_1, \ldots, t_{10}$ gemäß Beispiel 6.13 definierte Reparaturzeit zu einer *logarithmischen Normalverteilung* mit $\lambda = 0.5\ \text{h}^{-1}$ und $\sigma = 0.4$ gehören (Hypothese H_0).

Lösung

Die *logarithmische Normalverteilung* (Gl. (6.39)) mit $\lambda = 0.5\ \text{h}^{-1}$ und $\sigma = 0.4$ stellt im Bild 6.14 eine Gerade dar ($F_0(t)$). Für $\alpha = 0.2$ und $n = 10$ folgt aus Tab. A3.5 $y_{1-\alpha} = 0.323$ und damit den Streifen $F_0(t) \pm y_{1-\alpha}$. Da die empirische Verteilungsfunktion $\hat{F}(t)$ den Streifen $F_0(t) \pm y_{1-\alpha}$ nicht verläßt, kann die Hypothese H_0 angenommen werden.

6.5.2 χ^2-Anpassungstests

Der χ^2-*Anpassungstest* kann sowohl für *stetige* als auch für *unstetige* Verteilungsfunktionen $F_0(t)$ angewendet werden. Auch ist es möglich, fehlende Parameter zu schätzen (Anhang A2.3.4.3). Ist $F_0(t)$ *vollständig gegeben*, so lautet die Prozedur:

1. Man zerlege den Definitionsbereich von τ in k aneinandergrenzende Intervalle $(a_1, a_2], (a_2, a_3], \ldots, (a_k, a_{k+1}]$, die Wahl der Intervalle (Klassen) soll unabhängig von den Beobachtungen $t_1, \ldots, t_n$ (Realisierungen von τ) erfolgen (Faustregel $n\,p_i > 5$, vgl. Punkt 3 für p_i).

2. Für jede Klasse bestimme man die beobachtete Häufigkeit k_i (Anzahl der Beobachtungswerte in der Klasse $(a_i, a_{i+1}]$), $i = 1, \ldots, k$.

3. Man berechne für jede Klasse die unter H_0 zu erwartende Häufigkeit $n\,p_i = n\,(F_0(a_{i+1}) - F_0(a_i))$, $i = 1, \ldots, k$.

4. Man bilde die Testgröße

$$X_n^2 = \sum_{i=1}^{k} \frac{(k_i - n\,p_i)^2}{n\,p_i} = \sum_{i=1}^{k} \frac{k_i^2}{n\,p_i} - n. \tag{6.57}$$

5. Bei gegebenem zulässigem Fehler 1. Art α ist die Hypothese $H_0 : F(t) = F_0(t)$ abzulehnen, falls $X_n^2 > \chi_{k-1,\,1-\alpha}^2$ gilt, ansonsten nimmt man H_0 an (das $(1-\alpha)$-Quantil $\chi_{k-1,\,1-\alpha}^2$ der χ^2-Verteilung mit $k-1$ Freiheitsgraden kann aus Tab. A3.2 oder aus Bild 6.15 bestimmt werden).

Ist $F_0(t)$ *nicht vollständig gegeben*, d. h. enthält $F_0(t) = F_0(t, \theta_1, ..., \theta_r)$ die unbekannten Parameter $\theta_1, ..., \theta_r$, so muß die obige Prozedur nach den ersten beiden Schritten folgendermaßen modifiziert werden:

3'. Auf der Grundlage der beobachteten Klassenhäufigkeiten k_i ermittle man die Maximum-Likelihood-Schätzungen der Parameter $\theta_1, ..., \theta_r$ als Lösungen der auf der *Multinomialverteilung* basierenden Likelihood-Gleichungen

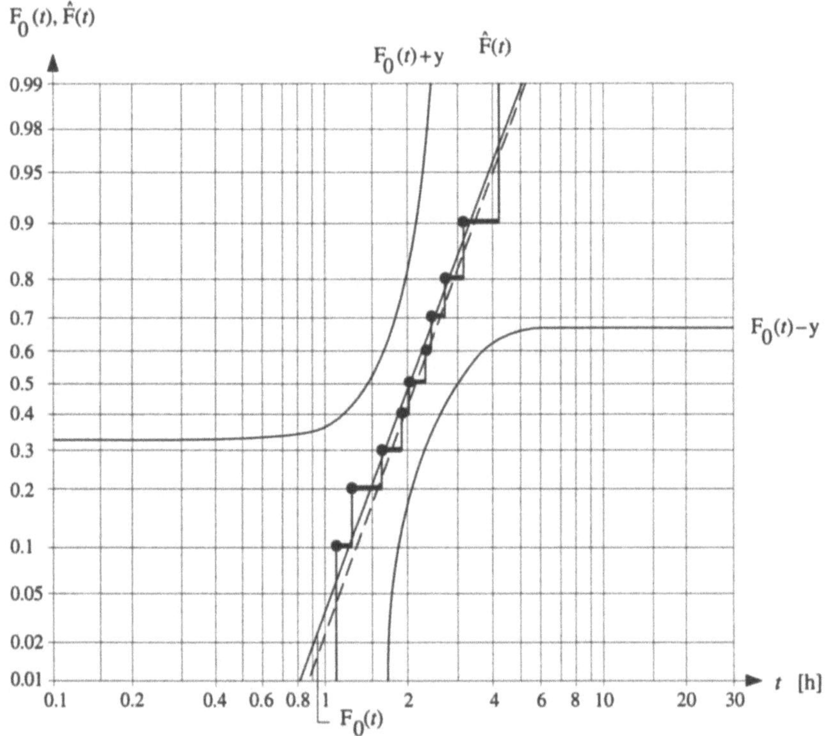

Bild 6.14 Test von Kolmogoroff-Smirnow zur Prüfung, ob die Reparaturzeiten gemäß Beispiel 6.13 eine logarithmische Normalverteilung besitzen (gestrichelt eingezeichnet ist die Verteilungsfunktion mit $\hat{\lambda}$ und $\hat{\sigma}$ aus Beispiel 6.13)

$$\sum_{i=1}^{k} \frac{k_i}{p_i(\theta_1,\dots,\theta_r)} \frac{\partial p_i(\theta_1,\dots,\theta_r)}{\partial \theta_j}\Bigg|_{\theta_j=\hat{\theta}_j} = 0, \qquad j=1,\dots,r \qquad (6.58)$$

mit $p_i = F_0(a_{i+1},\theta_1,\dots,\theta_r) - F_0(a_i,\theta_1,\dots,\theta_r) > 0$, $p_0 + \dots + p_k = 1$ und
$k_1 + \dots + k_k = n$; für jede Klasse bestimme man dann die entsprechende Schätzung der unter H_0 zu erwartenden Häufigkeit

$$n\,\hat{p}_i = F_0(a_{i+1},\hat{\theta}_1,\dots,\hat{\theta}_r) - F_0(a_i,\hat{\theta}_1,\dots,\hat{\theta}_r), \qquad i=1,\dots,k. \qquad (6.59)$$

4'. Man bilde die Testgröße

$$\hat{X}_n^2 = \sum_{i=1}^{k} \frac{(k_i - n\,\hat{p}_i)^2}{n\,\hat{p}_i} = \sum_{i=1}^{k} \frac{k_i^2}{n\,\hat{p}_i} - n. \qquad (6.60)$$

5'. Bei gegebenem zulässigem Fehler 1. Art α ist $H_0 : F(t) = F_0(t,\theta_1,\dots,\theta_r)$ abzulehnen, falls $\hat{X}_n^2 > \chi^2_{k-1-r,\,1-\alpha}$ gilt, ansonsten nimmt man H_0 an.

Im Vergleich zum Fall der vollständigen Kenntnis von $F_0(t)$ hat sich im Schritt 5' die Anzahl der Freiheitsgrade der χ^2-Verteilung um die Anzahl r der geschätzten Parameter verringert.

Beispiel 6.20
Für eine Baugruppe wurden folgende 20 ausfallfreien Arbeitszeiten aufgenommen: 160, 380, 620, 650, 680, 730, 750, 920, 1000, 1100, 1400, 1450, 1700, 2000, 2200, 2800, 3000, 4600, 4700 und 5000 h. Man prüfe mit Hilfe des χ^2-Anpassungstests für $\alpha = 0.1$, ob die ausfallfreie Arbeitszeit dieser Baugruppe exponentiell verteilt ist (Hypothese $H_0 : F(t) = 1 - e^{-\lambda t}$, λ unbekannt) und verwende dazu die vier Klassen (0, 500], (500, 1000], (1000, 2000] und (2000, ∞).

Lösung
Mit den obigen vier Klassen erhält man für die beobachteten Häufigkeiten $k_1 = 2$, $k_2 = 7$, $k_3 = 5$ und $k_4 = 6$. Die Punktschätzung von λ gemäß Gl. (6.58) liefert $\hat{\lambda} \approx 0.562 \cdot 10^{-3}$ h^{-1}. Damit folgt für die erwarteten Häufigkeiten $n\,\hat{p}_1 = 4.899$, $n\,\hat{p}_2 = 3.699$, $n\,\hat{p}_3 = 4.900$ und $n\,\hat{p}_4 = 6.499$. Aus Gl. (6.60) folgt nun $\hat{X}_{20}^2 = 4.70$ und aus Tab. A3.2 $\chi^2_{2,\,0.9} = 4.605$. Da $\hat{X}_n^2 > \chi^2_{k-1-r,\,1-\alpha}$ ist, muß die Hypothese H_0 verworfen werden.

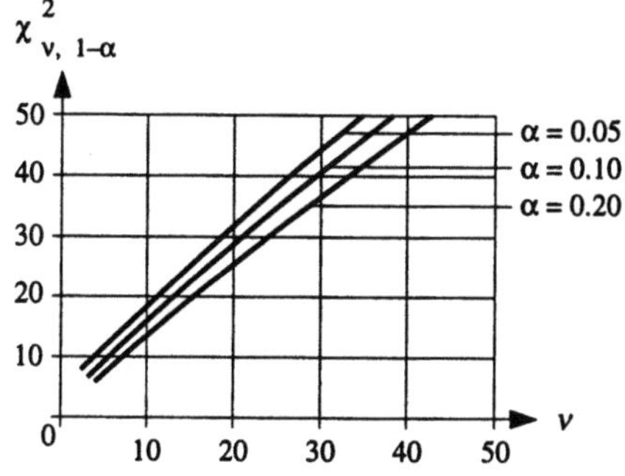

Bild 6.15 $(1-\alpha)$-Quantile der χ^2-Verteilung mit v Freiheitsgraden

7 Hebung der Qualität und Zuverlässigkeit in der Fertigungsphase

Zusätzlich zu den Aktivitäten während der Entwicklungsphase sind in der Fertigungsphase von komplexen Geräten und Systemen folgende Qualitäts- und Zuverlässigkeitssicherungsmaßnahmen notwendig:

1. Management der *Konfiguration* (Überprüfung und Freigabe der Fertigungsdokumentation, Änderungswesen, Bauzustandsüberwachung)
2. Umfassende Qualifikation der *Fertigungsprozesse* und der *Prüfverfahren* (Bestückung, Lötung, Verpackung, In-Circuit-Tests, Funktionsprüfung usw.)
3. Steuerung der *Fertigungsabläufe* (Montage, Transport, Prüfungen usw.)
4. Schutz gegen *Vorschädigungen* (Überhitzung, ESD, Transiente usw.)
5. Systematische Erfassung, Analyse und Korrektur aller *Defekte* und *Ausfälle*
6. Qualitäts- und Zuverlässigkeitssicherung bei der *Beschaffung*
7. Kalibrierung und Eichung der *Meß- und Prüfeinrichtungen*
8. Durchführung der *Zwischen- und Endprüfungen* (inkl. Typenprüfungen)
9. *Vorbehandlung* kritischer Bauteile und Baugruppen
10. Entwicklung von Prüf- und Vorbehandlungsstrategien auf Systemebene.

In diesem Kapitel wird speziell auf die Möglichkeiten der Prüfung und Vorbehandlung elektronischer Bauteile und Baugruppen sowie auf die Grundlagen einer Prüf- und Vorbehandlungs*strategie* eingegangen.

7.1 Vorbehandlung elektronischer Bauteile

In der Fertigungsphase wird die Prüfung elektronischer Bauteile in der Regel im Rahmen einer Eingangsprüfung vorgenommen, vgl. Abschnitt 5.2.1 für die technischen und Abschnitt 6.1 für die statistischen Aspekte. Vorteile einer hundertprozentigen Prüfung sind:

1. unmittelbare Entdeckung aller relevanten Defekte
2. Reduktion der Anzahl defekter (bestückter) Leiterplatten

3. Vereinfachung der Prüfungen auf Baugruppen- und Geräteebene
4. Ersatz der defekten Bauteile durch den Lieferanten
5. *Schutz gegen Qualitätsschwankungen* von einem Los zum anderen oder innerhalb des gleichen Loses.

Diese Vorteile treten vor allem im Falle spezieller oder neuer und komplexer Bauteile (ASICs und VLSI-ICs) auf. Eine hundertprozentige Eingangsprüfung kann aber trotzdem nicht gegen Ausfälle durch *falsche Handhabung, transiente Vorgänge, Montage- oder Prüffehler* schützen. Der Entscheid zwischen stichprobenweiser und hundertprozentiger Prüfung erfolgt nicht nur anhand der mittleren *Defektequote* und der *Prüfkosten*, sondern es sollen auch die *Folgekosten* und die möglichen Auswirkungen von Defekten/Ausfällen auf die Zuverlässigkeit und die Sicherheit des Geräts oder Systems berücksichtigt werden (Abschnitte 7.3 und 7.4) Für Bauteile guter Qualität liegen übliche Defektequoten im ‰-Bereich für ICs und unter 50 ppm für diskrete Bauteile.

Die Dauer der elektrischen Prüfung eines elektronischen Bauteils liegt in der Größenordnung von Sekunden (0.2 bis 1 s bei SSI/MSI-ICs und 2 bis 10 s bei LSI/VLSI-ICs). Eine solche Prüfung bringt deshalb kaum Frühausfälle zum Vorschein, *Frühausfälle* treten oft in den ersten 100 bis 3000 Betriebsstunden auf. Der prozentuale Anteil der Bauteile, welche *Frühausfälle* aufweisen, hängt stark vom Bauteil, vom Hersteller und nicht selten auch vom Los ab. Erfahrungswerte für Halbleiterbauteile liegen in der Regel unter 1% für reife Technologien und zwischen 1 bis 5% für neue Technologien. Größere Werte können punktuell infolge von *Änderungen im Herstellungsprozeß* oder durch Vorschädigungen (elektrostatische Entladung, Mikrorisse in Keramik- oder Cerdipgehäusen usw.) auftreten. Störend in den Anwendungen ist weniger die (bezogen auf das Los) in der Regel kleine Änderung des Mittelwerts der ausfallfreien Arbeitszeit der Bauteile, sondern der *Ausfall auf Geräte- oder Systemebene*. Eine wirksame Methode zur gezielten vorzeitigen Auslösung von Frühausfällen ist die *Vorbehandlung* (screening). Sie besteht in einer Folge von Beanspruchungen, denen ein Los von statistisch identischer Betrachtungseinheiten unterworfen wird, um Frühausfälle zu provozieren. Die Vorbehandlung sollte keinen *Ausfallmechanismus* auslösen oder aktivieren, der bei der vorgesehenen Anwendung nicht aufgetreten wäre (echte Zeitraffung). Für die Festlegung geeigneter Vorbehandlungsverfahren und -sequenzen sollte man deshalb in der Lage sein, folgende Fragen zu beantworten:

1. Welche *Ausfallmechanismen* werden durch welche Beanspruchungen aktiviert?
2. Welche ist die *dominierende Beanspruchung* für einen bestimmten Ausfallmechanismus?
3. Ab welchem Niveau der Beanspruchung werden Zustände angenommen, die unter normalen Bedingungen nicht aufgetreten wären?

Durch langjährige Untersuchungen hat sich auf dem Gebiet elektronischer Bauteile ein großes Know-how gebildet, und heutzutage kann man sich für übliche Bauteile auf etablierte Prozeduren stützen. Auf Bauteilebene stellt das *Burn-in* den effizientesten Vorbehandlungsschritt für ICs dar, *dynamisch* für komplexe ICs. Die Dauer eines Burn-in kann oft mit Hilfe des Arrhenius-Modells geschätzt werden (Abschnitt 6.4), wobei für die Aktivierungsenergie in erster Näherung Werte zwischen 0.4 und 0.7 eV angenommen werden können. Im Zivilsektor empfiehlt sich eine Vorbehandlung gemäß MIL-Vorschriften aus Kostengründen nicht. Vorbehandlungssequenzen müssen grundsätzlich dem Stand der Technologie angepaßt werden, für elektronische Bauteile im Zivilsektor mit hohen Zuverlässigkeitsforderungen kann man sich auf die Angaben in Tab. 7.1 stützen.

7.2 Vorbehandlung elektronischer Baugruppen

Das Prinzip der *elektrischen Prüfung* elektronischer Baugruppen, insbesondere bestückter Leiterplatten ist im Abschnitt 5.4.1 dargelegt. Infolge der oft großen Anzahl beteiligter Bauteile und Lötstellen liegt die mittlere *Defektequote bestückter Leiterplatten* wesentlich höher als bei den Bauteilen. Die Erfahrung zeigt, daß für eine Leiterplatte mit etwa 500 Bauteilen und 3000 Lötstellen Defektequoten zwischen 2 und 4% mit etwa 1.2 bis 1.5 Fehler pro defekte bestückte Leiterplatte bei mittelgroßen Serien möglich sind, oft verteilt in etwa 1/3 Fertigung, 1/3 defekte Bauteile, 1/3 Bauteile außerhalb der Toleranzen. Höhere Defektequoten können bei kleinen Serien auftreten. Jede defekte Leiterplatte erfordert eine *Nacharbeit*, die sich in der Regel *nachteilig* auf die Qualität und Zuverlässigkeit auswirkt (Verschlechterung der Ausfallrate bis zu einem Faktor 10).

Die *Vorbehandlung bestückter Leiterplatten* und noch mehr für größere Baugruppen oder Geräte ist im allgemeinen Fall *komplex*, weil viele verschiedene Technologien gleichzeitig auftreten. Sie ist oft im Rahmen einer *Vorserie* notwendig, sollte aber für Serieneinheiten überflüssig werden. Eine *umfassende* Prüf- und Vorbehandlungssequenz für bestückte Leiterplatten könnte aus folgenden Schritten bestehen:

1. Visuelle Kontrolle und grobe elektrische Prüfung
2. 100 thermische Zyklen zwischen 0°C und +80°C, mit einem Gradienten ≤ 5°C/Min. *im Prüfling* und Haltezeiten ≥ 10 Min. (Speisung ausgeschaltet während der Kühlung)
3. 30 Min. Vibrationen (Random) bei 2 bis 4 g_{rms} (wenn möglich bei −20°C)
4. 48 h Einlaufen bei normaler Betriebstemperatur mit periodischem Ein- und Ausschalten
5. Schlußprüfung aller maßgebenden elektrischen Parameter.

Tabelle 7.1 Prüfung und Vorbehandlung elektronischer Bauteile für Geräte oder System mit hohen Zuverlässigkeitsanforderungen

Bauteil	Sequenz
Widerstände	visuelle Kontrolle; 20 thermische Zyklen ($-40/+125°C$) für Widerstands-netzwerke[*]; 48 h stat. Burn-in bei 100°C und $0.6 P_N$[*]; el. Prüfung bei 25°C[*]
Kondensatoren • Folien	visuelle Kontrolle; 48 h stat. Burn-in bei $0.9\,\theta_{max}$ und U_N[*]; el. Prüfung bei 25°C (C, $\tan\delta$, R_{is})[*]; Messung von R_{is} bei 70°C[*]
• Keramik	visuelle Kontrolle; 20 thermische Zyklen (θ_{extr})[*]; 48 h stat. Burn-in bei $0.9\,\theta_{max}$ und U_N[*]; el. Prüfung bei 25°C (C, $\tan\delta$, R_{is})[*]; Messung von R_{is} bei 70°C[*]
• Tantal (trocken)	visuelle Kontrolle; 10 thermische Zyklen (θ_{extr})[*]; 48 h stat. Burn-in bei $0.9\,\theta_{max}$ und U_N[*] (Z_0 klein)[*]; el. Prüfung bei 25°C (C, $\tan\delta$, I_r)[*]; Messung von I_r bei 70°C[*]
• Aluminium (nass)	visuelle Kontrolle; Formierung (bei Bedarf); 48 h stat. Burn-in bei $0.9\,\theta_{max}$ und U_N[*]; el. Prüfung bei 25°C (C, $\tan\delta$, I_r)[*]; Messung von I_r bei 70°C[*]
Dioden (Si)	visuelle Kontrolle; 30 thermische Zyklen ($-40/+125°C$)[*]; 48 h Hochtemp.-Rück.-Bias (HTRB) bei 125°C[*]; el. Prüfung bei 25°C (I_r, U_F, $U_{R_{min}}$)[*]; Dichtigkeit (Fine/Gross Leak)[*+]
Transistoren (Si)	visuelle Kontrolle; 20 thermische Zyklen ($-40/+125°C$)[*]; 50 Leistungszyklen (25 / 100°C, ca. 1 Min. ein / 2 Min. aus) für Leistungselemente[*]; el. Prüfung bei 25°C (β, I_{CEO}, $U_{CEO_{min}}$)[*]; Dichtigkeit (Fine/Gross Leak)[*+]
Opto-Halbleiter • LED, IRED	visuelle Kontrolle; 72 h Hochtemperaturlagerung bei 100°C[*]; 20 thermische Zyklen ($-25/+100°C$)[*]; el. Prüfung bei 25°C (U_F, $U_{R_{min}}$)[*]; Dichtigkeit (Fine/Gross Leak)[*+]
• Optokoppler	visuelle Kontrolle; 20 thermische Zyklen ($-25/+100°C$); 72 h Hochtemp.-Rück.-Bias (HTRB) bei 85°C; el. Prüfung bei 25°C (I_C/I_F, U_F, $U_{R_{min}}$, $U_{CE_{sat}}$, I_{CEO}); Dichtigkeit (Fine/Gross Leak)[*+]
Digitale ICs • Bipolare	red. el. Prüfung bei 25°C (grobe Funktionsprüfung, I_{CC}); 48 h dyn. Burn-in bei 125°C[*]; el. Prüfung bei 70°C[*]; Dichtigkeit (Fine/Gross Leak)[*+]; visuelle Kontr.
• MOS	red. el. Prüfung bei 25°C (grobe Funktionsprüfung, I_{DD}); 72 h dyn. Burn-in bei 125°C[*]; el. Prüfung bei 70°C[*]; Dichtigkeit (Fine/Gross Leak)[*+]; visuelle Kontr.
• CMOS	red. el. Prüfung bei 25°C (grobe Funktionsprüfung, I_{DD}); 48 h dyn. Burn-in bei 125°C[*]; el. Prüfung bei 70°C[*]; Dichtigkeit (Fine/Gross Leak)[*+]; visuelle Kontr.
• EPROM[**] EEPROM	Programmierung (CHB); Hochtemperaturlagerung (48 h / 125°C); Löschen; Programmierung (inv. CHB); Hochtemperaturlagerung 48 h / 125°C; Löschen; el. Prüfung bei 70°C; Dichtigkeit (Fine/Gross Leak)[*]; visuelle Kontrolle
Lineare ICs	red. el. Prüfung bei 25°C (grobe Funktionsprüfung, I_{CC}, Offsets); 20 thermische Zyklen ($-40/+125°C$); 96 h Hochtemp.-Rück.-Bias (HTRB) bei 125°C mit anschließender red. el. Prüfung bei 25°C; el. Prüfung bei 70°C; Dichtigkeit (Fine/Gross Leak)[*+]; visuelle Kontrolle
Hybride ICs	visuelle Kontrolle; Hochtemperaturlagerung (24 h / 125°C); 20 thermische Zyklen ($-40/+125°C$);konstante Beschleunigung (2000 bis 20 000 g / 60 s); red. el. Prüfung bei 25°C; 96 h dyn. Burn-in bei 85 bis 125°C; el. Prüfung bei 25°C; Dichtigkeit (Fine/Gross Leak)[*+]; visuelle Kontrolle

[*] stichprobenweise, [+] für hermetische Gehäuse, [**] $>1M$

Vibration bei tiefen Temperaturen (Schritt 3) stellt den wichtigsten Vorbehandlungsschritt dar. Zur Erhöhung der Wirksamkeit können thermische Zyklen mit Vibrationen und Ein-/Ausschalten der Speisung (bei der Heizphase) kombiniert werden. Ein *Burn-in* auf Leiterplatten- und höherer Integrationsebene muß kritisch beurteilt werden. Infolge der temperaturempfindlichen Bauteile (Elektrolytkondensatoren, optoelektronische Bauteile, Dichtungen usw.) darf die Burn-in-Temperatur in der Regel 80°C nicht überschreiten. Das führt zu extrem langen Burn-in-Dauern. Ganz allgemein zeigt die Erfahrung, daß die optimale *Prüf- und Vorbehandlungsstrategie* für bestückte Leiterplatten und Baugruppen fallweise festgelegt werden muß.

Für Leiterplatten in *Surface Mount Technology* (SMT) kann sich eine Vorbehandlung oft nachteilig auswirken, speziell im Falle von Fine Pitch. *Vorbeugende Maßnahmen* (Prozeßqualifikation und Prozeßsteuerung) sind hier wichtiger als im Falle von Leiterplatten bzw. Baugruppen konventioneller Bestückungstechnik.

7.3　Prüf- und Vorbehandlungsstrategien

Der Aufwand für die Prüfung und Vorbehandlung komplexer elektronischer Bauteile (ICs) oder bestückter Leiterplatten macht oft 20 bis 30% der Herstellungskosten aus. Im Hinblick auf die *Optimierung* des Aufwands für die Prüfung und Vorbehandlung in der Fertigungsphase stellt sich somit jedem Hersteller leistungsfähiger Geräte und Systeme folgende grundsätzliche Frage:

Auf welcher Integrationsebene soll was und wie geprüft und vorbehandelt werden, um kostenoptimal möglichst alle Defekte und Frühausfälle vor Beginn der Nutzungsphase zu eliminieren?

Die Untersuchung dieser Frage muß unter Berücksichtigung der Qualitäts-, Zuverlässigkeits- und Sicherheitsziele, der Auswirkung von Defekten und Ausfällen, der Wirksamkeit der einzelnen Prüf- und Vorbehandlungsschritte sowie der *direkt anfallenden* Kosten und der *Folgekosten* erfolgen. Ihre Beantwortung ist im allgemeinen Fall schwierig, weil sowohl die *Entdeckungswahrscheinlichkeit* eines Defektes oder Ausfalles bei einer bestimmten Prüfung wie auch die *Wirksamkeit der einzelnen Vorbehandlungsschritte* oft anwendungsspezifisch sind. Folgende Aspekte sind bei solchen Überlegungen wichtig:

1. Bei Kostenbetrachtungen ist die *ganze Kette* von den Eingangsprüfungen bis zu den Garantieleistungen zu berücksichtigen.

2. Mit Prüfungen und Vorbehandlungen soll bei der tiefstmöglichen Integrationsebene begonnen und *selektiv* operiert werden.
3. Auf *Qualifikationsprüfungen* sollte man nicht verzichten.
4. Die verschiedenen Prüfungen sollen so weit wie möglich *koordiniert* werden.
5. Prüfungen und Vorbehandlungen sind sorgfältig zu planen und durchzuführen,
   damit die *Reproduzierbarkeit* und eine lückenlose *Interpretation der Resultate*
   gewährleistet wird.
6. Prüfungen und Vorbehandlungen sind stets durch ein effizientes *Qualitätsdatensystem* zu unterstützen.
7. Prüfung- und Vorbehandlungsstrategien sollten in der *Entwicklungs- und Kon-
   struktionsphase* diskutiert werden.

Ein Vergleich der Kosten zweier Prüfstrategien ist in Bild 7.1 gegeben (vgl. auch
Beispiel 2.1). Alle Zahlenwerte in Bild 7.1 dienen lediglich der numerischen Illu-
stration des Beispiels. In beiden Fällen vom Bild 7.1 geht es um die Herstellung von
Geräten, für welche total 100000 Bauteile eines bestimmten Typs verwendet

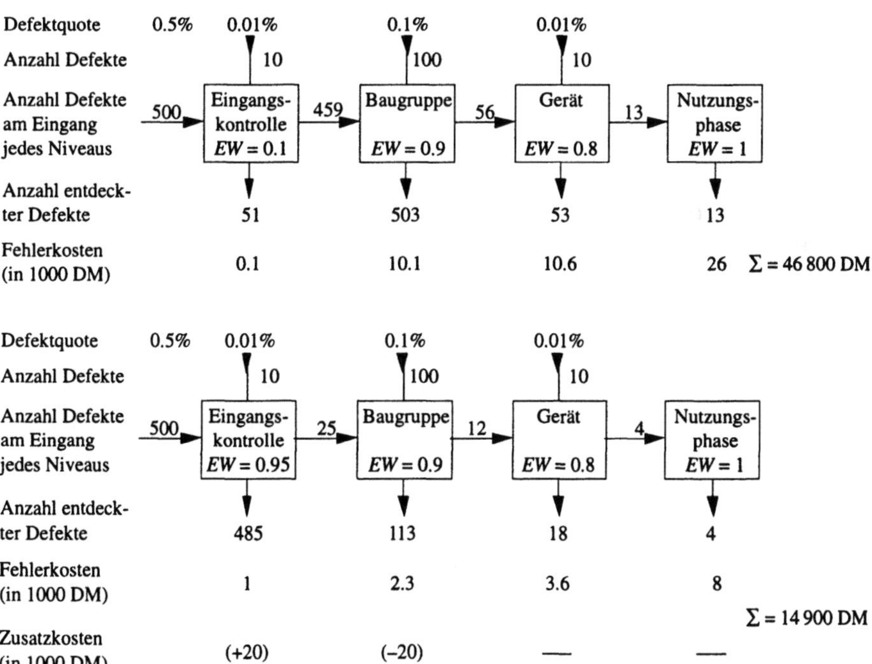

Bild 7.1   Unterschiedliche Prüfstrategien im Vergleich: oben Schwerpunkt Baugruppenprüfung,
unten Schwerpunkt Eingangskontrolle (*EW* = Entdeckungswahrscheinlichkeit)

werden (z. B. MSI-ICs). Die Bauteile werden mit einer mittleren Defektequote von 0.5% geliefert. Im Laufe der Fertigung treten bei diesen Bauteilen infolge falscher Handhabung, Montage usw. weitere Defekte auf. Die entsprechenden Defektequoten betragen in diesem Beispiel 0.01% auf Niveau Eingangsprüfung, 0.1% auf Niveau Baugruppe und 0.01% auf Niveau Gerät. Die Kosten für die Entdeckung und Eliminierung eines defekten Bauteils seien DM 2.– auf Niveau Eingangsprüfung, DM 20.– auf Niveau Baugruppe, DM 200.– auf Niveau Gerät und DM 2000.– in der Nutzungsphase (beim Kunden). Die beiden Prüfstrategien unterscheiden sich in der *Entdeckungswahrscheinlichkeit* eines Defektes (EW). Diese beträgt für die vier Niveaus 0.1, 0.9, 0.8 und 1 bei der ersten Prüfstrategie und 0.95, 0.9, 0.8 und 1 bei der zweiten Prüfstrategie. Es wird in diesem Beispiel angenommen, daß die Zusatzkosten zur Erhöhung der *Entdeckungswahrscheinlichkeit* auf Niveau Eingangskontrolle (etwa 0.2 DM. pro Bauteil) durch die Einsparung bei den Prüfungen auf Baugruppenebene kompensiert werden (diese ICs werden auf der bestückten Leiterplatte nicht mehr geprüft). Wie Bild 7.1 zeigt, ist für dieses Beispiel der *Erwartungswert* der *Gesamtkosten* im Fall der zweiten Prüfstrategie etwa 70% niedriger als im Fall der ersten Prüfstrategie. Das Modell gemäß Bild 7.1 kann auch zur Erkennung von Schwachstellen in der Fertigung (z. B. zu hohe Defektequote auf Niveau Baugruppe) und zur Untersuchung der Wirksamkeit weiterer Maßnahmen zur Senkung der Qualitätskosten verwendet werden.

7.4 Optimierung der Prüfkosten im Rahmen einer Eingangsprüfung

Zur Konkretisierung der Überlegungen im Abschnitt 7.3 soll im folgenden der Fall der *Eingangsprüfung* komplexer elektronischen Bauteile näher betrachtet werden. Die Resultate sollen als Grundlage für den Entscheid zwischen einer *stichprobenweisen* und einer *hundertprozentigen* Prüfung dienen. Das Modell verwendet folgende Bezeichnungen:

A_t = Annahmewahrscheinlichkeit der Eingangsprüfung, d. h. Wahrscheinlichkeit, in einer Stichprobe vom Umfang n höchstens c defekte Bauteile zu finden (gegeben z. B. im Bild 6.2 mit $p = p_d$)

c_d = Folgekosten pro defekten Bauteil

c_r = Ersatzkosten pro Bauteil bei der Eingangsprüfung

c_t = Prüfkosten pro Bauteil (Eingangsprüfung)

C_t = Mittelwert der Gesamtkosten (direkt anfallende Kosten und Folgekosten) für ein Los von N Bauteilen

n = Stichprobengröße

N = Losgröße

p_d = Ausschußwahrscheinlichkeit bzw. Defektequote (in der Regel unbekannt)

Bild 7.2 zeigt den *theoretischen Ablaufplan* einer solchen Prüfung. Gegeben sind die Mittelwerte (Erwartungswerte) der Kosten. Aus Bild 7.2 folgt für den Mittelwert der Gesamtkosten folgende *Kostengleichung*

$$\begin{aligned} C_t &= C_t' + C_t'' + C_t''' \\ &= n(c_t + p_d c_r) + (N - n)(1 - A_t)(c_t + p_d c_r) + (N - n)A_t p_d c_d \\ &= N(c_t + p_d c_r) + (N - n)A_t (p_d c_d - (c_t + p_d c_r)). \end{aligned} \tag{7.1}$$

Die Untersuchung der *Kostengleichung* gemäß Gl. (7.1) führt zu den folgenden vier Fällen:

1. Für $p_d = 0$ gilt $A_t = 1$ und damit

$$C_t = n c_t. \tag{7.2}$$

2. Für eine hundertprozentige Prüfung ist $n = N$ und folglich

$$C_t = N(c_t + p_d c_r). \tag{7.3}$$

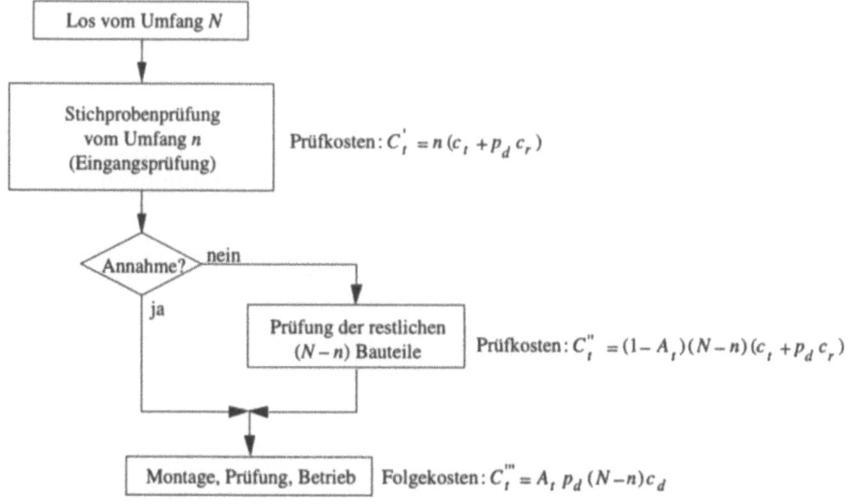

Bild 7.2 Theoretischer Ablaufplan für die Eingangsprüfung komplexer Bauteile

3. Für

$$c_d < c_r + \frac{c_t}{p_d} \tag{7.4}$$

ist $C_t < N(c_t + p_d\, c_r)$ und damit eine *Stichprobenprüfung günstiger*.

4. Für

$$c_d > c_r + \frac{c_t}{p_d} \tag{7.5}$$

ist $C_t > N(c_t + p_d\, c_r)$ und damit eine *hundertprozentige Prüfung günstiger*.

Der *praktische Ablaufplan* für die Eingangsprüfung ohne Vorbehandlung ist in Bild 7.3 gegeben. Da für die Ausschußwahrscheinlichkeit p_d des *aktuellen Loses* nur eine Schätzung aus den früheren Prüfungen bekannt ist, enthält der Ablaufplan gemäß Bild 7.3 (als Sicherheit) noch eine Stichprobenprüfung. Für die Bestimmung der Kennzahlen (n und c) der Stichprobenprüfung können die Tabellen zum Nach-

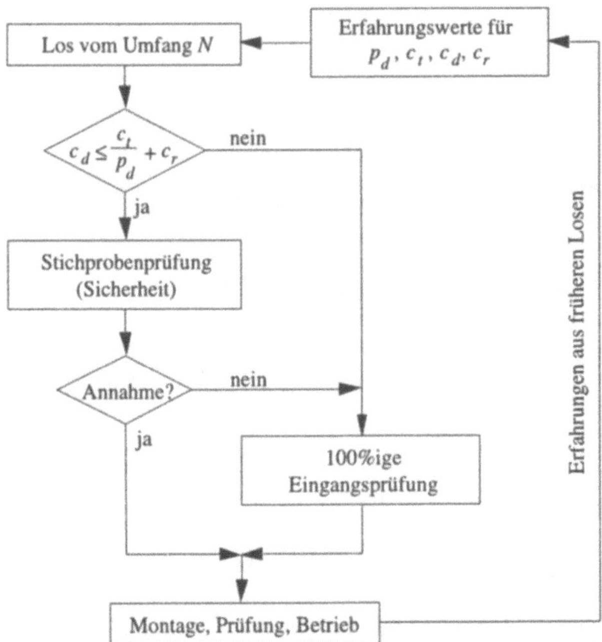

Bild 7.3 Praktischer Ablaufplan für die Eingangsprüfung komplexer Bauteile

weis von *AQL*-Werten beigezogen werden (Tab. 6.1). Dabei wählt man $AQL = p_d$ im unkritischen Fall und $AQL < p_d$, falls man kleinere Risiken für Folgekosten eingehen will.

Auf ähnlicher Weise kann die Optimierung im Falle einer Eingangsprüfung mit Vorbehandlung vorgenommen werden [3.1 (1994)].

7.5   Zuverlässigkeitswachstum

Bei der Qualifikation der *Prototypen* von komplexen Geräten und Systemen kann die Zuverlässigkeit noch unter der Zielvorstellung liegen. Gründe dafür können die Ungenauigkeiten der Modelle bei der Berechnung der vorausgesagten Zuverlässigkeit (λ_S) sowie Entwicklungs- oder Fertigungsfehler (Dimensionierung, Kühlung, transiente Vorgänge, Schnittstellenprobleme usw.) sein, die auf *systematische Ausfälle* führen. Eine Analyse der *Ursache* und der *Auftrittshäufigkeit* erlaubt oft eine Trennung zwischen Defekten, systematischen Ausfällen, Frühausfällen und Ausfällen mit konstanter Ausfallrate. Aufgabe eines *Zuverlässigkeitswachstums-Programmes* ist die systematische Beseitigung der *Defekte* und der *systematischen Ausfälle* sowie die Modellierung des entsprechenden *Zuverlässigkeitswachstums*. Dadurch entsteht ein *Lernprozeß*, der zu einer gezielten Verbesserung der Zuverlässigkeit führt. Bild 7.4 illustriert den aus diesem Lernprozeß resultierenden typischen Verlauf der Zuverlässigkeit.

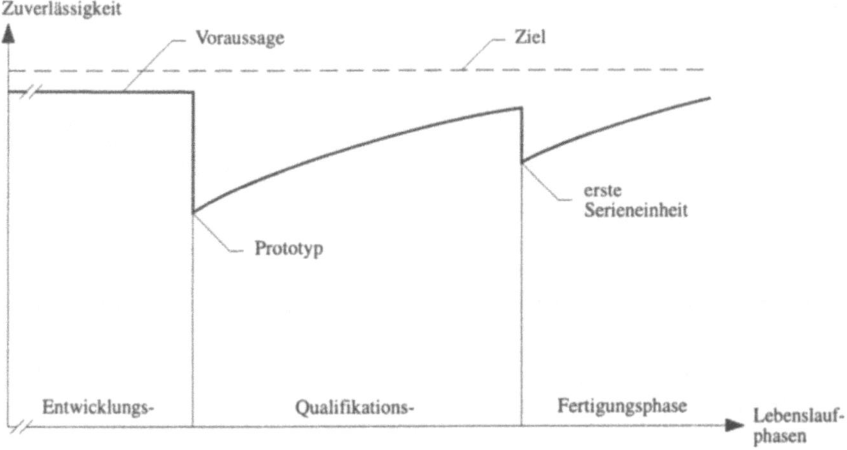

Bild 7.4   Zuverlässigkeitswachstum (reliability growth)

Es sind verschiedene Modelle bekannt, die ein Wachstum der Zuverlässigkeit beschreiben können und eine Schätzung (Extrapolation) der erreichbaren Ausfallrate erlauben [7.41 – 7.56, 7.67, 7.71], speziell [4.71] und [7.43]. Viele dieser Modelle sind allerdings eher von akademischem Interesse. Ein realistisches, oft verwendetes Modell wurde von J. T. Duane angeregt [7.46] und von L. H. Crow verfeinert [7.45]. Das *Duane-Modell* stützt sich auf folgende Annahmen:

1. Die Ausfallzeitpunkte des Geräts oder Systems bilden einen *inhomogenen Poisson-Prozeß*.
2. Für die *Intensität* m(t) des inhomogenen Poisson-Prozesses wird

$$m(t) = \frac{d\,M(t)}{dt} = \alpha \beta t^{\beta-1}, \qquad 0 < \beta < 1 \tag{7.6}$$

angenommen.

m(t) hat die gleiche Form wie die Ausfallrate $\lambda(t)$ im Falle der Weibull-Verteilung. Beide Größen sind aber *prinzipiell* verschieden.

Im folgenden wird auf das Duane-Modell näher eingegangen. Es seien T die kumulative Betriebszeit, n die Anzahl Ausfälle während T und $t_1, \ldots, t_n$ die *geordneten* Zeitpunkte des 1. bis $n$ten Ausfalles. Da es sich um einen *Poisson-Prozeß* handelt, gilt für $k = 0, 1, \ldots$ und beliebige a und $b > a$ (Gl. (A2.111))

$$\Pr\{\text{genau } k \text{ Ausfälle in } (a, b]\} = \frac{(M(b) - M(a))^k}{k!}\, e^{-(M(b)-M(a))}, \tag{7.7}$$

unabhängig von der Anzahl und der Verteilung der Ausfälle außerhalb des Intervalles $(a, b]$. Für die Schätzung der Parameter α und β gemäß der *Maximum-Likelihood-Methode* kann damit folgende Likelihood-Funktion (Gl. (A2.184)) aufgestellt werden

$$L = m(t_1)e^{-M(t_1)}\, m(t_2)e^{-(M(t_2)-M(t_1))} \ldots m(t_n)e^{-(M(t_n)-M(t_{n-1}))}\, e^{-(M(T)-M(t_n))}$$

$$= \prod_{i=1}^{n} m(t_i)e^{-M(T)} = \alpha^n \beta^n e^{-\alpha T^\beta} \prod_{i=1}^{n} t_i^{\beta-1}, \tag{7.8}$$

bzw.

$$\ln L = n\ln(\alpha\beta) - \alpha T^\beta + (\beta - 1)\sum_{i=1}^{n} \ln(t_i). \tag{7.9}$$

Die Maximum-Likelihood-Schätzungen der Parameter α und β folgen dann aus

$$\left.\frac{\partial \ln L}{\partial \alpha}\right|_{\alpha = \hat{\alpha}} = 0 \qquad \text{und} \qquad \left.\frac{\partial \ln L}{\partial \beta}\right|_{\beta = \hat{\beta}} = 0, \tag{7.10}$$

und liefern

$$\hat{\beta} = \frac{n}{\displaystyle\sum_{i=1}^{n} \ln \frac{T}{t_i}} \qquad \text{und} \qquad \hat{\alpha} = \frac{n}{T^{\hat{\beta}}}.\tag{7.11}$$

Als *Schätzwert* für die *Intensität* des (angenommenen) inhomogenen Poisson-Prozesses gilt dann

$$\hat{m}(t) = \hat{\alpha}\,\hat{\beta}\,t^{\hat{\beta}-1}.\tag{7.12}$$

Bei bekannten $\hat{\alpha}$ und $\hat{\beta}$ kann Gl. (7.12) auch für die Schätzung (Extrapolation) der *erreichbaren Intensität* verwendet werden (Beispiel 7.1).

Beispiel 7.1

Im Rahmen eines Programms zur Hebung der Zuverlässigkeit in der Fertigungsphase sind folgende Daten erfaßt worden: $T = 1200$ h, $n = 8$ und $\sum \ln(T/t_i) = 20$. Man berechne die Intensität m(t) bei $t = 1200$ h und schätze den (möglicherweise) erreichbaren Wert bei $t = 3000$ h.

Lösung

Mit $T = 1200$ h, $n = 8$ und $\sum \ln(T/t_i) = 20$ folgt aus Gl. (7.11) $\hat{\beta} \approx 0.4$ und $\hat{\alpha} \approx 0.47$. Für die Intensität gilt dann (Gl. (7.12)) $\hat{m}(1200) \approx 2.67 \cdot 10^{-3}$ h^{-1}. Der (möglicherweise) erreichbare Wert der Intensität nach einer Verlängerung des Programmes zur Hebung der Zuverlässigkeit um weitere 1800 Betriebsstunden läßt sich aus Gl. (7.12) mit $\hat{\alpha} \approx 0.47$, $\hat{\beta} \approx 0.4$ und $t = 3000$ h schätzen und führt zu $\hat{m}(3000) \approx 1.54 \cdot 10^{-3}$ h^{-1}.

Das Duane-Modell trifft für viele elektronische, elektromechanische und mechanische Geräte zu. Oft kann es auch zur Beschreibung von *Software-Defekten* verwendet werden. Es liefert eine Schätzung der Intensität des (angenommenen) inhomogenen Poisson-Prozesses unter Berücksichtigung der *Verbesserungen* durch Behebung von *Defekten* und *systematischen Ausfällen*, die im Laufe der Qualifikations- bzw. der Fertigungsphase realisiert worden sind (Bild 7.4). Das Duane-Modell unterscheidet sich damit grundsätzlich von den üblichen Methoden zur Schätzung einer MTBF (Abschnitt 6.2.2.1) und reduziert den Prüfaufwand wesentlich (die statistische Auswertung erfolgt nicht separat nach jedem Ausfall, sondern die Vorinformationen werden laufend berücksichtigt). Für eine Übersicht über die Modelle zur Beschreibung von Software-Defekten (oft als Software-Reliability bezeichnet), kann auf [4.56, 4.67, 4.70, 4.71, 7.55] verwiesen werden. Oft anzutreffende Modelle nehmen für die Intensität der unterliegenden *nichthomogenen Poisson-Prozesse*

$$m(t) = \frac{1}{\delta + \gamma t}\tag{7.13}$$

oder

$$m(t) = \frac{\mu\,\alpha\,\beta^{\alpha}}{(\beta + t)^{\alpha+1}}\tag{7.14}$$

an [4.70, 4.71], für welche $m(0) < \infty$ ist. Der genaue Verlauf von $m(t)$ für $t < t_1$ (Auftritt des ersten Defektes) ist aber nicht maßgebend, so daß man sich bei der Beurteilung der Anwendbarkeit von Modellen für Zuverlässigkeitswachstum vermehrt auf *physikalische* (oder technische) *Überlegungen* und nicht nur auf mathematische Auswertungen stützen sollte (ganz allgemein ist die Anwendung älterer Datensätze zur Beurteilung der Anwendbarkeit eines bestimmten Modelles auf aktuelle Daten kritisch zu betrachten).

A1   Definitionen und Begriffserklärungen

In diesem Anhang werden die wichtigsten Begriffe auf dem Gebiet der Qualitäts-
und Zuverlässigkeitssicherung von Geräten und Systemen eingeführt und umfassend diskutiert. Die angegebenen Definitionen berücksichtigen so weit wie möglich
die einschlägigen Normen [A1.1 – A1.5]. Eine prinzipielle Einstufung der Begriffe
ist in Bild A1.1 angegeben.

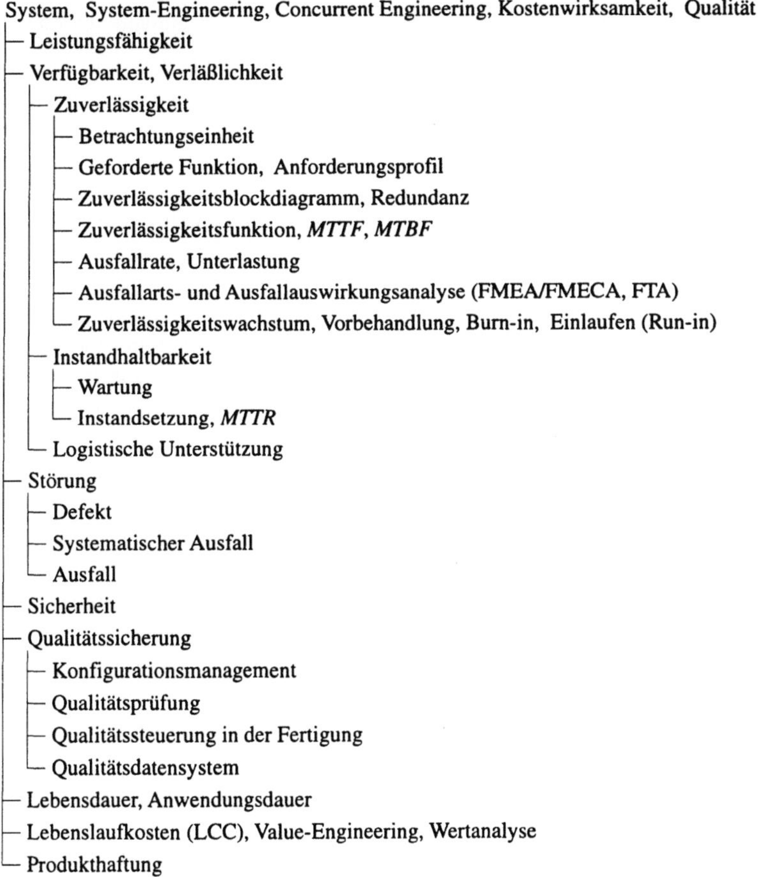

Bild A1.1   Begriffe der Qualitäts- und Zuverlässigkeitssicherung von Geräten und Systemen

Anforderungsprofil (Mission Profile)

Spezifische Aufgabe, die eine Betrachtungseinheit während einer bestimmten Zeit unter vorgegebenen Bedingungen ausführen soll.

Das Anforderungsprofil legt die geforderte Funktion und die Umweltbedingungen sowie deren Zeitverläufe fest. Ein repräsentatives Anforderungsprofil und die entsprechenden Zuverlässigkeitsziele sind im Pflichtenheft festzulegen.

Anwendungsdauer (Useful Life)

Zeitspanne der Anwendung, nach deren Ablauf eine Betrachtungseinheit aus dem Betrieb genommen wird.

Typische Anwendungsdauer sind 3 bis 6 Jahre für übliche Investitionsgüter, 5 bis 15 Jahre für Militäreinrichtungen und 10 bis 30 Jahre für Vermittlungs- und Energieanlagen. Anstelle von Anwendungsdauer wird oft auch der Begriff Brauchbarkeitsdauer verwendet.

Ausfall (Failure)

Beendigung der Fähigkeit einer Betrachtungseinheit, ihre geforderte Funktion auszuführen.

Ausfälle werden bezüglich Art, Ursache, Auswirkung und Mechanismus eingeteilt. Bei der Bewertung der Auswirkungen muß berücksichtigt werden, ob man sich auf die direkt betroffene oder auf eine übergeordnete Betrachtungseinheit bezieht. Ein Ausfall erscheint immer zufällig in der Zeit (abgesehen von den systematischen Ausfällen) und soll von einer Störung (Fault) unterschieden werden, die ein Zustand sein kann.

Ausfallarts- und Ausfallauswirkungsanalyse (FMEA/FMECA, FTA)

Systematische Untersuchung aller möglichen Ausfallarten einer Betrachtungseinheit bezüglich ihrer Auswirkung auf die Funktionstüchtigkeit und auf die Sicherheit der betreffenden Betrachtungseinheit sowie auf den von dieser beeinflußten Betrachtungseinheiten.

Ziel einer FMEA/FMECA (Failure Modes and Effects Analysis/Failure Modes, Effects and Criticality Analysis) ist das Auffinden aller potentiellen Gefahren (Hazards) und die Analyse der Vorkehrungen zur Beseitigung bzw. Milderung ihrer Auswirkung oder zur Reduktion ihrer Auftrittswahrscheinlichkeit. Die verschiedenen Ausfallarten und Ausfallursachen werden systematisch untersucht, ausgehend von der tiefsten Integrationsebene (bottom-up). Neben der FMEA/FMECA wird oft auch die Fault Tree Analysis (FTA) verwendet (top-down). Die Prozedur der FMEA/FMECA läßt sich unmittelbar auf die Untersuchung der Auswirkung von Störungen erweitern, so daß die Abkürzung FMEA/FMECA auch für Fault Modes and Effects Analysis/Fault Modes, Effects and Criticality Analysis verwendet wird.

Ausfallrate (Failure Rate)

> Wahrscheinlichkeit, bezogen auf δt, daß eine Betrachtungseinheit im Intervall $(t, t + \delta t]$ ausfallen wird, unter der Bedingung, daß sie zur Zeit $t = 0$ in Betrieb genommen wurde und im Intervall $(t, 0]$ nicht ausgefallen ist.

Die Ausfallrate wird mit $\lambda(t)$ bezeichnet. Wenn τ die ausfallfreie Arbeitszeit einer Betrachtungseinheit ist, mit Verteilungsfunktion $F(t)$ und Dichte $f(t)$, so gilt

$$\lambda(t) = \lim_{\delta t \downarrow 0} \frac{1}{\delta t} \Pr\{t < \tau \leq t + \delta t \mid \tau > t\} = \frac{f(t)}{1 - F(t)} = -\frac{d\,R(t)/dt}{R(t)}.$$

Zwischen $\lambda(t)$ und der Zuverlässigkeitsfunktion $R(t) = 1 - F(t)$ gilt, für $R(0) = 1$, $R(t) = e^{-\int_0^t \lambda(x)\,dx}$. Für $\lambda(t) = \lambda$ folgt $R(t) = e^{-\lambda t}$. Nur in diesem Fall kann für die Schätzung von λ den Wert $\hat{\lambda} = k/T$ verwendet werden, wobei T die *kumulative Betriebszeit* (über beliebig viele, statistisch identische Betrachtungseinheiten) und k die totale Anzahl Ausfälle in T sind. Der typische Verlauf der Ausfallrate einer Gesamtheit statistisch identischer Betrachtungseinheiten setzt sich in der Regel aus den Phasen der Frühausfälle, der Ausfälle mit konstanter (oder nahezu konstanter) Ausfallrate und der Verschleißausfälle zusammen.

Betrachtungseinheit (Item)

> Beliebige Anordnung, wie Stoff, Bauteil, Unterbaugruppe, Baugruppe, Gerät, Anlage oder System welche für Untersuchungen oder Analysen als Einheit betrachtet wird.

Bei der Betrachtungseinheit handelt es sich in der Regel um eine Funktions- oder Konstruktionseinheit. Anstelle von Betrachtungseinheit wird oft *Einheit* verwendet. Betrachtungseinheit wird auch als materieller oder immaterieller Gegenstand der Betrachtung definiert.

Burn-in (für nicht reparierbare Betrachtungseinheiten)

> Betrieb einer Betrachtungseinheit unter erhöhten Beanspruchungen, um Ausfallmechanismen zu beschleunigen.

Für elektronische Betrachtungseinheiten sind die Beanspruchungen in der Regel eine hohe konstante Umgebungstemperatur (z. B. 125°C für ICs, 85°C für Baugruppen) und eine erhöhte elektrische Belastung. Das Burn-in kann als Teil einer Vorbehandlungssequenz oder als zeitraffende Zuverlässigkeitsprüfung betrachtet werden. Es soll nicht mit Einlaufen (Run-in) verwechselt werden. Die Beanspruchungen liegen höher als sie in der Nutzungsphase zu erwarten sind, sie sollen aber keinen Ausfallmechanismus auslösen, der im normalen Betrieb nicht auftreten würde.

Concurrent Engineering

> Systematisches Vorgehen zur parallelen Entwicklung einer Betrachtungseinheit und der Fertigungsprozesse für ihre Produktion.

Das Concurrent Engineering fordert eine besonders enge und intensive Zusammenarbeit (Teamwork) zwischen allen an die Entstehung eines Produktes beteiligten Stellen (Entwicklung, Fertigung, und Marketing), von der ersten Produktidee an.

Defekt (Defect)

> Abweichung von mindestens einer Eigenschaft einer Betrachtungseinheit von den festgelegten Anforderungen.

Defekte müssen nicht unbedingt die Funktionstüchtigkeit einer Betrachtungseinheit beeinträchtigen. Sie stellen (von einem technischen Standpunkt) Nichtkonformitäten dar und werden in der Regel durch *Fehler* in der Entwicklungs-, Fertigungs- oder Nutzungsphase verursacht. Im Gegensatz zu den Ausfällen, welche (von den *systematischen Ausfällen* abgesehen) *zufällig* in der Zeit erscheinen, sind Defekte bereits *zur Zeit $t = 0$ vorhanden*. Allerdings können bei komplexen Betrachtungseinheiten Defekte erst im Betrieb entdeckt werden (z. B. Timing- oder Software-Probleme). *Systematische Ausfälle* haben die gleichen Ursachen wie Defekte, sind aber zur Zeit $t = 0$ in der Regel nicht vorhanden.

Einlaufen (Run-in, für reparierbare Betrachtungseinheiten)

> Betrieb einer Betrachtungseinheit unter normalen Beanspruchungen, um Fertigungsfehler zu erkennen und durch Reparatur zu beheben.

Defekte, systematische Ausfälle oder Ausfälle welche während dem Einlaufen auftreten, können deterministisch (Defekte, systematische Ausfälle) oder zufällig (Ausfälle gemäß $\lambda(t)$) sein. In der Regel sollten nach den Vorserien nur noch Ausfälle gemäß $\lambda(t)$, inklusive Frühausfälle, auftreten.

Geforderte Funktion (Required Function)

> Anforderungen an eine Betrachtungseinheit, gegeben in der Regel mit Soll-
> wert und Toleranzen.

Die Festlegung der geforderten Funktion bildet den Ausgangspunkt jeder Zuverlässigkeitsanalyse,
weil damit auch der Ausfall definiert wird. Dabei ist es aus praktischen Gesichtspunkten von Vorteil,
wenn für alle Größen Toleranzbereiche und nicht nur feste Werte vorgeschrieben werden.

Instandhaltbarkeit (Maintainability)

> Wahrscheinlichkeit, daß unter festgelegten materiellen und personellen Bedin-
> gungen der Zeitaufwand für eine Wartung bzw. für eine Instandsetzung kleiner
> als ein vorgegebenes Zeitintervall ist.

Es ist üblich, zwischen Wartbarkeit (Wartung) und Instandsetzbarkeit (Reparatur) zu unterscheiden.
Bei der Festlegung der Instandhaltbarkeit müssen die entsprechenden *personellen* (Anzahl Leute,
Ausbildung) und *materiellen* (Werkzeuge, Ersatzteile) Bedingungen (logistische Unterstützung) an-
gegeben werden. Eine Wartung erfolgt in der Regel planmäßig und off-line, eine Reparatur ist in der
Regel zufällig und oft on-line.

Instandsetzung (Corrective Maintenance)

> Alle Aktivitäten zur Wiederherstellung des Sollzustandes einer ausgefallenen
> Betrachtungseinheit.

Instandsetzung wird auch als *Reparatur* bezeichnet. Die Hauptschritte bei einer Reparatur sind: Ausfall-Lokalisierung, Ausfallbehebung, Abgleich und Funktionsprüfung. Für die Untersuchungen wird
oft angenommen, daß das ausgefallene *Element* (im Zuverlässigkeitsblockdiagramm) nach jeder
Reparatur *neuwertig* ist. Diese Annahme vereinfacht die Analysen, sie gilt für die ganze Betrachtungseinheit (Gerät, System) nur, wenn jedes Element eine *konstante Ausfallrate* aufweist.

Konfigurationsmanagement (Configuration Management)

> Verfahren zur Festlegung, Beschreibung, Prüfung und Genehmigung der Kon-
> figuration einer Betrachtungseinheit sowie zu ihrer Steuerung und Über-
> wachung bei Änderungen oder Modifikationen.

Unter dem Begriff Konfiguration versteht man die Gesamtheit der funktionellen und physikalischen
Eigenschaften einer Betrachtungseinheit, wie sie in der Dokumentation festgelegt und in der Hardware bzw. Software vorhanden ist. Es ist üblich, das Konfigurationsmanagement in *Identifikation*,

Überprüfung (Design Reviews), *Steuerung* und *Überwachung* der Konfiguration einzuteilen. Das Konfigurationsmanagement ist ein wichtiger Bestandteil der Qualitätssicherung.

Kostenwirksamkeit (Cost Effectiveness)

Maß für die Fähigkeit einer Betrachtungseinheit, die geforderte Funktion mit dem bestmöglichen Verhältnis von Nutzen zu Lebenslaufkosten zu erfüllen.

Anstelle von Kostenwirksamkeit wird oft der Begriff *Systemwirksamkeit* verwendet.

Lebensdauer (Life Time)

Zeitintervall zwischen Beanspruchungsbeginn und Ausfallzeitpunkt einer nicht reparierbaren Betrachtungseinheit.

Für reparierbare Betrachtungseinheiten wird der Begriff *Anwendungsdauer* verwendet.

Lebenslaufkosten (Life Cycle Costs)

Summe der Kosten für die Anschaffung, den Betrieb, die Instandhaltung und die Ausscheidung einer Betrachtungseinheit.

Die Optimierung der Lebenslaufkosten erfolgt im Rahmen der Kostenwirksamkeit oder des System-Engineerings und kann durch das Concurrent Engineering stark beeinflußt werden. Verordnungen zum Umweltschutz werden die Lebenslaufkosten vieler Produkte in Zukunft belasten.

Leistungsfähigkeit (Capability, Performance)

Fähigkeit einer Betrachtungseinheit, den vorgegebenen funktionellen Anforderungen zu genügen.

Logistische Unterstützung (Logistics Support)

Vorkehrungen und Aktivitäten, zur wirksamen und wirtschaftlichen Verwendung einer Betrachtungseinheit während der Nutzungsphase.

Die logistische Unterstützung muß bei der Aufstellung des *Instandhaltungskonzeptes* geplant werden.

MTBF (Mean Time Between Failures)

$$MTBF = 1/\lambda.$$

MTBF soll nur im Zusammenhang mit Betrachtungseinheiten mit konstanter Ausfallrate $\lambda(t) = \lambda$ verwendet werden. In diesem Fall gilt $R(t) = e^{-\lambda t}$, und $MTBF = 1/\lambda$ ist der Mittelwert der ausfallfreien Arbeitszeit der Betrachtungseinheit. Die hier angeführte Definition steht im Einklang mit den Methoden zur *statistischen* Schätzung bzw. zum *statistischen* Nachweis einer *MTBF*, insbesondere der Punktschätzung $\hat{MTBF} = 1/\hat{\lambda} = T/k$ mit T als kumulativer Betriebszeit und k als Anzahl Ausfälle während T. Die Interpretation von *MTBF* als Mittelwert der Zeit zwischen aufeinanderfolgenden Ausfällen einer reparierbaren Betrachtungseinheit kann zu Verwirrungen führen (konstante Ausfallrate und Vernachlässigung der Reparaturzeiten werden oft nur implizit angenommen).

MTTF (Mean Time To Failure)

Mittelwert der ausfallfreien Arbeitszeit einer Betrachtungseinheit.

Die *MTTF* wird aus der Zuverlässigkeitsfunktion $R(t)$ als $MTTF = \int_0^\infty R(t)\,dt$ berechnet. Sie gilt sowohl für nichtreparierbare wie auch für reparierbare Betrachtungseinheiten unter der Annahme, daß die Betrachtungseinheit nach der Reparatur neuwertig ist (der Mittelwert der nächsten ausfallfreien Arbeitszeit, ab Ende der Reparatur, ist dann gleich jenem der vorhergehenden Arbeitsperiode). Als Schätzung der *MTTF* kann $\hat{MTTF} = (t_1 + \ldots + t_n)/n$ verwendet werden, wobei $t_1, \ldots, t_n$ unabhängige Realisierungen (Beobachtungen) von ausfallfreien Arbeitszeiten statistisch identischer Betrachtungseinheiten sind.

MTTR (Mean Time To Repair)

Mittelwert der Reparaturzeit einer Betrachtungseinheit.

Mit der Angabe der *MTTR* müssen auch die entsprechenden *personellen* (Anzahl Leute, Ausbildung) und *materiellen* (Werkzeuge, Ersatzteile) Bedingungen (logistische Unterstützung) spezifiziert werden. Als Schätzung der *MTTR* kann $\hat{MTTR} = (t_1 + \ldots + t_n)/n$ verwendet werden, wobei $t_1, \ldots, t_n$ unabhängige Realisierungen (Beobachtungen) von Reparaturzeiten statistisch identischer Betrachtungseinheiten sind. Analytisch wird die *MTTR* aus der Verteilungsfunktion $G(t)$ der Reparaturzeiten als $MTTR = \int_0^\infty (1 - G(t))\,dt$ berechnet.

Produkthaftung (Product Liability)

Rechtliche Verantwortung des Herstellers für Personen-, Sach- oder Vermögensschäden, die durch den Gebrauch defekter oder ausgefallener Betrachtungseinheiten entstehen.

Dabei wird grundsätzlich eine sachgemäße, vom Hersteller vorgeschriebene Anwendung der Betrachtungseinheit vorausgesetzt. Im Schadensfall kommt es grundsätzlich zu einer *verschuldensunabhängigen* Haftung (Kausalhaftung oder Strict Liability). Dies vor allem für die USA aber vermehrt auch für Europa (EG-Richtlinie 85/374). Allerdings muß in Europa der Geschädigte immer noch den *Kausalzusammenhang* zwischen Schaden und Defekt bzw. Ausfall nachweisen, und die Verjährung ist relativ kurz, vgl. Abschnitt 1.2.10.

Qualität (Quality)

> Gesamtheit der Eigenschaften und Merkmale eines Produktes oder einer Tätigkeit, die sich auf deren Eignung zur Erfüllung gegebener Erfordernisse beziehen.

Diese Definition ist allgemeingültig. Sie berücksichtigt alle objektiven und subjektiven Eigenschaften eines Produktes (einer Tätigkeit). Der Nachteil liegt im Verlust der Aussagekraft. Eine frühere, für technische Systeme besser geeignete Definition war: Maß für den Grad, zu welchem eine Betrachtungseinheit den durch den Verwendungszweck gestellten Eigenschaften und Anforderungen (funktionelle, operationelle, physikalische) genügt.

Qualitätsdatensystem (Quality Data Reporting System)

> System zur Erfassung, Analyse und Korrektur aller Defekte und Ausfälle, die während der Herstellung und Prüfung einer Betrachtungseinheit auftreten, sowie zur Verdichtung, Speicherung, Auswertung und Rückkopplung der entsprechenden Qualitäts- und Zuverlässigkeitsdaten.

Das Qualitätsdatenystem kann rechnerunterstützt sein. Die Analyse der Defekte und Ausfälle soll deren Ursachen aufzeichnen, damit geeignete Korrektur- und/oder Präventivmaßnahmen zur Verhinderung einer Wiederholung der gleichen Probleme durchgeführt werden können. Soweit wie möglich soll das Qualitätsdatensystem während der Nutzungsphase wirksam bleiben. Das Qualitätsdatensystem ist ein Teil der Qualitätssicherung.

Qualitätsprüfung (Quality Test)

> Prüfung, inwieweit eine Betrachtungseinheit den gestellten Anforderungen genügt.

Der Begriff Qualitätsprüfung umfaßt sämtliche Prüfungen, wie Eingangsprüfungen, Qualifikationsprüfungen, Zwischenprüfungen und Endprüfungen, inklusive Zuverlässigkeits-, Instandhaltbarkeits- und Sicherheitsprüfungen. Um kostenwirksam zu sein, sollten alle Prüfungen in einem Prüf- bzw. Prüf- und Vorbehandlungskonzept integriert werden. Qualitätsprüfung ist ein Teil der Qualitätssicherung.

Qualitätssicherung (Quality Assurance)

Alle geplanten und systematischen Maßnahmen, die ausgeführt werden, um das geforderte Qualitätsniveau einer Betrachtungseinheit sicherzustellen.

Zur Qualitätssicherung gehören das Konfigurationsmanagement, die Qualitätsprüfung, die Qualitätssteuerung in der Fertigung und das Qualitätsdatensystem. Für komplexe Betrachtungseinheiten werden die Aktivitäten der Qualitätssicherung durch ein Qualitätssicherungsprogramm koordiniert und gesteuert. Hauptziel der Qualitätssicherung ist die Erreichung der geforderten Qualität mit *minimalem* Zeit- und Kostenaufwand. Ein Ziel, das durch die Integrale Qualitätssicherung, auch als *Total Quality Management* (TQM) bezeichnet, noch konsequenter angestrebt wird (stärkerer Einbezug aller Mitarbeiter einer Firma in die Qualitätssicherung). Es ist üblich, im Raumfahrt- und Militärbereich die Qualitätssicherung mit den Engineeringsaktivitäten zur Sicherstellung der Zuverlässigkeit, Instandhaltbarkeit, Sicherheit und Logistik zusammenzulegen und als Produktsicherung zu bezeichnen.

Qualitätssteuerung in der Fertigung (Quality Control during Manufacturing)

Steuerung der Fertigungsprozesse und -abläufe mit dem Ziel, das geforderte Qualitätsniveau einer Betrachtungseinheit sicherzustellen.

Qualitätssteuerung in der Fertigung ist ein Teil der Qualitätssicherung.

Redundanz (Redundancy)

Vorhandensein von mehr funktionsfähigen Mitteln in einer Betrachtungseinheit, als für die Erfüllung der geforderten Funktion notwendig sind.

Für die Hardware wird zwischen *heißer* (aktiver, paralleler), *warmer* (leicht belasteter) und *kalter* (Standby-)Redundanz unterschieden. Redundanz bedeutet nicht unbedingt eine Vervielfachung der Hardware, sie kann z. B. durch Kodierung bei der Software oder sequentiell realisiert werden. Erfüllen die redundanten Elemente (Reserve-Elemente) nur einen Teil der geforderten Funktion, wird oft von einer Pseudoredundanz gesprochen.

Sicherheit (Safety)

Eigenschaft einer Betrachtungseinheit, weder Menschen, Sachen noch Umwelt zu gefährden.

Es ist üblich, die Sicherheit unter den Aspekten der *Unfallverhütung* (Sicherheit, wenn die Betrachtungseinheit korrekt funktioniert und betrieben wird) und der *technischen Sicherheit* (Sicherheit, wenn die Betrachtungseinheit oder ein Teil davon ausgefallen ist) zu untersuchen.

Störung (Fault)

Zustand einer Betrachtungseinheit, in welchem die geforderte Funktion nicht oder nur noch unvollständig erfüllt wird, von der Wartung oder von geplanten Betriebsunterbrechungen abgesehen.

Eine Störung kann ein *Defekt*, ein *systematischer Ausfall* oder ein *Ausfall* sein.

System

Zusammenfassung technischer und organisatorischer Mittel zur autonomen Erfüllung eines Aufgabenkomplexes.

Ein System besteht im allgemeinen aus *Hardware, Software, Menschen* (Bedienungs- sowie Instandhaltungspersonal) und *logistischer Unterstützung*. Zur Vereinfachung werden oft ideale Bedingungen für die menschlichen Aspekte und die logistische Unterstützung angenommen (technische Systeme).

Systems Engineering

Anwendung der Natur- und Ingenieur-Ressourcen zur Transformation eines operationellen Bedürfnisses in ein System, unter Berücksichtigung der Lebenslaufkosten sowie aller funktionellen und operationellen Eigenschaften.

Systematischer Ausfall (Systematic Failure)

Ausfall, deren Ursache ein Mangel (Fehler) in der Entwicklung, Fertigung oder Nutzung der Betrachtungseinheit ist.

Systematische Ausfälle werden oft als *dynamische Defekte* in der Software-Qualitätssicherung bezeichnet und haben einen *deterministischen* Charakter (treten bei allen Betrachtungseinheiten eines bestimmten Loses auf). Bei komplexen Betrachtungseinheiten können sie allerdings (scheinbar) zufällig in der Zeit erscheinen.

Unterlastung (Derating)

Nichtausnützung der maximalen Belastbarkeit einer Betrachtungseinheit, um die Ausfallrate zu verringern.

Der Belastungsfaktor gibt das Verhältnis der tatsächlichen Belastung zur maximalen Belastbarkeit bei normalen Arbeitsbedingungen an (etwa bei 25°C Umgebungstemperatur).

Value-Engineering

Anwendung der Methoden der Wertanalyse in der Entwicklungsphase zur präventiven Kostenbeeinflussung.

Verfügbarkeit/Punkt-Verfügbarkeit (Availability/Point Availability)

Wahrscheinlichkeit, daß eine Betrachtungseinheit zu einem gegebenen Zeitpunkt die geforderte Funktion unter vorgegebenen Arbeitsbedingungen ausführt.

Es ist üblich, die Punkt-Verfügbarkeit als $PA(t)$ zu bezeichnen. Für die Untersuchungen wird in der Regel ein *Dauerbetrieb* angenommen (ständiges Wechseln zwischen Arbeits- und Reparaturzustand) und vorausgesetzt, daß die Betrachtungseinheit nach jeder Reparatur *neuwertig* ist. Falls die menschlichen Faktoren und die logistische Unterstützung als ideal angenommen werden, erhält man für den stationären Wert der Punkt-Verfügbarkeit den Ausdruck $PA(t) = PA = MTTF / (MTTF + MTTR)$. Je nach Anwendung können andere Verfügbarkeitsarten definiert werden (durchschnittliche Verfügbarkeit, Missions-Verfügbarkeit, Arbeitsmissions-Verfügbarkeit usw.). Anstelle von Punkt-Verfügbarkeit wird oft momentane Verfügbarkeit oder auch nur Verfügbarkeit ($A(t)$) verwendet.

Verläßlichkeit (Dependability)

Sammelbegriff zur qualitativen Beschreibung der Verfügbarkeitsmerkmale einer Betrachtungseinheit, inklusive der dazugehörenden Größen wie Zuverlässigkeit, Instandhaltbarkeit und logistische Unterstützung.

Der Begriff Verläßlichkeit soll für *qualitative* Betrachtungen reserviert werden und sich auf die qualitativen Definitionen der involvierten Größen beziehen.

Vorbehandlung (Screening, Environmental Stress Screening, ESS)

Folge von Beanspruchungen, denen ein Los statistisch identischer Betrachtungseinheiten unterworfen wird, um Frühausfälle zu provozieren.

Die Wirksamkeit eines bestimmten Vorbehandlungsschrittes ist unterschiedlich je nach Integrationsebene (für ICs ist z. B. das Burn-in wirksam, für Baugruppen thermische Zyklen und Vibrationen). Eine Vorbehandlung wird oft 100%ig durchgeführt bei der Nullserie, um Defekte und sytematische Ausfälle zu finden (Zuverlässigkeitswachstum) und bei der Serienfertigung, um Frühausfälle zu provozieren. Die Beanspruchungen liegen in der Regel höher, als sie in der Nutzungsphase zu erwarten sind, sie sollen aber keinen Ausfallmechanismus auslösen, der im normalen Betrieb nicht auftreten würde. Die Erfahrung zeigt, daß eine bezüglich Wirksamkeit und Kosten optimale Vorbehandlungssequenz *fallweise* zu bestimmen ist und in der Serienfertigung *flexibel* (anpassungsfähig) gehandhabt werden muß. Für die Vorbehandlung auf Baugruppenebene wird oft der Begriff Environmental Stress Screening (ESS) verwendet.

Wartung (Preventive Maintenance)

Alle Aktivitäten zur Erhaltung des Sollzustandes einer funktionstüchtigen Betrachtungseinheit.

Ziel der Wartung ist die Kontrolle des Funktionszustandes, die Entdeckung und Beseitigung von verborgenen Ausfällen und die Vermeidung von *Drift- bzw. Verschleißausfällen*. In den Untersuchungen wird oft angenommen, daß nach jeder Wartung die Betrachtungseinheit *neuwertig* ist. Diese Annahme vereinfacht die Analysen. Sie trifft insbesondere dann zu, wenn für alle Elemente der Betrachtungseinheit eine konstante Ausfallrate angenommen werden kann.

Wertanalyse (Value Analysis)

Optimierung der Konfiguration einer Betrachtungseinheit sowie der Herstellungsprozesse und -abläufe, damit die notwendigen Funktionen zu möglichst niedrigen Gesamtkosten erfüllt werden können, ohne die Leistungsfähigkeit, die Zuverlässigkeit, die Instandhaltbarkeit, die Sicherheit oder das Qualitätsniveau zu beeinträchtigen.

Zuverlässigkeit (Reliability)

Wahrscheinlichkeit, daß eine Betrachtungseinheit die geforderte Funktion unter vorgegebenen Arbeitsbedingungen während einer festgelegten Zeitdauer ausfallfrei ausführt.

Es ist üblich, die Zuverlässigkeit mit R zu bezeichnen. Die Zuverlässigkeit gibt die Wahrscheinlichkeit an, daß in der festgelegten Zeitspanne (T) keine Betriebsunterbrechungen auftreten werden. Dies bedeutet nicht, daß redundante Teile nicht ausfallen dürfen, solche Teile können ausfallen und (ohne Betriebsunterbrechung auf Ebene Betrachtungseinheit) instandgesetzt werden. Der Begriff Zuverlässigkeit kann für nichtreparierbare wie auch für reparierbare Betrachtungseinheiten verwendet werden. Wird T als Variable t betrachtet, so ergibt sich die Zuverlässigkeitsfunktion $R(t)$.

Zuverlässigkeitsblockdiagramm (Reliability Block Diagram)

Zusammenschaltung sämtlicher Elemente einer Betrachtungseinheit, die an der Erfüllung der geforderten Funktion beteiligt sind, in Form eines Flußdiagramms; darin erscheinen die für die Funktionserfüllung notwendigen Elemente in Serie und die Redundanten parallel.

Das Zuverlässigkeitsblockdiagramm ist ein Ereignisdiagramm. Es gibt Antwort auf die Frage: Welche Elemente müssen für die Erfüllung der geforderten Funktion funktionieren, und welche Elemente können ausfallen? Da es sich um ein Ereignisdiagramm handelt, dürfen für jedes Element nur eine Ausfallart (dominierende, z. B. Kurzschluß oder Unterbrechung) und nur zwei Zustände (gut/ausgefallen) angenommen werden.

Zuverlässigkeitsfunktion (Reliability Function)

Zuverlässigkeit ausgedrückt als Funktion der Zeit.

Die Zuverlässigkeitsfunktion wird mit $R(t)$ bezeichnet. $R(t)$ gibt die Wahrscheinlichkeit an, daß kein Ausfall im Intervall $(0, t]$ auftreten wird. In der Regel wird $R(0) = 1$ angenommen; in diesem Fall ist der Mittelwert der ausfallfreien Arbeitszeit gegeben durch $MTTF = \int_0^\infty R(t)\,dt$.

Zuverlässigkeitswachstum (Reliability Growth)

Erhöhung der Zuverlässigkeit einer Betrachtungseinheit durch erfolgreiche Behebung von Entwicklungs- oder Fertigungsmängeln.

Die im Laufe des Zuverlässigkeitswachstums erkannten Mängel sind meistens systematischer Natur (Defekte oder systematische Ausfälle), d. h. bei allen Betrachtungseinheiten eines bestimmten Loses vorhanden. Zuverlässigkeitswachstum wird deshalb in der Regel von der Qualifikation der Prototypen bis zur Nullserie durchgeführt. Im Gegensatz zum Einlaufen erfolgt das Zuverlässigkeitswachstum oft unter verschärften Umweltbedingungen, wie bei der Vorbehandlung. Modelle für das Zuverlässigkeitswachstum von Hardware werden oft auch zur Beschreibung des Auftretens von Defekten bei der Software eingesetzt (der Begriff Software Reliability sollte vermieden werden, weil bei der Software nur Defekte oder systematische Ausfälle auftreten können).

A2 Abriß der Wahrscheinlichkeitsrechnung und der mathematischen Statistik

Die Wahrscheinlichkeitsrechnung und die mathematische Statistik liefern die Werkzeuge zur Untersuchung vieler Probleme, bei welchen die auftretenden Größen (Ereignisse, Beobachtungen) einen *Zufallscharakter* tragen. Beide sind mathematische Disziplinen, weisen aber eine komplementäre Vorgehensweise auf.

Bei der Wahrscheinlichkeitsrechnung wird das *Modell als bekannt* vorausgesetzt, gesucht ist eine Aussage über die zu erwartenden Beobachtungen. Als typisches Beispiel gilt ein homogenes Los mit K fehlerhaften und $N - K$ guten Bauteilen, aus welchen eine Stichprobe vom Umfang $n < N$ entnommen wird und die Frage nach der Anzahl defekter Bauteile in der Stichprobe zu untersuchen ist. Bei der Statistik geht man von Beobachtungen aus (z. B. k defekte Bauteile in einer Stichprobe vom Umfang n) und *sucht nach einem Modell* (im Sinne der Wahrscheinlichkeitsrechnung) zur Beschreibung der aufgetretenen Beobachtungen, z. B. eine Schätzung der Defektequote für die *restlichen* Bauteile im Los.

In diesem Anhang werden die Grundlagen der Wahrscheinlichkeitsrechnung, der stochastischen Prozesse und der mathematischen Statistik im Hinblick auf die Kapitel 3 und 6 zusammengestellt. Auf mathematische Beweise und theoretische Abhandlungen wird verzichtet. Für diese wird auf die Fachliteratur [A2.1–A2.26] verwiesen.

A2.1 Auszug aus der Wahrscheinlichkeitsrechnung

Der *Begriff der Wahrscheinlichkeit* kann für viele Ingenieurbetrachtungen auf den Begriff der *relativen Häufigkeit* zurückgeführt werden. Wenn in einer unbeschränkten Folge von statistisch identischen Versuchen ein bestimmtes Ereignis A (z. B. Bauteil defekt) genau k mal aufgetreten ist, und $n - k$ mal nicht, so ist intuitiv und naheliegend die relative Häufigkeit k/n als Schätzwert für die *Wahrscheinlichkeit p* des betrachteten Ereignisses zu nehmen. Bild A2.1 zeigt einen möglichen Verlauf der relativen Häufigkeit k/n beim Werfen einer homogenen Münze.

Die Erfahrung zeigt, daß die relative Häufigkeit k/n bei der Wiederholung von n statistisch identischen Versuchen anders ausfallen wird. Sie zeigt aber auch, daß mit größer werdendem n, der Wert k/n immer weniger von einer festen Zahl abweicht (vgl. Bild A2.1). Es scheint daher sinnvoll, den Grenzwert der relativen Häufigkeit als die Wahrscheinlichkeit des betrachteten Ereignisses zu bezeichnen. Obwohl intuitiv und naheliegend, führt diese Definition bei stetigen Ereignisräumen (Ereignisräume mit überabzählbar vielen Elementen) zu Schwierigkeiten. Diese Feststellung hat A. N. Kolmogoroff veranlaßt, den Begriff der Wahrscheinlichkeit und damit auch die Wahrscheinlichkeitsrechnung *axiomatisch* aufzubauen [A2.15], vgl. Abschnitt A2.1.2.

A2.1.1 Ereignisalgebra, Ereignisfeld

Das auf Kolmogoroff [A2.15] zurückgehende mathematische Modell eines Versuchs mit zufälligem Ergebnis ist ein Tripel [Ω, $\mathcal{F}$, Pr], das als *Wahrscheinlichkeitsraum* bezeichnet wird. Dabei sind $\mathcal{F}$ das *Ereignisfeld* und Pr die *Wahrscheinlichkeit* jedes Elements von $\mathcal{F}$. Ω ist die Menge, welche alle möglichen Versuchsergebnisse als Elemente enthält, sie stellt das *sichere Ereignis* dar. So ist $\Omega = \{1, 2, 3, 4, 5, 6\}$, wenn der Versuch im einmaligen Wurf eines Würfels besteht, und $\Omega = [0, \infty)$, wenn es sich um die Beobachtung der ausfallfreien Arbeitszeit einer Betrachtungseinheit handelt. Die Elemente von Ω werden *Elementarereignisse* genannt und mit ω bezeichnet. Identifiziert man die logische Aussage »das Versuchsergebnis liegt in einer Teilmenge A von Ω« mit der Teilmenge A selbst, so gehen Verknüpfungen von Aussagen in *Operationen mit Teilmengen* von Ω über. Enthält Ω endlich oder abzählbar unendlich viele Elemente, so dürfen allen Teilmengen von Ω eine Wahrscheinlichkeit zugeordnet werden; das Ereignisfeld $\mathcal{F}$ enthält in diesem Falle alle Teilmengen von Ω. Anders ist es wenn Ω stetig ist, hier sind Restriktionen notwendig. Das *Ereignisfeld* $\mathcal{F}$ ist ein System von Teilmengen von Ω, für jede von welcher

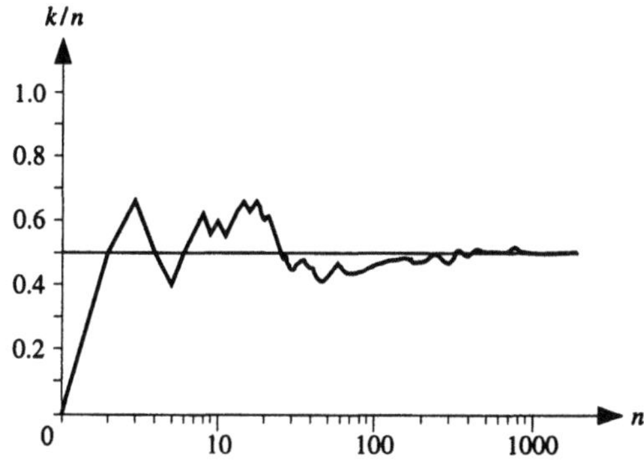

Bild A2.1 Relative Häufigkeit von "Kopf" beim Werfen einer symmetrischen Münze

eine Wahrscheinlichkeit definiert werden kann. Ein solches Feld nennt man ein *Borelsches Ereignisfeld*; es besitzt folgende Eigenschaften:

1. Ω ist Element von $\mathcal{F}$
2. Mit A liegt auch das Komplement $\overline{A}$ in $\mathcal{F}$
3. Wenn $A_1, A_2, \ldots$ Elemente von $\mathcal{F}$ sind, so enthält $\mathcal{F}$ auch deren Vereinigung $A_1 \cup A_2 \cup \ldots$.

Aus der ersten und zweiten Eigenschaft folgt, daß die *leere Menge* $\emptyset = \overline{\Omega}$ Element von $\mathcal{F}$ ist. Aus der zweiten und dritten Eigenschaft folgt, daß mit $A_1, A_2, \ldots$ auch deren *Durchschnitt* $A_1 \cap A_2 \cap \ldots$ zu $\mathcal{F}$ gehört (Gesetz von De Morgan). In der Wahrscheinlichkeitsrechnung ist es üblich, die Teilmengen von $\mathcal{F}$ als (zufällige) *Ereignisse* zu bezeichnen. Die wichtigsten Operationen mit Ereignissen sind:

- *Vereinigung*: Ein aus den Ereignissen $A_1, \ldots, A_n$ zusammengesetztes Ereignis, das eintritt, wenn mindestens eines der Ereignisse A_i eintritt; es wird mit $A_1 \cup \ldots \cup A_n$ bezeichnet (das Symbol $\cup$ steht für ODER)
- *Durchschnitt*: Ein aus den Ereignissen $A_1, \ldots, A_n$ zusammengesetztes Ereignis das eintritt, wenn sowohl A_1 als auch ... als auch A_n eintritt; es wird mit $A_1 \cap \ldots \cap A_n$ bezeichnet (das Symbol $\cap$ steht für UND)
- *Komplementäre Ereignisse*: $\overline{A}$ ist komplementär zu A, falls $A \cup \overline{A} = \Omega$ und $A \cap \overline{A} = \emptyset$ gilt.

Übertragbar auf die *Ereignisalgebra* sind aber auch alle andere *Mengenoperationen*, insbesondere das

- Kommutative Gesetz: $\quad A \cup B = B \cup A; \ A \cap B = B \cap A$
- Assoziative Gesetz: $\quad A \cup (B \cup C) = (A \cup B) \cup C; \ A \cap (B \cap C) = (A \cap B) \cap C$
- Distributive Gesetz: $\quad A \cup (B \cap C) = (A \cup B) \cap (A \cup C); \ A \cap (B \cup C) = (A \cap B) \cup (A \cap C)$
- Idempotenz-Gesetz: $\quad A \cup A = A; \ A \cap A = A$
- De Morgan-Gesetz: $\quad \overline{A \cup B} = \overline{A} \cap \overline{B}; \ \overline{A \cap B} = \overline{A} \cup \overline{B}$
- Identitäts-Gesetz: $\quad \overline{\overline{A}} = A; \ A \cup (\overline{A} \cap B) = A \cup B.$

A2.1.2 Axiome der Wahrscheinlichkeitsrechnung

Seit Kolmogoroff [A2.15] betrachtet man die *Wahrscheinlichkeit* $\mathrm{Pr}\{A\}$ als eine Funktion auf dem Ereignisfeld $\mathcal{F}$ von Teilmengen von Ω, die folgenden *Axiomen* genügt:

- Axiom 1: für jedes $A \in F$ ist $\mathrm{Pr}\{A\} \geq 0$
- Axiom 2: $\mathrm{Pr}\{\Omega\} = 1$
- Axiom 3: sind die Ereignisse $A_1, A_2, \ldots$ paarweise unvereinbar,

$$\text{so ist } \mathrm{Pr}\{\bigcup_{i=1}^{\infty} A_i\} = \sum_{i=1}^{\infty} \mathrm{Pr}\{A_i\}.$$

Unmittelbare Folgerungen aus den Axiomen 1 bis 3 sind

$$\Pr\{\emptyset\} = 0$$
$$\Pr\{A\} \le \Pr\{B\}, \quad \text{falls} \quad A \subseteq B,$$
$$\Pr\{\overline{A}\} = 1 - \Pr\{A\}$$
$$0 \le \Pr\{A\} \le 1 \,. \tag{A2.1}$$

Bei der *konkreten* Bestimmung der Wahrscheinlichkeit $\Pr\{A\}$ eines bestimmten Ereignisses A kann man sich, neben dem in Abschnitt A2.1 eingeführten Grenzwert der relativen Häufigkeit (*statistische Wahrscheinlichkeit*, $\Pr\{A\} = \lim_{n\to\infty} k/n$, vgl. Abschnitt A2.1.8) oft auf einen der folgenden Ansätze stützen:

1. *Klassische Wahrscheinlichkeit* (diskrete Gleichverteilung): Es sei Ω eine endliche Menge und A eine beliebige Teilmenge von Ω, dann

$$\Pr\{A\} = \frac{\text{Anzahl Elemente in } A}{\text{Anzahl Elemente in } \Omega} = \frac{\text{Anzahl günstige Fälle}}{\text{Anzahl mögliche Fälle}} \,. \tag{A2.2}$$

2. *Geometrische Wahrscheinlichkeit* (räumliche Gleichverteilung): Es sei Ω eine zusammenhängende Menge in der Ebene und A eine Teilmenge von Ω, dann

$$\Pr\{A\} = \frac{\text{Fläche von } A}{\text{Fläche von } \Omega} \,. \tag{A2.3}$$

Beispiel A2.1
Eine Lieferung enthält 97 gute und 3 defekte ICs. Es wird ein IC herausgezogen. Gesucht ist die Wahrscheinlichkeit, daß dieses defekt ist.

Lösung
Aus Gl. (A2.2) folgt: $\Pr\{\text{IC defekt}\} = \dfrac{3}{100}$.

A2.1.3 Bedingte Wahrscheinlichkeit, Unabhängigkeit

Der Begriff der bedingten Wahrscheinlichkeit ist für die praktische Anwendung der Wahrscheinlichkeitsrechnung von großer Bedeutung. Man kann sich leicht vorstellen, daß die Information »bei einem Versuch ist das Ereignis A eingetreten« zu einer Umbewertung der Wahrscheinlichkeiten anderer Ereignisse führen kann. Diese neuen Wahrscheinlichkeiten nennt man *bedingte Wahrscheinlichkeiten* und bezeichnet sie mit $\Pr\{B \mid A\}$. Ist z. B. A ein Element von B, so sollte vernünftigerweise $\Pr\{B \mid A\} = 1$, und somit von der ursprünglichen unbedingten Wahrscheinlichkeit $\Pr\{B\}$ in der Regel verschieden sein. Bei der Einführung des Begriffs der bedingten Wahrscheinlichkeit $\Pr\{B \mid A\}$, von B unter der Bedingung »A ist eingetreten«, kann man sich wieder von Eigenschaften über relativen Häufigkeiten leiten lassen. Dies führt zu folgender *Definition der bedingten Wahrscheinlichkeit* [A2.3 (1994)]

$$\Pr\{B\mid A\} = \frac{\Pr\{A \cap B\}}{\Pr\{A\}}, \tag{A2.4}$$

und damit zu

$$\Pr\{A \cap B\} = \Pr\{A\}\,\Pr\{B\mid A\} = \Pr\{B\}\,\Pr\{A\mid B\}. \tag{A2.5}$$

Unter Beachtung der Gl. (A2.5) folgt damit, daß zwei Ereignisse A und B dann und nur dann *unabhängig* sind, wenn

$$\Pr\{A \cap B\} = \Pr\{A\}\,\Pr\{B\} \tag{A2.6}$$

gilt. Die Ereignisse $A_1, \ldots, A_n$ heißen (vollständig oder stochastisch) *unabhängig*, wenn für jedes k $(1 < k \le n)$ und jede Auswahl, $i_1, \ldots, i_k \in \{1, \ldots, n\}$ gilt

$$\Pr\{A_{i_1} \cap \ldots \cap A_{i_k}\} = \Pr\{A_{i_1}\} \ldots \Pr\{A_{i_k}\}. \tag{A2.7}$$

A2.1.4   Grundregeln der Wahrscheinlichkeitsrechnung

Die Berechnung der Wahrscheinlichkeit zusammengesetzter Ereignisse stützt sich auf die in diesem Abschnitt zusammengestellten Grundregeln.

A2.1.4.1 Additionssatz für zwei unvereinbare Ereignisse

Die Ereignisse A und B sind *unvereinbar*, wenn das Eintreten des einen Ereignisses das Eintreten des anderen *ausschließt*. Wenn z. B. ein Halbleiterbauelement betrachtet wird, das entweder wegen Kurzschluß oder Unterbrechung ausfallen kann, so sind die Ereignisse {der Ausfall tritt wegen eines Kurzschlusses auf} und {der Ausfall tritt wegen einer Unterbrechung auf} unvereinbar. Für unvereinbare Ereignisse gilt (wird postuliert)

$$\Pr\{A \cup B\} = \Pr\{A\} + \Pr\{B\}. \tag{A2.8}$$

Beispiel A2.2
Eine Lieferung enthält 95 gute Dioden, 3 Dioden mit Kurzschluß und 2 Dioden mit Unterbrechung. Es wird eine Diode herausgezogen. Gesucht ist die Wahrscheinlichkeit, daß diese defekt ist.

Lösung
Aus den Gln. (A2.8) und (A2.2) folgt: $\Pr\{\text{Diode defekt}\} = \dfrac{3}{100} + \dfrac{2}{100} = \dfrac{5}{100}$.

Falls die Ereignisse $A_1, A_2, \ldots$ *paarweise unvereinbar* sind, so sind sie auch vollständig unvereinbar und man hat (wird postuliert)

$$\Pr\{A_1 \cup A_2 \cup \ldots\} = \sum_i \Pr\{A_i\}. \tag{A2.9}$$

A2.1.4.2 Multiplikationssatz für zwei unabhängige Ereignisse

Zwei Ereignisse sind *unabhängig*, wenn die Information über das Eintreten (oder Nichteintreten) des einen Ereignisses keinen Einfluß auf die *Wahrscheinlichkeit* für das Eintreten des anderen Ereignisses hat. Für unabhängige Ereignisse gilt Gl. (A2.6)

$$\Pr\{A \cap B\} = \Pr\{A\}\,\Pr\{B\}.$$

Beispiel A2.3
Ein System besteht aus den zwei Elementen E_1 und E_2, die für die Erfüllung der geforderten Funktion notwendig sind. Ein Ausfall von einem Element hat keinen Einfluß auf das andere. $R_1 = 0.8$ sei die Zuverlässigkeit von E_1 und $R_2 = 0.9$ jene von E_2. Gesucht ist die Zuverlässigkeit R_S des Systems.

Lösung
Laut Definition gilt $R_1 = \Pr\{\,E_1$ erfüllt die geforderte Funktion$\}$ und $R_2 = \Pr\{\,E_2$ erfüllt die geforderte Funktion$\}$. Für das System hat man $R_S = \Pr\{\,E_1$ erfüllt die geforderte Funktion $\cap E_2$ erfüllt die geforderte Funktion$\}$, woraus mit Gl. (A2.6) folgt $R_S = R_1 R_2 = 0.72$.

A2.1.4.3 Multiplikationssatz für beliebige Ereignisse

Für beliebige Ereignisse A und B, mit $\Pr\{A\} > 0$ und $\Pr\{B\} > 0$, gilt Gl. (A2.5)

$$\Pr\{A \cap B\} = \Pr\{A\}\,\Pr\{B \mid A\}.$$

Beispiel A2.4
In einer Sendung mit 95 guten und 5 defekten ICs werden 2 ICs herausgezogen. Gesucht ist die Wahrscheinlichkeit a) kein defektes IC und b) genau ein defektes IC zu bekommen.

Lösung
a) Aus den Gln. (A2.5) und (A2.2) folgt

$$\Pr\{\text{erstes IC gut} \cap \text{zweites IC gut}\} = \frac{95}{100} \cdot \frac{94}{99} = 0.902.$$

b) Man hat $\Pr\{$genau ein IC defekt$\} = \Pr\{$(erstes IC gut $\cap$ zweites IC defekt) $\cup$ (erstes IC defekt $\cap$ zweites IC gut)$\}$; aus den Gln. (A2.8), (A2.5) und (A2.2) folgt

$$\Pr\{\text{ein IC defekt}\} = \frac{95}{100} \cdot \frac{5}{99} + \frac{5}{100} \cdot \frac{95}{99} = 0.096.$$

Die Verallgemeinerung von Gl. (A2.5) führt zum *Multiplikationssatz*

$$\Pr\{A_1 \cap \dots \cap A_n\} = \Pr\{A_1\}\Pr\{A_2 \mid A_1\}\Pr\{A_3 \mid (A_1 \cap A_2)\}$$
$$\dots \Pr\{A_n \mid (A_1 \cap \dots \cap A_{n-1})\}. \tag{A2.10}$$

Dabei wird $\Pr\{A_1 \cap \dots \cap A_{n-1}\} > 0$ vorausgesetzt.

Ein wichtiger Spezialfall tritt auf, wenn die Ereignisse $A_1, \dots, A_n$ (vollständig) *unabhängig* sind, dann gilt

$$\Pr\{A_1 \cap \dots \cap A_n\} = \Pr\{A_1\} \dots \Pr\{A_n\} = \prod_{i=1}^{n} \Pr\{A_i\}. \tag{A2.11}$$

A2.1.4.4 Additionssatz für beliebige Ereignisse

Die Wahrscheinlichkeit für das Eintreten von *mindestens einem* der (beliebig ver-knüpften) Ereignisse A und B ist gegeben durch

$$\Pr\{A \cup B\} = \Pr\{A\} + \Pr\{B\} - \Pr\{A \cap B\}. \tag{A2.12}$$

Beispiel A2.5
Zur Erhöhung der Zuverlässigkeit einer Anlage werden 2 Maschinen in Redundanz verwendet. Die Zuverlässigkeit jeder Maschine ist 0.9; die Maschinen werden voneinander unabhängig ar-beiten und ausfallen. Gesucht ist die Zuverlässigkeit der Anlage.

Lösung
Aus den Gln. (A2.12) und (A2.6) folgt Pr{die erste Maschine erfüllt die geforderte Funktion $\cup$ die zweite Maschine erfüllt die geforderte Funktion} $= 0.9 + 0.9 - 0.9 \cdot 0.9 = 0.99$.

A2.1.4.5 Satz der totalen Wahrscheinlichkeit

Es seien $A_1, A_2, \dots$ *paarweise unvereinbare* Ereignisse ($A_i \cap A_j = \varnothing$ für alle $i \neq j$) und es gelte $\Omega = A_1 \cup A_2 \cup \dots$, sowie $\Pr\{A_i\} > 0$, $i = 1, 2, \dots$. Für ein beliebiges Ereignis B gilt der Satz der *totalen Wahrscheinlichkeit*

$$\Pr\{B\} = \sum_i \Pr\{B \cap A_i\} = \sum_i \Pr\{A_i\}\Pr\{B \mid A_i\}. \tag{A2.13}$$

Aus dem Satz der totalen Wahrscheinlichkeit läßt sich die *Formel von Bayes* für die *a-posteriori-Wahrscheinlichkeit* $\Pr\{A_k \mid B\}$ einfach herleiten (Beispiel A2.6).

Beispiel A2.6

Es werden ICs von 3 Lieferanten A_1, A_2 und A_3 in den Mengen 1000, 600 und 400 gekauft. Die Wahrscheinlichkeit, ein defektes IC zu bekommen, sei 0.006 für A_1, 0.02 für A_2 und 0.03 für A_3. Die ICs werden im Lager zusammengelegt. Gesucht ist die Wahrscheinlichkeit, daß ein aus dem Lager herausgegriffenes IC defekt ist.

Lösung

Aus den Gln. (A2.13) und (A2.2) folgt

$$\Pr\{\text{IC aus } A_1 \mid \text{IC defekt}\} = \frac{\frac{1000}{2000}\, 0.006}{0.015} = 0.2 .$$

A2.1.5 Zufallsgrößen, Verteilungsfunktionen

In den Anwendungen treten oft Größen auf, die einen Zufallscharakter aufweisen; d. h. Größen, welche bei der *Wiederholung des gleichen Versuches* verschiedene Werte (aus der Menge der möglichen Werte) mit bestimmten Wahrscheinlichkeiten annehmen. Beispiele dafür sind die ausfallfreie Arbeitszeit einer Betrachtungseinheit, die Dauer einer Reparatur, die Anzahl defekter Bauteile in einem Los usw. Solche Größen werden *Zufallsgrößen* genannt und oft mit griechischen Buchstaben τ, ξ, ζ usw. bezeichnet. Eine Zufallsgröße ξ wird in der Regel durch ihre *Verteilungsfunktion*

$$F(x) = \Pr\{\xi \le x\} \tag{A2.14}$$

charakterisiert. Der Wert $F(x)$ gibt die Wahrscheinlichkeit an, mit der die Zufallsgröße ξ einen Wert kleiner oder gleich x annimmt. $F(x)$ ist eine rechtsseitig stetige, nicht fallende Funktion mit $F(-\infty) = 0$ und $F(+\infty) = 1$. Die Wahrscheinlichkeit, daß τ einen Wert im Intervall $(a, b]$ annimmt, ist gegeben durch

$$\Pr\{a < \tau \le b\} = F(b) - F(a) . \tag{A2.15}$$

In vielen Anwendungen ist $F(x)$ differenzierbar. Ihre Ableitung

$$f(x) = \frac{d\,F(x)}{dx} \tag{A2.16}$$

wird *Verteilungsdichte* oder kurz *Dichte* von ξ genannt. Für $f(x)$ gilt

$$F(x) = \int_{-\infty}^{x} f(y)\,dy \qquad \text{und} \qquad \int_{-\infty}^{\infty} f(x)\,dx = 1 . \tag{A2.17}$$

In der Zuverlässigkeitstheorie bezeichnet man die ausfallfreie Arbeitszeit einer Betrachtungseinheit oft mit τ. τ ist eine *positive Zufallsgröße* und es gilt somit $F(0) = 0$. Die *Zuverlässigkeitsfunktion* $R(t)$ gibt die Wahrscheinlichkeit an, daß die Betrachtungseinheit im Intervall $(0, t]$ ausfallfrei arbeitet, d. h. man hat

$$R(t) = \Pr\{\tau > t\}. \tag{A2.18}$$

Wenn $F(t)$ die Verteilungsfunktion von t ist, dann gilt (aus $\Pr\{\overline{A}\} = 1 - \Pr\{A\}$)

$$R(t) = 1 - F(t). \tag{A2.19}$$

Tabelle A2.1 gibt die in der Zuverlässigkeitstheorie oft auftretenden Verteilungsfunktionen an.

Eine wichtige Größe im Zusammenhang mit Zuverlässigkeitsanalysen ist die *Ausfallrate*. Die Ausfallrate $\lambda(t)$, eingeführt im Abschnitt 1.2.3, kann, bezogen auf die *ausfallfreie Arbeitszeit* τ, folgendermaßen definiert werden:

$$\lambda(t) = \lim_{\delta t \downarrow 0} \frac{1}{\delta t} \Pr\{t < \tau \le t + \delta t \mid \tau > t\}. \tag{A2.20}$$

Damit ist folgendes gemeint: die Betrachtungseinheit sei zur Zeit $t = 0$ in Betrieb genommen worden und sei zur Zeit t noch nicht ausgefallen; für $\delta t \to 0$ ist $\lambda(t)\delta t$ die Wahrscheinlichkeit, daß die Betrachtungseinheit im nächsten Intervall δt ausfallen wird, vgl. Bild A2.2. Aus Gln. (A2.4) und (A2.20) folgt

$$\lambda(t) = \lim_{\delta t \downarrow 0} \frac{1}{\delta t} \frac{\Pr\{t < \tau \le t + \delta t \mid \tau > t\}}{\Pr\{\tau > t\}} = \frac{f(t)}{1 - F(t)} = -\frac{d\,R(t)/dt}{R(t)}. \tag{A2.21}$$

Im folgenden sollen die wichtigsten Verteilungsfunktionen aus Tabelle A2.1 besprochen werden.

A2.1.5.1 Exponentialverteilung

Eine stetige, positive Zufallsgröße τ besitzt eine *Exponentialverteilung*, falls für sie gilt

$$F(t) = 1 - e^{-\lambda t}, \qquad t \ge 0, \quad \lambda > 0. \tag{A2.22}$$

Die *Dichte* ist gegeben durch

$$f(t) = \lambda e^{-\lambda t}, \qquad t \ge 0, \quad \lambda > 0, \tag{A2.23}$$

und die *Ausfallrate* ergibt sich aus Gl. (A2.21) zu

$$\lambda(t) = \lambda. \tag{A2.24}$$

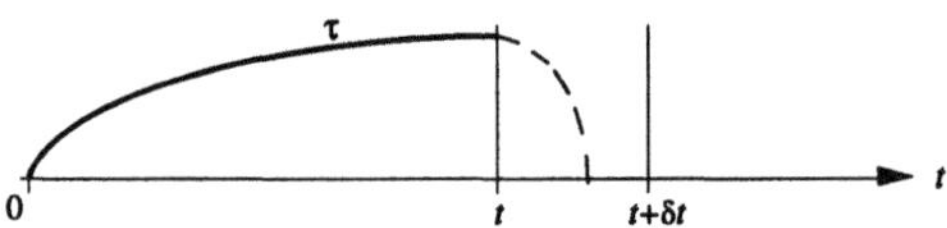

Bild A2.2   Zur Definition der Ausfallrate

Die Ausfallrate ist im Falle der Exponentialverteilung *konstant* (zeitunabhängig). Diese wichtige Eigenschaft *charakterisiert* die Exponentialverteilung (tritt bei keiner anderen stetigen Verteilung auf). Sie erleichtert die Berechnungen wesentlich, denn im Falle einer konstanten Ausfallrate gilt das Prinzip der *Gedächtnislosigkeit*: Ist bekannt, daß die Betrachtungseinheit im jetzigen Augenblick funktioniert, so wird ihr weiteres Zeitverhalten *nicht davon abhängen, wie lange sie schon gearbeitet hat*, insbesondere ist die Wahrscheinlichkeit, daß sie im nächsten Intervall δt ausfällt, *konstant* und gleich $\lambda \delta t$. Dies bedeutet formal, ähnlich wie für die Gln. (A2.20) und (A2.21)

$$\Pr\{\tau > t + x_0 \mid \tau > x_0\} = e^{-\lambda t}. \tag{A2.25}$$

Beispiel A2.7
Die ausfallfreie Arbeitszeit τ einer Baugruppe sei exponentiell verteilt mit $\lambda = 10^{-5}\,\mathrm{h}^{-1}$. Mit welcher Wahrscheinlichkeit liegt τ a) über 2000 h, b) über 20 000 h, c) über 100 000 h, d) zwischen 20 000 h und 100 000 h?

Lösung
Aus Gln. (A2.22), (A2.18) und (A2.15) folgt
a) $\Pr\{\tau > 2000\,\mathrm{h}\} = e^{-0.02} \approx 0.98$
b) $\Pr\{\tau > 20\,000\,\mathrm{h}\} = e^{-0.2} \approx 0.819$
c) $\Pr\{\tau > 100\,000\,\mathrm{h}\} = e^{-1} \approx 0.368$
d) $\Pr\{20\,000\,\mathrm{h} < \tau < 100\,000\,\mathrm{h}\} = e^{-0.2} - e^{-1} \approx 0.451$.

A2.1.5.2 Weibull-Verteilung

Die *Weibull-Verteilung* kann als eine Verallgemeinerung der Exponentialverteilung betrachtet werden. Eine stetige, positive Zufallsgröße τ besitzt eine Weibull-Verteilung, falls für sie gilt

$$F(t) = 1 - e^{-(\lambda t)^{\beta}}, \qquad t \geq 0, \quad \lambda, \beta > 0 \tag{A2.26}$$

Für die *Dichte* folgt

$$f(t) = \lambda \beta (\lambda t)^{\beta - 1} e^{-(\lambda t)^{\beta}}, \qquad t \geq 0, \quad \lambda, \beta > 0 \tag{A2.27}$$

und die *Ausfallrate* ist gegeben durch

$$\lambda(t) = \beta \lambda (\lambda t)^{\beta - 1}. \tag{A2.28}$$

Man bezeichnet λ als *Skalenparameter*, da die Verteilungsfunktion $F(t)$ von λ nur über λt abhängt. β ist der *Formparameter*; für $\beta = 1$ ergibt sich die Exponentialverteilung, für $\beta > 1$ ist die Ausfallrate *monoton steigend* mit $\lambda(0) = 0$ und $\lambda(\infty) = \infty$, für $\beta < 1$ ist die Ausfallrate *monoton fallend* mit $\lambda(0) = \infty$ und $\lambda(\infty) = 0$.

Tabelle A2.1   Wichtige Verteilungsfunktionen in der Zuverlässigkeitstheorie

Name	Verteilungsfunktion $F(t) = \Pr\{\tau \le t\}$	Verteilungsdichte $f(t) = d\,F(t)\,/\,dt$	Wertebereich
Exponential	$1 - e^{-\lambda t}$	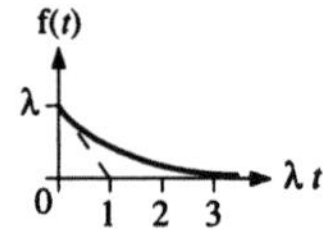	$t \ge 0$ $\lambda > 0$
Weibull	$1 - e^{-(\lambda t)^{\beta}}$	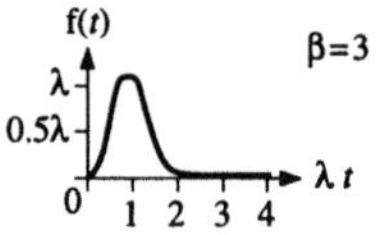	$t \ge 0$ $\lambda, \beta > 0$
Gamma	$\dfrac{1}{\Gamma(\beta)} \displaystyle\int_{0}^{\lambda t} x^{\beta-1} e^{-x} dx$	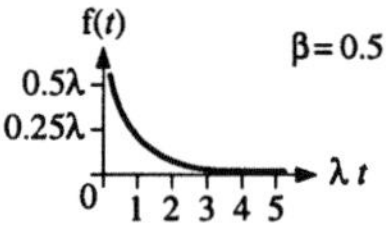	$t \ge 0$ $\lambda, \beta > 0$
Chi-Quadrat (χ^2)	$\dfrac{\displaystyle\int_{0}^{t} x^{\nu/2-1} e^{-x/2} dx}{2^{\nu/2}\,\Gamma(\nu/2)}$	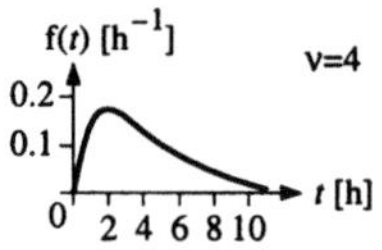	$t \ge 0$ $\nu = 1, 2, \dots$ (Freiheitsgrade)
Normal	$\dfrac{1}{\sigma\sqrt{2\pi}} \displaystyle\int_{-\infty}^{t} e^{-\dfrac{(x-m)^2}{2\sigma^2}} dx$	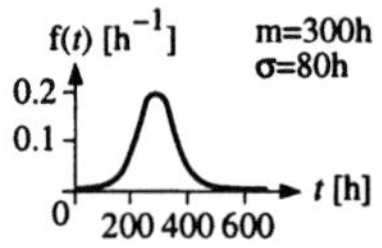	$\infty < t, m < \infty$ $\sigma > 0$
logarithm. Normal–verteilung (Lognormal)	$\dfrac{1}{\sqrt{2\pi}} \displaystyle\int_{-\infty}^{\tfrac{\ln(\lambda t)}{\sigma}} e^{-x^2/2} dx$	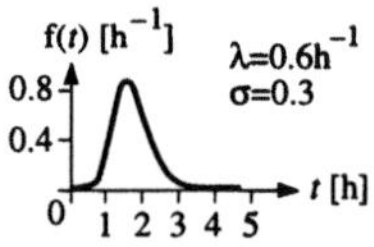	$t \ge 0$ $\lambda, \sigma > 0$
Binomial	$\Pr\{\zeta \le k\} = \displaystyle\sum_{i=0}^{k} p_i$ $p_i = \dbinom{n}{i} p^i (1-p)^{n-i}$	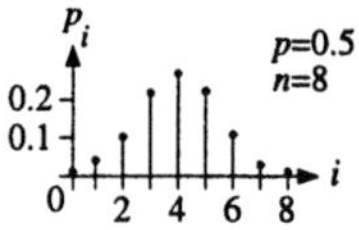	$k = 0, \dots, n$ $0 < p < 1$
Poisson	$\Pr\{\zeta \le k\} = \displaystyle\sum_{i=0}^{k} p_i$ $p_i = \dfrac{m^i}{i!} e^{-m}$	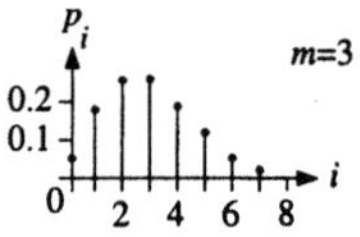	$k = 0, 1, \dots$ $m > 0$
Geometrisch	$\Pr\{\zeta \le k\} = \displaystyle\sum_{i=1}^{k} p_i = 1 - (1-p)^k$ $p_i = p(1-p)^{i-1}$	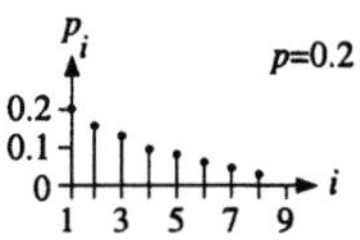	$k = 1, 2, \dots$ $0 < p < 1$
Hypergeometrisch	$\Pr\{\zeta \le k\} = \displaystyle\sum_{i=0}^{k} \dfrac{\dbinom{K}{i}\dbinom{N-K}{n-i}}{\dbinom{N}{n}}$	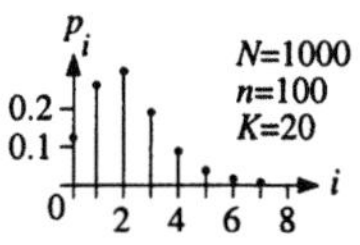	$i = 0, 1, \dots$ $\dots, \min(K, n)$

Tabelle A2.1 (Forts.)

Ausfallrate $\lambda(t) = f(t)/(1-F(t))$	Mittelw. $E[\tau]$	Varianz $\mathrm{Var}[\tau]$	Eigenschaften
$\lambda(t)$; λ; $0\ 1\ 2$; λt	$\dfrac{1}{\lambda}$	$\dfrac{1}{\lambda^2}$	Gedächtnislos: $\mathrm{Pr}\{\tau > t + x_0 \mid \tau > x_0\} =$ $\mathrm{Pr}\{\tau > t\} = e^{-\lambda t}$
$\lambda(t)$; $3\lambda,\ 2\lambda,\ \lambda$; $0\ 0.5\ 1\ 1.5$; λt; $\beta=3$	$\dfrac{\Gamma(1+\frac{1}{\beta})}{\lambda}$	$\dfrac{\Gamma(1+\frac{2}{\beta}) - \Gamma^2(1+\frac{1}{\beta})}{\lambda^2}$	Monotone Ausfallrate wachsend für $\beta > 1$ ($\lambda(0)=0$, $\lambda(\infty)=\infty$) und fallend für $\beta < 1$ ($\lambda(0)=\infty$, $\lambda(\infty)=0$)
$\lambda(t)$; $2\lambda,\ \lambda$; $0\ 1\ 2\ 3\ 4$; λt; $\beta=0.5$	$\dfrac{\beta}{\lambda}$	$\dfrac{\beta}{\lambda^2}$	$\tilde{f}(s) = \lambda^\beta / (s+\lambda)^\beta$; monotone Ausfallrate $\lambda(\infty) = \lambda$; Erlang-Verteilung für $\beta = n = 2, 3, \ldots$ (Verteilung der Summe von n exponentiell verteilten Zufallsgrößen)
$\lambda(t)\ [\mathrm{h}^{-1}]$; 0.5; $0\ 2\ 4\ 6\ 8$; $t\ [\mathrm{h}]$; $\nu=4$	ν	2ν	Gamma-Verteilung mit $\beta = \nu/2$ und $\lambda = 1/2$; $F(t) = 1 - \sum_{i=0}^{\nu/2-1} \dfrac{(t/2)^i}{i!} e^{-t/2}$
$\lambda(t)\ [\mathrm{h}^{-1}]$; $0.02,\ 0.01$; 0; $t\ [\mathrm{h}]$; $m=300\mathrm{h}$, $\sigma=80\mathrm{h}$	m	σ^2	$F(t) = \Phi(\dfrac{t-m}{\sigma})$; $\Phi(t) = \dfrac{1}{\sqrt{2\pi}} \displaystyle\int_{-\infty}^{t} e^{-x^2/2}\, dx$
$\lambda(t)\ [\mathrm{h}^{-1}]$; $2,\ 1$; $0\ 1\ 2\ 3\ 4$; $t\ [\mathrm{h}]$; $\lambda=0.6\mathrm{h}^{-1}$, $\sigma=0.3$	$\dfrac{e^{\sigma^2/2}}{\lambda}$	$\dfrac{e^{2\sigma^2} - e^{\sigma^2}}{\lambda^2}$	$\ln \tau$ ist normalverteilt; $F(t) = \Phi\big(\ln(\lambda t)/\sigma\big)$
nicht von Bedeutung	$n\,p$	$n\,p(1-p)$	$p_k = \mathrm{Pr}\{k$ Erfolge in n Bernoullischen Versuchen$\}$ (n unabhängige Versuche mit $\mathrm{Pr}\{A\} = p$); Stichprobe mit Zurücklegung
nicht von Bedeutung	m	m	$\dbinom{n}{k} p^k (1-p)^{n-k} \approx \dfrac{(n\,p)^k}{k!} e^{-n\,p}$; $(\lambda t)^i e^{-\lambda t}/i! = \mathrm{Pr}\{i$ Ausfälle in $(0,t] \mid$ exponentiell verteilte ausfallfreie Arbeitszeit mit Parameter $\lambda\}$, $m = \lambda t$
$\lambda(i)$; $0.2,\ 0.1,\ 0$; $1\ 2\ 4\ 6$; i; $p=0.2$	$\dfrac{1}{p}$	$\dfrac{1-p}{p^2}$	Gedächtnislos $\mathrm{Pr}\{\zeta > i + j \mid \zeta > i\} = (1-p)^j$; $p_i = \mathrm{Pr}\{$erster Erfolg erst beim i-ten Bernoullischen Versuch$\}$
nicht von Bedeutung	$n\,\dfrac{K}{N}$	$\dfrac{K\,n(N-K)(N-n)}{N^2(N-1)}$	Stichprobe ohne Zurücklegung

Die Weibull-Verteilung tritt in den praktischen Anwendungen oft auf, vor allem mit $\beta > 1$ als Verteilung der ausfallfreien Arbeitszeit von Bauteilen, die *Verschleiß* und/oder *Ermüdung* aufweisen (Röhren, Relais, mechanische Bauteile usw.). Sie wurde 1951 von W. Weibull im Zusammenhang mit der Untersuchung von Ermüdungserscheinungen an Metallen eingeführt [A2.26]. Man kann zeigen, daß die Weibull-Verteilung als *Grenzverteilung* für $n \to \infty$ für die kleinste von n unabhängigen Zufallsgrößen mit ein und derselben Verteilungsfunktion auftritt [A2.11].

Die Weibull-Verteilung wird auch mit *drei Parametern*

$$F(t) = 1 - e^{-(\lambda(t-\psi))^\beta}, \qquad t \geq \psi, \quad \lambda, \beta > 0, \tag{A2.29}$$

oder mit dem Parameter $\alpha = \lambda^\beta$ definiert.

A2.1.5.3 Gamma-Verteilung, Erlang-Verteilung und χ^2-Verteilung

Eine stetige, positive Zufallsgröße τ besitzt eine *Gamma-Verteilung*, falls für sie gilt

$$F(t) = \Pr\{\tau \leq t\} = \frac{1}{\Gamma(\beta)} \int_0^{\lambda t} x^{\beta-1} e^{-x} dx, \qquad t \geq 0, \quad \lambda, \beta > 0. \tag{A2.30}$$

Dabei stellt Γ die *vollständige Gammafunktion* (Tab. A3.6) und die rechte Seite der Gl. (A2.30) eine *unvollständige Gammafunktion* mit dem Argument λt dar. Die *Dichte* der Gamma-Verteilung ist gegeben durch

$$f(t) = \lambda \frac{(\lambda t)^{\beta-1}}{\Gamma(\beta)} e^{-\lambda t}, \qquad t \geq 0, \quad \lambda, \beta > 0 \tag{A2.31}$$

und die *Ausfallrate* errechnet sich aus $\lambda(t) = f(t)/(1 - F(t))$, vgl. Tab. A2.1 für einen typischen Verlauf. $\lambda(t)$ ist *konstant* (zeitunabhängig) für $\beta = 1$, *monoton fallend* für $\beta < 1$ und *monoton steigend* für $\beta > 1$. Im Gegensatz zur Weibull-Verteilung konvergiert jedoch $\lambda(t)$ für $t \to \infty$ stets gegen λ. Die *gewichtete Summe* $(a F_1(t) + (1-a) F_2(t))$ einer Gamma-Verteilung mit $\beta < 1$ und einer verschobenen Weibull-Verteilung mit $\beta > 1$ (Gl. (A2.29)) könnte prinzipiell als Approximation der Verteilungsfunktion der ausfallfreien Arbeitszeiten einer beliebigen Betrachtungseinheit mit Ausfallrate gemäß Bild 1.2 verwendet werden.

Man kann zeigen, daß die *Summe* von zwei unabhängigen, gammaverteilten Zufallsgrößen mit Parametern λ, β_1 und λ, β_2 eine Gamma-Verteilung mit Parametern $\lambda, \beta_1 + \beta_2$ besitzt, vgl. Beispiel A2.14.

Für $\beta = n = 1, 2, \ldots$ bezeichnet man die Verteilung gemäß Gl. (A2.30) als *Erlang-Verteilung* mit den Parametern λ und n. Der Vergleich zwischen den Laplace-Transformierten (Tab. A3.7) der Exponentialverteilung $\lambda/(s+\lambda)$ und der Erlang-Verteilung $(\lambda/(s+\lambda))^n$ zeigt, unter Berücksichtigung der Gln. (A2.30) und (A2.68), folgenden Zusammenhang:

Ist τ Erlang-verteilt mit den Parametern λ und n, so ist τ die Summe von n
unabhängigen, exponentiell mit dem Parameter λ verteilten Zufallsgrößen:
$\tau = \tau_1 + \ldots + \tau_n$, *mit* $\Pr\{\tau_i \le t\} = 1 - e^{-\lambda t}$, $i = 1, \ldots, n$.

Die Verteilungsfunktion $F(t)$ der *Erlang-Verteilung* kann durch partielle Integration
der rechten Seite der Gl. (A2.30), mit $\beta = n$, in der Form

$$F(t) = \Pr\{\tau_1 + \ldots + \tau_n \le t\} = 1 - \sum_{i=0}^{n-1} \frac{(\lambda t)^i}{i!} e^{-\lambda t}, \qquad t \ge 0, \ \lambda > 0 \qquad (A2.32)$$

geschrieben werden.

Ist $\lambda = 1/2$ und $\beta = \nu/2$, $\nu = 1, 2, \ldots$, so bezeichnet man die Verteilung nach Gl.
(A2.30) als χ^2-*Verteilung* mit ν *Freiheitsgraden*, und die entsprechende Zufallsgröße als χ_ν^2. Es gilt also

$$F(t) = \Pr\{\chi_\nu^2 \le t\} = \frac{1}{2^{\frac{\nu}{2}} \, \Gamma(\frac{\nu}{2})} \int_0^t x^{\frac{\nu}{2}-1} e^{-\frac{x}{2}} dx, \qquad t \ge 0, \ \nu = 1, 2, \ldots. \qquad (A2.33)$$

Aus den Gln. (A2.30), (A2.32) und (A2.33) folgt, daß, für $\Pr\{\tau_i \le t\} = 1 - e^{-\lambda t}$,
$2\lambda(\tau_1 + \tau_1 + \ldots + \tau_n)$ eine χ^2-Verteilung mit $\nu = 2n$ Freiheitsgraden besitzt
($i = 1, \ldots, n$). Wichtig sind auch die Beziehungen der χ^2-Verteilung zur Normalverteilung und zur Poisson-Verteilung (Anhang A3.2).

A2.1.5.4 Normalverteilung

Eine der am häufigsten auftretenden Verteilungsfunktion sowohl in theoretischen
Untersuchungen als auch in den praktische Anwendungen ist die *Normalverteilung*
(Gauß-Verteilung). Die Zufallsgröße τ besitzt eine Normalverteilung, falls für sie
gilt

$$F(t) = \frac{1}{\sigma\sqrt{2\pi}} \int_{-\infty}^t e^{-\frac{(y-m)^2}{2\sigma^2}} dy = \frac{1}{\sqrt{2\pi}} \int_{-\infty}^{\frac{t-m}{\sigma}} e^{-\frac{x^2}{2}} dx, \quad -\infty < t, m < \infty, \sigma > 0. \quad (A2.34)$$

Die *Dichte* der Normalverteilung ist gegeben durch

$$f(t) = \frac{1}{\sigma\sqrt{2\pi}} e^{-\frac{(t-m)^2}{2\sigma^2}}, \qquad -\infty < t, m < \infty, \ \sigma > 0. \qquad (A2.35)$$

Die *Ausfallrate* errechnet sich aus $\lambda(t) = f(t)/(1/F(t))$, vgl. Tab. A2.1 für einen typischen Verlauf. Die Dichte $f(t)$ der Normalverteilung ist eine glockenförmige, um den Mittelwert *m symmetrische* Kurve, deren Breite von der Varianz abhängt; die Fläche unter der Verteilungsdichte ist gleich

* 0.68 für das Intervall $(m - \sigma, m + \sigma)$
* 0.954 für das Intervall $(m - 2\sigma, m + 2\sigma)$
* 0.997 für das Intervall $(m - 3\sigma, m + 3\sigma)$.

Eine normalverteilte Zufallsgröße nimmt Werte aus $(-\infty, \infty)$ an. Für $m > 3\,\sigma$ kann jedoch in vielen praktischen Anwendungen τ als ausfallfreie Arbeitszeit (> 0) betrachtet werden. Ist τ normalverteilt mit den Parametern m und σ^2, so ist $(\tau - m)/\sigma$ normalverteilt mit den Parametern 0 und 1. Diese *Standard-Normalverteilung* wird in der Regel mit $\Phi(t)$ bezeichnet

$$\Phi(t) = \frac{1}{\sqrt{2\pi}} \int_{-\infty}^{t} e^{\frac{-x^2}{2}}\, dx. \qquad (A2.36)$$

Sind τ_1 und τ_2 unabhängige normalverteilte Zufallsgrößen mit den Parametern m_1, σ_1^2 und m_2, σ_2^2, so kann man zeigen (Beispiel A2.15), daß $\eta = \tau_1 + \tau_2$ *normalverteilt* mit den Parametern $m_1 + m_2$ und $\sigma_1^2 + \sigma_2^2$ ist. Diese Regel läßt sich auf die Summe von n unabhängigen normalverteilten Zufallsgrößen verallgemeinern. Das Resultat gilt prinzipiell auch für *abhängige* normalverteilte Zufallsgrößen, vgl. Beispiel A2.15.

Der Grund dafür, daß die Normalverteilung so oft auftritt, liegt in der Tatsache, daß die Verteilungsfunktion der Summe einer großen Anzahl statistisch unabhängiger Zufallsgrößen unter relativ allgemeinen Bedingungen gegen eine Normalverteilung konvergiert (zentraler Grenzwertsatz, Gl. (A2.83)).

A2.1.5.5 Logarithmische Normalverteilung

Eine stetige, positive Zufallsgröße τ besitzt eine *logarithmische Normalverteilung*, wenn ihr Logarithmus $\eta = \ln \tau$ normalverteilt ist (Beispiel A2.16). Für die logarithmische Normalverteilung gilt

$$F(t) = \frac{1}{\sigma\sqrt{2\pi}} \int_{0}^{t} \frac{1}{y} e^{-\frac{(\ln y + \ln \lambda)^2}{2\sigma^2}}\, dy = \frac{1}{\sqrt{2\pi}} \int_{-\infty}^{\frac{\ln(\lambda t)}{\sigma}} e^{-\frac{x^2}{2}}\, dx, \qquad t \geq 0, \; \lambda, \sigma > 0.$$

$$(A2.37)$$

Die *Dichte* ist gegeben durch

$$f(t) = \frac{1}{t\sigma\sqrt{2\pi}} e^{-\frac{(\ln\lambda t)^2}{2\sigma^2}}, \qquad t \geq 0, \quad \lambda, \sigma > 0. \tag{A2.38}$$

Die *Ausfallrate* errechnet sich aus $\lambda(t) = f(t)/(1/F(t))$, vgl. Tab. A2.1 für einen typischen Verlauf.

Die Dichte der logarithmischen Normalverteilung hat die Eigenschaft, daß sie am Anfang praktisch null ist, sie steigt rasch bis zum Maximum an und nimmt danach relativ schnell ab (Tab. A2.1). Die logarithmische Normalverteilung kann damit zur Beschreibung von *Reparaturzeiten* verwendet werden. Sie tritt oft auch als Verteilungsfunktion der Lebensdauer von Bauteilen im Falle *zeitraffender Zuverlässigkeitsprüfungen* (Abschnitt 6.4) sowie überall dort auf, wo die Zusammenwirkung einer großen Anzahl statistisch unabhängiger Zufallsgrößen sich *multiplikativ* auswirkt (*additiv* für $\eta = \ln\tau$, d. h. für die Normalverteilung).

A2.1.5.6 Binomialverteilung

In vielen praktischen Anwendungen interessiert man sich in einem Versuch lediglich für das Auftreten oder das Nicht-Auftreten eines bestimmten Ereignisses A. In solchen Fällen kann das Versuchsergebnis durch eine Zufallsgröße der Form

$$\delta = \begin{cases} 1 & \text{wenn } A \text{ eintritt} \\ 0 & \text{sonst} \end{cases}$$

beschrieben werden. δ wird als *Bernoullische Variable* bezeichnet und in der Regel werden $\Pr\{\delta = 1\} = p$ und damit $\Pr\{\delta = 0\} = 1 - p$ gesetzt. Eine unendliche Folge von Bernoullischen Variablen $\delta_1, \delta_2, \ldots$ mit der gleichen Erfolgswahrscheinlichkeit $\Pr\{\delta_i = 1\} = p$, $i \geq 1$, nennt man ein *Bernoullisches Schema* oder eine Folge von *Bernoullischen Versuchen*. Anschaulich beschreibt z. B. die Folge $\delta_1, \delta_2, \ldots$ die wiederholte Entnahme eines Bauteils aus einem Los von N Bauteilen, von denen genau K defekt sind ($p = K/N$) wobei nach der Prüfung das Bauteil in das Los *zurückgelegt* wird, so daß bei der nächsten Entnahme die gleiche Ausgangslage vorliegt. Die Zufallsgröße

$$\zeta = \delta_1 + \ldots + \delta_n$$

ist gleich der Anzahl der Einsen bei den n Versuchen im Bernoullischen Schema. Die Verteilung von ζ ergibt sich zu

$$p_k = \Pr\{\zeta = k\} = \binom{n}{k} p^k (1-p)^{n-k}, \qquad k = 0, \ldots, n, \;\; 0 < p < 1. \tag{A2.39}$$

Die Beziehung (A2.39) stellt die *Binomialverteilung* dar. ζ ist eine *arithmetische Zufallsgröße*, welche die Werte $k = 0, ..., n$ mit den Wahrscheinlichkeiten p_k annimmt. Die Aufstellung der Gleichung für p_k ist nicht schwierig:

$$p^k (1-p)^{n-k} = \Pr\{\delta_1 = 1 \cap ... \cap \delta_k = 1 \cap \delta_{k+1} = 0 \cap ... \cap \delta_n = 0\}$$

stellt die Wahrscheinlichkeit dar, daß das Ereignis A in den ersten k Versuchen im Bernoullischen Schema und dann nicht in den $n-k$ darauffolgenden Versuchen eintreten wird, bei n Versuchen gibt es nun genau

$$\binom{n}{k} = \frac{n!}{k!(n-k)!} = \frac{n(n-1) ... (n-k+1)}{k!}$$

verschiedene Möglichkeiten des Auftretens von k Einsen und $(n-k)$ Nullen; die Anwendung des Additionssatzes führt dann zur Gl. (A2.39).

Beispiel A2.8
Eine Leiterplatte enthält 30 ICs. Diese werden von einer Lieferung genommen, bei welcher die Wahrscheinlichkeit für jedes IC defekt zu sein, konstant und gleich 1% ist. Gesucht ist die Wahrscheinlichkeit, daß die Leiterplatte a) kein defektes IC, b) genau ein defektes IC und c) mehr als ein defektes IC enthält.

Lösung
Aus Gl. (A2.39) folgt, mit $p = 0.01$

a) $\quad p_0 = 0.99^{30} \approx 0.74$
b) $\quad p_1 = 30 \cdot 0.01 \cdot 0.99^{29} \approx 0.224$
c) $\quad p_2 + ... + p_{30} = 1 - p_0 - p_1 \approx 0.036$.

Bei Kenntnis von p_i und angenommenen Kosten C_i für die Reparatur von genau i defekten ICs, ist es leicht, den Erwartungswert C der gesamten Reparaturkosten gemäß $C = p_1 C_1 + ... + p_n C_n$ zu bestimmen und eine *Prüfstrategie* zu entwickeln.

Die Binomialverteilung konvergiert für große n gegen die Normalverteilung (Gl. (A2.84)). Die Konvergenz ist für $np > 5$ gut, vor allem wenn p weder sehr klein noch sehr groß ist ($0.1 < p < 0.9$). Für sehr kleine Werte von p verwendet man mit Vorteil die im nächsten Abschnitt eingeführten *Poissonsche Näherung*. Für genaue Berechnungen kann man sich auf die Beziehungen zwischen der Binomialverteilung und der *Beta-Verteilung* bzw. der *Fisher-Verteilung* stützen (Anhang A3.4).

Die Verallgemeinerung der Gl. (A2.39) für den Fall, daß bei jedem Versuch eines der Ereignisse $A_1, ..., A_m$ mit der Wahrscheinlichkeit $p_1, ..., p_m$ eintreten kann, führt zur *Multinomialverteilung*

$$\Pr\{\text{in } n \text{ Versuchen tritt } A_1 \text{ genau } k_1 \text{mal}, ..., A_m \text{ genau } k_m \text{mal}\}$$

$$= \frac{n!}{k_1! ... k_m!} p_1^{k_1} ... p_m^{k_m}, \qquad (A2.40)$$

mit $k_1 + ... + k_m = n$ und $p_1 + ... + p_m = 1$.

A2.1.5.7 Poisson-Verteilung

Die arithmetische Zufallsgröße ζ weist eine *Poisson-Verteilung* auf, falls für sie gilt

$$p_k = \Pr\{\zeta = k\} = \frac{m^k}{k!}e^{-m}, \qquad k = 0, 1, \ldots, \quad m > 0 \qquad (A2.41)$$

und damit

$$\Pr\{\zeta \le k\} = \sum_{i=0}^{k} \frac{m^i}{i!}e^{-m}. \qquad (A2.42)$$

Die Poisson-Verteilung tritt oft im Zusammenhang mit der *Exponentialverteilung* auf, weil die Gl. (A2.41) mit $m = \lambda t$ die Wahrscheinlichkeit für *genau k* Ausfälle im Intervall $(0, t]$ einer erneuerbaren Betrachtungseinheit mit exponentiell verteilten ausfallfreien Arbeitszeit und Erneuerungszeit gleich Null angibt, vgl. Gl. (A2.107). Die Poisson-Verteilung wird häufig auch als *Näherung der Binomialverteilung* für $n \to \infty$ und $p \to 0$ (mit $m = np < \infty$) verwendet. Der Beweis dieses Grenzüberganges, als *Poissonsche Näherung* bekannt, ist nicht schwierig: Aus Gl. (A2.39) folgt mit $m = np$

$$p_k = \frac{n!}{k!(n-k)!}(\frac{m}{n})^k (1 - \frac{m}{n})^{n-k} = \frac{n(n-1)\ldots(n-k+1)}{n^k}\frac{m^k}{k!}(1 - \frac{m}{n})^{n-k}$$

$$= 1(1 - \frac{1}{n})\ldots(1 - \frac{k-1}{n})\frac{m^k}{k!}(1 - \frac{m}{n})^{n-k},$$

woraus, für $k < \infty$ und $m = np < \infty$

$$\lim_{n \to \infty} p_k = \frac{m^k}{k!}e^{-m}. \qquad (A2.43)$$

Der Zusammenhang zwischen der Poisson-Verteilung und der χ^2-Verteilung ist in Anhang A3.2 gegeben.

A2.1.5.8 Geometrische Verteilung

Interessiert man sich beim unendlichen Bernoullischen Schema (Gl. (A2.39)) für den *ersten Eintritt* des Ereignisses A und bezeichnet man mit ζ die Anzahl Versuche, die dafür notwendig sind, so ist ζ eine arithmetische Zufallsgröße verteilt nach

$$p_k = \Pr\{\zeta = k\} = p(1-p)^{k-1}, \qquad k = 1, 2, \ldots, \quad 0 < p < 1. \qquad (A2.44)$$

Die Beziehung (A2.44) definiert die *geometrische Verteilung*. Die geometrische Verteilung ist die einzige diskrete Verteilung, welche die Eigenschaft der *Gedächt-*

nislosigkeit (ähnlich jener der Exponentialverteilung) aufweist. Für die gemäß Gl. (A2.44) definierte Zufallsgröße ζ gilt

$$\Pr\{\zeta \le k\} = \sum_{i=1}^{k} p_i = 1 - \Pr\{\zeta > k\} = 1 - (1-p)^k. \tag{A2.45}$$

A2.1.6 Numerische Kenngrößen von Zufallsgrößen

Für viele praktische Anwendungen genügt oft für eine grobe Charakterisierung einer Zufallsgröße τ die Angabe von verschiedenen typischen Zahlengrößen, wie z. B. Erwartungswert (Mittelwert) und Varianz. Diese Größen werden in diesem Abschnitt eingeführt und sind für die wichtigsten Verteilungsfunktionen in der Zuverlässigkeitstheorie in Tab. A2.1 zusammengefaßt.

A2.1.6.1 Erwartungswert (Mittelwert)

Für eine diskrete Zufallsgröße τ welche die Werte $t_1, t_2, \ldots$ mit der Wahrscheinlichkeiten $p_1, p_2, \ldots$ nimmt, wird der *Erwartungswert* oder *Mittelwert* $E[\tau]$ folgendermaßen definiert:

$$E[\tau] = \sum_{k} t_k\, p_k. \tag{A2.46}$$

Ist die Anzahl m der Werte von τ endlich ($t_1, \ldots, t_m$), so läßt sich die Definition gemäß Gl. (A2.46) *heuristisch* deuten. Es seien n Wiederholungen eines Versuchs betrachtet, dessen Ergebnis die Zufallsgröße τ ist. Dabei wird k_1-mal der Wert t_1, …, k_m-mal der Wert t_m beobachtet. Der arithmetische Mittelwert der Beobachtungen ergibt sich zu

$$\frac{t_1 k_1 + \ldots + t_m k_m}{n} = t_1 \frac{k_1}{n} + \ldots + t_m \frac{k_m}{n}.$$

Da für $n \to \infty$, die relativen Häufigkeiten k_i/n gegen die Wahrscheinlichkeiten p_i konvergieren, vgl. Gl. (A2.82), strebt obiger arithmetische Mittelwert gegen den gemäß Gl. (A2.46) definierten Wert $E[\tau]$. Aus Gl. (A2.46) folgt unmittelbar, daß der Erwartungswert einer *Konstante C* die Konstante C selbst ist, $E[C] = C$.

Für eine stetige Zufallsgröße τ mit Dichte $f(t)$ errechnet sich der Erwartungswert (Mittelwert) aus

$$E[\tau] = \int_{-\infty}^{\infty} t\, f(t)\, dt, \tag{A2.47}$$

was für positive stetige Zufallsgrößen auf

$$E[\tau] = \int_0^\infty t\,f(t)\,dt \qquad\qquad\qquad\qquad\text{(A2.48)}$$

führt. Man kann zeigen (Beispiel A2.9), daß für eine positive Zufallsgröße gilt

$$E[\tau] = \int_0^\infty (1 - F(t))\,dt = \int_0^\infty R(t)\,dt\,. \qquad\qquad\text{(A2.49)}$$

Beispiel A2.9
Man zeige die Äquivalenz der Gln. (A2.48) und (A2.49).

Lösung

Aus $R(t) = 1 - F(t) = \int_t^\infty f(x)\,dx$ folgt

$$\int_0^\infty R(t)\,dt = \int_0^\infty \int_t^\infty f(x)\,dx\,dt\,.$$

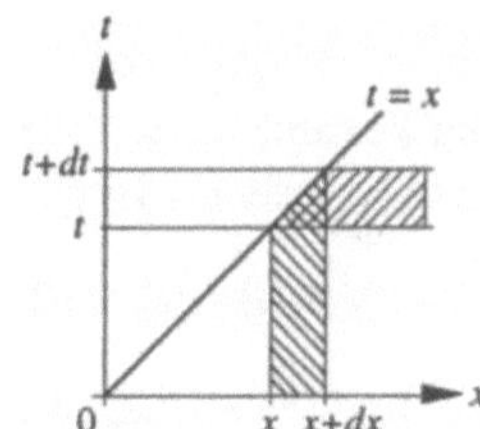

Die Vertauschung der Reihenfolge der Integration und das Berücksichtigen von $f(t,x) = f(x)$ führt zu (vgl. nebenstehendes Bild)

$$\int_0^\infty R(t)\,dt = \int_0^\infty (\int_0^x dt)\,f(x)\,dx = \int_0^\infty x\,f(x)\,dx\,.$$

Für den Mittelwert einer Zufallsgröße $\eta = u(t)$ gilt

$$E[\eta] = \sum_k u(t_k)\,p_k \qquad \text{oder} \qquad E[\eta] = \int_{-\infty}^\infty u(t)\,f(t)\,dt\,. \qquad\text{(A2.50)}$$

Zwei wichtige Spezialfälle von Gl. (A2.50) sind:

1. $u(x) = C \cdot x,$

$$E[C\tau] = \int_{-\infty}^\infty C\,t\,f(t)\,dt = C\,E[\tau]\,. \qquad\qquad\text{(A2.51)}$$

2. $u(x) = x^k$ (moment k-ter Ordnung von τ),

$$E[\tau^k] = \int_{-\infty}^\infty t^k\,f(t)\,dt, \qquad k > 1\,. \qquad\qquad\text{(A2.52)}$$

Weitere wichtige Eigenschaften des Mittelwerts werden mit den Gln. (A2.73) und (A2.74) gegeben.

Beispiel A2.10

Man berechne den Erwartungswert und die Varianz einer binomialverteilten Zufallsgröße mit den Parametern n und p.

Lösung

Aus der Definition von $\zeta = \delta_1 + \ldots + \delta_n$ (Abschnitt A2.1.5.6) und unter Berücksichtigung, daß $E[\delta] = p$ und $Var[\delta] = E[\delta^2] - E[\delta] = p - p^2 = p(1-p)$ folgt

$$E[\zeta] = E[\delta_1] + \ldots + E[\delta_n] = n\,p$$

und, infolge der Unabhängigkeit von $\delta_1, \ldots, \delta_n$ (Gl. (A2.75)),

$$Var[\zeta] = Var[\delta_1] + \ldots + Var[\delta_n] = n\,p\,(1-p).$$

Für einen weiteren Beweis kann auf Beispiel A2.11 verwiesen werden.

A2.1.6.2 Varianz

Die *Varianz* einer Zufallsgröße τ ist ein Maß dafür, wie stark die Zufallsgröße um ihren Mittelwert $E[\tau]$ streut. Sie wird als

$$Var[\tau] = E[(\tau - E[\tau])^2] \qquad (A2.53)$$

definiert. Aus Gl. (A2.53) folgt

$$Var[\tau] = \sum_k (t_k - E[\tau])^2\, p_k \quad \text{bzw.} \quad Var[\tau] = \int_{-\infty}^{\infty} (t - E[\tau])^2\, f(t)\,dt. \qquad (A2.54)$$

In beiden Fällen gilt auch

$$Var[\tau] = E[\tau^2] - (E[\tau])^2. \qquad (A2.55)$$

Für die Konstanten C und A folgt aus Gl. (A2.55)

$$Var[C\tau - A] = C^2\, Var[\tau] \qquad \text{und} \qquad Var[C] = 0.$$

Die Größe

$$\sigma = \sqrt{Var[\tau]} \qquad (A2.56)$$

wird als *Streuung* oder *Standardabweichung* und die Größe

$$\kappa = \frac{\sigma}{E[\tau]} \qquad (A2.57)$$

als *Variationskoeffizient* von τ bezeichnet. Die Zufallsgröße $(\tau - E[\tau])/\sigma$ hat den Mittelwert 0 und die Varianz 1 (Normierung der Zufallsgröße τ).

Eine weitere wichtige Eigenschaft der Varianz wird mit der Gl. (A2.75) gegeben. Die Verallgemeinerung des Exponents in den Gl. (A2.54) führt zum *zentralen Moment k-ter Ordnung* von τ

$$E[(\tau - E[\tau])^k] = \int_{-\infty}^{\infty} (t - E[\tau])^k \, f(t)\,dt, \qquad\qquad k > 1. \qquad\qquad (A2.58)$$

Beispiel A2.11
Man berechne den Erwartungswert und die Varianz einer Poisson-verteilten Zufallsgröße.

Lösung
Aus den Gln. (A2.46) und (A2.41) folgt für den Erwartungswert

$$E[\zeta] = \sum_{k=1}^{\infty} k \frac{m^k}{k!} e^{-m} = \sum_{k=1}^{\infty} m \frac{m^{k-1}}{(k-1)!} e^{-m} = m \sum_{i=0}^{\infty} \frac{m^i}{i!} e^{-m} = m .$$

Für die Varianz folgt aus den Gln. (A2.55), (A2.52) und (A2.41)

$$\mathrm{Var}[\tau] = \sum_{k=1}^{\infty} k^2 \frac{m^k}{k!} e^{-m} - m^2 = \sum_{k=1}^{\infty} (k(k-1)+k) \frac{m^k}{k!} e^{-m} - m^2$$

$$= \sum_{k=2}^{\infty} m^2 \frac{m^{k-2}}{(k-2)!} e^{-m} + m - m^2 = m^2 \sum_{i=0}^{\infty} \frac{m^i}{i!} e^{-m} + m - m^2 = m .$$

A2.1.6.3 Modalwert, Quantil, Median

Neben den oben erwähnten Momenten werden (in der Regel nur für stetige Zufallsgrößen) oft noch der Modalwert, das Quantil und der Median folgendermaßen definiert:

- als *Modalwert* bezeichnet man den Abszissenwert, bei welchem f(t) das Maximum erreicht (weist f(t) mehr als ein Maximum auf, so spricht man von einer multimodalen Verteilung von τ)
- als *q-Quantil* bezeichnet man den Abszissenwert, bei welchem F(t) den Wert q erreicht ($t_q = \inf\{t : F(t) \ge q\}$, für stetige Zufallsgrößen gilt $F(t_q) = q$)
- das 0.5-Quantil wird *Median* genannt.

A2.1.7 Mehrdimensionale Zufallsgrößen

A2.1.7.1 Allgemeine Betrachtungen

Bei der Untersuchung der Zuverlässigkeit und Verfügbarkeit reparierbarer Systeme werden oft *mehrdimensionale Zufallsgrößen*, auch *Zufallsvektoren* genannt, verwendet. Das Versuchsergebnis ist hier ein Element des n-dimensionalen Raumes R^n. Das in Abschnitt A2.1.1 eingeführte Tripel [Ω, $\mathcal{F}$, Pr] bekommt die Gestalt [R^n, $\mathcal{B}^n$, Pr], wobei $\mathcal{B}^n$ das kleinste Ereignisfeld ist, das alle *Intervalle* der Form

$(a_1, b_1] \cdot \ldots \cdot (a_n, b_n] = \{(t_1, \ldots, t_n) : t_i \in (a_i, b_i], \ i = 1, \ldots, n\}$ enthält. *Zufallsvektoren* werden durch griechische Buchstaben mit einem Pfeil bezeichnet $\vec{\tau} = (\tau_1, \ldots, \tau_n)$, $\vec{\xi} = (\xi_1, \ldots, \xi_n)$ usw. Die Wahrscheinlichkeiten $\Pr\{A\} = \Pr\{\vec{\tau} \in A\}$, $A \in \mathcal{B}^n$, definieren die Verteilung von $\vec{\tau}$. Diese Verteilung ist durch die Funktion

$$F(t_1, \ldots, t_n) = \Pr\{\tau_1 \leq t_1, \ldots, \tau_n \leq t_n\} \tag{A2.59}$$

bestimmt, wobei $\{\tau_1 \leq t_1, \ldots, \tau_n \leq t_n\} \equiv \{(\tau_1 \leq t_1) \cap \ldots \cap (\tau_n \leq t_n)\}$. $F(t_1, \ldots, t_n)$ ist

- monoton nicht fallend in jeder Variablen
- null, wenn mindestens eine Variable den Wert $-\infty$ annimmt
- eins, wenn alle Variablen gleich ∞ sind
- stetig von rechts in jeder Variable
- so beschaffen, daß die aus $F(t_1, \ldots, t_n)$ zu berechnenden Wahrscheinlichkeiten $\Pr\{a_1 < \tau_1 \leq b_1, \ldots, a_n < \tau_n \leq b_n\}$, für beliebige $a_1, \ldots, a_n, b_1, \ldots, b_n$ (mit $a_i < b_i$), nicht negativ sind.

Offenbar ist jede Komponente τ_i von $\vec{\tau} = (\tau_1, \ldots, \tau_n)$ eine (reelle) Zufallsgröße mit der Verteilungsfunktion (*Randverteilung*)

$$F_i(t_i) = \Pr\{\tau_i \leq t_i\} = F(\infty, \ldots, \infty, t_i, \infty, \ldots, \infty). \tag{A2.60}$$

Die Komponenten $\tau_1, \ldots, \tau_n$ von $\vec{\tau}$ sind (stochastisch) *unabhängig*, wenn für beliebige $(t_1, \ldots, t_n) \in R^n$

$$F(t_1, \ldots, t_n) = \prod_{i=1}^{n} F_i(t_i) \tag{A2.61}$$

gilt. Der Zufallsvektor $\vec{\tau} = (\tau_1, \ldots, \tau_n)$ ist (absolut) *stetig*, falls eine Funktion $f(x_1, \ldots, x_n) \geq 0$ existiert, so daß für beliebige $t_1, \ldots, t_n$

$$F(t_1, \ldots, t_n) = \int_{-\infty}^{t_1} \ldots \int_{-\infty}^{t_n} f(x_1, \ldots, x_n) dx_1 \ldots dx_n \tag{A2.62}$$

gilt. Man nennt $f(x_1, \ldots, x_n)$ die *Dichte* von $\vec{\tau}$. Sie genügt der Normierungsbedingung

$$\int_{-\infty}^{\infty} \ldots \int_{-\infty}^{\infty} f(x_1, \ldots, x_n) dx_1 \ldots dx_n = 1.$$

Für jede Teilmenge $A \in \mathcal{B}^n$ gilt dann

$$\Pr\{(\tau_1, \ldots, \tau_n) \in A\} = \int_A \ldots \int f(t_1, \ldots, t_n) dt_1 \ldots dt_n. \tag{A2.63}$$

Es seien nun $\vec{\tau} = (\tau_1, \ldots, \tau_n)$ ein Zufallsvektor und u eine reellwertige Funktion auf R^n. Der *Erwartungswert* (Mittelwert) der Zufallsgröße $u(\vec{\tau})$ ist im stetigen Fall durch

$$E[u(\vec{\tau})] = \int\limits_{-\infty}^{\infty} \ldots \int\limits_{-\infty}^{\infty} u(t_1, \ldots, t_n) f(t_1, \ldots, t_n)\, dt_1 \ldots dt_n \tag{A2.64}$$

bestimmt, vgl. z. B. [A2.11].

A2.1.7.2 Verteilung der Summe positiver, unabhängiger Zufallsgrößen

Es seien τ_1 und τ_2 *nicht negative, unabhängige arithmetische* Zufallsgrößen mit $a_i = \Pr\{\tau_1 = i\}$ und $b_i = \Pr\{\tau_2 = i\}$, $i = 0, 1, \ldots$. Die Zufallsgröße $\tau_1 + \tau_2$ ist ebenfalls arithmetisch. Für sie gilt

$$\begin{aligned}
c_k = \Pr\{\tau_1 + \tau_2 = k\} &= \Pr\{\bigcup_{i=0}^{k}\{\tau_1 = i \cap \tau_2 = k - i\}\} \\
&= \sum_{i=0}^{k} \Pr\{\tau_1 = i\}\Pr\{\tau_2 = k - i\} = \sum_{i=0}^{k} a_i\, b_{k-i}.
\end{aligned} \tag{A2.65}$$

Die Folge $c_0, c_1, \ldots$ stellt die *Faltung* der Folgen $a_0, a_1, \ldots$ und $b_0, b_1, \ldots$ dar.

Es seien nun τ_1 und τ_2 zwei *positive, unabhängige* und *stetige* Zufallsgrößen mit den Verteilungsfunktionen $F_1(t)$, $F_2(t)$, mit $F_1(0) = F_2(0) = 0$, und den Dichten $f_1(t)$, $f_2(t)$. Aus Gl. (A2.63) folgt für die Verteilung von $\eta = \tau_1 + \tau_2$, vgl. Beispiel A2.12 und Bild A2.3

$$F_\eta(t) = \Pr\{\eta \leq t\} = \int_0^t f_1(x) F_2(t - x)\, dx \tag{A2.66}$$

und damit

$$f_\eta(t) = \int_0^t f_1(x) f_2(t - x)\, dx. \tag{A2.67}$$

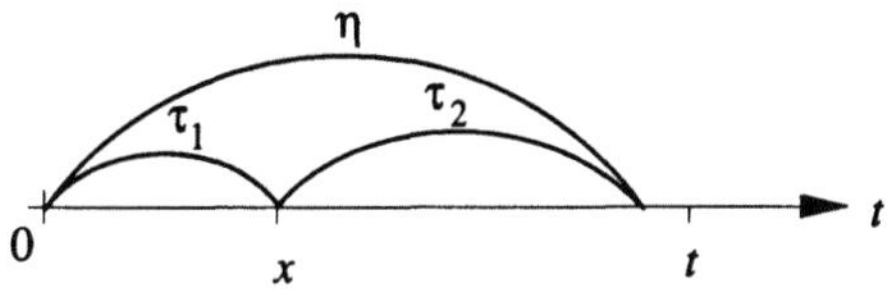

Bild A2.3 Zur Berechnung der Verteilungsfunktion von $\eta = \tau_1 + \tau_2$ für τ_1 und $\tau_2 > 0$

Im Falle beliebiger Zufallsgrößen τ_1 und τ_2 $(-\infty < \tau_1, \tau_2 < \infty)$ müßte man in den Gln. (A2.66) und (A2.67) das Integral von $[0, t]$ auf $(-\infty, \infty)$ erweitern.

Die rechte Seite der Gl. (A2.67) stellt die *Faltung* der Dichten f_1 und f_2 dar. Sie wird mit

$$\int_0^t f_1(x)f_2(t-x)\,dx = f_1(t) * f_2(t) \tag{A2.68}$$

bezeichnet. Die *Laplace-Transformierte* (Anhang A3.7) von $f_\eta(t)$ ist damit gleich dem Produkt der Laplace-Transformierten von $f_1(t)$ und $f_2(t)$

$$\tilde{f}_\eta(s) = \tilde{f}_1(s)\tilde{f}_2(s). \tag{A2.69}$$

Beispiel A2.12
Man beweise die Gl. (A2.67).

Lösung
Es seien τ_1 und τ_2 zwei positive, unabhängige und stetige Zufallsgrößen mit den Verteilungsfunktionen $F_1(t)$ bzw. $F_2(t)$ und Dichten $f_1(t)$ bzw. $f_2(t)$. Aus Gl. (A2.63) folgt, unter Berücksichtigung von $f(x, y) = f_1(x)f_2(y)$ und vom nebenstehenden Bild,

$$F_\eta(t) = \Pr\{\eta = \tau_1 + \tau_2 \le t\} = \iint_{x+y\le t} f_1(x)f_2(y)\,dx\,dy$$

$$= \int_0^t (\int_0^{t-x} f_2(y)\,dy)f_1(x)\,dx = \int_0^t F_2(t-x)f_1(x)\,dx.$$

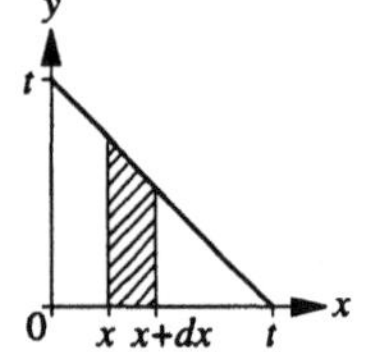

Die Ableitung von $F_\eta(t)$ führt mit $F_2(0) = 0$ zur Gl. (A2.67).

Die Summe positiver Zufallsgrößen tritt in der Zuverlässigkeitstheorie bei der Untersuchung reparierbarer Betrachtungseinheiten oft auf. Für $n > 2$ kann für positive, unabhängige, stetige Zufallsgrößen $\tau_1, \ldots, \tau_n$ die Verteilung der Summe $\eta = \tau_1 + \ldots + \tau_n$ iterativ aus den Gln. (A2.67) bzw. (A2.68) erhalten werden

$$f_\eta(t) = f_1(t) * \ldots * f_n(t). \tag{A2.70}$$

Beispiel A2.13
Zur Erhöhung der Zuverlässigkeit eines Systems werden zwei Maschinen verwendet. Die erste wird zur Zeit $t = 0$ eingeschaltet, die zweite erst nach Ausfall der ersten (kalte Redundanz, standby). Die ausfallfreien Arbeitszeiten der Maschinen, die mit τ_1 und τ_2 bezeichnet werden, seien exponentiell verteilt mit Parameter λ (Tab. A2.1). Gesucht ist die Zuverlässigkeitsfunktion $R_S(t)$ des Systems.

Lösung
Aus $R_S(t) = \Pr\{\tau_1 + \tau_2 > t\} = 1 - \Pr\{\tau_1 + \tau_2 \le t\}$ folgt, mit Hilfe der Gl. (A2.66),

$$R_S(t) = 1 - \int\limits_0^t \lambda e^{-\lambda x}(1 - e^{-\lambda(t-x)})\,dx = e^{-\lambda t} + \lambda\, t\, e^{-\lambda t}.$$

$R_S(t)$ gibt die Wahrscheinlichkeit an, daß im Intervall $(0, t]$ entweder kein Ausfall ($e^{-\lambda t}$) oder genau ein Ausfall ($\lambda\, t\, e^{-\lambda t}$) auftritt.

Beispiel A2.14

Die Zufallsgrößen τ_1 und τ_2 seien statistisch unabhängig und nach einer Gamma-Verteilung mit den Parametern λ und β verteilt. Man bestimme die Verteilungsdichte der Summe $\eta = \tau_1 + \tau_2$.

Lösung

Für die Verteilungsdichte der Zufallsgrößen τ_1 und τ_2 gilt gemäß Gl. (A2.31) $f(t) = \lambda(\lambda t)^{\beta-1} e^{-\lambda t} / \Gamma(\beta)$. Ihre Laplace-Transformierte (Tab. A3.7) ist damit $\tilde{f}(s) = \lambda^\beta / (s+\lambda)^\beta$. Aus Gl. (A2.69) folgt für die Laplace-Transformierte der Verteilungsdichte von $\eta = \tau_1 + \tau_2$ der Ausdruck $\tilde{f}(s) = \lambda^{2\beta} / (s+\lambda)^{2\beta}$. Die Zufallsvariable $\eta = \tau_1 + \tau_2$ weist somit *ebenfalls* eine Gamma-Verteilung mit den Parametern λ und 2β auf. Die Verallgemeinerung auf die Summe von n Zufallsgrößen führt zu einer Gamma-Verteilung mit den Parametern λ und $n\beta$.

Beispiel A2.15

Die Zufallsgrößen τ_1 und τ_2 seien statistisch unabhängig und normalverteilt mit den Mittelwerten m_1 und m_2 bzw. den Varianzen σ_1^2 und σ_2^2. Man bestimme die Verteilungsdichte der Summe $\eta = \tau_1 + \tau_2$.

Lösung

Aus Gl. (A2.67) gilt für die Dichte von $\eta = \tau_1 + \tau_2$

$$f_\eta(t) = \frac{1}{2\pi\sigma_1\sigma_2} \int\limits_{-\infty}^{\infty} e^{-\left(\frac{(x-m_1)^2}{2\sigma_1^2} + \frac{(t-x-m_2)^2}{2\sigma_2^2}\right)}\,dx.$$

Mit $u = x - m_1$, $v = t - m_1 - m_2$ und unter Berücksichtigung von

$$\frac{u^2}{\sigma_1^2} + \frac{(v-u)^2}{\sigma_2^2} = \left(\frac{u\sqrt{\sigma_1^2+\sigma_2^2}}{\sigma_1\sigma_2} - \frac{v\sigma_1}{\sigma_2\sqrt{\sigma_1^2+\sigma_2^2}}\right)^2 + \frac{v^2}{\sigma_1^2+\sigma_2^2}$$

folgt

$$f_\eta(t) = \frac{1}{\sqrt{2\pi}\,\sqrt{\sigma_1^2+\sigma_2^2}}\, e^{-\frac{(t-m_1-m_2)^2}{2(\sigma_1^2+\sigma_2^2)}}.$$

Die Summe zweier unabhängigen, normalverteilten Zufallsgrößen ist ebenfalls normalverteilt, mit dem Mittelwert $m_1 + m_2$ und der Varianz $\sigma_1^2 + \sigma_2^2$. Sind τ_1 und τ_2 statistisch abhängig, so ist $\tau_1 + \tau_2$ immer noch normalverteilt mit $m = m_1 + m_2$, aber mit der Varianz $\sigma^2 = \sigma_1^2 + \sigma_2^2 + 2\rho\sigma_1\sigma_2$, wobei ρ der *Korrelationskoeffizient* ist (Gl. (A2.72)).

A2.1.7.3 Kovarianzmatrix, Korrelationskoeffizient

Eine nützliche Charakterisierung eines Zufallvektors ist seine *Kovarianzmatrix* (a_{ij}), die im stetigen Falle gemäß

$$a_{ij} = \mathrm{Cov}[\tau_i, \tau_j] = \mathrm{E}[(\tau_i - \mathrm{E}[\tau_i])(\tau_j - \mathrm{E}[\tau_j])]$$

$$= \int_{-\infty}^{\infty} \ldots \int_{-\infty}^{\infty} (t_i - \mathrm{E}[\tau_i])(t_j - \mathrm{E}[\tau_j]) \mathrm{f}(t_1, \ldots, t_n) dt_1 \ldots dt_n \qquad \text{(A2.71)}$$

definiert ist. Die Diagonalelemente der Kovarianzmatrix sind die Varianzen der Komponenten τ_i, $i = 1, \ldots, n$. Die Elemente der Diagonalen geben ein Maß über die Abhängigkeitsstruktur der Komponenten, offenbar ist $a_{ij} = a_{ji}$. Sind τ_i und τ_j *unabhängig*, so ist $a_{ij} = a_{ji} = 0$.

Es sei nun $\vec{\tau} = (\tau_1, \tau_2)$, ein zweidimensionaler Zufallsvektor. Die Größe

$$\rho(\tau_1, \tau_2) = \frac{\mathrm{Cov}[\tau_1, \tau_2]}{\sigma_1 \sigma_2} \qquad \text{mit } \sigma_i = \sqrt{\mathrm{Var}[\tau_i]} \qquad \text{(A2.72)}$$

wird als *Korrelationskoeffizient* der Zufallsgrößen τ_1 und τ_2 definiert. Es gilt

1. $|\rho| \le 1$
2. sind τ_1 und τ_2 *unabhängig*, so ist $\rho = 0$ (die Umkehrung ist nicht notwendigerweise richtig)
3. $\rho = \pm 1$ genau dann, wenn τ_1 und τ_2 linear abhängig sind.

A2.1.7.4 Weitere Eigenschaften des Erwartungswerts und der Varianz

Es seien $\tau_1, \ldots, \tau_n$ *beliebige* Zufallsgrößen und $C_1, \ldots, C_n$ Konstanten. Aus den Gln. (A2.64) und (A2.51) folgt

$$\mathrm{E}[C_1 \tau_1 + \ldots + C_n \tau_n] = C_1 \mathrm{E}[\tau_1] + \ldots + C_n \mathrm{E}[\tau_n]. \qquad \text{(A2.73)}$$

Falls τ_1 und τ_2 *unabhängig* sind, gilt

$$\mathrm{E}[\tau_1 \tau_2] = \mathrm{E}[\tau_1]\mathrm{E}[\tau_2]. \qquad \text{(A2.74)}$$

Für die Varianz einer Summe *unabhängiger* Zufallsgrößen $\tau_1, \ldots, \tau_n$ erhält man aus den Gln. (A2.64) und (A2.74)

$$\mathrm{Var}[\tau_1 + \ldots + \tau_n] = \mathrm{Var}[\tau_1] + \ldots + \mathrm{Var}[\tau_n]. \qquad \text{(A2.75)}$$

A2.1.7.5 Transformation von Zufallsgrößen

In vielen praktischen Anwendungen wird nach der Verteilungsfunktion $F_\eta(t)$ einer Zufallsgröße $\eta = u(\tau)$, erhalten aus der Transformation einer Zufallsgröße τ, mit gegebener Verteilungsfunktion $F_\tau(t)$, durch eine stetige, monoton wachsende (oder monoton fallende) Funktion $u(x)$. Ist $u(x)$ eine *monoton steigende* Funktion und τ eine *stetige* Zufallsgröße mit Verteilungsfunktion $F_\tau(t)$, so hat die Zufallsgröße $\eta = u(\tau)$ die Verteilungsfunktion

$$F_\eta(t) = \Pr\{\eta = u(\tau) \le t\} = \Pr\{\tau \le u^{-1}(t)\} = F_\tau(u^{-1}(t)), \tag{A2.76}$$

wobei u^{-1} die *Umkehrfunktion* von u ist. Ist $u(x)$ differenzierbar, so gilt

$$f_\eta(t) = f_\tau(u^{-1}(t)) \frac{d\,u^{-1}(t)}{dt}. \tag{A2.77}$$

Ist $u(x)$ monoton fallend, so muß man mit dem Absolutbetrag $|\frac{d\,u^{-1}(t)}{dt}|$ operieren.

Beispiel A2.16
Man zeige, daß der Logarithmus einer logarithmisch normalverteilten Zufallsgröße $\eta = \ln \tau$ normalverteilt ist.

Lösung
Für

$$f_\tau(t) = \frac{1}{t\,\sigma\sqrt{2\pi}} e^{-\frac{(\ln t + \ln \lambda)^2}{2\sigma^2}}$$

gilt aus Gl. (A2.77), mit $u(t) = \ln t$ und $u^{-1}(t) = e^t$,

$$f_\eta(t) = \frac{1}{e^t\,\sigma\sqrt{2\pi}} e^{-\frac{(t+\ln \lambda)^2}{2\sigma^2}} e^t = \frac{1}{\sigma\sqrt{2\pi}} e^{-\frac{(t+\ln \lambda)^2}{2\sigma^2}} = \frac{1}{\sigma\sqrt{2\pi}} e^{-\frac{(t-m)^2}{2\sigma^2}}.$$

mit $\ln(1/\lambda) = m$. Diese Methode läßt sich auf *andere Transformationen* anwenden, z. B.

$u(t) = e^t$: Normalverteilung $\rightarrow$ logarithmische Normalverteilung

$u(t) = t^\beta$: Weibull-Verteilung $\rightarrow$ Exponentialverteilung

$u(t) = \sqrt[\beta]{t}$: Exponentialverteilung $\rightarrow$ Weibull-Verteilung

$u(t) = F_\eta^{-1}(t)$: Gleichverteilung im Intervall $[0,1] \rightarrow F_\eta(t)$.

Bei *Monte-Carlo-Simulationen* werden neben obigen Transformationen auch kompliziertere Transformationsalgorithmen verwendet.

A2.1.8 Grenzwertsätze

Grenzwertsätze sind in den praktischen Anwendungen von großer Bedeutung, weil sie mit Hilfe bekannter (tabellierter) Verteilungen die Berechnung von Näherungswerten erlauben. In diesem Abschnitt werden zwei wichtige Fälle behandelt, das Gesetz der großen Zahlen und der zentrale Grenzwertsatz. Das Gesetz der großen Zahlen rechtfertigt (nachträglich) den Aufbau der Wahrscheinlichkeitsrechnung ausgehend von Eigenschaften der relativen Häufigkeiten. Der zentrale Grenzwertsatz zeigt, daß die Normalverteilung für viele Approximationen verwendet werden darf.

A2.1.8.1 Gesetz der großen Zahlen

Zwei wichtige Begriffe im Zusammenhang mit Grenzwertsätzen sind die Konvergenz in Wahrscheinlichkeit und die Konvergenz mit Wahrscheinlichkeit eins. Es seien $\zeta_1, \zeta_2, \ldots$, und ζ Zufallsgrößen, definiert auf einem Wahrscheinlichkeitsraum $[\Omega, \mathcal{F}, \Pr]$. ζ_n *konvergiert in Wahrscheinlichkeit* gegen ζ, falls für jedes $\varepsilon > 0$ gilt

$$\lim_{n \to \infty} \Pr\{\, |\, \xi_n - \xi\, | > \varepsilon \} = 0. \tag{A2.78}$$

ζ_n *konvergiert mit Wahrscheinlichkeit eins* gegen ζ, falls

$$\Pr\{\, \lim_{n \to \infty} \xi_n = \xi \} = 1. \tag{A2.79}$$

Aus der Konvergenz mit Wahrscheinlichkeit eins (Konvergenz fast überall) folgt die Konvergenz in Wahrscheinlichkeit (stochastische Konvergenz).

Betrachtet sei nun das Bernoullische Schema gemäß Gl. (A2.39) und es sei S_n die Anzahl Fälle bei welchen das Ereignis A in den n Versuchen aufgetreten ist ($S_n = \delta_1 + \ldots + \delta_n$). Die Größe S_n / n stellt die *relative Häufigkeit* des Auftretens von A in n unabhängigen Versuchen dar. Das *schwache Gesetz der großen Zahlen* besagt, daß für jedes $\varepsilon > 0$

$$\lim_{n \to \infty} \Pr\{\, |\, \frac{S_n}{n} - p\, | > \varepsilon \} = 0 \tag{A2.80}$$

gilt. Gleichung (A2.80) ist eine unmittelbare Folge der *Tschebyscheffschen Ungleichung* [A2.3 (1994), A2.7 Vol. II, A2.11]. Ähnlich zur Gl. (A2.80) gilt für eine Folge *unabhängiger* und *identisch verteilter* Zufallsgrößen $\tau_1, \ldots, \tau_n$ mit $\mathrm{E}[\tau_i] = a$ und $\mathrm{Var}[\tau_i] = \sigma^2 < \infty$, $i = 1, \ldots, n$

$$\lim_{n \to \infty} \Pr\{\, |\, (\frac{1}{n} \sum_{i=1}^{n} \tau_i) - a\, | > \varepsilon \} = 0. \tag{A2.81}$$

Gemäß der Beziehung (A2.80) strebt der Grenzwert der *relativen Häufigkeit* S_n/n des Auftretens von *A in Wahrscheinlichkeit* gegen $p = \Pr\{A\}$. Gemäß Gl. (A2.81) strebt der arithmetische Mittelwert $(t_1 + \dots + t_n)/n$ von *n unabhängigen Beobachtungen* (Realisierungen) der Zufallsgröße τ *in Wahrscheinlichkeit* gegen $E[\tau]$. Man bezeichnet deshalb $\hat{p} = S_n/n$ und $\hat{a} = (t_1 + \dots + t_n)/n$ als *konsistente Schätzung* von $p = \Pr\{A\}$ bzw. von $a = E[\tau]$.

Eine schärfere Aussage als das schwache Gesetz der großen Zahlen enthält das *starke Gesetz der großen Zahlen*. Mit den gleichen Beziehungen wie in den Gln. (A2.80) und (A2.81) gilt

$$\Pr\{\lim_{n\to\infty} \frac{S_n}{n} = p\} = 1 \qquad \text{bzw.} \qquad \Pr\{\lim_{n\to\infty} (\frac{1}{n}\sum_{i=1}^{n}\tau_i) = a\} = 1. \qquad \text{(A2.82)}$$

A2.1.8.2 Zentraler Grenzwertsatz, Satz von De Moivre-Laplace

Es seien $\tau_1, \tau_2, \dots$ unabhängige, identisch verteilte Zufallsgrößen mit Erwartungswert $E[\tau_i] = a$ und Varianz $\mathrm{Var}[\tau_i] = \sigma^2 < \infty$, $i = 1, 2, \dots$. Für jedes $t < \infty$ gilt

$$\lim_{n\to\infty} \Pr\{\frac{\sum_{i=1}^{n}(\tau_i - a)}{\sigma\sqrt{n}} \le t\} = \frac{1}{\sqrt{2\pi}} \int_{-\infty}^{t} e^{\frac{-x^2}{2}} dx. \qquad \text{(A2.83)}$$

Man bezeichnet die Beziehung gemäß Gl. (A2.83) als *zentralen Grenzwertsatz*. Dieser Satz besagt, daß für große Werte von n die Verteilungsfunktion der Summe von $\tau_1, \dots, \tau_n$ gegen eine Normalverteilung mit Mittelwert $E[\tau_1 + \dots + \tau_n] = n E[\tau_i] = n\,a$ und Varianz $\mathrm{Var}[\tau_1 + \dots + \tau_n] = n\,\mathrm{Var}[\tau_i] = n\,\sigma^2$ konvergiert. Der zentrale Grenzwertsatz hat sowohl für die Wahrscheinlichkeitsrechnung als auch für die mathematische Statistik eine große Bedeutung.

Im Spezialfall, wenn $\tau_i = \delta_i$ *Bernoullische Variablen* sind, erhält man den *Satz von De Moivre-Laplace*

$$\lim_{n\to\infty} \Pr\{\frac{\sum_{i=1}^{n}\delta_i - n\,p}{\sqrt{n\,p(1-p)}} \le t\} = \frac{1}{\sqrt{2\pi}} \int_{-\infty}^{t} e^{\frac{-x^2}{2}} dx \qquad \text{(A2.84)}$$

oder

$$\lim_{n\to\infty} \Pr\{|\,\frac{\sum_{i=1}^{n}\delta_i}{n} - p\,| \le \varepsilon\} = \frac{2}{\sqrt{2\pi}} \int_{0}^{\frac{n\varepsilon}{\sqrt{n\,p(1-p)}}} e^{\frac{-x^2}{2}} dx. \qquad \text{(A2.85)}$$

Setzt man die rechte Seite der Gl. (A2.85) gleich γ, so kann man z. B. für gegebene γ, p und ε die Anzahl Versuche n bestimmen, die notwendig sind, damit mit einer Wahrscheinlichkeit γ die Ungleichung $|((\delta_1 + \ldots + \delta_n)/n) - p| \le \varepsilon$ erfüllt wird. Dieses Resultat ist z. B. für Zuverlässigkeitsuntersuchungen mittels Simulation (Monte-Carlo-Simulation) wichtig.

Der zentrale Grenzwertsatz kann unter relativ schwachen Bedingungen auf die Summe unabhängiger, mit verschiedenen Verteilungsfunktionen verteilten Zufallsgrößen verallgemeinert werden, vgl. z. B. [A2.7 Vol. II, A2.11].

Beispiel A2.17
Man bestimme die Anzahl Versuche, die durchgeführt werden müssen, um bei der Schätzung einer unbekannten Wahrscheinlichkeit p ein Vertrauensintervall $[\hat{p}_l, \hat{p}_u]$ der Breite $\le 2\varepsilon$ mit einer Aussagewahrscheinlichkeit γ zu erhalten (*Monte-Carlo-Simulation*).

Lösung
Aus Gl. (A2.85) folgt für $2\varepsilon = \hat{p}_u - \hat{p}_l$ und $n \to \infty$

$$\Pr\{ | \frac{\sum\limits_{i=1}^{n}\delta_i}{n} - p | \le \varepsilon\} \approx \frac{2}{\sqrt{2\pi}} \int\limits_{0}^{\frac{\varepsilon n}{\sqrt{n\,p\,(1-p)}}} e^{\frac{-x^2}{2}} dx = \gamma \; .$$

Damit ist (Tab. A3.1)

$$\frac{1}{\sqrt{2\pi}} \int\limits_{0}^{\frac{\varepsilon n}{\sqrt{n\,p(1-p)}}} e^{-x^2/2}dx = \frac{\gamma}{2} \quad \text{oder} \quad \frac{1}{\sqrt{2\pi}} \int\limits_{-\infty}^{\frac{\varepsilon n}{\sqrt{n\,p(1-p)}}} e^{-x^2/2}dx = 0.5 + \frac{\gamma}{2} = \frac{1+\gamma}{2}$$

und folglich $\varepsilon n / \sqrt{n\,p\,(1-p)} = t_{(1+\gamma)/2}$, woraus folgt

$$n = \left(\frac{t_{(1+\gamma)/2}}{\varepsilon}\right)^2 p(1-p), \tag{A2.86}$$

wobei $t_{(1+\gamma)/2}$ der $(1+\gamma)/2$-Quantil der Standard-Normalverteilung ist, vgl. Tab. A3.1. Die Anzahl n von Versuchen hängt vom Wert von p ab. Sie ist am größten ($n_{\max}$) für $p = 0.5$. Folgende Tabelle gibt $n_{\max}$ für verschiedene Breiten ε des Vertrauensintervalls und Werte der Aussagewahrscheinlichkeit γ an

$\hat{p}_u - \hat{p}_l = 2\varepsilon$	0.1 ($\varepsilon = 0.05$)			0.05 ($\varepsilon = 0.025$)		
γ	0.8	0.9	0.95	0.8	0.9	0.95
$t_{(1+\gamma)/2}$	1.282	1.645	1.960	1.282	1.645	1.960
$n_{\max}$	164	271	384	657	1'082	1'537

Beispiel A2.18
Für die Serienfertigung eines Gerätes werden 5000 ICs einer bestimmten Art benötigt. Die Defektequote dieser ICs sei gleich 0.5%. Gesucht ist die Anzahl ICs, die man bestellen muß, um mit einer Wahrscheinlichkeit von $\gamma = 0.99$ die Serie fertigen zu können.

Lösung

Gesucht ist die kleinste ganze Zahl n, welche die Ungleichung

$$\Pr\{\sum_{i=1}^{n} \delta_i > 5000\} \geq 0.99 = \gamma$$

erfüllt (hier ist $p = \Pr\{\text{IC gut}\} = 0.995$). Eine Umformung der Gl. (A2.84) führt (mit $t = t_{1-\gamma}$) zu

$$\lim_{n \to \infty} \Pr\{\sum_{i=1}^{n} \delta_i > t_{1-\gamma} \sqrt{n\,p(1-p)} + n\,p\} = \frac{1}{\sqrt{2\pi}} \int_{t_{1-\gamma}}^{\infty} e^{\frac{-x^2}{2}} dx = 1 - \frac{1}{\sqrt{2\pi}} \int_{-\infty}^{t_{1-\alpha}} e^{-\frac{x^2}{2}} dx = \gamma.$$

Dabei bezeichnet $t_{1-\gamma}$ das $(1-\gamma)$-Quantil der Standard-Normalverteilung. Für $\gamma = 0.99$ folgt, aus Tab. A3.1, $t_{1-\gamma} = -2.33$. Mit $p = 0.005$ erhält man dann zur Bestimmung von n die Ungleichung

$$-2.33\sqrt{n \cdot 0.995 \cdot 0.005} + 0.995\,n \geq 5000.$$

Damit müssen $n = 5037$ ICs bestellt werden (mit $n = 5025$ ICs hätte man $t_{1-\gamma} = 0$ und $\gamma = 0.5$).

A2.2 Auszug aus der Theorie der stochastischen Prozesse

A2.2.1 Einführung

Stochastische Prozesse sind mathematische Modelle für Zufallserscheinungen, die in der Zeit ablaufen, wie z. B. das Zeitverhalten eines reparierbaren Geräts oder Systems. Sie werden oft mit $\xi(t)$ bezeichnet. Zur Beschreibung eines stochastischen Prozesses $\xi(t)$ kann man davon ausgehen, daß für ein beliebiges, festes t_0 aus dem uns interessierenden Zeitbereich T die Größe $\xi(t_0)$ eine Zufallsgröße (im üblichen Sinne) ist. Durch diese Betrachtung wird der stochastische Prozeß als eine *Schar von Zufallsgrößen*, die von der Zeit abhängen, definiert. Für die Zufallsgrößen $\xi(t_1)$, $\xi(t_2)$, ... wird angenommen, daß für $n = 1, 2, \ldots$ und beliebige Werte $t_1, \ldots, t_n \in T$ die n-dimensionale Verteilungsfunktionen

$$F(x_1, \ldots, x_n; t_1, \ldots, t_n) = \Pr\{\xi(t_1) \leq x_1, \ldots, \xi(t_n) \leq x_n\} \tag{A2.87}$$

existieren und die *Konsistenzbedingung* sowie die *Symmetriebedingung* erfüllen [A2.15, A.2.11]. Die Erfüllung dieser Bedingungen ist in allen praktischen Anwendungen sichergestellt.

Obwohl allgemein gültig, ist die Beschreibung eines stochastischen Prozesses anhand der (unendlich großen) Familie der n-dimensionalen Verteilungsfunktionen gemäß Gl. (A2.87) unpraktisch. Für viele Anwendungen genügen oft einige wenige spezifische Kenngrößen des zugrundeliegenden stochastischen Prozesses (dessen Existenz vorausgesetzt wird), wie z. B. bestimmte Zustandswahrscheinlichkeiten oder Verweilzeiten, zu deren Ermittlung nicht die Kenntnis aller Verteilungsfunktionen gemäß Gl. (A2.87) erforderlich ist. Aus der Problemstellung und den getroffenen Modellannahmen erkennt man in der Regel

- die Gestalt des *Zeitbereiches* T: stetig oder diskret, endlich oder unendlich
- die Gestalt des *Zustandsraumes*: stetig oder diskret
- den *Nachwirkungsgrad* (Abhängigkeitsstruktur zwischen z. B. aufeinanderfolgenden Zuständen) des zu untersuchenden stochastischen Prozesses
- *Invarianzeigenschaften* des Prozesses in bezug auf Zeitverschiebungen: stationäre bzw. zeithomogene Prozesse.

In der Zuverlässigkeitstheorie treten praktisch nur Prozesse mit stetigem Zeitparameter und diskretem Zustandsraum auf. Als Zeitbereich wird in der Regel die positive Zeitachse ($t \geq 0$) betrachtet. Die Zustände werden mit $Z_0, \ldots, Z_m$ bezeichnet. Bezüglich *Nachwirkungsgrad* sind folgende Prozesse von Bedeutung

- Erneuerungsprozesse
- Markoff Prozesse
- Semi-Markoff Prozesse
- Semi-regenerative Prozesse (Prozesse mit eingebetteten Semi-Markoff-Prozeß)
- Regenerative Prozesse mit nur einzelnen regenerativen Zuständen (oft mit einem einzigen regenerativen Zustand).

Erneuerungsprozesse bilden die Grundlage für viele Untersuchungen, ihre Realisierung ist eine unabhängige Folge von Ereignissen (Punkten) auf der Zeitachse (Punktprozeß). Hinsichtlich der Nachwirkungsfreiheit nehmen die Markoff-Prozesse eine besondere Stelle ein. Grob gesagt ist $\xi(t)$ ein *Markoff-Prozeß*, wenn sein Verlauf nach einem (beliebigen) Zeitpunkt t von t und seinem Zustand in t, nicht aber vom Verlauf vor t, abhängt. Oft ist in einem Markoff-Prozeß auch die Abhängigkeit von t nicht vorhanden (zeithomogene Markoff-Prozesse), in diesem Fall ist der Markoff-Prozeß bis zur Kenntnis des Zustandes zum Zeitpunkt t *gedächtnislos*. Bei den *Semi-Markoff-Prozessen* tritt die Eigenschaft der Gedächtnislosigkeit nur am Zeitpunkt eines Zustandswechsels ein. *Regenerative Prozesse* haben die Eigenschaft, daß es zufällige Zeitpunkte gibt (Eintrittszeitpunkte bestimmter Zustände), in denen der Prozeß seine Vergangenheit vergißt und im Sinne der Wahrscheinlichkeit *von neuem* beginnt. Solche Punkte werden als *Erneuerungspunkte* (Regenerationspunkte) bezeichnet. Zwischen den Regenerationspunkten kann die Abhängigkeitsstruktur kompliziert sein. Zeithomogene *Markoff-Prozesse* und *Semi-Markoff-Prozesse* sind regenerative Prozesse, bei welchen *alle Zustände* regenerativ sind.

Zur Beschreibung des Zeitverhaltens von Systemen, die sich im statistischen Gleichgewicht (stationären Zustand) befinden, eignen sich stationäre und zeithomogene Prozesse. Der Prozeß $\xi(t)$ wird *stationär* (im engeren Sinne) genannt, falls für $n = 1, 2, \ldots$ für beliebige Zeiten $t_1, \ldots, t_n,\ t_1 + a, \ldots, t_n + a \in T$

$$F(x_1, \ldots, x_n; t_1 + a, \ldots, t_n + a) = F(x_1, \ldots, x_n; t_1, \ldots, t_n) \qquad (A2.88)$$

gilt. Für $n = 1$ besagt Gl. (A2.88), daß die Verteilungsfunktion der Zufallsgrösse $\xi(t)$ unabhängig von t ist. Damit sind *alle Momente*, $E[\xi(t)]$, $Var[\xi(t)]$ usw. *zeitunabhängig*. Ferner ist für $n = 2$ die Verteilungsfunktion der zweidimensionalen Zufallsgrösse $(\xi(t), \xi(t + \theta))$ nur eine Funktion von θ. Daraus folgt, daß auch der *Korrelationskoeffizient* zwischen $\xi(t)$ und $\xi(t + \theta)$ nur eine Funktion von θ ist. Sind nur der Erwartungswert, die Varianz und der Korrelationskoeffizient zeitunabhängig, so wird der Prozeß *stationär im weiteren Sinne* genannt. Ein Prozeß $\xi(t)$ wird *zeithomogen* oder mit *stationären Zuwächsen* bezeichnet, falls für $n = 1, 2, \ldots$, beliebige Intervalle $(b_1, t_1), \ldots, (b_n, t_n)$ ein beliebiges $a\,(b_i, b_i + a, t_i, t_i + a \in T)$ und beliebige Werte $x_1, \ldots, x_n$ gilt

$$\begin{aligned}
Pr\{\xi(t_1 + a) - \xi(b_1 + a) &\le x_1, \ldots, \xi(t_n + a) - \xi(b_n + a) \le x_n\} \\
&= Pr\{\xi(t_1) - \xi(b_1) \le x_1, \ldots, \xi(t_n) - \xi(b_n) \le x_n\}.
\end{aligned} \qquad (A2.89)$$

Ist der Prozeß $\xi(t)$ stationär, dann ist er auch zeithomogen.

Tabelle A2.2 faßt die für die Untersuchung reparierbarer Geräte und Systeme oft verwendeten Prozesse kurz zusammen.

Im folgenden wird auf die Erneuerungs- und Markoff-Prozesse eingegangen, vgl. auch [A2.3 (1994), A2.4, A2.5, A2.7, A2.9, A2.11–A2.13, A2.18, A2.20–A2.24].

A2.2.2 Erneuerungsprozesse

Erneuerungsprozesse beschreiben in der Zuverlässigkeitstheorie das Grundmodell einer Betrachtungseinheit im Dauerbetrieb, die bei jedem Ausfall durch eine neue, statistisch identische Betrachtungseinheit in einer vernachlässigbaren Zeit ersetzt wird. Sie bilden damit die Ausgangslage auch zur Untersuchung komplexer reparierbaren Systeme.

Es seien $\tau_0, \tau_1, \ldots$ statistisch unabhängige, positive Zufallsgrößen, z. B. ausfallfreie Arbeitszeiten, verteilt nach

$$F_A(x) = Pr\{\tau_0 \le x\} \qquad \text{und} \qquad F(x) = Pr\{\tau_i \le x\}, \quad i = 1, 2, \ldots. \qquad (A2.90)$$

Die Zufallsgrößen

$$S_n = \sum_{i=0}^{n-1} \tau_i, \qquad n = 1, 2, \ldots \qquad (A2.91)$$

bilden einen *Erneuerungsprozeß*. Die Punkte $S_1, S_2, \ldots$ auf der Zeitachse sind *Er-*

Tabelle A2.2 Stochastische Prozesse zur Untersuchung der Zuverlässigkeit und der Verfügbarkeit reparierbarer Systeme

Stochastischer Prozeß	Kann verwendet werden für die Untersuchung von	Grundlagen	Schwierigkeitsgrad
1. Erneuerungsprozeß	Ersatzteilebevorratung; Einzelelemente mit beliebigen Ausfallraten und vernachlässigbaren Reparaturzeiten	Erneuerungstheorie	mittel
2. Alternierender Erneuerungsprozeß	Einzelelemente mit beliebigen Ausfall- und Reparaturraten	Erneuerungstheorie	mittel
3. Markoff-Prozeß (zeithomogen)	Systeme beliebiger Struktur, aber mit zeitunabhängigen Ausfall- und Reparaturraten	Differentialgleichungen (linear mit konst. Koeffizienten)	klein
4. Semi-Markoff-Prozeß	Einzelne Systeme mit zeitunabhängigen Ausfallraten und beliebigen Reparaturraten	Integralgleichungen	mittel
5. Semi-regenerativer Prozeß (Prozeß mit eingebettetem Semi-Markoff-Prozeß)	Systeme mit zeitunabhängigen Ausfallraten und beliebigen Reparaturraten, einzelne Systeme mit beliebigen Ausfall- und Reparaturraten	Integralgleichungen	groß
6. Nicht regenerativer Prozeß	Systeme mit beliebigen Ausfall- und Reparaturraten	anspruchsvolle Methoden; partielle Differentialgleichungen	sehr groß

neuerungspunkte (Regenerationspunkte), bei ihrem Auftritt vergißt der Prozeß seine Vergangenheit.

Wie auch Bild A2.4 zeigt, ist der Erneuerungsprozeß ein *Punktprozeß*. Ihm kann eine *Zählfunktion* $\nu(t)$ zugeordnet werden, welche die Anzahl Erneuerungspunkte in $(0, t]$ angibt und als Realisierung $\xi(t)$ eines stochastischen Prozesses im üblichen Sinne betrachtet werden kann.

Für die Untersuchung des Erneuerungsprozesses wird im Folgenden $F_A(0) = F(0) = 0$ und die Existenz der Dichten

$$f_A(x) = \frac{dF_A(x)}{dx} \qquad \text{und} \qquad f(x) = \frac{dF(x)}{dx}, \tag{A2.92}$$

sowie vom Erwartungswert $T = E[\tau_i]$, $i \geq 1$, vorausgesetzt.

Für die Verteilung der Anzahl Erneuerungspunkte $\nu(t)$ im Intervall $(0, t]$ folgt aus Bild A2.4

$$\begin{aligned}
\Pr\{\nu(t) \leq n-1\} &= \Pr\{S_n > t\} = 1 - \Pr\{S_n \leq t\} \\
&= 1 - \Pr\{\tau_0 + \ldots + \tau_{n-1} \leq t\} = 1 - F_n(t), \quad n = 1, 2, \ldots.
\end{aligned} \tag{A2.93}$$

Die Funktionen $F_n(t)$ lassen sich rekursiv aus

$$F_1(t) = F_A(t) \quad \text{und} \quad F_{n+1}(t) = \int_0^t F_n(t-x)f(x)dx, \quad n = 1, 2, \ldots \quad (A2.94)$$

berechnen. Aus Gl. (A2.93) folgt $\Pr\{v(t) = n\} = F_n(t) - F_{n+1}(t)$ und damit für den *Erwartungswert* von $v(t)$

$$E[v(t)] = \sum_{n=1}^{\infty} n[F_n(t) - F_{n+1}(t)] = \sum_{n=1}^{\infty} F_n(t) = H(t). \quad (A2.95)$$

Die Funktion $H(t)$ wird *Erneuerungsfunktion* genannt. Ihre Ableitung

$$h(t) = \frac{dH(t)}{dt} = \sum_{n=1}^{\infty} f_n(t) \quad (A2.96)$$

heißt *Erneuerungsdichte*. Dabei ist $f_n(t) = \frac{dF_n(t)}{dt}$ die Faltung von $f(x)$ mit $f_{n-1}(x)$

$$f_1(t) = f_A(t) \quad \text{und} \quad f_n(t) = \int_0^{\infty} f(x)f_{n-1}(t-x)dx, \quad n = 2, 3, \ldots, \quad (A2.97)$$

so, daß man für die Laplace-Transformierte von $h(t)$ erhält (Anhang A3.7)

$$\tilde{h}(s) = \frac{\tilde{f}_A(s)}{1 - \tilde{f}(s)}. \quad (A2.98)$$

Die Erneuerungsdichte $h(t)$ hat folgende wichtige inhaltliche Deutung:

Infolge der Annahme $F_A(0) = F(0) = 0$ *ist* $\lim_{\delta t \downarrow 0} \dfrac{1}{\delta t} \Pr\{v(t+\delta t) - v(t) > 1\} = 0,$
und damit, für $\delta t \downarrow 0$

$$h(t)\delta t \approx \Pr\{S_1 \text{ oder } S_2 \text{ oder } \ldots \text{ liegt in } (t, t+\delta t]\}. \quad (A2.99)$$

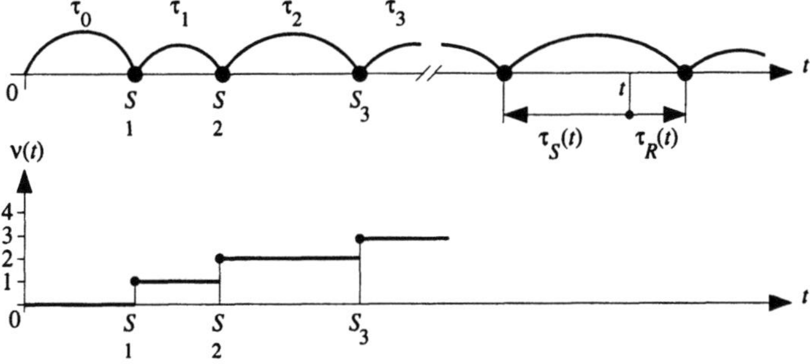

Bild A2.4 Zeitverlauf eines Erneuerungsprozesses und der dazugehörenden Zählfunktion $v(t)$

Gleichzeitig zeigt aber Gl. (A2.99) auch, daß die Erneuerungsdichte $h(t)$ prinzipiell *verschieden von der Ausfallrate* $\lambda(t)$ ist. Eine Übereinstimmung gibt es allerdings für den *Poisson-Prozeß*, für welchen $F_A(x) = F(x) = 1 - e^{-\lambda x}$ gilt und damit $h(t) = \lambda(t) = \lambda$. Diese Übereinstimmung ist eine Folge der *Gedächnislosigkeit*, charakteristisch für den Poisson-Prozeß, und hat zu Verwirrungen in der Literatur geführt.

Im folgenden sollen die Verteilungsfunktionen der *Vorwärts-Wiederkehrszeit* $\tau_R(t)$ und der *Rückwärts-Wiederkehrszeit* $\tau_S(t)$ betrachtet werden, vgl. Bild A2.4. Unter Berücksichtigung der Gl. (A2.99) folgt [A2.3 (1994)]

$$\Pr\{\tau_R(t) > x\} = 1 - F_A(t+x) + \int_0^t h(y)(1 - F(t+x-y))\,dy$$

woraus

$$\Pr\{\tau_R(t) \leq x\} = F_A(t+x) - \int_0^t h(y)(1 - F(t+x-y))\,dy \tag{A2.100}$$

und

$$\Pr\{\tau_S(t) \leq x\} = \begin{cases} \displaystyle\int_{t-x}^t h(y)(1 - F(t-y))\,dy & \text{für } x < t \\[3mm] 1 & \text{für } x \geq t. \end{cases} \tag{A2.101}$$

Die Verteilungsfunktion von $\tau_S(t)$ macht einen Sprung der Höhe $1 - F_A(t)$ an der Stelle $x = t$, weil $\Pr\{S_1 > t\} = 1 - F_A(t)$ ist.

Für $t \to \infty$ besitzt der Erneuerungsprozeß, unter sehr allgemeinen Bedingungen, wichtige *asymptotische Eigenschaften*. Dazu den *Satz der Erneuerungsdichte* [A2.7 (Vol. II)]

$$\lim_{t \to \infty} h(t) = \frac{1}{T} \tag{A2.102}$$

für $T = E[\tau_i] < \infty$, $i \geq 1$, und den *Kernsatz der Erneuerungstheorie* [A2.7 (Vol. II), A2.20]

$$\lim_{t \to \infty} \int_0^t U(t-y)h(y)\,dy = \frac{1}{T} \int_0^\infty U(z)\,dz \tag{A2.103}$$

für $U(z) > 0$ nicht steigend und Riemann-integrierbar in $(0, \infty)$. Aus dem Kernsatz der Erneuerungstheorie folgt

$$\lim_{t\to\infty} \Pr\{\tau_R(t) \le x\} = \lim_{t\to\infty} \Pr\{\tau_S(t) \le x\} = \frac{1}{T}\int_0^\infty (1 - F(y))\,dy. \tag{A2.104}$$

Die Gl. (A2.104) stellt ein wichtiges *asymptotisches Verhalten* dar. Sie zeigt, daß für $t \to \infty$ ein Erneuerungsprozeß gegen ein statistisches Gleichgewicht (einen *stationären Zustand*) konvergiert. Dieses Resultat gibt Anlaß zur folgenden Interpretation eines *stationären Erneuerungsprozesses*:

> *Ein stationärer Erneuerungsprozeß kann als ein Erneuerungsprozeß mit beliebiger Anfangsbedingung* $F_A(x)$ *betrachtet werden, dessen Entwicklung bei* $t = -\infty$ *begonnen hat und nur für* $t \ge 0$ *beobachtet wird* ($t = 0$ *ist ein willkürlicher Zeitpunkt*).

Für einen *stationären Erneuerungsprozeß* gilt $F_A(x) = \frac{1}{T}\int 1 - F(y)\,dy$ und für ihn ist $h(t) = 1/T$ für alle $t \ge 0$. Die Haupteigenschaften stationärer Erneuerungsprozesse sind in Tab. A2.3 zusammengestellt.

Für

$$F_A(x) = F(x) = 1 - e^{-\lambda x} \tag{A2.105}$$

ist der Erneuerungsprozeß gemäß Gl. (A2.91) ein (homogener) *Poisson-Prozeß*. Der (homogene) Poisson-Prozeß ist *stationär* für alle $t \ge 0$ und für ihn gilt:

$$\Pr\{\tau_0 + \ldots + \tau_{n-1} \le t\} = F_n(t) = 1 - \sum_{i=0}^{n-1} \frac{(\lambda t)^i}{i!} e^{-\lambda t}, \qquad n = 1, 2, \ldots \tag{A2.106}$$

Tabelle A2.3 Haupteigenschaften eines stationären Erneuerungsprozesses

Größe	Ausdruck	Bemerkungen/Annahmen
1. Verteilungsfunktion von τ_0	$F_A(x) = \frac{1}{T}\int_0^x (1 - F(y))\,dy$	$f_A(x) = \dfrac{dF_A(x)}{dx}, \quad x \ge 0$ $T = E[\tau_i], \quad i \ge 1$
2. Verteilungsfunktion von $\tau_i,\ i \ge 1$	$F(x)$	$f(x) = \dfrac{dF(x)}{dx}, \quad x \ge 0$
3. Erneuerungsfunktion	$H(t) = \dfrac{t}{T}, \quad t \ge 0$	$H(t) = E[v(t)] = E[\text{Anzahl von Erneuerungspunkten in } (0,t]]$
4. Erneuerungsdichte	$h(t) = \dfrac{1}{T}, \quad t \ge 0$	$h(t) = \dfrac{dH(t)}{dt}$ $h(t)\delta t \approx \lim_{\delta t \downarrow 0} \Pr\{S_1 \text{ oder } S_2 \text{ oder } \ldots$ $\text{liegt in } (t,\ t + \delta t]\}$
5. Verteilungsfunktion der Vorwärts-Wiederkehrszeit	$\Pr\{\tau_R(t) \le x\} = F_A(x),$ $t \ge 0$	unabhängig von t, $F_A(x)$ gemäß Punkt 1

$$\Pr\{\nu(t) = n\} = F_n(t) - F_{n+1}(t) = \frac{(\lambda t)^n}{n!} e^{-\lambda t}, \qquad\qquad n = 1, 2, \dots \qquad (A2.107)$$

$$H(t) = \lambda t, \qquad h(t) = \lambda \qquad\qquad\qquad (A2.108)$$

$$\Pr\{\tau_R(t) \le x\} = 1 - e^{-\lambda x}, \qquad t \ge 0 \qquad\qquad (A2.109)$$

$$\Pr\{\tau_S(t) \le x\} = \begin{cases} 1 - e^{-\lambda x} & \text{für } x < t \\ 1 & \text{für } x \ge t. \end{cases} \qquad\qquad (A2.110)$$

Aus der *Gedächtnislosigkeit* der Exponentialverteilung folgt auch, daß der Zählprozeß $\nu(t)$ gemäß Bild A2.4 unabhängige Zuwächse hat. Man kann damit einen *Poisson-Prozeß* als einen *Prozeß mit unabhängigen, stationären Zuwächsen* definieren, für den die Gl. (A2.107) gilt.

Ersetzt man in Gl. (A2.107) λt durch eine monoton steigende Funktion $M(t)$, so erhält man einen *inhomogenen Poisson-Prozeß*. Der inhomogene Poisson-Prozeß ist ein Prozeß mit *unabhängigen Zuwächsen*, für den

$$\Pr\{\nu(t) = n\} = \frac{(M(t))^n}{n!} e^{-M(t)} \qquad\qquad (A2.111)$$

gilt, wobei $M(t)$ eine *nichtnegative, monoton steigende Funktion* ist. Existiert

$$m(t) = \frac{dM(t)}{dt}, \qquad\qquad (A2.112)$$

so nennt man $m(t)$ die *Intensität* des inhomogenen Poisson-Prozesses.

A2.2.3 Alternierende Erneuerungsprozesse

Die Verallgemeinerung des Erneuerungsprozesses in Bild A2.4 durch Hinzufügen einer Reparaturzeit bei jedem Ausfall, verteilt nach $G(x)$, führt zum *alternierenden Erneuerungsprozeß*. Ein alternierender Erneuerungsprozeß ist ein Prozeß mit zwei Zuständen, die abwechselnd angenommen werden und deren Verweilzeiten nach $F(x)$ bzw. $G(x)$ verteilt sind. Im Hinblick auf die Untersuchung der Zuverlässigkeit und Verfügbarkeit eines Einzelelements und zur Vereinfachung der Schreibweise werden die beiden Zustände als *Arbeitszustand* (*up*) bzw. *Reparaturzustand* (*down*) bezeichnet und mit u bzw. d abgekürzt.

Um den alternierenden Erneuerungsprozeß zu definieren, seien zwei unabhängige Erneuerungsprozesse $\{\tau_i\}$ und $\{\tau_i'\}$, $i = 0, 1, \dots$, betrachtet. Die Größe τ_i sei z. B. die *i*-te *ausfallfreie Arbeitszeit* und τ_i' die *i*-te *Reparaturzeit* einer Betrachtungseinheit. Diese Zufallsgrößen besitzen die Verteilungsfunktionen

$$F_A(x) \;\;\text{für}\;\; \tau_0 \qquad \text{und} \qquad F(x) \;\;\text{für}\;\; \tau_i, \;\; i \ge 1 \qquad (A2.113)$$

und

$$G_A(x) \;\;\text{für}\;\; \tau_0' \qquad \text{und} \qquad G(x) \;\;\text{für}\;\; \tau_i', \;\; i \ge 1, \qquad (A2.114)$$

mit Verteilungsdichten $f_A(x)$, $f(x)$, $g_A(x)$, $g(x)$ und haben endliche Erwartungswerte

$$MTTF = E[\tau_i] = \int_0^\infty (1 - F(t))\,dt, \qquad i \geq 1 \qquad (A2.115)$$

und

$$MTTR = E[\tau_i'] = \int_0^\infty (1 - G(t))\,dt, \qquad i \geq 1. \qquad (A2.116)$$

MTTF und *MTTR* sind die Abkürzungen für *Mean Time To Failure* und *Mean Time
To Repair*. Die Folgen

$$\tau_0,\, \tau_1',\, \tau_1,\, \tau_2',\, \tau_2,\, \tau_3',\ldots \qquad \text{und} \qquad \tau_0',\, \tau_1,\, \tau_1',\, \tau_2,\, \tau_2',\, \tau_3,\ldots$$

bilden zwei *alternierende Erneuerungsprozesse*, die bei $t = 0$ mit τ_0 bzw. τ_0' beginnen, vgl. Bild A2.5. *Eingebettet* in jeden dieser Prozesse sind zwei Erneuerungsprozesse mit den Erneuerungspunkten S_{udui} bzw. S_{uddi}, markiert mit ▲ und S_{duui}
bzw. S_{dudi}, markiert mit ●:

udu bedeutet einen Übergang von up zu down gegeben up zur Zeit $t = 0$.

Diese vier eingebetteten Erneuerungsprozesse sind bis auf die Zeitintervalle, welche
bei $t = 0$ beginnen, d. h. bis auf τ_0, $\tau_0 + \tau_1'$, $\tau_0' + \tau_1$ und τ_0' statistisch identisch.
Die Verteilungsdichten sind $f_A(x)$, $f_A(x) * g(x)$, $g_A(x) * f(x)$, $g_A(x)$ für die Zeitintervalle beginnend bei $t = 0$ und $f(x) * g(x)$ für alle anderen (vgl. Gl. (A2.68)).

Die Resultate von Anhang A2.2.2 können für die Untersuchung der eingebetteten Erneuerungsprozesse in Bild A2.5 übernommen werden. Für die Laplace-Transformierte der Erneuerungsdichten $h_{udu}(t)$, $h_{duu}(t)$, $h_{udd}(t)$ und $h_{dud}(t)$ gilt

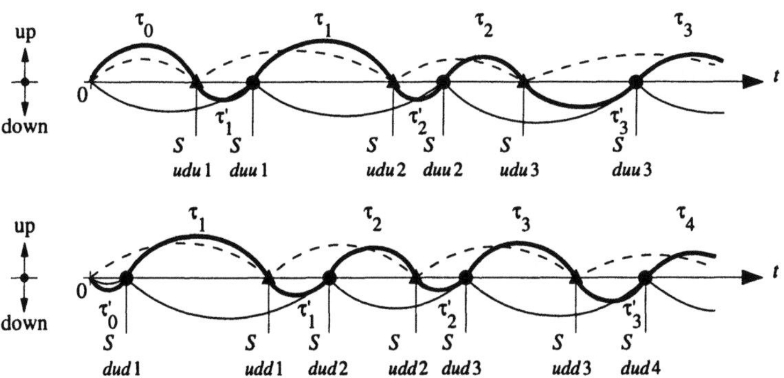

Bild A2.5 Zeitverlauf zweier alternierender Erneuerungsprozesse; welche bei $t = 0$ mit τ_0 bzw.
τ_0' beginnen (gezeigt sind auch die eingebetteten Erneuerungsprozesse mit Erneuerungspunkten ●
und ▲)

$$\tilde{h}_{udu}(s) = \frac{\tilde{f}_A(s)}{1 - \tilde{f}(s)\tilde{g}(s)}, \qquad \tilde{h}_{duu}(s) = \frac{\tilde{f}_A(s)\tilde{g}(s)}{1 - \tilde{f}(s)\tilde{g}(s)},$$

$$\tilde{h}_{udd}(s) = \frac{\tilde{g}_A(s)\tilde{f}(s)}{1 - \tilde{f}(s)\tilde{g}(s)}, \qquad \tilde{h}_{dud}(s) = \frac{\tilde{g}_A(s)}{1 - \tilde{f}(s)\tilde{g}(s)}. \tag{A2.117}$$

Zur Untersuchung des allgemeinen Falles müssen die beiden *alternierenden Erneuerungsprozesse* von Bild A2.5 kombiniert werden. Dafür sei

$$p = \Pr\{\text{Betrachtungseinheit } up \text{ zur Zeit } t = 0\}. \tag{A2.118}$$

Aufeinanderfolge Übergänge vom *up-* zum *down-*Zustand bilden einen Erneuerungsprozeß mit Erneuerungsdichte

$$h_{ud}(t) = p\,h_{udu}(t) + (1 - p)\,h_{udd}(t). \tag{A2.119}$$

Für die Wahrscheinlichkeit $PA(t) = \Pr\{\text{Betrachtungseinheit } up \text{ zur Zeit } t\}$ folgt dann

$$PA(t) = p\,(1 - F_A(t)) + \int_0^t h_{du}(x)(1 - F(t - x))\,dx. \tag{A2.120}$$

Die Wahrscheinlichkeit $PA(t)$ wird als *Punkt-Verfügbarkeit* bezeichnet.

Ein alternierender Erneuerungsprozeß, charakterisiert durch die Parameter p, $F_A(x)$, $F(x)$, $G_A(x)$ und $G(x)$ ist *stationär*, wenn gilt

$$p = \frac{MTTF}{MTTF + MTTR}, \qquad F_A(x) = \frac{1}{MTTF}\int_0^x (1 - F(y))\,dy,$$

$$G_A(x) = \frac{1}{MTTR}\int_0^x (1 - G(y))\,dy, \tag{A2.121}$$

mit *MTTF* und *MTTR* aus den Gln. (A2.115) und (A2.116). Für den *stationären alternierenden Erneuerungsprozeß* gilt insbesondere

$$PA(t) = \frac{MTTF}{MTTF + MTTR} = PA, \qquad t \geq 0. \tag{A2.122}$$

Unabhängig von den Anfangsbedingungen zur Zeit $t = 0$ (p, $F_A(x)$ und $G_A(x)$) existiert für den alternierenden Erneuerungsprozeß ein *asymptotisches Verhalten* (für $t \to \infty$), das *identisch* mit dem *stationären Zustand* ist. Wie beim Erneuerungsprozeß kann damit folgende wichtige Interpretation des stationären Zustandes gegeben werden:

Ein stationärer, alternierender Erneuerungsprozeß kann als ein alternierender Erneuerungsprozeß mit beliebigen Anfangsbedingungen p, $F_A(x)$ und $G_A(x)$ betrachtet werden, dessen Entwicklung bei $t = -\infty$ begonnen hat und nur für $t \geq 0$ beobachtet wird ($t = 0$ ist ein willkürlicher Zeitpunkt).

A2.2.4   Markoff-Prozesse mit endlich vielen Zuständen

A2.2.4.1 Definition und Haupteigenschaften

Ein stochastischer Prozeß $\xi(t)$ mit endlich vielen Zuständen $Z_0, ..., Z_m$ ist ein *Markoff-Prozeß*, falls für $n = 1, 2, ...,$ für beliebige Zeitpunkte $t + a > t > t_n > ...$ $> t_1 \in T$ und beliebige $i, j, i_1, ..., i_n \in \{0, ..., m\}$ gilt

$$\Pr\{\xi(t+a) = Z_j \mid (\xi(t) = Z_i \cap \xi(t_n) = Z_{i_n} \cap ... \cap \xi(t_1) = Z_{i_1})\}$$
$$= \Pr\{\xi(t+a) = Z_j \mid \xi(t) = Z_i\}. \tag{A2.123}$$

Die bedingten Zustandswahrscheinlichkeiten in Gl. (A2.123) werden *Übergangswahrscheinlichkeiten* genannt und mit $P_{ij}(t, t+a)$ bezeichnet

$$P_{ij}(t, t+a) = \Pr\{\xi(t+a) = Z_j \mid \xi(t) = Z_i\}. \tag{A2.124}$$

Mit $P_{ij}(t, t+a)$ werden lediglich die Zustände Z_j zur Zeit $t + a$ und Z_i zur Zeit t festgelegt, zwischen t und $t + a$ kann der Prozeß $\xi(t)$ andere Zustände einnehmen (dies im Gegensatz zu den Semi-Markoff-Übergangswahrscheinlichkeiten $Q_{ij}(x)$, bei welchen Z_j und Z_i *aufeinanderfolgende* Zustände sind, vgl. Gl. (A2.152)). Man kann zeigen (Gl. (A2.154)), daß die aufeinanderfolgenden Zustände eines Zeithomogenen Markoff-Prozesses mit endlich vielen Zuständen eine *Markoff-Kette*, eine *eingebettete Markoff-Kette* bilden.

Der Markoff-Prozeß ist *zeithomogen*, wenn die Übergangswahrscheinlichkeiten $P_{ij}(t, t+a)$ zeitunabhängig sind, d. h. für

$$P_{ij}(t, t+a) = P_{ij}(a). \tag{A2.125}$$

Im folgenden werden nur zeithomogene Markoff-Prozesse betrachtet. Die Übergangswahrscheinlichkeiten $P_{ij}(a)$ genügen den Bedingungen

$$P_{ij}(a) \geq 0 \qquad \text{und} \qquad \sum_{j=0}^{m} P_{ij}(a) = 1, \quad i = 0, ..., m. \tag{A2.126}$$

Die Elemente $P_{ij}(a)$ bilden damit eine *stochastische Matrix*. Zusammen mit der *Anfangsverteilung*

$$P_i(0) = \Pr\{\xi(0) = Z_i\}, \qquad i = 0, ..., m, \tag{A2.127}$$

bestimmen die $P_{ij}(a)$ das Verhalten des Markoff-Prozesses vollständig, denn für $t > 0$ sind die *Zustandswahrscheinlichkeiten*

$$P_j(t) = \Pr\{\xi(t) = Z_j\}, \qquad j = 0, ..., m \tag{A2.128}$$

durch

$$P_j(t) = \sum_{i=0}^{m} P_i(0) P_{ij}(t) \qquad\qquad\qquad\qquad (A2.129)$$

gegeben. Setzt man $P_{ij}(0) = 0$ für $i \neq j = 0, \ldots, m$ und $P_{ii}(0) = 1$ und nimmt man an, daß die Übergangswahrscheinlichkeiten $P_{ij}(t)$ in $t = 0$ stetig sind, so kann man zeigen, daß die $P_{ij}(t)$ in $t = 0$ auch differenzierbar sind. Die Grenzwerte

$$\lim_{\delta t \downarrow 0} \frac{P_{ij}(\delta t)}{\delta t} = \rho_{ij} \quad \text{für } i \neq j \qquad \text{und} \qquad \lim_{\delta t \downarrow 0} \frac{1 - P_{ii}(\delta t)}{\delta t} = \rho_i \qquad (A2.130)$$

existieren, und es gilt

$$\rho_i = \sum_{\substack{j=0 \\ j \neq i}}^{m} \rho_{ij}, \qquad i = 0, \ldots, m. \qquad\qquad\qquad (A2.131)$$

Beachtet man, daß (infolge der Stetigkeit der $P_{ij}(t)$ bei $t = 0$) für $\delta t \downarrow 0$ die Wahrscheinlichkeit für *mehr als einen Übergang* während δt schneller gegen null als δt selbst geht, d. h.

$$\text{Pr}\{\text{mehr als ein Übergang in } (t, t + \delta t]\} = o(\delta t),$$

so erhält man folgende nützliche Deutung für die Größen ρ_{ij} und ρ_i

$$\rho_{ij}\, \delta t = \text{Pr}\{\text{Übergang von } Z_i \text{ nach } Z_j \text{ in } (t, t + \delta t]\} \qquad\qquad (A2.132)$$

$$\rho_i\, \delta t = \text{Pr}\{Z_i \text{ wird verlassen in } (t, t + \delta t]\}. \qquad\qquad (A2.133)$$

Man bezeichnet ρ_{ij} und ρ_i als *Übergangsraten*. Sie spielen bei der Analyse von Markoff-Prozessen eine ähnliche Rolle wie die Übergangswahrscheinlichkeiten p_{ij} für Markoff-Ketten.

Markoff-Prozesse können zur Untersuchung des Zeitverhaltens reparierbarer Systeme eingesetzt werden, wenn *alle* auftretenden Zufallsgrößen *unabhängig und exponentiell verteilt (Gedächtnislosigkeit) sind*. Bei ihrer Modellierung ist es nützlich, die in einem Intervall $(t, t + \delta t]$, mit t beliebig und δt sehr klein, möglichen Übergänge und die zugehörigen Übergangsraten ρ_{ij} in einem *Diagramm der Übergangswahrscheinlichkeiten* in $(t, t + \delta t]$ festzuhalten. Dieses Diagramm ist eine direkte Erweiterung des *Diagramms der Zustandsübergänge*. Es ist ein gerichteter Graph mit den Zuständen $Z_0, \ldots, Z_m$ als Knoten und den Übergangswahrscheinlichkeiten $P_{ij}(\delta t)$ als Verbindungen, dabei werden die *Glieder der Ordnung* $o(\delta t)$ *vernachlässigt*. Diese Übergangswahrscheinlichkeiten in $(t, t + \delta t]$ lassen sich aus den *konstanten Ausfall- und Reparaturraten* der Elemente im Zuverlässigkeitsblockdiagramm bestimmen.

Die Beispiele A2.19 bis A2.21 (Bilder A2.6–A2.8) geben das Diagramm der Übergangswahrscheinlichkeiten in $(t, t + \delta t]$ für verschiedene Redundanzstrukturen. Die Zustände, bei welchen das System ausgefallen ist (*down*), sind grau. Im Zustand Z_0 sind alle Elemente funktionstüchtig (in Betriebs- oder in Reservezustand).

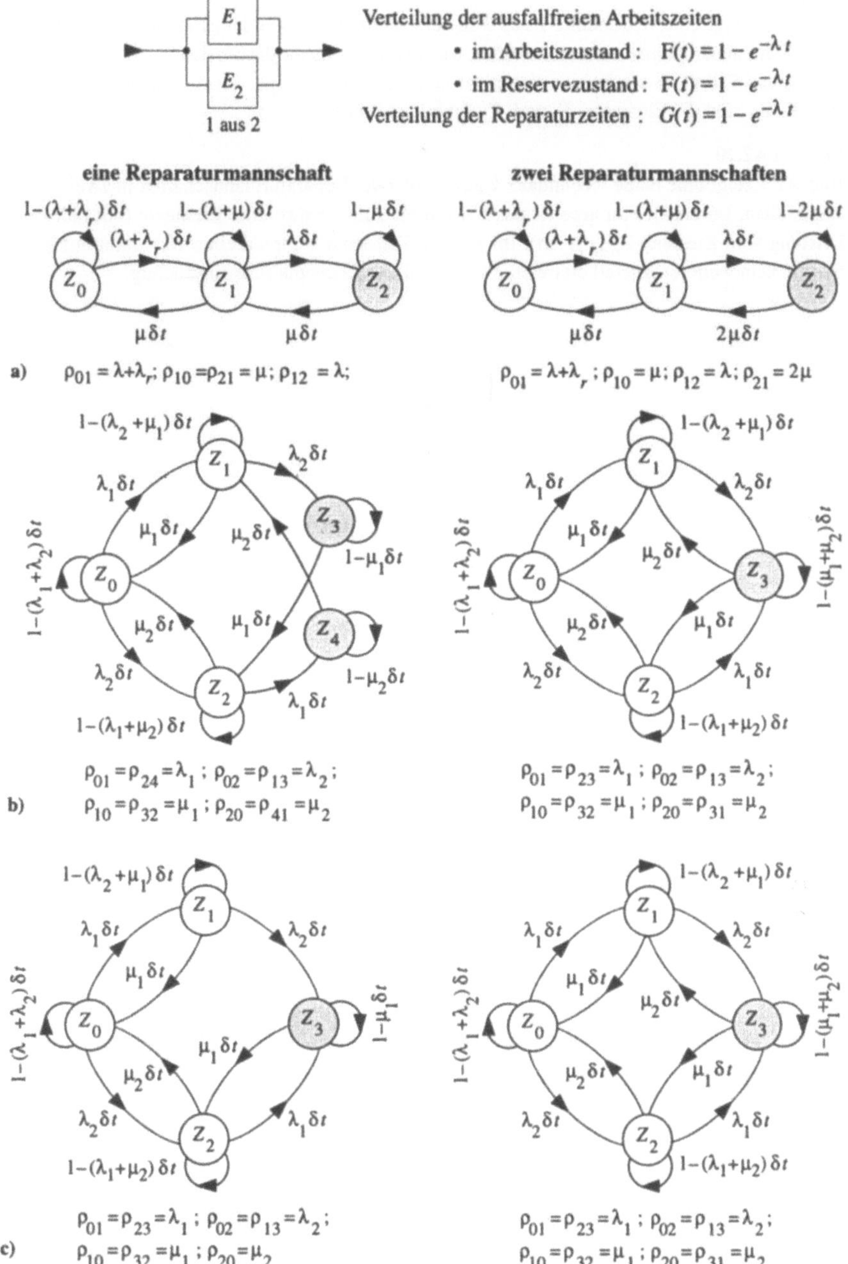

Bild A2.6 Diagramm der Übergangswahrscheinlichkeiten in $(t, t+\delta t]$ einer reparierbaren Redundanz 1 aus 2 (λ, λ_r = Ausfallraten, μ = Reparaturrate): **a)** warme Redundanz mit $E_1 = E_2$ ($\lambda_r = \lambda \to$ heiße Redundanz, $\lambda_r \equiv 0 \to$ kalte Redundanz); **b)** heiße Redundanz mit $E_1 \neq E_2$; **c)** heiße Redundanz mit $E_1 \neq E_2$ und Priorität der Reparatur auf E_1 (t beliebig, $\delta t \downarrow 0$)

Beispiel A2.19
Bild A2.6 zeigt eine Redundanz 1 aus 2 in verschiedenen Anwendungsfällen. Der Unterschied bezüglich Anzahl Reparaturmannschaften tritt beim Verlassen des Zustands Z_2 bzw. Z_3 auf. Fall **b**) und Fall **c**) unterscheiden sich nicht mehr, falls zwei Reparaturmannschaften vorhanden sind. In Z_0 sind die Elemente E_1 und E_2 funktionstüchtig.

Beispiel A2.20
Bild A2.7 zeigt eine heiße Redundanz k aus n mit zwei Reparaturmannschaften in zwei Anwendungsfällen. Im ersten Fall arbeitet das System bis zum Ausfall aller Elemente (mit reduzierter Leistung vom Zustand Z_{n-k+1} an). Im zweiten Fall kann während einer Reparatur auf Niveau System kein weiterer Ausfall eintreten. In Z_0 sind alle Elemente funktionstüchtig.

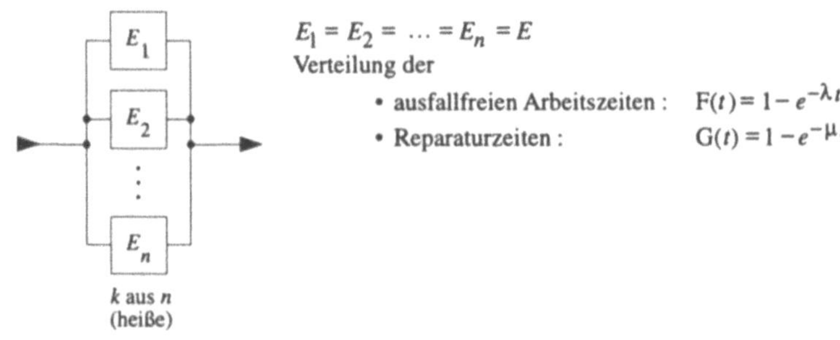

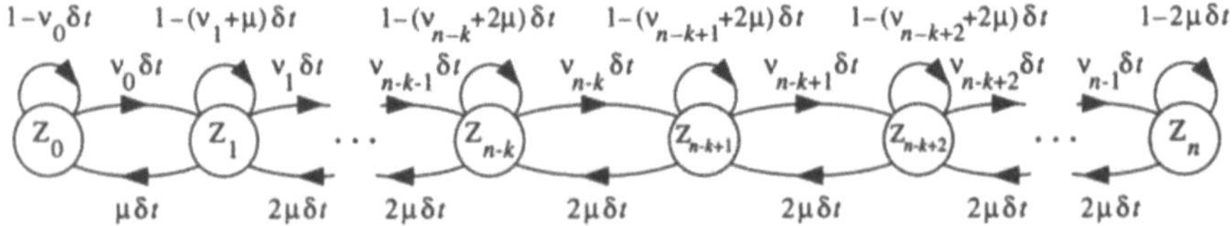

$\nu_i = (n-i)\lambda$ und $\rho_{i(i+1)} = \nu_i$ $(i = 0, 1, \ldots, n-1)$, $\rho_{10} = \mu$, $\rho_{i(i-1)} = 2\mu$ $(i = 2, 3, \ldots, n)$, alle übrige $\rho_{ij} = 0$

a)

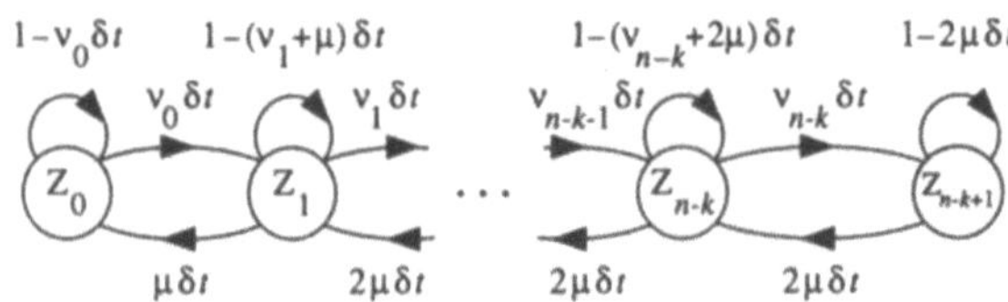

$\nu_i = (n-i)\lambda$ und $\rho_{i(i+1)} = \nu_i$ $(i = 0, 1, \ldots, n-k)$, $\rho_{10} = \mu$, $\rho_{i(i-1)} = 2\mu$ $(i = 2, 3, \ldots, n-k+1)$, alle übrige $\rho_{ij} = 0$

b)

Bild A2.7   Diagramm der Übergangswahrscheinlichkeiten in $(t, t+\delta t]$ einer reparierbaren, heißen Redundanz k aus n mit zwei Reparaturmannschaften (λ = Ausfallrate, μ = Reparaturrate) **a)** das System arbeitet bis zum Ausfall des letzten Elements; **b)** kein weiterer Ausfall bei einer Reparatur auf Niveau System (t beliebig, z. B. $t = 0$, $\delta t \downarrow 0$)

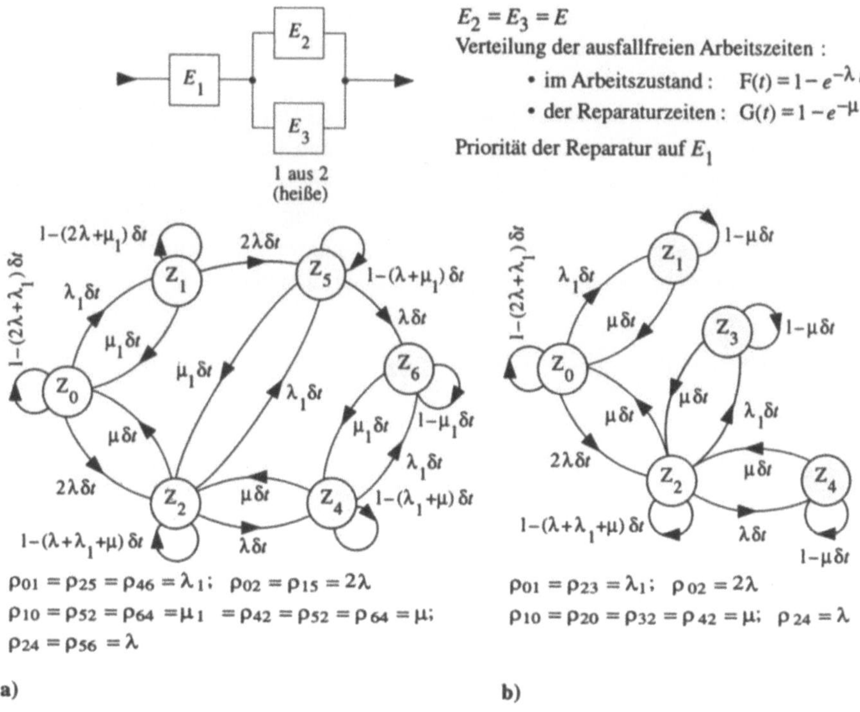

$$\rho_{01} = \rho_{25} = \rho_{46} = \lambda_1; \quad \rho_{02} = \rho_{15} = 2\lambda$$
$$\rho_{10} = \rho_{52} = \rho_{64} = \mu_1 = \rho_{42} = \rho_{52} = \rho_{64} = \mu;$$
$$\rho_{24} = \rho_{56} = \lambda$$

$$\rho_{01} = \rho_{23} = \lambda_1; \quad \rho_{02} = 2\lambda$$
$$\rho_{10} = \rho_{20} = \rho_{32} = \rho_{42} = \mu; \quad \rho_{24} = \lambda$$

a)   b)

Bild A2.8 Diagramm der Übergangswahrscheinlichkeiten in $(t, t+\delta t]$ einer reparierbaren Serien-/Parallelstruktur mit $E_2 = E_3$ und Priorität der Reparatur auf E_1 (λ, λ_r = Ausfallraten, μ = Reparaturrate): **a)** das System arbeitet bis zum Ausfall des letzten Elementes; **b)** kein weiterer Ausfall bei einer Reparatur auf Niveau System (t beliebig, $\delta t \downarrow 0$)

Beispiel A2.21

Bild A2.8 zeigt eine Serien-/Parallelstruktur, bestehend aus der Serienschaltung einer heißen Redundanz 1 aus 2 und eines Vergleichselements. Da das System den Ausfall eines redundanten Elements zuläßt, wird der Reparatur des Serienelements erste Priorität beigemessen (die Reparatur an einem der redundanten Elemente wird zugunsten der Reparatur des Vergleichselements unterbrochen). In Z_0 sind alle Elemente funktionstüchtig. Im Fall **a)** arbeitet das System bis zum Ausfall aller Elemente (evtl. mit reduzierter Leistung). Im Fall **b)** kann kein weiterer Ausfall während einer Reparatur auf Niveau System eintreten.

Für weitere Betrachtungen ist es zweckmäßig, die Zustände des Prozesses in zwei komplementären Teilmengen U und $\overline{U}$ aufzuteilen:

$U =$ Menge der Zustände, in welchen das System (die Betrachtungseinheit) funktionstüchtig ist (*up - states*)

$\overline{U} =$ Menge der Zustände, in welchen das System (die Betrachtungseinheit) als ausgefallen gilt (*down - states*).

Die Berechnung der Zustandswahrscheinlichkeiten und der Verweilzeiten in der Menge U kann mit den Methoden der Differential- oder der Integralgleichungen erfolgen [A2.3 (1994)].

Methode der Differentialgleichungen: Sie ist die klassische Methode zur Untersuchung von Markoff-Prozessen. Sie basiert auf dem Diagramm der Übergangswahrscheinlichkeiten in $(t, t+\delta t]$. Es sei $\xi(t)$ ein zeithomogener Markoff-Prozeß mit den Zuständen $Z_0, ..., Z_m$, der Anfangsverteilung $P_i(0) = \Pr\{\xi(0) = Z_i\}$ und den Übergangsraten ρ_{ij} $(i, j = 0, ..., m)$. Die Zustandswahrscheinlichkeit gemäß Gl. (A2.128) erfüllt folgendes System von Differentialgleichungen:

$$\dot{P}_j(t) = -\rho_j P_j(t) + \sum_{\substack{i=0 \\ i \neq j}}^{m} P_i(t)\rho_{ij}, \qquad \rho_j = \sum_{\substack{i=0 \\ i \neq j}}^{m} \rho_{ji}, \quad j = 0, ..., m. \qquad (A2.134)$$

Die *Punkt-Verfügbarkeit* $\mathrm{PA}_S(t)$ ist für beliebige Anfangsbedingungen zur Zeit $t = 0$ gegeben durch

$$\mathrm{PA}_S(t) = \Pr\{\xi(t) \in U\} = \sum_{Z_j \in U} P_j(t). \qquad (A2.135)$$

In der Regel ist man aber in den praktischen Anwendungen an den Resultaten für bestimmte Anfangsbedingungen zur Zeit $t = 0$ interessiert. Setzt man

$$P_i(0) = 1 \qquad \text{und} \qquad P_j(0) = 0 \quad \text{für} \quad j \neq i, \qquad (A2.136)$$

d. h. das System ist zur Zeit $t = 0$ in Z_i (in der Regel in Z_0, wo alle Elemente funktionstüchtig (*up*) sind), so sind die Zustandswahrscheinlichkeiten $P_j(t)$ *identisch* mit den *Übergangswahrscheinlichkeiten* $P_{ij}(t)$

$$P_{ij}(t) = \Pr\{\xi(t) = Z_j \mid \xi(0) = Z_i\} \equiv P_j(t), \qquad (A2.137)$$

mit $P_j(t)$ als Lösung der Gl. (A2.134) mit $P_i(0) = 1$. Die *Punkt-Verfügbarkeit*, diesmal mit $\mathrm{PA}_{Si}(t)$ bezeichnet, folgt dann aus

$$\mathrm{PA}_{Si}(t) = \Pr\{\xi(t) \in U \mid \xi(0) = Z_i\} = \sum_{Z_j \in U} P_{ij}(t), \qquad i = 0, ..., m. \qquad (A2.138)$$

$\mathrm{PA}_{Si}(t)$ ist die Wahrscheinlichkeit, das System zur Zeit t in Betrieb zu finden, wenn das System zur Zeit $t = 0$ in Z_i war. Beispiel A2.22 zeigt die Berechnung der Punkt-Verfügbarkeit im Falle einer Redundanz 1 aus 2.

Beispiel A2.22

Gegeben sei eine heiße Redundanz 1 aus 2, bestehend aus zwei identischen Elementen E_1 und E_2 mit konstanter Ausfallrate λ und Reparaturrate μ. Für das System gebe es nur eine Reparaturmannschaft. Man untersuche die Zustandswahrscheinlichkeiten des dazugehörenden stochastischen Prozesses (E_1 und E_2 sind neu zur Zeit $t = 0$).

Lösung

Das untenstehende Bild zeigt das entsprechende Diagramm der Übergangswahrscheinlichkeiten in $(t, t+\delta t]$, t beliebig, $\delta t \to 0$. Betrachtet man die zeitliche Entwicklung des Prozesses im Intervall $(t, t+\delta t]$, so erhält man für die Zustandswahrscheinlichkeiten (Gl. (A2.128))

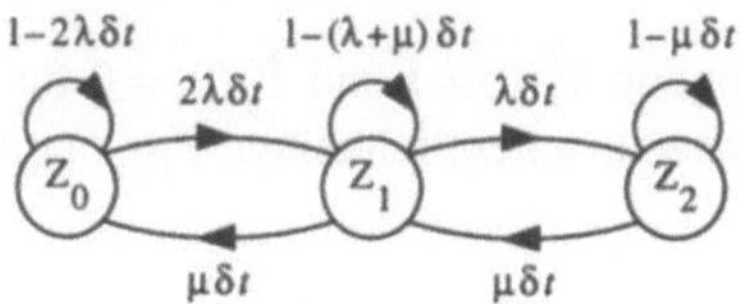

$$P_0(t+\delta t) = P_0(t)(1-2\lambda\delta t) + P_1(t)\mu\delta t$$

$$P_1(t+\delta t) = P_1(t)(1-(\lambda+\mu)\delta t) + P_0(t)2\lambda\delta t + P_2(t)\mu\delta t$$

$$P_2(t+\delta t) = P_2(t)(1-\mu\delta t) + P_1(t)\lambda\delta t,$$

und für $\delta t \to 0$

$$\dot{P}_0(t) = -2\lambda P_0(t) + P_1(t)\mu$$

$$\dot{P}_1(t) = -(\lambda+\mu)P_1(t) + P_0(t)2\lambda + P_2(t)\mu$$

$$\dot{P}_2(t) = -\mu P_2(t) + P_1(t)\lambda. \tag{A2.139}$$

Die Lösung obiges Systems von Differentialgleichungen mit den Anfangsbedingungen $P_i(0)=1$ und $P_j(0)=0$ für $j \neq i$ liefert die Zustandswahrscheinlichkeiten $P_0(t)$, $P_1(t)$ und $P_2(t)$, bzw. die Übergangswahrscheinlichkeiten $P_{i0}(t)$, $P_{i1}(t)$ und $P_{i2}(t)$ und daraus die Punkt-Verfügbarkeit gemäß Gl. (A2.138).

Eine weitere wichtige Größe für Zuverlässigkeitsuntersuchungen ist die *Zuverlässigkeitsfunktion* $R_s(t)$, d.h. die Wahrscheinlichkeit für keinen *Systemausfall* im Intervall $(0, t]$. Sie folgt unmittelbar aus der Verteilungsfunktion der Verweilzeit in der Menge U der *up-states* und kann mit der Methode der Differentialgleichungen berechnet werden, indem man alle Zustände der Menge $\overline{U}$ (*down-states*) *absorbierend* macht. Ist z.B. der Zustand $Z_k \in \overline{U}$ absorbierend, so wird der Prozeß den Zustand Z_k nicht mehr verlassen wenn er einmal in Z_k gekommen ist. Es ist nicht schwer zu erkennen, daß in diesem Fall die Summe der Wahrscheinlichkeiten für die Zustände in der Menge U gleich der gesuchten Zuverlässigkeitsfunktion ist. Um diese Betrachtungen allgemein darzustellen, sei der modifizierte Markoff-Prozeß $\xi'(t)$ mit Übergangswahrscheinlichkeiten $P'_{ij}(t)$ und Übergangsraten

$$\rho'_{ij} = \rho_{ij} \;\; \text{für} \;\; Z_i \in U, \qquad \rho'_{ij} = 0 \;\; \text{für} \;\; Z_i \in \overline{U}, \qquad \rho'_i = \sum_{\substack{j=0 \\ j \neq i}}^{m} \rho'_{ij} \tag{A2.140}$$

angenommen. Die Zustandswahrscheinlichkeiten $P'_j(t)$ von $\xi'(t)$ erfüllen folgendes System von Differentialgleichungen:

$$\dot{P}'_j(t) = -\rho'_j\,P'_j(t) + \sum_{\substack{i=0 \\ i \neq j}}^{m} P'_i(t)\rho'_{ij}, \quad \rho'_j = \sum_{\substack{i=0 \\ i \neq j}}^{m} \rho'_{ji}, \quad \rho'_{ij} = 0 \text{ für } Z_i \in \overline{U}, \quad j = 0, \ldots, m.$$

$$(A2.141)$$

Mit der Anfangsbedingung $P'_i(0) = 1$ und $P'_j(0) = 0$ für $j \neq i$, $Z_i \in U$ folgen aus Gl. (A2.141) die Zustandswahrscheinlichkeiten $P'_j(t)$ und dann die Übergangswahrscheinlichkeiten

$$P'_{ij}(t) = \Pr\{\xi(t) = Z_j \mid \xi(0) = Z_i\} \equiv P'_j(t).$$

$$(A2.142)$$

Für die *Zuverlässigkeitsfunktion*, hier mit $R_{Si}(t)$ bezeichnet, gilt dann

$$R_{Si}(t) = \Pr\{\xi(x) \in U \text{ für } 0 < x \le t \mid \xi(0) = Z_i\} = \sum_{Z_j \in U} P'_{ij}(t), \quad Z_i \in U.$$

$$(A2.143)$$

Beispiel A2.23 zeigt die Berechnung der Zuverlässigkeitsfunktion für eine reparierbare heiße Redundanz 1 aus 2. In den Gln. (A2.141) und (A2.143) wurde für die Zustandswahrscheinlichkeiten $P'_i(t)$ anstelle von $P_i(t)$ verwendet, um eine *Verwechslung* mit jenen vom Gleichungssystem (A2.139) zu *verhindern*.

Beispiel A2.23
Gegeben sei das gleiche System wie in Beispiel A2.22. Gesucht ist die Zuverlässigkeitsfunktion, d. h. die Wahrscheinlichkeit, daß der Prozeß die Zustände Z_0 und Z_1 bis zum Zeitpunkt t nicht verläßt.

Lösung
Das Diagramm der Übergangswahrscheinlichkeiten in $(t, t+\delta t]$ von Beispiel A2.2 modifiziert sich folgendermaßen:

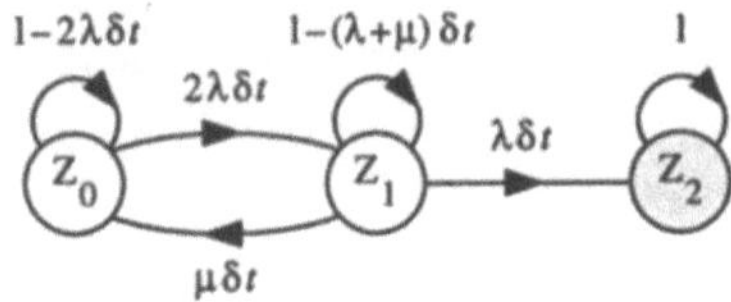

Damit folgt für die Zustandswahrscheinlichkeiten (vgl. Beispiel A2.22)

$$\dot{P}'_0(t) = -2\lambda\,P'_0(t) + P'_1(t)\mu$$

$$\dot{P}'_1(t) = -(\lambda+\mu)P'_1(t) + P'_0(t)2\lambda$$

$$\dot{P}'_1(t) = P'_1(t)\lambda.$$

$$(A2.144)$$

Die Lösung obiges Systems von Differentialgleichungen mit den Anfangsbedingungen $P'_i(0) = 1$ und $P'_j(0) = 0$ für $j \neq i$ liefert die Zustandswahrscheinlichkeiten $P'_0(t)$, $P'_1(t)$ und $P'_2(t)$ bzw. die Übergangswahrscheinlichkeiten $P'_{i0}(t)$, $P'_{i1}(t)$ resp. $P'_{i2}(t)$, und daraus die Zuverlässigkeitsfunktion gemäß Gl. (A2.143). Der Strich bei den Zustandswahrscheinlichkeiten soll eine *Verwechslung* mit jenen vom Gleichungssystem (A2.139) *verhindern*.

Die Gln. (A2.138) und (A2.143) erlauben die Berechnung der Wahrscheinlichkeit, daß der Prozeß zur Zeit t in einem Zustand der Menge U ist und in dieser Menge während des Intervalls $(t, t + \theta]$ bleibt, gegeben $\xi(0) = Z_i$. Diese Wahrscheinlichkeit wird als *Intervall-Zuverlässigkeit* definiert und mit $\mathrm{IR}_{Si}(t, t + \theta)$ bezeichnet. Wegen der *Nachwirkungsfreiheit* des Markoff-Prozesses gilt die Produktregel:

$$\mathrm{IR}_{Si}(t, t + \theta) = \sum_{Z_j \in U} \mathrm{P}_{ij}(t)\,\mathrm{R}_{Sj}(\theta), \qquad i = 0, \ldots, m. \tag{A2.145}$$

Methode der Integralgleichungen: Sie kann ebenfalls zur Beschreibung eines zeithomogenen Markoff-Prozesses verwendet werden. Von der *Nachwirkungsfreiheit* des zeithomogenen Markoff-Prozesses wird hier speziell die Eigenschaft verwendet, an den Zustandsübergängen *regenerativ* zu sein. Man kann zeigen [A2.3 (1994)], daß für die *Übergangswahrscheinlichkeiten* $\mathrm{P}_{ij}(t) = \mathrm{Pr}\{\xi(t) = Z_j \mid \xi(0) = Z_i\}$ gilt

$$\mathrm{P}_{ij}(t) = \delta_{ij}\, e^{-\rho_i t} + \sum_{\substack{k=0 \\ k \neq i}}^{m} \int_0^t \rho_{ik}\, e^{-\rho_i x}\, \mathrm{P}_{kj}(t - x)\, dx, \qquad i, j \in \{0, \ldots, m\}, \tag{A2.146}$$

mit $\delta_{ij} = 0$ für $j \neq i$, $\delta_{ii} = 1$ und ρ_i aus Gl. (A2.131). Das erste Glied der Gl. (A2.146) stellt für $i = j$ die Wahrscheinlichkeit dar, daß das System im Zustand Z_j zur Zeit $t = 0$ war und in diesem Zustand bleibt. Das zweite Glied der Gl. (A2.146) berücksichtigt, daß, ausgehend vom Zustand Z_i zur Zeit $t = 0$, der *erste Übergang* im Zustand Z_k erfolgt (summiert auf alle $k \neq i$). Auf ähnliche Weise kann man zeigen [A2.3(1994)], daß für die Zuverlässigkeitsfunktion $\mathrm{R}_{Si}(t)$ gemäß Gl. (A2.143) gilt

$$\mathrm{R}_{Si}(t) = e^{-\rho_i t} + \sum_{\substack{Z_j \in U \\ j \neq i}} \int_0^t \rho_{ij}\, e^{-\rho_i x}\, \mathrm{R}_{Sj}(t - x)\, dx, \qquad Z_i \in U, \tag{A2.147}$$

mit ρ_i aus Gl. (A2.131). Die Punkt-Verfügbarkeit $\mathrm{PA}_{Si}(t)$ und die Intervall-Zuverlässigkeit $\mathrm{IR}_{Si}(t, t + \delta t)$ sind durch die Gln. (A2.138) bzw. (A2.145) mit $\mathrm{P}_{ij}(t)$ aus Gl. (A2.146) gegeben.

Die Systeme von Integralgleichungen (A2.146) und (A2.147) können mit Hilfe der *Laplace-Transformation* gelöst werden (Anhang A3.7)

$$\tilde{\mathrm{P}}_{ij}(s) = \frac{\delta_{ij}}{s + \rho_i} + \sum_{\substack{k=0 \\ k \neq i}}^{m} \frac{\rho_{ik}}{s + \rho_i}\, \tilde{\mathrm{P}}_{kj}(s), \qquad i, j \in \{0, \ldots, m\} \tag{A2.148}$$

und

$$\tilde{\mathrm{R}}_{Si}(s) = \frac{1}{s + \rho_i} + \sum_{\substack{Z_j \in U \\ j \neq i}} \frac{\rho_{ik}}{s + \rho_i}\, \tilde{\mathrm{R}}_{Sj}(s), \qquad Z_i \in U. \tag{A2.149}$$

Ein Vorteil der Methode der Intergralgleichungen liegt in der Berechnung des Mittelwerts der Verweilzeit in der Menge U der *up-states*. Bezeichnet man mit $MTTF_{Si}$ den Mittelwert der ausfallfreien Arbeitszeit des Systems unter der Annahme, daß zur Zeit $t = 0$ sich das System im Zustand $Z_i \in U$ befindet, so gilt

$$MTTF_{Si} = \int_0^\infty R_{Si}(t)\,dt = \tilde{R}_{Si}(0). \tag{A2.150}$$

Aus Gl. (A2.149) lassen sich dann die $MTTF_{Si}$ als Lösung des folgenden algebraischen linearen Gleichungssystems

$$MTTF_{Si} = \frac{1}{\rho_i} + \sum_{\substack{Z_j \in U \\ j \neq i}} \frac{\rho_{ij}}{\rho_i} MTTF_{Sj}, \qquad Z_i \in U, \quad \rho_i = \sum_{\substack{j=0 \\ j \neq i}}^{m} \rho_{ij} \tag{A2.151}$$

angeben.

Die Grundidee zur Methode der Integralgleichungen liegt in der Betrachtung des Markoff-Prozesses als Spezialfall eines *Semi-Markoff-Prozesses* (mit exponentiell verteilten Verweilzeiten τ_{ij} im Zustand Z_i mit Übergang in Z_j) und in der Verwendung der *Semi-Markoff-Übergangwahrscheinlichkeiten* $Q_{ij}(x)$. Zur Definition von $Q_{ij}(x)$ seien $\xi_0, \xi_1, \ldots$ die Folge der *aufeinanderfolgenden Zuständen* (mit Werten aus $Z_0, \ldots, Z_m$) und $\eta_0, \eta_1, \ldots$ die Folge der Verweilzeiten zwischen aufeinanderfolgenden Zustandsübergängen. Für einen Semi-Markoff-Prozeß gilt für $n = 1, 2, \ldots,$ beliebige $i, j,\ i_0, \ldots, i_{n-1} \in \{0, \ldots, m\}$ und beliebige positive Werte $x_0, \ldots, x_{n-1}$

$$\begin{aligned} &\Pr\{(\xi_{n+1} = Z_j \cap \eta_n \leq x)\,| \\ &\quad (\xi_n = Z_i \cap \eta_{n-1} = x_{n-1} \cap \ldots \xi_1 = Z_{i_1} \cap \eta_0 = x_0 \cap \xi_0 = Z_{i_0})\} \\ &\quad = \Pr\{(\xi_{n+1} = Z_j \cap \eta_n \leq x)\,|\,\xi_n = Z_i\} = Q_{ij}(x). \end{aligned} \tag{A2.152}$$

Man kann zeigen [A2.3(1994)], daß mit ρ_{ij} und ρ_i aus den Gln. (A2.130) und (A2.131) gilt

$$Q_{ij}(x) = p_{ij}\,F_{ij}(x) \tag{A2.153}$$

mit

$$p_{ij} = \frac{\rho_{ij}}{\rho_i} = \Pr\{\xi_{n+1} = Z_j\,|\,\xi_n = Z_i\} \tag{A2.154}$$

und

$$F_{ij}(x) = 1 - e^{-\rho_i x} = \Pr\{\eta_n \leq x\,|\,(\xi_n = Z_i \cap \xi_{n+1} = Z_j)\}. \tag{A2.155}$$

Die Sequenz $\xi_0, \xi_1, \ldots$ bildet eine *Markoff-Kette*, d. h.eine *eingebettete Markoff-Kette*, mit der Anfangsverteilung $P_i(0) = \Pr\{\xi_0 = Z_i\}$ und den Übergangs-wahrscheinlichkeiten p_{ij} gemäß Gl. (A2.154). Zur Berechnung von $Q_{ij}(x)$, p_{ij} und $F_{ij}(x)$ aus den Gln. (A2.153) – (A2.155) zeigt sich folgende Interpretation als sehr nützlich [A2.3 (1994)]:

Tritt zum Zeitpunkt $t = 0$ ein Übergang zum Zustand Z_i ein, so beginnen ab diesem Zeitpunkt die Verweilzeiten τ_{ij}, $j \neq i$ zu laufen (τ_{ij} ist die Verweil-zeit in Z_i mit Übergang in Z_j); ein Übergang zum Zustand Z_j wird zum Zeitpunkt x stattfinden, wenn $\tau_{ij} = x$ und $\tau_{ik} > \tau_{ij}$ für alle $k \neq j$ ist.

In dieser Darstellung haben die Größen $Q_{ij}(x)$, p_{ij} und $F_{ij}(x)$ folgende Bedeutung:

$$Q_{ij}(x) = \Pr\{\tau_{ij} \leq x \cap \tau_{ik} > \tau_{ij}, \; k \neq j\} \tag{A2.156}$$

$$p_{ij} = \Pr\{\tau_{ik} > \tau_{ij}, \; k \neq j\} \tag{A2.157}$$

$$F_{ij}(x) = \Pr\{\tau_{ij} \leq x \mid \tau_{ik} > \tau_{ij}, \; k \neq j\}. \tag{A2.158}$$

Wegen der *Nachwirkungsfreiheit* (Gedächtnislosigkeit) des Markoff-Prozesses spielt es in sich keine Rolle, ob zur Zeit $t = 0$ der Zustand Z_i gerade eintritt, oder der Prozeß schon in Z_i ist. Dies trifft aber für Semi-Markoff-Prozesse *nicht* mehr zu.

A2.2.4.2 Stationäres und asymptotisches Verhalten

Die Berechnung der zeitabhängigen Zustandswahrscheinlichkeiten und der Punkt-Verfügbarkeit eines Systems mit konstanten Ausfall- und Reparaturraten ist mit Hilfe von Differential- bzw. der Integralgleichungen prinzipiell immer möglich, sie kann jedoch zeitraubend werden. Sind die Zustandswahrscheinlichkeiten *unabhän-gig* von der Zeit, d. h. ist der betrachtete Prozeß *stationär*, so kann man mit einem *al-gebraischen linearen Gleichungssystem* operieren. Ein zeithomogener Markoff-Pro-zeß $\xi(t)$ mit den Zuständen $Z_0, \ldots, Z_m$ ist genau dann stationär, wenn seine Zu-standswahrscheinlichkeiten $P_i(t) = \Pr\{\xi(t) = Z_i\}$, $i = 0, \ldots, m$, nicht von t abhängen. Aus $P_i(t + a) = P_i(t)$ folgt auch $P_i(t) = P_i(0) = p_i$ und insbesondere $\dot{P}_i(t) = 0$. Unter Berücksichtigung der Gl. (A2.134) ist ein zeithomogener Markoff-Prozeß $\xi(t)$ genau dann stationär, wenn seine Anfangsverteilung $p_i = P_i(0) = \Pr\{\xi(0) = Z_i\}$, $i = 0, \ldots, m$ das Gleichungssystem

$$\rho_j \, p_j = \sum_{\substack{i=0 \\ i \neq j}}^{m} p_i \, \rho_{ij} \tag{A2.159}$$

erfüllt, mit

$$\rho_j = \sum_{\substack{i=0 \\ i \neq j}}^{m} \rho_{ji}, \qquad p_j \geq 0, \qquad \sum_{j=0}^{m} p_j = 1, \qquad j = 0, \ldots, m.$$

Jede Lösung der Gl. (A2.159) mit $p_j \geq 0$, $j = 0, \ldots, m$ heißt eine *stationäre Anfangsverteilung* des betrachteten Markoff-Prozesses.

Ein Markoff-Prozeß heißt *irreduzibel*, wenn zu jedem Paar $i, j \in \{0, \ldots, m\}$ ein t existiert, so daß $P_{ij}(t) > 0$ ist, d. h. wenn jeder Zustand aus jedem anderen Zustand erreicht werden kann. Der Markoff-Prozeß $\xi(t)$ ist *genau dann irreduzibel*, wenn seine *eingebettete Markoff-Kette* irreduzibel ist. Für einen irreduziblen Markoff-Prozeß existieren Zahlen $p_j > 0$, $j = 0, \ldots, m$, mit der Eigenschaft $p_0 + \ldots + p_m = 1$ so, daß unabhängig von der Anfangsverteilung $P_i(0)$ gilt (Satz von Markoff)

$$\lim_{t \to \infty} P_j(t) = p_j, \qquad j = 0, \ldots, m. \tag{A2.160}$$

Aus der Gl. (A2.160) folgt unmittelbar für jedes $i = 0, \ldots, m$

$$\lim_{t \to \infty} P_{ij}(t) = p_j, \qquad j = 0, \ldots, m. \tag{A2.161}$$

Man bezeichnet $p_0, \ldots, p_m$ aus Gl. (A2.161) als die *Grenzverteilung des Markoff-Prozesses*. Aus Gl. (A2.161) erkennt man, daß die Grenzverteilung die einzige *stationäre Anfangsverteilung* ist, d. h. die einzige Lösung der Gl. (A2.159).

Aus obigen Überlegungen kann der *stationäre* und *asymptotische* Wert der Punkt-Verfügbarkeit PA_S aus

$$\lim_{t \to \infty} PA_{Si}(t) = PA_S = \sum_{Z_j \in U} p_j \tag{A2.162}$$

leicht berechnet werden. Definiert man die *durchschnittliche Verfügbarkeit* $AA_S(t)$ als

$$AA_S = \frac{1}{t} E[\text{gesamte Arbeitszeit in } (0, t]] = \frac{1}{t} \int_0^t PA_S(x) \, dx, \tag{A2.163}$$

so folgt gemäß den Gln. (A2.138) und (A2.161)

$$AA_S = \lim_{t \to \infty} AA_S(t) = PA_S = \sum_{Z_j \in U} p_j. \tag{A2.164}$$

Ausdrücke der Form $\sum k \, p_k$ können verwendet werden, um die erwartete Anzahl Elemente in Reparatur, besetzter Reparaturmannschaften, Elemente im Reservezustand usw. zu bestimmen, oder um *Kostengleichungen* aufzusetzen.

A2.2.4.3 Geburts- und Todesprozeß mit endlich vielen Zuständen

Ein besonders wichtiger zeithomogener Markoff-Prozeß, der in der Zuverlässigkeitstheorie u. a. zur Untersuchung von k aus n Redundanzen gleicher Elemente mit
konstanten Ausfall- und Reparaturraten verwendet wird, ist der *Geburts- und Todesprozeß*. Das Diagramm der Übergangswahrscheinlichkeiten in $(t, t + \delta t]$ ist eine
Verallgemeinerung desjenigen von Bild A2.7 und ist im Bild A2.9 gegeben. v_i
bzw. θ_i sind die *Übergangsraten* vom Zustand Z_i zu Z_{i+1} bzw. von Z_i zu Z_{i-1}.
Übergänge außerhalb der benachbarten Zustände können in $(t, t + \delta t]$ nur mit Wahrscheinlichkeit $o(\delta t)$ auftreten. Für den Geburts- und Todesprozeß von Bild A2.9
geht das Gleichungssystem (A2.134) in

$$\dot{P}_j(t) = -(v_j + \theta_j)P_j(t) + v_{j-1}P_{j-1}(t) + \theta_{j+1}P_{j+1}(t), \qquad j = 0, \ldots, n$$
$$\text{mit } \theta_0 = v_{-1} = v_n = \theta_{n+1} = 0 \tag{A2.165}$$

über. Die Bedingungen $v_j > 0$ ($j = 0, \ldots, n-1$) und $\theta_j > 0$ ($j = 1, \ldots, n$) sind hinreichend für die Existenz der Grenzwerte

$$\lim_{t \to \infty} P_j(t) = p_j, \qquad \text{mit } p_j > 0 \quad \text{und} \quad \sum_{j=0}^{n} p_j = 1. \tag{A2.166}$$

Man prüft leicht, daß die p_j die folgende Form haben ($j = 0, \ldots, n$):

$$p_j = \pi_j\, p_0 = \frac{\pi_j}{\displaystyle\sum_{i=0}^{n} \pi_i}, \qquad \text{mit } \pi_i = \frac{v_0 \ldots v_{i-1}}{\theta_1 \ldots \theta_i} \text{ und } \pi_0 = 1. \tag{A2.167}$$

Für den asymptotischen Wert der *Punkt-Verfügbarkeit* können obige p_j-Werte in
Gl. (A2.162) eingesetzt werden. Die Bestimmung des *Mittelwerts der ausfallfreien
Arbeitszeit* erfolgt mit Hilfe der Gl. (A2.151) mit $\rho_i = v_i + \theta_i$ und $\rho_{ij} = v_i$ für
$j = i+1$ bzw. $\rho_{ij} = \theta_i$ für $j = i-1$, solange der Zustand Z_{i+1} noch zur Menge U
gehört. Die Beispiele A2.24 und A2.25 zeigen typische Anwendungen des Geburts-
und Todesprozesses.

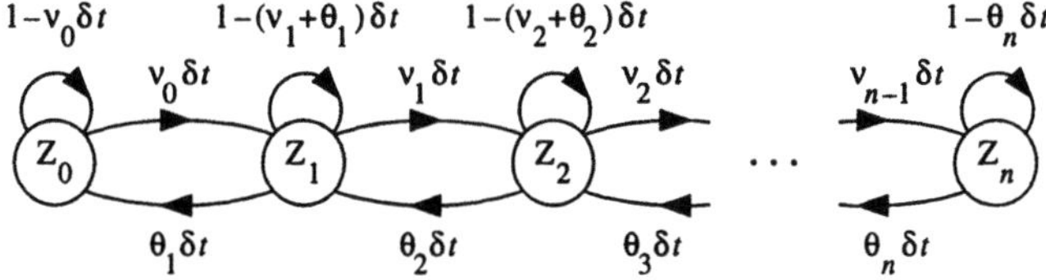

Bild A2.9 Diagramm der Übergangswahrscheinlichkeiten in $(t, t + \delta t]$ eines Geburts- und
Todesprozesses mit $n + 1$ Zuständen (t beliebig, $\delta t \downarrow 0$)

Setzt man in die Gl. (A2.165) $\theta_i = 0$ bzw. $\nu_i = 0$ ein, so erhält man einen *(reinen) Geburts-* bzw. einen *(reinen) Todesprozeß* mit endlich vielen Zuständen $Z_0, \ldots, Z_n$. Für diese Prozesse gilt offenbar $\xi(0) = Z_0$ und $\lim\limits_{t \to \infty} \Pr\{\xi(t) = Z_n\} = 1$ für den Geburtsprozeß bzw. $\xi(0) = Z_n$ und $\lim\limits_{t \to \infty} \Pr\{\xi(t) = Z_0\} = 1$ für den Todesprozeß.

Beispiel A2.24
Für die heiße Redundanz 1 aus 2 mit nur *einer* Reparaturmannschaft (Beispiele A2.22 und A2.23) gilt $\nu_0 = 2\lambda$, $\nu_1 = \lambda$, $\theta_1 = \theta_2 = \mu$, $U = \{Z_0, Z_1\}$ und $\overline{U} = \{Z_2\}$. Man berechne den asymptotischen Wert der Punkt-Verfügbarkeit PA_S und den Mittelwert der ausfallfreien Arbeitszeiten $MTTF_{S0}$.

Lösung
Der asymptotische Wert der Punkt-Verfügbarkeit folgt aus den Gln. (A2.162) und (A2.167)

$$PA_s = p_0 + p_1 = \frac{1 + \dfrac{2\lambda}{\mu}}{1 + \dfrac{2\lambda}{\mu} + \dfrac{2\lambda^2}{\mu^2}} = \frac{\mu(2\lambda + \mu)}{2\lambda(\lambda + \mu) + \mu^2} \approx 1 - \frac{2\lambda^2}{2\lambda\mu + \mu^2} \approx 1 - 2\left(\frac{\lambda}{\mu}\right)^2 .$$

Für den Mittelwert der ausfallfreien Arbeitszeit gilt aus Gl. (A2.151)

$$MTTF_{S0} = \frac{1}{2\lambda} + MTTF_{S1}$$

$$MTTF_{S1} = \frac{1}{\lambda + \mu} + \frac{\mu}{\lambda + \mu} MTTF_{S0} ,$$

und daraus

$$MTTF_{S0} = \frac{3\lambda + \mu}{2\lambda^2} \approx \frac{\mu}{2\lambda^2} .$$

Beispiel A2.25
Eine Rechenanlage bestehe aus drei gleichwertigen Zentraleinheiten. Die Jobs kommen unabhängig an, und die Ankunftszeiten bilden einen Poisson-Prozeß mit Intensität λ. Die Dauer jedes einzelnen Jobs sei exponentiell verteilt mit Parameter μ. Alle Jobs haben den gleichen Speicherbedarf D. Man bestimme für $\lambda = 2\mu$ die minimale Größe n des Speichers in Einheiten von D, damit im stationären Zustand ein neuer Job mit mindestens 95% Wahrscheinlichkeit im Speicher sofort Platz findet. Bei Overflow gehen die Jobs nicht verloren, sondern bilden eine Warteschlange.

Lösung
Das Problem läßt sich mit Hilfe des folgenden Geburts- und Todesprozesses untersuchen:

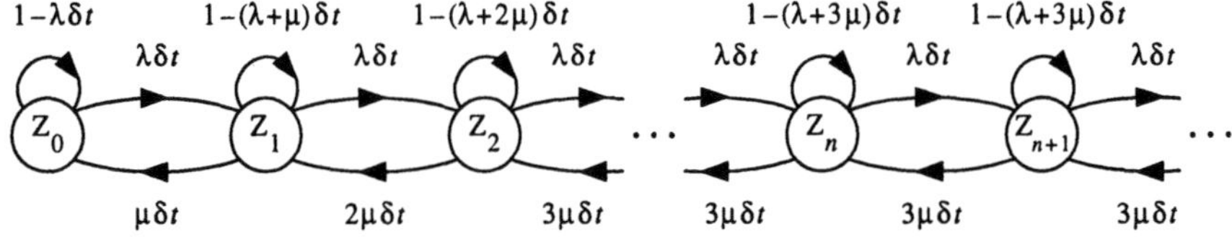

Im Zustand Z_i sind genau i Speichereinheiten besetzt. n wird derart bestimmt, daß im stationären Zustand gilt $p_1 + \ldots + p_{n-1} \geq \gamma = 0.95$. (Nähme man an, daß bei Overflow die Jobs verloren gingen, dann wäre der Prozeß beim Zustand Z_n zu stoppen.) Für den stationären Zustand gilt

$$0 = -\lambda\, p_0 + \mu\, p_1$$

$$0 = \lambda\, p_0 - (\lambda + \mu)\, p_1 + 2\mu\, p_2$$

$$0 = \lambda\, p_1 - (\lambda + 2\mu)\, p_2 + 3\mu\, p_3$$

$$0 = \lambda\, p_2 - (\lambda + 3\mu)\, p_3 + 3\mu\, p_4$$

$$0 = \lambda\, p_3 - (\lambda + 3\mu)\, p_4 + 3\mu\, p_5$$

$$\vdots$$

Die Lösung führt zu

$$p_1 = \frac{\lambda}{\mu} p_0 \qquad \text{und} \qquad p_i = \frac{\lambda^i p_0}{2 \cdot 3^{i-2} \mu^i} = \frac{9}{2}\left(\frac{\lambda/\mu}{3}\right)^i p_0 \quad \text{für} \quad i \geq 2.$$

Mit $\lim\limits_{n\to\infty} \sum\limits_{i=0}^{n} p_i = 1$, folgt (für $\lambda < 3\mu$)

$$p_0\left[1 + \frac{\lambda}{\mu} + \sum_{i=2}^{\infty} \frac{9}{2}\left(\frac{\lambda/\mu}{3}\right)^i\right] = p_0\left[1 + \frac{\lambda}{\mu} + \frac{3(\lambda/\mu)^2}{2(3 - \lambda/\mu)}\right] = 1,$$

woraus

$$p_0 = \frac{2(3 - \lambda/\mu)}{6 + \dfrac{4\lambda}{\mu} + (\lambda/\mu)^2}\,.$$

Die Größe n des Speichers läßt sich nun aus (kleinstes n)

$$\frac{2(3 - \lambda/\mu)}{6 + \dfrac{4\lambda}{\mu} + (\lambda/\mu)^2}\left[1 + \frac{\lambda}{\mu} + \sum_{i=2}^{n-1} \frac{9}{2}\left(\frac{\lambda/\mu}{3}\right)^i\right] \geq \gamma$$

bestimmen. Für $\frac{\lambda}{\mu} = 2$ und $\gamma = 0.95$ folgt $n = 9$.

A2.2.4.4 Wichtige Beziehungen für Markoff-Modelle

Für ein gegebenes Diagramm der Übergangswahrscheinlichkeiten in $(t, t + \delta t]$ gibt die Tab. A2.4 die allgemeinen Formeln zur Berechnung der Zuverlässigkeitsfunktion $R_{Si}(t)$, des Mittelwertes der ausfallfreien Arbeitszeit $MTTF_{Si}$, der Punkt-Verfügbarkeit $PA_{Si}(t)$, des stationären und asymptotischen Wert PA_S und der Intervall-Zuverlässigkeit $IR_{Si}(t, t + \theta)$. Die Indizes S und i beziehen sich auf das System (S) und auf die Ausgangslage zur Zeit $t = 0$ (Zustand Z_i, Z_0 falls das System zur Zeit $t = 0$ neu ist).

A2.2.5 Komplexere regenerative Prozesse

Im Falle eines Markoff-Prozesses sind die Verweilzeiten τ_{ij} gemäß Gln. (A2.156) bis (A2.158) exponentialverteilt ($F_{ij}(x) = 1 - e^{-\rho_i \, x}$). Die Verallgemeinerung der Verteilungsfunktionen $F_{ij}(x)$, allerdings mit $F_{ij}(0) = 0$, führt zu den *Semi-Markoff-Prozessen*. Semi-Markoff-Prozesse sind regenerativ bezüglich *aller* Zustände, jedoch nur zu den *Zeitpunkten eines Zustandswechsels*. Wie die Markoff-Prozesse besitzen sie eine *eingebettete Markoff-Kette* mit Übergangwahrscheinlichkeiten p_{ij}, welche die Folge der vom Prozeß angenommenen Zustände beschreibt.

Semi-Markoff-Prozesse treten in wenigen Spezialfällen der Zuverlässigkeitstheorie zur Beschreibung von reparierbaren Systemen auf. Sie liegen nur dann vor, wenn bei jeder Zustandsänderung keine ausfallfreie Arbeitszeit oder Reparaturzeit »*läuft*«, die nicht exponentiell verteilt ist, andererseits wird die Verweilzeit bis zur nächsten Zustandsänderung von den Dauern der laufenden nicht exponentiell verteilten Zeiten abhängen.

Viel verbreiteter sind die *semi-regenerativen Pozesse*, d. h. die Prozesse mit einem *eingebetteten* Semi-Markoff-Prozeß. Die Anzahl der regenerativen Zustände kann dabei verschieden groß sein und in vielen Fällen sich auf einen oder ein paar wenige beschränken. Systeme mit *konstanten Ausfallraten* aller Elemente lassen sich durch semi-regenerative Prozesse immer beschreiben.

Tabelle A2.4 Wichtige Beziehungen für Markoff-Modelle [A2.3(1994)]

Zuverlässigkeitsfunktion	Punkt-Verfügbarkeit	Intervall-Zuverlässigkeit
$R_{Si}(t) = \sum_{Z_j \in U} P'_{ij}(t), \qquad Z_i \in U$	$PA_{Si}(t) = \sum_{Z_j \in U} P_{ij}(t), \qquad i = 0,\ldots,m$	$IR_{Si}(t,t+\theta) = \sum_{Z_j \in U} P_{ij}(t)\,R_{Sj}(\theta), \qquad i = 0,\cdots,m$
$MTTF_{Si} = \dfrac{1}{\rho_i} + \sum_{Z_j \in U} \dfrac{\rho_{ij}}{\rho_i} MTTF_{Sj}, \qquad Z_i \in U$	$PA_S = \sum_{Z_j \in U} p_j$	$IR_S(\theta) = \sum_{Z_j \in U} p_j\,R_{Sj}(\theta)$
$P'_{ij}(t) \equiv P'_j(t), \qquad$ mit $P'_j(t)$ aus	$P_{ij}(t) \equiv P_j(t), \qquad$ mit $P_j(t)$ aus	$p_j \quad$ aus $\quad p_j\,\rho_j = \sum_{\substack{i=0 \\ i \neq j}}^{m} p_i\,\rho_{ij},$
$\dot{P}'_j(t) = -\rho_j\,P'_j(t) + \sum_{Z_i \in U} P'_i(t)\,\rho_{ij},$	$\dot{P}_j(t) = -\rho_j\,P_j(t) + \sum_{\substack{i=0 \\ i \neq j}}^{m} P_i(t)\rho_{ij}, \quad j = 0,\ldots,m$	$\text{mit} \quad p_j > 0 \quad \text{und} \quad p_0 + \ldots + p_m = 1$
mit $\quad P'_i(0) = 1 \quad$ und $\quad P'_j(0) = 0 \quad$ für $j \neq i$	mit $\quad P_i(0) = 1 \quad$ und $\quad P_j(0) = 0 \quad$ für $j \neq i$	

$R_{Si}(t) \qquad = \text{Pr\{im Arbeitszustand in } (0, t] \,\big|\, \text{das System ist in } Z_i \text{ bei } t = 0\}, \qquad Z_i \in U$

$MTTF_{Si} \qquad = E[\text{ausfallfreie Arbeitszeit} \,\big|\, \text{das System ist in } Z_i \text{ bei } t = 0] = \int_0^\infty R_{Si}(t)\,dt = \tilde{R}_{Si}(0), \qquad Z_i \in U$

$PA_{Si}(t) \qquad = \text{Pr\{im Arbeitszustand zur Zeit } t \,\big|\, \text{das System ist in } Z_i \text{ bei } t = 0\}, \qquad i = 0,\ldots,m$

$PA_S \qquad = \text{Pr\{im Arbeitszustand zur Zeit } t \text{ im asymptotischen } (t \to \infty) \text{ und im stationären Zustand\}} = \lim_{s \downarrow 0} s\,\tilde{PA}_{Si}(s), \qquad i = 0,\ldots,m$

$AA_S \qquad = \lim_{t \to \infty} \dfrac{1}{t} E[\text{totale Betriebszeit in } (0, t]] = PA_S$

$IR_{Si}(t, t+\theta) = \text{Pr\{im Arbeitszustand in } (t, t+\theta] \,\big|\, \text{das System ist in } Z_i \text{ bei } t = 0\}, \qquad i = 0,\ldots,m$

$IR_S(\theta) \qquad = \text{Pr\{im Arbeitszustand in } (t, t+\theta] \text{ im asymptotischen } (t \to \infty) \text{ und im stationären Zustand\}}$

$U \qquad = \text{Menge der Zustände, in welchem das System funktionstüchtig ist} \quad (up \text{ states})$

$\overline{U} \qquad = \text{Menge der Zustände, in welchem das System als ausgefallen gilt} \quad (down \text{ states})$

$P_{ij}(t) \qquad = \text{Pr\{in } Z_j \text{ zur Zeit } t \,\big|\, \text{das System ist in } Z_i \text{ bei } t = 0\}$

$\rho_{ij}(t) \qquad = \lim_{s \downarrow 0} \dfrac{1}{\delta t} \text{Pr\{ Übergang von } Z_i \text{ nach } Z_j \text{ in } (t, t+\delta t] \,\big|\, \text{in } Z_i \text{ zur Zeit } t\}, \; t \text{ beliebig, z.B. } t = 0 \text{ (gilt nur für Markoff - Prozesse)}$

S bezieht sich auf System; $\qquad \tilde{u}(s) = \int_0^\infty \tilde{u}(t)\,e^{-st}\,dt = \text{Laplace - Transformation von } u(t)$

A2.3 Auszug aus der mathematischen Statistik

A2.3.1 Einführung

Die mathematische Statistik befaßt sich grundsätzlich mit Aufgaben, die folgendermaßen charakterisiert werden können: Gegeben sei eine *Grundgesamtheit* von statistisch identischen, in *der Regel unabhängigen* Elementen (Betrachtungseinheiten), welche gewisse unbekannte statistische Eigenschaften aufweisen; aus dieser Grundgesamtheit wird eine (zufällige) Stichprobe entnommen, diese wird bezüglich der unbekannten Eigenschaften untersucht und aus der Analyse werden Schlüsse gezogen, welche die entsprechenden Eigenschaften der *übrigen Elemente der Grundgesamtheit* betreffen. Eine typische Situation tritt ein, wenn ausgehend von den mit der Stichprobe beobachteten Realisierungen $t_1, \ldots, t_n$ der ausfallfreien Arbeitszeit τ einer Betrachtungseinheit z. B. die Parameter der Verteilungsfunktion von τ geschätzt werden sollen oder entschieden werden muß, ob der Erwartungswert von τ größer als ein vorgegebener Wert ist oder nicht. Diese Beispiele lassen erkennen, daß die mathematische Statistik von *Beobachtungen* (Realisierungen) eines gegebenen (zufälligen) Ereignisses in einer *Folge unabhängiger Versuche* ausgeht und nach einem geeigneten (Wahrscheinlichkeits-) *Modell* der betrachteten Erscheinung sucht (induktive Schlußweise). Die in der mathematischen Statistik verwendeten Methoden basieren auf Sätzen der Wahrscheinlichkeitsrechnung und die erhaltenen Resultate können damit nur *im Sinne der Wahrscheinlichkeit* formuliert werden. Die Ermittlung der Richtigkeit des Modells, oder anders gesagt, die Schätzung und *Minimierung des Risikos für eine falsche Aussage*, stellen ein Hauptproblem der mathematischen Statistik dar. In diesem Abschnitt werden die Grundlagen der mathematischen Statistik im Hinblick auf die Planung und Auswertung von Qualitäts- und Zuverlässigkeitsprüfungen (Kapitel 6) zusammengestellt. Schwerpunkte bilden die Aspekte der *empirischen Methoden*, der *Parameterschätzung* und der *Hypothesenprüfungen*.

A2.3.2 Empirische Methoden

Empirische Methoden erlauben eine rasche Schätzung der Momente und der Verteilungsfunktion einer Zufallsgröße (hier als Beispiel τ). Diese Schätzungen sind einfach und meist heuristisch gut motiviert.

A2.3.2.1 Empirische Momente

Es seien $t_1, \ldots, t_n$ die beobachteten Realisierungen einer Zufallsgröße τ in einer

Stichprobe vom Umfang $n^{1)}$. Als *empirischer Mittelwert* (empirischer Erwartungswert) von τ wird der arithmetische Mittelwert der Größen $t_1, ..., t_n$ definiert

$$\hat{E}[\tau] = \frac{1}{n}\sum_{i=1}^{n} t_i\,. \tag{A2.168}$$

Die Schreibweise mit $\wedge$ weist auf eine *Schätzung* hin und wird im folgenden konsequent verwendet. Gemäß der Fußnote 1) ist $\hat{E}[\tau]$ eine Zufallsgröße, für welche

$$E[\hat{E}[\tau]] = E[\frac{1}{n}\sum_{i=1}^{n}\tau_i] = \frac{1}{n}n\,E[\tau] = E[\tau] \tag{A2.169}$$

und

$$\text{Var}[\hat{E}[\tau]] = \text{Var}[\frac{1}{n}\sum_{i=1}^{n}\tau_i] = \frac{1}{n^2}n\,\text{Var}[\tau] = \frac{\text{Var}[\tau]}{n} \tag{A2.170}$$

gelten. $\hat{E}[\tau]$ ist damit eine *erwartungstreue Schätzung* von $E[\tau]$. Die exakte Verteilungsfunktion von $\hat{E}[\tau]$ kann nur selten einfach gefunden werden (Normal-, Exponential- und Gammaverteilung). Im allgemeinen Fall ergeben sich schwierige Faltungsintegrale. Aus dem *zentralen Grenzwertsatz* (Gl. (A2.83)) folgt allerdings, daß die Verteilung von $\hat{E}[\tau]$ für große Werte von n durch eine *Normalverteilung* mit Erwartungswert $E[\tau]$ und Varianz $\text{Var}[\tau]/n$ approximiert werden kann.

Als *empirische Varianz* wird die Größe

$$\hat{\text{Var}}[\tau] = \frac{1}{n-1}\sum_{i=1}^{n}(t_i - \hat{E}[\tau])^2 \tag{A2.171}$$

definiert. Durch die Division mit $n-1$ gilt

$$E[\hat{\text{Var}}[\tau]] = \text{Var}[\tau]. \tag{A2.172}$$

In analoger Weise lassen sich auch *empirische Momente höherer Ordnung*

$$\frac{1}{n}\sum_{i=1}^{n} t_i^k \qquad \text{und} \qquad \frac{1}{n}\sum_{i=1}^{n}(t_i - \hat{E}[\tau])^k \tag{A2.173}$$

berechnen.

---

1) Eine *Stichprobe* vom Umfang n einer Zufallsgröße τ ist ein Zufallsvektor $(\tau_1, ..., \tau_n)$, dessen Komponenten τ_i unabhängige und identisch gemäß $F(t) = \Pr\{\tau_i \le t\}$ verteilte Zufallsgrößen sind. Die beobachtete Realisierung der Stichprobe sind reelle Zahlen $t_1, ..., t_n$. Die Trennung zwischen $\tau_1, ..., \tau_n$ und $t_1, ..., t_n$ ist von einem mathematischen Standpunkt aus gesehen wichtig: $\tau_1, ..., \tau_n$ sind für *analytische* Betrachtungen und $t_1, ..., t_n$ für *numerische* Auswertungen zu verwenden (oft mit den gleichen Prozeduren).

Das *empirische Quantil* $\hat{t}_q$ wird aus der empirischen Verteilungsfunktion (Gl. (A2.175)) gemäß

$$\hat{t}_q = \inf\{t\colon \hat{F}_n(t) \geq q\} \tag{A2.174}$$

bestimmt. Ganz allgemein könnte die Bestimmung aller Momente auf die empirische Verteilungsfunktion zurückgeführt werden, man würde obige Ausdrücke erhalten, allerdings mit n im Nenner auch für die Varianz.

A2.3.2.2 Empirische Verteilungsfunktion

Werden die beobachteten Realisierungen $t_1, \ldots, t_n$ einer Stichprobe der Zufallsgröße τ in aufsteigender Größe geordnet, so erhält man eine *geordnete Realisierung* $t_{(1)}, \ldots, t_{(n)}$. Geht man von $t_{(1)}, \ldots, t_{(n)}$ aus, so stellt

$$\hat{F}(t) = \begin{cases} 0 & \text{für } t < t_{(1)} \\[2mm] \dfrac{i}{n} & \text{für } t_{(i)} \leq t < t_{(i+1)} \\[2mm] 1 & \text{für } t \geq t_{(n)} \end{cases} \tag{A2.175}$$

als beobachtete relative Häufigkeit des Ereignisses $\{\tau \leq t\}$ eine gut motivierte Schätzung der Verteilungsfunktion $F(t) = \Pr\{\tau \leq t\}$ dar. Diese Schätzung $\hat{F}(t)$ heißt *empirische Verteilungsfunktion*, vgl. Bild A2.10 für ein Beispiel.

Wie in der Fußnote 1) vom Abschnitt A2.3.2.1 hingewiesen wurde, müssen zur Untersuchung der statistischen Eigenschaften der Funktion $\hat{F}(t)$ die $t_{(i)}$ durch $\tau_{(i)}$ ersetzt werden. In diesem Fall ist für jeden Wert von $t = t_0$ die Größe $\hat{F}(t_0)$ eine

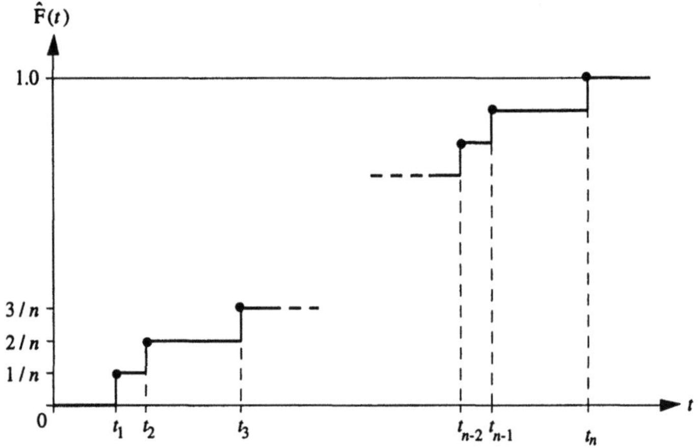

Bild A2.10   Beispiel einer empirischen Verteilungsfunktion

binomial verteilte Zufallsgröße mit Parameter $p = F(t_0)$. Weiterhin hat $\hat{F}(t_0)$ den Erwartungswert

$$E[\hat{F}(t_0)] = F(t_0) \tag{A2.176}$$

und die Varianz

$$\text{Var}[\hat{F}(t_0)] = \frac{F(t_0)(1 - F(t_0))}{n}. \tag{A2.177}$$

Gemäß dem *starken Gesetz der großen Zahlen* (Gl. (A2.82)) konvergiert für $n \to \infty$ $\hat{F}(t_0)$ mit Wahrscheinlichkeit eins gegen $F(t_0)$. Diese Konvergenz gilt auch gleichmäßig in t, denn für die größte absolute Abweichung D zwischen $\hat{F}(t)$ und $F(t)$ über alle t,

$$D_n = \sup_{-\infty < t < \infty} \left| \hat{F}(t) - F(t) \right|, \tag{A2.178}$$

gilt nach dem *Satz von Gliwenko-Cantelli* [A2.10]

$$\Pr\{ \lim_{n \to \infty} D_n = 0\} = 1. \tag{A2.179}$$

Der Vergleich der empirischen Verteilungsfunktion $\hat{F}(t)$ mit der theoretischen zugrundeliegenden bzw. mit einer postulierten Verteilungsfunktion $F(t)$ bildet die Grundlage für viele *nichtparametrische* Verfahren. Dies betrifft z. B. Anpassungstests, Konfidenzbänder für Verteilungsfunktionen und graphische Verfahren mit Wahrscheinlichkeitspapier. Eine in diesem Zusammenhang oft verwendete Größe stellt die durch die Gl. (A2.178) definierte maximale Abweichung D_n zwischen $\hat{F}(t)$ und $F(t)$ dar. Ist die Verteilungsfunktion $F(t)$ der Zufallsgröße τ stetig, so ist die Zufallsgröße $\hat{F}(t_0)$ in [0, 1] gleichverteilt. Somit folgt, daß D_n eine von der zugrundeliegenden (stetigen) Verteilung $F(t)$ unabhängige Verteilung besitzt. A. N. Kolmogoroff hat gezeigt [A2.10], daß für stetige Verteilungen $F(t)$ und $x > 0$

$$\lim_{n \to \infty} \Pr\{\sqrt{n}\, D_n \le x \,|\, F(t)\} = 1 + 2 \sum_{k=1}^{\infty} (-1)^k e^{-2 k^2 x^2}$$

gilt. Obige Reihe konvergiert rasch, so daß für $x > \frac{1}{\sqrt{n}}$ mit einem Fehler $< 0.1\%$

$$\lim_{n \to \infty} \Pr\{D_n \le y \,|\, F(t)\} \approx 1 - 2 e^{-2 n y^2} \tag{A2.180}$$

verwendet werden kann. Für kleinere Werte von n ist die Verteilungsfunktion von D_n tabelliert, vgl. Anhang A3.5 und Tabelle A2.5. Wie aus Tab. A2.5 ersichtlich ist, kann schon für $n > 50$ mit dem asymptotischen Wert gemäß Gl. (A2.180) praktisch gearbeitet werden. Bezeichnet $y_{1-\alpha}$ das $(1-\alpha)$-*Quantil* der Verteilungsfunktion von D_n, so folgt aus

$$\Pr\{D_n \le y_{1-\alpha} \,|\, F(t)\} = 1 - \alpha$$

Tabelle A2.5 Werte von y, für welche gilt $\Pr\{D_n \leq y \mid F(t)\} = 1 - \alpha$

n	$a = 0.2$	$a = 0.1$	$a = 0.05$
2	0.684	0.776	0.842
5	0.447	0.509	0.563
10	0.323	0.369	0.409
20	0.232	0.265	0.294
30	0.190	0.218	0.242
40	0.165	0.189	0.210
50	0.148	0.170	0.188
für $n > 50$	$1.07 / \sqrt{n}$	$1.22 / \sqrt{n}$	$1.36 / \sqrt{n}$

die Behauptung:

Für eine zugrundeliegende stetige Verteilungsfunktion $F(t)$ liegt die entsprechende empirische Verteilungsfunktion $\hat{F}(t)$ mit einer Wahrscheinlichkeit $1 - \alpha$ innerhalb des Streifens $F(t) \pm y_{1-a}$.

Die Rolle von $\hat{F}(t)$ und $F(t)$ kann aber auch *vertauscht* werden:

Für eine gegebene empirische Verteilungsfunktion $\hat{F}(t)$ besteht eine Wahrscheinlichkeit $1 - \alpha$, daß der (zufällige) Streifen $\hat{F}(t) \pm y_{1-a}$ die wahre unbekannte Verteilungsfunktion $F(t)$ überdeckt.

Damit kann eine stetige unbekannte Verteilungsfunktion $F(t)$ durch die entsprechende *empirische Verteilungsfunktion* $\hat{F}(t)$ geschätzt werden.

Beispiel A2.26
Wie breit wird der Streifen um $\hat{F}(t)$ für $n = 30$ bzw. für $n = 100$, wenn $\alpha = 0.2$ gewählt wird?

Lösung
Aus Tab. A2.5 folgt $y = 0.19$ für $n = 30$ und $y = 0.107$ für $n = 100$. Damit ist die Breite des Streifens gleich 0.38 für $n = 30$ und 0.214 für $n = 100$.

Zur Vereinfachung der Untersuchungen können neben den oben beschriebenen analytischen Methoden oft auch *graphische Schätzmethoden* verwendet werden. Die Grundidee ist dabei die folgende:

Die empirische Verteilungsfunktion $\hat{F}(t)$ wird in einem Koordinatensystem gezeichnet, in dem die Verteilungsfunktion eines gegebenen (postulierten) Typs als Gerade erscheint; gehört die zugrundeliegende Verteilung $F(t)$ zu diesem Verteilungstyp, so müssen die Punkte $(t_{(i)}, \hat{F}(t_{(i)}))$ bei hinreichend großem n ebenfalls näherungsweise auf einer Geraden liegen; eine systema-

tische Abweichung von einer Geraden (speziell im Bereich $0.1 < \hat{F}(t) < 0.9$)
führt zur Ablehnung des postulierten Verteilungstyps.

Ein Vorteil der graphischen Schätzmethode ist, daß unbekannte Parameter oft leicht aus den angepaßten Geraden geschätzt werden können. Es ist prinzipiell möglich, jede beliebige Verteilungsfunktion in eine Gerade zu transformieren. Für die Anwendungen sind allerdings jene Fälle wichtig, bei welchen die Koordinatentransformationen *parameterfrei* bleiben. Zu den Verteilungsfunktionen, die eine solche Transformation erlauben, gehören die Exponential-, die Weibull-, die logarithmische Normalverteilung und die Normalverteilung. Die entsprechenden Wahrscheinlichkeitspapiere sind in Anhang A3.8 gegeben. Im folgenden wird die Aufstellung des Wahrscheinlichkeitspapiers für die *Weibull-Verteilung (Weibull-Papier)* und damit für $\beta = 1$ auch für die *Exponentialverteilung* betrachtet. Die Funktion

$$F(t) = 1 - e^{-(\lambda t)^{\beta}}$$

kann gemäß

$$\lg\left(\frac{1}{1 - F(t)}\right) = (\lambda t)^{\beta} \lg(e)$$

und schließlich zu

$$\lg\left(\lg\left(\frac{1}{1 - F(t)}\right)\right) = \beta \lg(t) + \beta \lg(\lambda) + \lg(\lg(e)) \qquad (A2.181)$$

transformiert werden (anstelle von lg kann auch ln verwendet werden). Damit wird die Weibull-Verteilungsfunktion in eine Gerade als Funktion von $\lg(t)$ transformiert. Bild A2.11 zeigt eine so transformierte Weibull-Verteilung. Dabei wurden $\beta = 1.5$ und $\lambda = 1/800$ h gewählt. Wie aus Bild A2.11 ersichtlich ist, können die Parameter β und λ *graphisch* bestimmt werden:

- β erscheint auf der Skala $\lg(\lg(\frac{1}{1-F(t)}))$, wenn t um eine Dekade variiert wird
- für $\lg(\lg(\frac{1}{1-F(t)})) = \lg(\lg(e))$, d.h. auf der gestrichelten Linie im Bild A2.11, ist $\lg(\lambda\, t) = 0$ und damit $\lambda = 1/t$.

A2.3.3 Parameterschätzung

In vielen praktischen Anwendungen kann man annehmen, daß der *Typ* der Verteilungsfunktion $F(t)$ der betrachteten Zufallsgröße τ bekannt ist. Gesucht ist eine *Schätzung der unbekannten Parameter* von $F(t)$, anhand der Beobachtungen $t_1, \ldots, t_n$. Prinzipiell wird zwischen *Punkt-* und *Intervallschätzung* unterschieden.

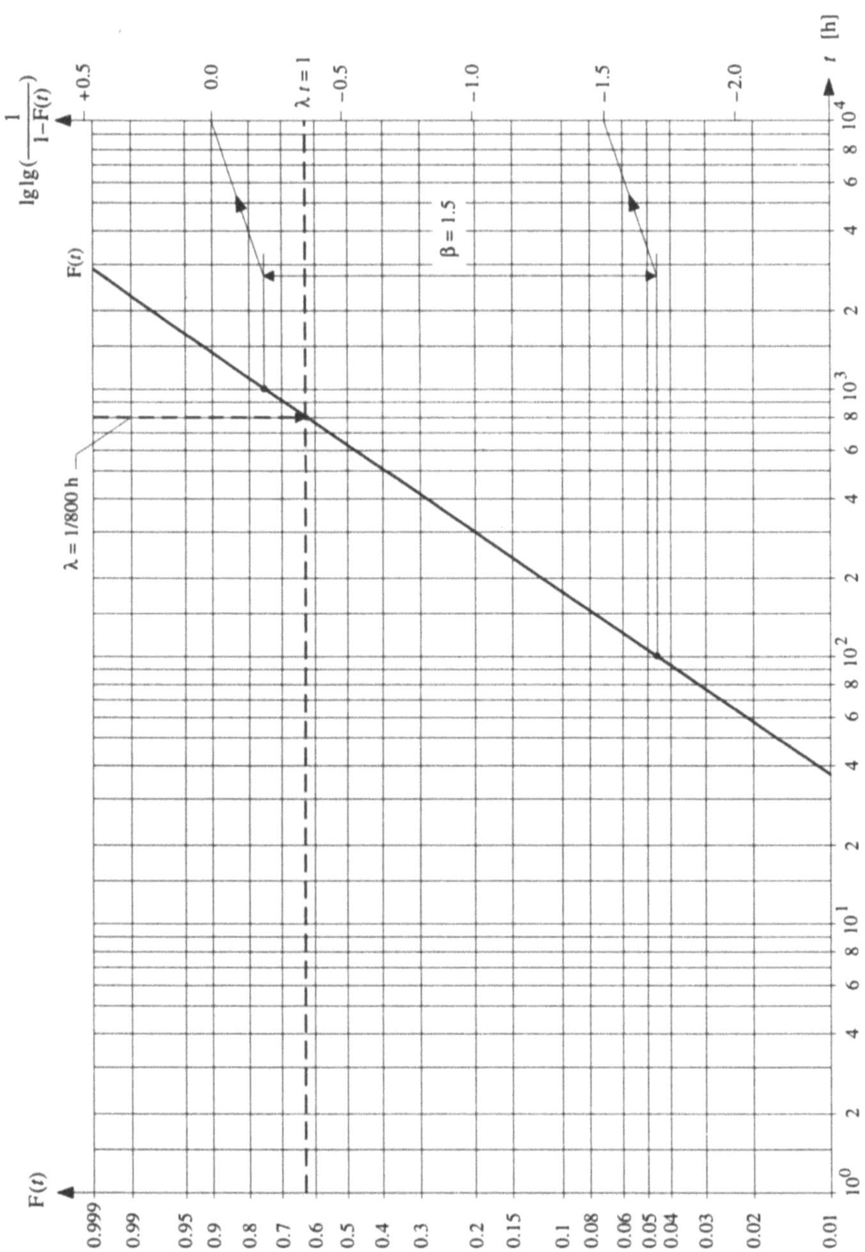

Bild A2.11   Weibull-Papier: Die Verteilungsfunktion $F(t) = 1 - e^{-(\lambda t)^\beta}$ erscheint hier als Gerade, Beispiel für $\lambda = 1/800\,$h und $\beta = 1.5$ (die empirische Verteilungsfunktion $\hat{F}(t)$ muß ohne die Werte 0 und 1 aufgezeichnet werden)

A2.3.3.1 Punktschätzung

Es sei zuerst der Fall betrachtet, wo die gegebene (zugrundeliegende) Verteilungsfunktion $F(t)$ nur von *einem* unbekannten Parameter θ abhängt. Als *Punktschätzung* für θ wird eine Funktion

$$\hat{\theta} = u(t_1, \ldots, t_n) \tag{A2.182}$$

definiert (oft mit $\hat{\theta}_n$ anstelle von $\hat{\theta}$), welche von den Beobachtungen $t_1, \ldots, t_n$, nicht aber vom unbekannten Parameter θ abhängt. $\hat{\theta}$ ist eine Zufallsgröße, θ eine unbekannte Konstante.[2] Die Schätzung $\hat{\theta}$ ist

* *erwartungstreu*, wenn gilt

   $$E[\hat{\theta}] = \theta$$

* *konsistent*, wenn $\hat{\theta}$ in Wahrscheinlichkeit gegen θ konvergiert

   $$\lim_{n \to \infty} \Pr\{ \,|\, \hat{\theta} - \theta \,|\, > \varepsilon \} = 0$$

* *streng konsistent*, wenn $\hat{\theta}$ mit Wahrscheinlichkeit 1 gegen θ konvergiert

   $$\Pr\{ \lim_{n \to \infty} \hat{\theta} = \theta \} = 1$$

* *wirksam*, falls

   $$E[(\hat{\theta} - \theta)^2]$$

   minimal wird

* *erschöpfend*, wenn $\hat{\theta}$ die ganze Information über θ enthält, die in den Beobachtungen $t_1, \ldots, t_n$ vorhanden ist.

Aus obiger Darlegung erkennt man, daß eine erwartungstreue Schätzung wirksam ist für $\mathrm{Var}\{\hat{\theta}\}$ minimal und konsistent, wenn für $n \to \infty$ $\mathrm{Var}\{\hat{\theta}\} \to 0$ gilt. Andere, oft verwendete Kriterien sind asymptotisch erwartungstreu und asymptotisch wirksam [A2.2].

Für die Berechnung von $\hat{\theta}$ sind verschiedene Methoden bekannt. Zu diesen gehören die Momentenmethode, die Methode der Quantile, die Methode der kleinsten Quadrate und die Maximum-Likelihood-Methode. Die *Maximum-Likelihood-Methode* ist stark verbreitet und liefert Punktschätzungen, die unter relativ allgemeinen Bedingungen konsistent, asymptotisch erwartungstreu, asymptotisch wirksam und asymptotisch normalverteilt sind [A2.2, A2.8, A2.16]. Wenn darüber hinaus für den Parameter θ eine *wirksame Schätzung* $\hat{\theta}$ existiert, so hat die *Likelihood-Funktion* (Gln. (A2.184) bzw. (A2.185)) eine eindeutige Lösung $\hat{\theta}$. Eine Schätzung ist ferner dann und nur dann erschöpfend, wenn die Likelihood-Funktion in zwei Faktoren

---

2)   Auf die Bayessche Statistik, welche θ als Zufallsgröße betrachtet und ihr eine a-priori-Verteilungsfunktion zuordnet [A2.16], wird hier nicht eingegangen.

zerlegt werden kann, wobei der eine von θ und $\hat{\theta}$, der andere nur von $t_1, \ldots, t_n$ abhängt. Die Maximum-Likelihood-Methode wurde von R. A. Fisher entwickelt [A2.8]. Sie beruht auf folgender Grundidee:

Bildet $t_1, \ldots, t_n$ die Realisierung einer Stichprobe der diskreten Zufallsgröße τ, so ist die Wahrscheinlichkeit der beobachteten Realisierung durch

$$L(t_1, \ldots, t_n, \theta) = \prod_{i=1}^{n} p_i(\theta) \qquad \text{mit} \quad p_i(\theta) = \Pr\{\tau = t_i\} \tag{A2.183}$$

gegeben; als Schätzung für den unbekannten Parameter θ wird derjenige Parameter $\hat{\theta}$ gewählt, der die Wahrscheinlichkeit der beobachteten Realisierung maximiert.

Die Funktion L gemäß Gl. (A2.183) wird *Likelihood-Funktion* genannt. Im Falle einer stetigen Zufallsgröße wird in der Gl. (A2.183) die Dichtefunktion $f(t_i, \theta)$ benutzt

$$L(t_1, \ldots, t_n, \theta) = \prod_{i=1}^{n} f(t_i, \theta). \tag{A2.184}$$

Oft ist es günstig, anstelle von L die Funktion $\ln L$ zu verwenden. Existiert die Maximum-Likelihood-Schätzung $\hat{\theta}$, so muß sie die Gleichung

$$\left. \frac{\partial L(t_1, \ldots, t_n, \theta)}{\partial \theta} \right|_{\theta = \hat{\theta}} = 0 \tag{A2.185}$$

bzw.

$$\left. \frac{\partial \ln(L(t_1, \ldots, t_n, \theta))}{\partial \theta} \right|_{\theta = \hat{\theta}} = 0 \tag{A2.186}$$

erfüllen.

Die Maximum-Likelihood-Methode läßt sich unmittelbar auf den Fall einer Verteilungsfunktion mit endlich vielen Parametern $\theta_1, \ldots, \theta_r$ verallgemeinern. Anstelle der Gl. (A2.186) ist folgendes Gleichungssystem zu lösen:

$$\left. \frac{\partial \ln(L(t_1, \ldots, t_n, \theta_1, \ldots, \theta_r))}{\partial \theta_i} \right|_{\theta_i = \hat{\theta}_i} = 0, \qquad i = 1, \ldots, r. \tag{A2.187}$$

Die Existenz und Eindeutigkeit der Maximum-Likelihood Schätzungen gemäß den Gln. (A2.185) bis (A2.187) kann für die hier betrachteten Verteilungen vorausgesetzt werden, eine Überprüfung für kritische Fälle bleibt notwendig.

Beispiel A2.27
Man ermittle die Maximum-Likelihood-Schätzung für den Parameter λ der *Exponentialverteilung*.

Lösung
Mit $f(t, \lambda) = \lambda e^{-\lambda t}$ folgt aus Gl. (A2.184) $L(t_1, \ldots, t_n, \lambda) = \lambda^n e^{-\lambda(t_1 + \ldots + t_n)}$, woraus

$$\hat{\lambda} = \frac{n}{t_1 + \ldots + t_n}. \tag{A2.188}$$

Man merke den Zusammenhang zwischen $E[\tau] = 1/\lambda$ und den Resultaten der Gln. (A2.188) und (A2.168).

Beispiel A2.28
In n Bernoullischen Versuchen ist das Ereignis A genau k mal eingetreten. Gesucht ist die Maximum-Likelihood-Schätzung der Wahrscheinlichkeit p für das Eintreten von A, d. h. für den Parameter p der *Binomialverteilung*.

Lösung
Für die Likelihood-Funktion folgt aus den Gln. (A2.39) und (A2.183)

$$L = p_k = \binom{n}{k} p^k (1-p)^{n-k} \qquad \text{bzw.} \quad \ln L = \ln \binom{n}{k} + k \ln p + (n-k) \ln(1-p),$$

woraus

$$\hat{p} = \frac{k}{n}. \tag{A2.189}$$

Beispiel A2.29
Von der poissonverteilten Zufallsgröße ζ liegen die Beobachtungen $k_1, \ldots, k_n$ vor. Gesucht ist die Maximum-Likelihood-Schätzung für den Parameter m der dazugehörenden *Poisson-Verteilung*.

Lösung
Für die Likelihood-Funktion folgt aus den Gln. (A2.41) und (A2.183)

$$L = \frac{m^{k_1 + \ldots + k_n}}{k_1! \ldots k_n!} e^{-nm}, \qquad \text{bzw.} \quad \ln L = (k_1 + \ldots + k_n) \ln m - mn - \ln(k_1! \ldots k_n!)$$

woraus

$$\hat{m} = \frac{k_1 + \ldots + k_n}{n}. \tag{A2.190}$$

Beispiel A2.30
Man ermittle die Maximum-Likelihood-Schätzung für die Parameter λ und β der *Weibull-Verteilung*.

Lösung
Mit $f(t, \lambda, \beta) = \beta \lambda (\lambda t)^{\beta-1} e^{-(\lambda t)^\beta}$ folgt gemäß Gl. (A2.184)

$$L(t_1, \ldots, t_n, \lambda, \beta) = (\beta\,\lambda^\beta)^n\, e^{-\lambda^\beta\,(t_1^\beta + \ldots + t_n^\beta)} \prod_{i=1}^{n} t_i^{\beta-1} \,,$$

woraus

$$\hat{\beta} = \left[\frac{\sum\limits_{i=1}^{n} t_i^{\hat{\beta}} \ln t_i}{\sum\limits_{i=1}^{n} t_i^{\hat{\beta}}} - \frac{1}{n}\sum_{i=1}^{n} \ln t_i \right]^{-1} \qquad \text{und} \qquad \hat{\lambda} = \left[\frac{n}{\sum\limits_{i=1}^{n} t_i^{\hat{\beta}}} \right]^{\frac{1}{\hat{\beta}}}. \qquad (A2.191)$$

Die Gleichung für $\hat{\beta}$ muß iterativ gelöst werden (z. B. mit der Regula falsi). Als Anfangswert kann die aus der empirischen Verteilungsfunktion (Weibull-Papier) gewonnene Schätzung verwendet werden.

In Zuverlässigkeitsanwendungen trifft oft der Fall zu, daß aus Zeit- und Kostengründen die Prüfung abgebrochen wird, bevor alle dem Test unterworfenen Betrachtungseinheiten ausgefallen sind. Falls n Betrachtungseinheiten zur Verfügung stehen und von diesen am Ende der Prüfung k ausgefallen sind (Lebensdauern t_1 bis t_k und die übrigen $n-k$ noch nicht (Betriebszeit T_1 bis T_{n-k}, oft mit $T_1 = \ldots = T_{n-k} =$ Prüfdauer), so sollen die Werte T_1 bis T_{n-k} in der Auswertung mitberücksichtigt werden. Im Fall der *Weibull-Verteilung* gilt unter relativ allgemeinen Voraussetzungen

$$L(t_1, \ldots, t_k, \lambda, \beta) \sim (\beta\lambda^\beta)^k\, e^{-\lambda^\beta\,(t_1^\beta + \ldots + t_k^\beta)} \prod_{i=1}^{k} t_i^{\beta-1} \prod_{j=1}^{n-k} e^{-(\lambda T_j)^\beta} \,,$$

woraus

$$\hat{\beta} = \left[\frac{\sum\limits_{i=1}^{k} t_i^{\hat{\beta}} \ln t_i + \sum\limits_{j=1}^{n-k} T_j^{\hat{\beta}} \ln T_j}{\sum\limits_{i=1}^{k} t_i^{\hat{\beta}} + \sum\limits_{j=1}^{n-k} T_j^{\hat{\beta}}} - \frac{1}{n}\sum_{i=1}^{k} \ln t_i \right]^{-1} \quad \text{und} \quad \hat{\lambda} = \left[\frac{k}{\sum\limits_{i=1}^{k} t_i^{\hat{\beta}} + \sum\limits_{j=1}^{n-k} T_j^{\hat{\beta}}} \right]^{\frac{1}{\hat{\beta}}} \quad (A2.192)$$

folgt. Für $\beta = 1$, d. h. für die *Exponentialverteilung* erhält man aus Gl. (A192)

$$\hat{\lambda} = \frac{k}{\sum\limits_{i=1}^{k} t_i + \sum\limits_{j=1}^{n-k} T_j}\,. \qquad (A2.193)$$

Die Größe

$$T = \sum_{i=1}^{k} t_i + \sum_{j=1}^{n-k} T_j \qquad (A2.194)$$

ist die (zufällige) *kumulative Betriebszeit* während der Prüfung über allen Betrachtungseinheiten summiert. Mit T aus Gl. (A2.194) ist die Schätzung für λ

$$\hat{\lambda} = \frac{k}{T}.$$

(A2.195)

Dieses Resultat ist intuitiv, gilt allerdings *nur* im Fall der Exponentialverteilung, d. h. im Fall einer *konstanten Ausfallrate* λ (Gedächtnislosigkeit).

A2.3.3.2 Intervallschätzung

Die Punktschätzung hat den Vorteil, daß sie schnell einen Schätzwert liefert. Sie gibt aber keine Angabe über die Wahrscheinlichkeit der Abweichung des erhaltenen Wertes vom wahren Parameter. Mit der *Intervallschätzung* sucht man ein Intervall $[\hat{\theta}_l, \hat{\theta}_u]$ derart, daß der wahre Wert des unbekannten Parameters θ mit einer vorgegebenen Wahrscheinlichkeit γ von $[\hat{\theta}_l, \hat{\theta}_u]$ *überdeckt* wird. $[\hat{\theta}_l, \hat{\theta}_u]$ wird *Vertrauensintervall* genannt; dabei ist $\hat{\theta}_l$ die *untere* (lower) und $\hat{\theta}_u$ die *obere Vertrauensgrenze* (upper). γ ist die *Aussagewahrscheinlichkeit* (confidence level) und kann folgendermaßen interpretiert werden:

In einer wachsenden Anzahl von unabhängigen Stichproben (alle vom Umfang n) wird die relative Häufigkeit der Fälle, bei welchen das Vertrauensintervall $[\hat{\theta}_l, \hat{\theta}_u]$ den unbekannten Parameter θ überdeckt, gegen die Aussagewahrscheinlichkeit konvergieren.

Im Fall diskreter Zufallsgrößen ist es im allgemeinen Fall unmöglich, eine gegebene Aussagewahrscheinlichkeit γ exakt einzuhalten. In diesem Fall sollte die wahre Aussagewahrscheinlichkeit näherungsweise gleich, aber nicht kleiner als γ sein.

Das Vertrauensintervall kann auch *einseitig*, d. h. z. B. $[0, \hat{\theta}_u]$ oder $[\hat{\theta}_l, \infty)$ für $\theta \geq 0$ gewählt werden. Bild A2.12 verdeutlicht den Begriff des Vertrauensintervalls.

Die Idee des Vertrauensintervalls wurde um 1930 unabhängig von J. Neyman und R. A. Fisher eingeführt. Allgemeine Hinweise zur Ermittlung von Vertrauens-

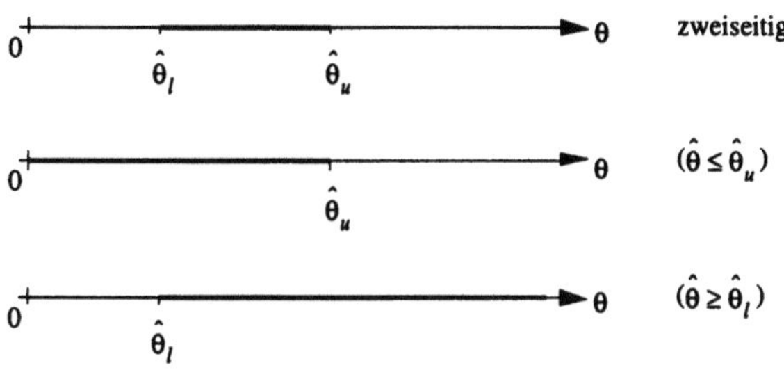

Bild A2.12   Beispiele von Vertrauensintervallen ($\theta \geq 0$)

grenzen sind z. B. in [A2.2] gegeben. Im folgenden werden die für Qualitäts- und Zuverlässigkeitsprüfungen wichtigen Fälle behandelt.

A2.3.3.2.1 Schätzung einer unbekannten Wahrscheinlichkeit

Gegeben sei eine Folge von *Bernoullischen Versuchen*, d. h. von unabhängigen Versuchen, bei welchen ein bestimmtes Ereignis A mit der konstanten Wahrscheinlichkeit p eintreten kann. Die Binomialverteilung (Gl. (A2.39))

$$p_k = \binom{n}{k} p^k (1-p)^{n-k}$$

gibt die Wahrscheinlichkeit an, daß in n Versuchen das Ereignis A genau k-mal eintreten wird. Aus obiger Gleichung folgt

$$\Pr\{k_1 \leq \text{Anzahl Beobachtungen von } A \text{ in } n \text{ Versuchen} \leq k_2 \mid p\}$$
$$= \sum_{i=k_1}^{k_2} \binom{n}{i} p^i (1-p)^{n-i}. \quad (A2.196)$$

In der Statistik ist aber nicht p, sondern die Häufigkeit k bekannt, mit welcher das Ereignis A in n Versuchen beobachtet wurde. Gesucht ist das *Vertrauensintervall* für p. Die Lösung dieses Problems wurde erstmals von Clopper und Pearson 1934 aufgestellt [A2.6]; bei gegebenem $\gamma = 1 - \beta_1 - \beta_2 \ (0 < \beta_1 < 1 - \beta_2 < 1)$ gilt:

Wurde in n unabhängigen Versuchen das Ereignis A genau k-mal beobachtet, so überdeckt das Vertrauensintervall $[\hat{p}_l, \hat{p}_u]$, mit $\hat{p}_l$ und $\hat{p}_u$ aus

$$\sum_{i=k}^{n} \binom{n}{i} \hat{p}_l^i (1-\hat{p}_l)^{n-i} = \beta_2 \qquad \text{für } 0 < k \leq n$$
$$\hat{p}_l = 0 \qquad \text{für } k = 0 \qquad\qquad (A2.197)$$

und

$$\sum_{i=0}^{k} \binom{n}{i} \hat{p}_u^i (1-\hat{p}_u)^{n-i} = \beta_1 \qquad \text{für } 0 < k \leq n$$
$$\hat{p}_u = 1 \qquad \text{für } k = n, \qquad\qquad (A2.198)$$

den wahren (unbekannten) Parameter p mit einer Wahrscheinlichkeit approximativ gleich, aber nicht kleiner als $\gamma = 1 - \beta_1 - \beta_2$, wobei

$$\beta_1 \geq \Pr\{p > \hat{p}_u\} \qquad\qquad (A2.199)$$
$$\beta_2 \geq \Pr\{p < \hat{p}_l\}. \qquad\qquad (A2.200)$$

Der Beweis obiger Regeln basiert auf der Monotonie der Binomialverteilung und ist in einer neuen Form in [A2.3(1994)] gegeben.

Die Ermittlung von $\hat{p}_l$ und $\hat{p}_u$ gemäß den Gln. (A2.197) und (A2.198) kann mit Hilfe einer Tabelle der *Betafunktion* oder der *Fisher-Verteilung* erfolgen (Anhang A3.4). Für viele praktischen Anwendungen genügt oft die folgende Näherungslösung:

Für $\min(n\,p, n(1-p)) \geq 5$ *läßt sich eine gute Schätzung für* $\hat{p}_l$ *und* $\hat{p}_u$ *mit Hilfe des Satzes von De Moivre-Laplace finden; eine Umformung der Gl. (A2.85) mit* $\varepsilon = b\sqrt{p(1-p)}\,/\sqrt{n}$ *führt zu*

$$\lim_{n \to \infty} \Pr\{(\frac{k}{n} - p)^2 \leq \frac{b^2\,p\,(1-p)}{n}\} = \frac{2}{\sqrt{2\pi}} \int_0^b e^{\frac{-x^2}{2}} dx. \qquad (A2.201)$$

Die rechte Seite der Gl. (A2.201) wird gleich der Aussagewahrscheinlichkeit γ gesetzt und erlaubt die Bestimmung von b. Aus einer Tabelle der Normalverteilung (Anhang A3.1) folgt z. B.

γ	=	0.6	0.8	0.9	0.95	0.98	0.99
b	=	0.84	1.28	1.64	1.96	2.33	2.57

Auf der linken Seite der Gl. (A2.201) stellt der Ausdruck

$$(\frac{k}{n} - p)^2 = \frac{b^2\,p\,(1-p)}{n}$$

die Gleichung einer Ellipse dar. Diese Ellipse wird *Vertrauensellipse* genannt. Für gegebene Werte von k, n und b werden nun die *Vertrauensgrenzen* $\hat{p}_l$ und $\hat{p}_u$ als Wurzeln der Gl. (A2.201) ermittelt

$$\hat{p}_{u,l} = \frac{k + 0.5b^2 \pm b\sqrt{k(1 - k/n) + b^2/4}}{n + b^2}. \qquad (A2.202)$$

Für die mit Hilfe von Gl. (A2.202) erhaltenen Vertrauensgrenzen gilt $\beta_1 = \beta_2 = (1-\gamma)/2$. Vertrauensellipsen für verschiedene Werte von γ sind im Abschnitt 6.1 gegeben (gestrichelte Linien in Bild 6.1, die gezogenen Linien sind die Kurven der Envelopen der Gln. (A2.197) bzw. (A2.198)).

Aus den Werten für $\hat{p}_l$ und $\hat{p}_u$ können auch die *einseitigen Vertrauensintervalle* ermittelt werden. Gemäß Bild A2.12 gilt

$$0 \leq p \leq \hat{p}_u \qquad \text{mit} \qquad \beta_2 = 0 \quad \text{und} \quad \gamma = 1 - \beta_1 \qquad (A2.203)$$

bzw.

$$\hat{p}_l \leq p \leq 1 \qquad \text{mit} \qquad \beta_1 = 0 \quad \text{und} \quad \gamma = 1 - \beta_2. \qquad (A2.204)$$

Beispiel A2.31
Man bestimme mit Hilfe der Vertrauensellipsen das Vertrauensintervall $[\hat{p}_l, \hat{p}_u]$ einer unbekannten Wahrscheinlichkeit für den Fall $n = 50$, $k = 5$ und $\gamma = 0.9$.

Lösung

Mit $n = 50$, $k = 5$ und $b = 1.64$ folgt aus Gl. (A2.202) das Vertrauensintervall $[0.05, 0.19]$. Die entsprechenden einseitigen Vertrauensintervalle wären durch $p \leq 0.19$ bzw. $p \geq 0.05$ mit $\gamma = 0.95$ gegeben.

A2.3.3.2.2 Schätzung des Parameters λ einer Exponentialverteilung bei fester Prüfdauer T

Gegeben sei eine Betrachtungseinheit mit *konstanter Ausfallrate* λ, welche nach jedem Ausfall unverzüglich durch eine statistisch identische Betrachtungseinheit ersetzt wird (Reparaturzeit = 0). Gesucht ist ein Vertrauensintervall für λ unter der Annahme, daß in einer (festen) *kumulativen Betriebszeit T* genau k Ausfälle aufgetreten sind. Infolge der *Gedächtnislosigkeit*, gegeben durch die konstante Ausfallrate λ, spielt es an sich keine Rolle, ob sich der (feste) Wert T auf eine einzige Betrachtungseinheit bezieht oder mit mehreren Betrachtungseinheiten zusammengesetzt wird, wichtig sind nur T und k (Gl. (6.26)). Da die Ausfallrate der Betrachtungseinheit konstant ist, sind die Ausfälle im Intervall $(0, T]$ poissonverteilt, d. h. es gilt gemäß Gl. (A2.107)

$$\Pr\{\text{genau } k \text{ Ausfälle in } (0, T] \mid \lambda\} = \frac{(\lambda T)^k}{k!} e^{-\lambda T}. \tag{A2.205}$$

Die Schätzung des *Vertrauensintervalls für die Ausfallrate* λ kann damit auf die Schätzung des Parameters $m = \lambda T$ einer Poissonverteilung zurückgeführt werden. Es kann eine ähnliche Prozedur wie im Abschnitt A2.3.3.2.1 verwendet werden. Bei gegebenem $\gamma = 1 - \beta_1 - \beta_2$ $(0 < \beta_1 < 1 - \beta_2 < 1)$ lassen sich die Vertrauensgrenzen $\hat{\lambda}_l$ und $\hat{\lambda}_u$ aus

$$\sum_{i=k}^{\infty} \frac{(\hat{\lambda}_l T)^i}{i!} e^{-\hat{\lambda}_l T} = \beta_2, \qquad k > 0 \tag{A2.206}$$

und

$$\sum_{i=0}^{k} \frac{(\hat{\lambda}_u T)^i}{i!} e^{-\hat{\lambda}_u T} = \beta_1, \qquad k > 0 \tag{A2.207}$$

ermitteln. Aufgrund der bekannten Beziehung zur χ^2-Verteilung können die Lösungen $\hat{\lambda}_l$ und $\hat{\lambda}_u$ aus den Gln. (A2.206) und (A2.207) mit Hilfe von Quantilen der χ^2-Verteilung (Anhang A3.2) bestimmt werden:

$$\hat{\lambda}_l = \frac{\chi^2_{2k, \beta_2}}{2T} \qquad k > 0 \tag{A2.208}$$

und

$$\hat{\lambda}_u = \frac{\chi^2_{2(k+1),\,1-\beta_1}}{2T} \qquad\qquad k > 0, \tag{A2.209}$$

wobei $\gamma = 1 - \beta_1 - \beta_2$ die *Aussagewahrscheinlichkeit* ist. Ein wichtiger Spezialfall ergibt sich aus

$$\beta_1 = \beta_2 = \frac{1-\gamma}{2}$$

Für diesen Fall gibt Bild 6.6 eine graphische Lösung der Gln. (A2.206) und (A2.207) in Abhängigkeit von γ.

Für $k = 0$ wird

$$\hat{\lambda}_l = 0 \qquad \text{und} \qquad \hat{\lambda}_u = \frac{\ln(1/\beta_1)}{T}, \qquad\qquad k = 0. \tag{A2.210}$$

Die Aussagewahrscheinlichkeit γ ist in diesem Fall $\gamma = 1 - \beta_1$.

Für die *einseitigen Vertrauensintervalle* folgt, analog zu den Gln. (A203) und (A2.204)

$$0 \le \lambda \le \hat{\lambda}_u \qquad \text{mit} \quad \gamma = 1 - \beta_1 \tag{A2.211}$$

bzw.

$$\hat{\lambda}_l \le \lambda < \infty \qquad \text{mit} \quad \gamma = 1 - \beta_2. \tag{A2.212}$$

A2.3.3.2.3 Schätzung des Parameters λ einer Exponentialverteilung bei fester Anzahl Ausfälle n

Gegeben seien n unabhängige Zufallsgrößen $\tau_1, \ldots, \tau_n$, verteilt nach $F(t) = \Pr\{\tau_i \le t\} = 1 - e^{-\lambda t}$, $i = 1, \ldots, n$. Aus Gl. (A2.106) folgt

$$\Pr\{\tau_1 + \ldots + \tau_n \le t\} = 1 - \sum_{i=0}^{n-1} \frac{(\lambda t)^i}{i!} e^{-\lambda t} = \frac{1}{(n-1)!} \int_0^{\lambda t} x^{n-1} e^{-x}\, dx,$$

damit

$$\Pr\{a < \tau_1 + \ldots + \tau_n \le b\} = \frac{1}{(n-1)!} \int_{a\lambda}^{b\lambda} x^{n-1} e^{-x}\, dx$$

und schließlich, mit $a = \dfrac{n\,(1-\varepsilon_2)}{\lambda}$ und $b = \dfrac{n\,(1+\varepsilon_1)}{\lambda}$,

$$\Pr\{\frac{1-\varepsilon_2}{\lambda} < \frac{\tau_1 + \ldots + \tau_n}{n} \le \frac{1+\varepsilon_1}{\lambda}\} = \frac{1}{(n-1)!} \int_{n(1-\varepsilon_2)}^{n(1+\varepsilon_1)} x^{n-1} e^{-x}\, dx. \qquad (A2.213)$$

Werden anstelle der Zufallsgrößen $\tau_1, \ldots, \tau_n$ die Beobachtungen $t_1, \ldots, t_n$ betrachtet, so kann Gl. (A2.213) für die Ermittlung der *Vertrauensgrenzen* $\hat{\lambda}_l$ und $\hat{\lambda}_u$ mit der Aussagewahrscheinlichkeit $\gamma = 1 - \beta_1 - \beta_2$ $(0 < \beta_1 < 1 - \beta_2 < 1)$ verwendet werden. Die Lösung führt zu

$$\hat{\lambda}_l = (1-\varepsilon_2)\hat{\lambda} \qquad \text{und} \qquad \hat{\lambda}_u = (1+\varepsilon_1)\hat{\lambda}, \qquad (A2.214)$$

mit $\hat{\lambda} = n/(t_1 + \ldots + t_n)$ aus Gl. (A2.188), und ε_1 bzw. ε_2 aus

$$\frac{1}{(n-1)!} \int_{n(1+\varepsilon_1)}^{\infty} x^{n-1} e^{-x}\, dx = \beta_1 \qquad \text{und} \qquad \frac{1}{(n-1)!} \int_{0}^{n(1-\varepsilon_2)} x^{n-1} e^{-x}\, dx = \beta_2,$$

bzw. zu

$$\hat{\lambda}_l = \frac{\chi^2_{2n,\beta_2}}{2(t_1 + \ldots + t_n)} \qquad \text{und} \qquad \hat{\lambda}_u = \frac{\chi^2_{2n,1-\beta_1}}{2(t_1 + \ldots + t_n)}. \qquad (A2.215)$$

Mit $\varepsilon_2 = 1$ bzw. $\varepsilon_1 = \infty$ erhält man die *einseitigen Vertrauensintervalle* $[0, \hat{\lambda}_u]$ bzw. $[\hat{\lambda}_l, \infty)$. Für $\varepsilon_1 = \varepsilon_2 = \varepsilon$ gibt Bild A2.13 den Zusammenhang zwischen n, γ und ε an.

A2.3.4 Hypothesenprüfung

Bei der Prüfung einer statistischen Hypothese geht es um die Lösung des folgenden Problems:

Aus eigener Erfahrung, aus der Natur des Problems oder einfach als Arbeitshypothese wird eine bestimmte Nullhypothese H_0 über die statistischen Eigenschaften der betrachteten Zufallsgröße aufgestellt; gesucht ist eine Regel, welche anhand einer Stichprobe einen Entscheid über Ablehnung oder Annahme von H_0 erlaubt.

Wenn R die unbekannte Zuverlässigkeit einer Betrachtungseinheit ist, so sind z. B. folgende *Nullhypothesen* H_0 möglich

1a) H_0: $R = R_0$
1b) H_0: $R > R_0$
1c) H_0: $R < R_0$.

Zur Überprüfung, ob die ausfallfreie Arbeitszeit einer Betrachtungseinheit nach $F(t) = 1 - e^{-\lambda t}$ mit λ unbekannt (oder nach $F_0(t) = 1 - e^{-\lambda_0 t}$ mit λ_0 bekannt) verteilt ist, können z. B. folgende Nullhypothesen H_0 aufgestellt werden:

2a) H_0: die Verteilungsfunktion ist $F_0(t)$

2b) H_0: die Verteilungsfunktion ist verschieden $F_0(t)$

2c) H_0: $\lambda = \lambda_0$

2d) H_0: $\lambda < \lambda_0$

2e) H_0: die Verteilungsfunktion ist $F(t)$, Parameter unbekannt.

Diese Beispiele zeigen, wie unterschiedlich die Hypothesen sein können. Im Hinblick auf eine genauere Bezeichnung werden die Hypothesen in *parametrische* und *nichtparametrische* eingeteilt. Erstere beziehen sich auf den Parameterraum (1a, 1b, 1c, 2c, 2d, 2e), letztere nicht (2a, 2b). Für jede dieser Klassen wird ferner unterschieden zwischen *einfachen* Hypothesen (1a, 2a, 2c) und *zusammengesetzten* Hypothesen (1b, 1c, 2b, 2d, 2e).

Bei der Prüfung einer Hypothese können zwei Arten von Fehlern auftreten

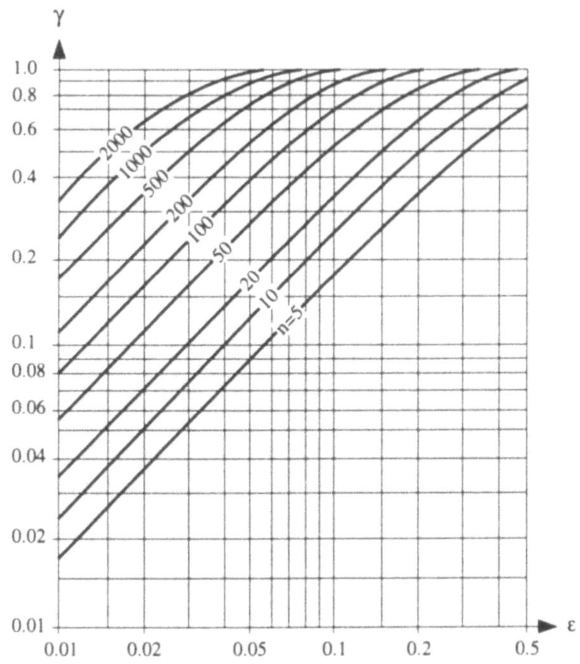

Bild A2.13 Wahrscheinlichkeit γ, daß das Intervall $(1 \pm \varepsilon)\hat{\lambda}$ den wahren Wert von λ überdeckt im Falle einer *festen* Anzahl n Ausfälle ($\hat{\lambda} = n/(t_1 + \ldots + t_n)$, $\Pr\{\tau \leq t\} = 1 - e^{-\lambda t}$)

- *Fehler 1. Art*: H_0 ablehnen, obwohl H_0 in Wirklichkeit wahr ist; die Wahrscheinlichkeit dieses Fehlers wird mit α bezeichnet.
- *Fehler 2. Art*: H_0 annehmen, obwohl H_0 falsch ist; die Wahrscheinlichkeit dieses Fehlers wird mit β bezeichnet; die Berechnung von β erfolgt, indem man anstelle von H_0 eine (wahre) Hypothese H_1 *(Alternativhypothese)* aufstellt.

Beide Fehler sind möglich, wie Tabelle A2.6 zeigt. Wird der Raum der Beobachtungen in zwei komplementäre Mengen $\mathcal{R}$ für Verwerfung (rejection) und $\mathcal{A} = \overline{\mathcal{R}}$ für Annahme (acceptance) zerlegt, so gelten für die Fehler 1. und 2. Art

$$\alpha = \Pr\{\text{Beobachtung in } \mathcal{R} \mid H_0 \text{ wahr}\} \tag{A2.216}$$

$$\beta = \Pr\{\text{Beobachtung in } \mathcal{A} \mid H_0 \text{ falsch } (H_1 \text{ wahr})\}. \tag{A2.217}$$

Beide Fehler können nicht *gleichzeitig* minimiert werden. Oft wird α festgelegt und unter Berücksichtigung von H_1 wird ein Test gesucht, für welchen β minimal wird. Ein solcher Test existiert immer, wenn H_0 und H_1 einfache Hypothesen sind [A2.1, A2.2]. Im folgenden wird auf die für die statistische Qualitätsprüfung wichtigsten Fälle eingegangen.

A2.3.4.1 Prüfung einer unbekannten Wahrscheinlichkeit

Es sei A ein Ereignis, welches bei jedem unabhängigen Versuch mit der konstanten, unbekannten Wahrscheinlichkeit p eintreten kann. Gesucht ist eine Regel (Prüfplan), die es gestattet, die Hypothese

$$H_0 : p < p_0 \tag{A2.218}$$

gegen die Alternativhypothese

$$H_1 : p > p_1 \tag{A2.219}$$

zu prüfen ($p_1 > p_0$). Dabei soll der Fehler 1. Art approximativ gleich, aber nicht größer als α für $p = p_0$ sein. Entsprechend soll der Fehler 2. Art approximativ gleich, aber nicht größer als β für $p = p_1$ sein. Eine solche Situation tritt in den praktischen Anwendungen oft auf:

1. In der *Qualitätskontrolle*, wo p eine *Defektequote* oder eine *Ausschußwahrscheinlichkeit* ist; α wird *Lieferanten-* und β *Abnehmerrisiko* genannt.
2. In den *Zuverlässigkeitsprüfungen*, wo p gleich $1 - R$ gesetzt wird (R = Zuverlässigkeit); α und β werden auch hier *Lieferanten-* resp. *Abnehmerrisiko* genannt.

Tabelle A2.6 Mögliche Fehler bei der Prüfung einer (statistischen) Hypothese

	Verwerfung von H_0	Annahme von H_0
H_0 ist wahr	falsch $\rightarrow$ Fehler 1. Art (α)	richtig
H_0 ist falsch (H_1 ist wahr)	richtig	falsch $\rightarrow$ Fehler 2. Art (β)

Die zwei am häufigsten verwendeten Prozeduren zur Prüfung der Hypothesen gemäß den Gln. (A2.218) und (A2.219) sind die zweiseitige Einfach-Stichprobenprüfung und die Folge-Stichprobenprüfung. Besprochen im Abschnitt A2.3.4.1.3 wird auch der Spezialfall der einseitigen Einfach-Stichprobenprüfung.

A2.3.4.1.1 Zweiseitige Einfach-Stichprobenprüfung

Die Regel für die *zweiseitige Einfach-Stichprobenprüfung* lautet:

1. Man bestimme aus p_0, p_1, α, β $(0 < \beta_1 < 1 - \beta_2 < 1)$ die kleinsten ganzen Zahlen c und n, für die gilt

$$\sum_{i=0}^{c} \binom{n}{i} p_0^i (1-p_0)^{n-i} \geq 1 - \alpha \qquad (A2.220)$$

und

$$\sum_{i=0}^{c} \binom{n}{i} p_1^i (1-p_1)^{n-i} \leq \beta . \qquad (A2.221)$$

2. Man führe n unabhängige Versuche (Bernoullische Versuche) durch, bestimme die Anzahl k, bei welchen das Ereignis A (z. B. Betrachtungseinheit defekt) eingetreten ist, und

   - verwerfe H_0, falls $k > c$
   - nehme H_0 an, falls $k \leq c$. $\qquad (A2.222)$

Der Beweis dieser Regel basiert auf der Tatsache, daß für einen gegebenen Wert von p die *Annahmewahrscheinlichkeit* (d. h. die Wahrscheinlichkeit, daß in n Versuchen das Ereignis A höchstens c-mal eintreten wird) durch die *Binomialverteilung* gegeben ist, und daß mit wachsendem p diese Wahrscheinlichkeit (für konstante n und c) *monoton* fällt (Bild A2.14). Aus diesen Feststellungen folgt

$$\Pr\{\text{Verwerfung von } H_0 \mid H_0 \text{ wahr}\} = 1 - \sum_{i=0}^{c} \binom{n}{i} p^i (1-p)^{n-i} \bigg|_{p < p_0} < \alpha$$

und

$$\Pr\{\text{Annahme von } H_0 \mid H_1 \text{ wahr}\} = \sum_{i=0}^{c} \binom{n}{i} p^i (1-p)^{n-i} \Big|_{p>p_1} < \beta.$$

Die Kurve in Bild A2.14 wird *Annahmekennlinie* genannt. In den Anwendungen sind oft p_0 und p_1 klein (%), so daß anstelle der Binomialverteilung die *Poissonsche Näherung* gemäß Gl. (A2.43) verwendet werden kann.

A2.3.4.1.2   Folge-Stichprobenprüfung

Bei einer zweiseitigen Einfach-Stichprobenprüfung mit $n = 50$ und $c = 2$ werde z. B. bereits beim zwölften Versuch $k = 3$ erreicht. Da nun $k > c$ ist, wird nach der Regel (A2.222) die Hypothese H_0 verworfen, unabhängig davon, wievielmal das Ereignis A in den restlichen 38 Versuchen noch eintreten wird. Dieses Beispiel wirft die Frage auf, ob nicht eine Regel zur Prüfung von H_0 gefunden werden kann, bei welcher keine unnötigen Versuche (die restlichen 38 im obigen Beispiel) durchgeführt werden müssen. Zur Lösung dieses Problems hat A. Wald 1947 die *Folge-Stichprobenprüfung* (Sequentialtest) vorgeschlagen [A2.25]. Dabei wird aus dem Los ein Element nach dem anderen gezogen und geprüft. In Abhängigkeit der momentanen Häufigkeit des betrachteten Ereignisses wird der Entscheid

* H_0 ablehnen,
* H_0 annehmen oder
* einen weiteren Versuch durchführen

gefällt. Der Prüfablauf läßt sich folgendermaßen beschreiben:

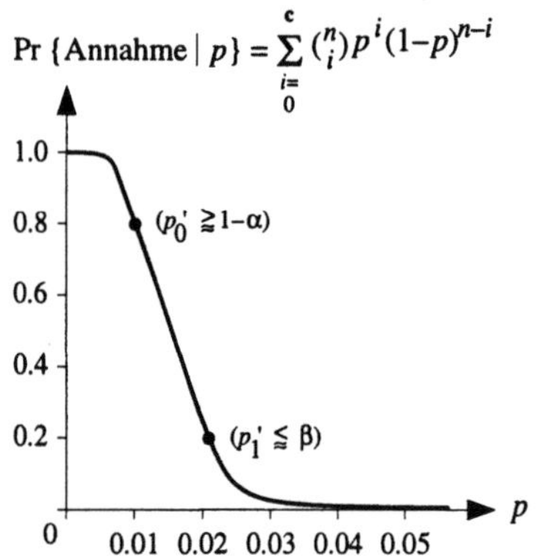

Bild A2.14   Annahmewahrscheinlichkeit als Funktion von p
($p_0 = 1\%$, $p_1 = 2\%$, $\alpha \approx \beta \approx 0.185$, $n = 462$, $c = 6$)

*In einem kartesischen Koordinatensystem wird auf der Abszisse die Anzahl
Versuche n und auf der Ordinate die Anzahl der Versuche k, bei welchen das
Ereignis A eingetreten ist, eingezeichnet; die Prüfung wird abgebrochen mit
Annahme oder Ablehnung, sobald die erhaltene Treppenkurve die Annahme-
gerade oder die Ablehnungsgerade schneidet.*

Die *Annahme-* und die *Ablehnungsgerade* können aus folgenden Gleichungen bestimmt werden [A2.25]

$$\text{Annahmegerade}: \qquad k = an - b_1 \tag{A2.223}$$

$$\text{Ablehnungsgerade}: \qquad k = an + b_2 \tag{A2.224}$$

mit

$$a = \frac{\ln\dfrac{1-p_0}{1-p_1}}{\ln\dfrac{p_1}{p_0} + \ln\dfrac{1-p_0}{1-p_1}}, \qquad b_1 = \frac{\ln\dfrac{1-\alpha}{\beta}}{\ln\dfrac{p_1}{p_0} + \ln\dfrac{1-p_0}{1-p_1}}, \qquad b_2 = \frac{\ln\dfrac{1-\beta}{\alpha}}{\ln\dfrac{p_1}{p_0} + \ln\dfrac{1-p_0}{1-p_1}}. \tag{A2.225}$$

Bild A2.15 gibt die Annahme- und die Ablehnungsgerade für den Fall $p_0 = 1\%$,
$p_1 = 2\%$ und $\alpha = \beta = 20\%$ an. Praktische Aspekte in Zusammenhang mit der Durchführung von Folge-Stichprobenprüfungen werden in den Abschnitten 6.1 und 6.2
behandelt.

A2.3.4.1.3 Einseitige Einfach-Stichprobenprüfung

Einseitige Einfach-Stichprobenprüfungen werden zur Prüfung von $H_0 : p < p_0$ gegen
$H_1 : p > p_0$ oder $H_0 : p < p_1$ gegen $H_1 : p > p_1$ verwendet. Sie werden hier eingeführt und in Abschnitt 6.1.3 diskutiert.

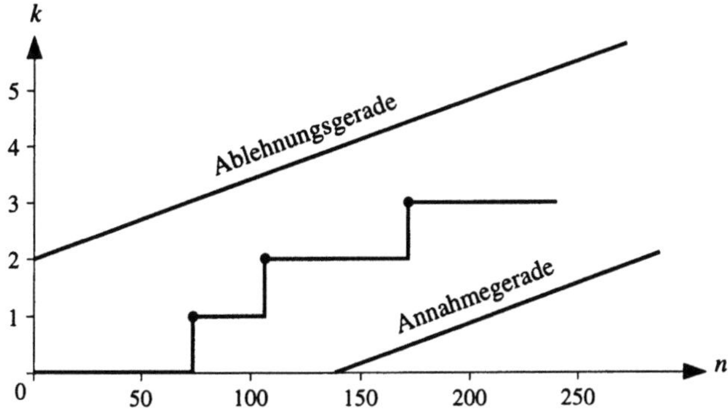

Bild A2.15 Folge-Stichprobenprüfung (Sequentialtest) für $p_0 = 1\%$, $p_1 = 2\%$ und $\alpha = \beta \approx 20\%$

Setzt man in der Gl. (A2.219) $p_1 = p_0$, d. h. prüft man

$$H_0 : p < p_0 \qquad \text{gegen} \qquad H_1 : p > p_0 \qquad\qquad (A2.226)$$

mit der Prüfanweisung (A2.222) und mit einem der möglichen Paare n, c aus Gl. (A2.220) für $c = 0, 1, \ldots$, so kann der Fehler 2. Art groß werden und den Wert $1-\alpha$ für $p = p_0$ erreichen. Ferner sind je nach gewähltem Wert für $c = 0, 1, \ldots$ und berechnetem Wert für n (das kleinste n, für welches Gl. (A2.220) erfüllt ist) verschiedene Prüfanweisungen (n, c-Paare) möglich. Diese Prüfanweisungen unterscheiden sich im Fehler 2. Art für gegebenes $p > p_0$. Bild A2.16 verdeutlicht diese Feststellung. Der Fehler 2. Art ist gleich dem Wert der Annahmekennlinie für $p > p_0$. Der Fehler 1. Art ist gleich dem Komplement der Annahmekennlinie zum Wert Eins für $p < p_0$. Es ist üblich, in solchen Prüfplänen

$$p_0 = \text{AQL}$$

zu bezeichnen (AQL = *Acceptable Quality Level*). Obige Darlegungen zeigen, daß mit der Festlegung von p_0 und α (anstelle von p_0, p_1, α und β) der *Hersteller* bei kleinen Werten von c bevorzugt werden kann.

Wählt man andererseits in Gl. (A2.218) $p_0 = p_1$, d. h. prüft man

$$H_0 : p < p_1 \qquad \text{gegen} \qquad H_1 : p > p_1 \qquad\qquad (A2.227)$$

mit der Prüfvorschrift (A2.222) und mit einem der möglichen Paare n, c aus Gl. (A2.221), so kann diesmal der Fehler 1. Art sehr groß werden und etwa den Wert $1-\beta$ für $p = p_1$ erreichen. Je nach gewähltem Wert für $c = 0, 1, \ldots$ und berechnetem Wert für n (das größte n, für welches Gl. (A2.221) erfüllt ist) sind verschiedene Prüfanweisungen (n, c-Paare) möglich. Die Überlegungen sind im weiteren ähnlich wie im Falle, wo nur p_0 und α festgelegt werden, und man erkennt, daß für kleine

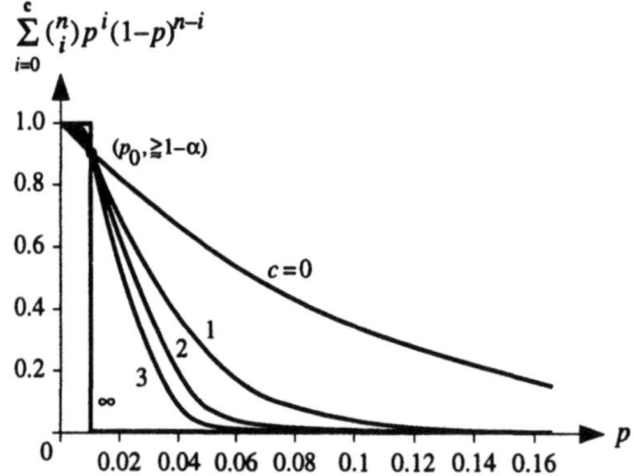

Bild A2.16 Annahmekennlinien für $p_0 = 1\%$, $\alpha \approx 0.1$ und $c = 0$ ($n = 10$), $c = 1$ ($n = 53$), $c = 2$ ($n = 110$), $c = 3$ ($n = 174$) und $c = \infty$

Werte von c der *Abnehmer* bevorzugt werden kann. Es ist üblich, in solchen Prüfplänen

$$p_1 = \text{LTPD}$$

zu bezeichnen (LTPD = *Lot Tolerance Percent Defective*).

A2.3.4.2 Anpassungstests für eine vollständig gegebene Verteilungsfunktion $F_0(t)$

Ein weiterer Problemkreis aus dem Gebiet der Hypothesenprüfungen fällt in die
Klasse der *Anpassungstests*. Ausgehend von der Realisierung $t_1, ..., t_n$ (bzw. von
der entsprechenden geordneten Realisierung $t_{(1)}, ..., t_{(n)}$ einer Stichprobe der Zufallsgröße τ soll eine Regel zur Prüfung der Nullhypothese

$$H_0 : \text{die Verteilungsfunktion von } \tau \text{ ist } F_0(t) \tag{A2.228}$$

gegen die Alternativhypothese

$$H_1 : \text{die Verteilungsfunktion von } \tau \text{ ist nicht } F_0(t) \tag{A2.229}$$

aufgestellt werden. $F_0(t)$ sei hier vollständig bekannt. Zwei der oft verwendeten
Methoden zur Lösung dieses Problems sind der Test von Kolmogoroff-Smirnow
und der χ^2-Anpassungstest. Beide Tests basieren auf dem Vergleich der
empirischen Verteilung $\hat{F}(t)$ mit der postulierten Verteilung $F_0(t)$. Dabei soll die
Hypothese H_0 im Falle einer »zu großen« Abweichungen abgelehnt werden.

1. Der *Test von Kolmogoroff-Smirnow* nutzt die im Abschnitt A2.3.2.2 eingeführte
   Testgröße

$$D_n = \sup_{-\infty < t < \infty} |\hat{F}(t) - F(t)|,$$

   mit $F(t) = F_0(t)$. Ist τ stetig, so ist die Verteilung von D_n unter der Hypothese
   H_0 unabhängig von $F_0(t)$. Bei vorgegebenem Fehler 1. Art α muß die Hypothese H_0 für $D_n > y_{1-\alpha}$ abgelehnt werden. Dabei ist der kritische Wert $y_{1-\alpha}$
   gemäß

$$\Pr\{D_n > y_{1-\alpha} \mid H_0 \text{ ist wahr}\} = \alpha \tag{A2.230}$$

   in Abhängigkeit von n und α in Tab. A2.5 bzw. Tab. A3.5 gegeben. Es soll hier
   darauf hingewiesen werden, daß sich die Fehlerwahrscheinlichkeit α auf die
   Ablehnung der wahren Hypothese H_0 bezieht. Über die Fehlerwahrscheinlichkeit β (Fehler 2. Art) der Nicht-Verwerfung einer falschen Hypothese H_1
   kann im allgemeinen Fall nur wenig gesagt werden. Zur Berechnung dieses Fehlers ist die Vorgabe einer Alternativhypothese $H_1 : F(t) = F_1(t)$ notwendig. Bild
   A2.17 veranschaulicht den Test von Kolmogoroff-Smirnow (die Hypothese H_0
   wird hier nicht abgelehnt).

2. Der χ^2-*Anpassungstest* basiert auf der Testgröße

$$X_n^2 = \sum_{i=1}^{k} \frac{(k_i - n\,p_i)^2}{n\,p_i} = \sum_{i=1}^{k} \frac{k_i^2}{n\,p_i} - n\,, \qquad (A2.231)$$

wobei von einer Klasseneinteilung $(a_1, a_2]$, $(a_2, a_3]$, ..., $(a_k, a_{k+1}]$ des gesamten Definitionsbereichs von τ ausgegangen wird. Hierbei bezeichnet

$$k_i = n(\hat{F}(a_{i+1}) - \hat{F}(a_i)) \qquad (A2.232)$$

die *beobachtete Häufigkeit* in der i-ten Klasse $(a_i, a_{i+1}]$ und

$$n\,p_i = n(F_0(a_{i+1}) - F_0(a_i)) \qquad (A2.233)$$

die unter der Hypothese H_0 zu erwartende Häufigkeit (Anzahl Beobachtungen) in $(a_i, a_{i+1}]$. K. Pearson hat 1900 gezeigt [A2.19], daß X_n^2 unter H_0 für $n \to \infty$ asymptotisch eine χ^2-Verteilung mit $k-1$ Freiheitsgraden besitzt. Somit muß bei vorgegebenem α gemäß

$$\lim_{n \to \infty} \Pr\{X_n^2 > \chi^2_{k-1,\,1-\alpha} \mid H_0 \text{ wahr}\} = \alpha\,, \qquad (A2.234)$$

die Hypothese H_0 für

$$X_n^2 > \chi^2_{k-1,\,1-\alpha} \qquad (A2.235)$$

abgelehnt werden. $\chi^2_{k-1,\,1-\alpha}$ bezeichnet dabei das $(1-\alpha)$-Quantil der χ^2-Verteilung mit $k-1$ Freiheitsgraden. Bei der Wahl der Klassen sollten alle p_i ungefähr gleich groß sein. Die Konvergenz ist meist schon für relativ kleine Werte von n gut ($n\,p_i > 5$).

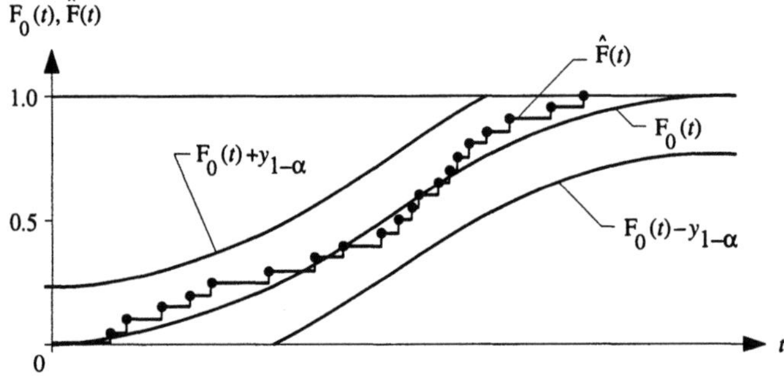

Bild A2.17 Test von Kolmogoroff-Smirnow

A2.3.4.3 Anpassungstests für eine Verteilungsfunktion $F_0(t)$ mit unbekannten Parametern

Der *Test von Kolmogoroff-Smirnow* kann bedingt auch in Fällen angewendet werden, wo ein bestimmter Typ von Verteilungsfunktionen $F_0(t)$ mit unbekannten Parametern überprüft werden soll. Die kritischen Werte $y_{1-\alpha}$ modifizieren sich allerdings [A2.1].

Der χ^2-*Anpassungstest* bietet für diesen Fall einen allgemein gültigen Zugang. Falls:

a) die unbekannten Parameter $\theta_1, \ldots, \theta_r$ von $F_0(t)$ auf der Grundlage der *Klassenhäufigkeiten* k_i nach der *Maximum-Likelihood-Methode*, d. h. aus

$$\sum_{i=1}^{k} \frac{k_i}{p_i(\theta_1, \ldots, \theta_r)} \left. \frac{\partial p_i(\theta_1, \ldots, \theta_r)}{\partial \theta_j} \right|_{\theta_j = \hat\theta_j} = 0, \qquad j = 1, \ldots, r \qquad (A2.236)$$

mit $p_i = F_0(a_{i+1}, \theta_1, \ldots, \theta_r) - F_0(a_i, \theta_1, , \theta_r) > 0$, $p_1 + \ldots + p_k = 1$ und $k_1 + \ldots + k_k = n$ bestimmt werden,

b) die Ableitungen $\frac{\partial p_i}{\partial \theta_j}$ und $\frac{\partial^2 p_i}{\partial \theta_j \partial \theta_m}$ existieren ($i = 1, \ldots, k$; $j, m = 1, \ldots, r < k-1$)

c) die Matrix $\frac{\partial p_i}{\partial \theta_j}$ den Rang r hat,

besitzt die Testgröße

$$\hat{X}_n^2 = \sum_{i=1}^{k} \frac{(k_i - n\,\hat{p}_i)^2}{n\,\hat{p}_i} = \sum_{i=1}^{k} \frac{k_i^2}{n\,\hat{p}_i} - n \qquad (A2.237)$$

unter H_0 für $n \to \infty$ asymptotisch eine χ^2-Verteilung mit $k-1-r$ Freiheitsgraden ($\hat{p}_i = F_0(a_{i+1}, \hat\theta_1, \ldots, \hat\theta_r) - F_0(a_i, \hat\theta_1, \ldots, \hat\theta_r)$)). Der Beweis obigen Satzes wurde von R. A. Fischer 1924 geliefert [A2.8]. Für einen gegebenen Fehler 1. Art α gilt dann

$$\lim_{n \to \infty} \Pr\{\hat{X}_n^2 > \chi^2_{k-1-r, 1-\alpha} \mid H_0 \text{ wahr}\} = \alpha.$$

Somit erfolgt die *Ablehnung* der Hypothese H_0 für

$$\hat{X}_n^2 > \chi^2_{k-1-r, 1-\alpha} \qquad (A2.238)$$

und der resultierende Fehler 1. Art ist näherungsweise gleich α (bei Benutzung der direkt auf der Realisierung $t_1, \ldots, t_n$ der Stichprobe basierenden Schätzungen für $\theta_1, \ldots, \theta_r$ liegt der erhaltene kritische Wert allgemein zwischen $\chi^2_{k-1-r, 1-\alpha}$ und $\chi^2_{k-1, 1-\alpha}$).

Beispiel A2.32
Man beweise die Gl. (A2.236).

Lösung
Die beobachteten Häufigkeiten $k_1, \ldots, k_n$ in den Klassen $(a_1, a_2]$, $(a_2, a_3]$, $\ldots$, $(a_k, a_{k+1}]$ stellen das Resultat von n Versuchen dar, wobei jede der n Beobachtungen in eine der Klassen $(a_i, a_{i+1}]$ mit der Wahrscheinlichkeit $p_i = F_0(a_{i+1}, \theta_1, \ldots, \theta_r) - F_0(a_i, \theta_1, \ldots, \theta_r)$, $i = 1, \ldots, k$, fällt. Es liegt somit eine *Multinomialverteilung* vor. Unter Verwendung der Gl. (A2.40) folgt für die Likelihood-Funktion (Gl. (A2.183))

$$L(p_1, \ldots, p_k) = \frac{n!}{k_1! \ldots k_k!} p_1^{k_1} \ldots p_k^{k_k} \tag{A2.239}$$

und somit

$$\ln L(p_1, \ldots, p_k) = \ln \frac{n!}{k_1! \ldots k_k!} + k_1 \ln p_1 + \ldots + k_k \ln p_k, \tag{A2.240}$$

wobei $p_i = p_i(\theta_1, \ldots, \theta_r)$, $p_1 + \ldots + p_k = 1$ und $k_1 + \ldots + k_k = n$. Aus $\frac{\partial \ln L}{\partial \theta_j} = 0$ für $\theta_j = \hat{\theta}_j$, $j = 1, \ldots, r$, folgt das Gleichungssystem (A2.236).

A3 Tabellen und Wahrscheinlichkeitspapiere

A3.1 Normalverteilung (Standard-Normalverteilung)

Definition: $\quad \Phi(t) = \Pr\{\xi \le t\} = \dfrac{1}{\sqrt{2\pi}} \displaystyle\int_{-\infty}^{t} e^{-\frac{x^2}{2}} dx, \qquad -\infty < t < \infty$

Parameter: $\quad E[\xi] = 0, \quad Var[\xi] = 1, \quad \text{Modalwert} = E[\xi] = 0$

Eigenschaften: $\quad \bullet\ \Phi(0) = 0.5, \quad \Phi(-t) = 1 - \Phi(t)$

$\qquad\qquad\quad \bullet\ $ für $E[\tau] = m \quad$ und $\quad Var[\tau] = \sigma^2$ gilt

$$F(t) = \Pr\{\tau \le t\} = \frac{1}{\sigma\sqrt{2\pi}} \int_{-\infty}^{t} e^{-\frac{(y-m)^2}{2\sigma^2}} dy = \frac{1}{\sqrt{2\pi}} \int_{-\infty}^{\frac{t-m}{\sigma}} e^{-\frac{x^2}{2}} dx = \Phi(\tfrac{t-m}{\sigma})$$

Tabelle A3.1 Standard-Normalverteilung $\Phi(t)$ für $t = 0.00$ bis 2.99 ($E[\xi] = 0$, $Var[\xi] = 1$)

t	0	1	2	3	4	5	6	7	8	9
0.0	.5000	.5040	.5080	.5120	.5160	.5199	.5239	.5279	.5319	.5359
0.1	.5398	.5438	.5478	.5517	.5557	.5596	.5636	.5675	.5714	.5753
0.2	.5793	.5832	.5871	.5910	.5948	.5987	.6026	.6064	.6103	.6141
0.3	.6179	.6217	.6255	.6293	.6331	.6368	.6406	.6443	.6480	.6517
0.4	.6554	.6591	.6628	.6664	.6700	.6736	.6772	.6808	.6844	.6879
0.5	.6915	.6950	.6985	.7019	.7054	.7088	.7123	.7157	.7190	.7224
0.6	.7257	.7291	.7324	.7357	.7389	.7422	.7454	.7486	.7517	.7549
0.7	.7580	.7611	.7642	.7673	.7703	.7734	.7764	.7794	.7823	.7852
0.8	.7881	.7910	.7939	.7967	.7995	.8023	.8051	.8078	.8106	.8133
0.9	.8159	.8186	.8212	.8238	.8264	.8289	.8315	.8340	.8365	.8389
1.0	.8413	.8438	.8461	.8485	.8508	.8531	.8554	.8577	.8599	.8621
1.1	.8643	.8665	.8686	.8708	.8729	.8749	.8770	.8790	.8810	.8830
1.2	.8849	.8869	.8888	.8907	.8925	.8944	.8962	.8980	.8997	.9015
1.3	.9032	.9049	.9066	.9082	.9099	.9115	.9131	.9147	.9162	.9177
1.4	.9192	.9207	.9222	.9236	.9251	.9265	.9279	.9292	.9306	.9319
1.5	.9332	.9345	.9357	.9370	.9382	.9394	.9406	.9418	.9429	.9441
1.6	.9452	.9463	.9474	.9484	.9495	.9505	.9515	.9525	.9535	.9545
1.7	.9554	.9564	.9573	.9582	.9591	.9599	.9608	.9616	.9625	.9633
1.8	.9641	.9649	.9656	.9664	.9671	.9678	.9686	.9693	.9699	.9706
1.9	.9713	.9719	.9726	.9732	.9738	.9744	.9750	.9756	.9761	.9767
2.0	.9772	.9778	.9783	.9788	.9793	.9798	.9803	.9808	.9812	.9817
2.1	.9821	.9826	.9830	.9834	.9838	.9842	.9846	.9850	.9854	.9857
2.2	.9861	.9864	.9868	.9871	.9875	.9878	.9881	.9884	.9887	.9890
2.3	.9893	.9896	.9898	.9901	.9904	.9906	.9909	.9911	.9913	.9916
2.4	.9918	.9820	.9922	.9925	.9927	.9929	.9931	.9932	.9934	.9936
2.5	.9938	.9940	.9941	.9943	.9945	.9946	.9948	.9949	.9951	.9952
2.6	.9953	.9955	.9956	.9957	.9959	.9960	.9961	.9962	.9963	.9964
2.7	.9965	.9966	.9967	.9968	.9969	.9970	.9971	.9972	.9973	.9974
2.8	.9974	.9975	.9976	.9977	.9977	.9978	.9979	.9979	.9980	.9981
2.9	.9981	.9982	.9982	.9983	.9984	.9984	.9985	.9985	.9986	.9986

Beispiele: $\Pr\{\xi \le 2.33\} = 0.9901$; $\Pr\{\xi \le -1\} = 1 - \Pr\{\xi \le 1\} = 1 - 08413 = 0.1587$;

$\Pr\{-1 < \xi \le 1\} = 1 - 2\Pr\{\xi \le -1\} = 1 - 2(1 - \Pr\{\xi \le 1\}) = 2\Pr\{\xi \le 1\} - 1 = 0.6826$

A3.2 χ^2-Verteilung (Chi-Quadrat-Verteilung)

Definition:

$$F(t) = \Pr\{\chi_\nu^2 \le t\} = \frac{1}{2^{\frac{\nu}{2}}\,\Gamma(\frac{\nu}{2})} \int_0^t x^{\frac{\nu}{2}-1}\, e^{-\frac{x}{2}}\, dx,$$

$$t \ge 0, \quad \nu = 1, 2, \ldots \text{ (Freiheitsgrade)}$$

Parameter:

$$E[\chi_\nu^2] = \nu, \quad \mathrm{Var}[\chi_\nu^2] = 2\nu, \quad \text{Modalwert} = \nu - 2 \quad (\nu > 2)$$

Beziehungen: • Normalverteilung:

$$\chi_\nu^2 = \frac{1}{\sigma^2} \sum_{i=1}^{\nu} (\xi_i - m)^2,$$

$$\xi_1, \ldots, \xi_n \text{ unabhängig, normalverteilt mit}$$

$$E[\xi_i] = m \text{ und } \mathrm{Var}[\xi_i] = \sigma^2$$

• Poisson - Verteilung:

$$\sum_{i=0}^{\frac{\nu}{2}-1} \frac{(\frac{t}{2})^i}{i!} e^{-\frac{t}{2}} = 1 - F(t), \quad \nu = 2, 4, \ldots$$

• Gammafunktion:

$$\gamma(\frac{\nu}{2}, \frac{t}{2}) = F(t)\,\Gamma(\frac{\nu}{2})$$

Tabelle A3.2   0.05-, 0.1-, 0.2-, 0.4-, 0.6-, 0.8-, 0.9-, 0.95- und 0.975-Quantile der χ^2-Verteilung (Werte von $t_{\nu,q}$ für welche gilt $F(t_{\nu,q}) = q$)

$\nu \backslash q$	0.05	0.10	0.20	0.40	0.60	0.80	0.90	0.95	0.975
1	0.0039	0.0158	0.0642	0.275	0.708	1.642	2.706	3.841	5.024
2	0.103	0.211	0.446	1.022	1.833	3.219	4.605	5.991	7.378
3	0.352	0.584	1.005	1.869	2.946	4.642	6.251	7.815	9.348
4	0.711	1.046	1.649	2.753	4.045	5.989	7.779	9.488	11.143
5	1.145	1.610	2.343	3.655	5.132	7.289	9.236	11.070	12.833
6	1.635	2.204	3.070	4.570	6.211	8.558	10.645	12.592	14.449
7	2.167	2.833	3.822	5.493	7.283	9.803	12.017	14.067	16.013
8	2.733	3.490	4.594	6.423	8.351	11.030	13.362	15.507	17.535
9	3.325	4.168	5.380	7.357	9.414	12.242	14.684	16.919	19.023
10	3.940	4.865	6.179	8.295	10.473	13.442	15.987	18.307	20.483
11	4.575	5.578	6.989	9.237	11.530	14.631	17.275	19.675	21.920
12	5.226	6.304	7.807	10.182	12.584	15.812	18.549	21.026	23.337
13	5.892	7.042	8.634	11.129	13.636	16.985	19.812	22.362	24.736
14	6.571	7.790	9.467	12.078	14.685	18.151	21.064	23.685	26.119
15	7.261	8.547	10.307	13.030	15.733	19.311	22.307	24.996	27.488
16	7.962	9.312	11.152	13.983	16.780	20.465	23.542	26.296	28.845
17	8.672	10.085	12.002	14.937	17.824	21.615	24.769	27.587	30.191
18	9.390	10.865	12.857	15.893	18.868	22.760	25.989	28.869	31.526
19	10.117	11.651	13.716	16.850	19.910	23.900	27.204	30.144	32.852
20	10.851	12.443	14.578	17.809	20.951	25.038	28.412	31.410	34.170
22	12.338	14.041	16.314	19.729	23.031	27.301	30.813	33.924	36.781
24	13.848	15.659	18.062	21.652	25.106	29.553	33.196	36.415	39.364
26	15.379	17.292	19.820	23.579	27.179	31.795	35.563	38.885	41.923
28	16.928	18.939	21.588	25.509	29.249	34.027	37.916	41.337	44.461
30	18.493	20.599	23.364	27.442	31.316	36.250	40.256	43.773	46.979
40	26.509	29.051	32.345	37.134	41.622	47.269	51.805	55.758	59.342
60	43.188	46.459	50.641	56.620	62.135	68.972	74.397	79.082	83.298
80	60.391	64.278	69.207	76.188	82.566	90.405	96.578	101.879	106.629
100	77.929	82.358	87.945	95.808	102.946	111.667	118.498	124.342	129.561
x	-1.645	-1.282	-0.841	-0.253	0.253	0.841	1.282	1.645	1.960

$$t_{\nu,q} \approx (x + \sqrt{2\nu-1})^2/2 \quad \text{für } \nu > 100$$

Beispiele: $F(t_{16,0.9}) = 0.9 \rightarrow t_{16,0.9} = 23.542$; $\displaystyle\sum_{i=0}^{8} \frac{13^i}{i!} e^{-13} = 1 - F(26)$ für $\nu = 18 \approx 0.0998$

A3.3 Student-Verteilung (t-Verteilung)

Definition :

$$F(t) = \Pr\{t \le t\} = \frac{\Gamma(\frac{v+1}{2})}{\sqrt{v\pi}\,\Gamma(\frac{v}{2})} \int_{-\infty}^{t} (1+\frac{x^2}{v})^{-\frac{v+1}{2}} dx,$$

$$-\infty < t < \infty, \qquad v = 1, 2, \dots \text{ (Freiheitsgrade)}$$

Parameter :

$$E[t] = 0, \qquad \mathrm{Var}[t] = \frac{v}{v-2} \ (v > 2), \qquad \text{Modalwert} = 0$$

Eigenschaft :

$$F(0) = 0.5, \qquad F(-t) = 1 - F(t)$$

Beziehungen :

- Normalverteilung und χ^2–Verteilung : $t = \dfrac{\xi}{\sqrt{\chi_v^2 / v}}$

  ξ ist normalverteilt mit $E[\xi] = 0$ und $\mathrm{Var}[\xi] = 1$; χ_v^2 ist

  χ^2– verteilt mit v Freiheitsgraden; ξ und χ_v^2 unabhängig

- F–Verteilung ($v_1 = 1$ und $v_2 = 2$) : $2\,F(\sqrt{t}) - 1$

- Cauchy–Verteilung ($\alpha = 0$ und $\beta = 1$) : $F(t)$ mit $v = 1$

Tabelle A3.3   0.7-, 0.8-, 0.9-, 0.95-, 0.975-, 0.99-, 0.995-, 0.999-Quantile der t-Verteilung
(Werte von $t_{v,q}$ für welche gilt $F(t_{v,q}) = q$)

$v \backslash q$	0.7	0.8	0.9	0.95	0.975	0.99	0.995	0.999
1	0.7265	1.3764	3.0777	6.3138	12.7062	31.8207	63.6574	318.3088
2	0.6172	1.0607	1.8856	2.9200	4.3027	6.9646	9.9248	22.3271
3	0.5844	0.9785	1.6377	2.3534	3.1824	4.5407	5.8409	10.2145
4	0.5686	0.9410	1.5332	2.1318	2.7764	3.7469	4.6041	7.1732
5	0.5594	0.9195	1.4759	2.0150	2.5706	3.3649	4.0321	5.8934
6	0.5534	0.9057	1.4398	1.9432	2.4469	3.1427	3.7074	5.2076
7	0.5491	0.8960	1.4149	1.8946	2.3646	2.9980	3.4995	4.7853
8	0.5459	0.8889	1.3968	1.8595	2.3060	2.8965	3.3554	4.5008
9	0.5435	0.8834	1.3839	1.8331	2.2622	2.8214	3.2498	4.2968
10	0.5415	0.8791	1.3722	1.8125	2.2281	2.7638	3.1693	4.1437
11	0.5399	0.8755	1.3634	1.7959	2.2010	2.7181	3.1058	4.0247
12	0.5386	0.8726	1.3562	1.7823	2.1788	2.6810	3.0545	3.9296
13	0.5375	0.8702	1.3502	1.7709	2.1604	2.6503	3.0123	3.8520
14	0.5366	0.8681	1.3450	1.7613	2.1448	2.6245	2.9768	3.7874
15	0.5357	0.8662	1.3406	1.7531	2.1315	2.6025	2.9467	3.7328
16	0.5350	0.8647	1.3368	1.7459	2.1199	2.5835	2.9208	3.6862
17	0.5344	0.8633	1.3334	1.7396	2.1098	2.5669	2.8982	3.6458
18	0.5338	0.8620	1.3304	1.7341	2.1009	2.5524	2.8784	3.6105
19	0.5333	0.8610	1.3277	1.7291	2.0930	2.5395	2.8609	3.5794
20	0.5329	0.8600	1.3253	1.7247	2.0860	2.5280	2.8453	3.5518
22	0.5321	0.8583	1.3212	1.7171	2.0739	2.5083	2.8188	3.5050
24	0.5314	0.8569	1.3178	1.7109	2.0639	2.4922	2.7969	3.4668
26	0.5309	0.8557	1.3150	1.7056	2.0555	2.4786	2.7787	3.4350
28	0.5304	0.8546	1.3125	1.7011	2.0484	2.4671	2.7633	3.4082
30	0.5300	0.8538	1.3104	1.6973	2.0423	2.4573	2.7500	3.3852
40	0.5286	0.8507	1.3031	1.6839	2.0211	2.4233	2.7045	3.3069
60	0.5272	0.8477	1.2958	1.6706	2.0003	2.3901	2.6603	3.2317
80	0.5265	0.8461	1.2922	1.6641	1.9901	2.3739	2.6387	3.1953
100	0.5261	0.8452	1.2901	1.6602	1.9840	2.3642	2.6259	3.1737
∞	0.5240	0.8410	1.2820	1.6450	1.9600	2.3260	2.5760	3.0900

Beispiele: $F(t_{16,0.9}) = 0.9 \rightarrow t_{16,0.9} = 1.3368$; $F(t_{16,0.1}) = 0.1 \rightarrow t_{16,0.1} = -1.3368$

A3.4 Fisher-Verteilung (F-Verteilung)

Definition: $$F(t) = \Pr\{F \le t\} = \frac{\Gamma(\frac{v_1+v_2}{2})}{\Gamma(\frac{v_1}{2})\Gamma(\frac{v_2}{2})}\, v_1^{\frac{v_1}{2}} v_2^{\frac{v_2}{2}} \int_{-\infty}^{t} \frac{x^{\frac{v_1-2}{2}}}{(v_1 x + v_2)^{\frac{v_1+v_2}{2}}}\, dx,$$

$$t \ge 0, \qquad v_1, v_2 = 1, 2, \ldots \text{ (Freiheitsgrade)}$$

Parameter: $$\mathrm{E}[F] = \frac{v_2}{v_2 - 2}\ (v_2 > 2), \quad \mathrm{Var}[F] = \frac{2 v_2^2 (v_1 + v_2 - 2)}{v_1 (v_2 - 2)^2 (v_2 - 4)}\ (v_2 > 4),$$

$$\text{Modalwert} = \frac{(v_1 - 2) v_2}{2 v_1^2 + v_2}\ (v_1 > 2)$$

Beziehungen: • χ^2 - Verteilung : $\ F = \dfrac{\chi_{v_1}^2 / v_1}{\chi_{v_2}^2 / v_2}$,

für $\chi_{v_1}^2$ und $\chi_{v_2}^2$ vgl. die erste Beziehung vom Abschnitt A3.2

• Binomialverteilung : $\ \displaystyle\sum_{i=0}^{k} \binom{n}{i} p^i (1-p)^{n-i} = 1 - F(\frac{n-k}{k+1} \cdot \frac{p}{1-p})$

mit $v_1 = 2(k+1)$ und $v_2 = 2(n-k)$

Tabelle A3.4a   0.90-Quantile der F-Verteilung
(Werte von $t_{v_1, v_2, 0.9}$ für welche gilt $F(t_{v_1, v_2, 0.9}) = 0.9$)

$v_1 \backslash v_2$	1	2	3	4	5	6	8	10	20	50	∞
1	39.86	49.50	53.59	55.83	57.24	58.20	59.44	60.19	61.74	62.69	63.33
2	8.526	9.000	9.162	9.243	9.293	9.325	9.367	9.392	9.441	9.471	9.491
3	5.538	5.462	5.391	5.343	5.309	5.285	5.252	5.230	5.184	5.155	5.134
4	4.545	4.325	4.191	4.107	4.051	4.010	3.955	3.920	3.844	3.795	3.761
5	4.060	3.780	3.619	3.520	3.453	3.404	3.339	3.297	3.207	3.147	3.105
6	3.776	3.463	3.289	3.181	3.107	3.055	2.983	2.937	2.836	2.770	2.722
7	3.589	3.257	3.074	2.960	2.883	2.827	2.752	2.702	2.595	2.523	2.471
8	3.458	3.113	2.924	2.806	2.726	2.668	2.589	2.538	2.425	2.348	2.293
9	3.360	3.006	2.813	2.693	2.611	2.551	2.469	2.416	2.298	2.218	2.159
10	3.285	2.924	2.728	2.605	2.522	2.461	2.377	2.323	2.201	2.117	2.055
12	3.176	2.807	2.605	2.480	2.394	2.331	2.245	2.188	2.060	1.970	1.904
14	3.102	2.726	2.522	2.395	2.307	2.243	2.154	2.095	1.962	1.869	1.797
16	3.048	2.668	2.462	2.333	2.244	2.178	2.088	2.028	1.891	1.793	1.718
18	3.007	2.624	2.416	2.286	2.196	2.130	2.038	1.977	1.837	1.736	1.657
20	2.975	2.589	2.380	2.249	2.158	2.091	1.998	1.937	1.794	1.690	1.607
30	2.881	2.489	2.276	2.142	2.049	1.980	1.884	1.819	1.667	1.552	1.456
50	2.809	2.412	2.197	2.061	1.966	1.895	1.796	1.729	1.568	1.441	1.327
100	2.756	2.356	2.139	2.002	1.906	1.834	1.732	1.663	1.494	1.355	1.214
1000	2.711	2.308	2.089	1.950	1.853	1.780	1.676	1.605	1.428	1.273	1.060
∞	2.705	2.303	2.084	1.945	1.847	1.774	1.670	1.599	1.421	1.263	1.000

Beispiel: $v_1 = 10,\ v_2 = 16 \rightarrow t_{10,16,0.9} = 2.028$

Tabelle A3.4b 0.95-Quantile der F-Verteilung (vgl. Tab. A3.4a)

$v_1 \backslash v_2$	1	2	3	4	5	6	8	10	20	50	∞
1	161.4	199.5	215.7	224.6	230.2	234.0	238.9	241.9	248.0	251.8	254.3
2	18.51	19.00	19.16	19.25	19.30	19.33	19.37	19.40	19.45	19.48	19.50
3	10.13	9.552	9.277	9.117	9.013	8.941	8.845	8.785	8.660	8.581	8.526
4	7.709	6.944	6.591	6.388	6.256	6.163	6.041	5.964	5.802	5.699	5.628
5	6.608	5.786	5.409	5.192	5.050	4.950	4.818	4.735	4.558	4.444	4.365
6	5.987	5.143	4.757	4.534	4.387	4.284	4.147	4.060	3.874	3.754	3.669
7	5.591	4.737	4.347	4.120	3.971	3.866	3.726	3.636	3.444	3.319	3.230
8	5.318	4.459	4.066	3.838	3.687	3.580	3.438	3.347	3.150	3.020	2.928
9	5.117	4.256	3.863	3.633	3.482	3.374	3.230	3.137	2.936	2.803	2.707
10	4.965	4.103	3.708	3.478	3.326	3.217	3.072	2.978	2.774	2.637	2.538
12	4.747	3.885	3.490	3.259	3.106	2.996	2.849	2.753	2.544	2.401	2.296
14	4.600	3.739	3.344	3.112	2.958	2.848	2.699	2.602	2.388	2.240	2.131
16	4.494	3.634	3.239	3.007	2.852	2.741	2.591	2.493	2.276	2.124	2.010
18	4.414	3.555	3.160	2.928	2.773	2.661	2.510	2.412	2.191	2.035	1.917
20	4.351	3.493	3.098	2.866	2.711	2.599	2.447	2.348	2.124	1.966	1.843
30	4.171	3.316	2.922	2.690	2.534	2.420	2.266	2.165	1.932	1.761	1.622
50	4.034	3.183	2.790	2.557	2.400	2.286	2.130	2.026	1.784	1.599	1.438
100	3.936	3.087	2.695	2.463	2.305	2.191	2.032	1.927	1.676	1.477	1.283
1000	3.851	3.005	2.614	2.381	2.223	2.108	1.948	1.840	1.581	1.363	1.078
∞	3.841	2.996	2.605	2.372	2.214	2.099	1.938	1.831	1.570	1.350	1.000

A3.5 Tabelle zum Kolmogoroff-Smirnow-Test

$$D_n = \sup_{-\infty < t < \infty} \left| \hat{F}(t) - F(t) \right|, \qquad \hat{F}(t) = \text{emp. Verteilungsfunktion der Beobachtungen}$$

$t_1, \ldots, t_n$ von τ, $F(t) =$ postulierte stetige Vert.-Fkt. von τ

Tabelle A3.5 Werte von y, für welche gilt $\Pr\{D_n \le y \mid F(t) \text{ wahr}\} = 1 - \alpha$

n	$\alpha = 0.20$	0.10	0.05	0.02	0.01	n	$\alpha = 0.20$	0.10	0.05	0.02	0.01
1	0.900	0.950	0.975	0.900	0.993	21	0.226	0.259	0.287	0.321	0.344
2	684	776	842	900	929	22	221	253	281	314	337
3	565	636	708	785	829	23	216	247	275	307	330
4	493	565	624	689	734	24	212	242	269	301	323
5	447	509	563	627	669	25	208	238	264	295	317
6	410	468	519	577	617	26	204	233	259	290	311
7	381	436	483	538	576	27	200	229	254	284	305
8	358	410	454	507	542	28	197	225	250	279	300
9	339	387	430	480	513	29	193	221	246	275	295
10	323	369	409	457	489	30	190	218	242	270	290
11	309	352	291	437	468	32	184	211	234	262	281
12	296	338	375	419	449	34	179	205	227	254	273
13	285	325	361	404	432	36	174	199	221	247	265
14	275	314	349	390	418	38	170	194	215	241	258
15	266	304	338	377	404	40	165	189	210	235	252
16	258	295	327	366	392	42	162	185	205	229	246
17	250	286	318	355	381	44	158	181	201	224	241
18	244	279	300	346	371	46	155	177	196	219	235
19	237	271	301	337	361	48	151	173	192	215	231
20	232	265	294	329	352	50	148	170	188	211	226

| | | | | | für $n > 50$ | $\dfrac{1.070}{\sqrt{n}}$ | $\dfrac{1.220}{\sqrt{n}}$ | $\dfrac{1.360}{\sqrt{n}}$ | $\dfrac{1.520}{\sqrt{n}}$ | $\dfrac{1.630}{\sqrt{n}}$ |

Beispiel: $n = 20$, $\alpha = 0.10 \rightarrow y = 0.265$

A3.6 Gammafunktion

Definition :
$$\Gamma(z) = \int_0^\infty x^{z-1} e^{-x}\, dx,$$

$Re(z) > 0$ (Eulersches Integral), Lösung der Funktionalgleichung $\Gamma(z+1) = z\,\Gamma(z)$ mit $\Gamma(1) = 1$

Spezielle Werte : $\Gamma(0) = \infty, \qquad \Gamma(\tfrac{1}{2}) = \sqrt{\pi}, \qquad \Gamma(1) = \Gamma(2) = 1, \qquad \Gamma(\infty) = \infty$

Fakultät : $n! = \Gamma(n+1) = \sqrt{2\pi}\, n^{n+1/2}\, e^{-n+\theta/12n}, \qquad 0 < \theta < 1$

Beziehungen :

• Betafunktion : $B(z, w) = \int_0^1 x^{z-1} (1-x)^{w-1}\, dx = \dfrac{\Gamma(z)\Gamma(w)}{\Gamma(z+w)}$

• Psi - Funktion : $\psi(z) = \dfrac{d \ln \Gamma(z)}{dz}$

• unvollständige Gammafunktion :

$$\gamma(z, t) = \int_0^t x^{z-1} e^{-x}\, dx, \quad Re(z) > 0$$

Tabelle A3.6   Gammafunktion für $1.00 \le t \le 1.99$ (t reell), für andere Werte gilt $\Gamma(z+1) = z\,\Gamma(z)$

t	0	1	2	3	4	5	6	7	8	9
1.00	1.0000	.9943	.9888	.9835	.9784	.9735	.9687	.9641	.9597	.9554
1.10	.9513	.9474	.9436	.9399	.9364	.9330	.9298	.9267	.9237	.9209
1.20	.9182	.9156	.9131	.9107	.9085	.9064	.9044	.9025	.9007	.8990
1.30	.8975	.8960	.8946	.8934	.8922	.8911	.8902	.8893	.8885	.8878
1.40	.8873	.8868	.8863	.8860	.8858	.8857	.8856	.8856	.8857	.8859
1.50	.8862	.8866	.8870	.8876	.8882	.8889	.8896	.8905	.8914	.8924
1.60	.8935	.8947	.8959	.8972	.8986	.9001	.9017	.9033	.9050	.9068
1.70	.9086	.9106	.9126	.9147	.9168	.9191	.9214	.9238	.9262	.9288
1.80	.9314	.9341	.9368	.9397	.9426	.9456	.9487	.9518	.9551	.9584
1.90	.9618	.9652	.9688	.9724	.9761	.9799	.9837	.9877	.9917	.9958

Beispiele: $\Gamma(1.25) = 0.9064$; $\Gamma(0.25) = \dfrac{\Gamma(1.25)}{0.25} = 3.6256$; $\Gamma(2.25) = 1.25 \cdot \Gamma(1.25) = 1.133$

A3.7 Laplace-Transformation

Definition :
$$\tilde{F}(s) = \int_0^\infty e^{-st}\, F(t)\, dt$$

$F(t)$ definiert für $t \ge 0$, $F(t)$ stückweise stetig,

$$|\,F(t)\,| < A e^{Bt} \quad (0 < A,\, B < \infty)$$

Umkehrformel :
$$F(t) = \frac{1}{2\pi j} \int_{C-j\infty}^{C+j\infty} \tilde{F}(s)\, e^{st}\, ds$$

das Integral existiert in der durch $\mathrm{Re}(s) = C > B$ definierten komplexen Halbebene,

$$j = \sqrt{-1}$$

Tabelle A3.7a   Eigenschaften der Laplace-Transformation

	Bildbereich	Zeitbereich
Linearität	$a_1 \tilde{F}_1(s) + a_2 \tilde{F}_2(s)$	$a_1 F_1(t) + a_2 F_2(t)$
Ähnlichkeit	$\tilde{F}(s/a)$	$a\, F(at), \quad a > 0$
Verschiebung	$\tilde{F}(s-a)$	$e^{at}\, F(t)$
	$e^{-as}\, \tilde{F}(s)$	$F(t-a)\, \mathrm{u}(t-a), \quad a > 0$
Differentiation	$s^n\, \tilde{F}(s) - s^{n-1}\, F(+0) - \ldots - F^{(n-1)}(+0)$	$\dfrac{d^n\, F(t)}{d\,t^n} = F^{(n)}(t)$
	$\dfrac{d^n\, \tilde{F}(s)}{d\,s^n}$	$(-1)^n\, t^n\, F(t)$
Integration	$\dfrac{1}{s}\, \tilde{F}(s)$	$\displaystyle\int_0^t F(x)\, dx$
	$\displaystyle\int_s^\infty \tilde{F}(z)\, dz$	$\dfrac{F(t)}{t}$
Faltung $(F_1 * F_2)$	$\tilde{F}_1(s)\, \tilde{F}_2(s)$	$\displaystyle\int_0^t F_1(x)\, F_2(t-x)\, dx$
Grenzwerte[*]	$\displaystyle\lim_{s\to\infty} s\, \tilde{F}(s)$	$\displaystyle\lim_{t\downarrow 0} F(t)$
	$\displaystyle\lim_{s\downarrow 0} s\, \tilde{F}(s)$	$\displaystyle\lim_{t\to\infty} F(t)$

[*] die Existenz der Grenzwerte wird vorausgesetzt

Tabelle A3.7b　　Wichtige Laplace-Transformierte

Bildbereich	Zeitbereich
$\tilde{F}(s) = \int\limits_0^\infty F(t)\,e^{-st}\,dt$	$F(t)$
1	Stoß $(\delta(0))$
$\dfrac{1}{s}$	Schritt $(u(t) = 1)$
$\dfrac{1}{s^n}, \qquad n = 1, 2, \ldots$	$\dfrac{t^{n-1}}{(n-1)!}, \qquad n! = 1 \cdot 2 \cdot \ldots \cdot n, \quad 0! = 1$
$\dfrac{1}{s+a}$	e^{-at}
$\dfrac{1}{(s+a)^2}$	$t\,e^{-at}$
$\dfrac{1}{(s+a)^\beta}, \qquad \beta > 0$	$\dfrac{t^{\beta-1}\,e^{-at}}{\Gamma(\beta)}, \qquad \beta = n \;\rightarrow\; \Gamma(\beta) = (n-1)!$
$\dfrac{1}{(s+a)(s+b)}, \qquad a \neq b$	$\dfrac{e^{-bt} - e^{-at}}{a-b}$
$\dfrac{s}{(s+a)(s+b)}, \qquad a \neq b$	$\dfrac{a\,e^{-at} - b\,e^{-bt}}{a-b}$
$\dfrac{1}{(s+a)(s+b)(s+c)}, \qquad a \neq b \neq c$	$\dfrac{(c-b)e^{-at} + (a-c)e^{-bt} + (b-a)e^{-ct}}{(a-b)(b-c)(c-a)}$
$\dfrac{1}{s^2 + \alpha^2}$	$\dfrac{1}{\alpha}\sin(\alpha t)$
$\dfrac{s}{s^2 + \alpha^2}$	$\cos(\alpha t)$
$\dfrac{1}{(s+\beta)^2 + \alpha^2}$	$\dfrac{1}{\alpha}e^{-\beta t}\sin(\alpha t)$
$\dfrac{s+\beta}{(s+\beta)^2 + \alpha^2}$	$e^{-\beta t}\cos(\alpha t)$
$\dfrac{s}{(s^2 + \alpha^2)^2}$	$\dfrac{t}{2\alpha}\sin(\alpha t)$
$\dfrac{P(s)}{Q(s)}, \qquad Q(s) = \prod\limits_{k=1}^n (s - a_k)$	$\sum\limits_{k=1}^n \dfrac{P(a_k)}{Q'(a_k)}\,e^{a_k t}, \qquad Q'(a_k) = \left.\dfrac{d\,Q(s)}{ds}\right|_{s=a_k}$

A3.8 Wahrscheinlichkeitspapiere

Auf einem *Wahrscheinlichkeitspapier* erscheint die Verteilungsfunktion der betreffenden Familie als eine *Gerade*. Seine Verwendung erleichtert damit wesentlich die Interpretation und Auswertung von Daten, insbesondere von Lebensdauern oder von ausfallfreien Arbeitszeiten. Gegeben sind hier die Wahrscheinlichkeitspapiere für die logarithmische Normalverteilung, die Weibull-Verteilung und die Normalverteilung (vgl. Gl. (A2.181) für die Herleitung des Weibull-Papiers).

A3.8.1   Logarithmische Normalverteilung

Die Verteilungsfunktion

$$F(t) = \frac{1}{\sigma\sqrt{2\pi}} \int_0^t \frac{1}{y} e^{-\frac{(\ln y + \ln\lambda)^2}{2\sigma^2}}\, dy = \frac{1}{\sqrt{2\pi}} \int_{-\infty}^{\frac{\ln(\lambda t)}{\sigma}} e^{-\frac{x^2}{2}}\, dx, \quad t \geq 0, \quad \lambda, \sigma > 0$$

erscheint auf Bild A3.1 als eine Gerade (λ in h^{-1}).

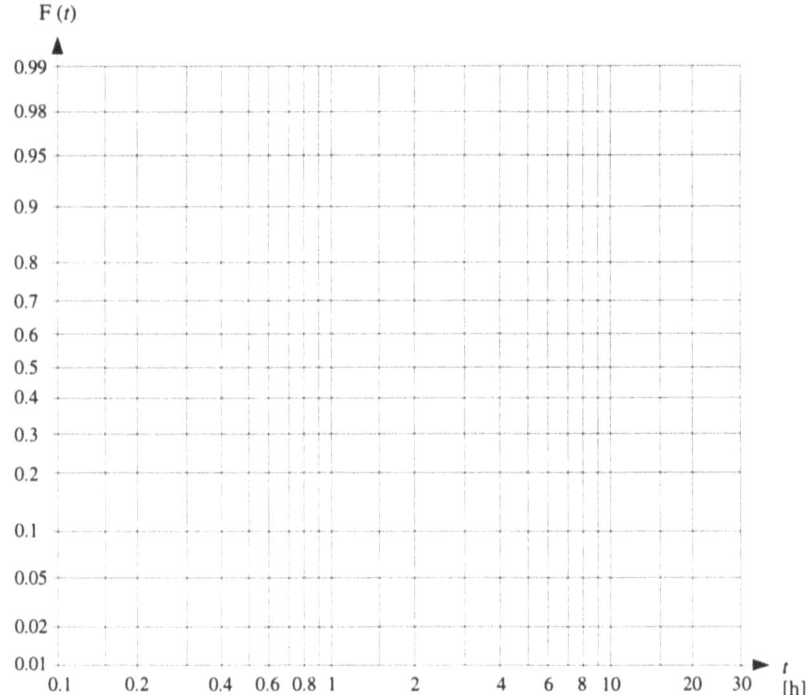

Bild A3.1 Lognormal-Wahrscheinlichkeitspapier

A3.8.2   Weibull-Verteilung

Die Verteilungsfunktion $F(t) = 1 - e^{-(\lambda t)^\beta}$, $t \ge 0$, $\lambda, \beta > 0$ erscheint auf Bild A3.2 als eine Gerade (λ in h^{-1}); auf der gestrichelten Linie gilt $\lambda = 1/t$; β erscheint auf der Skala $\lg\lg\frac{1}{1-F(t)}$ wenn t um eine Dekade variiert wird, vgl. Bild A2.11.

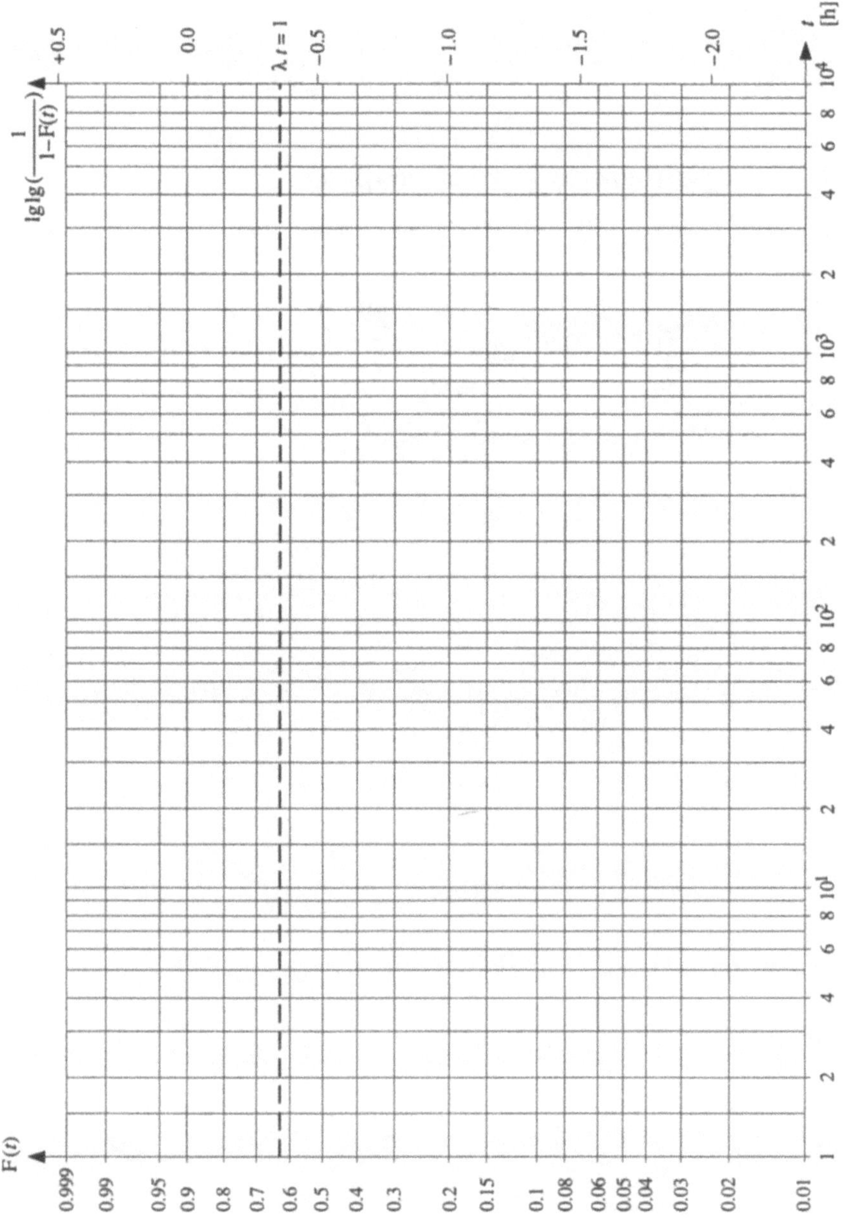

Bild A3.2   Weibull-Wahrscheinlichkeitspapier

A3.8.3 Normalverteilung

Die Verteilungsfunktion

$$F(t) = \frac{1}{\sigma\sqrt{2\pi}} \int_{-\infty}^{t} e^{-\frac{(y-m)^2}{2\sigma^2}} dy = \frac{1}{\sqrt{2\pi}} \int_{-\infty}^{\frac{t-m}{\sigma}} e^{-\frac{x^2}{2}} dx = \Phi(\tfrac{t-m}{\sigma}), \quad -\infty < t, m < \infty, \ \sigma > 0$$

erscheint auf Bild A3.3 als eine Gerade.

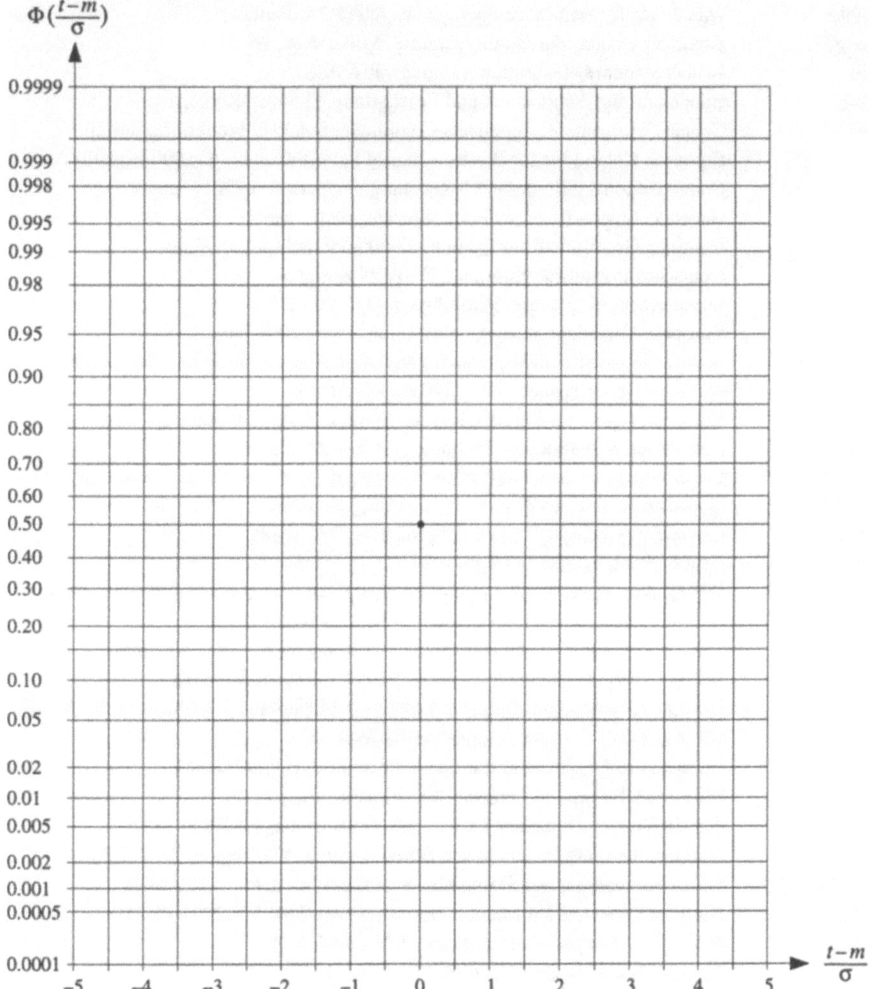

Bild A3.3 Normal-Wahrscheinlichkeitspapier (Standard-Normalverteilung)

Kürzel

ACM	:	Association for Computing Machinery, New York, NY 10036
AFCIQ	:	Association Française pour le Contrôle Industriel de la Qualité, F-92080 Paris
ANSI	:	American National Standards Institute, New York, NY 10018
AQAP	:	Allied Quality Assurance Publications (NATO-Countries)
ASQC	:	American Society for Quality Control, Milwaukee, WI 53203
BSI	:	British Standards Institution, London, WIA 2BS
BWB	:	Bundesamt für Wehrtechnik und Beschaffung, D-56000 Koblenz
CECC	:	Cenelec Electronic Components Committee, D-60549 Frankfurt am Main
CENELEC	:	European Committee for Electrotechnical Standardization, B-1000 Bruxelles
CNET	:	Centre National d'Etudes des Telecommunications, F-22301 Lannion
CSA	:	Canadian Standards Association, Rexdale, Ontario M9W 1R3, CND
DGQ	:	Deutsche Gesellschaft für Qualität, D-60549 Frankfurt am Main
DIN	:	Deutsches Institut für Normung, D-14129 Berlin 30
DOD	:	Departement of Defense, Washington, D.C. 20301
EOQC	:	European Organization for Quality Control, CH-3001 Bern
EOS/ESD	:	Electrical Overstress/Electrostatic Discharge Association, Rome, NY 13400
ESA	:	European Space Agency, NL-2200 AG Noordwijk
ESREF	:	European Symp. on Rel. of Electron. Devices, Failure Physics and Analysis
ETH	:	Swiss Federal Institute of Technology, CH-8092 Zürich
EXACT	:	Int. Exchange of Authentic. Electronic Comp. Perf. Test Data, London, NW4 4AP
GIDEP	:	Government-Industry Data Exchange Program, Corona, CA 91720
GPO	:	Government Printing Office, Washington, D.C. 20402
GRD	:	Gruppe Rüstung, CH-3000 Bern 25
IECQ	:	IEC Quality Assessment System For Electronic Components, CH-1200 Genève
IEC (CEI)	:	International Electrotechnical Commission, CH-1200 Genève
IEEE	:	Institute of Electrical and Electronics Engineers, New York, NY 10017
IES	:	Institute of Environmental Sciences, Mount Prospect, IL 60056
IPC	:	Institute for Interconnecting and Packaging El. Circuits, Lincolnwood, IL 60646
IRPS	:	Int. Reliability Physics Symposium (IEEE), USA
ISO	:	International Organisation for Standardization, CH-1200 Genève
MIL	:	Military, US Dept. of Defense, Washington, D.C. 20301
MIL-STD	:	Standardization Document Order Desk, Philadelphia, PA19111-5094
NASA	:	National Aeronautics and Space Administration, Washington, D.C. 20546
NAVMATP	:	Naval Publications and Forms Center, Philadelphia, PA 19120-5099
NTIS	:	National Technical Information Service, Springfield, VA 22161-2171
RAC	:	Reliability Analysis Center, Rome, NY 13442-4700
RL	:	Rome Laboratory, Griffiss AFB, NY 13441-4505
SAQ	:	Schweizerische Arbeitsgemeinschaft für Qualitätsförderung, CH-3001 Bern
SEV	:	Schweizerischer Elektrotechnischer Verein, CH-8034 Zürich
SNV	:	Schweizerische Normen-Vereinigung, CH-8032 Zürich
SOLE	:	Society of Logistic Engineers, Huntsville, AL 35806
VDI/VDE	:	Verein Deutscher Ing./Verband Deut. Elektrotechniker, D-60549 Frankfurt a. M.

Literaturverzeichnis

1 Einleitung, Grundbegriffe

[1.1] Birnbaum Z.W., Esary J.D., and Saunders S.C., "Multi-component systems and structures and their reliability". *Technometrics*, 3(1961), pp. 55-77.

[1.2] Birolini A., "Product assurance tasks and organisation". *Proc. 21st EOQC Conf.*, Varna 1977, Vol.1, pp. 316-329; "Qualitäts- und Zuverlässigkeitssicherung komplexer Systeme: Teil 1 und Teil 2". *Bull. SEV/VSE*, 70 (1979), pp. 142-148 and 237-243; *Quality and Reliability of Complex Systems.* Berlin: Springer, 1994 (2nd Ed. in prep.), 3th German Ed. 1991; "*Reliability engineering:* Cooperation between University and Industry at the ETH Zürich". *Quality Eng.*, 8(1996)4,pp. 659-674.

[1.3] Buckley F.J., *Configuration Management: Hardware, Software, and Firmware.* Piscataway, NJ: IEEE Press, 1993.

[1.4] Coppola A., "Reliability engineering of electronic equipment - a historical perspective". *IEEE Trans. Rel.*, 33(1984), pp. 29-35.

[1.5] Feigenbaum A.V., *Total Quality Control.* New York: McGraw-Hill, 3rd Ed. 1983.

[1.6] Frehr H. and Hormann D. (Ed.), *Produktentwicklung und Qualitätsmanagement.* Berlin: VDE, 1993.

[1.7] Juran J.M. and Gryna F.M. (Eds)., *Quality Control Handbook.* NY: McGraw-Hill, 4th Ed., 1988.

[1.8] Kepner. C & Tregoe B.: *Entscheidungen vorbereiten und richtig treffen.* Landsberg: Mod. Ind., 1982.

[1.9] Keys L.K., Rao R., and Balakrishnan K., "Concurrent engineering for consumer, industrial products, and Government systems". *IEEE Trans. Comp., Manuf. Technol.*, 15(1992)3, pp.282-287.

[1.10] Kretschmer F. et al.: *Produkthaftung in der Unternehmungspraxis.* Stuttgart: Kohlhammer, 1992.

[1.11] Kuehn R., "Four decades of reliability experience".*Proc. Ann. Rel. & Maint. Symp.*, 1991, pp.76-81.

[1.12] Kull T.M : "Der Haftungsfall: ein ungewisses und ständig drohendes Ereignis." *Tech. Rundschau*, (1993) 27/28, pp. 52-54; "Vorbeugen ist besser als Haften." *TR Transfer*, (1994) 5, pp. 4-7; "Technische Richtlinien in der EU". *TR Transfer*, (1994) 16, pp. 44-46.

[1.13] Kusiak A. (Ed.), *Concurrent Engineering: Automation, Tools and Techn.* New York: Wiley, 1993.

[1.14] Masing W. (Ed), *Handbuch der Qualitätssicherung.* Munich: Hanser, 2nd Ed. 1988.

[1.15] Massimi P. and Van Cheluwe J-P.: *Die Rechtsvorschriften der Gemeinschaft für Maschinen: EU Richtlinien 89/392 EWG und 91/368 EWG.* Brüssel: EGKS - EWG - EAG, 1993.

[1.16] Mattana G., *Qualità, Affidabilità, Certificazione.* Milano: Angeli, 2nd Ed., 1988.

[1.17] MIL-HDBK-338: *Electronic Reliability Design Handbook*, Vol. I Ed. A 1988, Vol. II, 1984.

[1.18] Moore E.F. and Shauman C.E., "Reliable circuits using less reliable relays". *J. of the Franklin Inst.*, 262 (1956), pp. 191-208 and 281-297.

[1.19] Orgalime Legal Affairs WG: *Product Liability in Europe.* Bruxelles: Orgalime, 2nd. Ed. 1993.

[1.20] Pence J.L., "Toward a new telecommunications industry quality standard". *Proc. IEEE*, 81(1993)2, pp. 166-180.

[1.21] RAC/RL, *Reliability Toolkit : Commercial Practices Edition.* 1995.

[1.22] Seghezzi H.-D. (Ed.), *Top Management and Quality.* Munich: Hanser, 1992.

[1.23] Taguchi G., *System of Experimental Design-Engineering Methods to Optimize Quality and Minimize Costs.*, Vol. 1 & 2. White Plains NY: Unipub., 1987.

[1.24] Von Neumann J., "Probabilistic logics and the synthesis of reliable organisms from unreliable components". *Ann. of Math. Studies*, 34(1956), pp. 43-98.

2 Festlegung und Durchsetzung von Qualitäts- und Zuverlässigkeitsforderungen

Kundenforderungen

[2.1] ANSI Z-1.15-1979: *Generic Guidelines for Quality Systems.*

[2.2] ESA ECSS-M-00: *Space Project Management.* Ed. A 1996; see also - 10, -20, ... , -70; -Q-00: *Space Product Assurance.* Ed. A 1996; see also - 20(QA), -30(Dependability), - 40 (Safety),-60 (El. Components, - 70(Mat. & Proc.), -80 (Software); -E-00 *Space Eng.* Ed. A 1996, see also - 10 (System Eng.), -20, ... , -70 in prep.

[2.3] IEC 68: *Environmental Testing,* Parts 1-5, 1969-91; 300 (Dependability Manag.), -1 (Program), -2 (Tasks), -3 (Appl. Guides); 313; 409; 410 (Sampling plans); 419; 605 (Eq. Rel. Test), -1 (Gen. Req.), -2 (Test Cycles), -3 (Test Cond.), -4 (Param. Estim.), -6 (Const. λ), -7 (MTBF Verif.); 706 (Maintainability), -1 to -6; 721 (Env. Cond.); 749 (Semicond. Tests); 801 (EMC); 812 (FMEA), 863; 1014/1164 (Rel. Growth); 1025 (FTA); 1070 (Avail. Valid.); 1078 (Rel. Block. Diagr.); 1123; 1160 (Design Reviews); 1163 (ESS); 1165 (Markov. Tech.); 1709 (Failure Rates).

[2.4] ISO/DP9000-1:*Quality Management and Assurance Standards – Guidelines for Selection and Use.* 1994; see also -2 to -4;
   9001:*Model for QA in Design, Develop., Production, Installation & Servicing.* 1987;
   9002:*Model for QA in Production, Installation and Servicing.* 1994;
   9003:*Model for Quality Assurance in Final Inspection and Test.* 1987;
   9004-1:*Quality Management and Quality System - Guidelines.* 1987.

[2.5] MIL-STD -454: *Standard General Req. for Electronic Equip.* Ed. M 1991; see also -470 (Maintainability); - 471 (Maintainability Dem.); - 483; - 499; - 781 (Reliability Testing); - 785 (Reliability Program); - 810(Environmental Test Methods); - 881; - 882 (System Safety Progr.); - 1309; - 1388; -1472 (Human Eng.); -1521: (Technical Reviews); 1629 *(FMECA); -1686 (ESD); -2164 (ESS);* - 2165: (Testability Progr.); -45662; I-45208; -Q- 9858 (Quality Progr. Req.); -HDBK-338 (El. Rel. Design); -472 (Maint. Predi.), -781 (Rel. Test Methods); see also *NATO AQAP- 1 to -15.*

[2.6] NASA NHB 5300.4   (1A): *Rel. Progr. Prov. for Areo. & Space System Contr.* 1970; (1B): *Quality Progr. Prov. for Aero. & Space Syst: Contractors.* 1969; (2B): *Quality Assurance Provisions for Government Agencies.* 1971; (1D-1): *Safety, Rel. Maint. , & Quality Prov. for Shuttle Progr. 1974.*

[2.7] VDI, 4002, 4003, 4004, 4005, 4007 Bl, 4008, 5-9, 4009, 4010. 1981-86.

Beurteilungsleitfaden

[2.11] ASQC, *Compendium of Audit Standards* (Ed. by W. Willborn). 1983.

[2.12] CECC 00804: *Interpretation of EN ISO 9000: Rel. Aspects for Electronic Comp.* 1996.

[2.13] DGQ 12-63: *Systemaudit - Die Beurteilung des QS-Systems.* 1987.

[2.14] NATO, *AQAP -2-5, -7, -14.* 1994.

[2.15] SAQ 226: *Leitfaden zur Normenreihe SN EN 29000/ ISO 9000.* 1992.

Qualitäts- und Zuverlässigkeitssicherungsprogram

[2.21] Carrubba E.R.,Commercial vs. DoD rel. progr.". *Proc. Ann. Rel. & Maint. Symp.*, 1981, pp. 289-292.

[2.22] IEC 300-3: *Dependability Management - Part 2: Dependability Progr. Elements and Tasks.* 1995.

[2.23] IEEE, "Special issue on Management of Reliability Progr.". *IEEE Trans. Rel.,* 32(1984)3.

[2.24] MIL-STD-785: *Rel. Progr. for Systems and Equip. Development and Production.* Ed. B 1980.

[2.25] VDI 4003 Bl.1: *Anwendung zuv.-bezogener Progr.* 1985; Bl.2: *Funktionszuverlässigkeit.* 1986.

Entwurfsüberprüfungen (Design Reviews)

[2.31]   ASQC, *Configuration Management*. 1969.

[2.32]   IEC 1160: *Formal Design Review*. 1992.

[2.33]   MIL-STD-1521: *Technical Review and Audits for Syst., Eq. and Comp. Prog.* Ed.B 1985.

[2.34]   Samaras T.T., *Fundamentals of Configuration Management*. New York: Wiley, 1971.

[2.35]   VDI Bericht 192: *Konzeptionen und Verfahrensweisen für Entwurfsüberprüfungen*. 1973.

Qualitätsdatensystem

[2.41]   ASQC, *A Reliability Guide to Failure Reporting, Analysis, and Corrective Action Systems*. 1977.

[2.42]   Collins J.A., Hagan B.T., and Bratt H.M., "Helicopter failure modes and corrective actions". *Proc. Ann. Rel. & Maint. Symp.*, 1975, pp. 504-510.

[2.43]   IEC 300-3-2: *Guide for the Collection of Dependability Data from Field*. 1993 (see also 706-3).

[2.44]   MIL-STD-2155: *Failure Reporting, Analysis & Corrective Action System*. 1985.

[2.45]   NASA TND-5009: *An Introduction to Computer-Aided Reliability Data Analysis*. 1969.

[2.46]   Thomas E.L., "Application of unified data base technology". *Proc. Ann. Rel. & Maint. Symp.*, 1984, pp. 192-196.

3   Zuverlässigkeits-, Instandhaltbarkeits- und Verfügbarkeitsanalysen

Zuverlässigkeitstechnik

[3.1]   Birolini A., *Zuverlässigkeit von Schaltungen und Systemen*. ETH Zurich, 4th Ed. 1982; *Modelle zur Berechnung der Rentabilität der Q. und Z.-sicherung komplexer Waffensystemen*. Bern: GRD, 1986; "Zuverlässigkeitssicherung von Automatisierungssystemen und -prozessen". *ebi*, 107(1990), pp. 258-271; *Qualität und Zuverlässigkeit technischer Systeme*. Berlin: Springer, 3th Ed. 1991; *Quality and Reliability of Technical Systems*. Berlin: Springer, 1994 (2nd Ed. in prep.).

[3.2]   Catuneanu V.M. and Mihalache A.N., *Reliability Fundamentals*. Amsterdam: Elsevier, 1989.

[3.3]   Dhillon B.S., *Human Reliability*. New York: Pergamon, 1986.

[3.4]   Friedman M.A. and Tran P., "Reliability techniques for combined hardware/software systems". *Proc. Ann. Rel. & Maint. Symp.*, 1992, pp. 290-293.

[3.5]   Henley E.J. and Kummamoto H., *Probabilistic Risk Assessment*. Piscataway, NJ: IEEE Press, 1992.

[3.6]   IEC 300-3-1: *Analysis Techniques for Dependability*. 1991; see also 812 (FMEA), 1025 (FTA), 1078 (Rel. Block Diagr.), 1165 (Markov Tech.); 863 (Presentation of Reli., Maint. and Availability Predictions.) ; 1078 (Rel. Block Diagram Method.); 1709 (Failure Rates).

[3.7]   Jensen F., *Electronic Component Reliability*. New York: Wiley, 1995.

[3.8]   Klaassen K.B., "Active redundancy in analogue electronic systems". *Proc. Ann. Rel. & Maint. Symp.*, 1975, pp. 573-578.

[3.9]   Messerschmitt-Bölkow-Blohm (Ed.), *Technische Zuverlässigkeit*. Berlin: Springer, 3rd Ed. 1986.

[3.10]   MIL-HDBK-338: *Electronic Reliability Design Handbook*. Vol. I 1988, Vol. II 1984.

[3.11]   NASA CR -1126-1129: *Practical Reliability* (Vol. 1 to 4). 1968.

[3.12]   O' Connor P.D.T., *Practical Reliability Engineering*. New York: Wiley, 3th Ed. 1991.

[3.13]   Pecht M.G., Palmer M., and Naft J., "Thermal reliability management in PCB design". *Proc. Ann. Rel. & Maint. Symp.*, 1987, pp. 312-315.

[3.14]   RAC, TR-82-172: *RADC Thermal Guide for Reliability Engineering*. 1982; WCCA: *Worst Case Circuit Analysis Application Guidelines*. 1993.

[3.15]   Rooney J.P., "Storage reliability". *Proc. Ann. Rel. & Maint. Symp.*, 1989, pp.178-182.

[3.16]   Siewiorek D.P., "Architecture of fault-tolerant computers, an historical perspective". *Proc. IEEE*, 79(1991)12, pp. 1710-1734; -and Swarz R.S., *Reliable Computer Systems Design and Evaluation*. Bedford MA: Digital Press, 1992.

[3.17]   Suich R.C., and Patterson R.L., "Minimize system cost by choosing optimal subsystem reliability and redundancy". *Proc. Ann. Rel. & Maint. Symp.*, 1993, pp. 293-297.

[3.18]   Villemeur A., *Sûreté de Fonctionnement des Systèmes Industriels*. Paris: Eyrolles, 1993, 2nd. Ed.

Ausfallrate elektronischer Bauteile

[3.21]   AFCIQ: *Données de Fiabilité en Stockage des Composants Electroniques*. 1983.

[3.22]   Bellcore, TR- 332: *Reliability Prediction Procedure for Electronic Equipment*. Livingston, NJ: Bellcore, 4nd Ed. 1995.

[3.23]   CNET *RDF 93: Recueil de Données de Fiabilité des Composants Electroniques*. Lannion: CNET, 1993, also as *British Telecom Rel. HDBK HRD5* and *Italtel Rel. Pred. HDBK IRPHB93*.

[3.24]   IEC 1709: *Electronic Components Reliability-Reference-Condition for Failure Rates and Stress Models Conversions*. in press.

[3.25]   IEEE-Std 493-1980: *Recommended Practice for the Design of Reliable Industrial and Commercial Power Systems*; 500-1984: *Reliability Data for Nuclear-Power Generation Stations*.

[3.26]   MIL-HDBK-217: *Reliability Prediction of Electronic Equipment*. Ed. F, 1991, Not. 2 1995.

[3.27]   NTT: *Standard Rel. Tables for Semicond. Dev.*. Tokyo: Nippon Telegr. and Tel. Corp., 1985.

[3.28]   RAC, NONOP-1: *Nonoperating Reliability Data*. 1992; NPRD-95: *Nonelectronic Parts Reliability Data*. 1995; TR-89-177: *VHSIC/VHSIC-like Reliability Modeling*. 1989; TR-90-72: *Reliability Analysis Assessment of Advanced Technologies*. 1990.

[3.29]   Siemens, SN 29 500 Teil 1: *Ausfallraten Bauelemente*. München: Siemens, 1991; see also DIN 40039 (1988 E).

Zuverlässigkeits- und Verfügbarkeitsanalysen

[3.31]   Arunkumar S. and Lee S.H., "Enumeration of all minimal cut-sets for a node pair in a graph". *IEEE Trans. Rel.*, 28(1987)1, pp. 51-55.

[3.32]   Ascher H. and Feingold H., *Repairable Systems Reliability*. New York: Dekker, 1984.

[3.33]   Bansal V.K., "Minimal pathsets and minimal cutsets using search techniques". *Microel. & Rel.*, 22(1982)6, pp. 1067-1075.

[3.34]   Barlow R.E. and Proschan F., *Mathematical Theory of Reliability*. NY: Wiley, 1965; *Statistical Theory of Reliability and Life Testing*. NY: Holt, Rinehart & Winston, 1975.

[3.35]   Birolini A., "Comments on renewal theoretic aspects of two-unit redundant systems". *IEEE Trans. Rel.*, 21(1972)2, pp 122-123; "Generalization of the expressions for the reliabilities and availabilities of a repairable item". *Proc. 2. Int. Conf. on Struct. Mech. in Reactor Techn.*, Berlin: 1973, Vol. VI, pp. 1-16; "Some applications of regenerative stochastic processes to reliability theory - part two: reliability and availability of 2-item redundant systems". *IEEE Trans. Rel.*, 24(1975)5, pp. 336-340; *On the Use of Stochastic Processes in Modeling Reliability Problems*. Berlin: Springer (Lecture Notes in Ec. and Math. Systems Nr. 252), 1985; *Quality and Reliability of Technical Systems*. Berlin: Springer, 1994 (2nd Ed. in prep.).

[3.36]   Beichelt F. & Franken P., *Zuverlässigkeit und Instandhaltung*. Berlin: VEB Technik, 1983; Beichelt F., *Zuverlässigkeits- und Instandhaltbarkeitstheorie*. Stuttgart: Teubner, 1993.

[3.37]   Brenner A., *Performance and Dependability of Fault-Tolerant Systems*. Ph. D. Thesis 11623 ETH Zurich, 1996.

[3.38]   Bobbio A., and Roberti L., "Distribution of the minimal completition time of parallel tasks in multi-reward semi-Markov models". *Performance Eval.*, 14(1992), pp. 239-256.

[3.39]   Bollinger R.C. and Salvia A.A., "Consecutive-k-out-of-n: F networks". *IEEE Trans. Rel.*, 31(1982)1, pp. 53-56; Bollinger R.C., "Strict consecutive-k-out-of-n: F systems". *IEEE Trans. Rel.*, 34(1985)1, pp. 50-52.

[3.40]   Dhillon B.S. and Rayapati S.N., "Common-cause failures in repairable systems". *Proc. Ann. Rel. & Maint. Symp.*, 1988, pp. 283-289.

[3.41]   Gaede K.W., *Zuverlässigkeit Mathematische Modelle*. Munich: Hanser, 1977.

[3.42]   Gnedenko B.V., Beljajev J.K., and Soloviev A.D., *Mathematical Methods of Reliability Theory*. New York: Academic, 1969 (Berlin: Akademie, 1968).

[3.43]   Hura G.S., "A Petri net approach to enumerate all system success paths for rel. evaluation of complex system"; "Petri net approach to the analysis of a structured program"; "Petri net as a modeling tool". *Microel. & Rel.*, 22 (1982)3, pp. 427-439; see also M&R 23(1983), pp. 157-159, 467-475, 851-853.

[3.44]   IEEE Trans. Rel., Special issue on: *Network Reliability*. 35(1986)3; *Reliability of parallel & distributed computing networks*. 38(1989)1; *Experimental evaluation of computer systems reliability*. 39(1990)4; *Design for Reliability of Telecommunication Systems & Services*. 40(1991)4.

[3.45]   Kovalenko I. and Birolini A.: "Uniform exponential boundes for the availability of a repairable system". In *Exploring Stochastic laws, Homage to V.S. Korolyuk*. Utrecht: VSP, 1995, pp. 223-242.

[3.46]   Rai S. and Agrawal D.P. (Ed.), *Advances in Distributed Systems Reliability*. and *Distributed Computing Network Reliability*. 1990, Piscataway, NJ: IEEE Press.

[3.47]   Schneeweiss W., *Zuverlässigkeits-Systemtheorie*. Köln: Datakontext, 1980; *Boolean Functions with Engineering Applications and Computer Programs*. Berlin: Springer, 1989; "Usefulness of MTTF of s-independent case in other cases". *IEEE Trans. Rel.*, 41(1992)2, pp. 196-200.

[3.48]   Störmer H., *Mathematische Theorie der Zuverlässigkeit*. Munich: Oldenbourg, 2nd Ed., 1983.

[3.49]   Willimann B., *Optimale Auslegung der Logistik kompl. Syst.* Ph.D. Thesis 10313 ETH Zurich: 1993.

Computer Programme

[3.51]   Bernet R., "CARP - A program to calculate the predicted reliability". *6th Int. Conf. on Rel. & Maint.*, Strasbourg 1988, pp. 306-310; *Modellierung reparierbarer Systeme durch Markoff- und Semiregenerative Prozesse*. Ph.D.Thesis 9682 ETH Zurich: 1992.

[3.52]   Birolini A. et al, *CARAPETH Technical Specifications*. Report S10, ETH Zürich: Reli. Lab., 1995; *CARAPETH User Manual*. Report S 12 in prep.

[3.53]   Bowles J.B. and Klein L.A., "Comparison of commercial reliability-prediction programs". *Proc. Ann. Rel. & Maint. Symp.*, 1990, pp. 450-455.

[3.54]   Johnson A.M. and Malek M., "Survey of software tools for evaluating reliability, availability, and serviceability". *ACM Comp. Surveys*, 20(1988)4, pp. 227-269.

[3.55]   Klion J. and Lyne G.W., "RADC Oracle". *Proc. Ann. Rel. & Maint. Symp.*, 1981, pp. 81-84.

[3.56]   Locks M.O., "Recent dev. in computing of system-rel.". *IEEE Trans. Rel.*, 34(1985)5, pp. 425-436.

[3.57]   Magee D. and Refsum A., "RESIN, a desktop-computer program for finding cut-sets". *IEEE Trans. Rel.*, 30(1981)5, pp. 407-410.

[3.58]   RAC, *RMST: Rel. & Maint. Software Tools. 1993*

Zuverlässigkeit mechanischer Betrachtungseinheiten (vgl. auch Kap. 5 Mikroverbindungstechnik)

[3.61]   AFCIQ: *Guide d' Evaluation de la Fiabilité en Mécanique*. 1981.

[3.62]   Barer R.D., *Why Metals Fail*. New York: Gordon & Breach, 3rd Ed. 1974.

[3.63]   Bertsche B. and Lechner G., *Zuverlässigkeit im Maschinenbau*. Berlin: Springer, 1990.

[3.64]   Bogdanoff J.L. & Kozin F., *Probabilistic Models for Cumulative Damage*. NY: Wiley, 1985.

[3.65]   Carter A.D.S., *Mechanical Reliability*. London: Macmillan, 2nd Ed., 1986.

[3.66]   Collins J.A., *Failure of Materials in Mechanical Design*. New York: Wiley, 1981.

[3.67] Engelmaier W., *Reliable Surface Mount Solder Attachements Through Design and Manuf. Quality.* ETH Zurich: Rel. Lab., 1993 (Report L21), ETH/IEEE Workshop on SMT, 1992.

[3.68] Hutchings FR. and Unterweiser PM. (Ed.),*Failure Analysis.*Metals Park,OH: Am.Soc.Metals, 1981.

[3.69] Kececioglu D., *Reliability Engineering Handbook* (Vol. 1 and Vol. 2). Englewood Cliffs, NJ: Prentice-Hall, 1991.

[3.70] Koller R., *Konstruktionslehre für den Maschinenbau.* Berlin: Springer, 2nd Ed. 1985.

[3.71] Kutz M. (Ed.), *Mechanical Engineers' Handbook.* New York: Wiley, 1986.

[3.72] Manson S.S., *Thermal Stress and Low-Cycle Fatigue.* Malabar, FL: Krieger, 1981.

[3.73] Nelson J.J.et al., "Rel. models for mech. equip.".*Proc. Ann. Rel. & Maint. Symp.*,1989,pp.146-153.

[3.74] RAC, *Mechanical Applications in Reliability Engineering.* 1993

[3.75] Thaft-Christensen P., *Baker, Structural Rel. Theory and its Applications.* Berlin: Springer, 1982.

Ausfallartenanalysen

[3.81] Bednarz S.M. and Mariott D.L., "Efficient analysis for FMEA". *Proc. Ann. Rel. & Maint. Symp.*, 1988, pp. 416-421.

[3.82] DIN 25419: *Störfallablaufanalyse* (T1-T2). 1977-79; 25424: *Fehlerbaumanalyse.* 1981; 25448: *Ausfalleffektanalyse.* 1980; 31000: *Allgemeine Leitsätze für das sicherheitsgerechte Gestalten technischer Erzeugnisse.* 1979.

[3.83] Feo T., "PAFT F77:Program for the analysis of fault trees".*IEEE Trans. Rel.*, 35(1986)1,pp.48-50.

[3.84] IEC 812: *Procedure for FMEA.* 1985; 1025: *Fault Tree Analysis (FTA).* 1990.

[3.85] Hall F.M., Paul R.A., and Snow W.E., "Hardware/Software FMECA". *Proc. Ann. Rel. & Maint. Symp.*, 1983, pp. 320-327.

[3.86] Jackson T., "Integration of sneak circuit analysis with FMEA". *Proc. Ann. Rel. & Maint. Symp.*, 1986, pp. 408-414.

[3.87] MIL-STD-1629: *Procedures for Performing a FMECA* Ed. A 1980.

[3.88] RAC; *FMECA.* 1993; *FTA.* 1990; *WCCA* (Worst Case Circuit Analysis). 1992.

[3.89] Sevcik F., "Current and future concepts in FMEA". *Proc. Ann. Rel. & M. Symp.*, 1981,pp.414-421.

[3.90] Stamenkovic B. and Holovac S., "Failure modes, effects and criticality analysis: The basic concepts and applications". *Proc. Int. Summer Seminar*, Dubrovnik: 1987, pp. 21-25.

4 Entwicklungsrichtlinien für Zuverlässigkeit, Instandhaltbarkeit und Softwarequalität

Zuverlässigkeit

[4.1] Bar-Cohen A., "Bounding relations for natural convection heat transfer from vertical PCB". *Proc. IEEE*, 73(1985)9, pp. 1388-1395.

[4.2] Boxleitner W., "Electrostatic Discharge". In *Electronic Equip.* Piscataway, NJ: IEEE Press, 1989.

[4.3] Catrysse J., "PCB & system design under EMC constraints". *Proc. 11th Int. Zurich EMC Symposium*, 1995, pp. 47-58.

[4.4] Haseloff E., *Was nicht im Datenblatt steht.* Appl.-Bericht EB 192, Freising: Texas Instruments, 1992; "Entwicklungsricht. für schnelle Logikschaltungen und Systemen". *Proc. ETH/IEEE Conf. on Design Rules for Rel., EMC, Maint. & Soft. Qual.*, ETH Zurich: Rel. Lab., 1993, pp. 5.1-5.17.

[4.5] Hirschi W., "EMV-gerechte Auslegung eines electronischen Gerätes". *Bull. SEV/VSE*, 83(1992)11, pp. 25-29.

[4.6] IEEE Std 1100-1992: *IEEE Recommended Practice for Powering and Grounding Senitive Electronic Equipment.* 1992.

[4.7] Mannone P., " Careful design methods to prevent CMOS latch-up". EDN, Jan. 26, 1984, 6 pp.

[4.8]   IPC, ANSI/IPC-SM-782: *Surface Mount Land Patterns (Config. and Design Rules)*. 1987.

[4.9]   Ott H.W., *Noise Reduction Techniques in Electronic Systems*. New York: Wiley, 1976.

[4.10]   RAC, SOAR-6: *ESD Control in the Manuf. Envir.* 1986; TR-82-172: *Thermal Guide for Rel. Eng.* 1982; VZAP: *ESD Susceptibility Data.*1991.

[4.11]   Solberg V., Design Guidelines for Surface Mount and Fine Pitch Technol. NY: McGraw-Hill, 1996.

[4.12]   White D.R.J., *EMI Control in the Design of Printed Circuit Boards and Backplanes.* Gainesville, VI: Interf. Control Tech., 1982.

Instandhaltbarkeit

[4.21]   Bennetts R.G., *Design of Testable Logic Circuits*. London: Addison-Wesley, 1984.

[4.22]   Bentz R.W.,"Pitfalls to avoid in maint. testing".*Proc. Ann. Rel. & Maint. Symp.*1982, pp. 278-282.

[4.23]   Birolini A., "Spare parts reservation of components subjected to wear-out and/or fatigue according to a Weibull distribution". *Nuclear Eng. & Design,* 27(1974), pp. 293-298.

[4.24]   Blanchard B.S. Jr., and Lawery E.E., *Maintainability, Principles and Practices.* New York: McGraw-Hill, 1969.

[4.25]   Collett R.E. and Bochant P.W., "Integration of BIT effectiveness with FMECA". *Proc. Ann. Rel. & Maint. Symp.*, 1984, pp. 300-305.

[4.26]   Dobbins J.G., "Error-correcting-code memory reliability calculations". *IEEE Trans. Rel.*, 35(1986), pp. 380-384.

[4.27]   DoD, AMCP-706-132: *Engineering Design Handbook: Maintenance Eng. Tech.*, -133: *Maintainability Eng. Theory and Practice.* 1975.

[4.28]   Hofstädt H. and Gerner M., "Qualitative testability analysis and hierarchical test pattern generation , a new approach to design for testability". *Proc. Int. Test. Conf.*, 1987, pp. 538-546.

[4.29]   IEC 706: *Guide on Maintainability of Equipment.* Part 2, 1990.

[4.30]   IEEE, Special issues on: Maintainability. *Trans. Rel.,* 30(1981)3; Fault tolerant computing. *Computer,* 17(1984)8; Fault tolerance in VLSI. *Proc. of the IEEE,* 74(1986)5; Fault tolerant computing. *Trans. Rel.,* 36(1987)2; Testing. Trans. *Industr. El.,* 36(1989)2; Software tools for hardware test. *Computer,* 22(1989)4; Fault-tolerant computing. *Trans. Comp.,* 39(1990)4, 41(1992)5; Fault-tolerant systems. *Computer,* 23(1990)7.

[4.31]   IEEE STD 1149.1: *Test Access Part and Boundary-Scan Architecture.* 1990.

[4.32]   Lala P.K., *Fault Tolerant and Fault Testable Hardware Design.*Engl. Cliffs, NJ: Prentice-Hall, 1985.

[4.33]   Lee P.A. and Anderson T., *Fault Tolerance, Principles and Practice.* NY: Springer, 2nd Ed. 1990.

[4.34]   Lee K.W., Tillman F.A., and Higgins J.J., "A literature survey of the human reliability component in a man-machine system". *IEEE Trans. Rel.,* 37(1988), pp. 24-34.

[4.35]   McCluskey E.J., *Logic Design Principles.* Englewood Cliffs, NJ: Prentice-Hall, 1986.

[4.36]   PradhanDK.(Ed.),*Fault-Tolerant Computing,* Vol. 1 & 2.Englewood Cliffs, NJ: Prentice-Hall, 1986.

[4.37]   Retterer B.L. and Kowalski R.A., "Maintainability - A historical perspective". *IEEE Trans. Rel.,* 33(1984)1, pp. 56-61.

[4.38]   Richards D.W. and Klion J., "Smart BIT - an AI approach to better system-level built-in test". *Proc. Ann. Rel. & Maint. Symp.*, 1987, pp. 31-34.

[4.39]   Rigby L.V., "Results of eleven separate maintainability demonstrations". *IEEE Trans. Rel.,* 16(1967)1, pp. 43-48.

[4.40]   Robach C., Malecha P., and Michel G., "CATA - A computer-aided test analysis system". *IEEE Design & Test,* (1984)5, pp. 68-79.

[4.41]   Robinson G. and Deshayes J., "Interconnect testing of boards with partial boundary-scan". *Proc. Int. Test Conf.*, 1990, paper 27.3.

[4.42]   Savir J. and McAnney W.H., "Random pattern testability of delay faults". *IEEE Trans. Comp.,* 37(1988)3, pp. 291-300.

[4.43]   Simpson W.R. & Sheppard J.W., *System Test- and Diagnosis*. Boston: Kluwer Acad. Press, 1995.

[4.44]   Smith D.J. and Babb A.H., *Maintainability Engineering*. London: Pitman, 1973.

[4.45]   VDI 4003 Bl.3: *Allg. Forderungen an ein Sicherungsprogramm: Instandhaltbarkeit*. 1983.

[4.46]   Wagner K.D., Chin C.K., and McCluskey E.J., "Pseudorandom testing". *IEEE Trans. Comp.*, 36(1987)3, pp. 332-343.

[4.47]   Williams T.W. and Parker K.P, "Design for testability - a survey". *Proc. of the IEEE*, 71(1983)1, pp. 98-112; Williams T.W., "VLSI testing". *Computer*, 1984, pp. 126-136; Williams T.W., (Ed), *VLSI Testing* (Vol. 5 of Advances in CAD for VLSI). Amsterdam: North Holland, 1986.

Qualitätssicherung der Software

[4.51]   ACM, Special issue on: Software Testing. *Commun. of the ACM*, 31(1988)6; Software Quality. *Commun. of the ACM*, 36(1993)11.

[4.52]   Adrion R.W., Branstad M.A., and Cherniavsky J.C., "Validation, verification, and testing of computer software". *ACM Computing Surveys*, 14(1982)2, pp. 159-192.

[4.53]   Arlat J., Karama K., and Laprie J.C., "Dependability modeling and evaluation of software fault-tolerant systems". *IEEE Trans. Comp.*, 39(1990)4, pp. 504-513.

[4.54]   Bergland GD,"A guided tour of program design methodologies".*Computer*,14(1990) 10,pp.13-37.

[4.55]   Boehm B.W., "Verifying and validating software requirements and design specifications". *Software*, 1(1984)1, pp. 75-88; "Improving Software Productivity". *Computer*, 20(1987) 9, pp. 43-57; "Spiral Model of Software Development and Enhancement". *Computer*, 21 (1988)5, pp. 61-72.

[4.56]   Brocklehurst S., Chan P.Y., Littlewood B., and Snell J., "Recalibrating software reliability models". *IEEE Trans. Soft. Eng.*, 16(1990)4, pp. 458-469.

[4.57]   BWR: *Software-Entwicklungsstandard der BWR: Vorgehensmodell*. 1991.

[4.58]   DGQ - NTG - Schrift 12-51: *Software-Qualitätssicherung*. 1986.

[4.59]   ESA PSS-05-04: *Guide to the Software Achitectural Design Phase*. 1992; -05: *Detailed Design and Production*. 1992; -08: *Project Management*. 1994; -09: *Configuration Management*. 1992; -11: *Quality Assurance*. 1993.

[4.60]   Fenton N. and littlewood B., *Software Reliability and Metries*. London: Elsevier, 1991

[4.61]   Gomaa H., "A software design method for real-time systems". *Comm. ACM*, 27(1984)9, pp. 938-949.

[4.62]   Hall F.M., Paul R.A., and Snow W.E., "R&M engineering for off-the-shelf critical software". *Proc. Ann. Rel. & Maint. Symp.*, 1988, pp. 218-226.

[4.63]   Hansen M.D., "Survey of available software-safety analysis techniques". *Proc. Ann. Rel. & Maint. Symp.*, 1989, pp. 46-49.

[4.64]   IEC, 300-3-X: *Software Aspects of Dependability*. Draft 1992.

[4.65]   IEEE, Special issue on: Software quality assurance. *Computer*, 12(1979)8; Fault Tolerant computing. *Computer*, 17(1984)8; Rapid prototyping. *Computer*, 22(1989)5; Verification and validation. *Software*, May 1988; Software Reliability. *IEEE Trans. Rel.*, 28(1979)3; Software engineering project management. *IEEE Trans. Soft. Eng.*, 10(1984)1; Experimental computer science. *IEEE Trans. Soft. Eng.*, 16(1990) 2 ; Fault-tolerant computing. *IEEE Trans. Comp.*, 22(1973)3, 23(1974)7, 24(1975)5, 29(1980)6, 30(1981)11, 31(1982)7, 33(1984)6, 35(1986)4, 37(1988)4, 38(1989)8, 39(1990)4; Software Quality. *IEEE Software*, Jan. 1996.

[4.66]   IEEE, *IEEE Standards Collection Software Engineering* (610.12, 730, 828, 829, 830, 982.1, 982.2, 990, 1002, 1008, 1012, 1016, 1028, 1042, 1045, 1058.1, 1061, 1063, 1074, 1209, 1219, 1298). 1993. Piscataway, NJ: IEEE Press 1993.

[4.67]   Kline M.B., "Software & Hardware R&M - what are the differences?". *Proc. Ann. Rel. & Maint. Symp.*, 1980, pp. 179-184.

[4.68]   Leveson N.G., "Software safety in computer-controlled systems". *Computer*, (1984)2, pp. 48-55; "Software safety: why, what, and how". *ACM Computing Surveys*, 18(1986)2, pp. 125-163.

[4.69] Littlewood B. and Strigini L., "The risk of software". *Scient Amer.*, 1992, pp. 38-43; "Validation of ultrahigh dependability for software-based systems".*Commun. of the ACM*, 36(1993)11,pp.69-80.

[4.70] Musa J.D., Iannino A., and Okumoto K., *Software Reliability: Measurement, Prediction, Application*. New York: McGraw-Hill, 1987.

[4.71] Parnas D.L., van Schouwen A.J., and Kwan S.P., "Evaluation of safety-critical software". *Commun. of the ACM*, 33(1990)6, pp. 636-648.

[4.72] Pflegger S.L., "Measuring software reliability". *IEEE Spectrum*, Aug. 1992, pp. 56-60

[4.73] Reifer DJ., "Software Failure Modes and Effects Analysis".*IEEE Trans. Rel.*,28(1979)3, pp. 247-249.

[4.74] Stankovic J.A.,"A serious problem for next-generation system*Computer*, 21(1988) 10, pp.10-19.

[4.75] Wallace D.R., Kuhn D.R., and Ippolito M.L, "An analysis of selected software safety standards". *IEEE AES Mag.*, 1992, pp. 3-14.

5 Qualifikation elektronischer Bauteile und Geräte

[5.1] Barber M.R., "Fundamental timing problems in testing MOS VLSI on modern ATE. *IEEE Design & Test*, (1984)8, pp. 90-97.

[5.2] Birolini A., "Möglichkeiten und Grenzen der Qualifikation, Prüfung und Vorbehandlung integrierter Schaltungen". *QZ*, 27(1982)11, pp. 321-326; "Prüfung und Vorbehandlung von Bauelementen und bestückten Leiterplatten". *VDI/VDE Fachtag.*, Karlsruhe 1984, VDI Bericht Nr. 519, pp. 49-61; –, Büchel W., and Heavner D., "Test and screening strategies for large memories". *1st European Test Conf.*, Paris: 1989, pp. 276-283; "Neue Ergebnisse aus der Qualifikation grosser Halbleiterspeicher". *me*, 7(1993) 2, pp. 98-102.

[5.3] Brambilla P., Canali C., Fantini F., Magistrali F., and Mattana G.,"Rel. evaluation of plastic-packaged device for long life applications by THB test". *Microel. & Rel.*, 26(1986)2, pp. 365-384.

[5.4] Crook D.L., "Evolution in VLSI reliability engineering". *Int. Rel. Phys. Symp.*, 1990, pp. 2-11.

[5.5] CECC 00107: *Quality Assessment Procedures* - part I to III. 1979-1982 (see also 00100 to 00106, 00108, 00109, and 00111 to 00113); 00200: *Qualified Product List*.

[5.6] ESA PSS 01-603: *ESA Preferred parts List*. 1995 (3rd Ed.)

[5.7] ETH ZurichReliability Lab., Reports Q2-Q12: *Qualification Test for DRAMs* 256Kx1, SRAMS 32Kx8, EPROMs 32Kx8, SRAMs 8Kx8, DRAMs 1Mx1, EEPROMs 8Kx8, SRAMs 128Kx8, DRAMs 4Mx1, EEPROMs 32Kx8, EPROMs 64Kx16, and FLASH-EPROMs 128Kx8. 1989-92.

[5.8] Gerling W., "Modern reliability assurance of integrated circuits". *Proc. ESREF'90*, Bari, pp. 1-12.

[5.9] IEC 68: *Environmental Testing* (Parts 1-5). 1969-91;
      147: *Essential Rating and Charact. of Semicon. Dev.* (Parts 0-4). 1966-82;
      409: *Guide for the Inclusion of Rel. Clauses into Specs for Comp. for El. Eq.* 1981;
      721: *Classification of Environmental Conditions* (Parts 1-3). 1990;
      749: *Semicon. Devices: Mech. and Climatic Test Methods.* 1984 (Am. 1 1991);
      801: *EMC for Industrial Processes Measur. and Control Equipment* (Parts 1-4). 1984-91.

[5.10] IEEE, Special issue on: Reliability of semiconductor devices. *Proc. IEEE*, 62(1974)2; Micron and submicron circuit engineering. *Proc. IEEE*, 71(1983)5; Integrated circuit technologies of the future. *Proc. IEEE*, 74(1986)12; VLSI reliability. *Proc. IEEE*, 81(1993)5.

[5.11] MIL-STD-883: *Test Methods and Procedures for Microelectronics*. Ed. D 1991; see also -199, -202, -750, -810, -976, -I3 8535, -M 38510, -S 19500

[5.12] Ousten Y., Danto Y., Xiong N., and Birolini A., "Rel. ev al. and failure diagnostic of Ta-cap. using freq. analysis and design of exp.". *Proc.Int. Symp. for Testing & Fail. Analysis* , 1992, pp. 189-196.

[5.13] Powell R.F., *Testing Active and Passive Electronic Components*. New York: Dekker, 1987.

[5.14]   RAC, *PSAC: Parts Selection, Appl. and Control, 1993; CAP: Reliable Appl. of Components 1993; PEM2: Reliable Appl. of Microcircuits, 1996; HYB: Reliable Appl. of Hybryds 1993; MCM: Reliable Appl. of Multichip Modules, 1995.*

[5.15]   Ratchev D.,"Are NV-Memories non-volatile?"*Proc. 1993 IEEE Workshop Memory Testing*, pp. 102-6.

[5.16]   Sawada K. and Kagano S., "An evaluation of I_{DDQ} versus conventional testing for CMOS sea-of-gate ICs". *Int. Test Conf.*, 1992, pp. 158-167.

[5.17]   Thomas R.W., "The US Department of Defense procurement strategy and the semiconductor industry in the 1990's". *Proc. 4th Int. Conf. Quality in El. Comp.*, Bordeaux: 1989, pp. 1-3.

[5.18]   van de Goor A.J. *Testing Semiconductor Memories.* New York: Wiley 1991.

[5.19]   Williams T.W. (Ed.), *VLSI - Testing.* Amsterdam: North-Holland, 1986.

[5.20]   Wolfgang E., Görlich S., and Kölzer J., "Electron beam testing". *Proc. ESREF'90,* Bari, pp. 111-120.

[5.21]   Zerbst M. (Ed), *Meß- und Prüftechnik.* Berlin: Springer, 1986.

[5.22]   Zinke Q&Seither H., *Widerstände, Kondensatoren, Spulen u. ihre Werkstoffe.* Berlin: Springer, 1982.

Ausfallmechanismen, Ausfallanalysen

[5.31]   Amerasekera E.A. and Campbell D.S., *Failure Mechanisms in Semiconductor Devices.* New York: Wiley, 1987.

[5.32]   Barbottin G. and Vapaille A., (Eds.), *Instabilities in Silicon Dev.* Amsterdam:North-Holland, 1986.

[5.33]   Brox M. and Weber W., "Dynamic degradation in MOSFETs – Part 1: The physical effects", *IEEE Trans. El. Dev.*, 38(1991)8, pp. 1852-1858.

[5.34]   Burnett D., and Hu C., "Hot-carrier reliability of bipolar transistors", *Proc. Int. Rel. Phys. Symp.*, 1990, pp. 164-169.

[5.35]   Canali C., Giannini M., and Zanoni E., "Techniques for latch-up analysis in CMOS ICs based on scanning electron microscopy". *Microel. & Rel.*, 28(1988)1, pp. 119-161.

[5.36]   Christon A. (Ed.), *Reliability of Gallium Arsenide Cs.* New York: Wiley, 1992.

[5.37]   Ciappa M., *Ausfallmech. integrierter Schaltungen.* ETH Zurich: Rel. Lab., 1991 (Reports F1, F4); *Reliability of EEPROM Memories in FLOTOX Technology.* Ph.D. Thesis ETH Zurich: submitted.

[5.38]   Degraeve R., Ogier J.L, Bellens R., Roussel Ph., Groeseneken G.,and Maes H.E., "On the field dependence of intrinsic and extrinsic time-dep. diel. breakdown". *Proc. Int. Rel. Phys. Symp.*,1996,pp.44-54.

[5.39]   Fantini F., "Reliability and failure physics of integrated circuits". in *Dinemite II,* (Vol. IV), Leuven, B: Interuniversitair Micro-Elektronica Centrum, 1986, pp. 1-30.

[5.40]   Fiegna C., Venturi F., Melanotte M., Sangiorgi E., and Riccò B., "Simple and efficient modeling of EPROM writing". *IEEE Trans. El. Dev.,* 38(1991)3, pp. 603-610.

[5.41]   Fung R.C.-Y., and Moll J.L., "Latch-up model for the parasitic p-n-p-n path in bulk CMOS". *IEEE Trans. El. Devices,* 31(1984)1, pp. 113-120.

[5.42]   Glasstone S., Laidler K.J., and Eyring H.E.,*The Theory of Rate Processes.* NY: McGraw-Hill, 1941.

[5.43]   Herrmann M., *Charge Loss Modeling of EPROMs with ONO Interpoly Dielectric.* Ph.D. Thesis 10817 ETH Zurich 1994; -and Schenk A., " Field and high- temperature dependance of the long-term charge loss in EPROMs" *J. Appl. Phys.*, 77 (1995)9, pp. 4522-4540.

[5.44]   Howes M.J. and Morgan D.V. (Eds.), *Reliability and Degradation - Semiconductor Devices and Circuits.* New York: Wiley, 1981.

[5.45]   Hu C. (Ed.), *Nonvolatile Semiconductor Memories: Technologies, Design, and Applications.* Piscataway, NJ: IEEE Press, 1991.

[5.46]   Kolesar S.C., "Principles of corrosion". *Proc. Int. Rel. Phys. Symp.*, 1974, pp. 155-167.

[5.47]   Lantz L., "Soft errors induced by α - particles", *IEEE Trans. Rel.*, 45 (1996)2, pp. 174 - 179.

[5.48]   Mann J.E., "Failure analysis of passive devices". *Proc. Int. Rel. Phys. Symp.*, 1978, pp. 89-92.

[5.49]   Menzel E. and Kubalek E., "Fundamentals of electron beam testing of integrated circuits". *Scanning,* (1983)5, pp. 136-142.

[5.50]   Mohamedi S. et al., "Hot-electron-induced input offset voltage degradation in CMOS differential amplifier". *Proc. Int. Rel. Phys. Symp.*, 1992, pp. 76-80.

[5.51]   Pecht M., "A model for moisture induced corrosion failures in microelectronic packages". *IEEE Trans. Comp., Hybrids & Manuf. Tech.*, 13(1990)2, pp. 383-389; (Ed.) *Handbook of Electronic Package Design.* New York: Dekker, 1991; – and Ramappan V., "Are components still the major problem: a review of electronic system and device field failure returns". *IEEE Trans. Comp., Hybrids & Manuf. Tech.*, 15(1992)6, pp. 1160-1164.

[5.52]   Peck D.S., "Comprehensive model for humidity testing correlation". *Proc. Int. Rel. Phys. Symp.*, 1986, pp. 44-50; - and Thorpe W.R., "Highly accelerated stress (THB) - Test history, some problems and solutions". *Tutorial Notes at the Int. Rel. Phys. Symp.*, 1990, pp. 4.1-4.27.

[5.53]   Pollino E. (Ed.), *Microelectronic Reliability* (Vol II). Norwood (MA): Artech House, 1989.

[5.54]   Quader K.N., Fang P., Yue J., Ko P.K., and Hu C., "Simulation of CMOS circuit degradation due to hot-carrier effects". *Proc. Int. Rel. Phys. Symp. (IRPS)*, 1992, pp. 16-23.

[5.55]   RAC, FMD: *Failure Mode/Mechanism Distribution.* 1991; MFAT-1: *Microelectronic Failure Analysis Techn. - a Procedual Guide.* 1981; MFAT-2: *GaAs Microcircuit Charact. and Failure Analysis Techn.* 1988.

[5.56]   Reiner J., "Latent Gate Oxide Defects Caused by CDM-ESD". *Proc. EOS/ESD Symp.* Phoenix AZ, 1995, pp. 6.5.1-11; *Latent Gate Oxide Damage Induced by Ultrafast Electrostatic Discharge.* Ph.D. Thesis 11212 ETH Zurich 1995.

[5.57]   Root B.J. and Turner T., "Standard wafer-level electromigration acceleration test (SWEAT)". *Proc. Int. Rel. Phys. Symp.*, 1985, pp. 100-107.

[5.58]   Srinivasan G.R:, "Modeling the cosmic-ray-induced soft errors in IC's: An overview". *IBM J. of R&D*, 40 (1996)1,pp. 77-90.

[5.59]   Troutmann R.R.,"Latch-up in CMOS technologies".*IEEE Circuits and Dev. Mag.*, (1987)5, pp. 15-21.

[5.60]   Wang C.T. (Ed.), *Hot Carrier Design Considerations for MOS Devices and Circuits.* New York: Von Nostrand Reihold, 1992.

Mikroverbindungstechnik

[5.70]   ASM: *Packaging.* Vol.1, Material park OH: ASM Int., 1989.

[5.71]   Barker D.B., Dasgupta A., and Pecht M., "Printed-wiring-board solder-joint fatigue-life calcu-lation under thermal & vibration loading". *Proc. Ann. Rel. & Maint. Symp.*, 1991, pp. 451-459.

[5.72]   Ciappa M. and Malberti P. and Scacco P. "Selective Back-Etch for Silicon Devices." Proc. ISTFA'95. Santa Clara CA, 1995, pp. 257-261.

[5.73]   Ciappa M. and Malberti P., "Reliability of Laser-Diode Modules in Temperature-Uncontrolled Env.", *Int. Rel. Phy. Symp.*, 1994, pp. 466-469; "Packaging Reliability: Non-conventional Failure Mech. and Failure Analysis case Histories". *Proc. ESREF'95*, Bordeaux, 1995, pp. 247-254.

[5.74]   Darveause R. and Banerji K., "Constitutive relations for tin-based solder joints." *IEEE Trans. Compon., Hybr. and Manuf. Tech.*, 15 (1992) 6, pp.1013-1024.

[5.75]   Engelmaier, W., "Enviromental stress screening and use enviroments - their impact on solder joint and plated-through-hole reliability," *Proc. Int. Electronics Packaging Conf.*, Marlborough MA, 1990, pp. 388 - 393; -and Attarwala A.I., "Surface-mount attachment boards, " *IEEE Trans., Compon., Hybr. and Manuf. tech.*, 12(1989)2, pp. 284-289.

[5.76]   Fenech A., Hijagi A. and Danto Y., "Determination of thermomechanical behaviour of microel. packaging based on mictostructural analysis." Proc. ESREF" 94, Glasgow, 1994, pp. 405 - 410.

[5.77]   Frear D. R. (Ed.), *The Mechanics of Solder Alloy Interconnections.* New York: Reinhold, 1994; -, Jones W.B. and KrissmanK.R. (Ed.), *Solder Mechanics: A State of the Art Assessment.* Warrendale PA: TMS, 1991.

[5.78]   Grossmann G., *Zuverlässigkeit von Weichlotstellen.* ETH Zurich: Rel. Lab., 1993 (Report L29).

[5.79]   Grossmann G., Weber L. and Heiduschke K. "Properties of thin layers of Sn62Pb36Ag2." *Proc. IEEE/CPMT Int. El. manuf. Tech. Symp.*, Austin TX, 1995, pp. 502-507; *Berichte K10-K12 zum Projekt SMT mit Pitch 0.3mm.* ETH Zürich: Rel. Lab., 1996.

[5.80]   Harman GG, "Metallurgical failure modes of wire bonds".*Proc. Int. Rel. Phys. Symp.*, 1974, pp.131-41.

[5.81]   Heiduschke K., "The logarithmic strain space description." *Int. J. Solids Structures*, 32 (1995), pp. 1047-1062 and 33(1996) pp. 747-760; "Solder joint life time assesment of electronic devices", submitted to *Int. J. Num. Meth. Eng.*; - and Grossmann G., "Modelling fatigue cracks with spatial shape." *Proc. EuPac '94*, Essen 1994, pp. 16-22.

[5.82]   Jacob P., Held M. and Scacco P. "Reliability Testing and Analysis of IGBT Power Semiconductor Modules "*Proc.* ISTFA'94, Los Angeles CA 1994, pp. 319 - 325.

[5.83]   Lau J., Harkins G., Rice D., and Kral J., "Thermal fatigue reliability of SMT packages and interconnections". *Proc. Int. Rel. Phys. Symp.*, 1987, pp. 250-259.

[5.84]   Lin R., Blackshear E., and Serisky P., "Moisture induced cracking in plastic encapsulated SMD during solder reflow process". *Proc. Int. Rel. Phys. Symp.*, 1988, pp. 83-89.

[5.85]   Pecht M. (Ed.), *Handbook of Electronic Package Design.* New York: Dekker, 1991.

[5.86]   Philofsky E., "Design limits when using Au-Al bonds". *Proc. Int. Rel. Phys. Symp*,1986, pp. 114-119.

[5.87]   Solomon H.D., " Low - frequency, high temperature low cycle fatigue of 605n-40Pb solder" in *Low Cycle Fatigue.* Solomon H.D. et al. (Ed.), Philadelphia: ASTM, 1988.

[5.88]   Weber L., *Creep-fatigue behaviour of eutectic Sn62Pb36Ag2 solder.* Ph.D.Thesis ETH Zurich, subm.

6   Statistische Qualitätskontrolle und Zuverlässigkeitsprüfungen

Qualitätskontrolle

[6.1]   ANSI Z1.1 and Z1.2-1958: *Guide for Quality Control and Control Chart Method of Analyzing Data*; Z1.3-1959: *Control Chart Method of Controlling Quality During Production.*

[6.2]   IEC 410: *Sampling Plans and Procedures for Inspection by Attributes.* 1973;   419: *Guide for the Inclusion of Lot-By-Lot and Periodic Inspection Procedures in Spec. for El. Comp.* 1973; see also MIL-STD-105, DIN 40080, DGQ-SAQ-OeVQ 16-01, IEC 410, ISO 2859

[6.3]   SAQ-DGQ-OeVQ 16-01: *Stichprobenprüfung anhand qualitativer Merkmale.* 9th. Ed. 1986; 16-26: *Methoden zur Ermittlung geeigneter AQL-Werte.* 4rd Ed. 1990; DGQ 16-31/-32/-33: *SPC 1/2/3 Statistische Prozesslenkung.* 1990.

[6.4]   Sarkadi K. and Vincze I., *Mathematical Methods of Statistical Quality Control.* NY: Acad., 1974.

[6.5]   Uhlmann W., *Statistische Qualitätskontrolle.* Stuttgart: Teubner, 2nd Ed. 1982.

Zuverlässigkeits- und Instandhaltbarkeitsprüfungen

[6.11]   Härtler G., "Parameter estim. for the Arrhenius model". *IEEE Trans. Rel.*, 35(1986)4, pp. 414-418.

[6.12]   IEC 605: *Equipment Reliability Testing.* Part 1, 2, 3, 4, 6 and 7, 1978 - 94; 706: *Guide on Maintainnbility of Eq.* Parts 3 -6,1987-94;1070:*ComplianceTest Procedures for Steady-StateAvailability.*1991.

[6.13]   Hu J.M., Dasgupta A., and Arora A.K., "Rate of failure-mechanisms identification in accelerated testing". *Proc. Ann. Rel. & Maint. Symp.*, 1992, pp. 181-188.

[6.14]   Klinger D.J., "On the notion of activation energy in reliability: Arrhenius, Eyring, and thermodynamics". *Proc. Ann. Rel. & Maint. Symp.*, 1991, pp. 295-300.

[6.15]   MIL-STD -471: *Maintainability Verfi., Demonstration, Eval..* Ed. A 1973; see also HDBK-472; -781: *Reliability Testing for Eng. Dev., Qualification, and Production.* Ed. D 1986; see also HDBK -781 for Rel. Tests.

[6.16]   Nelson W., *Accelerated Testing.* New York: Wiley, 1990.

[6.17]   Peck D.S. and Trapp O.D., *Accelerated Testing HDBK.* Portola Valley, CA: Techn. Ass., 1987.

[6.18]   Shaked M. and Singpurwalla N.D., "Nonparametric estimation and goodness-of fit-testing of hypotheses for distributions in accelerated life testing". *IEEE Trans.Rel.*, 31(1982)1, pp. 69-74.

[6.19]   Thomas E.F., "Reliability testing pitfalls". *Proc. Ann. Rel. & Maint. Symp.*,1974, pp. 78-83.

[6.20]   Viertl R., *Statistical Methods in Accelerated Life Testing*. Göttingen: Vandenhoeck, 1988.

7 Hebung der Qualität und Zuverlässigkeit in der Fertigungsphase

Produktionsprozesse

[7.1]   Desplas E.P., "Rel. in the manufacturing cycle".*Proc. Ann. Rel. & Maint. Symp.*, 1986, pp. 139-144.

[7.2]   DGQ 16-31/-32/-33: *SPC 1/2/3 Statistische Prozesslenkung*. 1990

[7.3]   Ellis B.N., *Cleaning and Contamination of Electronics Components and Assemblies*. Ayr (Scotland): Electrochemical Publications, 1986.

[7.4]   Habenicht G., *Kleben*. New York: Springer, 2nd Ed. 1990.

[7.5]   Grossmann G., " Contamination of various flux-cleaning combinations on SMT assemblies. *Soldering & SMT*, 22 (1996) Feb., pp. 16-21.

[7.6]   Lau J.H. et al., "Experimental & statistical analysis of surface-mount technology PLCC solder-joint reliability". *IEEE Trans. Rel.*, 37(1988)5, pp. 524-530.

[7.7]   Lea C., *A Scientific Guide to SMT*. Ayr, Scotland: Electrochemical Publ., 1988.

[7.8]   Lenz E., *Automatisiertes Löten elektronischer Baugruppen*. Munich: Siemens, 1985.

[7.9]   Pawling J.F. (Ed.), *Surface Mounted Assemblies*. Ayr, Scotland: Electrochem. Publ., 1987.

[7.10]   Prasad R.P., *Surface Mount Technology*. New York: Van Nostrand Reinhold, 1989.

[7.11]   Shewhart W.A., "Quality control charts". *Bell Tech. Jurn.*, 5(1926) pp. 593-603.

[7.12]   Scraft R.D. and Bleicher M. (Eds.), *Oberflächenmontage elektronischer Bauelemente*. Heidelberg: Hütig, 1987.

[7.13]   Vardaman J. (Ed.),*Surface Mount Technology:Recent Jap. Develop.*Piscataway, NJ:IEEE Press, 1993.

[7.14]   Wassink R.J.K., *Soldering in Electronic*. Ayr, Scotland: Electrochem. Publ., 2nd Ed. 1989.

Prüf- und Vorbehandlungsstrategien

[7.21]   Bennetts R.G., *Introduction to Digital Board Testing*. New York: Crane Russak, 1981.

[7.22]   Birolini A., "Möglichkeiten und Grenzen der Qualifikation, Prüfung und Vorbehandlung von ICs". *QZ*, 27(1982)11, pp. 321-326; "Essais et déverminage des circuits intégrés complexes ". *Bull. SEV/VSE*, 75(1984)1, pp. 2-11; "Prüfung und Vorbehandlung von Bauelementen und bestückten Leiterplatten". *VDI-Bericht* Nr. 519, pp. 49-61 1984; "VLSI testing and screening". *Journal of Env. Sciences (IES)*, May/June 1989, pp. 42-48; "Matériels électroniques: stratégies de test et de déverminage". *La Revue des Lab. d'Essais*, 1989 pp.18-21.

[7.23]   BullockM, "Designing SMT boards for in-circuit testab.".*Proc. Int. Test Conf.*, 1987, pp. 606-613.

[7.24]   De Cristoforo R.J., "Environmental stress screening - lesson learned". *Proc. Ann. Rel. & Maint. Symp.*, 1984, pp. 129-133.

[7.25]   ETH Zurich, Reliability Lab., Reports P3-P16 and P18:*Qualification Tests on Seven Telecom. Equipment*. 1989-91.

[7.26]   Geniaux B. et al., *Déverminage des matériels électroniques*. Paris: ASTE, 1986; "Climatique et déverminage". *La Revue des Lab. d'essais*, Sept. 1989, pp. 5-8.

[7.27]   IEC 68: *Environmental Testing* Part 1: *General and Guidance*. Part 2: Tests. 1969-95; 801: *EMC for Industr. Processes Measur. and Control System*. Part 1: Gen. introd., 1984, Part 2: Req., 1991.

[7.28]   IES, *Environmental Stress Screening Guideline for Assemblies*. 1988; *Guidelines for Parts*. 1985; *Environmental Test Tailoring*. 1986; *Environmental Stress Screening*. 1989.

[7.29]   Kallis J.M., Hammond W.K., and Curry B., "Stress screening of electronic modules: Investigation of effects of temperature rate-of-change". *Proc. Ann. Rel. & Maint. Symp.*, 1990, pp. 59-66.

[7.30]   Kindig W.G. and McGrath J.D., "Vibration, random required". *Proc. Ann. Rel. & Maint. Symp.*, 1984, pp. 143-147.

[7.31]   MIL-HDBK -344: *Environmental Stress Screening of Electronic Equipment.* 1986; see also HDBK-263, STD-810, STD-883, STD-2164.

[7.32]   Parker P. and Webb C., "A study of failures identified during board level environmental stress testing". *IEEE Tran. Comp. Hybrids and Manuf. Tech.*, 15(1992)6, pp. 1086-1092.

[7.33]   Pynn C., *Strategies for Electronics Test.* New York: McGraw-Hill, 1986.

[7.34]   Wennberg S.R. and Freyler C.R., "Cost-effective vibration testing for automotive electronic". *Proc. Ann. Rel. & Maint. Symp.*, 1990, pp. 157-159.

Zuverlässigkeitswachstum

[7.41]   Barlow R., Bazovsky I., and Wechsler S., "Classical and Bayes approach to ESS- a comparison". *Proc. Ann. Rel. & Maint. Symp.*, 1990, pp. 81-84.

[7.42]   Benton A.W. and Crow L.A., "Integrated reliability-growth testing". *Proc. Ann. Rel. & Maint. Symp.*, 1990, pp. 160-166.

[7.43]   Brinkmann R., *Modellierung des Zuverlässigkeitswachstums komplexer, reparierbarer Systeme.* Ph. D. Thesis ETH Zurich, submitted.

[7.44]   Chay S.C., "Reliability growth during a product development program". *Proc. Ann. Rel. & Maint. Symp.*, 1983, pp. 43-48.

[7.45]   Crow L.H., "On tracking reliability growth". *Proc. Ann. Rel. & Maint. Symp.*, 1975, pp. 438-442; "Methods for assessing reliability growth potential". *Proc. Ann. Rel. & Maint. Symp.*, 1982, pp. 74-78; "On the initial system reliability". *Proc. Ann. Rel. & Maint. Symp.*, 1986, pp. 115-119; "Evaluating the reliability of repairable systems". *Proc. Ann. Rel. & Maint. Symp.*, 1990, pp. 275-279; -and Basu A.P., "Reliability growth estimation with missing data". *Proc. Ann. Rel. & Maint. Symp.*, 1988, pp. 248-253; "Confidence intervals on the rel. of rep. systems". *Proc. Ann. Rel. & Maint. Symp.*, 1993, pp. 126-134.

[7.46]   Duane J.T., "Learning curve appr. to rel. monitoring".*IEEE Trans. Aerospace*, (1964)2, pp.563-566.

[7.47]   Higgins P., "MK30 mode 1 rel. enhancem. progr." *Proc. Ann. Rel. & Maint. Symp.*, 1987, pp.146-51.

[7.48]   IEC 1014: *Programs for Reliability Growth.* 1989.

[7.49]   IES: *Reliability Growth Processes and Management.* 1989.

[7.50]   Jääskeläinen P., "Rel. growth and Duane learning curves". *IEEE Trans. Rel.*, 31(1982)2, pp.151-154.

[7.51]   Jayachandran T. and Moore L.R., "A comparison of reliability growth models". *IEEE Trans. Rel.*, 25(1976)1, pp. 49-51.

[7.52]   Kasouf G. and Weiss D., "An integrated missile reliability growth program". *Proc. Ann. Rel. & Maint. Symp.*, 1984, pp. 465-470.

[7.53]   VDI 4009 Bl.8: *Zuverlässigkeitswachstum bei Systemen.* 1985.

[7.54]   Wong K.L., "A new environmental stress screening theory for electronics". *Proc. Ann. Tech. Meeting IES*, 1989, pp. 218-224; "Demonstrating reliability and reliability growth with data from env. stress screening". *Proc. Ann. Rel. & Maint. Symp.*, 1990, pp. 47-52.

[7.55]   Yamada S. et al., "Reliability growth models for hardware and software systems based on nonhomogeneous Poisson processes - a survey". *Microel. & Rel.*, 23(1983), pp. 91-112.

A1 Definitionen und Begriffserklärungen

[A1.1] EOQC, *Glossary of Terms Used in the Management of Quality.* 6th Ed. 1989.

[A1.2] IEC 50 (191): *International Electrotechnical Vocabulary (IEV) - Chapter 191: Dependability and Quality of Service.* 1990.

[A1.3] IEEE, ANSI/IEEE Std 100-1988: *IEEE Standard Dictionary of Electrical and Electronics Terms.* 4th Ed. 1988; Std 610.12-1990: *IEEE Standard Glossary of Software Engineering Terminology.* 1990 (see also IEEE STD 982.1-1988 and 982.2-1988).

[A1.4] ISO8402: *Quality - Vocabulary.* 1986.

[A1.5] MIL-STD-109: *Quality Assurance Terms and Definitions.* Ed. B 1969; -280: *Definitions of Item Levels, Item Exch., Models and Rel. Terms.* Ed. A 1969; -721: *Definitions of Terms for Reliability and Maintainability.* Ed. C 1981.

A2 Abriß der Wahrscheinlichkeitsrechnung und der mathematischen Statistik

[A2.1] d'Agostino R.B. and Stephens M. A., *Goodness-of-fit-Techniques.* New York: Dekker, 1986.

[A2.2] Bain L. J. and Engelhardt M., *Statistical Analysis of Reliability and Life-Testing Models.* New York: Dekker, 2nd Ed. 1991.

[A2.3] Birolini A., "Some applications of regenerative stochastic processes to reliability theory - Part one: Tutorial introduction". *IEEE Trans. Rel.*, 23(1974) 3, pp. 186-194; *Semi-Markoff und verwandte Prozesse: Erzeugung und einige Anwendungen auf Probleme der Zuverlässigkeitstheorie und der Übertragungstheorie.* Ph.D. Thesis 5375 ETH Zurich: 1974, *AGEN-Mitt.*, 18(1975), pp. 3-52; "Hardware simulation of semi-Markov and related processes - Part I and Part II". *Math. and Comp. in Simulation*, 19(1977), pp. 75-97 and pp. 183-191; *On the Use of Stochastic Processes in Modeling Reliability Problems.* Berlin: Springer, (Lecture Notes in Economics and Math. Systems Nr. 252) 1985; *Quality and Reliability of Technical Systems.* Berlin: Springer, 1994 (2nd Ed. in prep.).

[A2.4] Cinlar E., *Introduction to Stochastic Processes.* Englewood Cliffs, NJ: Prentice Hall, 1975.

[A2.5] Cox D.R., "The analysis of non-markovian stochastic processes by the inclusion of supplementary variables". *Proc. Cambridge Phil. Soc.*, 51(1955), pp. 433-441; *Renewal Theory.* London: Methuen, 2nd Ed. 1967.

[A2.6] Clopper C.J. and Pearson K., "The use of confidence or fiducial limits illustrated in the case of the binomial". *Biometrika*, 26(1934), pp. 404-413.

[A2.7] Feller W., *An Introduction to Probability Theory and its Applications.* New York: Wiley, Vol I 2nd Ed. 1957, Vol II 2nd Ed. 1966.

[A2.8] Fisher R.A., "The mathematical foundations of theoretical statistics". *Phil. Trans.*, A 222(1921), pp. 309-368; "The conditions under which χ^2 measures the discrepancy between observation and hypothesis". *J. Roy Stat. Soc.*, 87(1924), pp. 442-450; "Theory of statistical estimation". *Proc. Cambridge Phil. Soc.*, 22(1925), pp. 700-725.

[A2.9] Franken P. et al., *Queues and Point Processes.* Berlin: Akademie, 1981.

[A2.10] Gliwenko V., "Sulla determinazione empirica delle leggi di probabilità". *Giornale Attuari*, 1933, pp. 92-99; de Finetti B., "Sull'approssimazione empirica di una legge di probabilità". *Giornale Attuari*, 1933, pp. 415-420.; Kolmogoroff A.N., "Sulla determinazione empirica di una legge di distribuzione". *Giornale Attuari*, 1933, pp. 84-91.

[A2.11] Gnedenko B.W., *Theory of Probability.* New York: Cheslea, 1967; *Einführuhg in die Wahrscheinlichkeitstheorie.* Berlin: Akademie, 1991.

[A2.12] Gnedenko B.W., and König D. et al., *Handbuch der Bedienungstheorie*. Vol. I and Vol. II. Berlin: Akademie, 1983.

[A2.13] Gnedenko B.W. and Kovalenko I.N., *Introduction to Quening Theory*. Basel: Birkhäuser, 1989.

[A2.14] Heinhold J. and Gaede K.W.: *Ingenieur-Statistik*. Munich: Oldenbourg. 4th Ed. 1979.

[A2.15] Kolmogoroff A.N., *Grundbegriffe der Wahrscheinlichkeitsrechnung*. Berlin: Springer, 1933.

[A2.16] Mann N.R., Schafer R.E., and Singpurwalla N., *Methods for Statistical Analysis of Reliability and Life Data*. New York: Wiley, 1974.

[A2.17] Ochi M.K., *Applied Probability and Stochastic Processes*. New York: Wiley, 1990.

[A2.18] Parzen E., *Stochastic Processes*. San Francisco: Holden-Day, 3rd Ed. 1962.

[A2.19] Pearson K., "On deviations from the probable in a correlated system of variables". *Phil. Magazine*, 50(1900), pp. 157-175.

[A2.20] Smith W.L., "Asymptotic renewal theorems". *Proc. Roy. Soc. Edinbourgh*, 64(1954), pp. 9-48; "Regenerative stoch. processes". *Proc. Int. Congress Math. Amsterdam*, 3(1954), pp. 304-305; "Regenerative stoch. processes". *Proc. Roy. Soc. London*, Ser. A, 232(1955), pp. 6-31; "Remarks on the paper Regenerative stoch. proc.". *Proc. Roy. Soc. London*, Ser. A, 256(1960), pp. 496-501; "Renewal theory and its ramifications". *J. Roy. Stat. Soc.*, Ser.B, 20(1958), pp. 243-302.

[A2.21] Srinivasan S.K. and Mehata K.M., *Stochastic processes*. New Delhi:Tata McGraw-Hill,2nd Ed.1988.

[A2.22] Störmer H., *Semi-Markoff-Prozesse mit endlich vielen Zuständen*.Berlin: Springer (Lect. Notes in Op. Res. and Math. Syst. Nr. 34), 1970.

[A2.23] Thompson W.A., Jr., *Point Processes Models with Applications to Safety and Reliability*. New York: Chapman & Hall, 1988.

[A2.24] Trivedi K.S., *Probability and Statistics with Reliability, Queuing, and Computer Science Applications*. Englewood Cliffs, NJ: Prentice Hall, 1982.

[A2.25] Wald A, *Sequential Analysis*. New York:Wiley,1947; *Statistical Decision Functions*. NY:Wiley,1950.

[A2.26] Weibull W., "A statistical distrib. function of wide applicability".*J. Appl. Mech.*,18(1951),pp.293-297.

A3   Tabellen und Wahrscheinlichkeitspapiere

[A3.1] Abramowitz M. and Stegun J.A. (Eds.), *Handbook of Math. Functions*. NY: Dover, 10th Ed. 1972.

[A3.2] Ciba-Geigy, *Wissenschaftliche Tabellen*. Basel: Ciba-Geigy, 8th Ed. 1980.

[A3.3] Fisher R.A. and Yates F., *Statistical Tables for Biological, Agricultural and Medical Research*. London: Longman, 6th Ed. 1974.

[A3.4] Jahnke-Emde-Lösch, *Tables of Higher Functions*. Stuttgart: Teubner, 7th Ed. 1966.

[A3.5] Pearson E.S. and Hartley H.O., *Biometrika Tables for Statisticians, Vol. I,*. Cambridge: University Press, 3rd Ed. 1966.

Stichwortverzeichnis

Springer
und
Umwelt

Als internationaler wissenschaftlicher
Verlag sind wir uns unserer besonderen
Verpflichtung der Umwelt gegenüber
bewußt und beziehen umweltorientierte
Grundsätze in Unternehmens-
entscheidungen mit ein. Von unseren
Geschäftspartnern (Druckereien,
Papierfabriken, Verpackungsherstellern
usw.) verlangen wir, daß sie sowohl
beim Herstellungsprozess selbst als
auch beim Einsatz der zur Verwendung
kommenden Materialien ökologische
Gesichtspunkte berücksichtigen.
Das für dieses Buch verwendete Papier
ist aus chlorfrei bzw. chlorarm
hergestelltem Zellstoff gefertigt und im
pH-Wert neutral.

Springer

If you have any concerns about our products,
you can contact us on
ProductSafety@springernature.com

In case Publisher is established outside the EU,
the EU authorized representative is:
Springer Nature Customer Service Center GmbH
Europaplatz 3, 69115 Heidelberg, Germany

Printed by Libri Plureos GmbH
in Hamburg, Germany